中国轻工业"十三五"规划教材

造纸原理与工程

（第四版）

Papermaking Principle and Engineering（Fourth Edition）

何北海　主　编

张美云　陈　港　副主编

何北海　张美云　陈　港　刘洪斌　赵光磊　韩　颖　宋顺喜　编

中国轻工业出版社

图书在版编目（CIP）数据

造纸原理与工程＝Papermaking Principle and Engineering
(Fourth Edition) /何北海主编. —4 版. —北京：中国轻工
业出版社，2022.09

中国轻工业"十三五"规划教材

ISBN 978-7-5184-2661-4

Ⅰ.①造… Ⅱ.①何… Ⅲ.①造纸–教材 Ⅳ.①TS75

中国版本图书馆 CIP 数据核字（2019）第 206438 号

责任编辑：林　媛

策划编辑：林　媛　责任终审：滕炎福　封面设计：锋尚设计
版式设计：王超男　责任校对：吴大鹏　责任监印：张　可

出版发行：中国轻工业出版社（北京东长安街 6 号，邮编：100740）

印　　刷：河北鑫兆源印刷有限公司

经　　销：各地新华书店

版　　次：2022 年 9 月第 4 版第 4 次印刷

开　　本：787×1092　1/16　印张：24.25

字　　数：621 千字

书　　号：ISBN 978-7-5184-2661-4　定价：75.00 元

邮购电话：010-65241695

发行电话：010-85119835　传真：85113293

网　　址：http://www.chlip.com.cn

Email：club@chlip.com.cn

如发现图书残缺请与我社邮购联系调换

221178J1C404ZBW

前　言

本教材是在中国轻工业出版社《造纸原理与工程》（第三版）的基础上进行修订编写的。《造纸原理与工程》（第三版）是普通高等教育"十一五"国家级规划教材，该书作为全国轻化工程专业和相关专业的通用教材，并为一些工厂企业选作后续教育的教材，取得了很好的教学效果和社会声誉，为我国造纸工程专业技术人才的教育和培养做出了积极的贡献。

时光荏苒，又是一个十年。在本教材第三版完稿后（2009），由于造纸科学技术的迅速发展和与新兴学科的交叉融合，对我国高等院校造纸工程学科的专业人才培养提出了更新和更高的要求。作为本学科的专业主干课程教材，也必须适应和满足这一发展趋势而不断加以完善。基于上述情况，2017年本教材（第四版）获得中国轻工业"十三五"规划教材并进行重新修订。经国内多所高校编撰专家近两年的辛勤劳动，现终于交付完成。

参加本教材编写工作的有华南理工大学、陕西科技大学、天津科技大学和大连工业大学造纸工程学科的教授和专家。其中本书绪论、第四章由华南理工大学何北海教授编写；第一章由陕西科技大学张美云教授编写；第二章由天津科技大学刘洪斌教授编写；第三章和第六章由华南理工大学陈港教授编写；第五章由华南理工大学赵光磊副研究员编写；第七章由大连工业大学韩颖教授编写；第八章由陕西科技大学宋顺喜副教授编写。全书由华南理工大学何北海教授主编，陕西科技大学张美云教授和华南理工大学陈港教授为副主编。

本书的修订编写主要是基于原书的第三版（何北海教授主编，2010），同时还参考了原书第一版（隆言泉教授主编，1994）和第二版（卢谦和教授主编，2004）的有关内容，在此对前三版的编写专家所作的学术贡献致以崇高的敬意！对关心支持本书第四版编写工作的专家学者和业界同仁表示衷心的感谢！最后还要诚挚地感谢中国轻工出版社同仁自本教材第一版出版以来在各版次的编辑、出版和发行中所付出的辛勤劳动！

鉴于造纸工程领域的科学技术迅速发展，所涉及的学科颇多且交融广泛，编者深感知识水平不足和专业领域所限，虽然尽心努力，但书中仍会留有不足和缺憾，诚恳希望专家和读者提出批评意见，以便再版时得以修正和不断完善。

编者

2019 年 3 月

目　　录

绪论 ………………………………………………………………………………… 1
　　一、造纸术的发明是中国对世界文明的伟大贡献 ………………………… 1
　　二、现代造纸是中国古法造纸的传承和发展 ……………………………… 2
　　三、造纸工业在国民经济建设中的地位和作用 …………………………… 2
　　四、关于纸和纸板的基本认识 ……………………………………………… 4
　　五、造纸原理与工程问题的内涵和解析 …………………………………… 8
　思考题 …………………………………………………………………………… 10
　主要参考文献 …………………………………………………………………… 10

第一章　打浆 ……………………………………………………………………… 11
　第一节　打浆理论 ……………………………………………………………… 11
　　一、纤维细胞壁的结构 ……………………………………………………… 11
　　二、打浆的作用 ……………………………………………………………… 14
　　三、纤维结合力 ……………………………………………………………… 16
　　四、打浆与纸张性质的关系 ………………………………………………… 19
　第二节　打浆工艺 ……………………………………………………………… 23
　　一、打浆方式 ………………………………………………………………… 23
　　二、影响打浆的因素 ………………………………………………………… 25
　　三、各种浆料的打浆特性 …………………………………………………… 35
　　四、打浆工艺流程 …………………………………………………………… 41
　　五、打浆质量检查 …………………………………………………………… 42
　第三节　打浆设备 ……………………………………………………………… 44
　　一、间歇式打浆机 …………………………………………………………… 45
　　二、连续式打浆设备 ………………………………………………………… 45
　　三、打浆设备的性能指标及其计算 ………………………………………… 49
　　四、打浆辅助设备 …………………………………………………………… 52
　第四节　打浆系统的控制 ……………………………………………………… 54
　　一、打浆控制系统的基本类型 ……………………………………………… 54
　　二、打浆控制系统的基本内容 ……………………………………………… 56
　　三、打浆控制系统的方案 …………………………………………………… 56
　第五节　打浆技术的发展 ……………………………………………………… 58
　　一、打浆设备的发展 ………………………………………………………… 58
　　二、分别打浆与混合打浆 …………………………………………………… 58
　　三、纤维的酶法预处理 ……………………………………………………… 59
　思考题 …………………………………………………………………………… 61
　主要参考文献 …………………………………………………………………… 62

第二章　造纸化学品及其应用 …………………………………………………… 64

第一节　概述 ……………………………………………………………… 64
　一、造纸过程和造纸化学品 …………………………………………… 64
　二、造纸化学品的种类和作用 ………………………………………… 64
第二节　内部施胶 ………………………………………………………… 65
　一、施胶的目的、方法及发展情况 …………………………………… 65
　二、液体在纸页表面的扩散和渗透机理 ……………………………… 66
　三、松香胶施胶 ………………………………………………………… 68
　四、中性施胶与合成施胶剂 …………………………………………… 75
第三节　加填 ……………………………………………………………… 79
　一、加填的目的和作用 ………………………………………………… 79
　二、填料质量评价及选择 ……………………………………………… 80
　三、填料的种类和特性 ………………………………………………… 81
　四、填料液的制备及使用 ……………………………………………… 84
　五、填料的留着率及填料留着机理 …………………………………… 85
第四节　染色和调色 ……………………………………………………… 87
　一、染色和调色的目的与作用 ………………………………………… 87
　二、色料的种类和性质 ………………………………………………… 87
　三、色相的调配和校正 ………………………………………………… 92
　四、染色方法及影响染色的因素 ……………………………………… 93
　五、染料湿部染色的物化过程 ………………………………………… 95
第五节　纸张湿强度与湿强剂 …………………………………………… 95
　一、湿纸强度、湿强度的概念 ………………………………………… 95
　二、纸的湿强度表示方法 ……………………………………………… 96
　三、影响湿强度的因素 ………………………………………………… 96
　四、湿强剂种类和特性 ………………………………………………… 97
　五、湿强剂增湿强作用机理 …………………………………………… 99
　六、湿强损（废）纸的碎解与回收 …………………………………… 100
第六节　纸张干强度与干强剂 …………………………………………… 100
　一、纸张干强度及影响干强度的因素 ………………………………… 100
　二、使用干强剂的目的和作用 ………………………………………… 101
　三、干强剂的种类、特性和应用 ……………………………………… 101
　四、干强剂增强作用机理 ……………………………………………… 104
第七节　助留、助滤剂的应用 …………………………………………… 104
　一、助留、助滤作用与纸页成形 ……………………………………… 105
　二、助留、助滤剂 ……………………………………………………… 106
第八节　造纸湿部化学 …………………………………………………… 109
　一、造纸湿部化学的研究范围 ………………………………………… 109
　二、造纸湿部化学基本原理 …………………………………………… 109
　三、造纸湿部化学品 …………………………………………………… 110
　四、造纸湿部化学过程控制 …………………………………………… 110
　五、湿部化学对纸张性能和纸机运行的影响 ………………………… 113
　六、湿部化学的发展趋势 ……………………………………………… 114

思考题 ……………………………………………………………………………… 115

主要参考文献 …………………………………………………………………… 115

第三章　纸机的浆水系统 ……………………………………………………… 116

第一节　纸料的组成及特性 …………………………………………………… 116

一、纸料各组分的性质 …………………………………………………… 116

二、纸料的湿部特性 ……………………………………………………… 118

第二节　纸料悬浮液的流体力学特性 ………………………………………… 118

一、纸料悬浮液的流动状态和流动特性曲线 …………………………… 118

二、影响纸料悬浮液流动状态和流动曲线的主要因素 ………………… 119

三、纸料悬浮液的流动特性 ……………………………………………… 120

第三节　供浆系统 ……………………………………………………………… 121

一、短循环和长循环 ……………………………………………………… 122

二、纸料的调量和稀释 …………………………………………………… 124

三、纸料的净化和筛选 …………………………………………………… 126

四、纸料的除气 …………………………………………………………… 128

五、供浆系统的稳定性 …………………………………………………… 129

第四节　损纸系统 ……………………………………………………………… 132

一、损纸系统的要求 ……………………………………………………… 132

二、损纸的处理及利用 …………………………………………………… 132

第五节　白水系统和造纸用水封闭循环 ……………………………………… 133

一、造纸车间用水 ………………………………………………………… 134

二、造纸过程的新鲜水 …………………………………………………… 135

三、白水系统及其封闭循环 ……………………………………………… 136

第六节　纤维回收及水净化 …………………………………………………… 139

一、机械筛滤法 …………………………………………………………… 139

二、气浮法 ………………………………………………………………… 143

三、沉淀法 ………………………………………………………………… 145

四、高级废水净化技术 …………………………………………………… 145

五、节水新技术展望 ……………………………………………………… 147

思考题 …………………………………………………………………………… 147

主要参考文献 …………………………………………………………………… 147

第四章　纸浆流送与纸页成形 ………………………………………………… 149

第一节　概述 …………………………………………………………………… 149

一、纸页成形方法的历史沿革 …………………………………………… 149

二、纸页的成形方法和过程 ……………………………………………… 150

三、造纸机的分类和型式 ………………………………………………… 150

四、造纸机的基本术语和概念 …………………………………………… 152

第二节　纸浆流送原理 ………………………………………………………… 155

一、纸料悬浮液流送上网 ………………………………………………… 155

二、流浆箱发展的主要历程和代表类型 ………………………………… 156

三、流浆箱的主要装置和元（部）件 …………………………………… 159

四、流浆箱的流化作用及其控制 ……………………………………………………… 167

第三节　纸页成形基础 ……………………………………………………………… 168
一、纸页成形的基本概念 …………………………………………………………… 168
二、纸页成形器及其发展概况 ……………………………………………………… 170
三、成形器及其分类 ………………………………………………………………… 171
四、纸页成形过程的流体动力学 …………………………………………………… 172
五、纸料脱水形式与纸页成形结构 ………………………………………………… 173
六、纸页成形对纸页结构和性质的影响 …………………………………………… 174

第四节　长网成形器的纸页成形 ………………………………………………… 175
一、长网成形器的主要部件及其作用组成 ………………………………………… 175
二、长网成形器的成形和脱水 ……………………………………………………… 176
三、纸料喷射上网与纸页脱水成形 ………………………………………………… 177
四、成形脱水段的脱水元件和作用机理 …………………………………………… 178
五、高压差脱水段的脱水元件和作用机理 ………………………………………… 183
六、造纸及网部参数的测量与控制 ………………………………………………… 184

第五节　圆网成形器的纸页成形 ………………………………………………… 186
一、概述 ……………………………………………………………………………… 186
二、传统式圆网造纸机的网部 ……………………………………………………… 186
三、传统圆网机网槽的典型结构 …………………………………………………… 187
四、传统圆网机的湿纸页转移 ……………………………………………………… 188
五、改进型圆网造纸机 ……………………………………………………………… 188
六、圆网笼的临界速度和圆网纸机的极限车速 …………………………………… 189

第六节　上网和夹网成形器的纸页成形 ………………………………………… 190
一、概述 ……………………………………………………………………………… 190
二、上网成形器 ……………………………………………………………………… 190
三、典型上网成形器的成形特性 …………………………………………………… 192
四、夹网成形器 ……………………………………………………………………… 193
五、夹网成形器的脱水原理 ………………………………………………………… 194
六、夹网成形器的脱水和成形特性 ………………………………………………… 195
七、上网和夹网成形器的抄造车速选择 …………………………………………… 198

第七节　高浓成形及其成形器 …………………………………………………… 199
一、高浓成形的意义 ………………………………………………………………… 199
二、高浓成形技术的发展概况 ……………………………………………………… 201
三、高浓成形器 ……………………………………………………………………… 201
四、高浓成形技术的应用 …………………………………………………………… 202

第八节　斜网成形器的纸页成形 ………………………………………………… 202
一、长纤维和特种纤维的湿法成形 ………………………………………………… 202
二、斜网成形器的发展及其纸页成形特点 ………………………………………… 204
三、斜网成形器的主要形式及其应用 ……………………………………………… 205

思考题 ………………………………………………………………………………… 208

主要参考文献 ………………………………………………………………………… 208

第五章　纸页的压榨和干燥 ……………………………………………………… 210

目　录

第一节　压榨部的作用、历史及发展 ……………………………………………… 210

一、压榨部的作用 ………………………………………………………………… 210

二、压榨部的历史及发展 ………………………………………………………… 212

第二节　压榨脱水基本原理 ……………………………………………………… 213

一、压榨脱水机理 ………………………………………………………………… 214

二、压榨过程的水分流动转移 …………………………………………………… 215

第三节　压榨（辊）的种类与压榨部的配置 …………………………………… 216

一、取决于压榨辊的形式的压榨种类 …………………………………………… 216

二、取决于压榨功用的压榨方式 ………………………………………………… 222

三、其他压榨方式 ………………………………………………………………… 224

四、压榨部的配置与组合 ………………………………………………………… 225

五、压榨辊的中高及可控中高辊 ………………………………………………… 227

六、湿纸幅的传递 ………………………………………………………………… 229

第四节　影响压榨脱水的主要因素及强化途径 ………………………………… 231

一、压榨工艺参数及设备类型对压榨脱水的影响 ……………………………… 232

二、抄造工艺对压榨脱水的影响因素 …………………………………………… 237

三、压榨过程中湿纸页的"压花" ……………………………………………… 238

四、几种强化压榨的途径和新技术 ……………………………………………… 238

第五节　干燥部的作用和组成 …………………………………………………… 244

一、干燥部的作用 ………………………………………………………………… 244

二、干燥部的组成 ………………………………………………………………… 244

三、干燥部的供热形式 …………………………………………………………… 246

第六节　干燥过程原理 …………………………………………………………… 250

一、干燥过程的传热原理 ………………………………………………………… 250

二、干燥过程的传质原理 ………………………………………………………… 253

三、干燥部传热传质的基本计算 ………………………………………………… 254

第七节　干燥过程对纸页性能的影响 …………………………………………… 257

一、概述 …………………………………………………………………………… 257

二、干燥过程的纸页收缩及其影响 ……………………………………………… 258

三、干燥过程纸页的应力/应变行为 …………………………………………… 259

四、干燥过程与纸页的增韧 ……………………………………………………… 259

第八节　干燥部的运行控制 ……………………………………………………… 261

一、烘缸干燥曲线 ………………………………………………………………… 261

二、冷凝水的排除 ………………………………………………………………… 261

三、冷缸 …………………………………………………………………………… 264

四、湿纸幅向干燥部的传递 ……………………………………………………… 265

第九节　干燥过程的主要影响因素和强化措施 ………………………………… 265

一、从传热原理分析 ……………………………………………………………… 265

二、从传质原理分析 ……………………………………………………………… 267

三、几种强化干燥工艺 …………………………………………………………… 268

第十节　干燥部节能与能源管理 ………………………………………………… 271

一、能源利用效率和单位产品能耗 ……………………………………………… 271

二、干燥部自动控制及能源管理系统 ·· 272

思考题 ·· 274

主要参考文献 ·· 274

第六章　纸页的表面处理与卷取及完成 ································· 275

第一节　纸页的表面施胶 ·· 275

一、概述 ··· 275

二、常用表面施胶剂 ·· 275

三、表面施胶的工艺方法 ·· 278

四、影响表面施胶的主要因素 ·· 280

第二节　纸页的颜料涂布 ·· 281

一、概述 ··· 281

二、涂料主要组成及作用 ·· 281

三、涂料制备 ··· 283

四、涂布系统与涂布方式 ·· 283

五、涂料的干燥 ·· 286

六、影响涂布纸性能的因素 ··· 286

第三节　纸页的压光 ··· 287

一、压光工艺及基本原理 ·· 288

二、压光对纸页性能的影响 ··· 289

三、压光机的类型 ··· 289

四、压光机的应用 ··· 296

第四节　卷取、复卷和完成 ·· 297

一、卷取和复卷 ·· 297

二、纸页的完成 ·· 300

思考题 ·· 301

主要参考文献 ·· 302

第七章　纸板的制造 ··· 304

第一节　概述 ··· 304

一、纸板的种类和定义 ··· 304

二、纸板包装材料的特点 ·· 306

三、纸板材料的发展趋势 ·· 306

第二节　纸板结构特点及其质量控制 ····································· 307

一、纸板的结构特点 ·· 307

二、纸板的质量控制 ·· 308

第三节　纸板生产的工艺过程 ·· 313

一、间歇式和半连续式的纸板生产工艺 ······································· 314

二、连续式的纸板生产工艺 ··· 315

三、纸板生产的废纸处理工艺 ·· 330

第四节　复合纸板的生产 ·· 333

一、蜂窝纸板的生产 ·· 334

二、瓦楞纸板的生产 ·· 336

三、液体包装纸板的复合加工 338

思考题 340

主要参考文献 341

第八章 纸页的结构与性能 343

第一节 纸页的结构 343

一、纸页结构的概念 343

二、纸页结构的形成及特征 343

三、纸页结构的特征参数 345

第二节 纸页的性能 347

一、纸页的结构性能 348

二、纸页的机械性质 350

三、纸页的光学性能 356

四、纸页的吸收和憎液性能 360

五、纸页的印刷适性 362

六、纸页的化学性能 363

七、纸页的电气性能 364

八、环境对纸页性能的影响 365

第三节 纸页强度理论和纸页结构的研究方法 365

一、纸页强度理论 365

二、纸页结构的研究方法 368

思考题 370

主要参考文献 370

附录 纸和纸板物理性能测试方法相关标准 372

绪　论

一、造纸术的发明是中国对世界文明的伟大贡献

在人类文明的发展史中，文字的创造是一个重要的里程碑，而人类文明的发展又有赖于记录文字的载体。中国古代经历了甲骨刻文、青铜铸字、简牍成册和绢帛书卷等漫长的过程，最终由东汉蔡伦发明了最为实用的书写载体——纸。与其他古代所有的书写材料相比，纸具有无可比拟的优越性。可以说，纸的出现是人类文字载体发展史中划时代的革命。

中国造纸术源远流长，迄今已有 1900 多年的历史。据《后汉书》记载，公元 105 年（东汉和帝元兴元年）蔡伦发明了造纸术，奠定了植物纤维纸及其制造工艺技术的基础。中国古代造纸术的发明，也奠定了世界造纸工程技术史的基础。自公元 4 世纪起，中国的造纸术东经朝鲜传入日本，西经中东阿拉伯国家传入非洲和欧洲。在 18 世纪，欧洲把中国的造纸术又传到了美洲和大洋洲。中国的造纸术经各种途径向传播海外，并与全世界共享这一成果（见表 0-1）。近两千年来，纸作为世界通用的书写印刷材料，在推动人类文明发展中起了不可估量的作用，而且在今后还会继续发挥其不可替代的重要作用和积极影响。造纸术是中国古代的四大发明之一，也是中国对人类文化传播和世界文明发展的伟大贡献。

表 0-1　　　　　　　　　　　　　　　　造纸历史发展大事记*

年代（公元）	记　事
105 年	我国东汉蔡伦发明造纸术
618—907 年	我国手工纸施胶与染色问世
610—625 年	造纸术东传高丽及日本
715 年	造纸术西传小亚细亚
793 年	阿拉伯第一座手工纸作坊在巴格达建成。继而传遍欧洲各国：西班牙、西西里、意大利、法国、德国
1495 年	英国 Hertfordshire 建成手工纸作坊
1637 年	《天工开物》载入造纸术工艺
1680 年	荷兰式打浆机发明问世
1690 年	美国在宾夕法尼亚州建成手工纸作坊
1774 年	含氯化合物用于纸浆漂白
1798 年	长网造纸机雏形问世
1807 年	长网造纸机在法国问世
1809 年	圆网造纸机在英国问世
1840 年	德国首创用机械方法处理木材制浆造纸，并在 1870 年投入商业运行，生产首批磨木浆
1854 年	英国首创用 NaOH 处理木材及制浆（苏达法制浆）
1874 年	瑞典及德国开始采用亚硫酸盐法制浆
1875 年	涂布技术问世
1884 年	硫酸盐法制浆在德国问世
1896 年	长网造纸机最高车速达 160m/min
1920 年	长网造纸机最高车速达 320m/min
1920 年以后	制浆造纸技术飞速发展，此间主要技术成就有：化学品回收技术，连续蒸煮，连续漂白，连续打浆，夹网造纸机等。近代造纸机最高车速已达到 1500～2000m/min；卫生纸机车速已高达 2500m/min 以上

注：* 引自参考文献 [1]。

1

二、现代造纸是中国古法造纸的传承和发展

与中国古法造纸相比，现代造纸无论从工艺过程和装备水平都发生了巨大的发展和进步，但是究其主要工艺的核心内涵，还是传承和发展了中国古代造纸工艺的精髓。

明代科学家宋应星（1587—1655）（图0-1）所著的《天工开物·杀青》篇是世界上最著名的早期造纸专著，书中图文并茂，将蔡伦开创的古法造纸术归纳为"斩竹漂塘""煮楻足火""舂臼水碓""荡料入帘"（图0-2）、"覆帘压纸"（图0-3）以及"透火焙干"等（图0-4）。其中前两句描述了古法制浆的备料和蒸煮，而后四句则概括了古法造纸的主要过程，即现代造纸中的打浆、抄纸、压榨和干燥等主要工艺。

图0-1　明代科学家宋应星

在古法造纸的基础上，现代造纸工艺以大机器造纸生产为主导，从强化质量源头控制、抄造过程控制以及提高产品性能等目的出发，完善了纸料的净化与筛选、非纤维物质的添加以及纸料的稀释与配料等工序；并为适应现代化大机器的造纸生产，集成了供浆系统、造纸机系统、复卷和完成系统以及表面处理等系统而构成整套生产线，使造纸生产步入了现代化工业的行列。

图0-2　荡料入帘　　　　　图0-3　覆帘压纸　　　　　图0-4　透火焙干

注：以上各图均源自明·宋应星《天工开物·杀青》篇。

三、造纸工业在国民经济建设中的地位和作用

我国老一辈的制浆造纸专家王宗和教授曾将造纸产品誉为"软钢铁"，即造纸工业体现了一个国家的国力水平。从世界范围来看，造纸工业有着非常重要的地位，国际上发达国家或工业强国都建设有一个强大的造纸工业，造纸工业已经成为其经济中的支柱产业之一。

新中国成立以来、特别是改革开放以来，我国的造纸工业在国民经济中发挥了积极的作用并赢得了重要的地位。2019年1月发布的《中国造纸工业可持续发展白皮书》指出：造

纸业作为重要的基础原材料产业，在国民经济中占据重要地位。造纸产业关系到国家的经济、文化、生产、国防各个方面，其产品用于文化、教育、科技和国民经济的众多领域。历史的经验表明，纸张的生产和消费水平代表了一个国家的科技与经济发展水平，因此造纸业被称为"社会和经济晴雨表"。

据中国造纸协会资料（2017），目前我国纸及纸板生产企业约 2800 家，纸及纸板生产量 11130 万 t，纸和纸板的产量居世界第一位。消费量 10897 万 t，人均年消费量为 78kg（13.90 亿人）。2008—2017 年，纸及纸板生产量年均增长率 3.77％，消费量年均增长率 3.59％。

造纸工业作为一个现代工业体系，与国民经济相关产业链有密切的关系。根据笔者的研究，可以将其归结为"6P"的相关产业链：即植物纤维资源（plant fiber resource）、制浆（pulping）、造纸（papermaking）、印刷（printing）、包装（packaging）以及环境保护（pollution control）等 6 个产业链环节。其中制浆和造纸属于造纸产业，是 6P 产业链的核心。

植物纤维资源是造纸工业的重要源头。植物生长依靠二氧化碳和水通过光合作用产生纤维素、半纤维素和木质素等，制浆过程主要提取纤维形成纸浆，造纸过程进一步生产纸张。从植物纤维到纸浆、纸张再到废纸回用过程，固碳作用效果显著，体现出其天然的绿色属性。因而整个造纸产业链从源头到末端均是绿色和可持续发展的。

造纸工业是植物纤维资源产业发展的重要驱动力。国外一些造纸发达国家，早已将植物纤维资源产业（主要为木材）与造纸产业密切地联系在一起，建立了森工造纸产业。值得指出的是，我国的植物纤维资源产业尚未形成，在很大程度上影响了我国造纸工业的发展。基于这些情况，我国近年来已经启动了林纸一体化的建设，并正在实施专项规划，植物纤维资源产业的建设有了一个良好的开端。我们希望植物纤维资源这一产业链环节能够得到更多的关注，并与造纸工业形成更好的良性互动，进一步促进我国造纸工业健康稳固地发展。

制浆造纸工业与印刷和包装产业有着密切的关系，是后两个 P 产业的重要源头。从造纸产品的结构和消费比重上来看，印刷用纸和包装用纸在整体纸和纸板产品中均有着重要的地位。据有关资料，我国用于印刷和包装的纸和纸板生产量分别占生产总量的 25.0％和 61.5％；前两者之和占我国纸和纸板总产量的 86.5％。我国印刷和包装用纸和纸板的消费量分别占消费总量的 24.3％和 63.4％；前两者之和占我国纸和纸板消费总量的 87.7％（见表 0-2）。从我国造纸工业的发展来看，印刷用纸及包装用纸和纸板的产量不断增长，对我国印刷产业和包装产业的发展起到了有力的支撑和积极的推动作用。

表 0-2　　　　　　　　　　我国不同品种纸和纸板的生产量和消费量*

品种		生产量/万 t	消费量/万 t
纸和纸板总量		11130	10897
印刷用纸	新闻纸	235	267
	未涂布印刷书写纸	1790	1744
	涂布印刷纸	765	634
生活用纸		960	890
包装用纸和纸板	包装纸	695	707
	白纸板	1430	1299
	箱纸板	2385	2510
	瓦楞原纸	2335	2396
特种纸和纸板		305	249
其他纸和纸板		230	201

注：＊数据源自《2018 中国造纸年鉴》。

值得指出的是，与造纸工业密切相关的环保产业正在深度融入到造纸产业链中，并不断发生巨大的影响和积极的促进作用。从 2003 年我国实施《中华人民共和国清洁生产促进法》以来，我国造纸工业清洁生产的步伐不断加快。但是由于长期以来环境欠账过多，我国造纸工业的环境形势依然不容乐观。随着 2008 年《GB 3544—2008 制浆造纸工业水污染物排放标准》的颁布实施，大大提升了我国造纸企业的污染控制水平和成效。当然，目前我国造纸工业面临的环境形势依然严峻，污染控制任务依然十分艰巨，但同时也为致力于造纸污染控制的环保产业发展提供了良好的机遇和巨大的空间。我们期待着这一产业的迅速发展，为我国造纸工业的可持续发展做出重大的贡献。

近年来，世界造纸工业的技术进步发展迅速，但由于受到资源、环境和效益等方面的约束，立足于节能降耗、节水减排、保护环境、提高产品质量和经济效益，已成为全球造纸工业发展的重点。而追求生产清洁化、资源节约化、林纸一体化和产业全球化正不断成为世界现代造纸工业的发展目标。中国造纸工业也正在朝着这一目标持续和健康地发展。

四、关于纸和纸板的基本认识

纸和纸板是造纸生产的主要产品，也是本书论述的主要对象，这里首先了解一下关于纸和纸板的基本概念。

（一）纸和纸板的基本概念

纸和纸板是一种以纤维（主要是植物纤维，也包括少量非植物纤维）和非纤维添加物（如胶料、填料、助剂等）为主要原料，借助水或空气等介质分散和成形的、具有多孔性网状物结构的特殊薄张材料。通过纤维原料和非纤维添加物质的选择和调配，施以相应的成形过程和加工方法，可以制得满足多种用途需要的（如书写、绘画、包装、印刷以及特种功能等）、具备相应使用性能的（如物理、化学、电气、光学等）种类繁多的纸和纸板产品。

纸和纸板是造纸生产的主要产品。一般来说，两者的区别在于定量和厚度的差异。我国原国家标准《GB 4687—1984 纸、纸板、纸浆的术语　第一部分》标注说明：一般定量小于 $225g/m^2$ 称为纸张；定量大于或等于 $225g/m^2$ 的称为纸板。但是在实际应用中，行业内还是根据纸品的功能和用途以及习惯上的约定俗成来划分纸和纸板。考虑到上述实际情况，最新的国家标准《GB/T 4687—2007 纸、纸板、纸浆及相关术语》取代了原标准，对纸和纸板生产的纤维种类、纸浆组分、工艺过程以及产品特征等做出了较为严格的定义和阐述，并指出纸和纸板是由定量和厚度来划分的，但是未明确具体的划分标准。该标准参照了国际上相关的 ISO 标准（ISO 4046：2002 MOD），因此可知目前国际上也尚无统一的纸和纸板划分标准，各国也是根据各自的情况划分的。

基于原 ISO 标准（ISO/R 66—1958）将纸和纸板的界定标准定为 $250g/m^2$ 以及原国家标准（GB 4687—1984）的界定标准为 $225g/m^2$，因此我国造纸行业一般已经习惯将定量 $200g/m^2$ 以下、厚度 $500\mu m$ 以下的称为纸，在此以上的称为纸板。值得指出的是，由于现行国家标准并没有明确的规定，因此上述划分仅供参考。在实际生产中，会有一些情况与之不符。如被称为折叠盒纸板的产品定量小于 $200g/m^2$，而被称作吸墨纸、图画纸的产品定量却大于 $200g/m^2$。因此在实际划分时还要根据纸品的功能、用途和行业习惯等具体情况来确定。

（二）纸和纸板的分类和用途

纸和纸板种类繁多，品种成千上万。根据纸和纸板的实际用途，主要可分为四大类。

1. 文化用纸（cultural paper）

泛指用于文化事业的纸张品种。该类产品的消费量为我国纸和纸板消费量总量的28%（以产品质量计。该比例为2008年的数据，仅供参考，下同）。

2. 包装用纸（packaging paper）

泛指商品包装用的纸和纸板。该类产品有一定的防水、防油、防锈、防霉和保鲜以及其他防护功能。作为商品外包装的纸板，应有良好的强度性能和缓冲性能。该类产品的消费量超过纸和纸板消费总量的60%。

3. 技术用纸（technical paper）

所谓技术用纸，主要是指工业生产和科研领域用的纸品。该类产品用量较少，主要包括一些特种纸和纸板。

4. 生活用纸（domestic paper）

生活用纸与人们的生活息息相关，主要包括日常生活中使用的一次性纸品、医药卫生用纸品等。该类纸品约为消费总量的7%。

此外还有少量的纸品用于其他方面，目前仍未进行归类。

纸的主要分类和产品见表0-3。

表 0-3　　　　　　　　　　纸的分类、主要品种和用途

纸的分类	主要品种和用途
文化用纸	新闻纸：普通新闻纸、低定量薄页新闻纸、胶印新闻纸 印刷纸：凸版印刷纸、凹版印刷纸、胶版印刷纸、书刊印刷纸、超级压光印刷纸、招贴纸、画报纸、证券纸、书皮纸、白卡纸、钞票纸、邮票纸、请柬卡纸、字典纸、坐标纸、扑克牌纸、地图纸、海图纸、玻璃卡纸等 书写、制图及复印用纸：书写纸、罗纹书写纸、有光纸、打字纸、拷贝纸、誊写纸、复写纸、水写纸、商用薄页纸、蜡纸、图画纸、水彩画纸、素描画纸、油画坯纸、宣纸、连史纸、皮画纸、描图纸、制图纸、底图纸、晒图纸、热敏复印纸、静电复印纸、光电复印纸等
包装用纸	一般商用包装纸、茶叶包装纸、中性包装纸、食品糖果包装纸、防霉包装纸、感光材料包装纸、水果保鲜纸、油封纸、透明纸、鸡皮纸、牛皮纸、条纹牛皮纸、纸袋纸、韧性纸袋纸、仿羊皮纸、防潮纸、防锈纸、包药纸、中性防油纸、防油抗氧纸、毛纱纸、轮胎包装纸、渔用纸等
技术用纸	各种记录纸、传真纸、心电图纸、脑电图纸、磁带录音纸、光波纸、电声纸、电感纸、穿孔带纸、电子计算机用纸、碳素纸、打孔电报纸、打孔卡纸、各种定性、定量和分析滤纸、离子交换纸、各种空气和油类滤纸、防菌滤纸、玻璃纤维滤纸、电镀液滤纸、防毒面具过滤纸、气溶胶过滤纸、航天用矿物纤维纸、金属纤维纸、碳素纤维纸、电容器纸、电气绝缘纸、电话线纸、电缆纸、军用保密水溶纸、炮声记录纸、弹筒纸、纸粕辊原纸、水砂纸、代布轮抛光纸等
生活用纸	皱纹纸、卫生巾纸、卫生纸、面巾纸、尿布纸、消毒巾纸、药棉纸、纱布纸、水溶性药纸、采血试纸、医用测试纸、壁纸、植绒纸、贴花面纸、蜡光纸、卷烟纸等

对于纸板产品，根据其主要用途，一般还可以分为四类产品。具体产品和用途参见表0-4。

表 0-4　　　　　　　　　　纸板产品的品种和主要用途

纸板种类	主要产品品种和用途
包装用纸板	黄纸板、箱用纸板、牛皮纸板、牛皮箱纸板、茶纸板、灰纸板、中性纸板、浸渍衬垫纸板等
技术用纸板	标准纸板、提花纸板、钢纸板、衬垫纸板、封仓纸板、纺筒纸板、弹力丝管纸板、手风琴风箱纸板、制鞋纸板、沥青防水纸板、滤芯纸板、绝缘纸板、高温绝缘纸板等
建筑用纸板	油毡纸、硬质纤维纸、隔音纸板、石膏纸板、塑料贴面纸板、建港排水纸板等
印刷用纸板	字型纸板、封面纸板、封套纸板、火车票纸板等

（三）纸和纸板的规格

1. 原纸尺寸

国家标准《GB/T 147—1997 印刷、书写和绘图用原纸尺寸》对新闻纸、有光纸、印刷纸、书皮纸、打字纸、绘图纸、描图纸、晒图纸等卷筒纸和平板原纸尺寸规定见表 0-5。

表 0-5	国家标准规定的原纸尺寸
(1)卷筒纸宽度尺寸 /mm	787,860,880,900,1000,1092,1220,1230,1280,1400,1562,1575,1760,3100,5100。宽度偏差±3mm
(2)平板纸原纸宽度尺寸 /mm	1400×1000,1000×1400,1280×900,900×1280,1220×860,860×1220,1230×880,880×1230,1092×787,787×1092(乘号后面的尺寸是纵向尺寸)。幅面尺寸偏差±3mm

卷筒纸的长度，国家标准没有统一规定，不过行业内有一定的习惯。如卷筒新闻纸和印刷纸的长度为 6000m。

有关各种纸和纸板的详细尺寸，可参阅有关造纸工业的产品标准。

2. 纸的幅面尺寸

国家标准《GB/T 148—1997 印刷、书写和绘图纸幅面尺寸》的规定适用于一般杂志、书籍、图、表、文件、封套、图片等的幅面尺寸。具体分为 A、B、C 三组（见表 0-6）。国际标准化组织（ISO）也对纸的幅面尺寸作了规定（见表 0-7）。

表 0-6			国家标准（GB/T 148—1997）的幅面尺寸表			单位：mm
组号	A	B	C	组号	A	B	C
0	841×1189	1000×1414	764×1064	6	105×148	125×176	92×126
1	594×841	707×1000	532×760	7	74×105	88×125	
2	420×594	500×707	380×528	8	52×74	62×88	
3	297×420	353×500	264×376	9	37×52	44×62	
4	210×297	250×353	188×260	10	26×37	31×44	
5	148×210	176×250	130×184				

注：幅面尺寸公差由有关部门分别规定。

表 0-7			国际标准（ISO）的幅面尺寸表		
号别	尺寸/mm	面积/m²	号别	尺寸/mm	面积/m²
A0	841×1189	1(全开)	A4	210×297	1/16(16 开)
A1	594×841	1/2(对开)	A5	140×210	1/32(32 开)
A2	420×594	1/4(4 开)	A6	105×144	1/64(64 开)
A3	297×420	1/8(8 开)			

（四）纸和纸板的制造工艺

纸和纸板的制造工艺可分为湿法造纸和干法造纸两种。

1. 湿法造纸

湿法造纸即为传统的造纸工艺。是由中国古代东汉时期的蔡伦在公元 105 年发明和开创的。湿法造纸以水作为介质对纸浆纤维进行分散、输送和上网成形，促进纤维间的结合形成纸页并赋予其强度。湿法造纸作为造纸工业的主导工艺，在近 2000 年的发展中可谓"历久不衰"。其间虽然经历了从手工抄纸到机器抄纸的转变，工艺技术和装备水平都取得了巨大的进步，但是湿法造纸的工艺精髓却得以保留传承并发扬光大。

目前机械化和连续化的造纸工艺已经成为湿法造纸的主流。图 0-5 为一台湿法工艺的大型现代化造纸机。本书阐述的造纸原理与工程问题，均是以机械化湿法造纸工艺为基础的。

湿法造纸的现代化生产线如图 0-5，主要工艺流程如图 0-6 所示。

图 0-5　湿法造纸的现代化生产线

图 0-6　湿法造纸工艺主要流程示意图

2. 干法造纸

干法造纸（dry-forming papermaking）是以机械梳理或空气气流对纤维进行分散成形的造纸方法。干法造纸是苏联列宁格勒制浆造纸研究院的科技工作者在卫国战争时期（20 世纪 30 年代中期）发明的一种新颖造纸方法。苏联的科技人员以棉花为原料，用梳理成网的方法成功研制了国防及电气工业急需的特种纸。后来经丹麦、芬兰等国发展为气流法干法成形。

20 世纪 50 年代，干法造纸传到我国。目前在我国浙江省造纸研究所建有以化纤、棉纤为主要原料的干法生产线。1996 年，我国宁夏的厂家引进了适用于木浆纤维的芬兰 NOP、丹麦 PQ 公司的干法造纸生产线（图 0-7 为用绒毛浆生产胶合无尘纸生产线示意图）。此后国内厂家对引进技术进行消化吸收，自行设计和建成了计算机控制的干法造纸生产线。

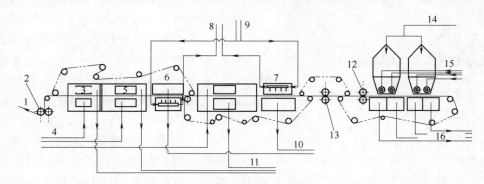

图 0-7　用绒毛浆生产胶合无尘纸的干法造纸机

1—整饰及卷纸　2—压光　3—膨化箱　4—热风　5—烘箱　6—下喷胶　7—上喷胶　8—胶乳回收　9—胶乳输送
10—排风　11—热风回收排空　12—压紧辊　13—压花辊　14—送风　15—纤维粉碎输送　16—抽风及纤维输送

目前干法造纸虽然初步满足了原料传输、纤维分散等工艺需要，但尚不能直接获得纸页的强度，纸页的成形还要靠喷胶等方式将原料纤维黏合制成产品。目前该方法主要用于某些特种纸品的抄造，其产量仅占纸和纸板总产量的很小份额。不用黏合剂成形的干法造纸研究仍然是未来突破的热点。

除了典型的湿法和干法造纸之外，近年来又兴起了一种介于干法和湿法之间的纸页抄造方式，即泡沫成形（foam forming）。纸页的泡沫成形是指纤维分散在水基泡沫中并形成泡沫浆，泡沫作为悬浮纤维的载体上网，其破裂后纤维脱水形成纸页。这种由空气和水按照一定比例形成的载体，可提高上网纸料浓度（可达 4%～5%），节水效果明显。另一方面，由这种特殊工艺抄造的纸页松厚度高、透气性好（图 0-8）。目前该方法还处于研发试验阶段，相信随着工艺和装备的不断完善，将为一些特殊纸基复合材料的生产提供一种全新的抄造工艺。

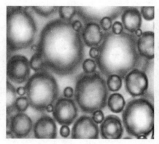 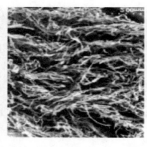 

图 0-8　泡沫成形（左）泡沫浆；泡沫成形（中）和湿法成形（右）纸页结构（横剖面）的比较

五、造纸原理与工程问题的内涵和解析

造纸术的发明体现了我国古代劳动人民的聪明才智，看似简单的主体工艺和相关技术却蕴含着深邃的科学原理，然而对这些核心原理的密码破译，虽然造纸工作者千百年来一直执着努力，但有些问题至今尚未完全解析。如关于纸页强度理论，目前认为是源于植物纤维间的氢键结合。但从目前的造纸科学研究进展，只能间接地评估氢键结合的键能存在，还无法直接测量到纤维间氢键结合的数量和结合程度。

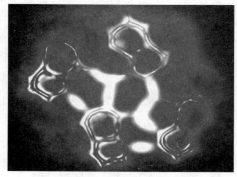

图 0-9　原子力显微镜（AFM）下观测到分子间氢键的高分辨图像

注：中科院国家纳米科学中心 2013 年 11 月 22 日宣布，该中心科研人员利用原子力显微镜（AFM）观测在铜单晶表面吸附的 8-羟基喹啉分子，获得了其化学骨架、分子间氢键的高分辨图像，在国际上首次"拍"到氢键的"照片"，实现了氢键的实空间成像，为"氢键的本质"这一化学界争论了80多年的问题提供了直观证据。这不仅将人类对微观世界的认识向前推进了一大步，也为在分子、原子尺度上的研究提供更精确的方法。这一成果发表在《科学》杂志上，被评价为"一项开拓性的发现，真正令人惊叹的实验测量""是一项杰出而令人激动的工作，具有深远的意义和价值"。

造纸术是中国古代对世界文明史的伟大贡献，每当提起中国古代造纸术的发展史，使我们对古代先贤智慧充满崇敬和景仰。试想在当时科学的发展阶段，古人是否知晓纸页强度来源于氢键结合的作用机理？为什么想到设置这样的造纸工艺？什么是促进这些科学思想萌发的起因和原动力？这些未解的问题，越发增添了中国古代造纸术的魅力与神奇，也更加激发了我们探索造纸工程原理的好奇与动力。我们相信，随着科学技术的不断进步和科学工作者的不懈努力，破解氢键结合的奥秘总有一天将成为现实，参见图 0-9。

我国古法造纸术中有"水碓（duì）舂臼（chōng jiù）"（见图 0-10），其后逐渐演变为现代的打浆，虽然现代打浆设备有了突破性的发展，但所基于的舂捣、搓揉和分丝帚化等作用，至今依然保留在现代打浆工艺中，那么打浆的真正作用和目的是什么？其引起的植物纤维形态和纸页物理性质将发生怎样的变化？请大家翻开本书的第一章。

春臼
打浆。石臼内放入竹料，足踏碓叩打

水碓
水力打浆。用水力代替人力舂臼

图 0-10　古代打浆方法——石臼和水力舂臼打浆（明·宋应星《天工开物》）

古法造纸术中有施胶、染色等技术的记载（公元 618—907）。后来发明的纸药则更具传奇色彩。一种用黄蜀葵根、杨桃藤等植物茎、叶、根熬制的纸药，加入纸浆后不但可改善纸页的成形，而且可将捞纸后叠成一摞的湿纸揭开而毫无破损，令人称奇！在现代化造纸生产中，造纸化学品和湿部化学的发展正方兴未艾，若想进一步了解其中的作用和奥秘，请阅读本书的第二章。

现代机械化造纸生产线的出现，大大提升了传统造纸的工艺效率和装备水平，同时也促进了与之配套的工艺系统的完善。供浆系统和白水系统就是现代造纸工艺的具体体现。前者把握浆料质量的过程控制，为造纸机提供合格的纸料；后者强化白水系统的封闭循环和回用，为造纸过程清洁生产和节水减排提供工艺的保障。要了解这方面的知识，请关注本书的第三章。

古法造纸术中有"荡帘入料"和"竹帘捞纸"的间歇作业，现代工艺取而代之为连续化的大机器生产。然而究其内涵，现代造纸机的诞生，也是受了我国古法造纸术的影响。美国纸史专家亨特（D. Hunter）指出："今天的大机器造纸工业是根据两千年前最初的东方（中国）竹帘纸模建造的"。想了解现代大机器纸页成形技术的渊源和发展，请研读本书的第四章。

古法造纸术中有"覆帘压纸"和"透火焙干"等工序，在现代工艺中则以造纸机的压榨部和干燥部的功能所取代。为什么要实施这两道工序？从现代造纸工艺的解答是为了获得宏观的纸页固化（paper sheet consolidation）和微观的氢键结合。然而对于两千多年前先贤，如何发现和得知这一真谛，现在仍是不解之谜。又如古代汉末的左伯首创了"妍妙辉光"的"左伯纸"，而古老的研光工艺已经发展为现代的表面处理和压光整饰等技术……。有关上述工艺技术和持续发展，本书第五章和第六章将会重点阐述。

纸板是造纸工业最大宗的造纸产品，也是包装工业最主要的绿色包装材料。纸板生产虽然有与纸张抄造的相似之处，但纸板特有的层状结构却赋予了其广阔的发展空间。各层纸料的配比组合，优化出纸板特性与成本的最佳；多层复合的成形工艺，催生出成形技术和装备的创新。第七章将对此专题进行系统介绍。

纸和纸板是造纸生产的主要产品，也是一种关乎国计民生的重要基础原材料。当我们将林林总总的造纸产品从具体的使用功能中抽象出来后，会发现其只是一种以植物纤维为主组成的纤维网络状的薄型材料。第八章将以材料科学的视角，分析纸和纸板的物理特性，重温著名的Page纸页强度模型，并揭示这种特殊材料的强度机理。

现代造纸工程，实现了化学、力学、机械、电子、材料、生物和环境等多学科的交叉融合，集成了现代科学和工程学的综合优势，共享了现代科学技术的丰硕成果，使传统的造纸工业实现了跨越式的发展。本书设置的各个章节，将在系统解析现代造纸过程原理的同时，集中阐述造纸工程的关键技术，重点介绍高新技术的应用进展，以期能对解决造纸工程的实际问题有所裨益。

在本书完稿之际，即将迎来中华人民共和国成立70周年。抚今追昔，作为新时代的造纸工作者，我们应肩负起新时代的重托，传承古代先贤的卓越智慧，集成和创新现代科技的丰硕成果，将造纸科学与技术发扬光大并不断推向前进。

思 考 题

1. 如何认识中国古代造纸术的发明对人类文化传承和世界文明发展的影响？
2. 以你的初步了解和认识来归纳中国古代造纸术的主要工艺。
3. 《天工开物》是怎样的一部著作（可以从网络上阅读），其中对古法造纸术有什么论述？
4. 如何认识现代造纸工艺对中国古法造纸术的传承和发展？
5. 如何理解造纸工业6个P的产业链中各环节之间的关系？
6. 我国造纸工业的主要原料有哪些？废纸在其中占有何种地位？
7. 为什么说造纸原料具有天然的绿色属性？
8. 我国造纸工业未来发展的潜力和瓶颈是什么？如何推动我国造纸工业的可持续发展？

主要参考文献

[1] 钟香驹. 从造纸术摇篮到世界造纸大国 [J]. 中国造纸，Vol. 24，No. 8：62-63，2005.

[2] 潘吉星. 中国古代四大发明——源流、外传及世界影响 [M]. 北京：中国科学技术大学出版社，2002.12.

[3] 王菊华. 中国古代造纸工程技术史 [M]. 太原：山西教育出版社，2006.

[4] 曹邦威. 最新纸机抄造工艺 [M]. 北京：中国轻工业出版社，2003.

[5] 明. 宋应星. 天工开物（图说）. 杀青篇 [M]. 济南：山东画报出版社，2009.

[6] 中国造纸学会. 中国造纸年鉴（2008）[M]. 北京：中国轻工业出版社，2008.

[7] 子仁. 造纸技艺与文化传承 [J]. 美术观察，2009年第6期，92-96.

[8] 刘仁庆. 中国早期的造纸著作 [J]. 纸和造纸，2003年第4期，73-74.

[9] 刘仁庆. 宣纸与书画 [M]. 北京：轻工业出版社，1989.

[10] 樊嘉禄. 中国传统造纸技术工艺研究 [D]. 合肥：中国科学技术大学博士学位论文，2001.

[11] 曹朴芳. 新中国造纸工业60年的回顾与展望 [J]. 造纸信息，2009年第10期，4-15.

[12] 中国造纸学会编. 中国造纸年鉴（2009）[M]. 北京：中国轻工业出版社，2009.

[13] 中国造纸协会，中国造纸学会. 中国造纸工业可持续发展白皮书 [R]. 2019.1.

第一章 打　浆

造纸用纸浆的来源主要有三种：a. 由制浆工艺（化学法、半化学法、机械法、化学机械法等）得到的原生纤维；b. 由商品浆板经碎解方法得到的纸浆；c. 经废纸制浆工艺得到的再生纤维。一般来说，前两种来源的纸浆还不宜直接用于造纸，必须经过进一步的处理，这种处理过程在造纸工艺中称为纸料的制备。而纸料制备的主要工段就是打浆。

利用物理方法处理悬浮于水中的纸浆纤维，使其具有适应造纸机生产上要求的特性，并使所生产纸张能达到预期的质量，这一操作过程称为打浆。

未经打浆的浆料中含有很多纤维束。由于纤维既粗又长，表面光滑挺硬而富有弹性，纤维比表面积小又缺乏结合性能，如将未打浆的浆料直接用来抄纸，在网上难于获得均匀地分布，成纸疏松多孔，表面粗糙容易起毛，结合强度甚低，纸页性能差，不能满足使用的要求。经过打浆处理的纸料所生产的纸，组织紧密均匀，强度较大。

打浆主要有两大任务：

① 利用物理方法，对水中纤维悬浮液进行机械等处理，使纤维受到剪切力，改变纤维的形态，使纸浆获得某些特征（如机械强度、物理性能），以保证抄造出来的产品取得预期的质量要求。

② 通过打浆，控制纸料在网上的滤水性能，以适应造纸机生产的需要。

打浆是物理过程，打浆作用对纸浆所产生的纤维结构和胶体物质的变化都属于物理变化，并不引起纤维的化学变化和产生新的物质。即使是目前处于研究阶段的超声波打浆主要也是物理过程。

打浆本身是一复杂而细致的生产过程，采用同一种浆料，随着打浆设备、打浆方式、打浆工艺和操作的不同，可以生产出多种不同性质的纸和纸板。换句话说，采用不同的原料和不同的打浆工艺也可以生产出相同的产品。造纸工作者应根据打浆设备的类型、原材料种类和配比、产品质量要求和纸机的生产条件等提出相应的打浆方式和方法，并在实际生产中不断总结经验，以求更好地提高产品的质量。

第一节　打　浆　理　论

一、纤维细胞壁的结构

打浆使纤维产生变形、润胀、细纤维化和切断等一系列的作用，为了更好地了解打浆原理，首先对纤维细胞壁的结构进行简要的回顾。

（一）纤维细胞壁的结构

植物纤维细胞壁分为胞间层、初生壁和次生壁。以木材纤维为例。纤维细胞壁的结构见图 1-1。

胞间层（M）是细胞间的连接层，厚度为 $1\sim2\mu m$，含纤维素极少，主要成分是木素。

初生壁（P）是细胞壁的外层，由微纤维组成。它与胞间层紧密相连，厚度很薄，$0.1\sim0.3\mu m$，含有较多的木素和半纤维素，是一层多孔的薄膜，不吸水而能透水，不容易润胀，

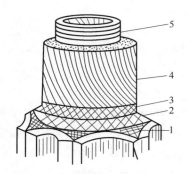

图 1-1　纤维细胞壁结构示意图

1—胞间层　2—初生壁　3—次生壁外层　4—次生壁中层　5—次生壁内层

微纤维在初生壁上作不规则的网状排列，像套筒那样束在次生壁上，有碍次生壁与外界接触，有碍纤维的润胀和细纤维化，故在打浆中需将此层打碎破除。

次生壁（S）是细胞壁的内层，次生壁又分为三层，即次生壁的外层（S_1）、中层（S_2）和内层（S_3）。

次生壁外层（S_1）由若干层细纤维的同心层所组成，厚度较薄，约 $0.1 \sim 1\mu m$，是 P 层与 S_2 层的过渡层，其化学成分与 P 层接近，微纤维排列的方向几乎与纤维的轴向垂直（缠绕角 $70° \sim 90°$），不规则地交织在纤维壁上；S_1 层和 P 层结合较紧密，S_1 层的微纤维的结晶度比较高，对化学和机械作用的阻力较大，它和 P 层都会限制 S_2 层的润胀和细纤维化，故打浆时也需将此层打碎破除。

次生壁中层（S_2）由许多细纤维的同心层所组成，是纤维细胞壁的主体，厚度最大，约 $3 \sim 10\mu m$，约占细胞壁厚度的 $70\% \sim 80\%$，纤维素和半纤维素含量高，木素含量少，微纤维的排列呈螺旋单一取向，几乎和纤维轴向平行（缠绕角 $0 \sim 45°$）。S_2 层是打浆的主要对象。

次生壁内层（S_3）由层数不多的细纤维的同心层所组成，厚度也很薄，约 $0.1\mu m$，在纤维壁中所占的比例不到 10%，木素的含量低，纤维素含量高，S_3 层化学性能稳定，微纤维的排列与 S_1 层相似，与纤维轴向的缠绕角约 $70° \sim 90°$。在打浆中一般不考虑 S_3 层。

细胞壁各层微纤维的排列和走向与细胞轴向的缠绕角大小，对打浆的影响很大，缠绕角小的纤维容易分丝帚化，反之缠绕角大的分丝帚化困难。单根纤维的强度也主要取决于 S_2 层微细纤维与细胞轴向的缠绕角，缠绕角越小，纤维越长，单根纤维的强度则越大，但伸长率则越小。

植物纤维细胞壁的各层，并不是单一的结构，而是由很多的微细层所组成，各层是由细纤维以不同的排列所构成，细纤维是由微纤维所组成，微纤维又由次微纤维所组成，次微纤维可进一步水解分裂为原细纤维，原细纤维又由纤维素微晶体所组成，纤维素微晶体又由葡萄糖基经氧桥联结所构成，如图 1-2 所示。

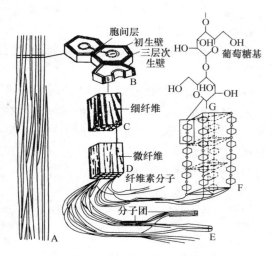

图 1-2　细胞壁结构详图

A—纤维细胞束　B—纤维细胞的横切面：一层初生壁和三层次生壁　C—次生壁的一部分放大，纤维素到大纤丝（白色）和纤维间的空间（黑色），这些空间充满了非纤维素的物质　D—大纤丝的一部分放大，白色为微纤丝，微纤丝之间的空间（黑色）也充满了非纤维素物质

E—微纤丝的结构：纤维素的链状分子，它们在微纤丝的某些部分作有规则的排列，这些部分就是分子团（微团）

F—分子团的一小部分：链状的纤维素分子部分排列成立体格子　G—由一氧原子连结起来的两个葡萄糖基

（二）杂细胞的结构

木材和非木材的杂细胞在含量、种类和形状上都有很大区别，木材中的针叶木和阔叶木也不同，而非木材原料中差异更大。一般来讲，木材的杂细胞含量比非木材少，如针叶木中的含量只有 1.5% 左右（面积法，下同），阔叶木中的含量约在 $17\% \sim 27\%$，非木材如竹类接近 $20\% \sim 30\%$，其他草类

一般在 40%～60%。

1. 针叶木杂细胞

针叶木杂细胞包括木射线薄壁细胞和木射线管胞，两者形态相似，均为砖形。

在电子显微镜下看到，木射线薄壁细胞初生壁的微细纤维像纤维细胞那样，是网状结构，次生壁也分为三层，相当于 S_1、S_2 与 S_3 层，其中 S_3 层微细纤维的取向几乎平行于细胞轴，S_1 层、S_2 层微细纤维与细胞轴成 30°～60°角。

2. 阔叶木杂细胞

阔叶木的杂细胞包括导管细胞、木薄壁细胞、木射线薄壁细胞等。

阔叶木（水青冈树属一种）横卧木射线薄壁细胞的超薄层横切面的电子显微镜图中，其细胞壁可看出 $P+S_1$、S_2 和 S_3 层，S_2 层最厚，一个横卧木射线细胞的未处理的及与脱木素的表面显微镜图中，观察到 P 层有网状结构，次生壁分为三层，S_1 层与 S_2 层微细纤维的取向与细胞轴成 60°～80°，S_3 层的微细纤维取向与轴平行。

3. 禾草类杂细胞

禾草类杂细胞包括有薄壁细胞、表皮细胞、导管细胞等。

（1）麦草

麦草的杂细胞主要有表皮细胞、导管、薄壁细胞等，约是全部细胞的 40%，薄壁细胞是草浆中主要的杂细胞，其特点是胞壁薄，容易变形破碎，壁上大多有纹孔。麦草的薄壁细胞形状有杆状、长方形、椭圆形等数种，其中以杆状为主。杆状细胞约占杂细胞总数的一半左右，其胞壁上有网状加厚。麦草锯齿状的表皮细胞较稻草粗大、齿形尖、齿距大小均匀，麦草的导管有螺纹导管、环纹导管及纹孔导管三种，其中以纹孔导管最长。

麦草的薄壁细胞分为三层，S_1、S_3 层较薄，而 S_2 层较厚，S_1 层的微纤维呈网状排列，S_3 层的微纤维则是平行排列。麦草的导管细胞壁亦分为 P、S_1、S_2、S_3 四层，S_3 层很明显。据 G. Jayme 称，在胞壁上无纹孔部位，P 层的微细纤维呈不规则的交织，S_1 层微细纤维呈稍微地交叉，S_2 层的微细纤维则和纤维轴平行或是与轴向偏角不大的螺旋，而 S_3 层的微纤维呈交织状。在胞壁上有圆形纹孔时，其微纤维走向与针叶木具缘纹孔相似。麦草的表皮细胞的横切面也明显地分层，在强烈润胀条件下可以润胀成多层。

（2）龙须草

龙须草的杂细胞含量较少，以表皮细胞为主，其次是薄壁细胞、石细胞、导管细胞等。杂细胞约占 30%。表皮细胞边缘为锯齿形、齿形短秃，有的一面有齿，有的两面有齿，茎秆中表皮细胞长为 90～180μm。宽约 8μm。表皮细胞壁较薄，为多层结构。一部分薄壁细胞及石细胞，其壁较厚，细胞壁结构和纤维细胞类似，亦为多层结构。

（3）芦苇

芦苇的导管细胞和薄壁细胞其共同的特点是胞细胞壁薄，但细胞壁仍分为三层，即初生层、次生壁外层、次生壁内层，其初生壁很薄与胞间层合为一体，不大明显。在细胞交角的区域常出现空隙，即无胞间层组织。次生壁外层与次生壁内层间有明显的界线，两层厚度相差不多。薄壁细胞上微纤维排列，P 层呈乱网状，S_1、S_3 层呈规则的网状，S_3 层的微纤维角度较 S_1 层更近于轴向。存在于纸浆中的薄壁细胞干燥时由于微纤维呈网状排列收缩是各向同性的，因此细胞表面平坦，不出现起皱现象。导管细胞初生壁上微纤维亦是网状，次生壁上由于有许多纹孔，纹孔口附近的微纤维作环状排列，其他部位的微纤维较紊乱。表皮细胞较厚，呈多层状态，胞腔较小，其中常填有内容物。

二、打浆的作用

打浆使纤维受到剪切力，除了揉搓、疏解浆料之外，在打浆过程中纤维的变化可以认为是：纤维受打浆作用细胞壁产生位移和变形，然后是 P 层和 S_1 层的部分破除和纤维被切断，接着是纤维的吸水润胀和细纤维化，另外还会产生纤维碎片，使纤维产生扭曲、卷曲、压缩和伸长等变形。实际上这些作用和纤维的变化阶段不能截然分开，是交错进行的，随着打浆条件的不同，各种作用和纤维的变化也不大相同，现分述如下。

（一）打浆对纤维的作用

1. 细胞壁的位移和变形

打浆的机械作用使 S_2 层中的细纤维同心层产生弯曲，发生位移和变形，使细纤维之间的空隙增大，水分子容易渗入。当 P 层还没有被破除之前，S_2 层发生位移和润胀都受到一定限制。可是反过来，S_2 层发生位移和润胀又会使纤维更加柔软，对 P 层和 S_1 层的破除起到促进作用。细胞壁的位移可在偏光显微镜下观察到，位移处为一亮点，未打浆的纤维已有位移亮点，打浆后亮点增多，随着打浆的进行，亮点逐步扩大并变得更为清晰。纤维的位移可分为三种形式，如图1-3。研究认为：对针叶树管胞来说，位移多发生在髓射线的部位。

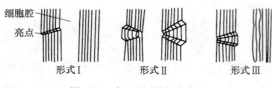

图 1-3　次生壁位移示意图

（图中标注：细胞腔、亮点、形式Ⅰ、形式Ⅱ、形式Ⅲ）

2. 初生壁和次生壁外层的破除

蒸煮和漂白后的纤维仍存有一定数量的 P 层，影响着纤维润胀。同时，它和 S_1 层中的木素含量较多，能透水而不能润胀，并紧紧地束缚在 S_2 层上，使 S_2 层中的细纤维得不到松散和润胀，影响着纤维的结合力。因此，需要在打浆过程中通过机械作用把 P 层和 S_1 层破除，以利于纤维的润胀和细纤维化作用。

不同的制浆方法和纤维原料，P 层和 S_1 层被破除的难易程度是不尽相同的。如：草浆与木浆相比，P 层易破除，S_1 层难破除。亚硫酸盐纸浆的 P 层和 S_1 层比硫酸盐纸浆的容易破除。其原因：这两种蒸煮方法所用药液的化学性质不同（如 pH）和药液进入纤维的途径不同。亚硫酸盐法使纸浆纤维的初生壁和次生壁外层受到较大的破坏，因而在打浆过程中较硫酸盐纸浆容易破除。对某些化学浆来说，在制浆过程中 P 层已被破除，打浆时主要是破除 S_1 层。

3. 吸水润胀

"润胀"是指高分子化合物在吸收液体的过程中，伴随着体积膨胀的一种物理现象。纤维也能吸水润胀。在造纸工业中以往常称为纤维的"水化"或"润胀水化"。打浆的"水化"是纤维与水分子的物理连接作用，与化学作用的"水化"是性质完全不同的概念。化学的水化（hydration）是指物质分子与水分子起化学作用，使生成物的分子中带有一定比例的结晶水。而打浆的水化是物理吸水，不是化合吸水或毛细管吸水。

在打浆初期纤维的 P 层和 S_1 层未破除以前，纤维的润胀很慢，经打浆 P 层和 S_1 层被破除，水分子大量渗入纤维素的无定形区，使纤维润胀作用加快。纤维能产生润胀的原因是由于纤维素和半纤维素的分子结构中所含的极性羟基与水分子产生极性吸引，使水分子进入纤维素的无定形区，使纤维素分子链之间的距离增大，引起纤维变形，使分子间的氢键结合受到破坏而游离出更多的羟基，又进一步促使润胀作用。纤维润胀以后，其内聚力下降，纤维内部的组织结构变得更为松弛，使纤维的比体积和表面积增加，纤维变得柔软可塑，甚至产生油腻的感觉，纤维润胀后其直径可以膨胀增大 2～3 倍，有利于纤维的细纤维化，能有效地增加纤维间的接触面积，提高成纸的强度，使透气度下降。

纤维吸水润胀与原料的组成、半纤维素的含量和制浆的方法等因素有关。如棉浆的 α-纤维含量高，结晶区比较大，纤维润胀较困难。草类纤维的半纤维素含量高，无定形区较大，支链较多，含有较多的游离羟基，比纤维素具有更大的亲水性，因此，纤维容易吸水润胀。木素的含量与润胀也有关系，木素含量高的纸浆不易润胀，是因为木素是疏水性的物质，它会阻碍纤维吸水润胀，所以纸浆经漂白后能改进润胀的能力。制浆方法不同纤维润胀的性能也不相同，亚硫酸盐纸浆比硫酸盐纸浆易于润胀。

4. 细纤维化

纤维的细纤维化是在细胞壁 P 层和 S_1 层被部分破除时开始的，并在纤维吸水润胀以后大量产生。细纤维化包括纤维的外部细纤维化和内部细纤维化。外部细纤维化是指纤维纵向产生分裂两端帚化，纤维表面分丝起毛，像绒毛附在纤维的表面。这种表面的细纤维化，使细纤维松脱出来，分离出大量的细纤维、微纤维、微细纤维，从而大大地增加了纤维的外比表面积，促进了氢键结合。纤维的内部细纤维化是指在纤维发生润胀以后，在次生壁同心层之间彼此产生滑动，使纤维的刚性削弱，塑性增加，纤维变得柔软可塑。

细纤维化主要产生于 S_2 层，因 S_2 层纤维素含量多，细纤维的排列与轴近于平行，在打浆过程中，S_1 层破裂，纤维发生润胀，并受到打浆的揉搓和剪切力作用，使次生壁同心层之间相邻纤维素分子间的氢键断裂，纤维的内聚力减小，细胞壁同心层之间产生滑动和分裂的现象。纤维的细纤维化与纤维吸水润胀是互相促进的，纤维吸水润胀后组织结构松弛，为纤维的细纤维化创造了有利条件，反之，纤维的细纤维化，使水分更易渗入，又能促进纤维进一步的吸水润胀。纤维的切断也有利于纤维的细纤维化。

内部细纤维化使纤维变软，纤维之间能得到更好的接触。如用超声波打浆，纤维的 P 层和 S_1 层得以保留，纸浆的打浆度上升也很少。但能抄出强度很高的纸页，其原因是纤维获得了充分的润胀，即产生了强烈的内部细纤维化。

纤维的外部细纤维化和内部细纤维化均有利于纤维的结合，提高成纸的强度、紧度和匀度等性能，对纸页的性质影响很大。

5. 切断

切断是指纤维横向发生断裂的现象，是由于纤维受到打浆设备的剪切力和纤维之间相互摩擦作用造成纤维横向断裂。

切断可以发生在纤维的任何部位。但主要发生在纤维节点上和纤维与髓线细胞的交叉处，因为这些部位比较脆弱。

纤维的切断与润胀有一定的关系。纤维吸水润胀后具有良好的柔韧性，纤维就不容易被切断。当纤维被切断后，断口增加，有利于水分的渗入，促进纤维的润胀作用。

纤维切断后在断口处留下许多锯齿形的末端，有利于纤维的分丝帚化和细纤维化。

长纤维经适当切断后，可以提高纸张的匀度和平滑度，但过度切短会降低纸张的强度，特别是撕裂度。所以应根据纸种的要求和原料的特性，严格控制纤维切断的程度。通常对于棉麻浆，由于纤维过长，在打浆时要求有较多的切断。针叶木浆纤维较长，应根据纸种的要求适当切断。对于阔叶木浆和草浆，由于纤维较短，一般不希望有过多切断，打浆时通常应注意保留纤维的长度。

6. 产生纤维碎片

打浆过程中产生纤维碎片主要有以下三个方面：

（1）纤维的初生壁和次生壁外层破除

由于纤维受到打浆设备刀片的机械摩擦力和纤维与纤维之间的摩擦力及水的剪切应力的作用，使纤维的初生壁和次生壁外层被磨碎脱落，有的成为碎片，尤其是稻麦草浆，产生的碎片更为明显，据研究表明，麦草纤维的初生壁硬而脆，在打浆开始阶段就像剥皮一样逐渐脱落下来。

（2）纸浆中杂细胞的破碎

杂细胞一般较粗短，在打浆过程中容易被打成碎片，尤其是薄壁细胞，在打浆过程中更易破碎。

（3）纤维横向被切断产生碎片

纤维在打浆过程中，横向切断如果发生在两端部，则被切断的部分成为碎片。不过这种碎片数量不多。

这些碎片的存在，一方面影响纸料的滤水性能，特别是草类纤维，因杂细胞含量多，产生的碎片也多，所以滤水性能差。另一方面，这些碎片的存在会影响到纸页的物理强度。

7. 其他次要的作用

除了上述六种作用外，打浆还会使纤维扭曲、卷曲、压缩和伸长以及半纤维素的溶解等。

纤维的扭曲、卷曲、压缩和伸长是在高浓打浆中出现的新概念。高浓打浆时，纤维受到强烈的挤压、揉搓和扭曲等作用，使纤维纵向受到压缩，同心层产生滑动，纤维产生扭曲和卷曲，伸长率和韧性大大增加，浓度大时作用更为明显。

在打浆过程中，纤维表面的半纤维素有部分能够溶解成为"凝胶"。其原因是经过打浆，这部分半纤维素在结构上对水的可接近性增加以及化学结合受到破坏，从而使这部分半纤维素产生溶解作用。Peel认为其损失量在0.5%～5%的范围内，这些溶解出来的物质可以被纤维再吸附。

（二）打浆对杂细胞的作用

木材的杂细胞中，木射线细胞在纸浆中残留量很少。阔叶木的导管虽然含量较多，但在打浆过程中容易被打碎，因而在纸料中残留量很少，从显微镜观察看，几乎找不到较完整的导管细胞。

禾草类的杂细胞含量较多，打浆对其的作用及变化也略有不同。一般来讲，薄壁细胞含量较高，但壁很薄，导管两端都是平直的，壁也较薄，故打浆过程中容易成为碎片存在于纸料中，使纸料滤水困难。石细胞属非纤维状的厚壁细胞，尺寸较小，易于在制浆洗涤过程洗去。表皮细胞一般在打浆过程中不易被打碎。

三、纤维结合力

纸的强度由多种因素决定，主要包括纤维相互间的结合力、纤维自身的强度、纸中纤维的分布和排列方向等，而最重要的因素是纤维结合力。纤维结合力有四种：a. 氢键结合力（19kJ/mol，纤维素间）；b. 化学主价键力（140～950kJ/mol），即纤维素分子链葡萄糖基之间的键力；c. 极性键吸引力（Van der Waals Force），即分子之间的范德华吸引力；d. 表面交织力。其中氢键结合力与打浆的关系最为密切，打浆的主要目的之一就是为了增加氢键结合力，从而提高成纸的强度。主价键力是固定的，极性键吸引力键力较弱，对纤维结合力的影响很小。对于大多数浆料来说，表面交织力对成纸强度的影响也较小，但对含木素多的磨木浆和难水化的棉麻浆来说，表面交织力不容忽视。

关于纤维结合力的理论研究，曾提出过很多学说，其中，氢键的结合力最重要，能比较准确的说明打浆的实质，如能解释强度大的纤维原料，成纸的强度不一定大，而只有经过打浆的纸料才能抄出强度高的纸；能解释湿纸页的强度低，而干燥后纸页的强度大大提高等实际问题。

（一）氢键结合

在讲氢键结合以前，有必要回顾一下水分子的结构、水的表面张力和氢键、氢键结合的概念。

水是由一个氧原子和两个氢原子通过极性键相互联结组成，如果水分子成直线的联结（H^+—O—H^+），两个键的极性将会彼此抵消，水分子则是非极性的。由于水分子中氧的电负性很强，共用电子强烈地偏向氧的一边，而使氢原子带有正电荷而氧原子带有负电荷。因而水分子的两边出现不对称的电荷，形成偶极性水分子，水分子具有很高的极性。

水分子的这种非直线型结构是由氧原子和氢原子的电子结构所决定。如把水分子想象成一个四面体，氧原子位于四面体的中心，两个氢原子和两个孤电子对占据四面体的角顶，他们会作用于成键电子对使孤电子对与成键电子对产生相斥作用，影响到O—H键之间的夹角，键角被压缩到$104.5°$。

氢键就是氢原子与电负性大的原子X（F、O、N、C、Cl等）以共价键结合，当与电负性大的原子Y接近，在X和Y之间以氢为媒介，生成X—H······Y型的键。

在纤维素中横向3个羟基决定了与其他聚合物的氢键作用。与羟基基团中的负电性氧结合的氢原子可能受到其他电负性原子吸引导致强氢键。水分子之间的O—H只能和一个氧原子结合；当第二个氧原子在靠近氢原子之前，会被已经结合的氧原子排斥开，这是氢键的饱和性。此外当一个水分子的氢原子与另一个水分子的氧原子形成O—H--O氢键而缔合在一起时，尽量使O—H--O氢键保持直线形，以求吸引得最牢，这是氢键的方向性。故此氢原子与本身水分子的氧原子共价键中氢氧原子的间距较近（0.099nm），而与另一水分子中的氧则以氢键结合相距较远（0.177nm）。我们知道，只有当两个分子间（两羟基）的距离在0.28nm以内时，氢键结合才能形成。如图1-4所示。

氢键学说能比较准确地说明打浆的实质，而水在这一学说中起了重要的作用。水是一种极性的液体，水还有很大的表面张力，这是众所周知的。

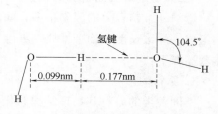

图1-4　两个水分子之间的氢键结合

打浆是以水为介质，通过机械等作用处理水中的纤维，使纤维产生吸水润胀和细纤维化，从而使纤维比表面积增加，并在纤维表面产生了更多新的游离羟基。

氢键理论认为，水与羟基极易形成氢键。经过打浆的纸料纤维，可以通过偶极性水分子与纤维形成纤维-水-纤维的松散连接的氢键结合。当纸料形成湿纸幅时，相邻两根纤维的羟基，首先通过水的作用，形成纤维-水-纤维连接，并将羟基组成适当的排列，形成水桥，如图1-5所示。纸幅在干燥时，水分蒸发，纤维受水的表面张力作用，使纸幅收缩，纤维之间

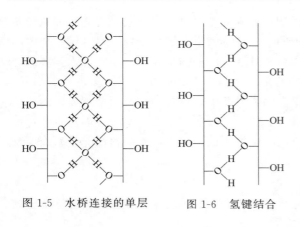

图 1-5　水桥连接的单层　　　图 1-6　氢键结合

进一步靠拢，当相邻的两根纤维的羟基距离缩小到 0.28nm 以内时，纤维素分子中羟基的氢原子与相邻纤维羟基中的氧原子产生了 O—H—O 连接，形成氢键结合，如图 1-6 所示。正是这种氢键结合力把纤维与纤维结合起来，使纸页具有了强度。

纤维素分子的羟基相当多，但是，并不是所有的羟基都能形成氢键结合，研究发现：纤维内部的羟基只有 0.5%～2% 能够形成氢键结合，而 98% 以上的羟基是以结晶或定型区的形式组成氢键结合，它只能体现纤维本身的强度。而只有游离出来的羟基形式的氢键结合，才能体现纸张或纸板的强度。纤维素分子间和分子内氢键如图 1-7 所示。

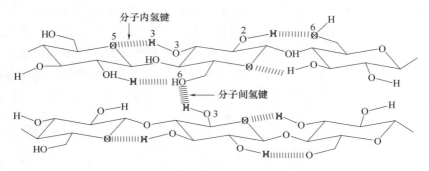

图 1-7　纤维素分子间和分子内氢键

综合上述情况可以认为，氢键结合的条件是：有游离羟基，而且两羟基之间的距离在 0.28nm 以内。纤维在打浆过程中吸水润胀和细纤维化，都会使纤维的游离羟基增加，促进了纤维间的氢键结合，从而提高了纸张物理强度。

（二）影响纤维结合力的因素

影响纤维结合力的因素很多，除了打浆这主要的影响因素外，与原料的种类、纤维的化学组成、纤维长度和物理性质、纤维在纸页中排列和使用添加剂等因素都有密切的关系，具体叙述如下：

1. 原料的影响

不同种类的原料其物理结构和化学组成均有很大区别，一般来讲，化学木浆的结合力最大，棉浆次之，草浆较差，机械浆最差。而棉纤维的结合力虽不是最大，但由于棉纤维的强度好、纤维长、表面交织力强，故成纸的强度较高，纸页的撕裂度特别好。

2. 半纤维素的影响

半纤维素的含量对结合力的影响很大，因半纤维素的分子链比纤维素短，有很多排列不整齐的支链，没有结晶结构，其亲水性很强，打浆时容易吸水润胀和细纤维化，增加了纤维的比表面积，游离出更多羟基，因此，有利于提高纸张的强度，尤其是在打浆初期对耐破度和抗张强度的提高更为明显。

但也不是半纤维素含量越多越好，因半纤维素含量太多，细小纤维的比率过大，润胀太快，纸料还没有达到应有的强度，打浆度已经很高了，抄纸脱水困难，成纸透明发脆，纸页强度反而下降，故一般要求纸浆半纤维素含量不少于 2.5％～3％，但也不宜超过 20％。具体应根据纸种的质量要求来定，例如：抄造强韧纸张，半纤维素的含量不宜太多，一般文化用纸可适当高一些。为了提高得率节约原料，在生产中也应注意保留半纤维素。抄透明纸，为了成纸透明，半纤维素的含量应更高一些，故多选用含半纤维多的阔叶木来抄造。

3. 纤维素的影响

纤维素的含量和聚合度大小也影响纤维的结合力，纤维素含量高聚合度大的纤维强度好，成纸的结合力较大。反之，纤维的结合力较小。一般认为：凡是强度和紧度要求大的纸类，例如复写纸、电容器纸、钞票纸等，宜选用纤维素含量高聚合度大的原料。反之，如纸质较差或一般印刷纸类，则可选用纤维素聚合度较低的原料。

4. 木素的影响

木素含量多的纸浆亲水性差，不易打浆，纤维之间的结合力也低，成纸的紧度小，强度差，这是因为木素多分布在 P 层和 S_1 层，影响了纤维的润胀和细纤维化。机械木浆的木素含量高，结合力低，成纸强度差。

5. 纤维长度的影响

纤维长度有两种概念：纤维本身的长度和打浆后纸浆纤维的长度。生产中主要是指打浆后纸浆纤维的长度。而打浆后纤维的长度是根据纸种的需求确定的，纤维过长对纸页的匀度不好。纤维长度和纸张的强度具有重要的关系，对撕裂度的影响尤甚。当纤维的结合力增加到一定程度后，纤维长度对结合力的影响更为明显，含木素多的机械木浆，纤维的结合力差，纤维长度对抄纸的强度显得更为重要。

6. 添加剂的影响

在纸浆中加入亲水性物质，如淀粉、蛋白质、羧甲基纤维素、植物胶等，会增加纤维的结合力，因为这些物质的结构中含有极性羟基，能增强纤维氢键结合，使纤维之间的结合更牢固。反之，在纸浆中加入松香、石蜡和填料等疏水性的物质，则会影响纤维之间的结合，降低纸张的强度，因为加入这类物质，使纤维与纤维隔离，减少了纤维的接触表面，使纤维的结合力下降。

四、打浆与纸张性质的关系

打浆与纸张的质量有着密切的关系，如图 1-8 和图 1-9 所示，随着打浆度的提高，纸张的各种性能均发生相应的不同变化，而两种纸浆的各种物性质变化曲线规律是相似的，说明打浆对不同纤维的作用有着共同的规律，只是随着浆料种类的不同稍有差异。

图 1-8 中 9 条曲线的变化规律可以分为三类。一类是打浆性能曲线是逐步上升，如纤维的结合力、紧度和收缩率等曲线。第二类曲线是逐步下降，如纤维的平均长度、透气度和吸收性等曲线。第三类曲线是打浆前期曲线上升并逐渐缓慢，然后出现转折和下降，如各种强度曲线。另外，几种强度曲线的变化规律虽然相似，但曲线的斜率和转折点出现的迟早并不相同，说明打浆对各种强度指标影响程度又不相同。打浆的基本矛盾就是纤维的结合力和纤维的平均长度，随着打浆度的提高，纤维的结合力不断上升，纸页的紧度、收缩率也相应上升，纸页的吸收性、透气度不断下降，并有利于提高纸页的各种强度。但另一方面，随着打浆度的继续提高，纤维的长度不断减小，对纸页的各种强度指标又产生了负面影响。这两种影响因素的结合，使强度曲线出现了转折现象。

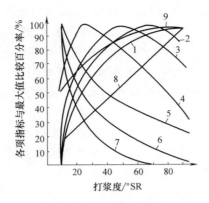

图 1-8　木浆打浆与纸张物理性质的关系

1—纤维结合力　2—裂断长　3—耐折度　4—撕裂度　5—纤维平均长度　6—吸收性　7—透气度　8—收缩率　9—紧度

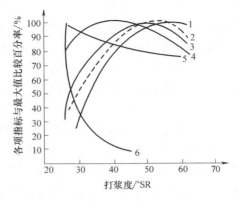

图 1-9　稻草浆打浆与纸张物理性质的关系

1—结合力　2—裂断长　3—耐折度　4—撕裂度　5—纤维平均长度　6—透气度

打浆与纸张性质的关系参看图 1-8、图 1-9，现分别讨论如下。

（一）纤维结合力与打浆的关系

随着打浆度的增加，纤维润胀和细纤维化增加，纤维的比表面积增大，游离出更多的羟基，促进纤维间的氢键结合，使纤维的结合力不断上升。

打浆初期纤维结合力曲线上升很快，说明纤维润胀和细纤维化增长的速度很快，打浆中期纤维结合力曲线上升渐慢，说明纤维的外表面积已充分暴露，纤维结合面积的增长速度已越来越慢。在打浆后期，纤维结合力曲线逐渐平直，说明打浆后期纤维已高度吸水润胀和细纤维化，再进一步提高纤维的结合面积已相当困难，因此纤维的结合力达到最高点。

（二）裂断长

裂断长是表示纸张能承受抗张强度的大小，是假设把一定宽度的纸和纸板的一端悬挂起来，计算由其自重而断裂的最大长度，以 km 表示。影响纸张裂断长的因素很多，主要是纤维结合力和纤维平均长度，同时与纤维的交织排列和纤维自身的强度等有关。在打浆初期裂断长上升很快，以后逐渐缓慢，到一定数值之后，产生转折下降的现象。这是因为，在打浆前期纤维较快的润胀和细纤维化，使纤维的结合力上升，裂断长也随之提高，这阶段影响裂断长的主要因素是纤维结合力。木浆打浆度在 70°SR，稻草浆打浆度在 50°SR 左右，裂断长达到最大值，继续打浆，纤维结合力虽然继续提高，但随着纤维的平均长度下降，裂断长已开始下降。后一段影响裂断长的主要因素是纤维的平均长度。转折现象产生的早晚与打浆方式有关。如采用重刀打浆，纤维长度下降快，裂断长较早出现转折；反之，轻刀打浆，纤维的切断少，有利于裂断长的提高，出现转折的时间也晚。

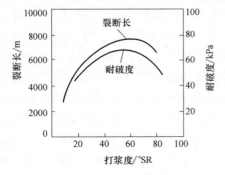

图 1-10　耐破度曲线

（三）耐破度

耐破度表示纸张所能承受的最大压力，通常用 kPa 表示。纸张耐破度的变化曲线与裂断长相似。影响耐破度的主要因素是纤维结合力和纤维平均长度，其次是纤维本身强度和纤维交织情况等，如图 1-10 所示。

由于纸张在破裂时不仅受到拉力作用，同时也受到撕力作用，在打浆度比较高时，随着纤维平均长度的降低，使耐破度曲线比裂断长曲线下降的更快一些。

（四）耐折度

耐折度是指纸张在一定张力下所能承受 180°往复折叠的次数。

影响耐折度的因素是纤维平均长度、纤维结合力、纤维在纸页中的排列、纤维本身的强度和弹性等。耐折度随着打浆度的提高而有所提高，与裂断长曲线相似，即在达到最高值以后出现转折。纤维结合力对耐折度的影响，不如对裂断长的影响大，但是纤维平均长度对耐折度的影响却很大，所以，耐折度曲线的转折点比裂断长出现早，即在打浆度不很高时，耐折度就开始下降。

耐折度除受纤维结合力和纤维平均长度影响外，还与纤维的弹性有关，而弹性又与纸张水分含量有密切的关系。在一定的范围内，增加纸张的水分含量可以增加纤维柔软性，能有效地提高纸张的耐折度，但水分含量上升到一定程度后则又会因纤维结合力下降过多，使耐折度下降。为了提高纸张的耐折度，打浆时应注意使纤维获得良好的润胀和细纤维化，并尽可能避免纤维的切断作用，故采用轻刀打浆为宜，并应防止纸页过干，保持适量的水分含量，使纤维富有柔曲性，纸页则具有良好的耐折性。

（五）撕裂度

撕裂度是表示纸张抗撕裂的能力，以 mN 表示。影响撕裂度的主要因素是纤维的平均长度，其次是纤维结合力、纤维排列方向、纤维强度和纤维交织情况等。

打浆初期，由于纤维结合力提高，纤维长度下降不多，故撕裂度显著上升。随后，由于纤维长度的下降，造成撕裂度迅速下降，如亚硫酸盐木浆的撕裂度在 18~25°SR 时就开始下降，而耐折度的下降点在 50°SR 左右，裂断长一般是 60~80°SR 时开始下降。

另外，纤维本身的强度和纤维的排列交织情况也影响撕裂度的大小。纤维在纸中排列的方向对纵横向撕裂度有重大影响，由于纸页纵向排列的纤维多于横向排列，所以纸张的横向撕裂度总是高于纵向的撕裂度。

（六）紧度

紧度是指纸张紧密的程度，以立方厘米纸的质量来表示。

纸张的紧度随打浆度的上升，纤维结合力的增加而不断提高。紧度曲线没有转折点。在打浆前期紧度上升很快，随后逐渐减慢。这是由于到打浆后期，纤维已高度吸水润胀和细纤维化，故紧度难以再进一步提高。紧度对纸张的性质和物理强度有一定的影响，提高纸张紧度，成纸的透气度和吸收性下降，在一定范围内可提高纸张的裂断长和耐破度，会降低纸页的撕裂度。影响纸张紧度的因素很多，主要是纸料的打浆度、纸浆种类、半纤维素含量、网上脱水情况及压榨和压光的压力，等等。一般来说，纸浆的打浆度越高，半纤维素含量越多，加压越大，成纸的紧度越大。

（七）不透明度

不透明度是指纸张不透光的程度。影响纸张不透明度的因素主要是纤维结合力。打浆度高的浆料，湿纸在干燥时因纤维结合紧密，纤维间隙少，使光线的散射光线减少，通过的光线较多，使纸张的透明性增加，不透明度降低。

生产不透明度大的纸张，宜采用半纤维素含量少的纸浆，因半纤维素多的纸浆容易水化。同时应选用折射率大的填料，干燥时应适当增加纸的张力和减少压榨和压光的压力，以增加纸页对光的散射能力，减少透光的能力。

（八）伸长率和伸缩性

伸长率是指纸张受到张力至断裂时伸长的百分率。而纸张的伸缩性是表示纸张浸入水中或在不同湿度增湿或减湿时，尺寸的变化。它们都是反映纸张的收缩性能。

纸张的伸长率和伸缩性都是随打浆度的提高而上升。主要的影响因素有打浆方式、纸浆种类、半纤维素含量及纤维本身的强度和弹性、纤维的长度和纸页干燥时所受的张力大小，等等。

总之，打浆度高、半纤维素含量多、纤维结合力大的纸浆，伸缩变形均较大。造纸时不要将湿纸拉得太紧，以减少纸页所受的张力，干燥时将干网张紧，减少纸页收缩，从而降低纸页的伸缩性。在打浆时采用强力切断，尽量减少纤维的润胀水化，并添加适当的填料和胶料等，都可以减少纸页的伸缩变形。长纤维打浆可以使纸张有较大的伸长率，因为用长纤维抄成的纸，在拉伸断裂时，纤维间产生一定的滑动，使纸页伸长。所以在生产牛皮纸、水泥袋纸、电缆绝缘纸等要求伸长率较高的纸种时，除了需要采用纤维长、强度高的硫酸盐木浆原料外，还需要采用长纤维打浆方式。

另外在纸机干燥时，应放松干网，减小纸页的张紧，使纸得到自由收缩，也可以提高纸张的伸长率。若采用半纤维含量高、润胀水化好的纸浆，成纸的伸长率也高。

（九）吸收性和透气度

吸收性是表示纸张吸收水分或其他液体的能力，透气度是鉴别纸层中间含有空隙的程度，也是检查纸张防潮能力的指标之一。

吸收性、透气度随着打浆度的增加而降低，正好与结合力曲线相对称。随着打浆度的提高，增加了氢键结合和纤维结合力，减少了纸页中气孔的大小和数量，使纸页的吸收性和透气度下降。透气度曲线下降极快，下降的坡度比吸收性曲线更大，木浆的打浆度 70～90°SR 时，如不加填料，纸张的透气度几乎等于零，即达到完全羊皮化。

影响吸收性和透气度的主要因素是打浆度、纤维的化学组成、半纤维的含量等。若纤维的纯度高，分子链长，结晶区多，或用木素含量高的磨木浆，纤维不易吸水润胀，纤维间结合力低，成纸疏松多孔，透气度大，吸收性强。反之，纸浆中半纤维素含量多，打浆时易润胀水化，成纸紧密，成纸吸收性低，透气度小。因此，在生产描图纸、防油纸时，要求纤维充分润胀和水化，应选用含半纤维多的原料。反之，在生产吸墨纸、过滤纸时，要避免过多润胀和水化，应选用纤维纯度高的棉纤维为宜。

此外，纸机的压榨、压光和加填等也会影响纸张的吸收性和透气度。

（十）脆性

脆性是指受冲击作用力或弯曲作用力时，纸张易折、易碎、韧性欠佳的性质。衡量纸张脆性大小的指标是脆裂度，纸张的脆裂度是指纸样经一定压折后抗张强度下降的百分率。

实验结果表明，在打浆过程中脆性与打浆的关系是：在打浆初期，打浆度提高脆性有所下降，随着打浆度的进一步提高，纸浆的脆性又有所上升。其原因是纤维的长度对脆性影响较大，随着打浆度的提高，纤维长度减少，成纸的脆性将不断增加。另外纤维的细纤维化对脆性也有较大的影响，纤维的细纤维化，有利于成纸应力的分散，可以降低纸张的脆性。若进一步提高纤维的细纤维化，使成纸紧度上升，也会使纸张的脆性上升。因此出现了脆性变化的曲线。

影响脆性的因素很多，与备料、制浆、纸页干燥的关系甚大，不能只从打浆的角度研究纸张的脆性问题。

总之，过度打浆和切断纤维，会导致纸页的脆性增加，研究证明，麦草打浆度在 31°SR

时，脆裂度最低。

第二节 打 浆 工 艺

纸张的种类很多，每种纸有不同的性质和要求，如何在打浆中满足纸种的要求呢？首先应提出合适的打浆方式，制订和掌握好打浆的主要工艺条件，认真执行操作规程，才能达到保证质量、提高产量、降低电耗和充分发挥设备效率的目的。在生产中由于采用的浆种和打浆设备的形式不同，即使生产同一产品，不同生产线采用的工艺条件也不完全相同。因此，我们应当根据纸张性质的要求，结合浆料特性和设备的性能，灵活运用。

一、打 浆 方 式

（一）游离打浆和黏状打浆

为了说明打浆的情况和要求，以及表示纸料的特性，根据纤维在打浆中受到不同的切断、润胀及细纤维化的作用情况，将打浆方式分为四种类型：即长纤维游离状打浆、短纤维游离状打浆、长纤维黏状打浆、短纤维黏状打浆。

所谓游离状打浆，是以降低纤维长度为主的一种打浆方式；而黏状打浆，是以纤维吸水润胀、细纤维化为主的打浆方式。长纤维打浆是指尽可能地保留纸浆中纤维的长度。短纤维打浆，是指尽量对纤维进行切断的打浆方式。

必须指出，在实际生产中四种打浆方式不可能截然划分。即游离状打浆中纤维不可避免地有一定程度的润胀和细纤维化。而黏状打浆中以细纤维化为主，但纤维也不可能不受到切断。长纤维打浆的纸浆中，并不是没有短纤维。而短纤维打浆的纸浆中也有一些长纤维的存在。另外，不同的打浆方式只表明打浆的方向和打浆的主要作用，并不表示打浆的程度。打浆的程度主要是用打浆度来衡量。我国通常将打浆度低于 30°SR 以下的浆料称为游离浆。打浆度高于 70°SR 以上的浆料称为黏状浆，而介于 30～70°SR 之间的浆料则称为半游离半黏状浆。Henschel 提出：

打浆度小于 30°SR   称为高度游离浆

打浆度为 30～50°SR   称为游离浆或中等浆

打浆度为 50～70°SR   称为黏状浆

打浆度为 70～85°SR 或大于 85°SR   称为高黏状浆

所以游离浆和游离状打浆是两个不同的概念，前者表示打浆的程度，后者表示打浆作用的方向。也就是说，用黏状打浆方式打出的纸浆并不一定是黏状浆，如硫酸盐木浆生产水泥袋纸时，有两个重要的质量要求：既要求纸袋纸有很高的强度（耐破度和撕裂度），又要求纸袋纸具有良好的透气度。为了保证透气度和纸料上网脱水良好，纸袋纸成浆的打浆度不能高，只有 20～22°SR，是属于游离浆。但纸袋纸的打浆方式不能采用游离状打浆。如果用游离状打浆，则要求更多地切断纤维，对成纸的撕裂度极不利。因此，水泥袋纸打浆，打浆度虽然低，但打浆方式仍是采用长纤维黏状打浆。

（二）四种打浆方式浆料的特性

四种打浆方式的浆料纤维形态示意图如图 1-11 所示。

1. 长纤维游离状打浆

这种打浆方式以疏解为主。要求尽可能将纸浆中的纤维分散成为单根纤维，只需适当地

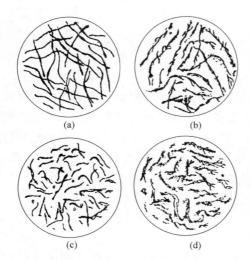

图 1-11 四种打浆方式的纤维形态
（a）长纤维游离状 （b）长纤维黏状
（c）短纤维游离状 （d）短纤维黏状

加以切断，尽量保持纤维的长度，不要求过多的细纤维化。这种浆料的脱水性好，成纸的吸收性好，透气度大。因纤维长，成纸的匀度欠佳，纸面不甚平滑，不透明度高，有较好的撕裂强度和耐破度，纸张的尺寸稳定性好，变形性小。这种纸料多用于生产有较高机械强度的纸张，如牛皮包装纸、电缆纸、工业滤纸等。

2. 长纤维黏状打浆

要求纤维高度细纤维化，良好的润胀水化，使纤维柔软可塑，有滑腻性，并尽可能地避免纤维切断，使纤维保持一定的长度。这种纸料因打浆度高，脱水困难，纤维长，上网时容易絮聚，影响成纸的匀度，需采用低浓上网。成纸的强度大，吸收性小，可用来生产高级薄型纸，如仿羊皮纸、字典纸、电话纸、防油纸、描图纸等。

3. 短纤维游离状打浆

要求纤维有较多的切断，避免纸浆润胀和细纤维化。这种纸料脱水容易，成纸的组织均匀，纸页较松软，强度不大，吸收性强。这种浆适于抄造吸收性强、组织匀度要求高的纸种，如滤纸、吸墨纸、钢纸原纸、浸渍绝缘纸等。

4. 短纤维黏状打浆

要求纤维高度细纤维化，润胀水化，并进行适当的切断，使纤维柔软可塑有滑腻感。这种纸料上网脱水困难，成纸匀度好，有较大的强度，适合于抄造卷烟纸、电容器纸和证券纸等。

以上四类打浆方式，只代表四种典型方式，在实际生产中，要根据纸浆种类、产品的要求以及纸机情况等选择具体打浆方式。表 1-1 为几种不同纸张浆料的特性和打浆方式。

表 1-1　　　　　　　　　　　几种不同纸张浆料的特性和打浆方式

纸种	定量/(g/m²)	纤维平均长度/mm	打浆度/°SR	打浆方式
纸袋纸	80	2.0～2.4	20～25	长纤维，黏状
牛皮纸	40～100	1.8～2.4	22～40	长纤维，游离状
滤纸	100	1.2～1.5	25～30	中等长，游离状
吸墨纸	100	0.7～1.0	20～30	短纤维，游离状
描图纸	50	1.2～1.6	85～90	中等长，黏状
防油纸	32	1.5～2.0	65～75	长纤维，黏状
电容器纸	8～10μm(厚度)	1.1～1.4	92～96	短纤维，高黏状
卷烟纸	22	0.9～1.4	88～92	短纤维，黏状
书写纸	80	1.5～1.8	48～55	中等长，半黏状
印刷纸	52	1.5～1.8	30～40	中等长，半游离
打字纸	28	0.95～1.1	56～60	短纤维，半黏状

（三）打浆方法

不同的打浆方式，应采用不同的打浆方法。打游离状浆，要求打浆的时间短，迅速对纤维进行切断，尽量减少纤维润胀和水化，打浆的浓度要低，比压要大。所采用的刀片数量要少，刀片要薄，刀宽度与沟槽宽度的比值要小，以一次下重刀为宜。打黏状浆，为了使纤维尽量细纤维化，润胀水化，避免遭到过多的切断，打浆的时间要长，首先轻刀疏解分散纤维，然后分几次下刀，逐步加重比压，打浆浓度应高一些，刀片要厚一些，刀宽度与沟槽宽度的比值要大一些。

四种打浆方式在打浆机中打浆的主要特征比较见表1-2。

表 1-2 　　　　　　　　　　　四种打浆方式下刀对比表

打浆方式	长纤维		短纤维	
	游离打浆	黏状打浆	游离打浆	黏状打浆
下刀方式	分段下刀	分段下刀	一次下刀	一次下刀
下刀程度	重刀	逐渐加重	重刀	较重刀
下刀时间（疏解纤维后）	较快	慢	快	较快
全部打浆时间	短	长	极短	较长

二、影响打浆的因素

影响打浆的因素很多，如打浆比压、刀间距、打浆时间、浆料浓度、浆料性质、刀的特性、打浆温度、纸料pH及添加物等。而这些因素之间，都有着内在的联系，每个因素的变化，不仅会影响到其他因素，而且还会影响到打浆的质量、产量和电耗。为了提出合理的打浆工艺规程，有必要对上述诸因素进行讨论。

（一）打浆比压和刀间距

单位打浆面积上所受到的压力，称为打浆比压。其公式如下：

$$p = \frac{F}{A} \tag{1-1}$$

式中　p——打浆比压，Pa

　　　F——盘磨磨区间或打浆机飞刀与底刀间的压力，N

　　　A——盘磨磨区或打浆机飞刀与底刀接触面积，m^2

打浆比压是决定打浆效率的主要因素，正确地确定打浆比压是保证打浆质量、缩短打浆时间、节约电耗的关键。

打浆比压的大小与刀间距离有密切的关系。由于刀辊与底刀之间有一薄浆层，最小刀间距也应保持在0.05～0.08mm。若刀片直接接触刀面，即没有浆层，不仅失去打浆作用，并磨损刀片，实际上，飞刀也不应与底刀完全接触。打浆比压、刀距与打浆作用的关系参见表1-3。

表 1-3 　　　　　　　　　　　打浆机打浆比压与刀距的关系

打浆比压	刀距/mm	打浆作用	打浆比压	刀距/mm	打浆作用
极小	>1	搅动混合	小	0.2～0.4	轻刀打浆
小	0.6～1.0	轻刀疏解	中	0.1～0.2	中等刀打浆
小	0.5～0.6	重刀疏解	大	<0.1	重刀打浆

增加比压有利于纤维的切断，打浆速度快切断多，压溃多，整根纤维的百分比减少。如表1-4所示。

所以，打游离状浆应迅速缩小刀距，提高比压，在纤维束充分润胀以前，用比较大的压力，快速将纤维切断。反之打黏状浆，应逐步缩小刀距，逐步提高比压，以较长的时间，较低的压力，使纤维得到充分的润胀和细纤维化。

打浆的比压应根据原料的性质和纸种的要求确定，参见表1-5。

表 1-4　　　　　　　　　　在不同比压下打浆对浆料质量的影响

打浆比压 /MPa	浓度 /%	通过量 /(kg/h)	打浆度 /°SR	纤维形态比例/%		
				整根	切断	压溃
0	2.78	817	30.5	58.4	40.7	0.9
0.2	3.22	817	36.6	34.1	61.5	4.4
0.3	3.50	817	38.0	28.7	63.8	7.6
0.4	3.72	817	41.0	20.9	67.6	11.6

表 1-5　　　　　　　　　　打浆比压与纸张品种、纤维原料的关系

纤维原料种类	纸张品种	打浆比压/MPa
	书写纸、印刷纸	0.3～0.5
未漂亚酸盐木浆	薄型文化纸、有光纸	0.1～0.3
	80～100g/m² 卡片纸、书皮纸	0.5～0.7
漂白及半漂白亚硫酸盐木浆	防油纸	0.2～0.3
	卷烟纸、复写纸类薄纸	0.05～0.10
漂白亚硫酸盐木浆	书写纸、印刷纸	0.2～0.4
	绘图纸、地图纸、吸水纸	0.5～1.6
本色硫酸盐木浆	电气绝缘纸	0.4～0.8
	牛皮纸、纸袋纸	0.8～1.0
破布浆（棉）	吸水纸	1.0～1.2
破布浆（棉或麻）	高级书写纸等	0.3～0.6
漂白亚硫酸盐苇浆	印刷纸、有光纸	0.2～0.7
漂白碱法草浆	有光纸、印刷纸	0.2～0.5
麻浆	薄纸	0.05～0.3

在一定范围内增加打浆比压，虽然动力消耗加大，但可以缩短打浆时间（间歇打浆），或增加打浆的通过量（连续打浆），从而产量增加，使单位产品的动力消耗下降。因此，生产中在保证产品质量的前提下，应让设备满负荷运行，以增加比压来满足打浆方式的要求，充分发挥设备的能力，达到低能耗。

在生产中，比压是通过测量电机电流的方法进行控制。电机的负荷高表示比压大。圆柱磨浆机用控制水压表或气压表的压力来掌握施加磨浆的压力。

（二）打浆浓度

根据浆料的浓度，打浆可分为低浓打浆、中浓打浆和高浓打浆。一般认为，浆料浓度在10%以下称为低浓打浆，浆料浓度在 10%～20% 之间称为中浓打浆，20%～30% 甚至更高称为高浓打浆。浆料浓度对打浆质量影响很大，现将其特点分述如下。

1. 低浓打浆

打浆浓度的高低由纸种、打浆方式和打浆设备的性能所决定。一般来说，间歇打浆的槽式打浆机打黏状浆的打浆浓度为 6%～8%，打游离状浆打浆浓度为 3%～5%；但对于连续打浆的磨浆机来说，打黏状浆打浆浓度为 4%～6%，打游离状浆打浆浓度为 2%～4%。

适当提高打浆浓度，进入转盘与定盘之间（或飞刀与底刀之间）的浆料增多，每根纤维所分担的压力相应减少，从而减少了纤维的切断作用，能促进纤维之间的挤压与揉搓作用，有利于纤维的分散、润胀和细纤维化。所以提高打浆浓度，适宜于打黏状浆。反之，降低打浆浓度，有利于纤维切断，适合于打游离状浆。

提高打浆浓度，可以提高产浆量，降低每吨浆的动力消耗，从而降低生产成本。但是，提高打浆浓度往往受到打浆设备条件的限制，如槽式打浆机能够保证浆料在循环槽内均匀循

环的最大浓度小于10％；连续打浆设备对浆料的通过量和浓度的稳定性有较高的要求，受供浆系统的限制，很少处理超过6％的浓度。由于浓度越低则越不经济，提高打浆浓度有益于增效降耗，在工艺和设备允许的条件下，根据生产纸种的质量要求，应尽量提高打浆浓度。

2. 高浓打浆

在实验室进行高浓（20％～30％）打浆的研究，已经有几十年时间。高浓打浆不仅能保留纤维长度，并能有效、充分、均匀地进行打浆，能赋予纸张优良的特性，如有较高的撕裂度、伸长率和耐破度等。所制成的浆料，纤维切断少，纤维束少，滤水性能较好。高浓打浆适用于处理马尾松、落叶松等厚壁纤维和短纤维的阔叶木浆及草浆，为利用短纤维浆料，增加生产的纸种，提高质量，生产高强度的纸张开辟了新的途径。

（1）高浓打浆原理

低浓打浆时刀片与纤维直接作用。而高浓打浆时，靠纤维之间的相互摩擦作用进行打浆，这是高浓与低浓打浆的主要区别。低浓打浆时，由于纤维之间有大量的水分，使纤维相互的距离增大，并起着润滑剂的作用，致使纤维间的摩擦和挤压作用很少，不足以影响纤维的性质，所以低浓打浆主要靠刀片直接对纤维进行冲击、剪切、压溃和摩擦，因此，低浓度打浆要求刀片间的缝隙必须保持单根纤维厚度左右，才能使纤维受到强烈的作用。但是由于打浆设备加工和安装的原因，或刀片在使用过程中所发生的不均匀磨损，都会使刀片间的间隙不可能完全一致，在间隙太小处，纤维将受到强烈的压溃和切断。在间隙过大处，纤维又受不到必要的打浆处理。因此低浓度打浆的均匀性比较差，并产生较多的切断。高浓打浆，由于浆料的浓度高，磨盘的间隙较大，磨浆作用不是靠磨盘直接和纤维作用，而是依靠磨盘间高浓浆料的相互摩擦、挤压、揉搓、扭曲等作用，使纤维受到了打浆，与此同时产生大量的摩擦热，使浆料软化，有利于浆料的离解。所以，高浓打浆与低浓打浆相比，纤维的长度下降不大，短纤维和细小纤维碎片减少。高浓打浆，打浆度上升较慢，浆料的滤水性能好。在纤维的形态上与低浓打浆也有显著的区别，高浓打浆的纤维纵向压溃多呈扭曲状，而低浓打浆的纤维呈宽带状。

（2）高浓打浆的浆料特性

从纤维平均长度的测定结果表明，如图1-12所示，高浓打浆能更多地保留纤维的长度和强度，很少增加细小纤维的组分，因此，成浆的撕裂度比低浓打浆高得多。

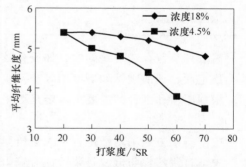

图1-12　高浓低浓打浆的纤维平均长度

用显微镜观察，高浓打浆的纤维有明显的帚化和纵向分裂，纤维柔软而富有润胀性，此外在高浓打浆中，纤维受到强烈的挤压和扭曲作用，如表1-6所示。

表1-6　　　　　　　　　　　高低浓打浆时纤维受扭曲作用对比

打浆浓度／％	打浆度／°SR	每100mm纤维扭转180°角的次数
18	53	111
4.25	51.5	23

因此，高浓打浆的纤维多呈扭曲和卷曲状，具有良好的收缩性能，纸张强韧耐破度高，能大大地提高纸张的收缩率和韧性，这对水泥袋纸、卷烟纸、高速轮转印刷纸等要求韧性大

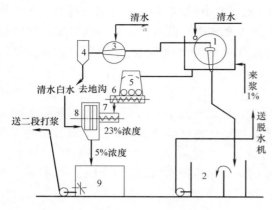

图 1-13　高浓盘磨机磨浆流程

1—真空过滤机　2—真空过滤机水封池（80m³）
3—真空泵　4—消音器　5—活底料仓　6—送料器　7—喂
料器　8—高浓盘磨机 23％浓度　9—贮浆池（220m³）

的纸种，更具有重要的意义。但对长纤维浆来说采用高浓打浆，纤维不能受到足够的切断，成浆容易絮聚，纤维沉降的速度比较快，不易保证成纸的匀度，另外，高浓打浆动力消耗大。在实际生产中多采用两段打浆的方法，即在高浓打浆之后，再经低浓打浆处理。两段打浆既能体现高浓打浆的优点，又能达到低浓匀整，提高成纸匀度、节约电力消耗的目的。高浓打浆的流程如图 1-13 所示。两段打浆时除了纸张的抗张强度、撕裂度变化不大外，纸的耐破度、裂断长、伸缩率和韧性、破裂功等都有较大提高，比单纯用低浓打浆或高浓打浆都好。其打浆质量对比如表 1-7 所示。

表 1-7　　　　　　　　　　高低浓打浆与低浓打浆成纸质量比较表

打浆质量对比项目		高低浓打浆	低浓打浆	高低浓打浆与低浓打浆比较/%
定量/(g/m²)		80.64	80.40	+0.29
耐破指数/(kPa·m²/g)		3.76	3.73	+0.804
撕裂指数/(mN·m²/g)		19.46	19.67	-1.07
伸长率/%	横向	2.70	2.41	+12.03
	纵向	5.64	5.21	+8.25
抗拉强度/(kN/m)	横向	5.315	5.204	+2.133
	纵向	2.079	2.059	+0.971
拉伸积/N·mm	横向	394.0	348.9	+12.99
	纵向	313.3	296.3	+5.73

　　高浓打浆也存在一些问题，如设备较复杂，动力消耗大，成纸紧度大，不透明度大，尺寸的稳定性、纸的刚性和挺度均较差。实际生产中并不是任何纸种都可以采用高浓打浆的，而应根据原料和纸种的需要来确定是否采用。

　　3. 中浓打浆

　　中浓打浆方面国内已进行了大量研究，并已在生产中进行了推广应用，取得了较好的效果。中浓打浆特性与低浓打浆特性有较大区别。各种浆料的中浓打浆特性介绍如下。

　　（1）未漂针叶木（马尾松）硫酸盐浆中浓打浆

　　马尾松是一种广泛生长在我国长江流域及其以南地区的速生针叶材，它是南方各省市造纸厂家使用较多的造纸用材。但从纤维形态来看，其作为造纸原料也存在一些缺陷：马尾松树脂含量较高，抄造时易出现树脂障碍；另外，从打浆方面来说，其纤维壁厚、微纤维绕角较大，使打浆难以破除较厚的初生壁及次生壁外层，较大的微纤角也难以使纤维壁纵向撕裂及进一步起毛、分丝和帚化，故在利用传统的双盘磨进行低浓打浆时，为达到生产上所需打浆效果，所需盘磨台数较多，打浆能耗较大，纵然如此，双盘磨低浓打浆所抄纸品仍多存在匀度差、强度低等弊病。

　　表 1-8 为华南理工大学所做的马尾松硫酸盐浆中浓打浆与低浓打浆对比试验结果。由表

可见，对于马尾松未漂硫酸盐浆来说，采用中浓打浆较之于低浓打浆，在成浆打浆度降低的情况下，成品纸板的紧度、耐破度和环压指数都有明显提高。这是由于中浓打浆时，磨片较高的转速及较高的浆浓使浆料纤维在磨区呈剧烈的湍流运动，纤维与纤维之间产生巨大的内部摩擦力，使马尾松浆料纤维初生壁被压溃、破除，纤维纵向撕裂，分丝帚化，游离出较多的羟基，同时纤维挠曲度增强，在网部成形时呈现良好的纤维结合及较佳的纤维网络成形，从而使成纸的紧度、匀度、耐破度、环压指数都有明显的增强。

另外，中浓打浆与低浓打浆对比，打浆的能耗显著降低。

表 1-8　马尾松未漂硫酸盐浆中、低浓打浆抄造挂面牛皮箱纸板物理性能比较

打浆类型	打浆浓度 /%	成浆打浆度 /°SR	定量 /(g/m²)	紧度 /(g/cm³)	环压指数 /(N·m/g)	耐破指数 /(kPa·m²/g)	耐折度 /次
低浓打浆	2.5～3.0	35～38	125	0.67	5.46	3.1	≥80
中浓打浆	6.0～7.0	30～32	125	0.69	6.01	3.4	≥80

（2）阔叶木（硬杂木）硫酸盐浆中浓打浆

与针叶木材种相比，阔叶木制浆所得浆料纤维细短，杂细胞等（如导管、薄壁细胞）不利于抄造的成分所含比例较大。如采用传统的低浓打浆，则会存在打浆度难以提高、纤维易于切碎且打浆能耗过大等弊病，难以抄造高档纸种。

表 1-9 和表 1-10 为硬杂木硫酸盐浆中浓打浆与低浓打浆的打浆效果对比试验结果。由表可见，中浓打浆较之于低浓打浆，在打浆至相近的打浆度值时，成浆湿重较大，说明打浆过程中纤维切断较少，纤维自身长度保留较好。另外，从表 1-10 的不同打浆浓度下的纤维筛分析也可见，在硬杂木低浓打浆时，留在 100 目以上的较长的纤维组分仅占 57.6%，而中浓打浆在相近的打浆度值下留在 100 目以上的纤维组分比例高达 85.4%，细碎组分低浓打浆时为 42.4%，而中浓打浆时降至 14.6%，这进一步说明了中浓打浆能够较好的保留纤维自身的强度。

表 1-9　硬杂木硫酸盐浆中、低浓打浆成浆参数的比较

打浆类型	打浆浓度/%	湿重/g	打浆度/°SR	吨浆打浆能耗/kW·h
低浓打浆	3.5	3.0	42	370
中浓打浆	8.0	4.5	40	255

表 1-10　硬杂木硫酸盐浆中、低浓打浆成浆参数及筛分分析

打浆类型	打浆浓度 /%	湿重 /g	打浆度 /°SR	+16目	16/30目	30/50目	50/100目	-100目
低浓打浆	3.5	3.0	42	0.8	9.5	9.8	37.5	42.4
中浓打浆	8.0	4.5	40	3.5	14.8	18.9	48.2	14.6

此外，由表 1-9 的打浆能耗来看，较之于低浓打浆，中浓打浆吨浆打浆能耗由低浓时的 370kW·h 降低到 255kW·h，降低的幅度为 30%～35%，节能效果明显。

另外，由中、低浓打浆成浆的纤维扫描电镜观察可见（见图 1-14、图 1-15），较之于低浓打浆，中浓打浆成浆纤维断头较少，表面起毛、分丝现象显著，纤维纵向撕裂、纤维的挠曲性改善；而低浓打浆成浆纤维表面较为光滑、纤维切断明显，从两图的比较说明了中浓打浆具有优越的增加游离羟基的能力，从而可赋予纸页较好的物理强度指标。由表 1-11 可见，采用中浓打浆后，成纸的裂断长、撕裂度都有较大幅度提高。

表 1-11　　　　　　　　　阔叶木硫酸盐浆中、低浓打浆成纸物理性能比较

打浆类型	打浆浓度 /%	定量 /(g/m²)	紧度 /(g/cm³)	裂断长 /m	撕裂度 /mN	尘埃度 /(个/m²)	伸缩率 /%
低浓打浆	2.5～3.0	80	0.72	3700	335	16	3.2
中浓打浆	6.0～7.0	80	0.78	4575	525	8	4.2

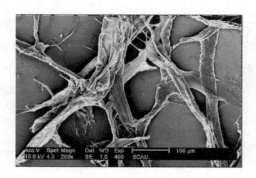
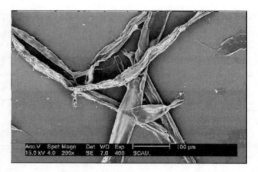

图 1-14　中浓打浆纤维电镜扫描照片（40°SR）　　　图 1-15　低浓打浆纤维电镜扫描照片（42°SR）

（3）麦草化学浆中浓打浆

麦草浆纤维较为短小，杂细胞含量较高，纤维细胞初生壁较厚，所以，在传统低浓打浆时，由于磨片间隙较小、机械剪切力较强及低浓浆料的流动特点，常导致纸浆纤维切断严重、杂细胞细碎化，虽然成浆有较高的打浆度值，但纤维结合力不强，纸页质量较差，车速难以提高。

表 1-12 和表 1-13 是麦草化学浆中浓打浆与低浓打浆的打浆效果对比试验。由表可见，中浓打浆较之于低浓打浆，对于同一种麦草浆，在打浆至相近的打浆度时，低浓打浆后纤维湿重仅为 2.4g，而中浓打浆后纤维湿重则为 3.3g，说明中浓打浆能较好地保留纤维的长度。另外，通过对中、低浓打浆后成浆的纤维筛分分析可知，中浓打浆后长纤维比例较高，这进一步证明了中浓打浆能较好地保留纤维的长度，从而使成纸有较高的强度。

表 1-12　　　　　　　　　麦草化学浆中、低浓打浆成浆参数及筛分分析

打浆类型	打浆度 /°SR	湿重 /g	各筛分所占比例				
			+16 目	16/30 目	30/50 目	50/100 目	−100 目
低浓打浆	40	2.4	0.7	8.0	8.5	38.2	54.6
中浓打浆	39	3.3	1.8	12.5	15.0	47.2	23.5

表 1-13　　　　　　　　　中、低浓打浆抄造纸巾纸的主要物理性能指标

打浆类型	定量 /(g/m²)	白度 /%ISO	柔软度 /mN	抗张强度 /mN	尘埃	洞眼
低浓打浆	22	86.5	247.0	3050	少	较少
中浓打浆	22	86.0	315.5	2100	多	较多

由此可见，中浓打浆，纤维的长度降低较少，并能破除纤维的 S_1 层，使纤维获得良好的内部和外部细纤维化，从而使纤维的结合力和成纸的强度大幅度提高。另外，中浓打浆的打浆效率高，能耗低，可以在节能的情况下取得强度的发展。

（三）浆料通过量

在打浆浓度和打浆负荷不变的条件下，打浆时浆料通过量增加，浆料通过磨区的速度加快，即意味着每根纤维在磨区的停留时间缩短，受到打浆作用的机会少，因而打浆质量有所

下降。如图 1-16 和图 1-17 所示，随着浆料通过量增加，打浆度逐渐下降，纤维湿重则逐渐增加。

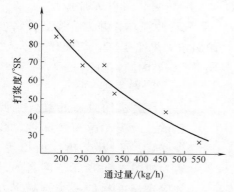

图 1-16　通过量与打浆度的关系

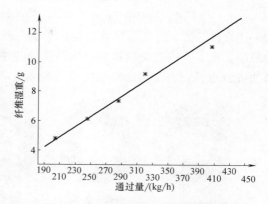

图 1-17　通过量与纤维湿重的关系

但是，为了保证打浆质量而降低通过量，则会相应增加电耗。因此，在实际生产中，是在满足产量的情况下，以打浆负荷的大小作为控制打浆质量的主要依据，而以小范围内适度调节浆料通过量作为控制打浆质量的辅助因素。

（四）打浆温度

在打浆过程中，由于纤维与纤维、纤维与磨片之间相互摩擦产生摩擦热，引起浆料温度上升。温度升高的大小随打浆情况不同而有差异。游离状打浆由于打浆时间较短，温度上升不大。黏状打浆，打浆时间较长，浆温往往易于出现升温较多的现象。例如，电容器纸的打浆，由于打浆时间较长，温度可能上升至 60℃ 以上。

纸料温度过高，可能产生以下几种副作用：

① 影响纸料施胶效果，导致施胶效果下降；

② 从亚硫酸盐木浆中游离出树脂，增加树脂障碍；

③ 可能引起纤维发生脱水，纤维的吸水润胀作用大大降低，致使必须延长打浆时间，以达到要求的打浆度；

④ 影响纸张的物理强度。以亚硫酸盐木浆为例，在 20℃ 和 60℃ 温度下分别处理纸料，使其打浆度最后均达 50°SR，抄成纸张，测定其物理强度，发现在打浆温度为 60℃ 时，其裂断长比 20℃ 打浆时低 22.7%，耐折度低 74.3%，耐破度低 43.2%，而只有吸水性能和透气度获得提高，如图 1-18 所示。这主要是由于较高的温度易引起纸料的脱水作用，纸料的润胀程度大大降低，在打浆过程中机械切断作用增加，最终引起了纸张中纤维结合力的降低。

在工厂生产过程中，因季节和地区的不同，对打浆效果也有影响。通常发现夏季温度高而给打浆工序带来一些麻烦，严重时还需采取降温措施。冬季温度较低，则不存在浆温过高的问题。

（五）设备特性

1. 槽式打浆机

槽式打浆机的设备特性包括飞刀与底刀的厚度，飞刀与底刀安装时的倾斜角度和刀的材质等。减少刀的厚度和刀的数目，可以提高打浆比压，有

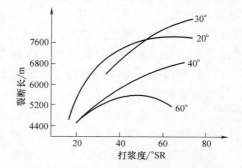

图 1-18　磨浆温度与打浆度、裂断长的关系

利于纤维的切断，适于游离状打浆。维持刀的数目不变，增加刀的厚度，打浆面积增加，打浆比压降低，有利于纤维分丝、疏解和细纤维化。一般来讲，用钢刀打游离浆，刀片厚度为4～6mm，中等黏状浆用8mm，黏状浆用10mm，如欲生产高黏状浆以刀片厚度为15～20mm的石刀最为适宜。另外，为了避免飞刀嵌进底刀，导致刀片损坏，并为了提高打浆机的效能，底刀与飞刀必须按照一定的倾斜角进行安装，倾斜角如果小于3°，切断作用不大，增加倾斜角可以提高切断纤维效率，实际生产中一般多采用5°～7°的倾斜角。

2. 磨浆机

盘磨机的设备特性，主要包括：齿宽、齿沟及深度、磨盘梯度、磨齿交角、挡坝等，磨片如图1-19所示。磨齿的设计应根据原料的种类、制浆方法、成浆的质量和生产能力等综合进行考虑。

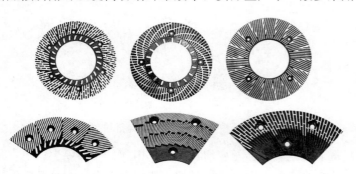

图1-19　盘磨的磨片

磨片的齿型按照打浆功能分类有：切断型、帚化型和疏解型；按照齿形截面形状分类有：锯齿形、平齿形和圆齿形，如图1-20所示。目前常用的是等腰梯形平齿形，如图1-21所示。齿形结构的种类繁多，影响的因素也较多。一般认为以切断作用为主的，采用较少的齿数量和较小的齿沟宽比；以帚化为主的，采用较多的齿数量和较大的齿沟宽比；对浓度较高的浆料，采用较大沟槽宽度，以减少浆料在齿沟中沉积和堵塞；以疏解为主的，一般在保证既定通过量前提下，保证较大磨浆面积，增加纤维受冲击的次数。要求齿纹断面的梯度尽量小一些，以能满足铸造时拔模的要求，防止因齿面磨损后，齿槽的截面积急剧减少而影响磨浆效果。

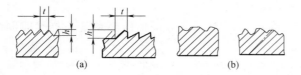

图1-20　磨盘的齿形截面

（a）锯齿形　（b）平齿形和圆齿形

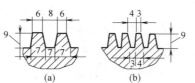

图1-21　等腰梯形平齿形截面

（a）粗磨区齿形　（b）精磨区齿形

齿沟深度h影响到纸浆的流送。深度小送浆阻力大，会减少纸浆的通过量，沟宽b与齿的大小有关，按产量、质量和齿型的不同要求，h常在2～8mm之间，b可取4～10mm。由于磨盘内区的直径小，线速度较低，两磨盘组合时，在磨盘横切面上应设有一定的磨盘梯度，如图1-22所示。梯度适宜，浆流通畅，可防止堵塞，并在同一磨盘上，起到轻刀疏解和重刀打浆的作用。浆料入口处称为粗磨区，粗磨区盘间间隙大，并采用较浅的齿沟和宽的齿纹，能促进浆料迅速疏解，并使浆料沿锥隙均匀地导入精磨区。精磨区的盘齿较窄，齿沟较深，线速度较大，有利于纸浆的精磨处理。盘磨锥形梯度的大小，应根据浆料的浓度、粗硬的程度来考虑。

磨齿与磨盘半径之间的夹角，称磨纹倾角，一般在15°～20°。倾角的方向和大小对浆料的流速有很大的影响，若磨盘的转动方向与齿纹倾斜方

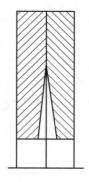

图1-22　磨盘梯度示意图

向相反时，如图 1-23（b）所示，"泵出作用"增强，产量增加而打浆质量下降。反之，磨盘的转动方向与齿纹倾斜方向相同时，如图 1-23（a）所示，磨齿对浆料起着"拉入"作用，浆流的速度减慢，在磨盘内停留的时间增加，打浆作用增强，而产量下降。

转盘与定盘的齿纹通常是交叉排列的，交叉角越小，盘齿对纤维的剪切作用越大。当齿纹相互平行时，交叉角为 0°，如图 1-24（a）所示，切断作用最强。反之，当转盘与定盘的齿纹相互垂直时，交叉角为 90°，如图 1-24（b）所示，纤维的切断作用最小，而摩擦作用增强，对纤维的撕裂和帚化的能力最大，生产能力却随之下降。

为了延长浆料在磨盘内的停留时间，防止浆料顺齿沟直通外排出，在磨盘上设有挡坝或称封闭圈，能有效地防止浆料"短路"，消除生浆片或纤维束，提高打浆的均匀度。挡坝有多种形式，如弧形封闭圈、周边封闭圈、多层同心圆封闭圈、凹袋式挡坝、条状宽边封闭圈和粒状宽边封闭圈等，在国产 Φ450 以下的中小型盘磨上，采用弧形封闭圈的效果较好，Φ600 以上的磨片，各磨区的挡坝应该有所不同。

图 1-23 磨纹对浆料"拉入"与"泵出"作用
(a)"拉入"作用 (b)"泵出"作用

图 1-24 转盘与定盘上磨纹的相互位置
(a) 磨纹相平行 (b) 磨纹相垂直

磨齿的材质直接影响到磨浆的质量和磨片的使用寿命，如材质不耐磨，磨片更换频繁，不仅增加维修量，而且使成浆质量波动，影响到盘磨机的产量、质量和成本。制造磨齿的材料有金属和非金属两大类：金属材料是制造磨片的主要材料，主要为镍硬铸铁、高铬白口铁和不锈钢等；非金属材质主要有硬度较高的天然石、人造石、陶瓷、塑料及高强橡胶等。

磨片使用寿命除了与材质有关，另外还与磨浆机性能、进出口压力、运行功率、介质、浓度、通过量和控制方式等因素有着复杂的关联，即使相同材质的磨片在不同工况条件下，有时候使用寿命相差数倍。有文献介绍：小型盘磨机多用灰口铁磨片，价廉且加工制造容易，但耐磨性差，寿命只有 7～20d，曾经有个别工厂在齿面堆焊碳化钨的磨片寿命可达 60～90d，但是加工烦琐且成本高；抗磨白口铁和冷激铸铁磨片，可提高使用寿命到 30～60d；耐磨不锈钢磨盘使用寿命可达 60～300d；一般来讲，金属齿面光滑，加上水的润滑作用，齿面与纤维间的摩擦力小，齿面对纤维的摩擦效率低，不易使纤维表面分丝帚化，多孔金属磨片具有孔隙多的特点，在磨浆过程中使纤维更易膨润水化，从而改进成浆的强度，并降低能耗，暂时未见使用寿命方面的介绍；粗粒多元合金磨盘表面具有粗糙颗粒，对纤维帚化有促进作用，使用寿命 60～300d。非金属磨片中应用最早的是天然石制作的，天然玄武岩磨片具有多孔结构，相当于微型刀齿，它强化了磨片的磨浆作用，玄武岩磨片比金属磨片的磨浆比能耗低，主要缺点是使用寿命短，抗冲击性能差，目前仅在一些特殊的打浆工艺中使用；陶瓷烧结的磨盘可使用两年；另外，砂轮磨盘寿命约 60d，砂轮磨处理草浆和机械蔗渣浆，磨浆质量良好，砂轮磨材质硬，在低浓度打浆时切断作用甚大，当打浆浓度大于 5.5%以后切断作用减少，细纤维化程度增高，节能效果好，其电耗比钢制磨盘降低 50%以上；因为材质强度等方面的原因，陶瓷和砂轮磨盘在工业生产中实际应用很少。

Beloit 公司曾经采用工程塑料盘磨磨浆取得良好的磨浆效果，要求工程塑料的弹性模量与纤维的弹性模量相近。这种硬质尼龙材料的韧性好，磨浆时对纤维的切断作用小，能有效地改进浆料的物理性能，提高成纸的强度和柔韧性，成纸的撕裂度、裂断长、耐破度和耐折度等与钢制磨盘相比均有明显提高，能节约电耗 10%～40%。其吨浆成本与不锈钢磨盘相似，成浆中不带金属和无机物离子，所以工程塑料磨盘特别适用于短纤维浆料和不允许含铁质的高级纸张（如电容纸）的打浆，我国草浆多，用工程塑料打浆的研究值得重视。另外，用工程塑料盘磨打浆时加压不能过重，浆料的净化要求严格，以防磨盘磨损和破裂。不过到目前为止，国际上尚少见实际生产中使用工程塑料盘磨。

锥形磨浆机、圆柱磨浆机也是由定盘和动盘组成，其设备特性与盘磨机类似。

（六）纸料种类和组成的影响

不同种类的纤维原料，经不同制浆方法处理，其纤维的物理性质、结构形态和化学组成均不相同，打浆的难易和成纸的性质也各有差异。

在纤维形态方面，主要有纤维的长度、宽度、长宽比、壁腔比和筛分等对打浆和纸料性质影响较大。纤维长度对纸张撕裂度的影响尤甚，纤维长度对纸张的其他强度性质也有较大的影响。一般认为，纤维细长，长宽比值大，打浆后纤维有较大的结合面积，成纸强度高。若纤维短而粗，长宽比小于 45，则打浆较困难，成纸的强度也较差。适当的细小纤维含量，能增加纤维的结合力和纸的匀度及抗张强度。杂细胞含量过多，打浆时容易破裂形成碎片，不但影响到成纸的强度而且使浆料滤水性能下降，造成打浆度上升，使纸机操作性能恶化。

纤维细胞的壁腔比是衡量纤维优劣的另一个重要指标。壁腔比小，即胞腔直径大，细胞壁薄，纤维柔软。如木材原料中早材比例较大，则打浆时容易被压溃、分丝帚化，成纸强度高。反之，当木材原料中晚材比例较大，即胞腔小胞壁厚的纤维比例较大，则纤维挺硬、打浆分丝困难，在网上抄纸成形时容易滑动，纤维结合力低，但纤维的刚性大，不易变形，成纸的挺度好。一般认为，壁腔比小于 1 是好原料，等于 1 是中等原料，大于 1 是次等原料。但评价一种原料的优劣，不能只看某一指标，必须全面进行分析，采用综合对比的方法来评定，如针叶木是比较优良的造纸原料，不能因为纤维长宽比比草类纤维小而得出草类纤维的质量优于针叶木的结论，还必须看到草类原料纤维短，纤维平均宽度过小，并含有大量杂细胞，这对成纸的性质是不利的。

从纤维的微观结构来看，P 层和 S_1 层的厚薄，S_1 层与 S_2 层的结合紧密程度，各层微细纤维的排列与纤维轴的缠绕角的大小等，都影响打浆的难易程度。如亚麻纤维的细纤维与纤维轴向较平行，打浆时容易纵向分丝帚化。而草浆纤维 S_1 层厚，与 S_2 层结合紧密，微细纤维呈横向交叉螺旋状排列，与纤维轴的缠绕角大，打浆时很难分丝帚化。

纸浆的化学组成对打浆的影响也很大。纸浆中 α 纤维素含量高，半纤维素含量低，打浆困难。半纤维素分子链短，有支链，并含有大量羟基，容易吸水润胀，因此，半纤维素含量高的浆料容易打浆。实践证明，多戊糖含量不少于 3.5%～4.0% 的浆料，打浆性能良好。若多戊糖含量低于 2.5%～3% 时，纤维不易吸水润胀，成纸的强度也低。若半纤维素含量过高，因本身的强度差，也会影响成纸的强度。浆中木素含量多，也有碍纤维的润胀，纤维硬而脆，成纸的强度低。

（七）pH 及添加物对打浆的影响

打浆的 pH 主要取决于用水的质量和浆料的洗涤情况，在实际生产中一般不调节 pH。若在酸性条件下打浆，成纸强度低，易发脆，对打浆不利。而在碱性条件下打浆，对纸张的耐破度有所提高，这是因为碱性条件下，纤维素中低分子部分容易发生剥皮反应而被除去，使水容易扩散到纤维内部，促进纤维润胀作用，降低纤维的内聚力，增加纤维的柔韧性，因而减少了打浆机械作用对纤维的损伤。纤维润胀以后，更容易细纤维化，从而使成纸的强度有所提高。另外，打浆过程中添加 NaOH 会引起浆中残余木素溶出，也可能对提高纸张的强度有好处。有人认为，麦草浆在 pH9 的条件下能获得良好的耐破度和裂断长，棉浆 pH 在 8.5 时纸张强度最大。但也有人认为，pH 在 7～7.5 时对草浆成纸的强度并不好。

三、各种浆料的打浆特性

（一）化学木浆打浆

1. 针叶木浆和阔叶木浆的打浆

木材纤维一般分为针叶木和阔叶木两大类。对同一种制浆方法，阔叶木浆比针叶木浆需要打到更高的打浆度，才能取得相近的物理强度。但是，阔叶木的纤维较短，既要提高其打浆度，又要尽量避免过多切断，确实很难做到。因此，阔叶木浆一般只能经受轻度打浆，取得不太高的物理强度。一般阔叶木浆不宜单独用来抄造较高质量的纸张，通常与针叶木浆或棉麻浆等长纤维浆配合进行抄纸，以提高纸张的物理强度。针叶木浆的纤维较长，其平均长度为 2～3.5mm，在打浆时通常需要切短至 0.6～1.5mm，以保证抄得纸张的组织均匀。

在木浆中，早材与晚材的比例不同，也会影响到打浆的性质。晚材细胞壁厚而且硬，初生壁不易被破坏，打浆时纤维容易遭到切短，而吸水润胀和细纤维化比较困难。但早材细胞壁较薄，性质又柔软，如图 1-25，打浆时容易分离成单根纤维，也容易分丝帚化。

2. 硫酸盐木浆和亚硫酸盐木浆的打浆

未漂硫酸盐落叶松、马尾松浆与红松、鱼鳞松的浆料相比，前两者难于打浆，成纸的强度也较差。落叶松、马尾松硫酸盐浆的打浆所

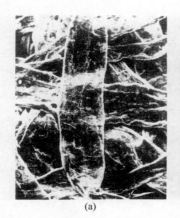

图 1-25 南方松早材纤维精磨前后的扫描电镜照片
(a) 未打浆 (b) 精磨后

以较困难，成纸强度差，主要是由于落叶松、马尾松的晚材比例大。为了改善落叶松、马尾松硫酸盐浆的成纸强度，在打浆时宜用逐渐加重的下刀方法，打浆浓度适当增高，打浆时间适当延长，成浆打浆度也可适当提高，这些均有利于增加纤维间的结合力，提高成纸的物理强度。

不同硬度的未漂硫酸盐浆的质量指标如表 1-14 所示。未漂硫酸盐硬浆非常强韧，适用于生产水泥袋纸、电缆纸等。这种浆难于打浆，如采用普通浓度（例如 4%～6%）进行打浆，往往需要下重刀进行切短和疏解，但打浆度提高缓慢，纤维也不易细纤维化。如采用高浓（例如 20%～30%）打浆，则可适当增加纤维的润胀程度和柔软性，从而提高成纸的弹性。未漂硫酸盐软浆的强度也较大，适用于生产电容器纸、电话纸等，其打浆方法可采取轻刀慢打、多次落刀较长时间的方法打成黏状浆。

表 1-14 　　　　　　　　　　　　　不同硬度未漂硫酸盐木浆的质量指标

浆种	硬度/贝克曼价	木素含量/%	树脂含量/%	纤维素含量/%
硬牛皮浆	133	7.7	0.26	92.1
软牛皮浆	112	4.7	—	—
硬漂白浆	92	3.1	0.20	88.3
软漂白浆	75	1.7	0.19	89.8

对于亚硫酸盐木浆，一些研究者认为，硬浆比软浆容易打浆，这主要是由于硬浆中含有较多的半纤维素，易于吸水润胀，打浆度上升较快。另外，硬浆中较多的木素，在打浆初期也易于疏解和切短。由于软浆中半纤维素和木素含量均较少，吸水润胀程度较低，打浆度上升较慢，而下重刀又容易切断纤维，为此所需打浆时间较长。

硫酸盐木浆比亚硫酸盐木浆的打浆速度慢，但能发展至较高的机械强度。一般认为，其原因是残留木素的分布在硫酸盐浆和亚硫酸盐浆中是不同的，硫酸盐浆的木素分布在整个细胞壁中较为均匀，而亚硫酸盐浆的木素分布是集中于纤维的外层。半纤维素的分布也是相似，此外，硫酸盐浆纤维的纤维素平均聚合度的分布也比亚硫酸盐浆纤维中的较为均匀。

此外，硫酸盐木浆的糖尾酸含量较低，而非硫酸盐木浆的糖尾酸含量较高。糖尾酸含量有大量可电离的羟基，为极性基团，能促进打浆作用。总游离羟基含量越高，吸水作用越大，打浆也越容易。

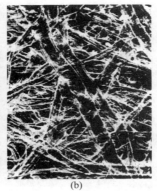

图 1-26　硫酸盐针叶木浆精磨前后的扫描电镜照片
(a) 未打浆　(b) 精磨后

图 1-26 为一种硫酸盐针叶木浆精磨前后的扫描电镜照片，由图可见，未经打浆的纤维表面光滑，类似棒状，并清晰可见纤维上的纹孔。打浆后纤维表面分丝帚化，形成了很好的交织。

（二）化学草浆打浆

1. 草浆打浆的特点

草类原料与木材原料在化学组成和纤维形态及结构上有很大的区别。反应在打浆上突出的特点是：草浆打浆分丝帚化困难，即草浆打浆不易实现外部细纤维化。

用球磨机碾磨麦草浆，在磨浆过程中纤维形态的变化如下：麦草浆纤维的 P 层易破碎脱落，是一层较薄的网状结构，像一层易破发脆的旧纱布包裹在 S 层的外面。磨浆开始纤维很快起毛，薄的初生壁破裂成碎片脱落，打浆度迅速升高。当初生壁被剥落干净以后，纤维显得很光滑，继续磨浆纤维形态变化不大，随着打浆度的提高，纤维逐渐被切断，在磨浆过程中纤维不断吸水润胀，逐渐变得柔软，直到打浆度 80～90°SR 时，纤维才有较明显的纵裂分丝，在此以后纤维继续外部细纤维化。但此时纤维被切断得很短，强度大大下降。原浆纤维长度 0.79mm，当打浆度 93°SR 时，纤维长度只剩下 0.44mm，长度下降近一半。此实验说明：麦草浆纤维很难细纤维化。这一特性对龙须草、竹子、芦苇等其他草类浆的研究中，均有类似的结论。草类纤维难于细纤维化的原因，据最近的研究其原因是：

① 草类原料的胞腔小，S_1 层较厚，S_1 层与 S_2 层之间黏结紧密，S_1 层的细纤维呈交叉螺旋形沿纤维的横向排列，像一个套筒把 S_2 层紧紧地包扎住，限制了 S_2 层的润胀，打浆时 S_1

层不易破除，难于润胀，因此草浆纵向分丝帚化困难。

② 草类原料的细胞壁是多层结构的微纤维薄层，各层微纤维的排列方向往往不一样。如竹子、龙须草的微纤维排列多近于横向排列，多次限制了轴向排列的微纤维层的分丝和润胀，因此纤维纵裂帚化困难。

③ 微纤维的缠绕角度过大。通过对棉浆、麻浆和多种针叶木浆的微纤维的观察发现，在结合程度相同的情况下，微纤维缠绕角小于 10° 的纤维一般容易纵裂。缠绕角在 10°～30° 之间的纤维（如棉麻浆），能够帚化纵裂。缠绕角在 30°～45° 之间的纤维（如多数针叶木），较难帚化纵裂。绕角大于 45°（如麦草、芦苇、龙须草等草类纤维和部分阔叶木纤维），很难帚化纵裂。

④ 微纤维的异向性。微纤维在纤维壁上缠绕的方向有左旋型（"S"形）和右旋型（"Z"形），而缠绕形式多变者称为微纤维的异向性大。有的纤维 S 层的微纤维基本上沿同一方向平行排列，如亚麻多为"S"形排列，大麻为"Z"形排列，与纤维轴的缠绕角都小于 10°，因而容易纵裂。而龙须草等草类纤维，往往是"S"形与"Z"形交错排列，这种纤维即使是高度打浆，微纤维仍交缠在一起，不易帚化纵裂。

另外，草类原料微纤维的排列往往不是在纤维的末端终止，而是绕过纤维末端继续延伸到纤维的背后，因此完整的纤维很难帚化，而有断口的纤维容易帚化。

2. 草浆游离状打浆

草浆游离状打浆，系指草浆用于一般文化用纸打浆。一般文化用纸强度要求不高，打浆度也较低。用草类原料生产时，打浆的目的主要是使纤维疏解分散，产生适当的润胀和塑性变形，要求纤维表面稍稍起毛活化，使纸页有良好的匀度和足够的强度。试验证明：若麦草浆根本不打浆，其成纸强度较低，匀度也不好。但只要稍微打浆，使纤维表面活化，打浆度约 30～40°SR 时，纸张的强度就能达到较高的水平，足以满足文化用纸的要求。若继续打浆，纸页强度提高的幅度不大，而动力消耗增加。另外，草浆的纤维长度一般较短，不宜过多切断，否则对成纸的强度和质量反而不利。草浆非纤维细胞的含量多，在打浆过程中容易破碎而使打浆度迅速上升，引起滤水困难，使抄纸的产量下降，甚至引起黏辊黏缸，造成纸页断头和纸病增加等危害。因此，对草浆文化用纸的打浆，若盲目追求纤维的细纤维化，其意义不大，甚至会带来许多不良的影响。对草浆文化用纸的打浆，应注意控制打浆的终点，当纤维起毛活化之后，微纤维开始脱落，纸张强度趋于下降以前应及时停止打浆。国内外的科研和生产实践已充分证实：草浆文化用纸的打浆应以"充分疏解，轻度打浆"为宜。

3. 草浆黏状打浆

草浆黏状打浆，系指草浆薄页纸打浆，其要求是：打浆度较高，成纸的强度要求也较高。用草浆来生产是比较困难的，因草浆纤维短，S_1 层厚又不易破除，使 S_2 层润胀帚化困难。草浆难打浆，但并不是说草浆的 S_1 层不能剥离，S_2 层不能纵向分裂帚化。"充分疏解，轻度打浆"，适用于文化用纸草浆打浆的方式，而不是草浆唯一的打浆方式。生产实践已经证实：可以用草浆制出纤维分丝帚化良好，打浆度高的多种薄型纸种，如：拷贝纸、打字纸、薄页纸和描图纸等。德国人 E. Rohress，采用特殊的方法打草浆，使纤维获得良好的帚化，抄制出强度很高的纸页，其裂断长可达 8000m 以上。如国内某厂用麦草浆生产拷贝纸，打浆度 90°SR 左右，纤维的长度可以保持在 0.8～1.0mm（原浆纤维长度为 1.32mm），纤维分丝帚化情况良好。又如某厂用全苇浆生产打字纸，原浆打浆度 28°SR，成浆打浆度 88°SR，即提高了 60°SR，其平均纤维长度仅下降 0.44mm。这样的打浆效果用普通的打浆方法是难以达到的。打草浆黏状浆，应针对草类纤维的特点，采取相应的措施：首先应考虑到草浆纤维短，打浆中应尽量保留纤维的长度，草浆纤维难以分丝帚化，需要采用不同于木浆的打浆方法，并根据不同纸种的需要，使纤维获得适当的良好的润胀和细纤维化，对草浆长纤维黏状打浆，目前在看法上不甚统一，说明尚缺乏深入的系统研究，以下经验和看法值得重视：

① 打浆初期草浆应充分疏解，将纤维束和杂细胞群体疏解开，使纤维润胀变得柔软可塑，可以增加纤维的韧性，有利于纤维的结合，并可以减少纤维的切断，能为纤维的分丝帚化创造良好的条件。

② 提高打浆浓度。采用中浓和高浓打浆，加强纤维之间的相互摩擦，从而避免纤维受到过多的切断，达到保留纤维长度、提高细纤维化的目的，有人曾研究麦草浆用16％的中浓打浆，打浆的效果甚好。

③ 打浆设备（指打浆机或磨盘）采用软质的工程塑料或用孔隙多、打浆面积大的石制材料，对草浆的切断作用小，而研磨、压溃和揉搓的能力强。据研究：用石刀或塑料刀打草浆，成浆的纤维长度和成纸的匀度和强度都比金属刀优越，是改进草浆打浆的重要途径。

④ 草浆打黏状浆的打浆曲线。可先下轻刀在充分疏解之后，再采用重刀快打。不宜采用轻刀细磨的打浆工艺。因草浆 S_1 层厚，若轻刀细磨草浆，难于细纤维化，磨的时间太长，会将纤维磨断，不能保留纤维的长度。疏解对草浆来说很重要，疏解不仅疏解纤维束，同时使纤维润胀柔软，使纤维在打浆时能经受挤压摩擦作用，使纤维不易打断。采用重刀的原因是：重刀打浆虽然对纤维的切断作用大，但重刀对纤维的压溃也大，草浆纤维细短，S_1 层厚而坚韧，细小坚韧的东西，要求用较大的力才能将它扎破，因此对草浆只有采用重刀才能把它压溃、擦破、撕裂，达到良好分丝帚化的目的。但重刀打浆的时间不能过长，否则纤维会造成过度切断。这种打草浆黏状浆的经验值得重视。

⑤ 鉴于草浆打浆不易实现外部细纤维化，有人提出：采用超声波打浆，在保留初生壁和次生壁外层的情况下使纤维内部充分润胀和内部细纤维化，减少纤维切断和细小纤维含量，这种浆料纤维柔软可塑，使纤维间能获得良好的接触和结合，滤水性能好，能有效地提高纸页的强度。这一打浆工艺路线的设想，也值得重视和研究。

（三）化机浆打浆（磨浆）

一般化学机械浆不打浆，购买商品化学机械浆的纸厂，一般也是用盘磨（多采用锥形磨）对纸浆进行疏解调整，使之适合上网抄造；自制浆工厂，则是在制浆过程中，采用高浓磨直接磨至目标游离度。用打浆来描述化机浆的精制是否妥当学术界有不同意见，为统一方便本教材暂用打浆。

1. 打浆（磨浆）对化机浆纤维形态影响

由于化机浆在制浆过程中的预处理时，纤维原料受到化学药品及较高温度的作用，胞间层得到软化，因此，在高浓磨浆时，纤维细胞主要是在胞间层发生分离，保留了较完整的初生壁（即 P 层）以及次生壁外层（即 S_1 层）。化学机械浆的浆料中，原木材中的纤维细胞主要以三种形态存在：完整纤维（fibers）、纤维束（shives）和纤维碎片（fines）。

另外，化机浆制浆得率一般在85％～90％，因此，这种制浆方法保留了纤维原料中的大部分木素，而高的木素含量阻碍了纤维的吸水润胀，使化机浆纤维硬而脆。由此可见，化机浆在打浆过程中不易发生吸水润胀、细纤维化，而易发生断裂及碎片化。

化学机械浆制浆过程中，良好的化学预浸尤为重要。提高药液浓度或延长浸渍时间、提高温度等均可以改善浸渍效果，有助于提高成浆的强度性能。但是，纸浆的光散射系数、不透明度、纸浆得率会相应降低。一般来说，在磨浆条件一定的前提下，木片预浸化学品用量，对化机浆磨浆过程中纤维的吸水润胀、细纤维化、减少碎片化等作用呈正相关关系。

图 1-27 为小叶桉 P-RC APMP 纸浆在不同加拿大游离度下的光学显微镜照片。由图可见，小叶桉 P-RC APMP 浆在游离度 470mL 时，纸浆中纤维束含量较高，甚至某些薄壁组织还没有分离，纸浆中碎片较少，但含有细胞壁剥离组分（可能是 $ML+S_1+$部分 S_2）和少量纤维细胞壁碎片［见图 1-28（a）］。磨浆至游离度 340mL 时，纤维形态仍然较为完整，桉木导管也较为完整，部分纤维细胞有损伤情况，纤维表面出现微纤丝，细胞壁较薄的纤维出现纵裂帚化现象。随着磨浆程度的提高（游离度 120mL 时），纸浆游离度逐步降低，纤维润胀现象出现，纤维细胞壁中次生壁层次之间发生错位，出现所谓的"内帚化"现象，同时纤维切断情况有所增加，浆料中纤维细胞壁碎片逐渐增多，大部分薄壁细胞破碎［见图 1-28（b）］。

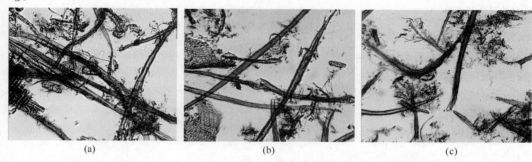

(a)   (b)   (c)

图 1-27   不同游离度下小叶桉 P-RC APMP 纸浆的光学显微镜照片（放大 100 倍）

(a)（470mL 加拿大游离度）   (b)（340mL 加拿大游离度）   (c)（120mL 加拿大游离度）

图 1-28（a）为高游离度（470mL）小叶桉 P-RC APMP 纸浆电镜照片，图片清楚地显示出纸浆中存在较多的纤维束，导管形状较为完整，纤维细胞较为挺硬，纤维间结合性能差，形成的纸页松厚，透气性高，强度低。纤维存在分丝帚化现象。

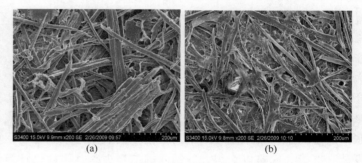

(a)   (b)

图 1-28   不同游离度小叶桉 P-RC APMP
纸浆电镜照片（放大 200 倍）
(a) 高游离度（470mL 加拿大游离度）
(b) 低游离度（120mL 加拿大游离度）

图 1-28（b）为低游离度（120mL）小叶桉 P-RC APMP 纸浆电镜照片，图片显示纸浆中纤维束消失，导管碎片化，纤维细胞壁分丝帚化显著，纤维碎片增加，由于细胞壁的润胀作用，纤维细胞挺度下降，干燥过程中，细胞壁产生扁平形变的趋势，纤维交织致密，微纤丝和纤维碎片填充于网络空隙之间，纸页强度提高。

图 1-29 为一种针叶木化机浆精磨后的扫描电镜照片，其中图 1-29（a）为经过精磨的高得率针叶木浆图片。由此图可见，高得率浆经过精磨后纤维分丝帚化很少，这是由于高得率浆保留了大量的木素，纤维细胞吸水润胀困难，同时，打浆过程初生壁和次生壁外层也很难

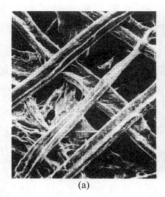

(a)   (b)

图 1-29　化学机械浆精磨后的扫描电镜照片

(a) 经过精磨的高得率针叶木浆　（b）经过精磨的低得率针叶木浆

脱除，所以，高得率浆打浆时难以发生吸水润胀和分丝帚化现象。而由图1-29（b）可见，低得率浆由于脱除了大量木素，因此，纤维精磨后产生了良好的分丝帚化现象。

2. 化机浆打浆对成纸性能影响

图 1-30 为杨木 APMP 浆打浆与纸张物理性质的关系。由图可见，纸张的裂断长随着打浆度升高而增加，在打浆度 70°SR 时裂断长还有增加的趋势，这是因为 APMP 浆在打浆过程中虽然基本上不发生吸水润胀、细纤维化，因此，纤维与纤维之间的结合强度不会有明显的增加，但是，APMP 浆在打浆过程中产生了大量的纤维碎片，这些碎片在纸张干燥后附着在纤维上，与纤维形成良好的氢键结合，在纤维与纤维之间起到了架桥连接的作用，从而在纤维之间产生了大量的氢键连接。所以，随着打浆度的增加，纸张的裂断长不断增加，并且，在打浆度越高时，裂断长增加的幅度越大。

杨木 APMP 浆抄制的纸张的撕裂度随着打浆度升高先增加，达到最大值后开始下降。由图 1-30 与图 1-8 化学木浆的打浆曲线对比可见，化学木浆在打浆度 25°SR 左右时撕裂度达到最大值，而 APMP 浆在打浆度 61°SR 左右时才出现最大值。由此可见，两者有很大区别，究其原因，撕裂度主要受到纤维结合力和纤维平均长度的影响，对于化学木浆

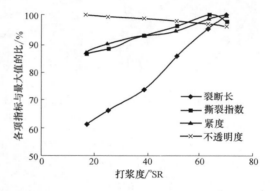

图 1-30　杨木 APMP 浆打浆
与纸张物理性质的关系

来说，纤维柔软，纤维在打浆过程中容易吸水润胀及细纤维化，相互交织好，因此，影响纸张撕裂度的第一要素是纤维平均长度，其次是纤维结合力；而对于高得率浆来说，由于纤维挺硬，纤维之间难以交织，纤维间的结合力差，因此，纤维结合力是影响纸张撕裂度的第一要素，其次才是纤维平均长度。所以，高得率浆在打浆度较高时，纸张的撕裂度才达到最大值。

成纸的紧度随着打浆度的升高而增大。这是由于随着打浆度的升高，产生的纤维碎片越来越多，纤维碎片填充在长纤维之间，使得纤维间的结合更加紧密，从而使紧度不断增加。

成纸的不透明度随着打浆度的升高而缓慢降低，但降低的幅度较小。这是由于影响纸张不透明度的因素主要是纤维间的结合力，随着打浆度升高，湿纸在干燥时因纤维间结合紧密，纤维间空隙减少，使光线的散射光减少，通过的光线较多，从而使纸张的透明性增加，不透明度降低。但是，打浆度从 17°SR 升高到 70°SR，不透明度只降低了 4% 左右，下降的幅度很小，这是由于 APMP 浆纤维挺硬，打浆后的纤维交织形成的纸张仍存有大量的空隙，因此，其不透明度下降幅度较小。

四、打浆工艺流程

打浆连续化是打浆设备的发展方向，间歇式打浆方式已很少使用，现在，绝大部分纸厂已使用连续化的打浆设备，如盘磨、锥形磨浆机等。随着造纸生产规模的增大，纸机车速的提高，一般一台打浆设备已很难满足打浆的质量要求，往往需要多台设备进行串联打浆。

打浆工艺流程的确定与生产的纸种、选用的浆料及生产规模等有关。如生产卫生纸，要求成纸松软、吸水性好，但对成纸强度要求不高，因此，其浆料以疏解为主，只需轻度打浆，一般只要一级打浆就可，因此，可以选用单台打浆设备一次打浆。而生产防油纸、描图纸等，要求成纸紧度高、结合强度好，因此，需要浆料有很高的打浆度，需采用多级打浆方式，如采用 5～6 级打浆，因此，需用多台设备进行串联打浆。另外，生产很多纸种都需要两种或两种以上浆料，这些浆料各自有不同的打浆特性，因此，根据生产的纸种、规模等可选择分别打浆方式或混合打浆方式。

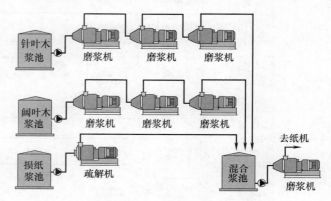

图 1-31　分别打浆流

图 1-31 是一种典型的文化用纸打浆流程，是分别打浆流程，即漂白针叶木化学浆和漂白阔叶木化学浆分别打浆，打到合格的打浆度后在混合池中进行混合。生产过程中产生的损纸经过碎解等处理后到如图所示损纸池，然后经过疏解机疏解处理，进入混合池。混合池混合均匀后的浆料进入后置磨浆机（也称匀整磨浆机），使几种不同的浆料混合更加均一。这种打浆流程可以很好地控制每种浆料的打浆质量，但是，投资成本较大。

图 1-32 是一种生产文化用纸的混合打浆流程，漂白针叶木化学浆与漂白阔叶木化学浆先按工艺要求的比例混合，然后进行打浆。由于打浆时阔叶木浆比针叶木浆容易分丝帚化，因此，这种打浆方式可能会造成阔叶木浆已过度分丝帚化和切断，而针叶木浆却仍很少分丝帚化及切断。因此，这种打浆流程打浆质量不均匀，但生产动力消耗低，投资小，适合于生产规模较小、对成纸质量要求不高的纸厂。

图 1-33 是结合打浆流程，综合了分别打浆流程和混合打浆流程的优点，是以后打浆流程的一种发展方向。

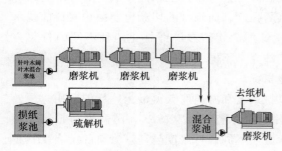

图 1-32　混合打浆流程图

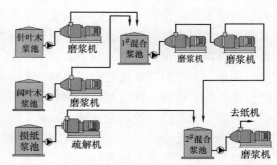

图 1-33　结合打浆流程图

图 1-34 是挂面牛皮箱纸板的一种典型打浆流程。挂面牛皮箱纸板一般分面、芯、底三层，面层用漂白针叶木化学浆和漂白阔叶木化学浆，可以提高纸面的白度和纸板的强度；芯层用未漂针叶木化学浆和 CTMP，可以提高纸板的挺度，以及降低成本；底层用未漂针叶木化学浆，可以提高纸板的强度，用未漂浆同时还可以降低成本。如图所示，面层的漂白针叶木浆和阔叶木浆分开打浆，打到合格的打浆度后混合；损纸打浆处理后加入芯层混合池，与经过打浆的未漂针叶木化学浆和 CTMP 混合；底层的未漂针叶木浆打到工艺要求的打浆度后进入底层成浆池。

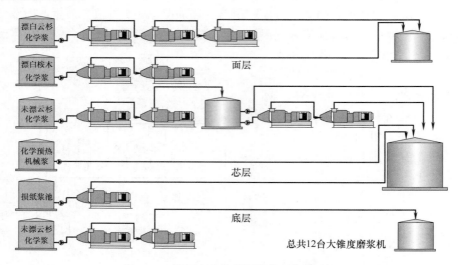

图 1-34　挂面牛皮箱纸板的典型打浆流程

五、打浆质量检查

为了掌握浆料在打浆过程中的变化情况，控制好成浆质量，必须进行打浆质量的检查。在生产中一般检查的项目是浆料的浓度、打浆度和湿重。为了进行实验研究或者更准确地了解浆料的质量情况，常检查纤维的长度、水化度、保水度、筛分等，有的还进行纤维外比表面积、纤维结合面积、粗度和纤维结晶度等的测定。下面介绍几个主要的打浆质量指标。

（一）打浆度

打浆度俗称叩解度，反映浆料脱水的难易程度，综合地表示纤维被切断、分裂、润胀和水化等打浆作用的效果。打浆度这一指标的主要缺点是不能确切地反映浆料的性质，因为影响浆料脱水的因素很多，而这些因素对纸页性质的影响并不是都呈线性关系。如纤维的细纤维化，会影响浆料的脱水性，并有利于改善纸页的强度。而纤维的切断也会影响浆料的脱水性，并会降低纸页的强度，因此，我们可以采用纤维的切断或细纤维化两种不同的打浆方式，来达到相同的打浆度，但浆料的性质和强度却完全不同。所以，在生产中只凭打浆度来控制生产是不够的，还应测定纤维的长度或其他指标。

对纸浆滤水性能的测定有很多方法，其中以打浆度和游离度获得最为广泛的应用。国外多选用加拿大标准游离度（CSF），而我国则多用肖伯尔打浆度（°SR），游离度与打浆度测定原理及仪器相似，但两者检测所用浆量和表示方法不同。打浆度越高，浆料的游离度则越小。游离度与打浆度可以互为换算，其换算如表 1-15 所示。

表 1-15 加拿大标准游离度和肖式打浆度的换算表

加拿大标准游离度/mL	肖氏打浆度/°SR	加拿大标准游离度/mL	肖氏打浆度/°SR	加拿大标准游离度/mL	肖氏打浆度/°SR	加拿大标准游离度/mL	肖氏打浆度/°SR
25	90.0	225	48.3	425	30.0	625	18.6
50	80.0	250	45.4	450	28.5	650	17.5
75	73.2	275	43.0	475	26.7	675	16.5
100	68.0	300	40.3	500	25.3	700	15.5
125	63.2	325	38.0	525	23.7	725	14.5
150	59.0	350	36.0	550	22.5	750	13.5
175	54.8	375	34.0	575	21.0	775	12.5
200	51.5	400	32.0	600	20.0	800	11.5

（二）纤维长度

纤维长度的测定常用的方法有显微镜法和纤维湿重法。

（1）显微镜法

将纤维染色稀释后制片，用显微镜在显微测微尺下测量纤维的长度。这种方法不仅准确，还可以测量纤维的宽度和直接观察纤维的形态及浆料的组成等，能够较全面地鉴定浆料的质量。其缺点是花费的时间长，不适于生产中使用。

现在，纤维长度测定已经越来越多地使用 Kajaani 纤维分析仪或 FQA 纤维质量分析仪，这些仪器测定纤维长度和粗度既快速又准确，并且，可以检测纤维长度和粗度的分布情况。

（2）纤维湿重法

这是一种适用于生产的测定纤维长度的快速方法。它是利用纤维越长，在框架上挂住的纤维越多，称重越大的原理，以质量间接的表示纤维的长度，单位用克（g）表示。框架挂在打浆度仪上，测定打浆度的同时，进行纤维湿重的测定。

因影响纤维挂浆量的因素很多，所以这种方法不够准确，也只能用于相同的稳定的生产条件，通过对比的方法反映出打浆的情况和浆料性质的变化。由于纤维湿重法仪器简单，操作简便快速，使用很广泛。

（三）保水值（WRV）

浆料的保水值可以反映纤维的润胀程度及细纤维化程度。其测定方法如下：把一定质量的纸料放入小玻管中（现多已改用镍网），将小玻管放入高速离心机内，经高速离心处理后把游离水甩出，使纤维只保存润胀水，然后取出称量至恒重，即为纤维保留水分的能力。

保水值按下式计算：

$$保水值＝（湿浆质量－干浆质量）\times 100/干浆质量 \tag{1-2}$$

（四）筛分析

纤维长度是衡量浆料质量的一个重要指标，除了测量纤维的平均长度外，还通过筛分析，使纤维按长度得到分级，测出各级纤维的长度和所占的百分率。如通过低目筛板分离出长纤维的含量，通过高目筛板分离出细小纤维和杂细胞的含量。筛分析是鉴别浆料性能的一种较好的分析方法，对研究浆料性质与成纸性能具有重要的作用。但筛分析法测定费时间，不适用于生产现场，多用于研究工作中。

（五）比表面积

打浆使纤维润胀和细纤维化，从而增加了纤维的比表面积。比表面积的大小对纤维的滤水速度、絮聚情况、纤维结合以及成纸的强度、透明度、多孔性等都有着重量的影响。

一般所讲的纤维比表面积是指每克绝干纤维本身所暴露的面积，用 cm^2/g 表示。

（六）浆料浓度

浆料浓度是每 100mL（或 g）液体浆料中所含有绝干浆的质量（g），通常用百分数表示。一些测定纸浆浓度的方法见表 1-16。

表 1-16　　　　　　　　　　　　　　　　浆料浓度的检测方法

项目	试验方法和说明
烘箱干燥法	用已知质量的烧杯，在粗天平上称取液体浆料 100～200g，用滤布或已知重量的滤纸过滤除去水分，将浆料连同滤纸一起放在烘箱内，在温度 105～110℃下，烘至恒重。这一方法的缺点是所需的时间较长
红外线干燥法	将过滤后的浆料用红外线灯泡加热干燥，温度在 110℃ 左右。由于红外线有较强的穿透能力，干燥所需时间可大为缩短
离心分离法	取一定量具有代表性的浆料，放入离心机内离心脱水 2min。离心机转速为 1000r/min 以上。脱水后取出，称取浆料的质量，再乘一系数，即系数是预先经过多次测定求得的，也经常校正
手拧干法	取 100～200mL 纸浆用滤布包好后，用手将其拧干直至没有水流出为止。拧干后浆料不必干燥而立即称其湿重。这一方法随不同的操作者的操作而有差异，仅是一近似值

第三节　打浆设备

打浆设备可分为间歇式和连续式两大类。间歇式主要是槽式打浆机，连续式主要有锥形磨浆机、圆柱磨浆机、圆盘磨浆机（见表 1-17）。另外，从打浆介质的浓度分为：低浓磨浆机、中浓磨浆机和高浓磨浆机。尽管中高浓打浆比低浓打浆具有显著的提高纸张物理强度指标和降低打浆能耗的优点，但由于在浆料的输送、储存、计量以及打浆设备自身等方面仍存在一些问题，目前仍以低浓打浆为主，中高浓打浆的推广还比较少。

表 1-17　　　　　　　　　　　　　　　　打（磨）浆设备一览表

运行分类	设备分类	设备名称		用途	工业生产应用
间歇打浆	槽式打浆机	荷兰式		实验、中试、小产量间歇打浆	很少
		伏特式 Voith Valley			很少
	实验磨浆机	六罐磨 Lokro		实验、间歇打浆	无
		单球磨 Lampen			无
		PFI 磨			无
连续打浆	圆柱磨浆机	单流式圆柱磨		早期设备，小产量连续打浆工业生产	多被淘汰
		双流式单圆柱磨		连续打浆工业生产	较少
		双流式新式双圆柱磨		连续打浆工业生产	较少
	锥形磨浆机	Jordan 小锥度		打浆连续工业生产	多被淘汰
		Claflin 大锥度			较少
		Conflo 中锥度			较多
		双锥式、三锥式			较少
		锥平式、阶梯式		打浆连续工业生产	很少
	圆盘磨浆机	单盘磨浆机	低浓	实验、中试、小产量连续打浆	较少
			中浓		很少
			高浓	实验、中试、纤维制备连续工业生产	较多
		双盘磨（三盘磨）		中试、打浆连续工业生产	最多
		双回转盘磨机		连续工业生产	未能推广
		多盘磨浆机			未能推广
	疏解机	盘式单区		打浆连续工业生产	较多
		盘式双区		打浆连续工业生产	较多
		锥形、阶梯式		打浆连续工业生产	较少

现代打浆技术正朝着连续化、大型化、高浓化、多用化、高效率和集中自动控制的方向发展。

一、间歇式打浆机

从 18 世纪荷兰人发明打浆机以来，经过不断的改进，派生出了多种基本组成相同，但又各具特点的槽式打浆机。按其作用来分类，主要有两种类型，一种是用于切断纤维、处理半料的半浆机，另一种是用于处理成浆的打浆机。按结构来分类，有改良荷兰式、伏特式、华格纳式等，而我国通用的槽式打浆机有 ZPC_1、ZPC_2、ZPC_3 等形式。

槽式打浆机的特点是：占地面积大、电耗高、打浆效率低、间歇作业、操作不够方便、劳动强度较大等，但由于具有很强的适应性能，能处理各种不同性质的浆料，尤其适宜于处理棉、麻、破布等长纤维浆料，并能灵活的改变工艺操作条件，获得不同性质的纸料，无论打高游离浆或高黏状浆都比较容易掌握。除此之外，还可以处理半浆，并兼作洗涤、浓缩、配料等作用。由于打浆机有一机多用、工艺适应性很强的特点，至今在我国还有少量使用，特别是在使用棉、麻等浆料和品种多变的中小型纸厂。

槽式打浆机主要由浆槽、飞刀辊、底刀、刀辊升降加压装置等组成。飞刀辊与底刀相对应，飞刀辊的转动推动浆料通过飞刀与底刀之间的间隙进行打浆，并推动浆料流动。浆槽中装有洗鼓，用于浆料洗涤和浓度调节，其结构原理示意如图 1-35 所示。

槽式打浆机要求浆料循环良好，没有停浆、沉浆和浆料循环混合不均匀等现象，以便提高打浆的质量、打浆浓度，节省电力消耗，提高打浆效率。

二、连续式打浆设备

打浆连续化是打浆设备的发展方向。与间歇式打浆机相比，其优越性表现在：打浆效率高、能耗低、设备外形小、占地面积小，便于高浓化、专用化和集中自动控制等。随着打浆技术的发展，出现了各式各样的连续打浆设备，分别介绍如下。

（一）盘磨机

1. 概述

盘磨机也称圆盘磨浆机，简称盘磨，是最常见的打浆设备之一。盘磨机体积小，质量轻，占地

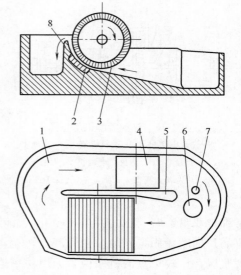

图 1-35　打浆机结构原理示意图
1—浆槽　2—底刀　3—飞刀辊　4—洗鼓
5—隔墙　6—放浆口　7—排污口　8—山形部

小，结构简单，拆装和操作较方便，打浆质量均一，稳定性好，生产效率高，单位产量电耗小，与传统单向流式圆柱磨浆机相比，可节约电耗 $25\% \sim 30\%$。近年来盘磨机的结构不断改善，新的类型不断出现，并向大型化、高浓化、专用化、高效率和自动化的方向发展。随着类型的变化和进料装置的改进，盘磨机的使用范围不断扩大，不仅可以用于各种浆料和各种纸种的打浆，还可以用来处理半化学浆、木片磨木浆和化学机械浆等。所以，盘磨机已成为一种具有制浆和打浆双功能的磨浆设备。

盘磨机型号是按圆盘磨片直径大小来表示，我国目前使用的盘磨机按照毫米为单位标称

的主要规格有：Φ300、Φ350、Φ380、Φ450、Φ500、Φ600、Φ660、Φ720、Φ800、Φ900、Φ1100、Φ1250等；按照英寸为单位标称的主要规格有：12in、14in、16in、18in、20in、22in、24in、26in、30in、34in、38in、42in、48in、52in等。可进行疏解、打浆、精浆，还可以进行废纸的处理。盘磨磨片齿形多样化，浓度适合于低浓浆泵的工作范围，便于车间布置和管道输送，已成为造纸企业的主要打浆设备。根据不同磨片齿形的选用，盘磨机可达到切断、疏解、分丝、帚化和压溃等不同的作用，可用于各种文化用纸、生活用纸、纸板和各种工业用纸的生产。

2. 盘磨机的类型和结构

盘磨机在结构上按磨盘数量分类：

① 单盘磨机（双盘单动盘磨机），单盘旋转式盘磨机，只有一个磨浆区，即一个磨盘固定，另一个磨盘旋转，单盘磨机结构较为简单，由于只有一对磨片组成的磨区，调整其中一个磨盘的位置，即可改变磨区的间隙大小，调节方便，灵敏度较高，它对纤维原料的不同种类、不同浓度的适应性较大，但是因为它在低浓度打浆中的效率较低，单盘磨浆机现在大多用于高浓度磨浆或小型生产线及实验室使用。

② 双回转盘磨机（双盘双动盘磨浆机），过去曾经被称为"双盘磨机"，也只有一个磨浆区，即两个磨盘同时转动，但旋转方向相反，因需要两台电机驱动两个转盘，与同样磨盘规格的单盘磨机相比，相对速度增加一倍，因此施加于纸浆纤维上的扭转、弯曲和摩擦力相应加大，有利于纤维的分离和帚化；其两个磨盘都装配在主轴上，因此纸浆进入磨区不能轴向进入，必须从其中一个磨盘上开孔口进入磨区，磨盘直径小，不宜开进浆孔口，否则进料困难，易堵塞，因此它通常是适用于磨盘规格比较大的磨浆设备，造纸打浆工段实际应用较少，如图1-36所示。

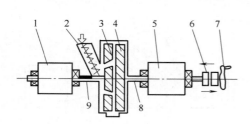

图1-36　双盘盘磨机示意图
1—转盘电动机　2—进料螺旋　3—转盘1
4—转盘2　5—转盘2电动机　6—油缸
7—手轮　8—转盘2主轴　9—转盘1主轴

③ 三盘磨机（双磨区单动盘磨机），现在通常称"双盘磨"，英文名称：Double Disc Refiner（简称DDR），它总共有三个磨盘，两个装有磨片的磨盘固定不动，中间磨盘转动，只需一台电机驱动两面有磨片的转动盘，形成两个磨浆区，比较单盘磨机来说，无用功率消耗大幅度降低；用螺旋、液压或空压移动定盘或动盘，以调节磨盘间隙进行加压；因浆流的方式不同，可分为单流式和双流式，如图1-37，单流式相当于两台串联的单盘磨，而第二个磨区，浆料逆离心力的方向流动；双流式相当于两台并联的单盘磨；因此，三盘磨机生产能力大，单位电耗低，结构紧凑，占地少，设备费用低，是一种较好的打浆设备。

④ 多盘磨机（多磨区多动盘磨机），为了提高低浓（2%～6%）磨浆的效率，已经发展出具有3个磨浆区的五盘双动盘磨机，动盘数2个，3个固定盘。

3. 盘磨机的打浆原理

盘磨机的打浆作用是依靠转盘高速旋转产生的离心力。其打浆特性可以从流体力学性能和对纤维机械处理作用两个方面来认识。从流体力学性能来看，盘磨可视为一种低速、低效的离心泵；从盘磨对纤维的机械处理来看，靠转盘与定盘对纤维的摩擦和纤维间的相互摩擦。当转盘旋转时，浆料的质点受到进浆压力和离心力的作用，使浆料从磨盘中心径向地向四周运动。另一方面，浆料随磨盘转动，受力的方向为沿着磨盘同心圆上任何一点的切线方向。而浆料质点在此两力的作用下，浆料从磨盘中心进入，沿螺旋渐开线走向圆周。另外，为了使磨浆均匀，在定盘和转盘上交叉设置几层挡坝（封闭圈），当浆料从磨盘中心向外运动时，碰到挡坝，将迫使浆料由定盘转向动盘，然后再由动盘转入定盘，依次反复折向。在浆料运行过程中，由于动盘的高速转动，不断地把齿沟中激烈湍动的浆料抛向磨浆面形

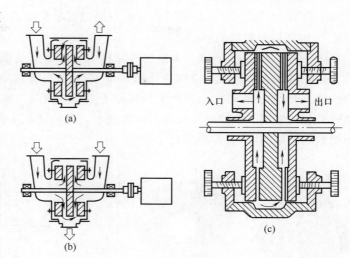

图 1-37 三盘磨机示意图
（a）单流式 （b）双流式 （c）磨室部分放大图

成浆膜，在此过程中，纤维受到摩擦力、冲击力、揉搓力、扭曲力、剪切力和水力等多种力的综合作用，并使纤维受热润胀和软化，使纤维的初生壁和次生壁外层破除，使纤维被撕裂、切断、分丝、帚化、压溃和扭曲，最后从浆管排出。虽然浆料在磨盘中只停留几秒钟，但已能很好地完成打浆的作用。

（二）**锥形磨浆机**

锥形磨浆机经不断的变革和发展，目前的类型很多，按圆锥磨腔数分：有单磨腔锥形磨浆机和双磨腔锥形磨浆机；按照锥形转子主轴支撑方式分有：通轴式锥形磨浆机和悬臂式锥形磨浆机；按照锥形转子圆锥度大小分：小锥度锥形磨浆机、中锥度锥形磨浆机和大锥度锥形磨浆机，分别简述如下：

1. 小锥度锥形磨浆机（Jordan）

小锥度锥形磨浆机如图 1-38 所示，其定刀装在一个空心的锥形圆柱体的内壁上，转子为圆锥体，沿轴向装有若干打浆的刀片，转子刀片在圆柱内转动，产生打浆作用。调节进退刀装置，可使转子沿轴向移动，以控制打浆压力。浆料由锥形的小端进入，从大端排出，进行连续打浆。其线速为 8～11m/s，转子圆锥角 10°左右，这种磨浆机由槽式打浆机变革而来，把动刀辊与底刀的接触面由水平式变成倾斜式，是最早的连续打浆设备，因为转定子磨片制造方法的原因及当时处理原料的特性，基本是对纤维切断能力强的刀型，适于打游离浆，现在已经很少有在继续服役的。

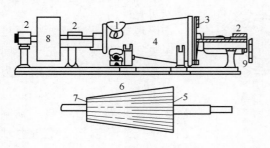

图 1-38 小锥度锥形磨浆机
1—进料口 2—轴承 3—出料口 4—定子外壳 5—打浆刀 6—转子磨片 7—硬木 8—皮带轮 9—手轮

2. 中锥度锥形磨浆机（Conflo）

中锥度锥形磨浆机是圆锥形磨浆机的新成员，转定子磨片比大锥度磨浆机长，但是比小锥度磨浆机短得多，悬臂式设计使安装变得更加容易。高速锥形磨浆机结构与普通锥形磨浆机相似，不同的是线速较高，为 11～20m/s，

转子圆锥角为 20°～30°。这种磨浆机对纤维的分丝帚化能力较强，适于中等黏状打浆。

3. 大锥度锥形磨浆机（Claflin）

如图 1-39、图 1-40 所示，大锥度磨浆机的结构特点是锥度大（60°～70°），转子短，牢固结实，圆锥体大端直径是小端直径的 2～3 倍，圆周线速度随着圆锥体直径的增加，呈直线递增约 2～3 倍。大锥度磨浆机常被选用于处理棉浆等长纤维的切断式打浆，实际上，其打浆效果与其转定子磨片的齿形有很大的关系，大锥度磨片齿形对打浆效果的影响与盘磨机齿形对打浆效果的影响情况相似。

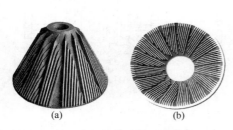

图 1-39　大锥度锥形磨浆机转子及定子
(a) 转子　(b) 定子

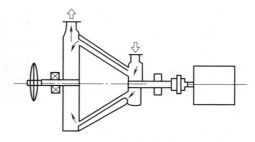

图 1-40　大锥度锥形磨浆机

（三）圆柱磨浆机

圆柱磨浆机，也称圆柱精浆机，是一种连续打浆设备。可以多台串联或并联进行打浆，可用它打高黏状浆、黏状浆或者游离浆。与槽式打浆机相比，圆柱磨浆机的底刀组数量多，包围飞刀辊的总弧长要长得多；总体结构也比打浆机要紧凑；它的单位动力消耗（每吨浆提高打浆度 1°SR 所耗用的功率）比槽式打浆机大幅降低。

随着圆柱磨浆机的发展，根据纸浆在磨浆区流动方向可分为单向流式圆柱磨浆机和双向流式圆柱磨浆机两类：

1. 单向流式圆柱磨浆机也称为传统型圆柱磨浆机

在这类圆柱形磨浆机中，纸浆从圆柱磨浆机体的一端进浆进入磨浆区，然后在另一端出浆。它的飞刀辊（转子）是圆柱形，沿壳体的内表面，均匀地分布着四把底刀（定子），其工作原理如图 1-41 所示。通过加压装置调节转子与定子之间的间隙，使浆料在一定的压力下进行打浆。为了避免卡刀，转子刀片顺转子方向与主轴倾斜 8°～10°，定子刀片与主轴平行。

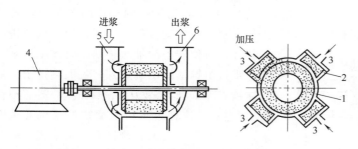

图 1-41　单向流式圆柱磨浆机工作原理示意图
1—飞刀辊　2—定子底刀　3—加压介质进口
4—电动机　5—浆料进口　6—浆料出口

单向流式圆柱磨浆机在 20 世纪 60 年代引进以来，曾广泛使用，但它实质上是槽式打浆机一种改进了的形式，承袭了间歇式打浆机的许多缺点，如切断能力差，对棉、麻、木浆等需要另打半浆；在打高黏状浆时，纤维不够柔软，通过量低、串联台数多、温度高、散热性差，容易引起石刀爆裂等。另外，刀辊磨损快，设备的维修工作量大。因此，国内新建或扩建项目中，单向流式圆柱磨浆机已难觅踪影。

2. 双向流式圆柱磨浆机

也称为帕皮龙型（Papillon）圆柱磨浆机，是新一代圆柱磨浆机。由于传统的单向流式圆柱磨浆机必须依靠纸浆进出口的压差和飞刀辐两端的推浆叶轮来使纸浆进出磨浆区域，使得轴向受力较大。近年来发展出了双向流式圆柱磨浆机，纸浆从圆柱形磨浆机体轴向中心进浆进入磨浆区中间，然后分别向相反方向在磨浆机体两端出浆。

双向流式圆柱磨浆机中间导流的对称式设计，不仅克服了传统单向流式轴向受力较大的缺陷，同时无须在两端加轴向推浆叶轮而节约能耗。该磨浆机同单向流式圆柱式磨浆机相比，紧凑的设计使其对空间地需求很小，并且能很精确地调节磨片间隙，也可以结合不同的磨片选型，实现高产能和较好地发挥纤维强度的潜能。其内部结构和工作原理见图1-42。

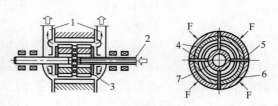

图 1-42　双向流式圆柱磨浆机内部结构示意图
1—出浆口　2—进浆口　3—孔盘区出浆槽口
4—定子、转子磨齿　5—磨浆间隙调节装置
6—定子　7—转子　F—加压受力

三、打浆设备的性能指标及其计算

打浆设备的主要性能指标有：打浆比压、比刀缘负荷、打浆能耗及打浆效率等，现分别说明如下。

（一）打浆比压

单位打浆面积上纸浆所承受的压力，称为打浆比压 p，计算式见式（1-1）。

打浆比压的大小，主要影响纤维被切断的程度。比压越大，切断能力越强，纤维的平均长度下降。游离打浆时，比压值宜大，黏状打浆比压值宜小。比压过小会延长打浆时间，增加打浆动力消耗，在生产中由于纸浆浓度、浆层厚度、飞刀与底刀的距离等因素的不同，实际作用于纤维的压力和纤维的切断作用也不同。

（二）比刀缘负荷

比刀缘负荷（Specific edge load，简称 SEL），也称为刀口比负荷或比边缘负荷。

打浆时纤维在刀口或转盘齿的前缘聚集，打浆设备与打浆特性之间的关系与对该纤维所做的功和切断长度有关，现在用比刀缘负荷来反映打浆的作用和切断与撕裂能力之间的关系。比刀缘负荷公式为：

$$SEL = \frac{P_e}{CEL} \tag{1-3}$$

式中　　SEL——比刀缘负荷，W·s/m 或 J/m

　　　　P_e——有效功率，kW

　　　　CEL——单位时间磨片边缘切断长度，km/s

而　　　　　　　　　$CEL = n_r \cdot n_s \cdot L' \cdot n \tag{1-4}$

　　　　n_r——转盘齿数

　　　　n_s——固定盘齿数

　　　　L'——相对两磨齿的接触长度，km

　　　　n——磨浆转速，1/s

再由输入的吨浆有效功率（P_e）除以绝干纤维通过量（q_m）得到打浆的比能耗（specific energy consumption，简称 SEC），这是比刀缘负荷理论用来表征打浆作用的重要指标，比能耗公式为：

$$SEC = \frac{P_e}{q_m} \qquad (1-5)$$

式中　SEC——比能耗，$kW \cdot h/t$

　　　　P_e——有效功率，kW

　　　　q_m——绝干纤维通过量，t/h

SEL 理论存在一些缺点，如它忽略了磨片的几何构形，尤其是刀宽对磨浆效果的重要影响，只考虑动定刀交错时的磨浆作用，它假定：有效磨浆能量是在动刀边缘与定刀边缘交错瞬间传递给纸浆纤维的，大部分的打浆作用缘于刀交错时对纤维的叩击造成的纤维变形，认为能量消耗的途径和数量是了解打浆过程的关键。

3. 比表面负荷（Specific Surface Load，简称 SSL）

它的实质是动、静磨片刀棒顶面对纤维束的挤压效应，在相同比刀缘负荷条件下，磨片齿宽度决定了比表面负荷的大小，齿越窄，比表面负荷越大。比表面负荷计算公式为：

$$SSL = \frac{IE}{IL} \qquad (1-6)$$

式中　SSL——比表面负荷，$W \cdot s/m^2$ 或 J/m^2

　　　　IE——每次挤压的能量，$W \cdot s/m$ 或 J/m

　　　　IL——挤压长度，m

式中 IL 为挤压长度（Impact Length），计算公式为：

$$IL = \frac{b_r + b_{sl}}{2} \times \left[\frac{1}{\cos \frac{\theta}{2}} \right] \qquad (1-7)$$

式中　IL——动定磨片齿面接触宽度，m

　　　　b_r——转盘齿宽度，m

　　　　b_{st}——定盘齿宽度，m

　　　　θ——转盘与定盘齿夹角，（°）

比表面负荷理论是比刀缘负荷的衍生理论，依据 SEL 理论，每次挤压的能量 IE 值和比刀缘负荷 SEL 值是相等的。SSL 理论克服了 SEL 理论的不足，考虑到磨齿宽度对打浆的影响，对其进行了修正。比表面负荷（SSL）也有一定的局限性，没有考虑齿条的倒角，也没有考虑齿表面的粗糙度。

（三）打浆的能耗和效率

1. 磨浆的能耗

盘磨机打浆单位能耗是指每吨纸浆打浆时每提高打浆度 1°SR 所消耗的电量。其计算公式为：

$$E_w = \frac{\sqrt{3} \cdot I \cdot U \cdot \cos\varphi \cdot \eta_m}{q_m(g_2 - g_1)} \times 1000 \qquad (1-8)$$

式中　E_w——打浆单位能耗，$kW \cdot h/t \cdot °SR$

　　　　I——打浆时盘磨机的操作电流，A

　　　　U——打浆时主电机的工作电压，V

　　　　q_m——每小时通过量，t/h

$\cos\varphi$——电机功率因素（查手册为 0.89）

η_m——电机功率因数（查手册为 0.915）

g_1、g_2——浆料通过前后的打浆度，°SR

磨浆单位电耗 E_w 值，由浆料性质和磨浆机的形式而定，如处理亚硫酸盐草浆时，各类打浆设备单位电耗如表 1-18 所示。

表 1-18　　　　　　　　　　　　　不同打浆设备的单位电耗

设备型号	单位电耗/[kW·h/(t浆·°SR)]	设备型号	单位电耗/[kW·h/(t浆·°SR)]
Φ1250 单盘磨浆机	6.5～7.0	双盘磨浆机	12
圆柱磨浆机	7～10	高速锥形磨浆机	16.6

就同一种盘磨机，不同的磨盘和材质，其单位电耗也不一样，如用陶瓷磨盘作定盘、金属磨盘作转盘，装入 Φ400 液压单盘磨浆机中，对甘蔗渣浆进行打浆试验，与两个磨盘都是金属磨盘做比较，如图 1-43 所示，陶瓷磨盘的打浆质量有所提高而单位电耗下降。

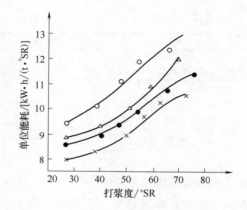

从上述试验可知，动定盘均为金属材质，与陶瓷作定盘、金属作动盘组合进行磨浆对比。在相同的打浆度时，纯金属质的磨盘单位能量消耗最高。另外，用同一种具有圆弧封闭圈的斜放射形齿纹的 Φ400 冷硬铸铁作动盘，与具有斜放射形齿纹的 Φ400 陶瓷作定盘组合进行磨浆，定盘结构稍有不同，其单位能量消耗也不一样，定盘没有周边封闭圈（图中的×）比设有周边封闭圈（图中的△）单位能量消耗低，而周边开有均布小槽的（图中的●）居中。由此可知，同质不同结构，其单位能量消耗也不一样。

图 1-43　单位能量消耗与打浆度的关系

×—A 型陶瓷定盘与金属动盘的组合　△—B 型陶瓷定盘与金属动盘的组合　●—C 型陶瓷定盘与金属动盘的组合　○—动定盘都是金属磨盘

2. 磨浆效率

磨浆效率是评价磨浆设备性能的重要指标，提高磨浆设备的有效功率，是改进磨浆设备的重要方向。

磨浆设备磨浆时所消耗的功率，分为有效功率和无效功率两部分。有效功率是指用于纤维切断、压溃、撕裂和帚化等打浆作用所消耗的功率。无效功率是由于输送浆料及设备磨损等所消耗的功率。

盘磨机磨浆时所消耗的有效功率 P_e，决定于磨盘的接触面积与转速。公式为：

$$P_e = \left(\frac{\pi^4 \cdot \rho}{2040 \cdot g}\right) \cdot \mu \cdot C_r \cdot C_s \cdot n^8 \cdot D^5 \tag{1-9}$$

式中　ρ——浆料的密度，kg/m³

g——重力加速度，9.81m/s²

μ——磨浆阻力系数

C_r、C_s——转盘、定盘平均接触率，一般 $C_r = C_s = 0.3～0.5$

n——磨盘的转速，r/min

D——磨片的直径，m

磨浆效率 η 是磨浆有效功率与总功率之比。

$$\eta = \left(\frac{P_e}{P}\right) \times 100\% \tag{1-10}$$

式中　P_e——磨浆有效功率消耗

　　　P——磨浆总功率消耗

根据资料报道，有关打浆设备的有效功率如表 1-19 所示。从表 1-19 可见，双盘磨浆机打浆的有效功率最高，其次是大锥度磨浆机。然而，双盘磨浆机与大锥度磨浆机相比，虽然磨浆比压能耗相同时，盘磨磨浆的游离度比锥形磨浆机下降得快，但是，锥形磨浆机打浆后的成纸和盘磨的比，有较好的抗张强度和韧性，在纸张强度相同的条件下，锥形磨浆机的能耗低于盘磨。

表 1-19 　　　　　　　　　　　**几种打浆设备的有效功率**

设备类型	有效功率/%	设备类型	有效功率/%
荷兰式打浆机	50	大锥度精浆机	80
圆柱磨浆机	50	双盘磨浆机	85

四、打浆辅助设备

（一）碎解设备

1. 水力碎浆机

水力碎浆机用于干浆板、损纸、废纸等的碎解处理，为浆料的打浆做准备。它是一种疏解能力强、占地面积小、产量大、效率高、电耗低、对纤维没有切断作用的一种优良的疏解设备。

水力碎浆机按不同的方式，可分为立式和卧式；或按处理的浓度来分，可分为低浓和高浓两种；或按操作来分，可分为间歇式和连续式两种类型。

立式水力碎浆机主要由转盘和槽体组成，转盘是一个铜制或钢制圆盘，盘上装有刀片，槽底和四周装有多片固定刀，以加强对浆料的碎解作用。碎解后的浆料通过设在转盘下的环形筛板，由放料口排出。转盘由电机带动，浆料借助转盘的离心力产生巨大的涡流，使浆料与刀片碰撞，被甩到设备的边缘，形成水平旋涡，又沿着边缘上升，再回落到转盘上，随后在槽体中心形成负压区，这一循环又形成垂直旋涡，使浆板向外流动，线速度逐渐减慢而形成速差，从而使浆料间相互产生摩擦，进一步使浆料得到疏解。立式单转盘连续式水力碎浆机如图 1-44 所示。其连续操作主要依靠稳浆箱及放料阀门开度来控制和调节。连续式水力碎浆机也可以进行间歇操作。

近年来，卧式单转盘水力碎浆机在我国中小型纸厂获得广泛使用，它在结构上与立式水力碎浆机的主要区别是转轴呈水平安置，因而沉积在底部的金属、砂石等杂物不易随浆料排出，成浆质量好，磨盘等设备的磨损也较少，可用于未经分选的物料，故比立式水力碎浆机

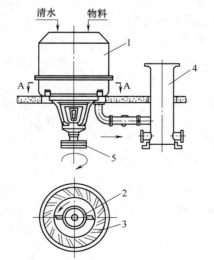

图 1-44　立式单转盘连续式水力碎浆机
1—槽体　2—转盘　3—定盘
4—稳浆箱　5—传动皮带轮

优越。

近年来，高浓水力碎浆机有较大的发展，其构造如图 1-45 所示。其结构特点是配有特有的螺旋形转子，转子除了起到碎解浆板和废纸片的作用外，还具有将动能传送给槽体内的浆料的作用。转子的顶部能够将浆料沿着轴向输送到底部，而转子的底部主要起循环作用。高浓水力碎浆机处理的浓度范围已达到 15％～18％。由于浓度的提高，浆料中纤维与纤维之间的摩擦增加而使碎解作用显著的提高，能耗则显著降低，并可以节省碎解后的浓缩设备，使流程简化。碎解含有湿强剂的损纸时，不必像低浓水力碎浆机那样需调节 pH 并加热，故能耗可降低 50％以上，化学药品节约 20％左右。

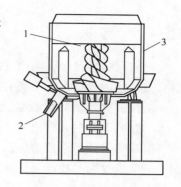

图 1-45　高浓水力碎浆机
1—转子　2—出浆口　3—槽体

影响水力碎浆机碎解质量的因素很多，除设备结构性能的影响因素外，浓度、时间、温度、转盘线速、筛板孔眼大小和原料性质等都影响到碎解效率和浆料质量。

2. 疏解设备

浆料的疏解是利用疏解设备将碎解后残留的纸片或浆块疏解分散。疏解设备主要有高频疏解机（Deflaker），一般是由一个高速旋转的转盘和一个固定盘所组成。它可分为孔板式、齿盘式与阶梯式等几种，以前多用孔板式疏解机，后来出现阶梯式疏解机，齿盘式疏解机虽然加工精度要求高，且易发生断齿，但是疏解效果具有优势，目前依然是主流疏解设备。单磨区齿盘式疏解机具有一个转动盘和一个固定盘，形成与单盘磨类似的单磨区；双磨区齿盘式疏解机具有一个转动盘和两个固定盘，形成与双圆盘磨浆机类似的双磨区，比单磨区齿盘式疏解机而言，大幅度提高了效率。

阶梯式高频疏解机的结构是由转子和相应的定子以及进退刀调节装置所组成。转子是由串结在一起的三节圆锥体组成，第一节锥形的大端直径小于第二节锥体的小端直径，因而两节锥体形成斜面状阶梯形。转子锥面上浇铸有刀齿和刀槽，刀齿上边缘与锥体中心线的夹角为 10°，刀槽槽底斜面与锥体中心线的夹角为 20°～25°，这样就形成了锥形刀槽，在定子上边有与此相应的刀齿与刀槽。

高频疏解机的转定子齿刃相对运动中产生的水力—机械冲击的次数—疏解频率来衡量和解释高频疏解机的疏解作用，其对浆料有强烈的疏解能力，但不起打浆作用，能有效地消除小纸片与小浆片，疏解后的纤维形态基本没有变化，不明显增加打浆度。高频疏解机占地面积小，疏解能力大，适宜疏解浓度 4.5％～5％，浓度过低或过高，都将使疏解效率下降。

高频疏解机的疏解效率大约和总齿数的平方成正比，高频疏解机转定子齿圈通过齿型和齿数量的优化，效能可得到大幅度提高。

（二）贮浆池

为了保证打浆设备能连续均衡的生产，需设置打浆前的原浆池和打浆后的成浆池及半浆池等，以满足生产的需要。

贮浆池的形式有卧式和立式两种，现多用卧式浆池。卧式浆池又分普通卧式浆池和方浆池。普通卧式浆池是用钢筋混凝土制成，中间有一条隔墙，形式与打浆机的中墙相似，槽的后下方装有叶轮式推进器或循环浆泵，用来循环和混合浆料。方浆池外形接近方形，在浆池侧边下部安装有螺旋桨推进器，用来循环和混合浆料。浆池贮浆浓度一般为 3.0％～3.5％，浆料循环速度 15～20m/min，贮浆池要安装在厂房的底层，打浆设备布置在二层，打浆后的浆料借助重力流入浆池内，用浆时靠泵输送。

第四节　打浆系统的控制

打浆是通过机械作用改变纸张物理特性的加工过程，需要控制的主要指标是打浆度。影响打浆度的因素很多，主要有打浆设备的形式及其定子与转子的刀间距、纸浆浓度和通过量等。从便于自动调节的角度出发，常常把纸浆的浓度和通过量固定下来，调节对打浆度影响最大的打浆设备的刀间距离，以稳定打浆度。

纵观打浆控制系统的变迁，大致可分为下面三个阶段，也是三种基本类型，即比能量控制、打浆度控制和比能量、比刀缘负荷控制。

一、打浆控制系统的基本类型

（一）比能量控制

我们这里指的是一类广义的比能量控制，只要对于单位绝干纤维量，保持某个表征能耗的物理量恒定，即可归入比能量控制。典型的比能量控制系统有以下三种。

1. 自动功率控制

这是最基本的自动打浆控制系统。它接受操作人员给出的设定值，将磨浆机功率保持在一定的水平，操纵变量是磨盘间隙。这种控制方式适用于纸浆浓度和流量较稳定的情形。目前国内的打浆控制系统（包括从国外引进的）绝大多数属于此类。它们都是先从工艺上或用控制手段使纸浆浓度和流量稳定，然后控制磨浆机功率来保证成浆质量。国外这种控制系统虽说仍在使用，但已逐渐列入淘汰之列。

2. 温差控制

它以机械能转化为热能的多寡，即磨浆机出口浆温度减去入口浆温度作为打浆过程做功多少的度量。操作人员设定温度差为 ΔT，主电机驱动功率为反馈信号，控制器调整磨盘间隙以维持纸浆温升恒定。

这种方式的主要优点是对浆流量一定范围内的变化能够做出响应。然而，温度传感器本身滞后大，环境温度、进浆性质等变化都会影响温升，这些因素都限制了这种控制方式的广泛采用。恰恰相反，目前也有打浆过程控制系统，往往是把温度差作为一种补偿手段，在计算实际比能量消耗时，将温升部分能量扣除以提高精度。国内外采用温差控制方式的时间均不长，使用面也不广，目前已不多见。

3. hqb/t 控制

与前两种控制方式不同，它增加了打浆机进浆流量和浓度的测量，把这两个量折算成绝干纤维量。操作人员给定单位绝干纤维量的能耗，即 hqb/t。该值乘以单位时间通过的绝干纤维量再加上磨浆机空载负荷，计算得到打浆机所需要的总功率。最后调整磨盘间隙使之达到计算值。

hqb/t 控制的优点在于它对过程量，即浆流量和浓度的波动能够及时响应，响应的时滞减到最小；由于采用流量和浓度输入，控制精度得到提高；它对工艺条件的要求低于前面两种控制方式。

上述三种方式都是选择某一间接物理量作为控制目标，就稳定打浆质量和改善打浆机的可操作性而言，已经能够取得一定效果。据报道，国外 20 世纪 70 年代末采用 hqb/t 控制，就使游离度标准差下降 30％～35％，节能 35％。尽管这是间接的控制方式，国外多数企业仍采用 hqb/t，而国内以自动功率控制占主导地位。

由于比能量只能间接、粗略地反映打浆过程，它无法补偿原料物性的变化和磨盘刀具磨损对打浆性质的影响，因此，从原理上说，它只是一类比较初级的打浆过程控制方案。虽然，这类方案的缺陷往往试图以离线打浆度和湿重测量来弥补，但离线测量人为因素影响大，时间滞后大，所取试样也难准确反映纸浆的真实情况。因此，靠离线测量值修正比能量设定值的方法并不能从根本上改变比能量控制的被动局面。

（二）游离度控制

为了克服比能量控制不能补偿原料物性变化的不足，出现了游离度控制。以游离度测量仪在线测量纸浆游离度，根据测量值与游离度设定值的偏差来调整磨盘间隙，使纸浆质量稳定。它对比能量控制的反馈信号作了改进，以游离度信号取代打浆机电机功率信号，是至今唯一的打浆质量控制系统。

尽管游离度已实现了在线测量，由于测量机理等原因，测量频率仍只达到数分钟一次。因此，游离度控制通常与比能量控制相结合，组成串级控制。游离度控制作为主回路给定比能量设定值，由比能量控制副回路去调整磨盘间隙，故又称为游离度—比能量控制。

国外这种控制技术已日趋成熟，使用面不断扩大。我国虽然有个别纸厂引进了这种打浆控制系统，可惜，尚未见到将游离度测量仪投入日常运行的实例。相反，据了解，某纸厂对游离度测量仪作了多次标定，发现重复性很差，最终在现场运行的仍然是比能量控制系统。这也说明，国外制造的检测仪器未必适合于我国的生产现状。究其原因，可能是北美、北欧等造纸大国研制的仪器首先是针对木质纤维的，而我国却浆种多样，草浆、麻浆和苇浆都有，它们与木浆性质相差悬殊，那么，这些仪器在我国纸厂使用效果不佳也不足为奇了。

（三）比能量—比刀缘负荷控制

根据现代磨浆理论，无论就磨浆机还是纸浆而言，都需要以打浆性质和打浆程度两方面来表征，故有人称打浆是个二维过程。传统的打浆机调节是靠调整动刀和定刀的间隙来改变打浆机负荷，从而调节打浆程度，但打浆性质也不可避免地随着变化了。

比刀缘负荷理论认为，打浆作用主要取决于动刀和定刀相向交错时由叩击引起的纤维形变。它将打浆过程用两个量来描述：a. 单根纤维的叩击次数；b. 叩击强度，即动刀和定刀间比压。叩击次数由浆料流过磨浆机的速度和动刀转速决定，而叩击强度依赖于轴向压力以及定刀与动刀的接触面积。

其中叩击强度也就是比刀缘负荷。由比打浆能量和比刀缘负荷确定了打浆品质。国外几家大型制浆厂采用这种控制方式的运行结果显示，在浆流量波动±50％，浓度波动±25％基准值情况下，仍能保证恒定的浆质量。

二维控制方式是目前较先进的，但由于增加了打浆机电机调速装置，成本较高，一般用于下述场合：a. 纸厂技术水平和自动化程度高；b. 纸浆成分和品种变化范围广；c. 能耗很高；d. 浆质量波动频繁；e. 打浆优劣（如滤水度）构成造纸过程的瓶颈。根据这些特点，二维控制方式尤其适合于高档纸厂、牛皮纸厂和折叠纸板厂。

这类控制系统诞生至今已有 10 多年，并且早已商业化，但普及面仍不广。这种现象或许是由于添置打浆机转速调节系统毕竟投资较大，再加上一般磨浆过程和抄造过程之间有缓冲环节，如成浆池，所以浆流量不会有大的波动，没有必要采用转速调节的缘故。国内尚无这类控制系统。

尽管打浆过程控制的主要目标是得到稳定、符合抄造要求的纸浆，但往往带来另一个好处是节能。比能量控制和游离度控制由于降低了纸浆质量波动的标准差，允许减小比能量设定值，从而降低了能耗。比能量—比边缘负荷控制采用了打浆机转速调节，节能效果越加显著。根据水力学原理，磨浆机空载能耗与转速的 3 次方成正比。增加转速控制以后，能耗仅为手动操作的 25％。正因为这种原因，由添置转速调节装置所附加的投资在 1.3 至 2.6 年内即可全部收回。

以上介绍了 3 种基本打浆过程控制系统的性能和国内外使用情况。一般来说，目前国外的打浆控制系统常常根据工艺条件，将上述几种方式有机组合，取长补短。而国内所见到的大都为单一的自动功率控制。

二、打浆控制系统的基本内容

整个打浆过程的自动控制可分为三个部分，如图 1-46 所示。

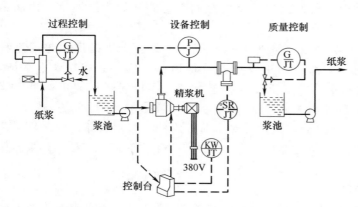

图 1-46 磨浆机自动调节系统

（1）打浆设备控制

打浆设备控制目的是保证磨浆机正常运行，避免定子与转子之间的机械接触。设备的正常运行以电机负荷为指示（KW-JT），同时在磨浆机出口浆管上装有压力连锁装置（P-L），当压力低于某定值时，说明纸浆通过量少，定子与转子之间可能发生接触，自动停机或退刀。

（2）过程控制

设置纸浆浓度和流量自动调节系统（C_s-JT，G-JT），以稳定打浆条件，或者设置单位电力消耗调节系统，磨浆机单位电力消耗计算公式见式（1-11）。

$$单位电力消耗(kW \cdot h/t) = \frac{P}{\rho \times q_v \times 10^{-3}} \qquad (1-11)$$

式中　P——磨浆机电机负荷，kW

　　　ρ——浓度，kg/m^3

　　　q_v——流量，m^3/h

（3）质量控制

质量控制是打浆控制的最后一环，用在线打浆度测量仪测得打浆质量，用以控制打浆设备（°SR-JT）稳定磨浆质量。

三、打浆控制系统的方案

图 1-47 是锥形磨浆机的几种自动调节方案，磨浆机 A 刀间距由调节电机 C 控制。图 1-47

中（a）是以磨浆机电机负荷作为测量信号的方案。磨浆电机负荷由功率传感器测量出来，信号送至功率调节器（KW-T）与给定值比较，若存在偏差则调节器发出控制信号给调节电机，以改变刀间距离，使拖动电机负荷稳定。图 1-47 中（b）是以温度差作为测量信号的方案。两支热电阻分别装在磨浆机进口和出口管线上，温差变送器（ΔTB）发出的温差信号，送至温差调节器（ΔT—T）与给定值比较。若有偏差则调节器发出控制信号去调整电机，使温差稳定。方案（a）和（b）中都设有纸浆浓度调节系统和通过量调节系统（图中未画出）。此外还有连锁保护系统，磨浆机电机的启动信号和装在进浆管上压力变送器的信号送至保护系统，磨浆机电机的启动信号和装在进浆管上压力变送器的信号送至调节器，如果电机突然停机或进浆管压力突然下降到某一低值时，则调节器能自动控制调节电机使转子退出（退刀）。

　　上述两种方案的优点是调节系统较简单，容易实施。但是它们的调节效果都不太理想，方案（a）中，因电机负荷与刀间距离的关系曲线不是直线关系，在轻负荷时关系曲线存在"死区"（不明显），调节效果不好。方案（b）中，由于温度测量的滞后性较大而且该方案还要求打浆浓度一定，因而控制起来不易稳定。图 1-48 中（c）和（d）则是效果较好的方案。方案（c）是负荷与温差的二冲量调节系统。负荷调节器（KW-T）和温差调节器（ΔT-T）发出的信号送到加法器，然后再去控制电机。方案（d）在方案（a）的基础上增设调节仪（SR-T）组成串级调节系统。

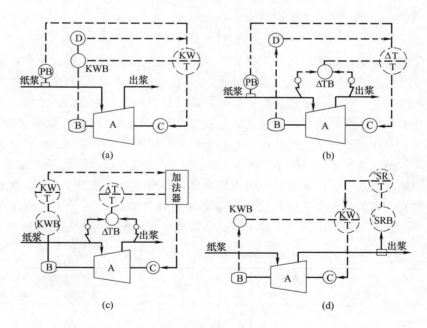

图 1-47　磨浆机自动调节方案
（a）锥形磨浆机　（b）拖动电机　（c）调节电机　（d）起动器

　　上述几种打浆过程自动调节系统都是单台设备的方案。但是打浆过程往往是由多台设备串联起来完成的。除最后一台打浆设备考虑使用打浆测量仪组成串联调节系统以稳定纸浆打浆度外，其余打浆设备都采用简单的负荷调节系统或温差调节系统。由于打浆设备的种类和结构不同，操作技术不同，因此打浆过程自动调节方案是多种多样的。

第五节　打浆技术的发展

一、打浆设备的发展

总体来说，现代打浆技术正朝着连续化、大型化、高浓化、多用化、高效率和集中自动控制的方向发展。

进入 21 世纪后，在设备材质改进、设计优化的基础上，开发了新型的圆柱磨浆机。其具有轻柔的、稳定的打浆性能，近几年在一些高速纸机生产线得到应用。与传统的圆柱磨浆机相比，新型的圆柱磨浆机具有高效的打浆能力，打浆效果均一且能耗较低。在打浆度相同的情况下，采用圆柱磨浆机比采用盘磨浆机或锥形磨浆机磨出来的浆料强度性能要好一些。图 1-48 给出了纤维在 3 种不同磨浆设备中的受力模型。

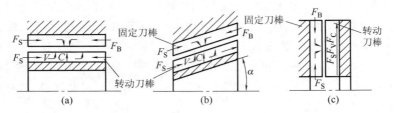

图 1-48　浆料在不同磨浆设备中的受力模型

（a）新型圆柱磨浆机　（b）锥形磨浆机　（c）盘磨

F_V—涡卷力　F_S—浆料输送压力　F_C—离心力　F_B—背向力

圆柱磨浆机由于圆柱的旋转运动，离心力方向与纸浆流动的方向垂直，将纸浆抛到静磨盘上。当纸浆通过磨浆区时，纸浆受离心力作用并且二次注水，当纤维充满静磨盘的沟槽时，水分就被挤出。然后，纤维就留在了磨齿上并且逐渐加厚。在磨盘沟槽的水分被挤压出去时，纸浆在磨浆区不断的进行加减速运动，使纸浆充分混合，改进了纸浆的性能。同时，纸浆纤维受离心力作用不断堆积在磨盘定子的磨齿上，增加了纤维受到磨盘转子磨齿作用的概率。在相同的磨浆条件下，对于不同的磨浆方式，使用圆柱磨浆机能相对地增大磨浆区。此外，在新型圆柱磨浆中，由于离心力的作用明显，磨盘中的纤维层厚，可以使磨齿的加载量提高。据实验，新型圆柱磨浆机在运行时，磨齿能够多加载 10%～15% 的纤维量。从而能够节约磨浆能耗。一种亚硫酸盐阔叶木浆的裂断长与不同设备的打浆能耗见表 1-20。

表 1-20　　　　　　　　　　亚硫酸盐纸浆净能耗和裂断长的关系

裂断长/km	净能耗/(kW·h/t)		裂断长/km	净能耗/(kW·h/t)	
	双盘磨	新型圆柱磨浆机		双盘磨	新型圆柱磨浆机
1.5	13.3	6.6	1.9	55.0	39.0
1.6	25.0	15.0	2.0	66.6	48.5
1.7	33.3	13.3	2.1	74.0	55.0
1.8	46.0	30.0	2.2	86.6	73.0

二、分别打浆与混合打浆

纸张的生产一般均会使用两种或两种以上的纤维，但凡使用两种原料及以上纤维配抄一种纸的造纸企业，均会遇到对两种浆料的打浆处理是分别进行还是混合进行的技术问题。分别打浆是指将每一种浆料分别打浆后按照一定比例混合；混合打浆是指将浆料按照一定比例混合后进行打浆。在 20 世纪八九十年代，造纸工业界较多地研究了分别打浆与混合打浆，并得出了一些相关的结论。例如：新闻纸的生产以化学浆单独打浆，然后与磨木浆混合抄造为最佳；在混合浆料中，含量超过 20％ 的所有纸浆都应进行分别打浆；在 10％～30％ 的阔叶木浆含量时，分别打浆比混合打浆约高 5～6 个破裂强度单位；采用 50％ 漂白亚麻浆和 50％ 漂白硫酸盐木浆配抄卷烟纸，从成纸质量高、动力消耗少的角度考虑，混合打浆是最优化方案。

一般认为，分别打浆有利于每种纤维性能的充分发挥；而混合打浆的磨浆能耗略低。对于多种浆料而言，哪种打浆方式更有利于纸张性能，国内外并没有统一的结论，但主体倾向于分别打浆，目前工业界以分别打浆为主。近年来，在节能减排的号召下，对混合打浆技术有了新的认识。特别是随着化机浆在纸张生产中的使用，促进了混合打浆研究的发展。有研究表明，化机浆与化学浆的混合打浆更有利化机浆性能的发挥。

表 1-21　　　　　　　　　　　　　　　　不同打浆方式耗能

| 打浆度/°SR | 分别打浆耗时/min | | 混合打浆耗时/min | 打浆度/°SR | 分别打浆耗时/min | | 混合打浆耗时/min |
	竹浆	木浆			竹浆	木浆	
20	21	65	30	35	56	118	75
25	33	85	50	40	60	123	92
30	45	102	65				

对于打浆难易程度不同的原料采用混合打浆，其主要是希望能够降低能耗，表 1-21 给出了某厂利用双盘磨对竹浆与木浆进行打浆的统计结果。按照该厂生产的浆料配比及各种浆料的最佳打浆度进行计算后，认为混合打浆比分别打浆电耗降低约 8.5％。但必须指出，对于一个纸种而言，到底选择何种方式的打浆处理，还必须考虑打浆后的抄造性能。例如，表 1-21 的打浆后浆料用于生产纸袋纸时，从抄造性能及成纸性能来看，混合打浆均有利。而某厂在利用两种不同木浆生产拷贝纸时，却发现，混合打浆抄造中滤水慢、干燥困难，有强干燥现象，纸面泡泡纱多，伸缩率大，卷取时有死褶，切纸时死褶严重等现象。

三、纤维的酶法预处理

造纸工业的能耗成本约占总生产成本的 25％，而打浆耗能约占总耗能的 15％～18％。随着能源价格的上涨及节能降耗的发展需求，打浆工艺的节能降耗势在必行。在这样一个发展趋势下，利用生物酶处理改善浆料纤维，以节约打浆能耗成为一项新的发展趋势。随着能源价格的上涨和不久的将来生物酶成本的降低，酶促打浆具有巨大的发展潜力。

用于打浆的生物酶主要是纤维素酶和半纤维素酶。通过应用这两类酶，使其分别作用于纤维所含的纤维素及半纤维素。两种主要的纤维素酶分别是外切纤维素酶和内切纤维素酶，前者作用于纤维素分子链的末端，通过分裂出纤维二糖或葡萄糖而切断纤维末端的键联，并引起纤维素氢键的断裂；后者作用于纤维素的链中部，导致纤维素可及区的水解。两种酶以协同作用的方式水解纤维素。两种主要的半纤维素酶分别是木聚糖酶和聚甘露糖酶，两种酶酶解浆料原纤细纤维的确切机理目前尚不清楚，但基本机理可以认为是促进了纤维的润胀、水化、细纤维化和纤维间的内结合强度。酶处理初期，纤维表面的半纤维素分解，提高了纤维表面吸水润胀程度，同时也提高了纤维表面的通透性，促进酶分子扩散、渗透到纤维内部，使微细纤维间半纤维素被降解，进一步促进了纤维润胀，使微细纤维间作用力减弱；使 S_1

层结构松弛，微细纤维间发生滑动，有利于 S_1 层的去除和 S_2 层的纤维润胀及细纤维化。加以适当的控制，使半纤维素酶破除 LCC 间的结合键，打开通道，让纤维素酶作用于纤维表面产生适当剥离效应，将 P 层和 S_1 层破除，使 S_2 层恰好裸露出来而不受到损害，加速纤维细纤维化，则会在不损失纸浆强度性能的情况下促进打浆，从而节约打浆能耗。图 1-49 给出了酶对针叶木纤维的润胀作用，图 1-50 给出了酶对阔叶木导管的作用。

图 1-49　酶对针叶木纤维形态的影响　　　　图 1-50　酶对阔叶木导管的作用（酶作用时间 60min）

从图 1-51 中可以看出，酶对针叶木纤维具有明显的润胀作用，可以消除阔叶木纤维中的导管。

对于酶的使用而言，其最为重要的是，通过在磨浆前使用生物酶处理浆料，可以通过节约打浆能耗及降低干燥蒸汽用量，从而达到节能的目的，见表 1-22。报道过的节能案例较多，例如：a. 离型纸打浆中使用纤维素酶处理可以降低 7.5％ 的磨浆能耗；b. 生活用纸中使用打浆酶，节约 10％～20％ 的长纤维及降低 10～50kW·h/t 浆的打浆能耗；c. 铜版纸中使用打浆酶，降低针叶木打浆能耗约 40kW·h/t 浆，提高了成纸耐折度，从而改善了纸张的折页爆裂；d. 在纸厂实验室中使用不同的商业生物酶处理混合的漂白阔叶木浆，可以节省 6％～30％ 能耗；e. 不同的纤维素酶/半纤维素酶处理未漂白和漂白化学浆（阔叶木浆和竹浆），发现可以降低 15％～20％ 能耗，并且得出结论——生物酶在处理漂白化学浆时比处理未漂白化学浆效果好（这可能是漂白浆中木素的去除以及纤维素和半纤维素上羟基的暴露所致）；f. 在实验室研究和规模生产试验中，使用纤维素酶和半纤维素酶的混合物处理包括阔叶木硫酸盐浆、竹浆的长纤维组分和旧瓦楞箱纸板浆等以降低打浆能耗；在实验室研究中不同的生物酶处理可以降低 18％～45％ 的打浆能耗，而且浆料的强度性能不会受到酶处理影响；g. 在规模生产试验中使用一种生物酶处理浆料以生产高强度弹性牛皮纸袋纸，最终每吨绝干浆可以降低 25kW·h 的磨浆电耗，而且同样生产每吨纸节省了纸机运行中各部分蒸气消耗的 20％；通过使用生物酶处理，工厂消除了针叶木浆生产线的瓶颈问题，并增加了 12％ 的产量。

表 1-22　　　　　　　　　　　　　　酶对减少打浆时间的作用

生物酶	最佳 pH	最佳温度/℃	减少打浆时间/%	还原糖含量/(kg/t 浆)
Pulpzyme HC	7～8	60～70	22.7	0.53
半纤维素酶'Amano'90	4.5～5.0	45～50	25.0	4.59
Cartazyme HS 10	4.5～5.0	45～55	17.9	4.67
Irgazyme 40 s	7～8	50～60	17.9	3.93

然而，必须指出的是，尽管酶促打浆在发挥打浆效能方面有重要作用，但不同企业、不同的生产线以及不同的原料结构都将对酶的作用效果产生较为明显的影响，从而导致了酶促打浆仍未能在造纸企业全面推广。同时，使用生物酶来促进打浆还存在一些技术壁垒，例如

纤维素酶切断纤维素分子链的同时也降低了纤维素聚合度，并破坏纤维的完整性；成本较高；反应条件苛刻、反应时间较长等同样影响了其应用。

从目前的应用实际来看，酶促打浆在生活用纸中的应用已经获得较多的成功案例，但在常规纸张的应用中尚需要造纸技术工作者开展深入研究，开发出符合成本效益的生物酶，以促进生物酶在打浆中的应用。

思　考　题

1. 什么叫打浆？打浆的目的是什么？
2. 试述木材纤维细胞壁的结构。
3. 草类纤维细胞壁结构与木材纤维细胞壁结构有何区别？
4. 针叶木、阔叶木、草类纤维的平均纤维长度一般是多少？
5. 纤维在打浆过程中发生哪些变化？
6. 打浆为何能提高纤维结合力？
7. 试述氢键形成的条件。
8. 试述吸水润胀、细纤维化。
9. 试述打浆对纸张质量性能的影响。
10. 纸浆中木素含量高对其打浆性能会产生怎样影响？
11. 打浆有哪几种方式？
12. 什么是游离状打浆？什么是黏状打浆？
13. 什么是打浆度、湿重？它们分别能反映纸浆的什么性能？
14. 试述纤维筛分试验的意义。
15. 浆料浓度对打浆质量有何影响？
16. 高浓磨浆与低浓磨浆有哪些区别？
17. 中浓打浆的浆浓是多少？中浓打浆有何优点？
18. 草类浆中浓打浆有哪些特点？
19. 影响打浆质量有哪些因素？
20. 打浆时温度大小对打浆质量会产生怎样影响？
21. 化学木浆的打浆特性是怎样的？
22. 化学机械浆的打浆特性是怎样的？
23. 化学草浆的打浆特性是怎样的？
24. 对比化学木浆与化学机械浆的打浆性能。
25. 草类纤维为何打浆困难？
26. 文化用纸应该怎样进行打浆？成浆打浆度一般是多少？
27. 纸袋纸、工业滤纸应该怎样进行打浆？成浆打浆度一般是多少？
28. 卫生纸应该怎样进行打浆？成浆打浆度一般是多少？
29. 描图纸、防油纸应该怎样进行打浆？成浆打浆度一般是多少？
30. 证券纸、卷烟纸应该怎样进行打浆？成浆打浆度一般是多少？
31. 为了获得透明度高的纸张，应该对浆料进行怎样打浆处理？
32. 为了获得吸收性好、透气度高的纸张，应该对浆料进行怎样打浆处理？
33. 为了获得高强度的纸张，应该对浆料进行怎样打浆处理？
34. 叙述典型的文化用纸打浆流程。
35. 混合打浆与分别打浆比较，有哪些优缺点？

36. 试述结合式打浆方式。

37. 目前使用的打浆设备主要有几种？发展趋势如何？

38. 试述高浓磨浆机的结构和特点。

39. 试述磨盘齿形对打浆质量的影响。

40. 试述磨齿夹角大小对磨浆有何影响。

41. 试述磨盘运转方向对磨浆有何影响。

42. 试述大锥度磨浆机的结构和工作原理。

43. 试述新型圆柱磨浆机的结构特点和工作原理。

44. 打浆技术有哪些发展？简述酶促打浆的原理与效果。

主要参考文献

[1] 隆言泉，主编. 造纸原理与工程 [M]. 北京：中国轻工业出版社，1994.

[2] 卢谦和，主编. 造纸原理与工程（第二版）[M]. 北京：中国轻工业出版社，2004.

[3] 何北海，主编，张美云副主编. 造纸原理与工程（第三版）[M]. 北京：中国轻工业出版社，2010.

[4] Hannu Paulapuro，著. 纸料制备与湿部 [M]. 刘温霞，等译. 北京：中国轻工业出版社，2016.

[5] John D. Peel. Paper Science and Paper Manufacture Chapter 6 Stock Preparation. Angus Wild Publication INC. Vancouver, 1999.

[6] Gary A. Smook. Handbook for Pulp & Paper Technologists (2nd Edition) Chapter 13 Preparation of Papermaking Stock. Angus Wild Publications. Vancouver 1992.

[7] 制浆造纸手册编写组. 制浆造纸手册第八分册，纸料的准备 [M]. 北京：中国轻工业出版社，1991.

[8] J．P凯西. 制浆造纸化学工艺学（第三版第一卷）[M]. 王菊华，等译. 北京：中国轻工业出版社，1988.

[9] J．P凯西. 制浆造纸化学工艺学（第二版第二卷）[M]. 董芝元，等译. 北京：中国轻工业出版社，1988.

[10] 曹国平，刘士亮，李世扬等. ZDPM 盘磨中浓打浆的生产使用效果（四）——马尾松未漂硫酸盐浆中浓打浆生产使用的若干体会 [J]. 广东造纸，2000（2）：41-44.

[11] 刘士亮. 竹浆中浓打浆的生产及应注意问题 [J]. 中国造纸，2004，23（11）：64-65.

[12] Hannu Paulapuro. Papermaking Science and Technology, Book8, Papermaking Part1, Stock Preparation and Wet End. Fapet Oy, Finland, 2000.

[13] 刘士亮. 麦草浆中浓打浆抄造生活用纸的生产实践 [J]. 中国造纸，2006，25（5）：31-33.

[14] 李广胜，刘士亮. 硬杂木浆、竹浆中浓打浆配抄静电复印纸的生产应用研究 [D]. 西安：陕西科技大学学报，2005，23（4）：12-15.

[15] 刘士亮，曹国平，雷利荣，等. 中浓打浆在高强牛皮箱纸板中的应用及机理分析 [J]. 中国造纸，2004，23（9）：10-13.

[16] 黄新跃，赵向阳，姜靖，等. ZDPM 液压盘磨机中浓打浆技术在我厂生产的应用 [J]. 造纸科学与技术，2001，20（6）：74-75.

[17] 韩颖，Kwei-Nam Law，Robert Lanouette. 针叶木和阔叶木硫酸盐浆 PFI 打浆性能的研究 [J]. 中国造纸学报，2008，23（1）：61-63.

[18] Bhardwaj. N. K, Bajpai. P, Bajpai. P. K. Use of enzymes to improve drainability of secondary fibers. APPITA, 1995, 48（5）：378-386.

[19] French. J, Maddern. K. N. A mini pulp evaluation procedure. APPITA, 1994, 47（1）：38-41.

[20] 林英，夏新兴. 杨木 APMP 浆料回用性能研究及在超级压光纸中的应用 [R]. 研究生硕士论文，2008，5.

[21] 庄明. JC-03 型锥形磨浆机在新闻纸打浆系统中的应用 [J]. 中国造纸，2008，27（10）：65-66.

[22] 张美云. 造纸技术 [M]. 中国轻工业出版社，2014.

[23] 华南理工大学 天津轻工业学院合编. 制浆造纸机械与设备 [M]. 北京：轻工业出版社，1981. 24.

[24] 陈克复. 制浆造纸机械与设备：下 [M]. 2 版. 北京：中国轻工业出版社，2003.

[25] 陈克复，张辉. 制浆造纸机械与设备：下 [M]. 3 版. 北京：中国轻工业出版社，2011.

[26] 蒋小军，严震，蒋思蒙，等. 用最简单的方法升级磨浆机 [C]. 第三届中国造纸装备发展论坛报告和论文专集，

2016：273.

[27] Pratima Bajpai. Technology Developments in Refining [M]. Copyright Pira International Ltd，2005.

[28] 蒋小军. 四类不同功能磨片的打浆机理与应用案例分析 [J]. 江苏造纸，2012 (4)：24-26.

[29] 大连轻工业学院教研组. 打浆与调料 [M]. 北京：轻工业出版社，1980.

[30] 蒋小军，严震，蒋思蒙，等. Cut fin™磨片解决长纤维打浆"搓条子"难题 [C]. 2017 全国特种纸技术交流会暨特种纸委员会第十二届年会论文集，2017：397-401.

[31] 袁麟，蒋小军. 打浆磨片材质与齿型的优化 [J]. 中国造纸，2011，30 (3)：71-73.

[32] 蓝福堂，梁守业. 高频疏解机疏解作用原理的探讨 [J]. 广东造纸技术通讯，1980 (1)：32-39.

[33] 梁就松. 高频疏解机的探讨 [J]. 中国造纸，1987 (4)：54-58.

[34] Lothar Göttsching Heikki Pakarinen. Recycled Fiber and Deinking（Papermaking Science and Technology Book 7）. Chapter 5 Unit operation and equipment in recycled fiber processing Cooperation with the Finish Paper Engineers' Association and TAPPI Press，2000.

[35] Page. D. H. The beating of chemical pulp-the action and effect. Proc. 9th Fundamental Research Symposiμm. Cambridge, pub. Via PIRA，1989.

第二章 造纸化学品及其应用

第一节 概 述

一、造纸过程和造纸化学品

造纸过程是一个复杂的物理和化学过程。在这个过程中，需要添加一些化学品来辅助纸浆的抄造工艺，或赋予纸页特定的性质和功能。为达上述等目的所添加的化学品，则统称为造纸化学品。

造纸化学品一般称为造纸工业的"味精"，其应用的效果几乎是无所不能。例如在纸料中添加施胶剂，可以使纸页获得抗水性并书写流利；添加填料，可以使纸页具有更好的平滑度和印刷适性；添加染色剂，可以使纸张颜色更加丰富多彩。再如对于海图纸、军用地图纸、钞票纸、照相纸等特种用纸，需要耐受水泡、雨淋等特殊环境并保持原有的形状和强度，则应添加湿强剂；对于餐巾纸、手帕纸等生活用纸，为增加其手感性可加入柔软剂；为充分利用阔叶木、枝丫材、非木材类等短纤维原料及二次纤维原料生产高档次的纸张，可使用增干强剂。同时，为了提高生产效率、优化抄造过程以及实现白水封闭循环等方面的需要，可使用助留剂、助滤剂、树脂控制剂、消泡剂、杀菌剂等的过程助剂。

在现代造纸过程中，造纸化学品已经成为必不可少的添加物。其对纸张质量、生产过程及生产成本等起着非常重要的作用，能否用好造纸化学品将决定产品的性能和纸机的运行性能。一般来说，造纸化学品的添加多在造纸过程的配浆工序中。

造纸化学品多为粉体或液体，其中固体颗粒尺度属于胶体粒径范围，其在纸浆悬浮液中与纤维互相作用呈胶体的性质和状态，因此造纸化学品的作用机理遵循界面化学和胶体化学的规律。同时由于造纸化学品多在造纸过程的湿部添加，因此也将上述规律称为湿部化学的理论体系。

二、造纸化学品的种类和作用

造纸过程中需要加入各种造纸化学品，纸机湿部使用造纸化学品主要有两个目的，一是使纸张获得一些特殊的功能，二是提高生产效率和改善纸机的运行性能。

造纸化学品根据上述两个目的可以分为两大类：a. 功能型助剂：以提高纸张质量和赋予纸张某些特殊性能为主要功能的助剂，如施胶剂、干强剂、湿强剂、荧光增白剂、染料、柔软剂、特殊添加剂等。b. 过程助剂：以促进和改善纸张成形为主，防止生产波动和干扰，提高生产效率为主要功能的助剂，如助留剂、助滤剂、分散剂、树脂控制剂、阴离子垃圾捕捉剂、消泡剂、杀菌防腐剂、网毯清洁剂等。常用造纸化学品的种类和主要组成见表 2-1。

造纸过程中除了上述功能型助剂和过程助剂，为了赋予纸张一些特殊性质和降低生产成本，在某些纸种中还要加入滑石粉、碳酸钙和二氧化钛等无机物质，称之为造纸填料。从广义上讲，也属于造纸化学品。

表 2-1 常用造纸化学品种类和主要组成

	种类	主要组成
功能型助剂	浆内施胶剂	松香胶、强化松香胶、中性施胶剂、AKD、ASA 等
	干强剂	淀粉及各种变性淀粉、聚丙烯酰胺、聚酰胺等
	湿强剂	三聚氰胺甲醛树脂、双醛淀粉、聚乙烯亚胺、聚酰胺多环氧氯丙烷等
	荧光增白剂	双三嗪氨基二苯乙烯类、香豆素型、吡唑啉型
	染料	碱性染料、直接染料、颜料染料
	柔软剂	高碳醇、改性羊毛脂、高分子蜡、有机硅高分子等
过程助剂	助留剂、助滤剂	聚丙烯酰胺、聚乙烯亚胺、阳离子淀粉、阳离子瓜尔胶、壳聚糖及其改性物等
	分散剂	聚氧化乙烯、聚丙烯酰胺、海藻酸钠等
	树脂控制剂	壬基酚聚氧乙烯醚、辛基酚聚氧乙烯醚、脂肪醇酚聚氧乙烯醚等非离子表面活性剂、生物酶树脂控制剂
	阴离子垃圾捕捉剂	聚合氯化铝、阳离子聚合物
	消泡剂	聚醚类、脂肪酸酯类、有机硅类
	杀菌防腐剂	有机硫、有机溴、含氮硫杂环化合物
	网毯清洁剂	烷基苯磺酸盐、醇醚硫酸盐及脂肪酸皂、醇醚和烷基酚醚等

第二节 内 部 施 胶

一、施胶的目的、方法及发展情况

（一）施胶的目的

施胶的目的是使纸或纸板产品具有抗拒液体（特别是水和水溶液）扩散和渗透的能力，以适宜于书写印刷或使用中的防潮抗湿。

（二）施胶的方法

施胶的方法有内部施胶、表面施胶和双重施胶三种。

内部施胶也称浆内施胶或纸内施胶，即施胶剂加入纸料中且在造纸机湿部采用适宜的方法将其保留在纤维上；表面施胶也叫纸面施胶，纸页形成后在半干或干燥后的纸页或纸板的表面均匀涂上胶料；双重施胶则是浆内及纸面均进行施胶。

本节介绍的内部施胶是在配浆工序中完成。

（三）施胶剂的种类及选用原则

1. 施胶剂的种类和性质

1807 年出现了天然松香皂施胶剂，1955 年强化松香胶投入使用，1956 年开发了烷基烯酮二聚体（AKD）反应型施胶剂，1968 年开发了烯基琥珀酸酐（ASA）反应型施胶剂，1971 年阴离子高分散松香胶应用，1984 年出现了阳离子分散松香胶。目前，反应型施胶剂烷基烯酮二聚体（AKD）或烯基琥珀酸酐（ASA）施胶体系占主导地位。

施胶剂分松香型、反应型和非松香型三大类，松香型施胶剂以松香为主体，主要有松香胶、强化松香胶、石蜡松香胶和分散体松香胶等，由于制胶工艺和方法的不同，松香胶又分褐色松香胶、白色松香胶和高游离度松香胶。反应型的施胶剂包括烷基烯酮二聚体（AKD）或烯基琥珀酸衍生物（ASA）。非松香型施胶剂主要有石蜡乳胶、硬脂酸钠、聚乙烯醇、羧甲基纤维素、动物胶、干酪素、淀粉、合成树脂等。

2. 施胶剂的选用原则

选择施胶剂时应从施胶效果、经济效益、工艺可行性等方面考虑，选择的主要原则是：

① 具有较低的表面自由能，液固接触角较大；

② 成膜性好，或易分散成微细颗粒，分散后的悬浮液稳定性好，不易产生凝聚；

③ 施胶环境应接近中性，不产生腐蚀作用；

④ 资源丰富，价格便宜。

（四）施胶程度及检测方法

纸和纸板的施胶程度要根据用途而定，有些纸要求有好的抗液性能，需要进行重施胶，有些纸要求有适当的吸液性，只需进行一定程度的施胶，有些纸则需求有好的吸液性，则不需要进行施胶。因此，根据纸张使用情况的不同，施胶程度分为重施胶、中等施胶、轻施胶和不施胶四种类型。

检查纸或纸板施胶程度有许多种方法，常用的有墨水划线法、表面吸收重量法（Cobb值）、表面吸收速度法（液滴法）、浸没法（吸收质量法）、液体渗透法和毛细管吸收高度法等。

由于液体在纸或纸板中的扩散与渗透还包含着表面效应、纤维的膨胀和化学变化等复杂过程，不同的检测方法常常得出不同的评价结果，因此，不同用途的纸或纸板，应采用与使用过程相适应的检测方法。墨水划线法是国内早期使用最普遍的一种测定纸或纸板施胶度的方法，适用于大多数施胶的纸或纸板，尤其适用于文化用纸、书写用纸等；Cobb值法也是较常使用的一种测定方法，适用于使用过程中要与液体接触的纸或纸板，如包装用纸和纸板、胶版纸、涂布原纸等；液滴法适合于测定纸或纸板的表面吸收速度，如印刷用纸或纸板；浸没法则适于经一定程度防水处理的纸或纸板；毛细管吸收高度法适用于要求有较好吸收性的未施胶纸或纸板，如吸墨纸、浸渍纸、生活用纸等。

二、液体在纸页表面的扩散和渗透机理

内部施胶是湿部化学单元操作的一个重要部分，其目的在于改变纤维的表面以便控制含水液体向纸内渗透。渗透通常与吸收能力、排斥能力（疏水性）以及含水液体的扩展有关，了解这些重要性质是为了以下三个目的：a. 在施胶压榨处理或涂布中控制水相的渗透速度；b. 在印刷过程中控制液体吸收或润湿；c. 控制多种纸和纸板（例如液体包装纸板、包装纸、壁纸等）的性能。对于造纸生产者来说，满足最终使用的要求以及在最终使用或加工之前，尽可能保持产品的施胶度不变是非常重要的。虽然多数情况下，内部施胶的目的是为了阻止水的快速渗透，但有时也需要控制其他类型液体（例如酸、碱、油、酒精、化学分散剂等）的渗透。对一种液体具有良好的抵抗作用并不一定对其他种类的液体也具有抵抗作用，必须采用相应的液体进行专门的试验来确定其适用性。

（一）纸页的组成及结构与液体在纸页上的扩散和渗透的关系

纸或纸板是由纤维组成的多层网状结构。植物纤维具有亲水性；纤维本身有微细管，形成纸页后纤维与纤维之间又有许多孔隙，具有多孔性，能起毛细管的作用，这样液滴在纸面上便会产生扩散与渗透的现象，即纸具有吸液性能。所以未施胶的纸不适宜于书写，吸湿后强度下降又会影响纸的使用，因此许多纸种需要在纸料中或纸面上施加抗水性物质，使其附着在纤维或纸张的表面，来减少纸页的毛细管作用和对液体的附着作用，防止液体在纸上的渗透和扩散。

（二）表面润湿

在一个理想的（洁净、平滑、均一和不可溶）平面，放一滴非挥发的纯净液滴，确立液体与表面之间力的平衡。如果液体和固体之间的作用力大于分子之间的作用力，液体将自发

地在固体表面扩展，称为润湿作用。如果这些作用力达到一种过渡的平衡，液滴将与固体形成接触角。当接触角小于90°时，液体能够润湿固体表面；当接触角大于90°时，不发生润湿作用。

液滴能否在纸面产生扩散使纸面润湿主要取决于纸面对液滴的附着力和液滴本身的内聚力间的平衡关系，当附着力大于内聚力则产生扩散，反之内聚力大于附着力则液滴不扩散而成为珠状。要使纸面具有抗拒液滴润湿的能力：一是降低纸面对液滴的附着力，二是增加液滴本身的内聚力。液滴本身固有的物理性质一般不易改变，因而降低纸面对液滴的附着力则是较好的途径。而内聚力与附着力之间的平衡关系主要取决于液滴与纸面两相间接触角的大小。

图2-1表示液滴在纸面上构成三相交界面的受力情况。

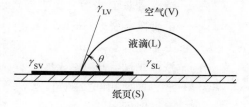

图 2-1　液滴在纸面上三相交界面的受力情况

γ_{SV}为固、气界面的表面张力，它力求将液滴拉开附着在纸面上以减少固、气界面，因此把它称之纸面对液滴的附着力。γ_{SL}为固、液界面的表面张力，它力求将液滴收缩以减少固、液界面。γ_{LV}为液、气界面的表面张力，它也力求将液滴收缩以减少液、气界面。γ_{SL}和γ_{LV}的合力即为液滴的内聚力。

当液滴在纸面上达到平衡时，附着力与内聚力的关系为：

$$\gamma_{SV} = \gamma_{SL} + \gamma_{LV}\cos\theta \tag{2-1}$$

式中θ为三相交界处液滴切线与纸面的夹角，称为液、固两相间的接触角。接触角的大小取决于固、液、气三者比表面自由能的大小。一般纸张的使用过程都是暴露在空气中，因此气相多为空气，对于某一种液体而言（如水），液、气间界面的表面张力γ_{LV}可以视为是一个定值，因此附着力决定于固、液间界面的表面张力即表面自由能和接触角，表面张力越小，接触角越大，纸面附着力就越小，纸页表面抗拒液滴润湿的能力就越强。

施胶剂是疏水性的，能够降低纤维表面的表面张力（γ_{SV}），因此式（2-1）中的（$\gamma_{SV}-\gamma_{SL}$）的数值减小，$\cos\theta$也随之减小，即θ角增大，这使液滴的润湿作用降低，即增加疏水性，这正是内部施胶的目的。即施胶过程就是用表面自由能较低的胶料定着在纤维表面以降低纸面与液滴间的表面张力，增加纸页与液滴间的界面接触角，降低纸面附着力，从而取得抗液性能。

（三）渗透

水通过渗透或吸收进入纸页结构有几种不同的方式：a. 填充孔隙和表面不平的凹坑；b. 液体通过纸页中的毛细管、孔隙和孔穴进行渗透；c. 沿纤维表面迁移（通过纤维之间的接触即纤维间的渗透）；d. 吸入并在纤维内部扩散（纤维内部的渗透）；e. 气相迁移（通过蒸发和冷凝）；f. 吸附和解吸（也可能进行化学吸附）。这些过程取决于液体（例如水）的性质、纸页结构、环境条件（例如压力和温度）、渗透时间以及纸页成分（主要是纤维）等因素，还应该考虑到渗透过程中纸页结构的变化。水能使氢键结合遭到破坏、纤维松弛、网络润胀以及孔隙和毛细管的尺寸发生变化等，因此对纸页渗透现象进行定量分析是比较困难的。

由于纸页包含一系列相互连接的孔隙，上述各种作用机理中，最重要的应该是孔隙中的毛细管流。组成纸页的纤维是多孔性物质，纤维与纤维之间又存在许多间隙，液滴在纸页上由于毛细管作用，首先使纤维湿润再沿毛细管向四周渗透，渗透速度取决于液体的性质（表面张力和黏度）和纸页的结构（毛细管半径、长度、纸页紧度、孔隙率）及表面性质，可以用 Lucas-Washburn 毛细管上升方程式表示：

$$v = \frac{\mathrm{d}L}{\mathrm{d}t} = \frac{\gamma \cdot r \cdot \cos\theta}{4\eta L} \qquad (2\text{-}2)$$

式中　v——液体在毛细管中的上升速度，cm/s

　　　γ——液体的表面张力（比表面自由能），N/cm

　　　r——毛细管半径，cm

　　　L——毛细管长度，cm

　　　η——液体黏度，Pa·s

　　　θ——液、固两相间接触角，（°）

　　　t——渗透时间，s

对于某一纸种及某一液体而言，毛细管长度 L、液体表面张力 γ 及黏度 η 可以看成是定值，因此液体在纸页上的渗透速率与毛细管半径 r 及纸面与液体两相间接触角 θ 有关，毛细管半径越小，接触角越大，渗透越困难。施胶后胶料微粒固着在纤维及纸页表面，覆盖了部分毛细管或使毛细管半径变小降低了渗透速度，胶料改变了纸页的表面性质，增大了纸面与液体间的界面接触角，使纸页取得抗拒液体渗透的性能。

三、松香胶施胶

内部施胶的目的是为了改进纸对液体渗透的抵抗能力。用松香在酸性（pH 一般 4～5）和硫酸铝的帮助下进行内部施胶始于 1807 年，由于中性施胶的发展，多数纸种都采用中性施胶剂 AKD 和 ASA，松香类施胶剂仅在某些纸种中使用，如液体包装纸板。

（一）松香胶种类及制备方法

1. 松香

松香是由称为树脂酸的一系列三环酸所组成，是一种复杂的混合体，松香酸是该系列的主要成分，其分子式为 $C_{19}H_{29}COOH$，相对分子质量 302.04，其化学结构如图 2-2 所示。

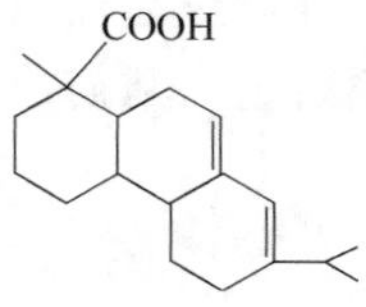

松香是一种棕色透明的水不溶固体，其颜色从很浅的琥珀色到深红褐色不等。

松香的化学反应主要是受酸性基团（羧基）和共轭不饱和双键支配，因此，增加羧基含量和减少共轭不饱和值，可增加松香胶与纤维素的亲和性，减少氧化趋势，从而提高其施胶效果。另一方面树脂酸中大分子量的碳氢化合物又能有效地隔离两性分子中小相对分子质量的极性羧基，松香分子经过适当的定向排列后，可以构成有效的疏水表面层。

图 2-2　松香酸
化学结构式

松香的相对密度 1.07～1.09，软化点 75℃，熔点 90～135℃，松香不溶于水但能溶于甲醇、乙醇、二硫化碳等有机溶剂，又能与碱反应生成能溶于水的松香酸皂。松香容易氧化并呈深褐色，国产松香按其色泽分九个等级，特级及一至二级松香呈浅黄色，透明度好但施胶效果较差，且价格较贵，六级以上的黑色松香施胶能力较强，色泽较深，对纸张白度影响较大，只用于本色纸和纸板的施胶，一般认为三至五级呈橙黄色且透明的松香，最适合于漂白纸张的施胶。

松香中含有少量的杂质和脂类，一般用松香的酸值、皂化值和脂值来衡量松香中所含树脂酸的成分。酸值即中和 1g 松香所消耗的氢氧化钾的质量（mg）。酸值越大，说明松香中含松香酸量越高，松香纯度越好。测定酸值时是以中性条件为反应终点，因此用酚酞指示剂，在中性乙醇溶液中用 KOH 标准溶液进行滴定。皂化值是指完全皂化 1g 松香所消耗的 KOH 质量（mg）。皂化值表示松香中包括松香酸在内的树脂酸和脂类的总含量。脂值则是皂化值与酸值的差值，脂值越大，松香中所含的脂类越多，松香纯度越差。测量皂化值时虽同样用酚酞作指示剂，但是在过量碱液作用下再用盐酸来反滴定。纯粹含松香酸的松香，其理论酸值为 185，一般用于造纸施胶的松香的酸值只有 150～170。

2. 松香胶的制备方法

松香能使纸和纸板具有抗液性，施胶过程是把松香微粒均匀地分布并固着在纤维或纸面上，由于松香本身不溶水，必须将其转变为能够分散于含水的抄纸系统中，使用前需把它变成能溶于水或制成极小微粒的稳定分散体。有两种方法能够达到这一目的：

① 用碱性氢氧化物皂化松香，生成水溶性皂即碱性树脂酸盐；

② 将松香分散为微小颗粒（小于 $1\mu m$）的游离树脂酸乳液，通常需要使用保护性胶体使产品保持稳定。

将固体松香变成松香水溶液或高度分散于水中的悬浮液的过程就称之为制胶，包括皂化（熬胶）、乳化分散、稀释贮存等工序。其方法是全部或部分变成能溶于水的皂化物再稀释成水溶液或用特殊装置打散成悬浮乳液。

皂化是将松香与皂化剂在一定温度下进行反应使其转化成松香皂，俗称熬胶。常用的皂化剂是纯碱或烧碱，其皂化反应式如下：

$$2C_{19}H_{29}COOH + Na_2CO_3 \longrightarrow 2C_{19}H_{29}COONa + H_2O + CO_2\uparrow$$

$$C_{19}H_{29}COOH + NaOH \longrightarrow C_{19}H_{29}COONa + H_2O$$

反应的结果使不溶于水的松香酸转变成溶于水的松香酸钠。用纯碱作皂化剂反应产生的二氧化碳对熬制过程的胶液起搅拌分散作用，皂化均匀容易控制，但纯碱反应缓慢，需较长的皂化时间。

熬制松香胶时所需的用碱量可按下式计算：

$$w_A = \frac{O \cdot M_2}{M_1 \cdot w_P \times 1000}(100 - w_C) \tag{2-3}$$

式中　　w_A——所需的用碱量，%，（对松香的重量）

　　　　O——松香的皂化值

　　　　M_1——测定皂化值所用的碱的当量

　　　　M_2——熬胶时所用皂化剂的当量

　　　　w_P——皂化剂的纯度，%

　　　　w_C——松香胶中游离松香含量，%

3. 松香胶的类别

根据制备方法，松香胶可以分为白色松香胶、褐色松香胶、石蜡松香胶、强化松香胶、分散松香胶等。白色松香胶是熬制过程只有部分松香酸被皂化，部分松香酸则以微粒的形式均匀地分散在已皂化的松香酸钠溶液中，胶液呈乳白色，故称白色松香胶。褐色松香胶熬制过程中全部松香酸都被皂化成松香酸钠，没有游离的松香酸存在，因此也叫中性松香胶，由于熬制后的胶料呈褐色，故叫褐色松香胶。石蜡松香胶是用石蜡与松香混合熬胶并经乳化而成，石蜡用量约为松香用量的 10%～15%。强化松香胶是一种改性松香胶，用马来酸酐或马来酸改性的叫马来松香胶，马来松香是用马来酸酐（顺丁烯二酸酐）与松香在150℃以上的温度下反应而生成的羧酸树脂。分散松香胶通常以固含量30%～40%的乳液形式供应，游离松香酸含量为75%～100%；高分散体松香胶则是接近100%游离松香的高游离松香分散体。

高温高压法及溶剂法制备装置需耐高压（7～30MPa）高度密封，设备要求严格，有机溶剂法还需采用真空蒸馏除去乳液中的有机溶剂，投资均较大，且使用的有机溶剂大都为苯或甲苯等芳香烃类，毒性较大。逆转法可在常压下进行，对设备要求不太严格，制备工艺也较简便，多用此法制备高分散体松香胶。

用逆转乳化法制备高分散体松香胶，决定乳化效果的主要因素有乳化剂的选择及其用量、乳化过程的搅拌速度、乳化温度和乳化浓度等。

① 乳化剂的选择及其用量。松香在常温下为固体，分子之间具有很强的结合力，熔融松香与水是互不相溶的两种液体，为了将松香液分散成微粒并稳定悬浮于水中，必须使用乳化剂，在加热和搅拌的作用下表面活性剂能降低松香熔融液与水之间的介面张力，在常温下对乳液有良好的分散和稳定作用。用作乳化剂的表面活性剂种类很多，如一种阴离子型表面活性剂 $RO(CH_2O)_nSO_3Na$，它既具有疏水基团，又带有亲水基团。乳化剂的用量一般为3.5%～6.0%。

② 乳化过程的搅拌速度。高分散体松香液在水中的乳化过程要经历乳液的逆转变型阶段，而搅拌的速度将直接关系到逆转变型的成胶质量，具有重要的作用。在逆转以前的搅拌，目的是使水均匀地分散在松香液中，形成油包水型的乳液，此时的搅拌速度不能太快，一般控制在100～300r/min，乳液逆转及逆转后的搅拌速度必须加快，因为在这一阶段松香液将由连续相逆转为分散相，必须用强的剪切力，强制将松香液分散成细小的微粒分布于水中形成稳定的松香乳液，一般搅拌速度应高达800～1000r/min。

③ 乳化温度和乳化浓度。松香在常温下为疏水性固体，在水中乳化非常困难，乳化前需将松香加热熔融，熔融乳化时的温度最好在150℃左右，不能低于120℃，乳化过程松香分散体浓度控制在35%～40%，乳化完毕后再稀释成2%左右的浓度并冷却至40℃以下以保证乳化质量。

（二）松香胶施胶机理

水悬浮液中造纸纤维的行为如同聚阴离子，因为它们的化学结构中存在酸性基团。松香胶无论是可溶性的碱性松香酸盐或者是不溶性的分散游离酸，都是阴离子性的，因此它们对纤维素纤维无天然的亲和能力，必须借助沉淀剂将松香胶沉淀定着在纤维表面。

成功施胶的表面化学条件包括以下四个方面：a. 必须能够形成松香酸铝胶状沉淀物，这些沉淀物有较低的表面自由能和较高的疏水性，即与水滴有较大的接触角；b. 沉淀物必须尽可能均匀地留着或定着于纤维表面；c. 沉淀物必须在纤维表面正确定向；d. 沉淀物必须转变为稳定的低自由能膜，液体与膜接触时自由能保持不变。

1. 沉淀剂

纤维在水中带负电荷，松香胶粒子也带负电荷，胶料加进浆料之后两者相互不能接近，为了使胶料粒子能与纤维结合，必须消除这一障碍，改变其中之一的表面电荷性。加进带正电荷较强的物质起桥梁作用将两者结合在一起，这种能使胶料沉淀固着在纤维表面上的物质称之为沉淀剂。胶料沉淀剂包括硫酸铝、明矾、三氯化铝、硫酸铁、铝酸钠等，最常用的是硫酸铝和明矾。

硫酸铝，其主要组成为结晶硫酸铝，并带有 $14\sim18$ 个结晶水，分子式为 $Al_2(SO_4)_3 \cdot nH_2O$，是由铝矾土与硫酸反应而制得，结晶水含量的多少与制备时硫酸的浓度有关。三氯化铝（$AlCl_3$）、硫酸铁 $[Fe_2(SO_4)_3]$ 及铝酸钠（$Na_2OAl_2O_3$）的沉淀作用与硫酸铝相近，但由于价格或色泽问题，没有硫酸铝用得普遍。可是当铝酸钠与硫酸铝混合使用时，可将施胶 pH 提高至 $5.0\sim6.0$，有利于提高纸张的耐久性、耐破度和耐折度，并减少对设备的腐蚀。

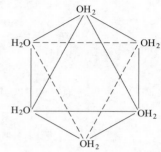

图 2-3　水合铝离子八面体结构

2. 硫酸铝在水中的特性

"配位学说"认为，硫酸铝在水中电离成铝离子和硫酸根离子，但铝离子不是以单独的三价铝离子（Al^{3+}）的形式出现，而是与六个水分子配位络合形成三价的水合铝离子 $[Al(H_2O)_6]^{3+}$。如图 2-3 所示，水合铝离子为阳离子，正八面体结构，具有与一般阴离子络合的倾向，其上面的络合基团能被络合能力更强的其他阴离子所取代。

在一定条件下（$pH>5$）水合铝离子能按下列程序进一步进行酸性离解。首先离解成五水一羟铝离子 $[Al(OH)(H_2O)_5]^{2+}$，进而离解成四水二羟铝离子 $[Al(OH)_2(H_2O)_4]^+$，再离解成三水三羟铝离子，随着水合铝离子的酸性离解，溶液的 pH 下降，因此控制较低 pH 条件有利于正三价的水合铝离子存在，一般认为，当 pH 在 $4\sim5$ 时便可抑制水合铝离子的进一步离解，以三价六水铝离子的形式存在。

3. 松香胶沉淀物的形成、吸附和定着

界面动电势学说认为，在施胶过程中，沉淀剂加入后先与松香胶料粒子起作用形成带正电荷的共沉淀物再吸附到带负电荷的纤维表面上。因为胶料是颗粒很小的分散体，活动性很强，易于与水合铝离子结合，相比之下纤维的粒度大，不易与水合铝离子结合；另一方面胶料的负电性比纤维低，容易由负电变成正电，而纤维的负电性较强，要变成带正电需更多的硫酸铝。由此可见，在施胶过程中，要先加松香胶料与浆料混合均匀后再加沉淀剂。

近代理论（1935 年以后）的"配位学说"提出了松香胶料是通过水合铝离子的络合作用而与纤维结合在一起的理论，这一理论既提出共沉淀物现象又解释了共沉淀物是如何定着在纤维上的过程，较具说服力。

松香胶料中的松香酸阴离子（$R-COO^-$）能与水合铝离子作用生成不同结构的松香酸铝共沉淀物水合松香酸铝如图 2-4 所示。

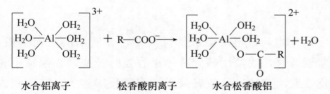

图 2-4　水合松香酸铝共沉淀物的形成

带正电荷的水合松香酸铝络合物被带负电荷的纤维所吸附，与纤维表面的羟基阴离子起络合作用，使松香胶料定着在纤维上，或先被两个松香酸离子所取代再与纤维络合，如图 2-5 所示。

实际上，皂型胶施胶沉淀物组成可包括水合松香酸铝、游离松香（松香酸）、化合松香（松香酸钠）等，成分复杂，数量不稳定。

4. 施胶效应的最后完成

施胶效应的最后取得是在纸页干燥过程完成的。

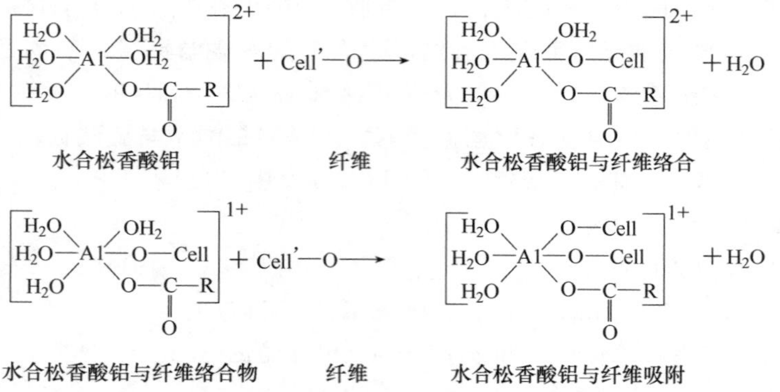

$$\left[\begin{array}{c} H_2O \quad OH_2 \\ H_2O—Al—OH_2 \\ H_2O \quad O—C—R \\ \qquad \quad \| \\ \qquad \quad O \end{array}\right]^{2+} + Cell'—O \longrightarrow \left[\begin{array}{c} H_2O \quad OH_2 \\ H_2O—Al—O—Cell \\ H_2O \quad O—C—R \\ \qquad \quad \| \\ \qquad \quad O \end{array}\right]^{2+} + H_2O$$

水合松香酸铝　　　　　　纤维　　　　水合松香酸铝与纤维络合

$$\left[\begin{array}{c} H_2O \quad OH_2 \\ H_2O—Al—O—Cell \\ H_2O \quad O—C—R \\ \qquad \quad \| \\ \qquad \quad O \end{array}\right]^{1+} + Cell'—O \longrightarrow \left[\begin{array}{c} H_2O \quad O—Cell \\ H_2O—Al—O—Cell \\ H_2O \quad O—C—R \\ \qquad \quad \| \\ \qquad \quad O \end{array}\right]^{1+} + H_2O$$

水合松香酸铝与纤维络合物　　纤维　　水合松香酸铝与纤维吸附

图 2-5　水合松香酸铝共沉淀物与纤维吸附

Cell—纤维素

松香胶料是两性分子，松香（R—COOH）中的羧基（—COOH）是一个极性基，具有亲水性，而 R—基（$C_{19}H_{29}$—）为非极性基，是疏水性基团，松香胶沉淀物定着到纤维表面之后，只有发生内取向，使非极性的疏水基团朝外形成定向的规则排列，才能降低纸面的自由能，取得抗液性施胶效果。但干燥前由于水的存在，水是一种极性较强的物质，有可能使松香胶的内取向发生逆转，因而定着在纤维表面上的松香胶粒分子是处于无规则的排列状态，但由于松香胶沉淀物中带有铝离子，有助于胶料的极性部分更好地固着在纤维上，加上干燥过程水分的不断蒸发，从而防止或阻滞胶料极性基团取向的逆转，另外，配位理论认为，水合铝离子能产生羟联反应，所以水合松香酸铝沉淀物在干燥过程也能产生羟联反应，使单铝变成双铝结合，逐渐失掉配位水，形成网状的凝聚物而联结在一起。水合松香酸铝又能与纤维素的羧基构成配位键，在干燥过程也产生羟联反应，形成没有活性的大分子，使松香胶沉淀物获得稳定的内取向，从而使纸面自由能降低，获得抗液性能，如图 2-6 所示。

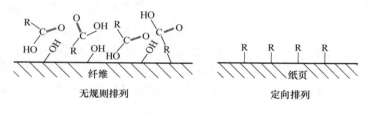

图 2-6　胶料分子在纸面内取向

（三）松香胶施胶过程和加入方法

1. 施胶程序

施胶过程中应先加胶料与浆料充分混合均匀，再加硫酸铝沉淀剂，即所谓的正向施胶。但在某些情况下，例如生产用水的硬度很高时，或使用高分散体松香胶时，往往在浆料中先加硫酸铝再加胶料反而取得较好的施胶效果，这种特殊情况采用的施胶程序称为逆向施胶。

对需加填料纸张的施胶，常用的添加程序是胶料→硫酸铝→填料，有的工厂也有采用填料→胶料→硫酸铝加入顺序的，但对用碳酸钙作填料的生产过程不能采用这种添加程序。

2. 施胶剂和沉淀剂的加入量

（1）施胶剂的使用量

施胶过程中施胶剂加入量主要取决于纸或纸板对抗液性的要求、胶料性质及施胶效率。抗液性要求高，加胶量多。对某一特定的纸或纸板而言，白色松香胶比褐色松香胶用量少，强化松香胶又比白色松香胶用量少，分散松香胶的使用量甚至比皂型松香胶少 50％以上。

　　施胶剂加入量与纸或纸板施胶度之间不是正比例的关系，而成曲线关系，如图 2-7，加入少量的施胶剂，不产生或产生较低的施胶效果，在施胶量达到一定范围后，每增加一点施胶剂用量就能较大幅度地提高施胶度，然而再进一步增加施胶量，施胶曲线的斜率会逐步下降，超过一定范围之后，即使加入过量的施胶剂也几乎不能再提高施胶度。这意味着要达到一定的施胶效果需要对纤维表面达到最低覆盖程度的松香胶料，而一旦达到一定的覆盖程度之后，再增加胶料用量则意义不大。实践证明，用普通松香胶进行施胶时，

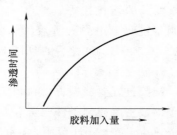

图 2-7　施胶量与施胶效果关系曲线

胶料加入量在 0.75%～2.0%（绝干胶料对绝干浆量）的范围内，增加松香胶用量对提高施胶度起着显著效果，但用胶量超过 3.0%，再增加松香胶量其效果不明显。松香胶料用量过多还会带来降低纸张强度及吸油墨性能等副作用，并增加生产过程的糊网、黏辊等松香障碍。

　　一般松香胶的施胶量为 0.5%～2.0%，少数情况用至 3.0%～4.0%，最多不超过 4.0%。

　　（2）沉淀剂的使用量　　沉淀剂用量取决于胶料的种类和使用量、浆料的种类及洗净程度、生产用水水质以及生产过程其他添加剂的加入情况等诸多因素。理论计算上每份松香胶料约需用 1.1 份带 18 个结晶水的硫酸铝。实际使用时要比这个比例大得多，一般认为硫酸铝用量约为松香胶用量的 2.5～3.5 倍，有时甚至高达 4～5 倍；具体多少要根据松香胶的最佳定着 pH 去控制硫酸铝的加入量。硫酸铝用量不足不但降低施胶效果而且会产生泡沫、堵塞毛毯、糊网、黏辊及施胶两面性等许多问题，硫酸铝用量过多则会影响纸页强度、耐久性及带来设备腐蚀等问题。

（四）影响施胶效果的因素

　　在由多种成分组成的纸料中，施胶效果不仅与硫酸铝和松香用量有关，而且与施胶剂在纸料成分表面的分布和位置有关。许多工艺条件例如添加点、化学环境（pH、溶解物、施胶剂和其他添加剂的浓度）和纸料组成（成分、浓度）等，影响施胶剂的分布和消耗。这些情况随不同的纸厂而变化，在同一纸厂内甚至随不同的纸机而变化，因此高效的操作要来自于从各个纸机获得的试验经验。

　　1. 浆料性质

　　不同种类的浆料对胶料的吸附能力不同，主要是浆料纤维中半纤维素含量的影响。半纤维素含量高，纤维表面可暴露的羟基（—OH）数目多，表面负电性大，因而半纤维素含量高的纸浆易施胶，α-纤维素含量高的纸浆难以施胶。实践证明，非木材浆（包括竹浆）比木浆易施胶，未漂浆比漂白浆易施胶，半化学浆比化学浆易施胶，磨木浆又比半化学浆易施胶，硫酸盐浆比亚硫酸盐浆易施胶，精制浆和棉、麻浆最难施胶。对于同一种浆料，打浆度高的比打浆度低的浆易施胶。

　　2. 胶料性质

　　同等数量的胶料，胶粒越细比表面积越大；胶液稳定性好可防止微细胶粒凝聚成大颗粒或产生胶团，这样覆盖纤维表面的面积也就越大，施胶效果越好。

　　白色松香胶的胶粒比褐色松香胶小得多，分散松香胶的胶粒又比白色松香胶小，因此白色松香胶施胶效果比褐色松香胶好，分散松香胶又比白色松香胶好，也比强化松香胶好。强

化松香胶优于白色松香胶除了因强化松香胶拥有较多羧基基团外，另一个主要原因是在纸面上聚集后的强化松香胶粒度（$0.15\sim0.3\mu m$）比白色松香胶粒度（$0.5\sim2.8\mu m$）小得多。要制备粒度微小的松香胶液，乳化和稀释操作很重要，乳化时喷射蒸汽的压力应保证在$0.5\sim0.7MPa$。乳化后的胶料应及时稀释和冷却到40℃以下，防止胶粒凝聚。

3. 施胶过程 pH

施胶过程要把松香胶料和硫酸铝使用得最好，以取得较好的经济效益和施胶效果，施胶过程的最主要控制条件就是 pH。一般将 pH 控制在 $4\sim5$ 的范围内可取得最佳的施胶效果和经济效益，在此 pH 范围内，硫酸铝水解后多以 $[Al(H_2O)_6]^{3+}$ 的形式存在，三价水合铝离子有利于提高施胶效应。实际生产中常控制加硫酸铝后浆料 pH 在 $4.5\sim5.0$，而稀释后的上网纸料或网下白水的 pH 为 $4.7\sim5.5$。

4. 施胶温度

温度较高会导致松香胶胶粒的凝聚和相互黏结，降低覆盖面积，对施胶不利。施胶温度最好控制在 $20\sim25℃$ 以下，最高也不要超过 35℃，否则会降低施胶效果，增加胶料用量，还会造成糊网、黏辊、断头增多等操作上的困难。

由于夏季水温较高，容易造成胶粒凝聚颗粒变大，有时夏季比冬季施胶困难，施胶效果差，往往达到同样施胶度的要求要多用胶料。此外温度较高，浆料中容易滋长微生物产生有机酸，有机酸的阴离子可能优先与水合铝离子发生络合，也会影响施胶效果。

5. 阳离子或阴离子

由于钙、镁离子更易与松香酸阴离子结合形成松香酸钙或松香酸镁沉淀，妨碍松香酸与水合铝离子的结合。因此，当生产用水中含钙、镁离子过多，以及用碳酸钙或高岭土作填料时，浆料中均会含有过多的钙离子或镁离子，给施胶带来困难。如生产用水水质过硬，可在加胶料之前先用少量硫酸铝或硫酸调节 pH 至 5 左右，再按正常操作施胶；使用碳酸钙作填料时，应在施胶后加入。

阴离子对施胶效果的影响，主要是那些络合能力比松香胶或纤维强的阴离子，如盐酸根、硫酸根、醋酸根、草酸根等，这些阴离子的存在会优先与水合铝离子络合而影响水合松香酸铝络合物的形成及与纤维的络合作用而影响施胶效果。抄纸过程白水的循环利用会导致硫酸根的积累，硫酸根浓度过大会影响施胶效果，应定期排放更换白水，也可加入少量烧碱液，减少对施胶的危害。

6. 加填

填料一般是亲水性物质，粒度细，比表面积大，在纸页中易被水湿润，施胶过程必须在填料粒子上覆盖胶料粒子才能取得疏水性效果，因此随着填料加入量的增加施胶效果有明显下降。一般来说，在同等胶料用量下，纸料中的填料和细小纤维越多，施胶效率越低。而填料的类型也影响施胶效率，不同类型的填料有不同的比表面积，二氧化钛比瓷土更容易造成施胶困难。

7. 纸页抄造过程

纸机网部白水的适当回用可增加胶料留着率，提高施胶效果，但要考虑白水中硫酸根等阴离子积累的影响。

网部吸水箱及伏辊的真空度应逐渐增加，急促的抽吸会使纸幅网面上未被纤维吸附的胶料随白水流失，或造成施胶的两面性。压榨部压力不均匀可造成纸幅紧度的不均匀而使施胶不均匀。纸幅两面受压差别太大又可能导致施胶的两面性。

控制好干燥温度曲线和水分的蒸发速度。干燥初期温度不能太高，应采取逐步升温的干燥方式。在多缸纸机中，开始几个烘缸的温度应低些，在纸页干度达到 50％～60％之前，一般温度以 70～90℃为宜，若升温太快，蒸发脱水太急，会破坏胶料对纤维的固着，严重时还会使胶料从纸页的贴缸面转移到另一面造成施胶的两面性。在纸页干燥过程中，松香胶料沉淀物通过羟联反应与纤维紧密地联结在一起，这一过程应防止强干燥，最适宜的温度是 100℃以下，若温度过高会使羟联聚合物中的羟基失去氢原子而转化为氧联聚合物而失去施胶作用，因此必须在较温和的干燥温度下产生熔化与固着作用然后在较高的温度继续得到干燥，才能获得良好的施胶效果。松香胶料的熔化温度与松香胶料的组分有关，游离松香含量越高，熔化温度越低。褐色松香胶的熔化温度较高为 135～140℃，强化松香胶为 120～125℃，白色松香胶或分散松香胶较低为 80～100℃，不超过 115℃。因此多烘缸纸机一般使用白色松香胶或强化松香胶施胶，而单烘缸或双烘缸纸机，一般采用强干燥，温度较高，多使用褐色松香胶施胶，若用白色松香胶，易造成施胶的两面性。

四、中性施胶与合成施胶剂

（一）中性施胶与中—碱性造纸

中性施胶是指在 pH 大于 6 的弱酸性、接近于中性或弱碱性条件下进行的施胶。中—碱性造纸是指在接近于中性或弱碱性条件下抄造纸张。中—碱性造纸具有许多优点：能减轻设备的腐蚀，延长设备使用寿命；提高纸页强度，防止老化，延长纸页的使用和保存时间，改善纸页的柔软性、松厚度和印刷适性；可使用白度高不透明度好的碳酸钙作填料；白水 pH 高，无硫酸根积累，可提高白水回用率，易于实现白水封闭循环，减少污染。中—碱性造纸的优缺点见表 2-2。

表 2-2		中—碱性造纸的优缺点
工艺特点	工艺优点	碳酸钙可用作填料和用于涂布；减少磨浆和干燥时的能量消耗；较高的滤水速度，容易滤水；无机可溶物较少累积；减少吨纸耗水量；可利用成本较低的纸料，增加填料用量；减少腐蚀
	工艺缺点	需要合成的内部施胶剂，施胶剂水解会产生问题；湿部温度受限制；综合性工厂的酸性（pH＜4）化学浆会引起问题；机械浆产生大量阴离子垃圾；沉淀和黏辊问题；磨损和堵塞网和毛毯；较高的微生物活性（黏液）；留着系统的优化比较烦琐；化学不相容性，例如限制使用明矾、需要使用更贵的染料和湿强树脂及光学增白剂失效
产品特点	产品优点	增加纸的强度性质，使之可以使用较多填料或较差纤维（例如磨木浆）；较高的填料含量提供较好的不透明度，良好的印刷性能，例如较好的多孔性、松厚度、可压缩性、抗透印和白度；纸的水分较高时经压光不至于变黑；提高纸的耐久性；提高抗化学侵蚀性
	产品缺点	施胶剂熟化可能不完全，调节施胶度困难，施胶逆转和短效施胶能影响产品质量；需要用高级填料提高不透明度；pH＞7.5 时引起机械浆返黄；复制时色料黏结不充分；强施胶时纸页表面较滑；光学增白剂用量较高会影响市场销售（纸的光泽度较低）

中性施胶是适应中性造纸发展起来的施胶方法，主要适用于一些要求具有抗酸、碱等特殊抗液性能的纸或纸板，如肉类、牛奶、果汁等包装纸和包装纸盒，也适用于一些要求具有良好耐久性能的纸，如档案文件纸、钞票纸、地图纸等，以及用碳酸钙作填料的纸张或以碳酸钙为涂料的涂布纸回收纤维浆的生产场合。碱性造纸可应用于需长期保存的纸张，如档案用纸、经文纸、国画纸、艺术用纸等。

（二）中性施胶的类型

目前使用的中性施胶有两种类型，一类是仍用松香胶作施胶剂，只是尽量少用硫酸铝或用部分阳离子树脂代替硫酸铝作沉淀剂，以提高施胶时的 pH，保持在弱酸性或接近于中性的条件下进行施胶，如分散松香胶就属这一类。另一类是使用反应型的合成施胶剂，胶料直接与纤维起作用，施胶过程不使用硫酸铝，可在中性或碱性条件下进行施胶。

（三）合成施胶剂

合成施胶剂与松香施胶剂的主要差别在于胶料定着在纤维上的化学性质不同，松香胶和纤维的结合是靠水合铝离子和极性力的络合作用；而合成胶存在着反应基，反应基与纤维之间能直接形成共价键结合，不需要沉淀剂，但合成胶与纤维的共价键反应较慢，需要一段熟化时间。合成施胶剂能与纤维素直接构成化学键结合，因此也叫反应型施胶剂。这类施胶剂主要有：烷基烯酮二聚物（AKD）、烯基琥珀酸酐（ASA）、硬脂酸酐、碳氟化合物、硬脂酸和氯化铬的共聚物、异氰酸盐、甲氨酰胺、异丙烯硬脂酸酯等。

目前常用的是 AKD 和 ASA，其结构特点是由能与纤维素反应的活性基团和疏水基团构成；反应基能与纤维素反应生成酮酯，而拥有的长碳链憎液性能的官能团，从而起施胶作用。用于造纸的 AKD 首先由美国 Hercules 公司于 1956 年开发出来的，1968 年美国发明了 ASA 施胶剂，1972 年成功用于高级纸的施胶过程。

在高级纸生产中，利用研磨碳酸钙（GCC）或沉淀碳酸钙（PCC）作为填料，要求纸料系统较高的 pH 范围对于各种松香胶施胶来说是不适宜的，必须采用合成施胶剂，例如烷基烯酮二聚体（AKD）或烯基琥珀酸酐（ASA）。

1. 烷基烯酮二聚物（AKD）

（1）AKD 的结构特点

烷基烯酮二聚物简称 AKD（Alkyl Ketene Dimers），结构式中 R 或 R′为烷基，变更不同的烷基可以得到一系列的烷基烯酮二聚物，适于做造纸中性施胶剂的是 14 烷和 16 烷。

$$
\begin{array}{c}
\text{H} \\
| \\
\text{R---C==C---OH} \\
| \quad\quad | \\
\text{R}'\text{---C---C==O} \\
| \quad | \\
\text{H} \quad \text{H}
\end{array}
$$

AKD 是一种低熔点（43～50℃之间）的浅黄色蜡状固体，不溶于水，通常是将其熔化后加入乳化剂进行高压乳化，得到水包油型的 AKD 乳液，常用的乳化剂为阳离子淀粉，加入量约为 AKD 的 10％～20％，乳化后 AKD 乳液的浓度为 20％～25％。

（2）AKD 的施胶机理

AKD 分子中含有疏水基团和反应活性基团，施胶时，反应活性基团与纤维的羧基发生酯化反应，形成共价键结合，在纤维表面形成一层稳定的薄膜，此时疏水基团（长链烷基）转向纤维表面之外，使纸获得憎液性能。

AKD 能与纤维素表面的羟基反应形成一种酯，其分子式如下。

$$
\begin{array}{c}
\text{H} \\
| \\
\text{R---C==C---O} \\
| \\
\text{H} \\
| \\
\text{R}'\text{---C---C==O} \\
| \quad | \\
\text{H} \quad \text{O---Cell} \\
\text{Cell---纤维素}
\end{array}
$$

AKD 和纤维相互作用分四个阶段（见图2-8）：

首先，分散的、阳离子性稳定的 AKD 颗粒通过静电吸引吸附到纤维表面。为了帮助 AKD 留着，可在 AKD 加入之前或与 AKD 一起加入额外的阳离子淀粉。随着湿纸页在纸机上加热干燥，吸附的 AKD 开始熔化，经铺展后以薄膜的形式覆盖在部分纤维表面，在加热的影响下，化学反应逐渐进行，发生分子能量的重新排列从而使分子的疏水端从表面向外伸出，赋予纸页斥水性，高温和高纸页固含量有利于熟化。熟化一旦开始，也能以较慢的速度在纸卷（卷纸机上和贮存中）中进行。

（3）AKD 的施胶特点

AKD 是一种纤维素反应型施胶剂，它既能作为浆内施胶剂，也能作为表面施胶剂。AKD 的熔点较低，在纸机干燥部的高温条件下很容易与纤维

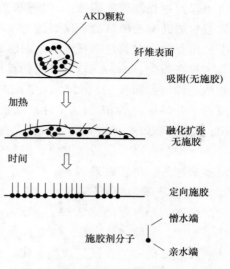

图 2-8　AKD 施胶机理示意图

反应，形成酮基酯衍生物，并定位在纤维上，疏水端面向纤维的表面形成疏水层，具有优异的防水性，是一种高效施胶剂。AKD 与纤维素的反应在纸页干燥以后尚未完成，在一定时间内将持续进行，随着存放时间的延长，纸页施胶度上升，卷取后存放 24h 仅完成 80%，若干天后施胶反应还在继续进行。

AKD 的施胶效果受到造纸工艺条件许多变量的影响，如提高干燥温度及较高的 pH 会加快内酯环与纤维素中羟基的反应；AKD 适用的施胶 pH 为 7～8；加入矾土会阻碍 AKD 与纤维素的反应；杂质或浆料中残留酸的存在也会影响施胶性能；AKD 在水中不稳定，容易水解失效。AKD 在 65.5℃ 以上时极易水解生成酮而丧失施胶效果，因此胶液应保持在较低的温度下。干燥时，尽可能比较快地使纸页中的水分蒸发；施胶中可使用阳离子型的助留剂；为了减少 AKD 发生水解，其加入点应靠近纸机上网处。

在 AKD 乳化过程中，一般都加入阳离子淀粉为乳化稳定剂，使乳液粒子带有一定的阳离子性。为使 AKD 有较高的留着率，通常选用阳离子型助留剂或双元留着系统。阳离子助留剂通常使用阳离子淀粉；双元留着系统可采用阳离子淀粉（CS）、阴离子聚丙烯酰胺（APAM）或阳离子聚丙烯酰胺（CPAM）等。

AKD 施胶的主要问题是其乳液在高剪切力的作用下，易破乳失去活性；施胶度表现缓慢，纸卷下机经过一段时间后方可测得，存在施胶滞后现象；重施胶时，纸页出现打滑等。

（4）AKD 施胶的影响因素

影响 AKD 施胶效果的因素有：浆料种类以及微细组分及其留着率、施胶 pH、纸页干燥温度、硫酸铝的存在及湿纸页水分等。

随细小纤维含量的增加，纤维的比表面积增加，同等情况下使得 AKD 对纤维表面的覆盖率下降，造成纸页的施胶度下降。另一方面，由于细小纤维和填料具有较大的比表面积，对添加剂的吸附能力比纤维大得多，因此，大部分 AKD 会先吸附在细小纤维和填料表面。为提高胶料的保留率就必须采用合适的助留系统，以提高细小纤维和填料的留着率，否则 AKD 会随细小纤维和填料大量流失。有数据表明，当细小纤维和填料的留着率为 45% 时，AKD 留着率约为 45%；当细小纤维和填料的留着率为 90% 时，胶料留着率可达 90% 以上。

由于保留在长纤维上的 AKD 的施胶效率要比保留在细小纤维上的高得多，因此 AKD 施胶体系中加助留剂的目的不仅要提高细小纤维和填料的留着率，更重要的是要提高胶料在纤维上的留着率，尤其是在长纤维上的留着率。

提高施胶 pH，AKD 与纤维的反应速度加快。实验证明，当 pH<6 时，AKD 几乎不产生施胶作用；随着 pH 的增加，AKD 的施胶效率逐渐提高，pH 在 6.5～7.5 时，纸页的施胶度上升最快；当 pH>8.5 时，施胶度的上升速度开始减慢。因此，实际生产中一般控制 pH 在 7.5～8.5。

干燥温度高，反应速度快，施胶效果好；而硫酸铝的存在会破坏 AKD 的施胶作用；湿纸水分越大，施胶效果越差。纸页下机的温度越高，施胶剂熟化的程度的越好。

2. 烯基琥珀酸酐（ASA）

烯基琥珀酸酐简称 ASA（Alkenyl Succinic Anhydride），是一种同分异构体化合物的液体混合物。通常 ASA 是一种带黄色的油状产品，不溶于水。乳液在数小时内便会失去活性，使用之前必须在纸厂现场乳化。ASA 一般在弱碱性条件下使用，也可在较低 pH（5.0）使用，或有硫酸铝存在的环境中使用，但在碱性条件下熟化速度快得多。

ASA 分子结构中的酸酐是反应型施胶剂的活性基团。在抄纸条件下，分子中的酸酐与纤维上的羟基反应形成酯键，使得分子定向排列，分子中疏水的长碳链烯基指向纸页外面，达到抗水的目的。ASA 熟化速度快，纸页干燥过程已能完成 90%。结构式及反应式如下：

Cell—纤维素

ASA 较 AKD 反应性强，施胶迅速，用量小。但是由于其化学反应活性较高而造成应用上的诸多问题，如易水解，保存性能差，留着率低，易产生沉淀，必须配备连续乳化设备，制成乳液后，易水解产生黏辊等问题。其中最关键的问题是乳液稳定性和施胶性能之间的矛盾。

ASA 与 AKD 均为反应型施胶剂，均能与纤维素/半纤维的羟基生成酯键，由于其结构的差异，两者的性能大不相同，见表 2-3。这主要在于它们之间的反应活性不同，ASA 与纤维反应速率快，可以在常温下与纤维形成稳定的结合实现施胶效果，无须熟化；AKD 相对惰性，使用方便，但成纸下机后需要较长时间熟化才能获得完全的施胶效果。

表 2-3　　　　　　　　　　　　ASA 与 AKD 的性能对比

性　　能	ASA	AKD
商品形态	油状物	乳液
反应速率	非常快	中等
乳液稳定性	差，易水解，需现场乳化	好，可贮存
水解物	引起沉淀，损伤施胶	对施胶基本无害
适用 pH	5～10	6～9
熟化速率	无须熟化	需熟化，下机后需较长时间才可获得完全的施胶度
施胶效率	适度抗水性，无抗酸碱	中、高度抗水性，抗酸碱
使用方法	需现场乳化，工艺要求较高	计量添加，操作方便

烯基琥珀酸酐本身是水不溶性的且易发生水解，需加入乳化剂和分散剂等使之分散于水中制成乳液。R_1 和 R_2 不同，对施胶性能会产生影响，分子中的长链疏水基越长，施胶效果越好，但同时越不易乳化。

各种商品 ASA 由于制备技术的不同，需采用适宜的乳化工艺，或是采用低剪切的文丘里喷射系统，或是采用高剪切乳化装置（涡轮泵、均化器等）。前者需用一定数量的乳化剂（表面活性剂或高分子聚合物），后者可不用或少用，但两者均需要使用改性淀粉作为乳液稳定剂，一般采用阳离子淀粉，它同时也起到乳化剂的作用。制备 ASA 乳液时通常加入阳离子淀粉和合成阳离子聚合物作为稳定剂，还加入少量的表面活性剂作为活化剂，能够促进低机械能条件下的有效乳化；合成聚合物有利于提高乳液的稳定性；阳离子淀粉除起乳化剂作用之外，还起到增强和助留剂的作用，能够大大提高施胶效率。淀粉对 ASA 的比例一般为 2∶1～4∶1。乳化可以采用间歇的方式或在连续操作的专用自动化设备中进行，受这些低剪切和高剪切程序的影响，获得的颗粒粒径为 $0.5～2\mu m$。用间歇法乳化的 ASA 的效率在使用期间有些下降，这是由于活性物的水解，可由计算机控制连续改变添加量来补偿，间歇生产的主要优点是具有较高的灵活性。

乳化质量（特别是乳液粒径）非常重要，它决定了 ASA 的使用效率和稳定性。乳化质量的评价可以通过测定乳液浊度的方法进行，乳液浊度和乳液粒径及施胶效果之间有直接的关联性。

第三节　加　　填

一、加填的目的和作用

加填就是在纸料的纤维悬浮液中加入不溶于水或微溶于水的白色矿物质微细颜料，使制得的纸张具有不加填时难以具备的某些性质。

（1）改善纸张的光学性质和印刷适性

加填可提高纸张的不透明度和白度，减少印刷过程的透印现象，可提高纸张的匀度、平滑度，增加纸张的柔软性和手感性；改进纸张的吸油墨性和形状稳定性，从而使纸张具有更好的印刷适性。

不加填料的纸张，纤维之间有许多细小的空隙，使纸面粗糙凹凸不平，影响印刷质量，使印迹深浅不一、模糊不清、手感性较差；加填后，填料分散于纤维之间将空隙填平，能改进纸张的柔软性，经压光后的纸张更为平滑、匀整、手感性好，提高其印刷适性。纸张的不透明度由光线的折射能力来决定，当介质疏松折射面积大时，光线发生多次折射，纸张则不透明。在纸中加入填料，填料的折射率和白度比纤维大，粒度细，增加了纸张的折光能力，使纸张的不透明度提高。填料的粒度越小，比表面积越大，散射能力越强，不透明度也越大。

（2）满足纸张某些特殊性能的要求

卷烟纸加填碳酸钙，不仅是为了提高不透明度和白度，改进手感，更重要的是为了改进卷烟纸的透气性，调节燃烧速度，使卷烟纸与烟草的燃烧速度相适应。导电纸加填碳黑，是为了取得导电性能。字型纸板加填用硅藻土是为了提高纸板的可塑性和耐热性，有利于压型和浇铸铅板。

（3）节省纤维原料降低生产成本

填料的相对密度大，价格便宜，在纸料中可以代替部分纤维，节约原材料。加填可使网部和压榨部容易脱水并加快干燥速度，有利于提高纸机车速，减少蒸汽消耗，降低生产成本。

（4）填料具有大的比表面积

能吸附树脂，使纸浆中的树脂不致凝聚成大粒子，因而有助于克服树脂障碍。

（5）加填也具有一定的不利影响

加填的纸张，由于填料分散于纤维之间，使纸张的结构疏松多孔，减少了纤维间相互的接触和氢键结合，使纸张的物理强度下降。加填使纸张印刷时掉粉掉毛现象增加。加填会降低纸张的施胶度，尤其是碱性填料对酸性施胶的危害更大。

二、填料质量评价及选择

（一）填料质量评价

性质优良的造纸填料应具备如下特点：

① 折射率较高、散射系数较大，以提高纸张的不透明度。

② 白度高、无杂质、有光泽。

③ 颗粒细腻而均匀，以增加覆盖能力。

④ 相对密度大，不易溶于水。

⑤ 化学性能稳定，不易受酸碱作用。

⑥ 资源丰富，便于加工，价格便宜。

（二）填料的选择

生产某种纸是否需要加填，选用何种填料，用量多少，要根据纸张的质量要求与用途而定（见表 2-4），同时要考虑生产成本与经济效益。不同纸种的加填量相差很大，少的在 2% 以下，高的达到 $40\% \sim 50\%$，多数纸种为 $10\% \sim 25\%$。

表 2-4　　　　　　　　　　　改善纸的性质与填料的选择

性质	应考虑选择的填料
白度	碳酸钙，三水合铝，无定形硅石和硅酸盐，白度 90% 煅烧的高岭土。二氧化钛和硫化锌（低添加量时）
不透明度	根据反射指数选择二氧化钛和硫化锌。对其他的填料应具有粒径小，高表面积和高松厚度——大多数的碳酸钙
平滑度	所有的填料都可，但粗大颗粒或聚集体应很少
光泽度	分层的高岭土，碳酸钙，滑石粉——通常希望颗粒粒径小和/或扁平状
适印性	碳酸钙，三水合铝，滑石粉，煅烧高岭土，无定形硅石和硅酸盐
油墨的保持	无定形硅石和硅酸盐，碳酸钙，分层和煅烧的高岭土，滑石粉

抄制物理强度较高或重施胶的纸种，如水泥袋纸、电缆纸、导火线纸等一般都不加填。抄制具有良好吸收性能，供进一步化学处理的原纸，如钢纸原纸、羊皮纸原纸等，以及某些特殊纸张如描图纸、半透明纸、玻璃纸等，也不加填。对大多数纸张来讲，为了提高纸页的不透明度、透气度和柔软性，特别是为了改善纸页的印刷性和书写性或者为了使纸页尺寸稳定和降低生产成本等，必须加用填料，但加填量应适当，要尽量减少对纸张物理强度与施胶度的影响。因此对填料的使用应慎重选择，选择时应从技术和经济两方面来考虑，如生产有光纸、书写纸等一般纸种，应选用价廉的也能满足要求的填料，定量在 $40g/cm^2$ 以下的薄型字典纸，要求有较高的光学效应，可以选用价格较贵而质量良好的二氧化钛填料。

三、填料的种类和特性

(一) 填料的种类和性质

造纸填料分天然填料、人造填料两大类。天然填料是指天然矿藏经开采及机械加工而使用的填料，如滑石粉、高岭土、钛白粉、石膏等，人造填料是指经化学反应而制得或化工厂的副产品而使用的填料，如沉淀碳酸钙、硫酸钡、硅铝、硅钙填料等。

反射率、白度、颗粒形态、粒径及其分布、比表面积、颗粒电荷、pH、溶解性、磨蚀性和表面（自由）能等是填料的重要性质，它们对纸张的不透明度和物理性质有很大影响。

反射率是由填料的化学成分和分子结构所决定的一项基本性质。填料的反射率越大，反射光的数量越多，使纸张的不透明度越高。锐钛矿和金红石型的 TiO_2 的反射率分别为 2.55 和 2.76，其他常用填料的反射率都比 TiO_2 低得多：$CaCO_3$（1.58～1.66），煅烧高岭土（1.62），苯乙烯填料（1.58～1.59），三羟基铝（1.57），滑石粉（1.57），水合填料高岭土（1.56），硅酸钠（1.55），硅石（1.55）。纤维素的反射率为 1.55，淀粉的反射率大约为 1.49，空气为 1.00。

填料颗粒的形态影响光散射方式。不同形状的颗粒，其光散射的最佳值不同。

填料的粒径大小、粒径分布及粒子的聚集程度强烈地影响着填料的光学性质。研究发现，当填料粒径范围较窄，特别是填料在纸张中均匀分布时，有助于提高光散射率。理论上，高反射率的球形粒子粒径为 0.2～0.3μm［相当于 1/2 可见光的波长（390～760nm）］时发生最大光散射；低反射率的填料粒径更大（0.4～0.5μm）时发生最大光散射。扁平状的颗粒如高岭土，在其当量球形直径为 0.70～1.50μm 时获得最大的光散射，棱柱形的沉淀 $CaCO_3$ 在其当量直径为 0.40～0.50μm，偏三角形在其当量直径为 0.90～1.5μm 时分别达到最大的光散射。以最佳粒径为中心的粒径分布范围越窄时，越有利于增加纸的不透明度。使用助留剂有助于填料在纸中的留着，但同时会引起填料聚集，填料聚集对不透明度有不利影响，填料聚集可通过使用恰当的湿部添加剂（尤其是助留剂和淀粉）、优化填料的添加方法和添加顺序来控制。

颗粒的比表面积影响光散射，也影响纸张强度和印刷性能。通常比表面积高的填料会增加纸张的适印性，但会削弱纸张的强度，增加施胶的难度，这主要是由于加填后影响了纸张中纤维与纤维间的结合。

高磨蚀性的填料会对纸机网部和印刷版造成过多的磨损，填料的磨蚀性主要是由两个因素引起的：晶体的性质或填料的硬度（原子间结合强度、空间排列和杂质等），填料的物理性质（粒径、粒径分布、形状、表面积等）。少量杂质，如硅石和石英是造成磨蚀的主要原因。同种结晶形式时，大颗粒填料的磨蚀性高。

大部分无机矿物填料属于高表面能物质，如纯净的高岭土表面具有很高的表面能，在 500～600mJ/m^2 之间。但在实际中，由于填料表面受到不同程度的污染，导致表面能大幅度降低，使得大部分填料的表面能低于 100mJ/m^2。一些造纸填料的表面能见表 2-5。

表 2-5　　　　　　　　一些造纸填料的表面能（固体表面张力）

填料	表面能/(mJ/m^2)	填料	表面能/(mJ/m^2)
高岭土	31.3	碳酸钙	33.1
滑石粉	42.9	二氧化钛	39.9

（二）常用填料及其主要性质

最常用的造纸填料有滑石粉、碳酸钙（$CaCO_3$）、二氧化钛（TiO_2）和高岭土，此外，少量的无定形硅石、硅酸盐、三羟基铝、硫酸钡（$BaSO_4$）和硫酸钙（$CaSO_4$）也用作造纸填料。

1. 滑石粉

滑石粉是一种良好的造纸填料，能满足一般纸张的加填要求，加之滑石粉矿藏丰富，价格较低，是曾经使用最广泛的一种填料。

滑石粉是由天然矿石滑石磨碎而成，是一种水合硅酸镁矿，分子式为 $3MgO \cdot 4SiO_2 \cdot$

H_2O，密度 $2.6 \sim 2.8g/cm^3$，折射率 1.57，粒度 $0.5 \sim 5\mu m$，白度 $90\% \sim 96.8\%$。

滑石粉粒子呈鳞片状，有滑腻感，极软，化学性质不活泼，能提高纸页的匀度、平滑度、光泽度和吸油墨性，改善纸页的印刷性和书写性，多用于印刷类和书写类等的一般文化用纸的加填，但由于折射率不高，滑石粉少用于薄页纸中。

2. 碳酸钙

用作造纸填料的碳酸钙有两种类型——研磨碳酸钙（GCC）和沉淀碳酸钙（PCC），它们在物理性质方面存在较大差别。研磨碳酸钙（GCC）是用机械方法直接粉碎天然的方解石、石灰石、白垩、贝壳等而

图 2-9　滑石粉的扫描电镜图

制得，由于研磨碳酸钙的沉降体积比轻质碳酸钙的沉降体积小，所以又称重质碳酸钙。沉淀碳酸钙（PCC）是将石灰石等原料煅烧生成石灰（主要成分为氧化钙）和二氧化碳，再加水消化石灰生成石灰乳（主要成分为氢氧化钙），然后再通入二氧化碳碳化石灰乳生成碳酸钙沉淀，最后经脱水、干燥和粉碎而制得，由于沉淀碳酸钙的沉降体积（$2.4 \sim 2.8mL/g$）比重质碳酸钙的沉降体积（$1.1 \sim 1.4mL/g$）大，所以又称为轻质碳酸钙。研磨碳酸钙（GCC）和沉淀碳酸钙（PCC）的颗粒形状见图 2-10 和图 2-11。

图 2-10　GCC 扫描电镜图

图 2-11　PCC 扫描电镜图

研磨碳酸钙（GCC）分子式 $CaCO_3$，密度 $2.2 \sim 2.7g/cm^3$，折射率 1.58，白度 98%，粒度 $0.1 \sim 3\mu m$；沉淀碳酸钙（PCC）分子式 $CaCO_3$，密度 $2.2 \sim 2.95g/cm^3$，折射率 1.56，白度 98%，粒度 $0.1 \sim 0.35\mu m$。研磨碳酸钙（GCC）和沉淀碳酸钙（PCC）作为造纸填料

各有优势，性能比较见表 2-6。

表 2-6　　　　　　研磨碳酸钙（GCC）和沉淀碳酸钙（PCC）的性能比较

	研磨碳酸钙（GCC）	沉淀碳酸钙（PCC）
优点	1. 加填量高 2. 对纸强度影响小 3. 较好的抄造性能 4. 对施胶效果影响小	1. 高不透明度、高白度 2. 对纸机磨损低 3. 无须加分散剂
缺点	1. 白度、不透明度稍差 2. 需加分散剂	1. 比表面积大，有损施胶效果 2. 对纸的强度影响较大 3. 保水性强，不利于纸机车速提高 4. 加填量较低

碳酸钙的优点是白度高、颗粒细，能显著提高纸张不透明度，吸油墨速度快，能促进印刷油墨的干燥，且成纸较柔软、紧密而有光泽，是较理想的造纸填料。但碳酸钙是一种碱性填料，化学稳定性较差，在酸性条件下会分解生成二氧化碳气体，产生泡沫，给造纸带来困难并使浆料 pH 上升，破坏施胶效果。因此碳酸钙作为造纸填料，多用于中性施胶或不施胶的纸页以及薄页印刷纸中。

碳酸钙的另一个最大优点是能控制纸张的燃烧，加上能有效地改善纸张的透气度和不透明度，燃烧后的烟灰又发白好看，因此是卷烟纸不可缺少的填料。

3. 高岭土

高岭土也叫白土、瓷土或铝矾土，是由长石或云母风化而成，通常称高岭石，分子式为 $Al_2O_3 \cdot 2SiO_2 \cdot 2H_2O$，化学组成为 39％ Al_2O_3，46％ SiO_2，13％ H_2O，剩余部分是杂质，如钛和铁的氧化物。密度 2.6～2.8g/cm³，折射率 1.56，白度 80％～86％，粒度 0.5～10μm。高岭土的颗粒有呈六角片状和管状两种，具有高度的分散性和可塑性、高的电阻和耐火度、良好的吸附性和化学惰性，能提高纸张的印刷性和书写性，也是较常用的一种造纸填料，但品种较好、颗粒较细的高岭土多用于纸张的表面涂布。其扫描电镜图见图 2-12。

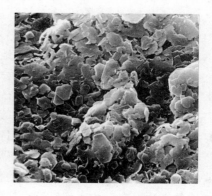

图 2-12　高岭土的扫描电镜图

高岭石中一般含有较多的石英和云母杂质，开采及使用时要特别注重净化。作为造纸填料的高岭土，可用干法和湿法选矿，通常是在干燥和粉碎后用风选法进行分级净化，但水洗净化的方法生产的高岭土产品更均一，杂质含量较少，具有较高的白度和亮度。

图 2-13　二氧化钛扫描电镜图

4. 二氧化钛

二氧化钛又称钛白或钛白粉，分子式 TiO_2，密度 3.9～4.2g/cm³，折射率 2.55～2.71，白度 86％～98％，粒度 0.15～0.3μm。二氧化钛扫描电镜图见图 2-13。

二氧化钛颗粒小白度高，折射率高，光泽度好，覆盖能力强，化学稳定性好，能显著提高纸的白度和不透明度，降低透印性，用量少，对纸张强度的损失小，是一种高效的造纸填料。二氧化钛的主要缺点是价格高，高密度和小粒径常导致其在湿部留着不佳。只用于不透明度要求高的低定量薄型印刷纸和某些特殊要求的高级纸张，为了降低生产成本，有时和其他填料（碳酸钙、滑石粉、高岭土等）配合使用。

5. 其他造纸填料

硫酸钡（重晶石）、硫酸钙、亚硫酸钙、硅藻土、云母、氧化锌、硫化锌，这些物质与上面提到的物质相比用量很少，在选择这些物质作填料时，要考虑其可获得性及经济性是否合理，一般，选择这些填料是为满足纸张的某一特殊性质要求。

四、填料液的制备及使用

（一）填料液的制备

随着造纸工业的发展，填料用量增加且填料的粒径变小，要求在填料加入浆料之前，必须在水中分散均匀，为保持填料的细度，结块的颗粒必须分散开，必须除去可能存在的杂质或结团。为了输送和添加的方便，需把填料制成悬浮液再加到纸料中去。填料悬浮液的浓度通常为 $10\% \sim 20\%$。填料悬浮液的制备包括搅拌、筛除杂质、储存和计量，较为通用的制备流程如图 2-14。

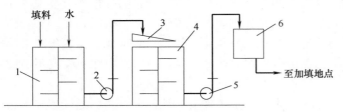

图 2-14　通用的填料液制备流程

1—搅拌槽　2—输送泵　3—振动平筛
4—储存槽　5—输送泵　6—计量箱

（二）填料的加入方法和加入地点

填料加入方法分间歇式和连续式两种，加入方法不同，加入地点也各不相同。

1. 间歇式加填

间歇式加填一般用于间歇式打浆或间歇式配浆与调浆的场合。当使用槽式打浆机时，在打浆结束后加入打浆机中；若采用连续打浆设备，多在配浆池或配浆机中加入。

间歇式加填最简易的方法是将填料干粉直接加入，利用浆池或配浆机的搅拌使填料粉与浆料混合均匀，无须设立填料液制备装置，但填料中的杂质得不到隔除，一定程度上会影响加填效果，只在一些小型纸厂中使用。通常的方法是制成悬浮液后再加入，图 2-15 和图 2-16 是两种常用的间歇式加填系统。

间歇式加填的优点是：系统简单，计量准确，混合均匀。缺点是：操作频繁、填料在浆

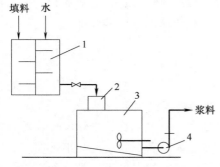

图 2-15　简易的间歇式加填系统

1—填料搅拌槽　2—筛网　3—配浆池　4—浆泵

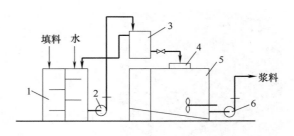

图 2-16　通用间歇式加填系统

1—填料搅拌槽　2—输送泵　3—计量
箱　4—筛网　5—配浆池　6—浆泵

料中停留时间长，容易造成沉积，对化学稳定性较差的碱性填料，会因填料的酸性分解而生成许多泡沫，给生产带来困难，经过供浆系统的净化会造成填料损失，填料留着率较低。

2. 连续式加填

连续式加填是在供浆系统中连续加入填料液，加入地点有加在调量稀释箱的出口，更多的是加在筛选净化后纸料上网前如高位箱或流浆箱中。加入调量稀释箱的加填方法填料与纤维可以得到充分的混合，但经筛选净化后还会造成填料的流失。加入流浆箱的加填方法填料与浆料接触时间短，可防止碱性填料的分解，但混合不充分容易造成加填不均匀。较好的加入地点是在高位稳浆箱出口处加入，既能保证混合均匀又可防止填料分解。

（三）填料加入量

填料加入量有两种表示方法，一种是指加入浆料中填料的质量对浆料中纤维质量的百分比，这种表示方法适用于实际生产操作过程。另一种表示方法是指生产过程中加入填料质量与所生产的成品纸质量的百分比，这种表示方法主要适用于经济核算。

1. 决定填料加入量的主要因素

填料加入量主要决定于纸张的使用要求、所用纸浆的种类和配比、填料本身的性质以及纸机的抄造条件等。总的原则是：在保证纸张抄造、印刷性能和使用要求的前提下适当提高填料加入量。

① 纸张品种。加填的主要目的是改善纸张的不透明度、透气度、表面平滑度、吸收油墨性等性能，但会降低纸张的强度和施胶度，因此不同用途的纸张，加填量有所不同。

② 浆料种类。非木材浆的不透明度低，因此对非木材或配用非木材浆抄造印刷用纸时，加填量比用木浆的高，在非木材浆中尤以蔗渣浆的不透明度最低，且脆性大，因而配用蔗渣浆的纸张，不但加填量较大，而且常常还需配加一定量的碳酸钙。在制浆方法上，由于机械浆中含木素较多，木素的折射率较大，配有机械浆的纸张不透明度较高，加填量较少。

③ 填料性质。填料性能不同要达到同一加填效果的加填量也不同。性能好加填量少，在常用填料中，二氧化钛折射率和白度最大，粒度最小，覆盖能力最强，加填量最少，其次是碳酸钙，而高岭土和滑石粉的性质相近。

④ 纸机抄造条件。由于增大加填量会降低湿纸页的强度，为了保证纸机正常生产，在开式引纸的造纸机中，一般加填量随车速的提高而减少，在相同车速的情况下真空抽吸作用强烈的抄造条件，填料加入量要多些。

2. 常用加填量

① 用滑石粉或高岭土为填料的一般文化用纸常用加填量。以加入填料质量对浆料中纤维质量百分比表示的几种常用纸张填料加入量如下：凸版印刷纸 20%～30%；胶版印刷纸15%～25%；新闻纸 3%～6%；书写纸 20%～25%；打字纸 10%～15%；涂布原纸 13%～18%。

② 薄页印刷纸常用加填量。定量 $28 \sim 40 \text{g/m}^2$ 薄字典纸 35%～40%碳酸钙，或 25%～35%碳酸钙及 3%～5%二氧化钛；定量 $30 \sim 40 \text{g/m}^2$ 薄凸版印刷纸 10%～15%滑石粉及25%～35%碳酸钙；薄画报纸 30%～35%碳酸钙及 5%～7%二氧化钛；薄周报纸 20%滑石粉、10%碳酸钙及 1%～2%二氧化钛；卷烟纸 40%～45%碳酸钙。

五、填料的留着率及填料留着机理

（一）填料留着率

随着造纸过程纸页的形成和脱水，纸料中的细小纤维和填料等，有部分留在纸页中，部分随脱出的白水而流失。由于白水的循环利用，通过成形网进入白水中的细小纤维和填料等细小物质能得到进一步的回用。

对于纸料系统中的固形物而言，单程留着率是指纸页中固体物质的质量与从流浆箱堰口喷出纸料中固体物质质量的百分比；总留着率是指纸页中固体物质的质量与用白水稀释前从调量箱中流出纸浆中固体物质质量的百分比。单段留着率和总留着率之间的关系是白水循环回用程度的函数，它反映了白水系统封闭循环的程度。

对造纸化学品而言，单程留着率是指留在纸页中该添加剂的质量与流浆箱纸料中含有该添加剂质量的百分比；总留着率是指留在纸页中该添加剂质量与加入浆料中该添加物质质量的百分比。

对造纸填料而言，填料留着率就是指留存于纸页中的填料量占浆料中填料量的百分率。

影响单程留着率的主要因素有车速、上网纸料浓度、纸页厚度、网案振动、脱水元件性能、真空抽吸程度、成形网形式与特点以及浆料性质等。上网纸料浓度降低、纸料温度提高、车速提高、纸页厚度降低、网案振动、脱水元件剧烈脱水及强烈的真空抽吸作用等均会降低单程留着率；采用细密网目成形网、增加浆料表面电荷性及比表面积、采用助留剂等可提高单程留着率。影响总留着率的主要因素是白水的循环使用情况。

1. 单程留着率浓度近似计算法

此方法只需测量上网纸料浓度、白水浓度和离开网部纸页干度，便可计算出填料留着率的近似值。计算公式如式（2-4）：

$$R_t = \frac{w_3 X}{w_1} = 1 - \frac{w_2 - Y}{w_1} \tag{2-4}$$

式中　R_t——单程留着率，%

　　　w_1——上网纸料（即流浆箱中纸料）浓度，%

　　　w_2——网下白水浓度，%

　　　w_3——离开网部湿纸页干度，%

　　　X——离开网部湿纸总质量与上网纸料总质量之比值

　　　Y——网下白水总质量与上网纸料总质量的比值

2. 单程留着率灰分近似计算法

此方法用测量纸页总灰分和加填后纸浆灰分来近似计算填料留着率。

$$R_t = \frac{w_A}{w_B} \times 100\% \tag{2-5}$$

式中　R_t——单程留着率，%

　　　w_A——绝干纸页灰分含量，%

　　　w_B——绝干纸料灰分含量，%

这里未考虑填料灼烧损失、纸浆中纤维本身灰分及抄纸过程的纤维流失等。

3. 总留着率的精确测量法

总流着率计算如式（2-6）：

$$R = \frac{K(w_A - w_C)(100 - w_B - w_D)}{(w_B - w_C)(100 - w_A - w_D)} \tag{2-6}$$

式中　R——填料总留着率，%

w_A、w_B——纸及浆中灰分，%

　　　w_C——浆料中纤维灰分，%

w_D——填料的灼烧损失，%

K——纸页抄造过程纤维流失较正系数，与系统中白水回用程度有关，一般可近似取 0.94。

（二）填料留着机理

填料的留着受纸料脱水过程中吸附、过滤、沉积以及絮凝等综合影响。填料的留着是机械截留和胶体吸附综合作用的结果，以胶体吸附作用为主。即颗粒较大的填料粒是靠机械截留作用而留着，颗粒较小的填料粒是靠胶体吸附作用而留着。

机械截流学说认为，由于机械过滤作用，纤维网络对填料粒子的截留作用可实现填料粒子的部分留着，纸张的定量越大，纤维层越厚或过滤速度越慢，填料的留着率也较高。

胶体吸附学说认为，填料粒子具有显著的胶体粒子特征，胶体聚集（特别是聚电解质作用下的聚集）是促进其高效留着的核心机理。

第四节　染色和调色

纸张染色工艺方法可追溯到中国的古代造纸。传统中国手工染色纸，一般是对成纸着色，最简单的方法是将纸张浸渍在有色溶液中，然后拖起晾干即成，这种染色工艺称"拖染"。也有先将染料溶液调制好，然后将纸在光净长几上铺开，用排笔上色，之后置于通风处干燥，这种染色工艺称"刷染"。如今"拖染"与"刷染"发展成了现代的纸张表面染色。浆内染色的纸张染色工艺的第一个专利是于 1691 年在英国得到许可的。早在 18 世纪，生产糖果包装纸一般即使用普鲁士蓝和群青把纸张染蓝。1856 年出现苯胺紫后，很快就和随后出现的许多其他合成染料一道用于纸张浆内染色，但那时的纸张染色是使用间歇方法染色。现代纸机系统的配浆与供浆系统更加复杂，纸张外观的追求越来越高，色纸应用领域越来越多，要求色纸要满足最高使用要求，高坚牢度无洇色。此外，人们增加了对生态的关注，回用水的封闭使用和希望排出的废水不含染料。纸张湿部染色工艺在现代造纸业的内涵已发生了变化，它的发展既与新型染料的品种开发有关，也与抄纸湿部化学的优化、流体计量与控制、色度在线测定等交叉科学紧紧联系在一起。

一、染色和调色的目的与作用

染料广泛应用于多数纸和纸板产品的生产过程中，其目的是为了达到客户所期望的外光性能，使用何种染料取决于最终产品的实用性能。染色过程可以分为两大类：染色和调色。在有色纸的生产过程中，需要加入大量的染料，通常每吨浆需要加入几公斤的染料，这是染色过程。染色是指在纸浆或纸张中加入某些色料使纸能有选择性地吸收可见光中的大部分光谱，不吸收并反射出所需色泽的光谱。调色，通常染料的用量仅为 $20\sim50\text{g/t}$ 浆，由于纸浆及时经过漂白后也具有微黄色至灰白色，因此，常在纸浆中加入蓝色或者紫色染料，使与漂白纸浆中相应呈现的淡橙、浅黄或橙黄色起互补的作用而显现较纯的白色，这一做法称为调色或显白。对于高白度要求的纸张，需加入荧光增白剂，以增加纸张的亮度，起到显白的作用。

二、色料的种类和性质

（一）色料的种类

色料分为颜料和染料两大类。

染色用的颜料多数属天然的无机颜料，也可部分是有机合成颜料。颜料不溶于水，与纤维无亲和力，要依靠媒染剂硫酸铝的作用形成色淀而固着在纤维表面取得着色，染色质量主要取决于颜料的粒度和在纸页上分散的情况。颜料耐光性强，对酸、碱等化学药剂的抗拒性能也较强，但颜料的染色性能不如染料，且易产生染色的两面性，目前对纸张的染色多用染料，而颜料主要应用于纸张的涂布中。

染料又分天然染料和合成染料两类。早期的染色多使用天然染料，天然染料着色力不强，耐光性差，现多被合成染料所取代。合成染料颜色及品种多，易溶于水，着色力强，价格低廉，染色操作也比较简单。与颜料相比，除耐光性和对化学药品的稳定性颜料占优外，其他方面染料都优于颜料。现代染料工业的生产多以合成染料为主，染料品种繁多、色谱齐全。

染料种类繁多，分类方法也不相同。按染料化学结构分类，可分为偶氮染料、蒽醌染料、靛属染料、酞菁染料和碳鎓染料等；按染料用途分类，可分为纤维素纤维用染料、蛋白质纤维用染料、合成纤维用染料和非纤维用染料等；按染料性质分类，又可分为直接染料、酸性染料、中性染料、碱性染料、硫化染料、还原染料、活性染料、分散染料、阳离子染料等。造纸工业应用的染料，通常以染料性质分类，用于造纸的染料主要有碱性染料、酸性染料和直接染料三种。

染料的直染性是指纸张染料在水溶液介质中被纤维素纤维吸附的性质，而亲和性则表示染料与纤维结合的能力。

（二）几种常用合成染料的性质

1. 碱性染料

碱性染料为含有氨基基团的有机化合物，可溶于水，水溶液呈碱性；在水中能离解成阳离子，正电荷离域效应遍布整个分子。阳离子是染料部分，通常是二芳基甲烷或三芳基甲烷结构；阴离子是盐酸根、硫酸根、醋酸根等。碱性染料有二苯甲烷、三苯甲烷、三苯基萘基甲烷、噻嗪等结构类型。

碱性染料色谱齐全，着色力强，着色后色泽鲜艳，且价格便宜，是生产色纸使用最广泛的一种色料。除广泛应用于纸张、棉、丝、毛、皮革、草制品等纤维制品的染色外，也广泛用于油漆、油墨行业。但碱性染料耐光、耐热性差，成品容易褪色。造纸工业常用的碱性染料有盐基金黄、盐基亮绿、盐基槐黄、盐基玫瑰红、盐基品蓝等。

（1）碱性染料的使用特点

① 对木素具有很强的亲和力，对纤维也有一定的亲和力。对本色浆和机械浆等染色时不用媒染剂也能取得良好的染色效果。对漂白浆亲和力很弱，对漂白浆染色时必须加用媒染剂。一般来讲，碱性染料主要用于生产新闻纸、电话簿纸和轻量涂布纸的未漂浆和机械浆纤维的黄色调的减少和消除。

② 碱性染料耐光、耐热性差，对酸、碱、氯的抗拒能力弱，色纸容易褪色，对碱特别敏感，容易产生色斑。碱性染料主要用于对耐光性要求不是很高的纸页中，例如包装纸，廉价的墙纸，仿皮革纸板，箱纸板，新闻纸等。碱性染料一般其色相比染料本身色相还要鲜艳，用于对颜色要求非常艳丽的纸种中。

③ 碱性染料对纸浆的染色是以沉淀方式与纤维结合的，碱性染料在溶液中产生颜色强度很高的阳离子和简单无色的阴离子，这些阳离子对纤维上的酸性基团有很强的附着力，碱性染料与一些阴离子物质会形成不溶解的沉淀物，纸浆纤维上酸性基团如羧基和磺酸基有很

大的机会与碱性染料形成一种不溶解的复合物，这种复合物不仅会留着在纤维网络上，而且会复合在纤维网络之间。

④ 碱性染料对硬水和碱性特别敏感，任何游离碱都会使碱性染料生成不溶性基团沉淀出来而造成色斑。因此溶解碱性染料时常使用经 1‰醋酸处理过的软水，而在染色时一定要在酸性条件下着色，一般 pH 为 4.5～6.5，对于有施胶的纸张，应先加胶料，次加硫酸铝液，最后才加染料液。

⑤ 溶解碱性染料时不能煮沸，温度太高会析出不溶于水的染料基；使用时温度控制在 60～70℃为宜，最好不要超过 70℃，否则易形成不溶性色淀，在纸中出现色斑。

(2) 碱性染料示例

① 盐基槐黄（又称碱性嫩黄）。盐基槐黄为黄色粉末，溶于冷水，易溶于热水呈亮黄色，溶于乙醇呈黄色。其水溶液温度超过 70℃时，染料被分解为四甲基苯甲酮；其水溶液加入浓硫酸呈无色，稀释后呈淡黄色；其水溶液加盐酸呈深黄色，加热至沸腾即无色；加入氢氧化钠溶液生成白色沉淀。

盐基槐黄

② 盐基品蓝。盐基品蓝是碱性湖蓝 BB、碱性紫 5BN 和黄糊精以 78：13：9 的比例混合而成。盐基品蓝是棕黄色粉末，溶于水和乙醇。

碱性湖蓝 BB

碱性紫 5BN

2. 酸性染料

酸性染料一般都含有磺酸基、羧基和羟基等可溶性基团，易溶于水，溶液呈酸性，且多在酸性介质中染色，故称酸性染料。酸性染料对木素和纤维都没有亲和力，要借助于媒染剂硫酸铝才能着色，鲜艳程度不如碱性染料，而且对酸、碱和氯的抵抗能力也很差，但其耐光耐热性较强。酸性染料除用于纸张染色外，还广泛应用于毛、蚕丝、锦纶、皮革以及墨水、化妆品等的着色。造纸工业常用的酸性染料有：酸性皂黄、酸性薯红、酸性品蓝、酸性绿等。

(1) 酸性染料的使用特点

① 酸性染料在水中溶解度很大，本身带有强负电性基团，对纤维素纤维亲和力很小，直染性差。为了达到理想的颜色深度，需添加合适的明矾或定着剂（阳离子固色剂），在纤维与染料之间起连接作用，将酸性染料沉积并联结到纤维上。一般多用于需施胶的纸张染色，少用于不施胶的纸。上染的程序应先加胶料次加染料或先加染料次加胶料最后再加硫酸铝液，硫酸铝用量比单纯施胶时多 10%～15%；染色时 pH 以 4.5～5.0 为宜。

② 酸性染料对木素也无亲和力，因此适合于对混合浆的染色而不会产生染色不匀或色斑。

酸性嫩黄 G   SO₃Na

SO₃Na   酸性湖蓝 A

③ 酸性染料可溶于一般冷水，不必用软化水。温度对酸性染料影响不大。

④ 对蛋白质纤维有极强亲和力，故宜用于皮革的染色。

（2）酸性染料示例

① 酸性嫩黄 G。酸性嫩黄 G 为黄色粉末，易溶于水、乙醇、丙酮等，不溶于其他有机溶剂。

② 酸性湖蓝 A。酸性湖蓝 A 为蓝色粉末，易溶于水呈蓝色，溶于乙醇呈蓝色，遇浓硫酸呈橄榄色，其水溶液加氢氧化钠沸腾时由蓝变紫色。

3. 直接染料

直接染料是造纸染料中较重要的一种染料，主要用于浆内染色，为含有磺酸基团的偶氮化合物，溶解度较差，不溶于冷水但能溶于热水。染料分子中存在的氨基和羟基与纤维素纤维上的羟基产生氢键和范德华力的作用，从而对纤维素纤维具有强的直染性和亲和性，染色时不需媒染剂即可直接染着于纤维上，但色泽较暗。直接染料对酸性敏感，其耐热、耐光性优于碱性染料和酸性染料。直接染料可分为粉状染料和液体染料，随着液体染料稳定性和染色效果的提高以及计量、输送、添加技术的发展，液体染料在造纸工业中使用得越来越多。直接染料可以用在纸巾，卫生纸和高级纸中。

直接染料按化学结构可分为偶氮型、二苯乙烯型、酞菁型等，但以偶氮型的双偶氮和三偶氮染料为主。造纸工业常用的直接染料主要有直接品蓝、直接湖蓝、直接橘黄、直接大红等。

（1）直接染料的使用特点

① 直接染料对纤维素纤维亲和力很强，但如果染料与纸浆混合不匀，部分纤维易优先染色而出现色斑，故应注意染料与纸浆要充分混合。

② 直接染料对酸敏感，多数遇酸后会凝聚产生沉淀，因此直接染料多用于不施胶或轻施胶纸的染色，当使用于需施胶的纸张时，应先加胶料及染料，然后再加硫酸铝液，使染料在中性或微碱性状态下被纤维所吸附，以获得较好的染色效果。染色时的 pH 应不低于 5.5～6.5。

③ 直接染料较难溶解，应使用热水溶解，但温度也不能太高，以 80℃ 为宜，溶解时水量应充足，浓度为 0.5％ 较好，浓度过大会出现沉淀，溶解水的硬度对直接染料略有影响。

④ 经脲醛树脂处理的纸张，不能使用直接染料染色，因为脲醛树脂不能吸收直接染料。

⑤ 直接染料着色后色泽较暗不鲜艳，必要时在直接染料染色后再适当用碱性染料补染，以提高鲜艳程度。

必须注意的是：同类型染料可以混合使用，不同类型染料不能混合使用，直接染料与酸性染料性质相近，可以混合染色，但碱性染料与酸性染料或直接染料性质不同，不能混合染色，只能用其中的一种染色后再用另一种补染。

（2）直接染料示例

① 直接湖蓝 6B。直接湖蓝 6B 为蓝色粉末，易溶于水，呈鲜艳蓝色，不溶于其他有机溶剂。遇浓硫酸呈蓝光绿色，稀释后成蓝色，遇浓硝酸呈红光紫色。其水溶液加 10％ 硫酸无变化，加氢氧化钠呈红光蓝色。

② 直接黄 GR。直接黄 GR 为淡黄色粉末，溶于水和乙醇均呈暗黄色，微溶于丙酮。在浓硫酸中呈暗红色，稀释后为黄色至黄光棕色沉淀，在浓硝酸中呈暗黄光红色。其水溶液加浓盐酸呈暗棕色，加浓碱液呈暗橙色。

③ 直接大红 4B。直接大红 4B 为棕红色粉末，微溶于丙酮，溶于水呈黄光红色，溶于乙醇呈橙色，在浓硫酸中呈深蓝色，稀释后转浅蓝色。其水溶液加入醋酸呈蓝光紫色转为蓝色沉淀，加入浓盐酸呈红光蓝色沉淀，加入氢氧化钠呈黄色。水溶性好，对硬水稍敏感，对酸、碱敏感性强。

4. 荧光增白剂

荧光增白剂是一种荧光染料，它是二氨基二苯乙烯的衍生物或盐类，是含有共轭双键结构的有机化合物，在其结构中含激发荧光的胺基磺酸类基团、含有能吸收紫外光的芳香胺和脂肪胺或其衍生物的基团，还含有能增强牢固性能的三聚氰胺基团。荧光增白剂不仅能反射可见光，还能吸收紫外光并将其转化成可见的蓝色或蓝紫色的荧光。

纸浆纤维总是呈黄至灰白色，即使经过一般漂白处理，依然不能消除这种微黄色调。在纸浆中加入荧光增白剂后，增白剂吸收紫外光而发出蓝色荧光，根据光学互补原理，在浆料中这些荧光能对橙黄或浅绿起补色效应产生显白效果，使纸浆产生更亮、更艳的效果，这只是一种光学作用，对纸浆并不起漂白或染色的作用。正是荧光增白剂的这一特点，使其在造纸工业得到了广泛应用。

荧光增白剂只对漂白浆有增白作用，对于未漂浆、含有大量木素的机械浆和白度低于65％的纸浆不起增白作用。荧光增白剂的用量与纸浆的白度有关，纸浆白度越高增白效果越好，常用量为 0.06％～0.12％，超过 0.12％增白效果不再增加。荧光增白剂耐酸性较差，硫酸铝对增白有不利影响，浆料 pH 低于 5.4 时，增白效果下降。铁离子对增白作用也有不良影响。

荧光增白剂可用于浆内，也可用于纸面施胶或涂布。中国国家标准中规定禁止将荧光增白剂用于食品包装用纸和生活用纸。

(1) 荧光增白剂种类

造纸用荧光增白剂种类不是很多，主要有：

① 双三嗪氨基二苯乙烯类增白剂。这类增白剂又以 VBL 型增白剂最常用，是造纸用主要的一类荧光增白剂。自 1941 年问世以来，它一直是最重要的一类荧光增白剂品种，不仅广泛应用于造纸工业中，还广泛应用于棉、黏胶纤维、聚酰胺的增白和洗涤剂中，具有较高的增白强度、良好的应用性能和适当的耐光牢度。

② 香豆素类增白剂。用于造纸的香豆素类增白剂主要是 PEB，其制备是由 2-萘酚与氯仿在乙醇中以碱作催化剂反应，用酸中和后生成 2-羟基 1-萘甲醛。所得 2-羟基 1-萘甲醛与丙二酸二乙酯在乙酸酐存在下反应，即生成香豆素型荧光增白剂 PEB。PEB 外观为淡黄色粉末，不溶于水，显阴离子性，色泽呈青色，商品一般制成分散悬浮液。

③ 二苯并噁唑类荧光增白剂。属杂环类化合物，用于造纸的主要是 DT。DT 纯品为米黄色粉末，不溶于水。作为纸用的 DT，一般是加乳化剂配成 10％的水分散液，使用时可用水任意稀释。

（2）荧光增白剂的主要商品剂型

荧光增白剂的主要商品剂型有粉状、液体状和稳定分散液三种。

① 粉状荧光增白剂。将合成后的荧光增白剂加入各种助剂后，经干燥、粉碎而成。优点是含量高、贮存和运输成本较低，贮存期可长达两年；缺点是合成出来的半成品是膏状物滤饼，需要进行干燥、粉碎、标准化，后处理工序长、能耗高、有污染。使用时一般是将粉状增白剂加水制成溶液，使用不方便，浓度也难控制。因此，近年使用越来越少。

② 液体荧光增白剂。是增白剂的溶液形式，可与水完全混溶。可溶性的和不可溶性的荧光增白剂，均可用纯物理过程或化学过程制得这种溶液。液体荧光增白剂的生产方法有多种，双三嗪氨基二苯乙烯类液体荧光增白剂其合成部分和生产相同化学结构类型粉状剂型的基本一样，只是在后处理时将合成出来的半成品经纯化处理，去除半成品中的无机盐、杂质和多余的水分，再按一定比例配入一定量适合的脂肪族醇类和脂肪族含氮化合物等，经标准化后制得成品。由于荧光增白剂本身溶解度的限制以及残留有微量的无机盐，液状荧光增白剂中有效活性物含量只相当于同品种粉状剂型的 30％～40％。但液体增白剂使用方便，因此，生产和使用比例逐年增加，约占 90％。

③ 稳定分散液。分散液型增白剂是由非离子型荧光增白剂在分散剂存在下在水中砂磨制成，造纸中应用很少，主要用于合成纤维的增白。

三、色相的调配和校正

从物理学来讲色就是光的反射。日光是白色，当日光通过棱镜可以获得红、橙、黄、绿、青、蓝、紫七种单色光的光谱，不同颜色的光线具有不同的波长，肉眼可见光的波长为 0.4～0.7 μm。当日光照射物体时光线全部反射为白色的物体，全部吸收则为黑色物体。如有选择性地反射某一波长，则物体就显示与反射光相同的颜色。

物体的色泽取决于物体的性质、结构、成分与对光的反射性能。

纸张的染色是在浆料中加入某一色料，使其有选择性地吸收部分可见光，反射我们所要求的色泽光谱，这一生产过程称为染色和调色。

纸张的颜色是否鲜艳美观，主要依靠颜色的合理调配。颜色主要有三种，即红、黄、蓝称为原色，自然界的各种色彩都可以用这三种原色按不同的配比调制而成，调色的关系可参看图 2-17 色相调配图。

红、黄、蓝三种原色的基本特性是：黄色能使色泽鲜艳而光亮，红色能加深色调，蓝色会使色泽变浅。三种原色等量混合可得灰色或黑色。两"原色"相配可制得"间色"。如红配黄是橙色，黄配蓝得绿色，红配蓝得紫色。而复色又

图 2-17 色相调配图

称再生色，是由两种"间色"混合制成，如橙和绿相配时橙多得橙黄色，绿多得嫩绿色。又如紫与绿相配，绿多得深绿色，紫多得茄紫色，以此类推。

如调色过深可用相对的间色使颜色减浅，如染红色过深可加绿色减淡，反之如染橙色过深可加蓝色使之减淡，因相对色相具有互相吸收所反射光谱的作用。

如染色过淡或调色中带有杂色，可用相邻并相反的原色或间色进行校正。

四、染色方法及影响染色的因素

（一）染色方法

生产色纸首先要确定色料配方，选单一染料或将几种染料混合在一起，以取得满意的色调。然后取少量纸浆进行染色和调色试验。再根据小型试验结果在生产上予以实施并作必要的调整。

纸张染色的方法分浆内染色和纸面染色两类。浆内染色又分间歇染色和连续染色；纸面染色则有浸渍染色、压光染色和涂布染色等。

1. 浆内染色

纸张的染色大多是采用浆内染色。即将溶解的染料液在打浆机、水力碎浆机、配料箱或其他适当的位置加入浆中。根据染料加入位置不同，染料可间歇加入或连续加入。染料的溶解和稀释很重要，一般先用少量水将染料调成糊状，在充分搅拌下用热水进行稀释或采用间接加热的方法来加速染料的溶解，经过滤后使用。对染料加热不能直接通蒸汽加热，否则会产生局部高温，导致染料分解，生成不溶性色淀，在纸面上产生色斑。不同染料的溶解条件和染料加入程序应根据产品的规定执行。

浆内染色的方法应用简单，能使染色达到纸内，纸张染色均匀。缺点是白水中有部分染料流失，循环白水色度不稳定，对于某些染色剂还会产生染色的两面差。

间歇式浆内染色是最常用的染色方法，即将计量好的染料液加入调料浆池，按一定程序进行着色和充分混合后送往纸机浆池。

连续式染色是向连续输送的浆料中连续注入染料液。浆料与染料在流动过程中得到充分混合着色。

2. 纸面染色

纸面染色的优点是染色剂流失少，改变染色剂种类可很容易地改变纸张的颜色；但染色的均匀性较差，在纸的断面处可见到原纸的本色，但对包装纸等普通纸张完全可以满足要求。

浸渍染色是使原纸通过色料槽而着色，然后在烘缸上干燥。有时色液可与表面施胶剂混合使用；有时可另外配置一套染色装备，可称涂布上色，属于加工纸范畴。浸渍染色常用于皱纹色纸及其他薄型色纸的生产。

压光机染色与压光机纸面施胶相似，在压光辊上使纸张与染料接触，这种方法多用于纸板和厚纸的染色。有时由于受压光操作的影响，色料局部受磨损脱落，在纸面上出现露底白斑的纸病。

（二）影响染色的因素

染料的性质、使用要求与方法、溶解、分散等影响染色效果。除此之外，很多因素对染色效果都有影响，若控制不当，产品易产生色泽不匀、夹花、色筋和色斑等纸病。

1. 纸浆性质

不同纸浆对染料有不同的亲和力，含有机械浆的纸张通常使用碱性染料染色，机械浆中的纤维束的染色性能要低于纤维，因为纤维束相对于纤维来讲其比表面积要低很多。染色漂白化学浆，直接染料最为有效；阔叶木通常比针叶木含有更多的短纤维，因此比表面积较大，要达到同样的颜色效果，阔叶木浆料要消耗更多的染料。另外一个影响因素是浆料的白度，因为浆料的白度会影响纸页的色泽，特别是在较浅到中度的色泽范围。二次纤维中包括更多的助剂如填料、印刷油墨和残余的染料，这些很容易影响染色的效果，要对工艺工程加以调整。总之，应根据不同浆料的组成采用不同的染色条件。

2. 打浆

提高浆料的打浆度会提高纤维的比表面积，增加对染料的吸附，有利于纤维的染色，能使染色加深。高打浆度的纸浆比低打浆度的纸浆容易着色，且着色牢固。

3. 施胶

松香胶对纤维着色有阻碍作用；硫酸铝对不同染料影响不同，对酸性染料起媒染剂作用，对碱性染料少量矾土也能促进着色，但对直接染料则会降低着色效果。

4. 填料

许多填料对染料都有亲和力。对含有填料的纸浆进行染色时，由于部分染料可被填料吸收，随着填料含量的增加所需要的染料量也相应增加。在染色过程中，大致增加 1% 的填料含量，染料的需求量要增加 4%，如果使用二氧化钛，染料的用量还要增加。

5. pH

各种染料都有其最适宜的 pH 范围，因此，染色时应严格控制 pH，这是取得最佳染色效果的重要因素。如一些碱性染料（刚果红等）则宜在 pH6.0～6.5 时加入，直接染料的 pH 适用范围较广，一般为 4.5～8.0。通常可通过控制纸机网下白水的 pH 来达到最好的染色效果。

6. 温度

染色时的浆料温度对着色效果有所影响，提高着色温度通常能增进着色效果，特别是直接染料更为明显，例如，直接红 4B 在 24℃ 时染色，着色程度为 35%，当温度提高至 44℃ 时，着色程度能达到 90%。纸机干燥部的加热有时会造成变色，如某些酸性染料受热后，在纸面上易产生块状色斑，某些直接染料高温下会有褪色倾向。为此，生产色纸时要注意控制染色后的干燥温度曲线。

7. 水的硬度

在使用染料时，增加水的硬度对染色效果有积极的影响。因此为了提高直接染料和酸性染料的留着，通常需要增加水的硬度，可以加入一些无机盐类，如氯化钙，硫酸镁和硫酸钠等。

8. 其他化学药剂

若纸浆中若残留有氧化、还原化合物，会不利于染色，因此，漂白浆中的残氯应控制在一定的含量。钙盐对多数染料有不良影响，如果生产用水硬度较大，可加少量硫酸铝，然后再进行染色。纸浆中若加用增强树脂等，应特别注意树脂的性质及其对染色的影响，影响情况视树脂的性质而定。

9. 染色两面性

凡能导致施胶和加填两面性的操作（如纸机案辊、真空箱、真空辊等的抽吸作用）均能造成染色的两面差。烘缸温度过高或纸页两面受热不匀，也会使某些染料褪色或染料从贴缸面转移至另一面而形成染色两面性。此外，染料本身的性质也会造成两面性问题，主要是由于染料对纤维、细小纤维和填料具有不同的亲和力所致。一般来讲，颜料和酸性染料易出现两面性，直接染料次之，碱性染料染机木浆和本色浆时不易出现染色两面性。

五、染料湿部染色的物化过程

经过打浆的纤维表面产生细纤维化与润胀，出现充满着水的毛细管孔道，染料分子是通过这许多曲折而有相互联通的毛细管孔道扩散到纤维内部去，染料随着水分子所能达到的区域，通常是纤维的无定型区，也就是纤维组织结构较结晶区疏松的部分。在染色过程中，染料和纤维之间由于亲和力的作用不断发生吸附，同时因染料的水溶性又存在解吸，致使纤维孔隙里游离状态的染料和吸附状态的染料最终保持动态平衡。

造纸染料的染色过程可分为三个阶段：

① 染料被纤维吸附。染料加入纸料后，纸料液中水相的染料移向纤维表面，纤维上的染料浓度逐渐增高，而水相里的染料浓度相应降低。

② 染料向纤维内部扩散。吸附在纤维表面的染料不断地向纤维的无定型区扩散，直至纤维内外孔隙全被染透。

③ 染料在纤维中固着。进入纤维孔隙的染料相互聚集，并与纤维大分子形成离子键（相反电荷）、氢键和范德华力（分子间结合力）或沉积（无机或有机颜料）的结合。

沉积效应是指对纤维具有较少亲和力的酸性染料和有机或无机染料，需要借助某些聚合物（通常称固色剂与定着剂，如明矾、聚乙烯亚胺、聚烯丙基二甲基氯化铵等）定着于纤维上。

在染色过程中，纸料悬浮液中染料浓度逐渐降低，这种现象首先出现在靠近纤维周围的介质里，为使纤维上色均匀，要将染液不断循环，使纤维四周的染液不断更新，染料随着染液的流动继续移向纤维表面。加强染料与浆料的混合是纸张染色操作的一个重要环节。在初始阶段，纸浆的染色速度较快，随着时间的延长染色速度逐步降低，最后染料被纤维吸附的速度与解吸的速度保持平衡。染色初始阶段，染料只染在纤维的表层，随后，染料逐步深入纤维内部，直到纤维内外"透染"。

第五节　纸张湿强度与湿强剂

一、湿纸强度、湿强度的概念

纤维具有亲水性，易被水润胀。纸的强度来自纤维之间的相互作用，这种作用在纸的成形、固化和干燥过程中形成。纸页成形过程中润胀了的纤维互相交织，表面紧密接触，干燥脱水后，纤维相邻表面之间产生氢键结合力，纸张获得干强度。当纸页再被润湿时，纤维间结合力减弱或破坏，纸张失去或部分失去强度。

纸页的湿强度可以分为两类，一是初始湿强度，二是再湿强度。

初始湿强度是指纸页抄造过程未经干燥的湿纸页的强度，一般是指进入烘缸前干度为20％～50％时的湿纸页强度，也简称为湿纸幅强度。纸页的初始湿纸强度主要取决于纤维之间的黏附力和摩擦力。浆料纤维中半纤维素含量越高，特别是聚戊糖含量越高，纤维间的黏附力越大，则初始湿纸强度也越大；另一方面，浆料纤维越长，长宽比越大，柔曲性越大，纤维之间的接触面积就越多，摩擦力也越大，则对初始湿纸强度的贡献也越大。同时，纸页抄造过程中纤维的交织情况和出伏辊湿纸页干度也是影响初始湿强度的主要因素，纤维纵横交织越好，纸页越均匀、干度越大，初始湿强度也越高。初始湿强度主要和纸机运行性能、纸页干燥速率等有关。

纸页的再湿强度是指经干燥后的纸张再次被水润湿完全饱和后所具有的强度，也简称为纸的湿强度。一般纸张被水完全润湿后只保留原来强度的 3%～8%，湿强纸可保留 15%～40% 或更高，因此再湿强度多指湿强纸。照相原纸、军用地图纸、海图纸、钞票纸等需要纸页在再湿的环境下仍保持一定的湿强度，这种湿强度的获得仅靠抄造、施胶等方法均难以达到，必须依靠某些特殊的化学添加剂，这些添加剂的加入能使纸张干燥后即使长期在水或水溶液的浸泡下也能保持原有干纸强度的 20%～50%。这种加入特殊化学添加剂来增加纸张湿强度的过程就称之为增湿强作用，所加的化学添加剂称为增湿强剂或湿强剂。

添加了湿强剂抄造的纸页称为湿强纸。湿强纸可以根据它们的湿强特性来分类，某些湿强处理仅仅使强度损失的速度变慢，这类纸被称为具有临时湿强度。另外一些湿强树脂能赋予纸较持久的湿强度，在普通使用条件下，这类纸的湿强度在长时期内保持不变。包装纸是湿强剂应用的一个重要方面，包括纸袋、手携纸袋、牛奶纸盒、冷冻包装、肉类包装和水果盘等。湿强剂也用于各种特种纸，如招贴纸、标签纸、贴面薄页纸、壁纸、砂纸、地图纸、滤纸、电绝缘纸、印相纸、钞票纸以及其他潮湿时需要保持一定强度的纸种。

应当指出，并非各种纸的湿强度越高越持久就越好，由于大多数种类的纸需要能够再回用制浆，因此所需要的湿强度取决于纸的用途。环保要求限制塑料包装的应用有利于湿强纸包装的应用，但要求这些湿强纸能够容易再回用制浆和循环使用。

二、纸的湿强度表示方法

（一）湿抗张强度

测定经按标准条件（温度、溶液和时间）浸渍后的纸的抗张强度，作为该纸张的绝对湿强度。这是一种最普遍的表示方法，但不能看出湿强度的保留程度。

（二）湿抗张强度比

通常以纸的湿强度（干纸再湿后的强度）对干强度的比率来表示，强度参数常用抗张强度来表示。分别测定干纸的抗张强度和经浸渍后的纸的湿抗张强度，计算其比值，用百分比表示，即湿/干强度比（W/D），作为纸张的相对湿强度。这是一种较标准的表示方法，可以避开纸张定量的影响，但未能说明湿强剂的真正增湿强效果，因湿强剂在增加纸的湿强度的同时一般也会增加干纸强度。

（三）增湿抗张强度比

加增湿强剂纸张的湿抗张强度与未加增湿强剂的纸张的干纸抗张强度的比值，用百分比表示。这种表示方法能较准确表示增湿强剂的增湿强效果。

三、影响湿强度的因素

由于湿强度是纸页被再润湿后所能保留的强度，因此决定湿强度大小的因素主要是防止纸页再润湿和氢键被破坏的程度。施胶在某种程度上将影响纸页的湿强度；然而要取得较高的湿强度主要还是湿强剂的作用。湿强剂或是在纤维表面形成交联网络减少纤维吸水润胀，或是在纤维间产生不溶性的胶黏作用，或是在纤维间产生共价键结合使纸张获得湿强度。所以湿强剂的性质和用量是决定纸张湿强度的主要因素。

四、湿强剂种类和特性

早期湿强纸的生产有用浓硫酸使纤维胶化，或加入人造丝黏液如醋酸纤维素、硝化纤维素、羟乙基纤维素等再用酸、碱性盐使其沉淀到纤维上以提高抗水性能来获取湿强度，这些方法或因过程繁复或因高温高酸度条件会使纤维分解，纸张脆性大，增湿效果差，未能得到广泛使用。20 世纪 30 年代，人们发现将某些水溶性合成树脂加入纸料并经纸机熟化后能够赋予纸张湿强度，此后，湿强剂的应用得到迅速发展。

湿强剂一般应具备的基本特性：

① 能增加纸的机械强度，保护纤维与纤维之间的结合，防止润胀和破坏；

② 必须是阳离子的，能与带负电荷的纤维相互吸引而留着；

③ 必须是水溶性的或在水中能够分散的，以保证其在整个纸料中的均匀分布；

④ 必须能够形成化学网络结构（一般经热固化），以便使纸能够抗拒水润胀；

⑤ 湿强剂的生产原料为较廉价、容易获得的物质，生产设备、工艺简单。

用于造纸工业的湿强剂通常分为两大类，即甲醛树脂（如脲醛树脂和三聚氰胺-甲醛树脂等）和聚酰胺多胺-表氯醇树脂，前一类为酸熟化热固性湿强树脂，后一类为碱熟化热固性树脂。而聚乙烯亚胺、二醛淀粉、带有乙二醛取代基的聚丙烯酰胺和其他物质，在特殊情况下应用。

使用热固性树脂湿强剂可取得较为满意的增湿强效果。热固性树脂湿强剂的使用和增湿强度过程分单体合成、缩合和熟化三个阶段。根据使用条件的不同，在酸性条件下缩合成聚合物或酸性条件使用的湿强树脂称酸熟化热固性湿强树脂，在中、碱性条件下缩合或使用的树脂称碱熟化热固性湿强树脂。

（一）聚酰胺聚胺-表氯醇树脂（PAE）

聚酰胺聚胺-表氯醇树脂（PAE）是较常用的热固性湿强树脂，是一种中、碱性条件下熟化的高效增强剂，可在中性或碱性介质中使用。PAE 不仅可在中、碱性条件下施加熟化，且本身带有阳电荷能很好地与纤维结合，在取得湿强度的同时，又不会丧失纸张的柔软性和吸收性，多用于要求有一定湿强度的生活用纸如毛巾纸、餐巾纸、尿布纸和妇女卫生用纸等，也可用于液体包装用纸、箱用包装纸、纸袋纸、照相原纸等要求有一定湿强度的纸张。

1. PAE 的合成

PAE 的合成一般分两步，第一步是合成含有仲胺或叔胺功能基的预聚物；第二步是预聚物在水溶液中与表氯醇反应生成具有贮存稳定性的聚合物。最常见的预聚物合成是己二酸和二亚乙基三胺进行缩聚反应，如下所示：

$$HCOOH—(CH_2)_4—COOH + H_2N—(CH_2)_2—NH—(CH_2)_2—NH_2 \longrightarrow$$

己二酸　　　　　　　　二亚乙基三胺

$$\{CO—(CH_2)_4—CO—NH—(CH_2)_2—NH—(CH_2)_2—NH\}$$

预聚物在水溶液中进一步与表氯醇（最常用的）反应生成具有贮存稳定性的聚合物溶液，表氯醇与仲胺或叔胺功能基反应形成阳离子化的带电的叔胺或季铵功能基，它们能进一步通过分子间和分子内的缩合反应形成复杂的三维网络结构，形成网络的条件一般是中性或碱性以及合适的温度。如果允许无限制地继续缩合，可能会形成完全凝胶化的聚合物网络，因此可以通过加入酸和水以及冷却的方法控制好反应终点。

2. PAE 的性质及应用

PAE 在合成时仅发生部分交联，它们仍然含有较充分的活性基。PAE 含有叔胺和季铵功能基，这使它们具有阳离子性，因此在中性和碱性条件下它们能吸附到带负电荷的纸浆纤维上。其最重要的特性是直到干燥部加热时它们才发生缩合，当纸进行干燥和贮存时，PAE 的活性基能够继续交联导致树脂熟化，直至纸下机后在纸卷中熟化 7～10d（取决于贮存条件）湿强度才能达到最大值。较高的干燥温度加速熟化过程，预测最终湿强度的方法是将刚下机的纸样在烘箱 110℃下熟化 5min。

PAE 通常以浓度为 10％～20％的水溶液形式供应，在贮存中可能会发生交联，导致溶液的黏度增加、树脂溶解性和效力下降。为了防止发生这一问题，树脂生产的最后阶段多将产品的 pH 调至 3～4。产品的贮存期一般为 20℃下 3 个月，随着贮存时间的延长和温度的升高，产品的效力逐渐下降。对树脂产品的保存和输送必须采用耐酸管线、泵和贮罐。

PAE 在 pH 6～8 时最有效，在较低或较高 pH 下效力降低，一般 PAE 对白度没有影响或影响很小。

PAE 多用作浆内施加，加入地点在打浆之后，添加之前应先用 10％NaOH 溶液进行中和，并适当加以稀释，控制树脂溶液的 pH 为 6～8，由于 PAE 为阳离子型，添加到浆料后会很快被纤维吸附，因此应特别注意搅拌均匀，且施加后即可上网抄纸。根据所需要的效果，PAE 树脂的加入量一般为 0.05％～1.0％（有效物对绝干浆质量）。冲稀的 PAE 能与某些温和的阴离子物质相匹配，但不能与强阴离子物质相匹配，必须将 PAE 的加入点与阴离子助剂的加入点分开。

PAE 树脂带有正电荷，能溶于水，且具有较高的相对分子质量，能够提高细小纤维和填料的留着率。当然在相同用量下，它们不像真正的助留剂那样有效，但是它们也具有优点，不会因为过度絮凝而影响纸页成形。

（二）三聚氰胺甲醛树脂（MF）

三聚氰胺甲醛树脂是目前使用比较广泛的一种增湿强剂，用于证券纸、海图纸、照相原纸、水磨砂纸原纸等。三聚氰胺甲醛树脂是由三聚氰胺粉末与甲醛缩合、交联而成的水溶性树脂。

制备阳离子 MF 树脂是甲醛与三聚氰胺反应生成羟甲基三聚氰胺，当用盐酸处理时，它能生成高度阳离子化的胶体悬浮液，对造纸纤维有很高的亲和力。高温和低 pH 促进交联反应。三聚氰胺和甲醛的反应和交联反应如下：

三聚氰胺   三羟甲基三聚氰胺

交联：

商品阳离子三聚氰胺甲醛树脂以冲稀的水溶液、浓缩液和干粉形式供应。水溶液形式的 MF 的通常树脂含量为 50%，使用前须在树脂中加入一定量的盐酸使之溶解成 5%～10% 树脂浓度的水溶液并放置老化，至出现蓝色霞雾状现象时，说明三聚氰胺甲醛树脂溶液已具有阳电荷，可充分稀释并能与纤维结合。

阳离子三聚氰胺甲醛树脂只用于浆内增强，不用于纸面处理，使用量随纸张湿强度要求不同而有所区别，一般用量为 1%～3%；为了获得最高湿强度，可用硫酸和 1%～2% 硫酸铝相结合将白水 pH 调节至 4～4.5。MF 热固化效率较高，能取得永久性的湿强度，增湿强效果较好，但使用前需先用盐酸溶解与老化，操作比较麻烦，有甲醛析出对环境有一定的污染。

（三）脲醛树脂（UF）

脲醛树脂是脲-甲醛树脂的简称，可用尿素和甲醛在中性或弱碱性条件聚合制得，适用于造纸增湿强作用的脲醛树脂是二羟甲脲的脲醛树脂。在弱酸性条件下可加速聚合反应速度，但酸性过大（pH 低于 3）会生成亚甲脲或聚亚甲脲，降低脲醛树脂的强度，降低增强性能。

脲醛树脂是非离子型的溶液，不能被浆料纤维吸附，只能用于纸面施加，树脂用量约为纸张质量的 1.5%～2.0%，施加时树脂液的浓度为 1%～5%，也可将脲醛树脂与氧化淀粉混合在表面施胶时一起施加，如用于定量为 80g/m² 的晒图原纸时，是用 75% 氧化淀粉和 25% 脲醛树脂混合胶液作表面施胶剂进行表面施胶。

用于浆内施加的脲醛树脂一般需进行改性处理制成离子型脲醛树脂，早期使用的改性剂是亚硫酸钠，形成磺酸基，亚硫酸钠改性的脲醛树脂是阴离子型树脂，溶于水时磺酸基的电离在脲醛树脂聚合物上产生阴电荷，使用时需加入硫酸铝才能吸附在纤维上，为了获得最佳湿强度，白水 pH 必须为 4.5～5，在较高的 pH 下，阴离子脲-甲醛树脂的效果不佳。pH 为 5.5 或更高时，使用这类树脂是不经济的。有甲醛析出造成环境污染，再加上其固化效率较低，为半永久性的湿强度，增湿效果不太显著，但成本较低，损纸处理也较容易。

用多元胺如乙二胺、二乙三胺（DET）、三乙四胺（TET）、乙醇胺、二乙醇胺等作改性剂，不但改性脲醛树脂能在比较高相对分子质量时保持与水的混溶性能，且改性成阳离子型树脂，能较好地被浆料纤维所吸附，获得与三聚氰胺类似的增湿强效果，且成本较低，损纸也较容易处理，是较常用的一种增湿强剂。用于浆内施加时，先稀释为 5%～10% 的浓度，加入点可在配浆池，更多情况是加入高位箱或流浆箱，常用量为 0.4%～4%，视纸张湿强度要求而定。阳离子脲-甲醛树脂的熟化也是用酸来催化的，因此 pH 也必须为 4.5～5.0 才能获得最佳效果。较高的干燥温度能使刚下纸机的纸张湿强度增加，增加贮存温度可以加速熟化过程。

（四）新型环保型湿强剂

常用的湿强剂有脲醛树脂（UF）、三聚氰胺甲醛树脂（MF）、聚酰胺聚胺-表氯醇树脂（PAE）、聚乙烯亚胺（PEI）、双醛淀粉（DAS）等，它们的湿强效果较好，但是都有一些缺点。例如用量最大的 PAE，湿强效果令人满意，与阴离子不相容，固化后不易降解，损纸回用困难等。另外 PAE 中有机氯含量高，不利于环保。而 MF、UF 由于有游离甲醛的危害，近年来国外开始禁用。总之由于传统的湿强树脂对环境的不良影响日益引起人们的关注，造纸工业正在开发环境友好湿强剂，或者是对传统的湿强剂进行改进，或者是寻找对环境无害的替代品。

五、湿强剂增湿强作用机理

纸页纤维之间因氢键结合而具有干强度，当纸页被水湿透后，水会分解纤维间的氢键结合而减弱结合力，同时水的润滑作用也引起纤维间的滑动而降低强度。增湿强剂多为胺基、聚胺或酰胺树脂，通过添加剂起到下列某些或全部作用：

① 强化已有的纤维与纤维间的结合；

② 保护已有的纤维结合以免受水影响。湿强树脂的部分高分子聚合物沉积于纤维之间与纤维构成网状结构的无定形交织，限制了纤维间的活动，也相应地限制了纤维的润胀和纸页伸缩变形等性能，增加了纸的湿强度。

③ 形成对水不敏感的共价化学键。加入纸浆中的增湿强树脂一般为低分子而能溶于水的初期缩合物，加入纸浆后能渗透至纤维的表面和内部，再缩聚成高分子聚合物，使增强剂树脂与纤维的部分羟基相结合。

④ 形成缠结纤维的聚合物网络。部分湿强剂树脂分布于纤维表面，热固化后具有持久不变的不溶于水的性质，使纸页具有良好的湿强度。

湿增强剂提高纸页湿强的机理主要包括两种，一种叫作保护机理，即保护已有的纤维间结合机理。该机理认为湿强剂本身的基团互相反应，由此产生的化学交联会在纤维周围产生一个交错的链状网络结构，这种化学交联键难以被水解，从而阻止了纸张中半纤维素的润胀和吸水，保持现有的纤维间氢键结合，从而保持纸张的湿强度。另一种是增强机理，即产生新的、抗水的纤维键合机理。湿强剂与纤维间形成了化学键（共价键或离子键），同时增强了内部的氢键。湿强剂分子中的高活性反应基团与纤维素羟基之间形成的共价键，不会由于纸张的浸湿而发生断裂。具有阳电荷的湿强剂可以与纤维素表面的阴离子形成离子键，这些键在数量和强度方面都足以阻止纤维与水的相互作用，从而产生湿强度。

在纸的抄造过程中加入湿强剂，湿强剂吸附在纤维素上，既有吸附了湿强剂的纤维间物理缠绕，又有湿强剂分子经干燥后发生化学反应形成的化学键合。当纸页再度浸湿时，由于物理的交织作用和湿强剂干燥后的难溶性、不润胀，使湿强剂定着在纤维之间，阻止水分子深入纤维孔隙中，避免纤维因吸水润胀而破坏纤维结合，从而产生了湿强度。

六、湿强损（废）纸的碎解与回收

加入湿强剂的纸张，给损纸和回收纸的回用带来了困难，有时经长时间的浸泡和碎解也难使纤维充分离解，一般单靠加温蒸煮对湿强纸的纤维无离解作用，需在酸性或碱性介质中才能促进树脂键的分解。

加入了 UF 树脂、MF 树脂的纸张在酸性条件及加热情况下离解，碎解时 pH 为 $3.5\sim4.5$，加入 $1\%\sim2\%$ 的硫酸铝，碎解温度 $80\sim90℃$，水力碎浆机碎解即可离解成浆；对于湿强度较高的钞票纸等，则需加入硫酸铝等进行蒸煮后制浆，再用碎浆机碎解。

加入 PAE 树脂的纸张，在 pH 为 10，温度 80℃，水力碎浆机可碎解成浆。

施加非热固性树脂湿强剂，一般所产生的湿强度为非永久性的，较易离解，在常规条件下用水力碎浆机碎解即可。

第六节　纸张干强度与干强剂

一、纸张干强度及影响干强度的因素

不同用途的纸张有不同的特性要求，对绝大多数纸产品来说，干纸强度是最主要的特性指标。干强度是指风干纸的强度性质，它决定了大多数纸种的应用性质。影响纸张干强度的因素有纤维间的结合力、纤维形态与性质、纸张中应力分布和添加物质等，而纤维间结合力是决定性因素。

干纸强度除与纤维本身强度及纤维之间摩擦力等有关外，主要取决于纤维之间的结合力，结合力越大，干纸强度也越大。纸页中纤维之间的结合力来源于氢键结合。打浆作用使纤维润胀和细纤维化，比表面积增加，游离出更多的羟基（—OH），促进了纤维之间的氢键结合。

纤维长、长宽比大、柔软性好，干纸强度大。杂细胞不能与纤维很好地结合，木素亲水性低会影响纤维柔韧性，均会降低干纸强度；半纤维素的羟基能增加氢键结合，提高干纸强度。纸料中添加疏水性物质会降低纤维间结合力，降低干纸强度，加进亲水性物质则会增加干纸强度。

二、使用干强剂的目的和作用

对同一种纸浆而言，打浆可以提高纸张干强度，纸张强度要求越高，往往所需打浆程度也有所提高，打浆不但动力消耗大，造成纤维在纸机网部脱水及干燥困难，而且在各强度性能指标中，有些是互相矛盾互相制约的，有些纸张既要求有高的抗张强度又要求有高的撕裂度和透气度，有些纸张还要求有高的不透明度和形稳性等。提高打浆程度虽能提高抗张强度，同时又会降低撕裂强度、透气度、不透明度和形稳性，不能兼而得之。为了达到既能提高纸张干强度，又不影响其他纸张性能，就需要借助化学添加剂来实现。使用强度较低的纤维原料抄造高强度的纸张，提高原料利用率，提高产品附加值。使用添加剂来增加干纸强度的方法就称之为增干强作用，所使用的化学添加剂称为增干强剂或干强剂。

在纸浆中加入增干强剂可以提高纸张的干强度，纸张强度的提高可达到以下的目的：

① 可以配用阔叶木、枝丫材、非木材浆料、回收纤维原料来生产对强度要求较高的纸张。

② 可以在保持纸张使用质量的前提下，降低纸张定量节约原料。

③ 可以提高产品档次，提高产品附加价值。

④ 在相同纸张强度的情况下，可缩短打浆时间，节约电耗和干燥用汽；降低纸料打浆度，提高滤水性能，提高车速，增加产量。

三、干强剂的种类、特性和应用

（一）增干强剂的种类

植物纤维中的半纤维素组分是天然的增干强剂，造纸工业中常用的增干强剂可分为天然动植物胶、合成树脂、水溶性纤维素衍生物等三大类。

天然动植物胶包括淀粉衍生物、明胶、桃胶等。合成树脂包括聚丙烯酰胺、丙烯酰胺与丙烯酸的共聚物、聚乙烯醇、脲醛树脂、酚醛树脂、醋酸乙烯等。水溶性纤维素衍生物包括甲基纤维素、羧甲基纤维素、羟乙基纤维素等。

目前工厂最常用的商品型增干强剂主要是淀粉及其衍生物、羧甲基纤维素和聚丙烯酰胺等。

（二）常用增干强剂的性质及应用

1. 淀粉类增干强剂

淀粉是一种聚糖化合物，存在于植物的种子、块茎、根和果实中，属于高分子碳水化合物，用于造纸工业的淀粉原料来源包括玉米、马铃薯和木薯。淀粉有两种结构：直链淀粉和支链淀粉。普通淀粉中约有 20％的支链淀粉，葡萄糖单元之间以 α-1，4 糖苷键相连，相对分子质量为 $3.2×10^4 \sim 1.6×10^5$；支链淀粉是葡萄糖单元之间以 α-1，4 糖苷键相连为主，同时支链和主链以 α-1，6 糖苷键连接，相对分子质量为 $1.0×10^5 \sim 1.0×10^6$。作为浆内增干强用的淀粉，主要有三种形式，即原淀粉、改性淀粉和接枝共聚淀粉。

淀粉增强剂能提高纸张的干强度，包括抗张强度、耐破度和耐折度，能改善纸页的表面性能如平滑性、光泽度、表面结合强度和吸油墨性，一定程度上也能增加湿纸页的强度。

（1）原淀粉

原淀粉即天然淀粉，常用的淀粉有玉米淀粉和木薯淀粉，使用时是将质量分数 3％～5％的淀粉悬浮液在搅拌下直接通汽加热至 87～95℃，制成凝胶状的糊状物冷却后使用。

（2）改性淀粉

改性淀粉是通过化学、物理、生物等方法对原淀粉进行改性，得到性能更优异、使用更方便、适应性更好的淀粉产品，其中用于造纸增干强剂的主要有：阳离子淀粉、阴离子淀粉、两性淀粉及多元变形淀粉。表 2-7 列出了淀粉改性的主要方法。

表 2-7　　　　　　　　　　　　　淀粉改性的主要方法

天然淀粉	化学改性	醚化	阳离子化 羟烷基化 羧甲基化	天然淀粉	解聚合作用 （流变学改性）	转化	酶 热机械 热化学
		酯化	乙酰化 磷酸盐化			氧化	次氯酸钠 过氧化氢
		交联				水解	稀酸
						高温转化	糊精化

阳离子淀粉是淀粉与胺等化合物反应生成含有胺基和铵基的醚衍生物，阳离子淀粉带有阳电荷，能与带阴电荷的纤维紧密结合，具有增强和助留助滤作用，因而广泛应用于各类纸种。阳离子化作用使淀粉易于分散和溶解，颗粒内部的凝聚力下降，使淀粉更易于糊化，具有分散性好、留着率高等优点。阳离子淀粉有不同种类，这主要取决于它们的原淀粉来源、取代基种类、取代度、阳离子基的分布、相对分子质量和形态等。阳离子淀粉的生产主要是利用含季铵基的环氧试剂在较高的 pH 和温度下与淀粉进行醚化反应制成淀粉醚，主要有湿法、干法、半干法三种制备方法。

阴离子淀粉是淀粉分子上的活性羟基被磷酸及其盐类等酯化或被氧化成羧基，使淀粉衍生物在水中离解带负电荷。用作增干强剂的阴离子淀粉包括磷酸酯淀粉、氧化淀粉和羧甲基淀粉。

两性及多元变形淀粉是指既含有阳离子基团又含有阴离子基团的淀粉。其优势在于：a. 比阳离子淀粉应用的 pH 范围更宽；b. 能够吸附系统中的杂阳离子（Ca^{2+}、Mg^{2+} 等），消除其对淀粉应用的干扰；c. 由于淀粉链同时连有阳离子和阴离子基团，使两性淀粉能够形成伸展的三维网络结构，增加与纤维间结合的机会；d. 可以避免用阳离子淀粉可能产生的纸料系统过阳离子化；e. 可用于复杂的含许多成分（纤维、细小纤维、填料、胶料、染料、各种添加助剂等）的纸料系统。

（3）接枝共聚淀粉

接枝共聚淀粉是淀粉与丙烯腈、丙烯酰胺、丙烯酸、醋酸乙烯、甲基丙烯酸甲酯、苯乙烯、聚乙烯亚胺等单体或聚合物进行接枝共聚反应而形成。淀粉接枝共聚有游离基引发法、离子型引发法、辐射引发法，目前以游离基引发法为主。引发剂有过硫酸铵、硝酸铈铵、高锰酸钾等，其反应机理是引发剂（自由基）进攻淀粉大分子，通过夺氢反应产生淀粉分子自由基，然后引发烯类单体的接枝共聚反应。

接枝共聚淀粉比阳离子淀粉能更好地发挥增强作用和助留效果，同时有利于环境保护。可用作造纸增强剂的接枝共聚淀粉有很多种，如二甲基二烯丙基氯化铵接枝共聚阳离子淀粉、丙烯酰胺接枝共聚淀粉、丙烯酰胺和阳离子单体共聚接枝淀粉、聚乙烯亚胺接枝共聚淀粉等。接枝共聚淀粉具有以下优点：

① 合成工艺简单，反应条件温和，副反应少，原料易购，生产成本低，是理想的增强、助留、助滤添加剂。

② 具有淀粉和接枝高分子链的双重特性，产品浓度高，黏度低，存放稳定，助留效果比接枝单体均聚物和阳离子淀粉好。

③ 使用方便，不需要昂贵的糊化釜，操作简便，不会产生糊网黏缸现象。

2. 聚丙烯酰胺（PAM）

聚丙烯酰胺是造纸过程中用得最多、最普遍的一种多功能添加剂，分阳离子型、阴离子型和非离子型 3 种形式，根据相对分子质量、水解度和电荷性的不同，其性能也不同，既可作增干强剂、增湿强剂，又可作助留、助滤剂或絮凝剂，也可作分散剂、表面施胶剂和黏合剂等。

聚丙烯酰胺是由丙烯酰胺单体通过游离基聚合形成的线性非离子聚合物。根据不同的聚合方法和条件，其平均相对分子质量可从几千到上千万。其产品可为粉状、水溶液或油乳液。聚丙烯酰胺为非离子型，其性质较活泼，但非离子型的聚丙烯酰胺在浆料中的留着率很低，很少直接加入到纸浆中使用，而是改性成阴离子型或阳离子型聚丙烯酰胺后使用。

以一定比例的丙烯酰胺和丙烯酸为原料，通过控制二者的比例及其他条件，共聚反应后可以得到不同相对分子质量和电荷密度的阴离子聚丙烯胺（APAM）。用做干强剂的阴离子聚丙烯酰胺相对分子质量为 40 万～60 万，羧基含量为 5%～10%。阴离子聚丙烯胺不能直接吸附到纤维上，需要在明矾的作用下才能发挥其最大效益。高相对分子质量低水解度而带强阴电荷的阴离子型聚丙烯酰胺能对纤维起分散剂的作用。

阳离子聚丙烯酰胺（CPAM）可直接定着于纤维上，具有较宽的 pH 适用范围。阳离子聚丙烯酰胺阳离子电荷密度 10%～70%，相对分子质量 1 万以下用作分散剂，相对分子质量 50 万～100 万用作干强剂，相对分子质量 200 万～1500 万用作絮凝剂。一般作为干强剂的阳离子聚丙烯酰胺多用阳离子型，便于与带阴电荷的纤维相结合。

聚丙烯酰胺的相对分子质量过高，黏度高，絮凝作用大，过强的电荷密度也会引起局部絮凝，均对增强作用和纸页匀度不利。高相对分子质量而低电荷密度的阳离子型或阴离子型的聚丙烯酰胺有助留和絮凝的作用，而低相对分子质量带强阳电荷的阳离子型聚丙烯酰胺也有助留、助滤作用。用阳离子聚丙烯酰胺作增强剂，典型用量为 0.1%～0.5%，最高用量为 1%。

聚丙烯酰胺对所有的化学浆、半化学浆都有增强效果，但对机械浆效果较差。

聚丙烯酰胺是水溶性聚合物，主要含有酰胺基，这种极性酰胺基能与纤维表面纤维素分子的羟基形成氢键，因而提高纤维间的结合。有研究表明，这些氢键比普通的纤维素间氢键强得多，当聚丙烯酰胺存在于纸页中纤维与纤维的接触点时，形成很强的纤维—聚丙烯酰胺—纤维的结合，从而增加纸的干强度（除撕裂强度外）。

虽然阳离子聚丙烯酰胺易于使纸浆中许多带负电荷的物质强烈吸附，缩小纤维间距，容易形成氢键，从而提高纸张强度。但易产生过大的絮团，影响纸张匀度，从而减弱增强效果。两性聚丙烯酰胺增强剂既有阳离子基团又有阴离子基团，在纸浆中产生协同效应。两性聚丙烯酰胺中的阴离子可以除去系统中原来起抑制作用的其他阳离子（如 Ca^{2+} 和 Mg^{2+} 等阳离子），从而促进助剂在纤维上的离子缔合和吸附；这些阴离子也可以排斥系统中其他的阴离子，从而可防止其阳离子基团过早地和系统中其他物料起作用；当系统中存在过多阳离子添加剂，使纤维具有某种程度的阳离子特性时，这些阴离子基团能够平衡已经吸附在纤维上的阳离子基团，从而使该分子上的阳离子基团更为密切地与纤维上的阴离子基团接触；当因为细小组分的再循环而使系统中的助剂含量上升时，由两性助剂建立起来的系统电荷平衡，能够使纸机系统维持良好地运转性能。两性聚丙烯酰胺可有粉状、水溶液胶体和乳液等不同形式，相对分子质量可从几千到上千万，其显著特征是既有阴离子基又有阳离子基，阴离子基为羧基，阳离子基可为季铵基、叔胺基或伯胺基，通常阳离子基的含量高于阴离子基，因此其净电荷呈阳性。

3. 羧甲基纤维素（CMC）

羧甲基纤维素是纤维素的衍生物，通常是用其钠盐的形式。羧甲基纤维素中的羧甲基能在纤维之间起着交联接合的作用以增强纤维之间的结合力。羧甲基纤维素可单独使用也可与淀粉混合使用，此外还可作增湿强剂和纸面施胶剂。羧甲基纤维素易溶于水，使用时需加硫酸铝作为沉淀剂以提高使用效率。

4. 其他增干强剂

其他合成聚合物例如聚乙烯醇、胶乳和壳聚糖类等也可用作增干强剂，但是它们更多地用于纸张的表面施胶或涂布加工。

四、干强剂增强作用机理

决定纸张干强度的主要因素有纤维本身的强度、纤维之间的结合强度、纤维间结合的表面积和结合键的分布均匀程度等。增干强剂能增加纸页的干强度主要是由于干强剂能有效地增加纤维之间的结合强度，而且经过干强剂处理的纤维能够经受住沿着结合键周边发生的应力集中情况。

增干强助剂，例如淀粉、聚丙烯酰胺、植物胶等，是通过几种机理发挥增强作用的。首先，这些增干强剂能够提高纤维间的结合，这是因为淀粉的游离葡萄糖羟基、聚丙烯酰胺的胺基及植物胶的游离聚甘露糖半乳糖羟基，能够参与纤维表面纤维素分子的氢键结合，增补纤维间在结合区域自然形成的氢键数目。其次是改善纸页成形，提供更均一的纤维间结合，使纤维间及纤维与高分子之间的结合点增加，从而提高干强度。最后，干强剂能够提高细小纤维留着和纸页滤水，从而改善湿纸页的固结。

第七节　助留、助滤剂的应用

纸页成形过程是湿部化学最主要的应用领域，助留、助滤剂是两类最重要的过程助剂，助留助滤体系可以提高纸料的留着与滤水性能，适应高速纸机的生产条件，提高纸张的匀度和物理性能。

一、助留、助滤作用与纸页成形

（一）助留和助滤作用

助留是提高填料和细小纤维的留着，助滤是改善浆料滤水性能，提高浆料脱水速率，多数情况助滤与助留是同时进行的，称为助留助滤作用。

助留助滤的目的和作用在于：

① 提高填料和细小纤维的留着、减少流失，改善白水循环，减少污染。

② 改善纸页两面性，提高纸张的印刷性能。

③ 提高网部脱水能力，增加纸机车速。

（二）纸料组分的留着方式

纸页成形是纸料各组分在成形网上脱水成形以纤维交织层为骨架结构的湿纸幅的形成过程。上网纸料中一部分留在成形网上构成湿纸幅，另一部分则通过成形网随白水流失。纸料组分主要通过机械和化学的两种机理留着在成形网上，即机械截留和胶体聚集作用。

机械截留作用是指成形网对纤维的截留作用和成形网上纤维交织层对细小组分的截留作用；纸料组分中，纤维的典型尺寸为（1000～3000）$\mu m \times$（10～20）μm，细小纤维的尺寸一般小于 $76\mu m$，填料的尺寸一般为 $0.1～10\mu m$ 之间，其他组分的尺寸则更小，成形网网孔的典型尺寸为 $200 \times 200\mu m$，因此，纸料组分中除了纤维组分外，其他组分的粒度均远远小于成形网网孔的尺寸。开始时成形网不能对细小纤维和填料等尺寸较小的组分产生机械截留作用，仅能使粗大的纤维留着在成形网上，待长纤维形成一定厚度的交织层后，细小组分才会被纤维交织层的截留作用留在纸幅中。

在造纸过程中，胶体聚集是细小组分留着的主要机理，包括细小组分间的聚集和细小组分和纤维间的聚集，细小组分间的聚集必须依靠机械截留作用留在纸幅中，细小组分吸附在纤维上，与纤维一起在成形部被截留在成形网上，是其最理想的留着方式，为了使细小组分在纸幅厚度方向分布均匀，应尽力促进细小组分与纤维之间的聚集。

（三）助留助滤作用与纸页成形的关系

助留助滤作用是将细小纤维和填料集结为较大的凝聚物，并黏附于纤维的表面以增加这些物质的留着并加速网部脱水，因此对纸页匀度有着较大的影响。正确选择助留助滤剂以及加入方法、加入地点等工艺条件，不但能提高填料及细小纤维的留着，而且还能提高纸页的匀度及脱水效果，若控制不当则会降低纸页匀度，影响纸张质量。

助剂加入后浆流出现过强的湍流会破坏留着作用，降低助留效率，湍流过弱虽能显著提高助留效率，但会造成纸页匀度变差，因此要选择对留着最优的湍流位置加入助剂才能最大限度提高助留效率又不会影响纸页的匀度。

高分子聚合物助留助滤剂兼有留着、滤水和凝聚三重作用，其中留着与滤水作用随着时间的延长而减弱，而凝聚作用则随时间的增加而递增，为了取得最大留着和滤水效率，尽量减少絮凝现象，助留助滤剂加入地点在保证与纸料能得到充分混合的前提下应尽可能接近流浆箱，一般选择在旋翼筛出口、高位稳浆箱或流浆箱较为合适，但不同助剂、不同流程及不同纸料的适应性不同，最好能在不同位置进行试施加后再确定最合适的加入地点，才不会影响纸页成形匀度。

二、助留、助滤剂

（一）助留、助滤剂的种类

仅起助留作用的添加剂称为助留剂；助滤剂是在抄纸过程用于改善纸页脱水的化学助剂；兼有助留、助滤作用的添加剂称助留助滤剂。水是浆料中的主要成分，一般纸料的浓度为 $0.3\%\sim1.5\%$，获得每吨干固体要除去 $66\sim330t$ 的水分，因此在造纸过程中有效地除去水分是提高生产效率和降低生产成本的关键。使用助滤剂可提高纸机生产速度，改善纸页成形，降低干燥部的蒸汽消耗。

一般用作助留剂和电荷中和剂的所有助剂都可作为助滤剂，常用的助滤剂种类包括电荷中和剂（明矾、PAC）、阳离子聚合电解质（CPAM、PEI、阳离子淀粉、聚酰胺多胺、阳离子瓜尔胶）、酶（纤维素酶和半纤维素酶）、阴离子微粒（胶体硅和钠基膨润土）等。

助留剂和助留助滤剂大体上可分三大类：

（1）无机物助留剂

硫酸铝、聚氯化铝和氯化钙是目前最重要的集中无机物助留剂，硫酸铝是其中用量最大的一种，二氧化硅和膨润土等在微粒助留系统中与聚合物组分共同发挥作用。

（2）天然有机聚合物助留剂

主要有阳离子淀粉、羧甲基纤维素、阳离子壳聚糖、阳离子瓜尔胶等，这些物质传统上是用作干强剂，用作助留剂是第二位的。

（3）合成有机聚合物助留剂

这类高分子聚合物主要是聚胺类，兼有助留和助滤作用，称为助留助滤剂。用得较多的主要有聚丙烯酰胺（PAM）、聚乙烯亚胺（PEI）、聚胺（PA）、聚酰胺（PPE）、聚氧化乙烯（PEO）等，根据电荷类型可分为非离子型、阳离子型、阴离子型和两性型，同时，电荷密度和相对分子质量对其助留助滤有很大的影响。

（二）助留助滤体系及其作用机理

助留助滤剂的留着机理主要是机械截留和胶体吸附，随着助留系统的发展，衍生出了一些机理，但其基础仍然是机械截留和胶体吸附。

絮聚是指由加入聚合物时引发的纸料之间的聚集，纸料絮聚的程度和方式直接决定着纸料的留着率和纸料的滤水性能、成纸匀度等，在纸料的助留机理中，多将纸料的絮聚机理等同于助留体系的助留机理，纸料的絮聚方式与所用的助留体系类型有关。助留的絮聚主要与聚合物的相对分子质量、构型、电荷密度、分子机构、功能基和吸附强度有关。

1. 助留助滤体系及其机理

助留助滤体系及其机理主要有以下 3 种，随着系统的复杂，根据不同情况又衍生出其他一些机理，主要基础还是电中和、补丁模型、桥联机理。

（1）电中和机理

纸浆纤维和大多数填料均带负电荷，加入阳离子型助留剂后，可将其电荷逐步中和，当系统中 Zeta 电位逐渐趋向等电点时，才会引起纸料的絮聚，这类助留剂仅在很窄的加入量范围内获得较好的助留作用。如果助留剂加入过量，体系超过等电点，纸料则重新分散，留着率下降。由电中和机理形成纸料絮聚体时，絮聚体内粒子间紧靠分子间较弱的范德华力结合在一起，很容易受到剪切作用的破坏，但剪切作用一旦消失，纸料又重聚到原来的程度。此助留机理主要是一些低相对分子质量、高阳电荷密度的聚合物，如硫酸铝、聚铝、聚乙烯亚胺等。这类聚合物吸附于纸料组分的表面时，不能将分子链伸出双电层，但可将纸料的表面净电荷降低到零。

（2）补丁模型

以相对分子质量 10 万～100 万的阳离子聚合物作为助留剂时，该助留剂将以平伏构象不均匀地分布在纸料表面，形成带有正电荷的补丁，不同粒子间通过电荷相反部位间的静电作用而引起纸料絮聚。由于粒子间的絮聚不依赖于粒子表面电荷的完全中和，当助剂加入量较低时，纸料就开始絮聚，在助留剂对纸料表面的覆盖率约为 50% 时，粒子间的聚集作用仍然存在，因此，由补丁理论引发的纸料絮聚的助留剂与电中和型的助剂相比，可在较宽的加入量范围内引发纸料絮聚。由补丁机理引发的纸料絮聚，粒子间的结合力为静电作用力，静电作用力大于范德华力，但与桥联絮聚相比，仍较容易受到剪切力的破坏，絮聚破坏后纸料粒子的表面电性并未发生变化，容易发生重聚。此助留机理的助留剂包括中等相对分子质量的聚乙烯亚胺、聚丙烯亚胺和聚胺等。

（3）桥联机理

高相对分子质量、低电荷密度的助留剂，如阳离子聚丙烯酰胺（相对分子质量大于 100万），以链圈链尾形式吸附在纸料颗粒表面，链圈链尾可伸出颗粒双电层之外，吸附到另一颗粒的表面，在颗粒间架桥而形成大的絮聚体。由于高分子聚合物的架桥作用与其对粒子表面电荷的中和程度无直接关系，在加入量较低时开始引发纸料间的絮聚。桥联机理的助留剂在很宽的加入量范围内均可引发较高程度的纸料絮聚，且桥联絮聚体的粒子间由柔韧的聚合物链段联结，结构松散，可随着剪切作用产生一定程度的变形而不易受到破坏。此助留机理的助留剂主要是高相对分子质量的聚丙烯酰胺。

2. 双聚合物及多聚合物体系助留机理

目前造纸工业纸机的助留系统更多的采用的是多组分助留系统，主要包括双聚合物助留体系、微粒助留体系、聚氧化乙烯/辅助剂非离子聚合物体系等。

（1）补丁—桥联机理

先加到纸料中的低相对分子质量、中相对分子质量、高电荷密度的阳离子聚合物首先吸附在纸料组分表面，中和其表面局部电荷，形成阳电荷补丁，随后加入的高相对分子质量的阴离子聚合物在不同颗粒的阳电荷补丁之间桥联，引起纸料组分的絮聚。阳离子聚合物一般为聚胺、聚乙烯亚胺、聚二烯丙基二甲氯化铵或阳离子淀粉，阴离子聚合物一般为阴离子聚丙烯酰胺。阳离子聚合物一般先加到纸料中，引起纤维和细小纤维的絮聚，经过一个剪切作用，絮聚体重新分散后，即使原来以桥联作用絮聚的纸料由于经历剪切作用时聚合物分子的重构，也会以阳离子电荷补丁机理重聚，再利用加入到阴离子聚合物以桥联机理在阳离子的絮聚体碎块中重新絮聚，就可获得高效絮聚作用。

（2）桥联—微絮聚机理

以补丁—桥联机理引起纸料最后絮聚的双聚合物助留体系对提高纸料留着率非常有效，但最后加入的助留组分为高相对分子质量的絮凝剂，且相对分子质量越高，絮聚作用越强，形成的絮聚体越大，助留作用就越好，但同时引起纸张匀度的恶化。因此，助留与纸张匀度是矛盾的，微粒助留兼顾了纸张的匀度，由于桥联聚合物形成的大絮聚体要经过高剪切作用破碎成微小絮块，最后的絮聚由以电荷中和机理为主的微粒完成。

由高相对分子质量的阳离子聚合物和带有分支的阴离子聚合物组成的双聚合物助留体系与微粒助留系统相似。线性或略带分支的高相对分子质量、低电荷密度的阳离子絮聚体首先加入纸料中，引起质量的大规模絮聚，絮聚的纸料经历机械剪切作用后，大絮块变成小絮块，最后在纸料上网之前加入可溶性的带有分支的阴离子聚合物，重新将小絮块连接起来，形成小而致密的絮聚体，从而在提高纸料留着率的同时，也改善纸料的滤水性能和成纸匀度。

常用的阳离子聚合物为阳离子聚丙烯酰胺类聚合物，典型的加入量 $0.03\%\sim0.1\%$，分支离子聚合物的加入量为 $0.01\%\sim0.1\%$，带有分支的阴离子聚合物是该助留体系的关键，为丙烯酸和丙烯酰胺的共聚物。

（3）阴阳离子复合物的桥联助留机理

阴阳离子聚合物可通过两性离子的配对中和反应形成复合物，可在更宽的加入量范围内引起纸料组分的絮聚，阴阳离子复合物在纸料颗粒间产生强烈的架桥作用而提高纸料的留着率。由于阴阳离子复合物的强烈架桥作用，易引起细小组分和纤维产生强烈的絮聚而破坏纸页的匀度，因此加入应在纸浆和白水混合后的冲浆泵和压力筛的入口处较为适宜。

该助留体系需要与硫酸铝一起使用，仅在较窄 pH 范围内（ $4.5\sim5.5$ ）才能有效发挥作用，所以在使用过程中要严格控制 pH。

（4）阴离子微粒助留体系

典型的阴离子微粒助留体系由阳离子聚合物和带负电荷的无机微粒组成，阳离子淀粉/胶体二氧化硅是最早出现的微粒助留体系，随后出现的是阳离子聚丙烯酰胺/膨润土微粒助留体系，两者均在生产中得到广泛应用，并与后来出现的阳离子淀粉/氢氧化铝微粒助留体系一起组成了 3 大基本微粒助留体系。

常规的胶体二氧化硅微粒助留体系由带负电荷的直径约为 5nm 的离散型胶体二氧化硅和阳离子淀粉组成。使用该助留体系时，淀粉首先加入到纸料中，其中约 80% 是支链淀粉，具有庞大的三维结构，在纸料表面吸附时几乎不产生重构和分散作用，而是从粒子表面伸出，提供架桥作用。加入淀粉形成的初始絮聚体具有很强的韧性，经历高剪切作用，仍保持其原有的絮聚状态，这种结构致密而尺寸较小的细小纤维絮聚体吸附在纤维表面，随纤维一起留在纸幅中，有利于细小纤维组分在纸幅中的均匀分布，增加了纸页的透气性和均匀性，并将液相中不利于纸料脱水的淀粉吸附到纸料组分上，在提高纸料留着率的同时大大改善纸料的滤水能力，并同时提高了纸张的强度。

膨润土类微粒助留体系是由阳离子聚丙烯酰胺/膨润土组成，膨润土的比表面积约为 $700\sim800\mathrm{m}^2/\mathrm{g}$，由于其较大的比表面积可在吸附的阳离子聚合物链之间架桥，阳离子聚丙烯酰胺是高相对分子质量、低电荷密度的线性或略带分支的结构。阳离子聚丙烯酰胺先加入纸料中，以链圈链尾的形式吸附到纸料上，并以桥联机理首先引起纸料各组分初始絮聚，当絮聚体经高剪切作用破坏后，暴露出阳离子聚丙烯酰胺链段，从而为带负电荷的膨润土提供更多的吸附点，靠静电中和作用，与阳离子聚丙烯酰胺结合或通过氢键作用，将破坏的小絮聚体重新桥联，形成比丙烯酰胺絮聚体尺寸更小、结构更致密、强度更大、水分更低的微小絮聚体，从而在提高纸料留着率的同时也改善成纸的匀度和滤水性能。

常规氢氧化铝微粒助留体系由阳离子淀粉/胶体氢氧化铝组成，阳离子淀粉首先加入预先碱化的纸料中，此时，纸料系统的碱度很高，纤维与细小纤维表面羧基几乎全部电离，纤维表面负电荷较高，淀粉分子在纸料表面以较为平伏的构型吸附，对纸料组分的桥联作用减弱。尤其经历高剪切作用后，在纸料粒子表面形成阳电荷补丁，高剪切之后加入的硫酸铝与预先加入的碱进行碱化水解反应生成阴离子的胶体氢氧化铝，并在纸料组分上的阳离子淀粉补丁之间进行交联，引起纸料的重聚。

（5）聚氧化乙烯类助留助滤体系

聚氧化乙烯（PEO）是一种聚醚型线性高分子聚合物，属非离子型聚电解质，通常由环氧乙烷在多相催化剂作用下开环聚合而成。聚氧化乙烯具有很强的配位能力，能和许多有机物和无机电解质，如酚类、酚醛树脂、明矾、磺化木素等形成复合物，对木素中的酚型基团有较强的亲和力，可以吸附在机械浆上，引发细小纤维的聚集。机械浆中大量的阴离子可溶性和胶体性物质（DCS）与常规的阳离子聚合电解质类助剂发生反应而降低其助留效果，而非离子型聚氧化乙烯可以避开这一不利影响，保持较好的助留效果。要达到较好的助留效果，聚氧化乙烯需要与合成辅助剂如［Cofactor（CF），如酚醛树脂］一起配合使用，因此，聚氧化乙烯类助留体系一般是以 PEO/CF 二元助留体系出现的。

第八节　造纸湿部化学

前面介绍了各种常用造纸化学品的性质、作用和添加工艺，而指导造纸化学品添加所遵循的理论体系则是胶体化学和界面（表面）化学。由于添加工艺主要在造纸过程的湿部，因此通常将该理论体系称为造纸湿部化学，即应用于造纸过程湿部的胶体和界面（表面）化学。

一、造纸湿部化学的研究范围

造纸湿部化学是造纸配料各组分的界面（表面）和胶体化学。因为构成纸料的主要组分（纤维、细小纤维、填料、胶料、造纸化学品等）的形态，其粒径或某一维尺度属于胶体颗粒范畴，因此在造纸过程湿部，它们之间的化学作用具有胶体系统的次价键力特性。另一方面，由于纸料主要组分具有很高的比表面积，它们之间的作用主要发生于颗粒表面。所以造纸湿部化学是论述造纸配料中各组分在纸机网部滤水、留着、成形以及在白水循环过程中相互作用规律的科学，关系到纸机操作性能和最终产品（纸和纸板）的质量。

造纸湿部化学的主要研究内容为：造纸湿部化学作用基本原理；造纸湿部化学品；造纸湿部化学测量和过程控制。

二、造纸湿部化学基本原理

造纸湿部化学属于胶体和表面化学范畴。纸料各组分之间的作用主要包括：a. 纤维、填料和细小纤维的凝聚；b. 溶解的聚合物向纤维、细小纤维和填料吸附；c. 树脂和胶料分子的凝聚；d. 树脂和胶料分子向纤维、细小纤维和填料吸附；e. 悬浮和溶解的阴离子物质负电荷的中和；f. 溶解的无机盐和不溶的离子产物之间的平衡确立；g. 由表面活性剂分子构成的胶束的扩展；h. 纤维、细小纤维和淀粉等对水的吸附。上述作用大部分属于次价键力，由于胶体颗粒具有很高的比表面积，它们之间有很强的吸附力，致使大部分化学反应发生于颗粒表面，阳离子聚合物的吸附对许多湿部化学助剂发挥作用具有重要影响。控制纸料的凝聚程度将直接影响造纸湿部助留、助滤和纸页成形效果。大量小的可溶性分子联合在一起可形成凝聚体，这种凝聚体的大小在胶体颗粒范围，称为联合胶体。造纸湿部添加表面活性剂作用即是如此，这种联合胶体属于亲水性胶体；对纸料的消泡、阻止泡沫形成、沉积物控制、防腐蚀及造纸过程和成品的某些特性均有重要作用。

造纸湿部化学是一个涉及面很广的问题，造纸工作者主要应掌握好下面四个方面的内容。

（一）化学平衡问题

化学平衡是纷繁复杂的纸机系统中最基本的化学问题。使用于造纸的非纤维添加剂有不溶性或水溶性物质及高分子聚合胶体物质等，在这些物质中，有非极性物质也有极性物质，有非离子型物质也有离子型物质。其性质各不相同，加入浆料之后，如何能均匀而牢固地留着或吸附在纤维或纸页上的作用机理也有所不同，有的是以机械截留的方式留着，有的是以表面吸附的方式留着，也有以键合作用或交联作用留着，因此当同时使用多种非纤维添加剂时，应特别注意各种添加物质能否有效留着的问题。多种非纤维添加剂同时加入时的动态平衡，是指能使各种添加物质均能有效地留着的施加环境和条件。

（二）颗粒比表面积的重要性

湿部化学中，吸附、凝聚和离子交换等表面之间的相互作用，是十分重要的。参与作用的纤维、细小纤维和填料的比表面积对上述现象均有影响。由于纸料悬浮液中细小纤维和填料组分的比表面积通常比纤维组分大得多，因此细小组分对湿部化学的影响远远超过它们所占的质量比。

（三）浆料或添加剂表面电荷性的调节及控制

浆料种类不同，其表面负电性强弱程度也各不相同，而非纤维添加剂，由于其结构和所带功能性基团的不同，其表面电荷性的强弱程度也各不相同，当它们所带电荷强度相差太大时，由于吸附作用强烈，一旦接触即牢固吸着，会造成施加的不均匀性或增加添加量影响添加效果，因此必须测量、调节和控制好施加时浆料及添加物料的表面 ζ 电位，在添加物料与纤维表面的 ζ 电位相近但电性相反时施加，才能取得满意的效果，而对非离子型的添加物质应调节浆料在等电点附近再施加。

（四）干扰物质的负面影响

干扰物对抄纸系统有不良影响，它们对大多数功能型助剂和某些过程助剂有干扰作用。而且随着白水循环系统封闭程度的增加和二次纤维利用的增加，这种干扰物在抄纸系统中的含量呈上升趋势，因而必须注意到它们的存在，认清它们的性质，以便在特定条件下消除它们的影响。

三、造纸湿部化学品

前已述及，在造纸湿部添加的化学品主要包括两类：

① 功能性助剂。例如增干强剂、增湿强剂、施胶剂、填料和色料等；

② 过程助剂。例如助留剂、助滤剂、消泡剂和防腐剂等。

为了获得良好的纸机操作性能和高质量的最终产品，需充分了解上述抄纸添加剂的性质、作用原理及应用时的各种影响因素。

四、造纸湿部化学过程控制

（一）湿部化学过程控制的定义

湿部化学过程控制可简单地定义为：为了保持纸机造纸化学在理想条件和减少过程变化所采取或应该采取的措施。达到减少过程的变动和波动、有效地运用纤维和各种非纤维添加物质、优化过程的运转性能、提高产品产量和质量的目的。

近年来，造纸方面的诸多发展促进了湿部化学过程控制的进步，湿部化学过程控制的改进为造纸工业带来了许多效益。湿部化学过程控制最主要的任务是控制吸附过程和凝聚过程。通过控制进入系统的物料流各参数和进入系统的添加剂流各参数，可以实现控制吸附过程。通过控制一次留着率（单程留着率）可以实现控制凝聚过程。许多造纸湿部化学测量可用于湿部化学过程控制，这些测量主要包括：a. 纸料各组分含量（浓度、灰分等）；b. 纤维质量；c. 浆料滤水性；d. 纸料的动电特性（ζ 电位、阳电荷需求量等）；e. 纸浆流速；f. 纸机操作参数（车速、浆网速比）等。图 2-18 为几种常用的湿部化学参数测量仪器。

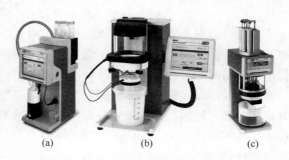

图 2-18　几种常用的湿部化学参数测量仪器
（a）颗粒电荷测定仪　（b）ζ 电位测定仪　（c）动态滤水保留测试仪

通过改进湿部化学控制可使以下多方面得到改善：a. 提高纸的湿强度和干强度；b. 改善纸机操作性能；c. 减少纸页两面差；d. 减少纸页纵向定量波动；e. 减少纸页纵向灰分含量波动；f. 提高纸机的清洁度（减少沉淀）；g. 提高施胶、湿强和干强的均匀性；h. 提高表观的均一性；i. 改善纸页成形等。

（二）湿部化学控制的基本模型

著名的造纸湿部化学专家 Scott 提出了多层控制模型。将湿部系统分为三层：第一层表示湿部化学作用的化学环境，包括酸碱度、温度、电导率、硬度和干扰物，主要是水的质量参数。第二层包括对湿部化学十分重要的吸附和离子交换等作用，这些作用直接（如染料、湿强树脂）或间接（如助留剂）地影响纸的性质。参与这些作用的物质主要有染料、助留剂、干强剂、湿强剂和矾土等。吸附作用需要有吸附表面，纸料中一些起支配作用的吸附表面是纤维、细小纤维、填料和施胶剂等。第三层代表抄纸中出现的各种絮凝作用，其中最重要的一些是细小纤维留着、填料留着和施胶剂留着等。当湿部化学失控时，会出现泡沫、沉淀、结垢等现象。多层模型以第一层作为环境，考虑对第二层（吸附和离子交换作用）的影响；然后再以第二层的结果为环境，考虑对第三层（凝聚作用）的影响。因此整个模型的核心是对吸附作用和凝聚作用进行控制。

由于影响湿部系统因素的多样性和纸料组分间相互作用的复杂性，使得目前提出的湿部化学过程控制模型只是一个控制的设想方案，实用的湿部化学过程控制模型尚需进一步的研究和开发。

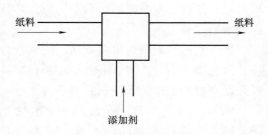

图 2-19　造纸化学品吸附过程示意图

（三）吸附过程控制

图 2-19 为应用于造纸工业的典型添加剂吸附过程示意图。该系统包括输入的浆流、输入的添加剂流、输出流和混合点，吸附作用发生于混合点和输出流。有利于实现吸附作用目标（纸的性质、留着、电荷调整）的条件如下：

① 在一定的时间里添加剂 100％ 的留着。需要：a. 助剂与颗粒表面较高的电荷差；b. 较高的添加剂浓度；c. 较高的输入浆料浓度；d. 所有输入流中良好的化学环境。

② 在理想的用量下添加剂在颗粒表面的均匀分布。需要：a. 在添加点良好的混合和湍动；b. 助剂输入流中一致且较低的助剂浓度；c. 一致且较低的输入浆料浓度；d. 在添加点助剂在全部浆料中的良好分布；e. 一致的添加剂系统泵送速度；f. 一致的输入浆料流速。

③ 添加剂在颗粒表面的均一"表面浓度"。除需要上述所有条件外还需要：a. 一致的整个浆料浓度；b. 一致的浆料细小纤维浓度；c. 一致的浆料、填料浓度。

上述的所有条件均指输入流的条件，而且某些条件也是互相矛盾的。例如，较高的浆料和助剂浓度促进快速留着，但是较低的浆料和助剂浓度有利于均匀地分布。由于在给定的过程中不能同时满足上述两种条件，因此必须通过实验找出最佳折中方案。

造纸吸附过程的一个严重缺陷是，通常不能立即进行反馈控制测量（见图2-20），而一般从实验室测定的反馈信息，对生产过程控制太晚了。因此进行成功的吸附过程控制的关键在于，尽可能降低输入流的扰动（见图2-21）。能够对吸附过程产生重大影响的输入流的扰动通常包括：

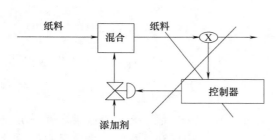

图 2-20　吸附反馈控制测量示意图

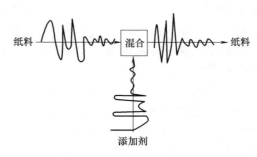

图 2-21　吸附过程控制料流扰动示意图

① 输入浆料流的 pH、干扰物质、残留的阳离子和阴离子助剂、浓度、流速、细小纤维含量和填料含量；

② 添加剂输入流的流速和添加剂浓度。

（四）絮凝过程控制

絮凝作用的最终目标是：a. 改进纸机的操作性能；b. 减少两面差；c. 减少纸页纵向定量波动；d. 减少纸页纵向灰分含量波动；e. 提高纸机的清洁度（减少沉淀）；f. 提高纸张施胶度、湿强度和干强度的均匀性；g. 提高纸张表观的均一性；h. 改善纸页成形等。实现这些目标需要获得一致较高的单程留着以及物料在整个纸页中的均匀分布。当应用单元聚合物助留系统或微粒助留系统时，主要的絮凝控制应在稀料环路进行（见图2-22）。而当采用双元聚合物系统时，浓料和稀料处均应控制絮凝过程。

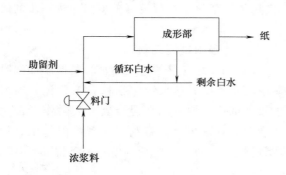

图 2-22　采用单元聚合物助留
系统时一次留着控制环路

通过利用吸附聚合电解质来实现絮凝作用，因此需满足上述吸附过程的条件。此外，絮凝过程也需满足下列特有条件：

① 在低能条件下尽可能增加颗粒之间的碰撞。需要：a. 均匀的混合；b. 尽可能减少过度的剪切和湍动；c. 尽可能延长接触时间。

② 减小颗粒间的排斥力或增加颗粒间的吸引力。需要：a. 添加矾土以降低 ζ 电位；b. 添加聚电解质以便在颗粒表面形成阳离子补丁；c. 添加高相对分子质量助留剂以便导致颗粒间架桥。

③ 使流往流浆箱料流中的纤维、细小纤维、填料和胶粒的浓度保持一致。需要：a. 控制循环白水的浓度和灰分含量；b. 尽可能减少流往稀料系统的浓料流的波动。要最大限度地减少循环白水浓度的变化。

五、湿部化学对纸张性能和纸机运行的影响

湿部化学控制对纸张性能和纸机运行参数的影响包括纸页成形、滤水、纸机速度、纸机清洁度、定量、水分、施胶度、湿强度、干强度、不透明度、白度和颜色等。

（一）湿部化学对纸张性能的影响

湿部化学可对纸张结构性质（定量、厚度、成形、方向性、两面差、多孔性、粗糙度及尺寸稳定性等）、机械性质（抗张强度、撕裂强度、耐破强度、挺度、耐折强度、内结合强度和表面强度等）、表观性质（颜色、白度、不透明度和光泽度等）、屏蔽和阻抗性（抗水、抗油性等）、持久性（耐久性、褪色及化学稳定性）等产生重要影响。

（1）结构性质

纸的定量主要由纸机的浆料计量系统所控制，而一次留着率对纸张纵向定量均匀分布有十分重要的影响。现代的闭路留着控制系统能大大减小纸张纵向定量波动。成形特性是物料在整个纸页中三维分布的函数。当用透射光观察时，成形良好的纸张应该是均匀地不透光。过度絮聚纸料中的纤维组分会对成形有负面影响，会降低纸页强度及其与印刷油墨的相互作用。因此，须避免过量应用具有强絮凝特性的助留剂。两面差是受湿部化学影响的另一种结构性质。影响两面差的因素之一是物料在纸页 Z 向的不均匀分布。具有两面差的纸页 Z 向存在细小组分分布梯度。通过絮凝，增加细小组分对纤维的附着将改善细料的分布。无机填料粒子填充纸页中的微孔可以减少纸页表面的非均匀性，因此增加填料用量可以减少纸的粗糙度和多孔性，纸的这两种特性也受细小纤维和填料留着率的影响。

（2）机械性质

纸的机械性质（强度性质）是纤维结合强度、纤维本身强度和纸页成形状态的函数。通过使用增干强剂，可以大大提高纤维之间的氢键结合力，随着纸料中再生纤维含量的增加，其应用会变得日益重要。必须了解影响增强剂留着的因素并相应地确定系统的条件。其他化学添加剂，例如填料和施胶剂，降低纤维与纤维间的结合，将会降低纸的强度。纸本身湿强度很低，较高的湿强度必须通过添加剂而获得。

（3）表观性质

提高填料留着率有利于获得较高的不透明度和白度，但应减少填料的凝聚和提高其分布的均匀程度。在填料留着和均匀分布之间要获得最佳平衡，需了解填料、纤维和助留剂之间的相互作用。染料与特定的可见光作用受诸多化学和物理因素的影响，必须精密控制纸料的化学环境和物理条件。化学添加剂对光泽度影响较小，它们或者比纤维更有效地散射光，或者选择性地吸收特定波长的可见光。

（4）屏蔽和阻抗性

植物纤维没有任何天然的抗水性。当需要这种性质时（例如对大多数种类的纸），必须通过添加施胶剂或用抗水性涂料（或浸渍剂）处理成形后的纸才能获得。前者的应用便属于

湿部化学范畴。内部施胶时，需将施胶剂在纸页成形前留着于纸页中。施胶剂在纸机网前箱之前与纤维和其他成分混合。

（5）持久性

化学作用对纸的耐久性有重要影响，几乎在所有条件下碱性纸比酸性纸均具有更高的耐久性。而纤维、存留于未洗净的纸浆中的杂质、重金属离子以及碳酸钙填料在决定纸的耐久性方面也起一定作用，这些均属于湿部化学研究范畴。为了提高纸的耐久性需致力于改善湿部化学控制。

（二）湿部化学对纸机运行的影响

湿部化学对纸机的运行性能既有正面影响也有负面影响。一方面，湿部化学能用于提高纸料的滤水性，减少进入的空气和泡沫，保持纸机清洁，以及使循环白水的固含量下降。另一方面，当湿部化学失控时，会产生纸机沉淀、结垢和气泡痕，降低纸料滤水性、纸机洁净度和压榨效率。

（1）滤水性

纤维与细小纤维以及细小纤维之间形成的絮团，对纸页成形时的脱水具有极其重要的影响，如果絮团大而疏松，它们将牢固地保水和阻碍滤水。如果絮团小而密实，则易于脱水和提高滤水性。助留系统决定絮团的结构，因此助留系统是影响纸机滤水特性的一个重要因素。

（2）沉淀和结垢

沉淀和结垢通常是由于湿部化学失控所引起。例如化学添加剂过量、电荷不平衡、化学品的不相容性以及化学平衡的迁移等，所有这些均会导致沉淀物的形成或胶体凝结。虽然有许多方法可用来解决沉淀问题，但是最好的方法应该是首先确定哪些已经失控，然后再设法去解决。

（3）泡沫和进入的空气

植物纤维含有能够稳定进入纸料中的空气的某些物质，几种常用的化学添加剂也同样具有这种作用。无论何时发生这种作用，都会产生一系列不良影响（如降低滤水性、增加黏度、增加泡沫等）。找出其来源并消除它，可采用机械和化学的方法予以解决。

六、湿部化学的发展趋势

造纸过程是复杂的物理和化学过程，以大型化、高速化和智能化为标志的现代造纸技术，要求有相应的湿部化学体系。由于造纸原料和纸产品的多样性、湿部化学的复杂性，造纸化学品在纸机抄造过程中的重要性越来越明显。造纸湿部化学的发展趋势主要表现在以下几个方面：

（一）用湿部化学解决回收纤维用量增加产生的问题

由于纤维原料的资源、环保以及抄纸成本等问题，回收纤维成为造纸最主要的原料。但回收纤维在处理过程中会被脱墨化学品和其他物质或机械作用损伤，所以，一般回收纤维的强度较差，需要增加干强剂的用量。回收纤维上脱出的杂质会增加沉积，造成湿部树脂障碍；大量的杂质会干扰添加剂的作用，使一般添加剂失效或用量大大增加。

（二）针对不同的纸种、浆料开发专用造纸化学品

造纸化学品除了在某些使用在低速纸机上的产品具有广泛作用外，绝大多数造纸化学品的针对型都很强。由于高得率浆中含有大量的阴离子干扰物和细小纤维，使得普通阳离子助留剂的使用效果不佳，因此，针对机械浆所开发的非离子型助留体系、带有电中和剂的多元助留体系等增加了助剂的使用范围。为适应回收纤维产品如新闻纸、涂布白纸板、挂面纸板等，开发了适于回收纤维的助留助滤体系。

（三）发展绿色环保的新型造纸化学品

绿色造纸化学品是指在研发、制造、应用和最终废弃品的排放都要符合绿色化学的原则，不产生有害物的排放。绿色造纸化学品的应用过程应有利于清洁生产，进一步节约资源，进一步降低能耗，提高过程和产品的绿色属性。

在造纸化学品的研发和生产时，更加注重采用利用自然界中的可再生资源或水溶性的高分子聚合物，在造纸化学品的使用过程中不断优化条件，提高造纸化学品的使用效率。

（四）湿部化学在线监测和检测

研究湿部化学的目的就是控制湿部参数，将湿部化学调整到最佳状态。在整个湿部化学系统中越来越多地采用在线监测和检测的仪器和仪表，对纸机湿部化学的稳定运行和产品质量的保障起到了关键的作用。

思 考 题

1. 造纸工业中应用造纸化学品的目的和意义是什么？造纸化学品有哪些种类？

2. 液体在纸页表面的渗透和扩散机理是什么？

3. 浆内施胶剂有哪些种类？各有什么不同的性质和作用？

4. 填料有哪些种类？它们有什么主要性质和特性？

5. 填料留着率有哪些表示方法？影响填料留着率有哪些主要因素？

6. 染料有哪些种类？造纸染色时常用的合成染料有哪些性质及使用特点？影响纸张染色的主要因素有哪些？

7. 什么是湿纸强度、湿强度？增湿剂的种类有哪些？它们各有什么特性？纸张增湿强机理是什么？

8. 增干强剂的种类有哪些？它们各有什么特性？纸张增干强机理是什么？

9. 助留助滤体系及其机理是什么？

10. 造纸湿部化学主要研究内容是什么？造纸湿部化学的化学平衡问题与各类造纸化学品之间的相互关系是什么？

11. 湿部化学过程控制中需要控制的参数包括什么？如何实现控制？

12. 湿部化学控制对纸张性能和纸机运行的影响有哪些？

主要参考文献

[1] 何北海，等编著. 造纸原理与工程（第三版）[M]. 北京：中国轻工业出版社，2012.

[2] 卢谦和. 造纸原理与工程 [M]. 北京：中国轻工业出版社，2004.

[3] 张美云，等编著. 造纸技术 [M]. 北京：中国轻工业出版社，2014.

[4] 胡惠仁，等编著. 造纸化学品 [M]. 北京：化学工业出版社，2002.

[5] 刘温霞，邱化玉. 造纸湿部化学 [M]. 北京：化学工业出版社，2006.

第三章 纸机的浆水系统

纸机的浆水系统是纸机系统的重要组成部分,其是否稳定及优化是纸机生产效率、成纸产品质量、物耗、能耗的重要保证。其主要由:a. 配料(纸料制备);b. 供浆系统(纸料输送系统);c. 纤维回收系统和白水回用;d. 损纸系统;e. 温水制备系统;f. 冷却系统等组成。纸机的浆水系统的设计及确定主要由纸机生产的品种、产量、质量参数和成本要求等因素决定。

第一节 纸料的组成及特性

纸料是指经过纸机前的浆料制备系统后由一种或几种造纸所用的纤维和非纤维物质混合而成的纸浆悬浮液。纸料的制备包括干浆板及损纸的疏解(湿浆可直接泵送去打浆)、浆料的打浆、配浆和非纤维物质的添加等过程(图 3-1)。在造纸过程中,从抄纸车间接受制浆车间送来的纸浆开始,至纸机网部形成湿纸幅为止,所用的纸料都是以纸浆悬浮液的状态存在的。纸料的组成和性质直接影响纸机的运行效率和成纸产品的质量。

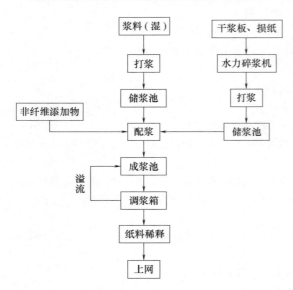

图 3-1 纸料的制备过程

在一般情况下,纸料悬浮液是由固、液、气三相组成的复杂分散体系。不同的纸种的纸料组成不尽相同。固相基本组成是纤维、细小纤维,其次是加填的填料、施胶的胶料及其他的非纤维添加物质等。液相主要是水,是纸料悬浮液的介质。气相主要是空气,其在纸料悬浮液中存在有两个原因:一是纸料在输送和贮存过程中混入空气;二是由于各种原因,空气进入纤维细胞之中而残存着。气相当中也有添加剂反应生成的气体而存于其中。

一、纸料各组分的性质

水是纸料悬浮液的介质,也是纸料的重要组分,所有的湿法抄造过程都是以水为悬浮液的介质。水具有较高的表面张力(比一般的液体如甲醇、乙醇、丙酮等都高),在抄造过程中,很多抄纸现象都受水的表面张力的影响,例如湿纸幅的强度、泡沫的形成和破灭、纸幅的内部施胶及湿部毛毯的清洗等。纸浆纤维由于带有羟基,因而能在水这种极性液体中发生润胀,纤维润胀的结果是使比体积增加,纤维细胞壁结构变得更为松弛,其内聚力下降,从而为打浆尤其是为纤维的进一步细纤维化创造了条件。

116

纸料中除了纤维外，还有相当数量的细小纤维，是纸料中的重要组分，能显著影响纸料的湿部化学特性及成纸的性能。一般认为，通过 200 目筛网（筛孔直径 $75\mu m$ 孔）的粒子为纸料的细小组分，不能通过的粒子是纤维部分，而两部分总计为悬浮固体的 100%。通过 200 目筛网的不仅有细小纤维，还包括分散于水中的细小矿物颗粒，统称为细料固体粒子。讨论细小纤维时，也可以划分为一至三级细小纤维。一级细小纤维是指木浆试样中天然生成的细小纤维，它们包括薄壁和射线细胞以及硬木的导管分子；二级细小纤维是指打浆过程产生的细小纤维，也可能包括打浆过程所剥离的细胞壁碎片；三级细小纤维是指围绕纸机白水循环系统，因浆料流动所产生的细小纤维。这些细小纤维可能来自泵叶轮、塔搅拌器的作用，以及纸页成形时发生在网上的筛分作用。

细小纤维与纤维相比，其比表面积为纤维的 $5\sim8$ 倍，由于高的比表面积，强烈地影响表面吸附以及添加剂通过吸附而起作用；另外细小纤维吸附水的能力为纤维的 $2\sim3$ 倍，所以细小纤维对纸料的保水值、滤水性能、纸页的物理强度等有较大的影响。因此，细小纤维在纸幅中的留着及纸页的抄造和成纸的性质是很重要的。细小纤维对湿纸幅中的添加剂的吸附能力的比较如表 3-1 所示。

表 3-1 　　　　　　　　　　细小纤维与纤维对造纸湿部添加剂的吸附能力比较

添加剂	相对吸附强度			添加剂	相对吸附强度		
	纤维	黏土填料	细小纤维		纤维	黏土填料	细小纤维
阳离子淀粉	1	4	5	分散松香胶	1	16	20
皂化松香施胶剂	1	4	16	明矾	1	2	3

纤维和细小纤维在去离子水中悬浮时，由于与半纤维素、氧化纤维素、氧化木素相关表面基团的电离作用，纤维和细小纤维总是带负电荷的。在实际生产过程中，纸浆也要吸附悬浮在水中的溶解物，这种吸附现象包括离子性和非离子性（范德华力）作用，从而导致纸浆带较高的负电荷。

纤维的离子交换能力主要来源于自然的酸性半纤维素。纸浆纤维含有一定数量的羧基基团，它们在造纸湿部水相环境下产生电离，对系统的阳离子表现出极强的静电吸附和离子交换特性。在通常的抄纸条件下，仅有羧基和磺酸基，偶然苯酚基对离子交换。

纤维和细小纤维的离子交换对许多造纸现象来说是很重要的，其中有动电特性，染料的吸附，Al^{3+} 和高分子电解质、松香胶以及纤维、细小纤维的聚集等。纤维对各种无机离子吸附强度由弱到强的顺序为

$$N(CH_3)_3^+ < Li^+ < Na^+ < K^+ < Ag^+ < Ca^{2+} < Mg^{2+} < B^{2+} < Al^{3+}$$

从上可以看出，纤维对 Al^{3+} 吸附强度大于 Ca^{2+}，而 Ca^{2+} 又大于 Na^+。这样看，Al^{3+} 离子中和纤维电荷的效率最高，这也是除了成本因素外抄纸过程通常选择使用硫酸铝的原因。

纸料的组成除纤维外，造纸过程添加剂的应用越来越重要。目前所用的添加剂主要包括功能性添加剂和控制性（过程）添加剂。添加剂的应用目的和作用主要包括：

① 赋予纸页某些特殊功能，改善纸页质量。如水泥袋纸等，加干强剂；餐巾纸等，加柔软剂；照相纸、广告纸等，加湿强剂。

② 提高生产效率如适应纸机车速的提高——快速脱水需要使用助滤剂等。

③ 减少流失、节约原材料、降低成本。如在纸页中加入助留剂、絮凝剂等可以提高填料和细小纤维的留着，并可以减少白水的污染负荷。

④ 消除生产障碍。如用树脂控制剂，可消除亚硫酸盐木浆和机械木浆生产中的树脂障

碍。采用防腐剂，可消除夏季在浆、白水生产线上出现的腐浆现象。

⑤ 改进生产操作。如使用毛毯清洁剂，保持毛毯的透气性和滤水性。

二、纸料的湿部特性

1. 纸料分散体系具有絮聚的性质

纸料这种分散体纤维悬浮液，在临界浓度（约为0.05%的浓度称为临界浓度）以下，其性质与水相似，但在临界浓度以上时，纤维之间没有足够的转动空间而容易产生相互碰撞，从而使纤维与纤维之间进行交缠，产生絮聚。任何纸料分散体系都有絮聚的倾向。

2. 纸料分散体系具有胶体的特性

纸料分散体系的纤维本身对于胶体颗粒来说太大了。然而，经打浆后产生的纤维表面的细纤维化和切断作用，使纤维表面起毛和产生很多的细小纤维及其他细小物质，从某一维尺寸来看它具有胶体的尺度。另外，从化学角度来看，纸料可能还有溶解无机盐及聚合电解质，表面的活性分子、胶料、填料等粒子。从上述可知，纸料悬浮液是具有胶体性质的。

纸料分散体系的胶体颗粒表面具有同样的电荷，一般为负电荷。由于相同电荷的相互排斥作用，又促使胶体颗粒具有一定分散的稳定性。

3. 纸料的分散体的表面动电现象

分散于水里的纸料胶体颗粒，其颗粒持有离子性及表面层的分子结构如果具有极性的话，由于从悬浮液中选择性地吸附离子，因而表面具有一定的电位便产生了动电行为。

造纸过程中的动电现象是湿部化学的稳定要素。由于纤维素通常带的是负电荷，因此要使带有同样负电荷的松香胶、填料等吸附于纸料纤维，就必须减少其互相的排斥力。加入矾土电解质，控制加入量使ζ电位接近于零时，颗粒的相互排斥力变小，细料固体颗粒就会聚集在纤维表面上。

第二节 纸料悬浮液的流体力学特性

一、纸料悬浮液的流动状态和流动特性曲线

纸料悬浮液的流动既不同于水也不同于固液两相流体，它是固、液和气体共存的三相混合体系，影响流动特性因素也很多。随着纸料的变化，纸料的流动特性也随之变化。

1. 纸料悬浮液的流动状态

纸料悬浮液的流动状态虽然与水不同，但其流动仍然可分为塞流、混流和湍流三种基本流动状态。流速不大时，纤维相互交织的网络就成为连带的整体，叫网络塞体；网络与管壁之间存在着一层很薄的水膜，叫水环；纤维之间观察不出有相对运动，整个网络像塞子一样向前滑移，这种流动状态称为塞流的稳体性，使网络塞体表面的纤维逐渐分散而进入水环流，水环厚度增大，一直到整个网络分散为止。这个流动区间类似于水流的过渡流，称为混流，如图3-2所示。由塞流转变为混流和由混流转变为湍流的转折点所需的流速值分别称为上下临界流速，这临

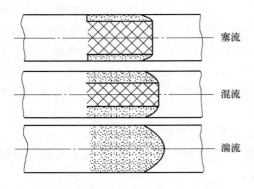

图 3-2 纸料悬浮液的三种流动状态

塞流

混流

湍流

界流速与纸料的浓度和性质（种类、硬度、打浆度等）有关，但主要与纸料浓度有关，浓度是决定上下临界流速的主要因素，浓度越高，上下界流速就越大。

2. 纸料悬浮液的流动特性曲线

纸料悬浮液的流动特性曲线是指纸料的流速 v（m/s）和流动压头损失值 Δh_L（m/100m 长）相互关系的曲线。这里 v 是管道截面平均流速，并作为横坐标，压头损失 Δh_L 为纵坐标，采用对数坐标绘制，如图 3-3 所示。纸料悬浮液的流动压头损失主要是外摩擦（纸料与管壁之间的摩擦）和内摩擦（纤维与纤维之间的摩擦）所引起的，这些摩擦均造成能量的损失。

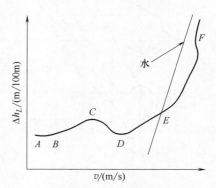

图 3-3　纸料悬浮液的流动特性曲线

图 3-3 为纸料悬浮液的流动特性曲线，曲线中的 AB 段是纤维网络塞体与管壁直接接触的塞流，网络塞流充满整个管子，故流速较大时的稳定流动比流速较小时其压头损失变化甚小。到曲线的 BC 段就会出现了水力剪切力和网络塞体与管壁相互作用结合的塞体，既有网络塞体与管壁的直接接触，也有部分区域形成了很薄的水环，水环的厚度是流速和浓度的函数。在这一段流动区间内，还发现由于流速增加，在网络表面凸出来的纤维受到剪切力作用而脱离网络，并在水环内滚动。在曲线的 C 点，纸料流动时的网络塞体的表面已形成了连续的水环，塞体表面与管壁不再接触。水环形成的原因是由于流动剪切对纤维网络产生挤压作用，加上纤维或絮聚物沿网络表面运动并发生偏转，这就使得在网络与管壁之间形成连续的水环。实验证明，提高纤维的柔软性，能在较低流速的情况下出现 C 点，光滑管相对粗糙管来说，可以取得较低流速的 C 点。从 C 点开始，就出现具有连续水环的塞流。到了曲线的 D 点，由于流速的提高，剪切力增大，水环开始出现湍动，并逐渐增厚。这一段的特点是随着流动速度的增加，其压头损失反而下降，其原因是在 D 点已经形成了稳定的水环流，并且水环流出现了湍动，从而产生水环流动的加强，于是纤维塞体的悬肩纤维被拨出而进入水环之中，即水环中有纤维，并逐渐增多，从而纤维又对管壁产生摩擦损失，而水环中纤维越来越多，则压头损失又回升。从 H 点开始，纤维网络表面开始受剪力破坏，直径逐渐缩小，水环成为水——纤维环并且与同样流动条件下的水流比较，出现压头损失减少的现象，一直到曲线的 F 点，纸料的流动状态都处于混流。到了 F 点，纤维网络完全瓦解分散，整个流动状态处于完全湍流状态。

二、影响纸料悬浮液流动状态和流动曲线的主要因素

1. 悬浮液的流动速度的影响

纸料悬浮液的流动速度是纸料悬浮液流动状态的决定因素。当纸料浓度一定时（在临界浓度以上），随着纸料流动速度的提高，对在管道内纸料纤维施加的剪切力也在加强，促使纤维网络塞体瓦解直至完全分散，进入湍流的流动状态。

2. 纸料浓度的影响

纸料浓度对流动过程中压头损失具有显著的影响。如图 3-4 所示，在相同的流速情况下，在具有连续水环的塞流 a—b 区及塞流的水环流层由层流转变为混流的 b—c 区，随着纸料浓度提高，压头损失就越大。c—d 区纸料的流动状态从混流转变为完全湍流状态，纸料

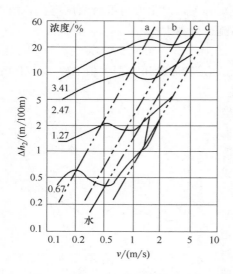

图 3-4 硫酸盐木浆的流动特性曲线

a—b—连续水环的塞流区 b—c—水

环流混溶区 c—d—湍流区

注：管道：76.2mm 直径的铜管、直管；打浆度：15.5°SR 浆温 19℃；浆料：未漂硫酸盐木浆。

流动压头损失比水小些，而且与浓度的关系不大。

3. 纤维的物理结构和化学性质的影响

纤维的物理结构和化学性质，对于纸料悬浮液的流动力特性是有影响的。例如：较长的纤维和表面粗糙的纤维及较柔软的纤维，能够增加纤维的机械缠结，进而增加纤维网络和絮聚的强度，在同样的流动条件下，就较难被瓦解分散，从而延缓了湍流流态的出现。根据对机械木浆纸料悬浮液流动特性的研究，认为机械木浆悬浮液除了具有网状物强度较低，转动絮聚物较小而造成塞流的表面有较大的骚动特性外，其他的特性与化学木浆悬浮液基本相似。

非木材纤维纸浆（如甘蔗渣浆、稻草浆、麦草浆、竹浆）由于在纤维形态和结构、杂细胞含量、化学组成等方面与木材纤维纸浆有较大的差别，一般具有纤维长度较短、杂细胞含量较高、半纤维素含量较高等特点，因而其纸浆纤维悬浮液流动特性与木浆纤维悬浮液流动特性有较大的差别。不同种类的非木材纤维纸浆（如甘蔗渣浆、竹浆）由于其纤维形态、结构等方面有所不同，因而其流动特性也有所区别。

三、纸料悬浮液的流动特性

纸料悬浮液流动时，可分为塞流、混流和湍流三种基本流动状态，从其流动曲线可知，当流动状态到达 F 点时，纸料悬浮液的纤维网络，由于受到剪切力的强烈作用达到完全瓦解分，整个流动处于一种完全湍流状态，由此可知，湍动可以分散纤维网络。

1. 纸料悬浮液流动过程中的湍动

（1）湍动的概念

当流体的雷诺数超过一定数值时，流体就处于湍流状态，这时管道内的每一个流体质点作不规则的、在速度大小和方向都发生变化的脉动，流体微团这种不规则的脉动在工程常称为湍动。

（2）湍动的表示方法

湍动可粗略地用"湍动尺度"和"湍动强度"，进行量化表示。

湍动尺度是指在动力场中，发生速度波动的平均距离大小的量，即指湍动规模大小。

湍动强度指在动力场中，发生湍动速度变化大小的量即湍动时产生剪切力的大小或指湍动时产生强度的大小。

（3）湍动的类型

湍动在纸料流送过程中可分为三种流态：

① 低强微湍流。指湍动尺度小而湍动强度又低的一种湍流流态。这种湍流因湍动强度低，所产生的剪切力不足抗拒纤维之间内在强度，因而动平衡点在纤维絮聚物较多的地方，不能分散纤维网络。

② 高强大湍流。这是一种湍动强度很高而湍动尺度也很大，其产生的剪切应力不能作用于单根纤维上，因而也不能分散纤维网经即不能破坏纤维的絮聚物。

③ 高强微湍流。这是一种湍动强度很高而湍动尺度又很小的湍流状态，强大的剪切力就可以作用于每根纤维上，从而破坏纤维絮聚物的内在强度，达到分散目的。

（4）湍动的特点

湍动具有生存期短的特点，通常是用毫秒或几分之一毫秒来测定的。湍动还具有两重性，湍动能分散纤维但又给纤维创造碰撞交缠的机会，一旦湍动衰减下来，纤维又将交缠成网络及絮聚团。因此在纸料流送中，纸料应保持一定程度的湍动。另外，由于设备结构和纸料流动的特点，故上网时机必须选择适度。

2. 纸料悬浮液的纤维絮聚

（1）纤维絮聚原因

纸料悬浮液的纤维絮聚，现在普遍认为是由于纤维与纤维之间相互发生磁撞产生机械交缠而连接起来的结果。一根纤维只要有三个交替地与其他纤维接触的点，就能形成纤维絮聚物的基本构造，若絮聚进一步发育，就结合成纤维絮聚物，而条件适当时纤维絮聚物再进行互相作用，逐步形成连贯的结构并稳定下来，成为一个具有弹性及强度等固体力学性质的纤维网络。它是纤维互相搭接、交叉而形成的稀疏的网络状结构。纸料悬浮液中，除纤维网络外，还有絮聚团，有些絮聚团还包含着粒子少于 200 目的微粒。絮聚团比纤维网络更加坚固，分散时需要比纤维网络更大的剪切力。

（2）湍动与纤维絮聚的关系

如果纸料的湍动强度低，纸料内絮聚物的纤维缠结强度足以阻碍湍动的作用，而使絮聚物不分散。另外，湍动尺度很大时（例如流浆箱内堰池的大尺度涡流）又能完整无损的将絮聚物存在于大涡流之中，也不能分散絮聚物。高强微湍动能分散纤维絮聚物，但过强的湍动却给消能带来困难，小尺度的湍动对流浆箱的整流元件的结构提出更高的要求，这是一个矛盾。因此，可以认为纸料的湍动与纸料的纤维絮聚有一定平衡关系，必须采取措施控制这个平衡关系，让它向有利于分散絮聚，而整流元件的结构也趋于简单的方向发展。

从理论上看，为了更好地分散纸料中的纤维絮聚物，湍动必须作用于每根纤维。为了达到这个要求，湍动的尺度必须小于或等于纤维长度，例如 2mm 以下，这就是所谓的"纤维尺度"的湍动。这种尺度的湍动，可由纸料通过一个与"纤维尺度"大致相同的流道来产生，但这么细的流道很容易被纤维堵塞，因而在生产实际中是难以实现的。目前使用的各种类型的匀浆辊作为整流元件的流浆箱，所产生的湍动尺度都要比"纤维尺度"的湍动大得多。因而都未能取得完全分散絮聚物的良好效果。为了解决这个问题，近些年来，发展的高温动流浆箱、集流式流浆箱、气垫式流浆箱、阶梯扩散器流浆箱等，比较好地处理了上述矛盾，其整流元件都能够使纸料流产生高强微湍动，有利于纤维的分散。

第三节　供 浆 系 统

造纸机供浆系统是指从纸料制备系统的成浆池开始至纸机流浆箱布浆器的进浆口为止的部分，由纸料的调量和稀释、纸料的净化和筛选、纸料的脱气、消除压力脉冲和纸浆输送等部分组成。供浆系统的流程和组成，因纸机生产的纸张品种、纸料的种类、生产工艺及产量、设备类型等的不同而有所差异。供浆系统的主要作用是为纸机提供足够、合格（浓度和流量稳定）纸料，满足纸机生产能力的要求，为纸机的高效率运行和生产符合质量要求的产品提供重要保障。

一、短循环和长循环

为了更好理解供浆系统的作用和要求，几个专业名词需要定义：

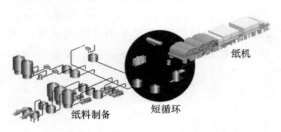

图 3-5　短循环位于纸料制备系统和纸机之间位置

1. 短循环

短循环是指来自纸机网下的白水（浓白水），用于稀释浓浆，然后稀释的浆料输送到流浆箱的系统。该系统位于成浆池后纸料计量和流浆箱之间，见图 3-5。图 3-6 是短循环的工作原理。短循环的主要任务是稀释上网浆料，除气和除去杂质，提高纤维和填料利用的经济性，优化纸页组分的尺寸分布，减少系统浓度和压力的波动，计量、混合染料、填料及其他的化学品。其流程见图 3-7。

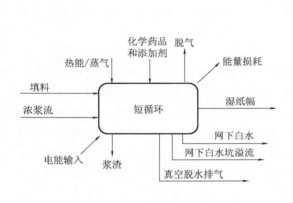

图 3-6　短循环的工作原理

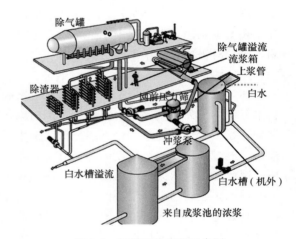

图 3-7　短循环的流程示意图

2. 长循环

短循环过剩的白水及从纸机其他部分收集起来的过程水，用于纸料制备系统的纸料的稀释和其他用途，这一循环流线称为长循环。在长循环中，通常装有纤维回收和水净化设备。

图 3-8 为典型的供浆流程示意图。该流程由稳压高位箱和定量控制阀组成的调量系统为纸机提供可控稳定的上网浆量，以保持纸机抄造纸页定量的稳定。调量后的纸料到网下白水池下部（冲浆泵的入口）通过冲浆泵与网下白水混合稀释，完成纸料稀释的过程，冲浆泵使用低脉冲冲浆泵；使用 4 段锥形除渣器组成的净化系统和 3 段筛选浆机组成的筛选系统不但可以保证上网浆流的净化筛选质量而且可以减少净化筛选损失。使用除气器可以有效的除去纸料中的空气和泡沫。这个流程包括白水的短循环系统和白水的长循环系统，白水短循环系统将网下白水池收集的浓白水通过冲浆泵与调量系统送来的浓纸料混合稀释，然后经过净化、除气、筛选系统处理，再送到流浆箱和网部。在这里需要指出的是通常上网浆料的浓度 0.3%～1.0%，因此网部脱水的量比较大，网下的白水（包括网下浓白水和真空系统的稀白

水）在短循环过程中是不可能用完的，因此往往需要在流程中设置多个机外白水池（塔）用于收集剩余的白水，并将之用于纸料制备系统或其他用途，这个过程就是白水的长循环过程。供浆系统的稳定需要有较完备的自动控制系统以保持任何时刻浓度和流量的稳定，为了清除供浆系统的压力脉冲，多数现代化供浆系统在纸料进入流浆箱之前，还配备有消除压力脉冲的脉冲衰减器。同时，对于中低速纸机而言，采用一个或多个大容积的成浆池以增加贮存量和贮存时间来提高成浆的稳定性，也是常见的工艺措施。因此，采用由高位箱向流浆箱供浆的流程要适合中低速纸机。

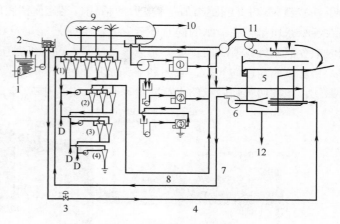

图 3-8　供浆系统流程图

1—贮存浓纸料的造纸机成浆池　2—稳压高位箱　3—定量控制阀　4—由纸料制备系统送来的浓纸料　5—网下白水池　6—冲浆泵　7—短循环　8—稀释后纸料　9—除气器　10—到真空和分离系统　11—流浆箱　12—长循环　（1）、（2）、（3）、（4）—由 4 段组成的纸料净化系统　①、②、③—由 3 段组成的纸料筛选系统

图 3-9 所示为冲浆泵供浆的流程。

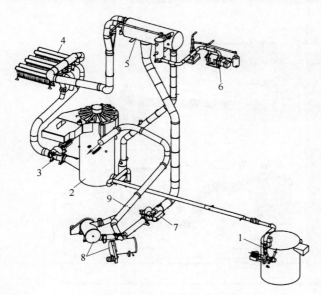

图 3-9　由泵向流浆箱供浆的方式

1—成浆池　2—白水池　3—冲浆泵　4—净化系统　5—除气器　6—真空系统　7—冲浆泵　8—压力筛　9—整流管

当纸机车速较高时，如采用高位箱向流浆箱供送纸料，高位箱就要安装在很高的位置上，这时，一方面操作管理不方便，另一方面，由于高位箱而提高厂房高度也是不妥当的。因此，在近代中高速纸机上，采用冲浆泵向流浆箱直接供浆。用冲浆泵供浆可适应大范围工作车速的供浆需要，供浆的调节和操作都很方便，一般是采用全封闭式。该封闭系统不设置敞开口的稳压箱，向流浆箱供送纸浆的整个系统都是封闭的，这对于消除浆团和防止空气混入很有好处。上网供浆量和供浆压力控制由冲浆泵及管路上的调节阀来实现。

近年来，随着纸机的幅宽增加和车速的越来越高，纸机的效率、能耗、环保等是实现成本优化的重要因素。供浆系统除完成上述在满足纸机生产产品质量要求同时保证稳定供给纸料任务外，其低能耗、低水耗（尤其新鲜水耗）、高效率等越来越受到业内的关注。

早些年，芬兰温德造纸湿部技术公司（Wetend Technologies Ltd Finland）开发的创捷系统——创捷湿部化学品瞬间混合系统开拓了使用流浆箱浆料作为混合喷射介质的先例，避免了耗费新鲜水用于化学药品计量后的稀释，迅速而彻底的瞬间混合大大节省了添加剂用量，并改善纸张质量，在节水的同时还节省大量的泵送能量及将水从常温加热到工艺温度的热能，同时减少温室气体 CO_2 的排放。尤为重要的是在改善纸张质量的同时提高了经济效益及生产效率。目前该公司已向北美、欧洲和亚洲地区的 19 个国家供应了近千套的创捷（TrumpJet）混合系统。该发明可使吨纸的水耗降低 $0.5\sim2.5m^3$，降低全厂清水用量的 $10\%\sim15\%$。

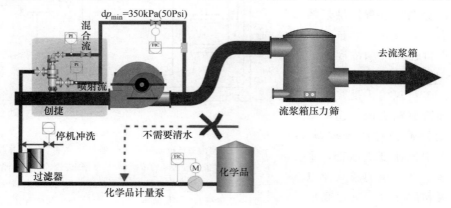

图 3-10　创捷（TrumpJet®）系统的概念

该系统中低速的化学品流不需要清水稀释直接经过混合站形成小体积的混合流和高速、高流量的喷射流在管道内部高速混合后渗透到管道中的浆料，达到充分混合的目的。

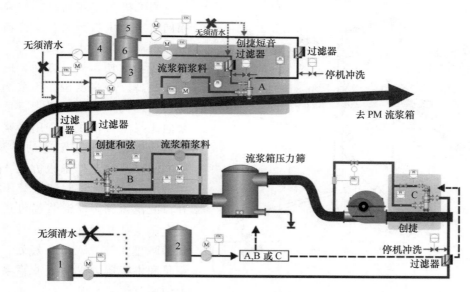

图 3-11　采用多个创捷混合站在接近流浆箱处混合添加多种造纸助剂的流程
1—淀粉　2—填料　3—施胶剂（ASA/AKD）　4—助留剂（高分子）　5—助留剂（微粒子）　6—助留剂（微聚合物）

二、纸料的调量和稀释

1. 纸料调量和稀释的目的和作用

纸料调量的目的是根据纸机的车速和纸页的定量，提供连续、稳定供浆，故也称为调浆。稀释则是根据纸机抄造的要求采用白水（一般是浓白水）将纸料冲稀至合适的浓度，以保证在抄纸过程中形成均匀的湿纸页。纸料稀释的程度取决于纸张的品种、定量和质量要求，纸料的性质，纸机的形式和结构特点等。

一般圆网纸机的稀释浓度比长网纸机低，为 $0.1\%\sim0.6\%$，而长网纸机为 $0.2\%\sim1.0\%$。一般来说，纸料稀释浓度越低，对纸页的匀度越有利。对长纤维的纸料采用降低的上网浓度才能保证纸页的匀度，但需要纸机的脱水能力也较大。

2. 调量和稀释的方法

在一般情况下，调量和稀释是同时进行的，纸料稀释一般使用网部的浓白水，以节约用水，并减少对环境的污染。调量与稀释最常用的方法为：冲浆箱、冲浆池和冲浆泵内冲浆等。在冲浆箱法中，纸料及白水在箱中通过溢流稳定液位，通过调节闸门的开启度来控制浆量及稀释白水量（见图 3-12 所示）。经混合后进入缓冲池再泵送到净化筛选工序。冲浆池法则是使用阀门控制经调浆箱稳定后的纸料直接放入混合池中，稀释白水由来自网槽的相邻白水池底部流入（见图 3-13 所示）。稀释后的纸料由泵从混合池送到净化筛选工序。上述的这两种方法适用于中低速纸机。

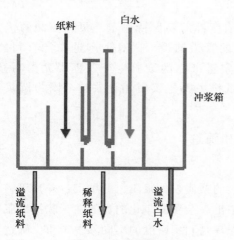

图 3-12　冲浆箱法

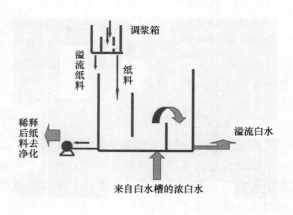

图 3-13　冲浆池法

冲浆泵内冲浆法多用于车速较高的长网和夹网纸机，冲浆泵直接与网下浓白水池相连，调后纸料直接引入管口，纸料和白水在冲浆泵内混合后送往净化设备，这是目前普遍使用的流程，如下主要介绍两种有代表性的流程方案。

一种是使用定量控制阀的冲浆泵内冲浆流程如图 3-14 所示，该流程通过稳压高位箱为定量控制阀提供稳定的压头的同时排除由纸料带来的游离状空气。在箱的末端回流能够把纸料中的泡沫带走，从而保证稳压高位箱的清洁等优点。在使用时应注意控制稳压高位箱液面的稳定，并尽可能减少回流纸料量。定量控制阀装置在尽可能接近系统底部的位置，使定量控制阀到冲浆泵的管道能够完全充满纸料。从而避免管道边出现积聚空气的空化现象，

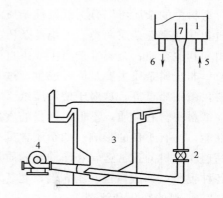

图 3-14　使用定量控制阀的冲浆泵内冲浆法
1—稳压高位箱　2—定量控制阀　3—网下白水池
4—冲浆泵　5—由纸机成浆池来纸料进口
6—回流到纸机成浆池纸料出口
7—通往定量控制阀的纸料出口

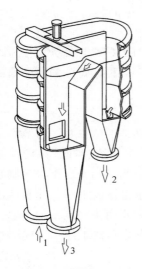

图 3-15　新型稳压
高位箱构造
1—由纸机成浆池来浆入口
2—到定量控制阀纸料出口
3—回流浆出口

保证纸机定量的稳定；进入纸机纸料量由纸机定量控制系统通过定量阀控制。使用低脉冲冲浆泵，尽可能减少供浆系统的压力脉冲。

在这个流程中，稳压高位箱的作用对供浆的稳定很重要。一种新型稳压高位箱构造示意图如图 3-15 所示。这种稳压高位箱的特点是从纸料的进浆口到出浆口、回流口是一弧形斜坡流道。箱体不挂浆、无死角、不夹带空气、出浆均匀稳定。

第二种流程是使用可控制速度成浆泵的冲浆泵内冲浆法，这个方法的特点是使用可控制速度的成浆泵取代稳压高位箱和定量控制阀起到调量的作用，可控制速度的成浆泵由纸机定量控制系统控制。通过变更和控制成浆泵的转速达到控制输送往冲浆泵的纸料流量。从而达到准确调量和稳定纸张定量的目的。与使用定量控制阀的方法相比，这个方法具有反应更快和控制更准确的优点。

无论哪种方法，纸浆浓度都需要保持恒定。泵速控制的优势在于更低的能耗和更简洁的管道铺设，这对生产是非常有利的，尤其是在生产一系列不同定量纸品的纸机生产过程中尤为明显。无论哪种方法下，现代造纸机中不建议使用调浆箱，因为调浆箱会产生污泥等问题。

三、纸料的净化和筛选

1. 纸料净化和筛选的目的和作用

筛选的目的在于除掉纸浆中相对密度小而体积大的杂质，如浆团、纤维束、碎片等，其原理是利用形态（几何尺寸及形状）的差异从纸料中出去杂质。净化的目的在于除掉纸浆中相对密度大的杂质，如砂粒、金属屑、煤渣等，其原理是利用密度的不同除去杂质。筛选和净化的作用是除去纸料中残余的杂质，并制成均匀分散的纤维悬浮液，满足纸机抄造要求。

纸料中的杂质可以分为纤维性杂质和非纤维性杂质两大类。非纤维性杂质可分为金属性杂质和非金属性杂质两类。纤维性杂质主要来自浆料的纤维束、粗大纤维、损纸中的碎片、浆团和其他杂质；金属性杂质主要来自设备管边腐蚀、磨耗和生产过程中混入的金属碎屑和微粒；非金属杂质主要是原料或生产过程中带来的砂粒、尘土和轻杂质如黏结物、热熔物、胶料，微细蜡点等，这对于使用废纸浆的抄纸系统尤为突出。

纸料中含有杂质，不但对纸张的质量，而且对纸机的抄造效率，成纸的使用和进一步加工性能，均有不良的影响。如杂质含量高的纸料会给印刷类纸张带来较高的尘埃度，还会影响高速印刷机的正常运转和印刷品的质量。纸料中的硬质粒子还会磨损成形器脱水元件、网和各种辊子（如压榨辊、压光辊，尤其是软压光辊）。

2. 纸料的净化和筛选

在供浆系统中，为了获得高质量的上网浆料，流程中一般会兼用净化和筛选设备，通常是把净化放在筛选之前。选用净化和筛选设备时，主要考虑如下方面：a. 效率要高，即渣浆中好纤维含量低；b. 适应性要广，能除去较多杂质的设备；c. 采用封闭式，防止带入空气产生泡沫；d. 占地面积要少，动力消耗要低。

（1）纸料的净化

净化工艺主要有重力除渣和离心除渣两种，前者指使用沉沙盘，而后者主要使用各种锥形除渣器和离心除渣机。沉沙盘目前基本不用，故重点介绍锥形除渣器。

锥形除渣器是一种高效的净化设备，其生产能力大，占地面积小，是纸料上网前净化操作中普遍应用的设备。

锥形除渣器是利用纸料流体在除渣器内旋涡运动产生的离心作用使纸料中密度较大的杂质与纤维分离的一种净化设备。上部为圆柱体，下部为圆锥体，柱体的长度比锥体的长度小。纸料从柱体的上部以切线方向进入除渣器内旋转着向下运动，产生的离心力将杂质抛向器壁，纸料旋至锥体末端后改变旋转方向从内层上升至顶部良浆出口排出，杂质则由重力的作用沿器体的内壁下沉至下部排渣口

图 3-16　锥形除渣器

排出。轻质除渣器的渣是从顶部排出。锥形除渣器和轻质除渣器的示意图见图 3-16 和图 3-17。

锥形除渣器的除渣效率、生产能力、排渣量、能耗与除渣器的结构尺寸、进浆压力、进浆浓度有关。可根据纸料种类和性质、工艺条件、产品的质量要求进行选型。锥形除渣器在一般情况下，是不单台使用的，而是若干台组合起来使用。为了降低排渣中好纤维的含量，减少流失，对排渣进行多段处理；为了进一步提高良浆质量，对良浆进行多级处理。需要注意的是，随着段数和级数增加，能耗也是相应增加。在纸机供浆系统，以采用一级多段处理为宜，一般采用三段，但也有一些生产规模大的纸机采用四段。

（2）纸料的筛选

为了获得更好的上网浆料，几乎在所有纸机的供浆系统中（纸机流浆箱前）会安装至少一台压力筛。压力筛的性能优劣对进一步除去纸料杂质、制备均匀的纤维悬浮液非常重要，可以说压力筛是上网浆料最后一道屏障。除此，还需具有好的机械稳定性和操作可靠性、高

图 3-17　轻质除渣器

的除渣效率、低的压力脉冲、低的能耗，及在保证筛选效率的同时具有较高的通过量。其工作原理：浆料以一定的压力沿切线方向进入压力筛，由于筛鼓内外保持一定的压力差，加以旋翼在转动时，旋翼内侧和筛鼓内表面的间隙不断发生变化。即由逐渐收缩后逐渐变大，这样在旋翼和筛鼓之间的每一个瞬间，在旋翼的前部形成一个正压区、中部为平衡区、尾部为负压区，在负压区筛鼓外的良浆往回冲，起着自清洗的作用，以保持筛孔畅通，当浆料离开翼尾负压随即消失，良浆又依靠另一个旋翼的推动再往内流，开始下一循环，浆渣则落入下部通过浆渣阀排出。压力筛利用压力脉冲代替机械震动完成筛选过程（见图3-18）。

压力筛性能主要取决于筛鼓和转子，近十几年来，缝筛取代孔筛已经成为主流。先进的筛鼓技术引领并推动了焊接式筛鼓的设计工艺，它能很好地增加开孔面积并优化棒条的形状以允许使用更细的棒条，这样筛鼓

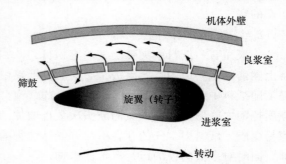

图 3-18　旋翼在筛鼓内作用于浆料局部示意图

的效率更高，筛选的洁净度会更好，也意味着在保持相同生产能力的同时可使用更细的筛缝。

生产过程的工艺操作和设备工况对筛选效果起着重要的作用，综合网前压力筛的技术特征，影响筛选效果的主要因素如下：

① 转速。转速是重要的影响因素。如转速过低，离心力不足，则好纤维与杂质分离作用小，细浆通过量少，产量低，筛板易堵，好纤维损失增加。若转速太大，则离心力过大，产量虽可提高，但浆渣强制通过的也多，筛选效率降低，动力消耗增加。

② 筛鼓缝宽（孔径）。筛鼓的筛缝（孔径）大小可控制通过的杂质尺寸。因此缝宽的选择应根据浆料种类，进浆量及浓度，杂质的形状大小，筛后浆料的用途来确定。

③ 进浆浓度与进浆量。每一种型号的筛选设备都有其相应的最适宜的进浆浓度。进浆浓度增加，良浆中杂质相对减少，排渣量增加，纤维损失将会增加。在一定范围内增加进浆浓度，则生产产量增加，筛选效率提高。

④ 浆料品种。不同种类的浆料，纤维长度与滤水性能不同，筛选效果亦有差别。生产必须考虑与此相关的操作条件的变化。

⑤ 旋翼与转鼓的间隙。旋翼与转鼓的间隙对除渣效率影响很大。间隙小除渣效率高，但过小就会增加电机负荷，筛板易堵塞。

⑥ 筛选压力差。筛选压力差过低通过量少，但压差大筛选质量差，一般维持压差 5～25kPa。

⑦ 空气的影响。如浆料混入较多的空气，使筛内浆料中的空气溢出，聚积在筛的顶部，会造成浆料流量波动，降低筛选效率。

四、纸料的除气

1. 空气在纸料中的存在形式

纸料中的空气以三种状态形式存在：一种是游离状，以微小气泡的形式分散在纸料中或以泡沫的形式存在；另一种是结合状，吸附在纤维上；还有一种是溶解状，溶解于水中。以这三种状态存在于纸料中的空气是可以互相转换的，当压力、温度和环境发生变化时，结合状或溶解状的空气可以转变成游离状的空气。在纸料中，由于游离状态空气能够改变纤维的相对密度、纸料的可压缩性和滤水性，而且存在于纤维与纤维之间和附着在纤维之上的空气泡往往又是形成泡沫的主要原因，因此游离状态的空气对纸料性质影响较大。结合状态的空气一般是吸附在纤维之上的空气，也能够造成泡沫，并降低成形部的脱水率。而溶解状态的空气对纸料性质的影响不大，在一定的条件下这三种状态的空气是可以相互转换的。如在泵送纸料的过程中，由于泵增加对纸料的搅动和剪切作用，能够将结合状态的空气转变为游离状态的空气。

2. 纸料中空气的危害

一般而言，纸料中夹带空气的容积量约 0.25％～8.0％，对于纸张的生产而言，尽可能将上网前的纸料中的空气除去是必要的。纸料中空气的存在会影响成纸的质量，如成纸的粗糙度随纸料中空气量的增加而增加，小的气泡会引起透明点而大的气泡容易引起孔洞，抗张强度也随之降低，网部纸页的断头次数也增加。形成泡沫的过程富集的杂质使设备和成形网容易变脏。纸料中空气的存在引起好氧黏性物的增加，导致清洗次数和洗涤化学品用量的增加，同时对多数的泵的运行有负面影响。

上网浆料中空气的存在对纸页网部脱水和干燥部的效率也产生不利的影响。如妨碍网部脱水，增加网部流动阻力，降低过滤效率 20％～25％，同时导致压榨部脱水的减少，增加干燥部蒸汽消耗从而增加了运行成本。

纸料中生成泡沫的原因主要有浆料洗涤欠佳、纤维润胀不完全、不恰当的搅拌、系统的密封不良和纸料中含有易产生泡沫的化学物质等。少量的空气一般是在搅拌与浆流跌落时混入浆中的。主要的空气来源在于使用了网下白水。从纸机成形部来的自由排水，落入集水盘中，再汇集到成形网下白水槽，这些白水不可避免地吸入了一定的游离空气。总而言之，除去纸料中的空气（气体），避免在流浆箱产生泡沫，从而改进纸页成形，解决纸页中出现的泡沫点，针眼等纸病；获得更好的成形匀度和低的管道系统脉冲，使纸页的定量更加稳定以及使成形部获得较好的脱水能力。

3. 除气方法

除气方法主要有两大类：化学法和机械法。

① 化学方法。在纸料或白水中添加表面活性剂或高级醇、水性有机硅等，但必须注意添加消泡剂带来的负面影响；消泡剂降低气泡的表面张力，导致气体的溶解性增加，也使小气泡破裂而变成大气泡，加快气泡升至表面的速度，从纸料或白水中溢出。在白水塔中，也可以看到明显的消泡。过多使用消泡剂，会降低纸料质量和使毛毯和成形网变污，化学消泡（除气）主要是降低游离空气的量，尽量避免不必要空气量的增加。

② 机械法。用高压水、热蒸汽、除气设备（如除气罐）除气。一些空气在除渣器、泵和池槽中可除去，这种自然除气应该在设备和管道设计中加以考虑。泵可溶解相当部分的气泡而不改变空气总含量，大量的除气在网下白水坑和网部中完成。白水坑的尺寸要注意，使白水落下的速度不超过 0.15m/s，以使气泡顺利升到表面；空气不能全部单靠通过设备的设计和化学品来除去，唯一可以全部除气的方法就是采用除气罐，这个方法能够有效地除去纸料中的空气，包括游离状态、结合状态和溶解状态的空气，因此在现代的纸机系统特别是高速纸机中基本采用除气罐除去纸料中的空气，其主要原理是通过真空泵在除去罐内形成真空，使空气（或气体）从纸料中分离。图 3-19 为除气罐的工作原理示意图。

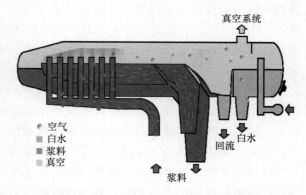

图 3-19　除气罐的工作原理示意图

五、供浆系统的稳定性

为了保证产品的质量和生产效率，生产过程中的条件必须稳定。浆流的稳定性及其浓度至关重要，可以通过设计和过程操作对其进行控制，特别是在现代高速纸机和低水耗的条件下，系统的稳定性与用水系统、短循环、湿部系统等部分的诸多因素密切相关。

在供浆系统中，除浓度是否稳定外，纸料压力变化和压力脉动是最为重要的参数。压力脉冲是引起纸页定量纵向波动最普遍原因。

1. 纸页的纵向定量波动及其控制

（1）纸页纵向定量波动的概念

纸页的定量波动，可分为横向波动和纵向波动两个方面。一般认为，纸页的横向波动是由布浆总管和流浆箱设计或操作不当引起的，而纸页定量的纵向波动则是由供浆系统的压力脉动引起的。纵向定量波动是指纸页的纵向厚度不匀。纸页纵向定量分布的均一性是评价纸张结构均一性的重要指标，纸页纵向定量分布的均一性一般以纸页纵向定量波动的状况来表示。

图 3-20 是一台车速 700m/min 的新闻纸机纸页纵向定量波动状况示例，所示的曲线是

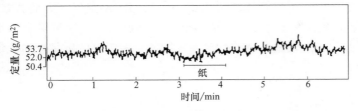

图 3-20　纸页纵向定量波动状况示例

由纸机在线定量 β 射线测定仪测得的纸页纵向定量变化状况，从图中可以看到在纸页抄造过程中，纸页的纵向定量是不断地发生变化的，评价变化状况有两个指标：一个是变化的频率，一个是变化的幅度。变化的频率是指每秒钟变化的次数，变化的幅度是指每次变化的数值。

（2）纸页纵向定量波动对纸机生产和产品质量的影响

纸页的纵向定量波动不但影响纸张的使用性能，也影响纸机的正常操作。纸页纵向厚度不匀会造成纸机生产过程经常断头及干燥纸页收缩不匀而起皱，也会影响后续的涂布加工或者印刷的质量。

（3）纸页纵向定量波动的状况和特点

纸页纵向定量波动可分为非周期性波动和周期性波动两种状况。非周期性纸页纵向定量波动的特点是波动是无规则的，没有特定的频率，但在一般情况下其波动的频率比较低（一般在 1Hz 以下），但幅度比较大。由于非周期性纸页纵向定量波动没有特定的规律，因而必须通过对纸页纵向定量波动进行较广泛的监控和测定才能确定其波动状况。周期性纸页纵向定量波动的特点是波动是有规则的，有一定的频率范围，一般情况下，波动的频率比较高（一般频率在 1～250Hz）。由于周期性纸页纵向定量波动有较强的规律性，因而通过对供浆系统压力脉动和设备振动的测定和纸页纵向定量波动的分析均能较准确确定其波动状况。目前先进的纸机系统在线实时监控关键设备振动情况的装置。

（4）纸页纵向定量波动的原因及其消除方法

造成纸页非周期性纵向定量波动的原因主要是：在纸浆流送过程中高湍动区域发生浆流分离的现象、纸料中含有空气、在流送过程中不同纸料流的不适当混合、浓度波动、除气器回流浆料波动、稀释调量系统控制不当、白水盆和网下白水池设计或操作不当造成液位不稳定等。解决的办法主要是在运转过程中加强对各有关部分的检查和控制，保证操作条件的稳定和各部分控制参数的稳定，并认真检查和排除管道和设备（如流浆箱）中的空气和尽可能除去纸料中的空气。

造成纸页周期性纵向定量波动的主要原因是设备（如筛浆机、冲浆泵）的压力脉动和建筑物及设备（如各种设备支架）振动。在一般情况下其造成的纸页纵向定量波动的频率在 1～250Hz，其中较低频率部分（1～60Hz）主要是由设备的压力脉动造成的，而较高频率部分（60～250Hz）则主要是由建筑物和设备振动造成的。在解决振动造成的纸页纵向定量波动时要特别注意解决振动的共振问题，由于压力脉动造成纸页纵向定量波动的频率段是纸页纵向定量波动的主要频率段，也即供浆系统的压力脉动是影响纵向定量波动最主要的因素。图 3-21 是短循环中压力脉冲源的频率带。

2. 供浆系统压力脉冲对纸页纵向定量波动的影响

（1）压力脉冲的概念与性质

供浆系统的压力脉冲是指流送过程能引起上网纸料浓度不均匀和体积流量变化造成纸页纵向定量波动的压力波动。

供浆系统压力脉动的表现形式是纸料流动的速度波动。这种压力脉动在流体中是以波的形式传播的，只要脉动源稍有压力变化，就会很快地传递到系统中的其他部位，引起相应的速度变化。

供浆系统的压力脉冲会使供浆过程发生二次流动，产生了波的叠加，其结果会引起纤维的集结，造成纸料流的纵向浓度不均匀。供浆系统的压力脉冲会带来上网纸料喷浆体积流量的变化。纸料流的纵向浓度不均匀及上网纸料体积流量变化均会造成上网纸料中绝干纤维量的变化，从而引起成形纸页的纵向定量波动。

（2）产生压力脉冲的原因

造成流送系统中压力脉冲的原因很多，其中泵和压力筛产生的脉冲过大，设计不良的管道中的积气振动，水击及管体振动等，也是造成浆流中压力脉冲的重要原因。

供浆泵的叶轮在旋转时，叶片每通过一次切割区，由于叶片的压缩，浆流突然地从高压区进入低压区。这样反复循环，就会产生浆流的压力波动。要减少这种压力波动，除合理操作外，主要是选用设计合理的低脉冲浆泵。的双吸式离心泵后，压力波动有明显降低。

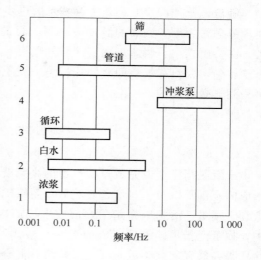

图 3-21　短循环中压力脉冲源的频率带

如国内某新闻纸厂采用芬兰 Ahlstrom 公司制造该浆泵的翼轮从中间隔开，两半边翼片的部位中间错开，由两边汇合出来的浆料会相互抵消部分压力脉动。低脉冲冲浆泵结构如图 3-22 所示。

在流送系统中采用无脉冲或低脉冲泵和压力筛，合理设计管道等，都是减少浆流脉冲的有效措施。但要完全消除脉冲是困难的，为此在流浆箱前还要设置脉冲抑制设备，以进一步减少浆流中的脉冲。

（3）压力脉冲的衰减和消除

首先在工艺操作上，针对不规则压力脉冲的来源合理控制工艺，如白水池、冲浆池、高位箱要有稳定的液位，最好控制有一定的溢流量；防止管道、设备的漏气，减少气泡带入。其次在流程设计和管道安装上配置要合理，尽可能保持纸料流动的稳定，如纸料先经立式离心筛再经锥形除渣器时脉冲幅度较小；多台产生脉冲源的设备，如冲浆泵与立式离心筛及离心筛之间，要选择合适的转速，使它们所产生的压力脉冲能够互相衰减或抵消而不是互相叠加；在管线、阀门及弯头安排上，位置要合理，并有一定的倾斜度，防止产生二次流动及气泡的积聚。

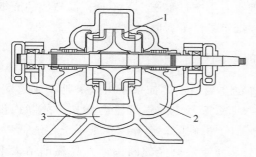

图 3-22　低脉冲冲浆泵
1—吸入　2—翼轮　3—排出

随着低脉冲冲浆泵和压力筛技术的进步和除气罐的应用，根据纸机生产的品种及其质量要求考虑是否配置网前的脉冲衰减器。目前压力脉冲的衰减器可分为接触式和非接触式两类。在接触式中，浆流表面直接与气垫接触，利用气垫的弹性抑制脉冲。在非接触式脉冲消除设备中，浆流和气垫间有膜片相隔，利用膜片及气垫的弹性来衰减和消除脉冲，目前工厂多采用非接触式的。

第四节　损 纸 系 统

损纸是指生产或完成过程产生的废弃纸页，包括来自网部的切边、压榨部引纸或断纸时形成的湿纸页以及干燥部、施胶部、卷纸机和复卷机开机或断纸时产生的纸页。可分为湿损纸和干损纸。湿损纸是指干燥部前形成的损纸。干损纸是指干燥部后的损纸。在纸料系统中，损纸泛指再碎解后形成的纸料。通常，所有的损纸都会重新用来制浆（碎浆）、洗浆、筛选等并储存起来，后与其他浆料组分混合后再进行抄造，因此损纸系统也是纸料系统的组成部分。在特种纸或染色纸的生产中，出于对纸张质量或其他原因的要求，会限制损纸的使用。

损纸系统的设计及优化，对纤维原料的充分利用、成纸品质的保证和纸机的运行效率越来越重要。损纸处理系统作用是将来自纸机和完成工段的损纸处理成适合回用的纸料，目的是防止回用的损纸对纸机运行和成纸性能的影响，同时减少损纸系统排出的纤维和填料废渣，提高工厂对原料利用的经济性。损纸系统一般包括来自伏辊池、压榨部损纸池、施胶部损纸、干部损纸池的损纸的贮存、碎浆、净化/筛选、调浓和计量等部分。

一、损纸系统的要求

损纸系统的主要作用是保证纸机断纸时可以起缓冲作用，同时将损纸碎解处理至纸机可利用的形态。因此必须具有足够的处理能力，设计时保证在最大能力时纸机断纸的需要，既可以处理正常情况下形成的损纸，还需要可以处理有时生产过程产生的不合格品造成的废纸的回收利用。损纸池的设计结构要合理科学，使损纸容易滑下。同时要注意能耗。

二、损纸的处理及利用

获得良好稳定的纸浆质量是损纸系统正常工作的主要目的，如果断头现象延长或频发，那么纸浆中的损纸量会增加。故障或设计上的缺陷，会导致损纸系统性能低劣，从而导致更多的断头，并且逐渐增大上网浆料中损纸的比例。因此，对于损纸系统，合理的设计和有效的容量是必不可少的。损纸总容量一般相当于2～4h的净产量。

损纸处理及利用包括如下几个部分：a.损纸输送；b.制浆（碎浆）；c.储存；d.洗涤和筛选；e.计量及配浆。如图3-23所示。

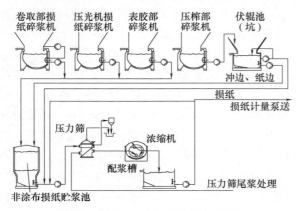

图 3-23　损纸的来源及处理利用流程

损纸系统中所有的机械碎浆机和设备，都有足够的能力来处理最高产量下的损纸量。另一方面，如果在很长一段生产期内没有出现断头现象，那么损纸系统从损纸储浆塔到损纸配浆过程应该保持正常运行，在这种情况下，损纸仅是由冲（切）边、卷纸机损纸以及可能在复卷机踢纸辊中出现的损纸所组成，这些损纸的量只占最大产量的百分之几。所以，可以通过损纸循环来保证损纸筛和损纸高频疏解机的正常运转。在多纸种纸机中，如果两纸种不匹配则会导致一些特殊问题。在这种情况下纸种不会产生明显变化，长时间的系统清理是必需地，所以，通常情况下多纸种纸机不适合使用大型单一损纸贮浆塔。在多纸种变化中，储存的损纸可能不适合新纸种而被舍弃。出于这种原因，湿损纸要立刻使用。为了使多纸种纸机具有一定的灵活性，往往会牺牲系统的稳定性，特别是在发生断头的时候。在发生断头时，泵送到纸机中的损纸浆比例增大，会导致新断头的发生。

对于涂布纸生产，损纸浆浓缩和储存会使用两条损纸生产线，一条用于未涂布损纸，另外一条则用于涂布损纸。涂布和未涂布损纸通常在单一的筛选系统里一起处理，这样可以使压力筛连续工作。因此，涂布和未涂布损纸可在损纸筛选池中进行配比混合。此外，对于其他系统。涂布和未涂布损纸是分别进行筛选的，而筛选出的废纸会送到第二筛选系统和第三筛选系统，然后在混浆池中配比混合。此外，涂布颜料的颜色会出现在涂布损纸中。为了控制涂布损纸的数量，以及添加到纸浆中的颜料数

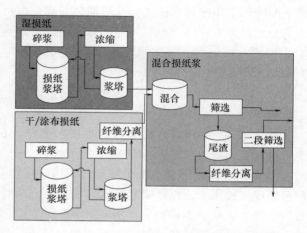

图 3-24　湿损纸、干损纸、涂布损纸的处理流程

量、收集、浓缩和储存都要独立于未涂布损纸系统之外进行。独立系统具备单独的损纸储存，而洗涤和其他损纸处理过程可以合并在一起进行。

典型的涂布损纸系统与非涂布损纸系统相似，所用损纸通常会流经一台高频疏解机，正常情况下，系统中含有 pH 控制系统，这是因为当损纸储存时，涂布损纸中的添加剂可能导致化学反应，使系统 pH 发生变化。在一些特殊应用里，比如具有高浓度黏合剂的特殊涂布颜料以及一些高级需求，这时需要安装一台分散机或搅拌机来粉碎涂料颗粒。特别是在一些低定量涂布纸中，盘状小颗粒或未完全粉碎的涂料颗粒会导致纸病的产生。粗糙颗粒也会进入到浆料洗涤系统中，并导致更多的颜料损失，除非这些颜料可以从洗浆机废弃物中回收。使用浓缩压榨是因为分散机或碎纸机在运行时损纸浆的浓度在 30% 或更高。压榨滤水经循环返回到涂布损纸制浆系统时，滤水的循环过程会在独立的水循环处终止，这个过程会减少进入纸机的有害物质。利用溶解气体浮选法来处理循环水，可以有效降低疏水物质（白树脂）的含量。

对于有湿强的损纸，为了降低湿强损纸的碎浆、疏解时间，有时候需要加入化学助剂，并加入蒸汽来提高温度。

第五节　白水系统和造纸用水封闭循环

白水系统是纸料供浆系统和湿部成形的重要组成部分。所谓白水是指在纸机网部，纸幅

成形时脱除的水以及真空箱和压榨进一步脱除的水，统称为白水。网案前段脱除的水称之为浓白水，网案后段（真空脱水箱）及其他地方脱除的水称之为稀白水。造纸厂白水的回收利用，不仅在节约纤维、填料等方面具有经济意义，而且对于节约用水、减少污染及回收热能等方面具有现实意义。当前，造纸清洁生产及白水封闭循环回用已成为造纸工作者的共同目标。

造纸白水的循环回用，就是采取工艺与装备联动，一方面，可以回收白水中纤维、细小纤维和填料等；另一方面，对系统用水进行净化至可再利用，从而减少清水用量，降低废水排放量和固形物流失量。纸厂内最有效的方法，就是采用纸机白水循环系统来处理纸机白水。

从网部脱除的部分白水，又回用于稀释进入流浆箱的浆料，这个称之为"短循环"。在网上脱除的不用于稀释流浆箱浆料的另一部分白水，则引送去更前面的生产工序，这部分称之为"长循环"（见本章第三节）。随着白水循环回用技术的进一步发展，以及处理纸机白水工艺的进一步完善，经处理后的纸机白水其回用程度越来越高，吨纸用水量可降低到 $5 \sim 20 m^3$。

一、造纸车间用水

造纸车间用水用于纤维浆料的输送和稀释，在网上脱水时用来固定纸幅。在生产过程中，水具有不同的用途，如图 3-25 所示。

图 3-26 所示是多数造纸车间日常用水系统图，造纸车间用的清水主要用于化学品和助剂稀释或制备用水，以及喷水管水、密封水、润滑水、锅炉用水等；少量水的进入是以蒸汽的形式进入系统，如部分蒸汽用于网部喷淋、添加剂的制备等。进入抄纸系统的水主要有两个来源，一是由浆料制备系统送来的液体浆（一般浓度为3%左右），另一个是造纸过程中使用新鲜水带进来的水量，在造纸过程中新鲜水主要用于流浆箱（敞开式流浆箱和气垫式流浆箱）的喷雾、成形部和表面施胶的喷淋、辅助材料的溶解稀释、真空系统的密封水、各个辅助系统的冷却用水等。一般情况，车速高、产量大的纸机单位产品新鲜水耗用量一般低于车速低、产量小的纸机。

而对于制浆造纸一体化的工厂，其用水系统见 3-27。

水的供给和需求相互匹配，可以减少水耗，特别是新鲜用水的使用量。在实际生产中，

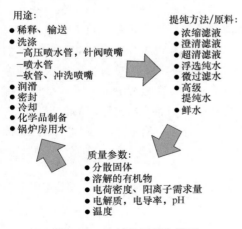

图 3-25　造纸车间用水循环

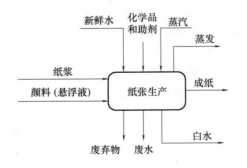

图 3-26　多数造纸车间日常用水系统

根据每个工艺工序的要求，做到针对性用水，同时可收集各用水点的排放水进行处理然后加以利用，降低生产过程总耗水量。为达到这个目的，一方面要合理地使用清水（新鲜水），尽可能地使用回用的澄清水，如在喷淋方面除了高压喷淋水需要使用清水外，低压喷淋水应尽可能使用回用的

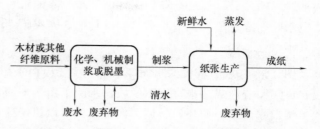

图 3-27　制浆造纸一体化工厂日常用水系统图

澄清水；用澄清水溶解填料；冷却水经处理后尽可能循环使用；通过改进系统的设计降低真空系统清水用量等。另一方面要提高白水回收系统澄清水的质量，使造纸系统能够尽量使用澄清水，多余的澄清水也可以送到制浆系统使用。

　　由于造纸过程中新鲜水用量和排放量的减少会导致积累在系统中的非过程物质的增加，减少到一定过程时，会由于系统中非过程物质的大量增加而对造纸系统的正常运转和产品质量造成不良的影响，因此在造纸过程中使用数量合理的新鲜水和保持合适的排放量是必要的，至于合理的数值则与产品品种和质量要求、造纸过程的装备和工艺技术水平、白水处理的设备和技术水平有关，应结合具体生产实际情况确定。

二、造纸过程的新鲜水

　　由于纸机干燥部在生产过程中要消耗蒸汽，并且洗涤和筛选废弃物时也要排出废水，这就需要不断添加一定的新鲜水。现代造纸厂中的新鲜水使用量大概在 2～20L/kg 范围内，见表 3-2，主要用于冲洗、清洗、密封、润滑和化学品制备等，特殊工艺技术或特种纸造纸厂的新鲜水消耗量高达 100L/kg 或更高。在过去的造纸厂中，由于落后的过程设计新鲜水消耗量可能会更高。表 3-2 显示的是 1971 年自今新鲜水消耗量的平均值，可以看出新鲜水消耗量正在不断降低。与 20 世纪 70 年代相比，现代造纸厂新鲜水用量视纸张品种的不一样，降低了 90%～95%。耗水量大幅降低，这主要得益于回收设备的使用、有效地生产用水储存、更高效的机械设备、不同水质的分离技术以及过程设计的整体改进。目前先进的新闻纸造纸系统每生产 1t 产品耗新鲜水量为 10～15t。先进的纸板、牛皮纸造纸系统每生产 1t 产品耗新鲜水量甚至可降至 2.8～8.0t。

表 3-2　　　　　　　　现代造纸厂与 1971 年造纸厂在特殊新鲜水消耗上的对比

纸　种	现代纸厂新鲜水耗量/(L/kg)	1971 年[a] 纸厂新鲜水耗量/(L/kg)	纸　种	现代纸厂新鲜水耗量/(L/kg)	1971 年[a] 纸厂新鲜水耗量/(L/kg)
新闻纸	5～15	85	纸巾纸	5～15	290
非木材纤维纸	5～10	180	衬板纸和瓦楞纸	2～10	40～85
超级亚光纸	8～15	120[b]	复合纸板	8～15	130
低涂布置纸	8～17	—			

注：[a] 瑞士纸厂；[b] 杂志用纸。

　　降低新鲜水消耗量的主要方法有：a. 合理的规划新鲜水消耗或有效排放；b. 新鲜水处理；c. 有效处理和可能的有效排放成本；d. 过程节约：纤维、细小纤维和填料；e. 节约能耗；f. 可用新鲜水；g. 如果新鲜水减少表示生产用水供给的减少，那么生产稳定性更高。

三、白水系统及其封闭循环

1. 白水系统

图 3-28 所示为纸机的水循环系统，主要由白水短循环、长循环、损纸系统及纤维回收、白水回用系统组成。来自网下的浓白水除了用于上网浆料的稀释以外，多余的和来自网部后段的稀白水用于长循环，长循环白水不仅可以用于稀释纸浆、处理损纸用水，而且可以用作打浆用水、贮浆池用水、辅料制备用水，经过纤维回收净化后还可以进一步用来代替清水用作喷水管水、密封水等，这样可以显著减少清水用量。

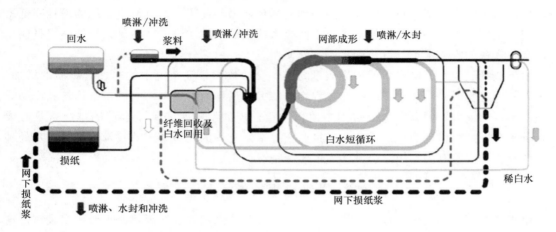

图 3-28　纸机水循环系统

从节水的角度出发，造纸车间内凡能使用白水的部位，应尽量不使用清水，最大限度地回用白水，实现系统的封闭。清水系统的任务有药品的溶解、喷水管用水、生产中的洗刷用水、密封水和冷却水等。凡是有浆料稀释用白水的地方，都要有备用清水管，以便在长时间停机后再开机时，以及局部白水量不足时，用清水补足，以维持正常的开机操作和运转。由于造纸过程中新鲜水用量和排放量的减少会导致积累在系统中的非过程物质的增加，减少到一定过程时，会由于系统中非过程物质的大量增加而对造纸系统的正常运转和产品质量造成不良的影响，因此在造纸过程中使用数量合理的新鲜水和保持合适的排放量是必要的，至于合理的数值则与产品品种和质量要求、造纸过程的装备和工艺技术水平、白水处理的设备和技术水平有关，应结合具体生产实际情况确定。

2. 白水的主要组成

白水组分比较复杂，一般由有机物（短小纤维类、来源于浆料的溶剂抽出物、溶解性木素、过程添加化学助剂），无机物（填料、瓷土、无机盐金属离子和酸根离子等）等组成。影响白水组成的因素：a. 浆料种类；b. 纸机类型；c. 浆料中填料等非纤维的含量；d. 成形网特性、吸水箱数量与性能；e. 技术装备水平。为了便于对造纸系统白水的组成进行分析，一般使用总有机碳含量（TOC）、总溶解固形物含量（TDS）、总悬浮固体含量（TSS）和总固体含量（TS）等概括表示造纸系统白水的主要组分。表 3-3 为白水的化学组成和来源。

总有机碳（TOC）含量表示造纸系统白水中碳有机物的含量，它主要来自木素、纤维素、半纤维素等的水解产物，分别以溶解物、溶胶和悬浮物等三种状态存在。总溶解固形物（TDS）含量表示造纸系统白水中溶解物质的含量，它主要是盐类。总悬浮固体含量（TSS）

表 3-3

白水的化学组成和来源

物质形式	化学组成	来源
纤维	纤维素、半纤维素、木素、抽出物等	机械和化学制浆过程
细小纤维	纤维素、半纤维素、木素、抽出物等	机械和化学制浆过程
矿物质	硅酸盐	填料、涂布颜料
	碳酸钙	脱墨废纸浆
	硅、膨润土	助留剂
	脂肪酸及其皂化物	机械和化学制浆、脱墨剂
	树脂酸和盐	机械浆、树脂、施胶
表面活性剂	非离子型表面活性剂	分散剂
	烷基硫酸盐、硫化物	涂布损纸
	烷基胺	消泡剂
	半纤维素	机械和化学制浆
	木素	机械和化学制浆
溶解的聚合物	CMC、PVA	机械制浆
	阳离子聚合物	助留剂
	硅酸盐	漂白化学品
分散颗粒	不溶性脂肪酸和树脂酸	抽出物、施胶剂
	苯乙烯-丁二烯、丙烯酸盐	涂布损纸、脱墨废纸浆
	PVAc(聚醋酸乙烯酯)胶乳、乳化剂	消泡剂、抽出物
无机物	金属阳离子、各种阴离子	水、矿物质、硫酸铝、纸浆
气泡	空气	环境空气
	二氧化碳	碳酸钙

表示造纸系统白水中悬浮固体物的含量。总固体含量由总溶解固形物含量和总悬浮固体含量构成。

近年来，出现一种与上述常用的表示水质方法不同的表示造纸系统白水组分的方法，将造纸系统白水中的全部溶解物质和胶体物质归为一类，称为溶解与胶体物质（DCS）。DCS来源于浆料的溶剂抽出物、溶解性木素、过程添加化学助剂、无机盐金属离子和酸根离子等。溶解与胶体物质是一个在物理和化学性质有很大差异的微细物质组群，具有胶体状态的不稳定性。白水中固形物的尺度见表 3-4。

表 3-4

白水中固形物的尺度

组成	长度/μm	宽度/μm
纤维	600～3500	30
细小纤维	小于 150	30
填料	1～5	1～5
胶体物质	小于 1(相对分子质量在 1000～1000 万间的聚合物)	小于 1

3. 白水封闭循环和"零排放"

除了按长、短循环来划分白水系统外，还可根据白水浓度的高低划分为三级循环来回收利用。第一级循环是网部的白水，用于冲浆稀释系统。第二级循环是网部剩余的白水和喷水管的水等经白水回收设备处理，回收其中固形物，并将处理后的水分配到使用的系统。第三级循环是纸机废水和第二级循环多余的水，汇合起来经厂内废水处理系统处理，并将部分处理水分配到使用的系统。图 3-29 为造纸车间白水循环分级的示意图。

① 第一级循环。真空箱之前的浓白水，其水量及内含的固形物量，都占网部排水的 60%～85%，这部分白水应全部用于纸料的稀释。一般来说，纸页进入真空吸水箱之前的干度，低于调浆箱处纸料的浓度，因此该部分白水往往可以全部回用于稀释，不足的部分用真

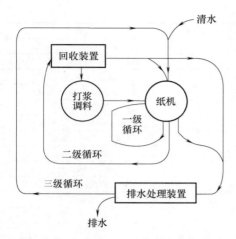

图 3-29 造纸车间白水的三级循环

空箱白水补充。但如果流浆箱中消泡水、网上定边板的拦浆水以及洗网的清水大量混入，浓白水将会用不完，造成二级循环浓度升高、白水回收设备负荷增高，因此在设计和实践中，应尽量减少清水混入浓白水中。

② 第一级循环系统中还包括锥形除渣器各段渣槽的稀释用水。这部分水也应采用第一级循环的白水，最好用其中的稀白水。因浓白水携带的物料量多，稀释到同一浓度所需的白水多，使总液量加大，从而增加净化设备的负荷，增大动力消耗。

③ 第二级循环的白水，要经过白水回收设备回收其中的纤维，再回用处理后的水。所以网部剩余的白水将全部投入第二级循环，其他白水，则要根据其纤维含量及水的洁净程度，并根据所抄造纸种的质量等来加以选择。

有研究者将白水封闭循环划分等级，以白水回用率的多少表示系统的封闭程度。100%的白水回用则称为系统全封闭。也有人将吨纸耗清水的多少作为划分系统开放与封闭的标准。吨纸清水用量超过 $2.85 m^3$ 视为开放系统，低于 $2.85 m^3$ 视为全封闭系统。因此，白水封闭循环的程度可通过白水的回用率来衡量。

"零排放"（Zero Discharge）是清洁生产的最高指标，即指在工业生产中无过程污染物产生和排放（Zero Process Effluent）。"零排放"就是指经过处理的废水被完全充分利用。对于造纸白水系统来说，"零排放"的概念是要求没有废物排放，而不是指没有水排放。"零排放"是白水封闭循环的最高层次，该目标很难达到。因为在实际生产中，纸机白水的封闭循环程度越高，其处理成本越高，而且会影响纸页的质量。

随着造纸用水封闭循环程度的提高，白水系统中溶解与和胶体物质的积累显著增加，系统中的盐类和金属离子的量也显著增加，从而对造纸生产及产品质量产生重大的影响。

影响主要表现在：纸机成形部脱水减慢；化学助剂失效、留着率下降；设备和管道的腐蚀增加；形成的胶黏物或沉积物沉淀在造纸过程使用的网、毯、设备乃至纸页的表面上，不但影响生产的正常进行，降低网、毯的使用寿命，而且还对产品质量造成不良的影响，纸张的表面抗张强度有所下降，强度性能显著降低，光散射系数增加，腐浆增加。

造纸沉积物分类：纸浆沉积物和非纸浆沉积物。纸浆沉积物与浆料有关。包括纤维、填料、制浆漂白残余物、造纸化学品等不同的化学物质。非纸浆沉积物包括化学品制备及加入系统中出现的沉积物。

提高造纸用水封闭循环程度的途径包括：

① 降低白水中溶解和胶体物质的含量。白水和过程水中溶解和胶体物质（DCS）带有很高的负电荷，称为"阴离子垃圾"，必然对后续抄纸过程产生较大的影响。处理方法主要有膜过滤技术、生物技术、蒸发技术，加入改性沸石等方法。

② 采用高效的湿部化学品。采用聚氧化乙烯（PEO）和特殊的酚醛树脂结合的网络助留助滤体系；采用膨润土与助剂复合使用的微粒助留助滤体系；三元助留助滤系统，添加特殊的阳离子聚合物，以消除阴离子垃圾物质的影响。

③ 使用化学药剂消除沉积物。

第六节　纤维回收及水净化

据上述，白水主要由细小纤维、填料及溶解与胶体物质组成，因此回收有经济价值的纤维、细小纤维和填料并对白水进行净化，以达到回用利用的目的是白水系统的重要目标。

目前纤维回收的方法主要有有以下三种：

① 机械筛滤法。包括真空过滤、超滤与反渗透，如斜网式纤维回收机、旋转筛式白水回收机、真空圆网白水回收机、双鼓回收机（Waco filter saveall，欧洲的纸厂使用较广泛）、多圆盘白水回收系统（polydisc saveall）、超滤处理系统。

② 溶气气浮法。如浅层气浮白水回收系统、微涡气浮、常规射流暴气气浮系统。

③ 沉淀法。如沉淀池、沉淀塔、沉降器等。

主要是通过特性参数的控制实现固液分离。合理的纤维回收系统可以避免纸机网上断头现象而产生的变化。除了稳定的过滤质量，回收的细小纤维和填料数量应尽可能地稳定。应注意的是，对于具有高填料含量的纸种，如超级亚光纸，纸机网上颜料的留着率通常低于50％，这表示纸幅中大多数填料是来自于纤维回收系统。

一、机械筛滤法

过滤法是采用各种形式的过滤介质处理白水和废水的一类方法。目前广泛使用的有代表性的设备是多圆盘真空过滤机，具有结构紧凑、适应性广泛、过滤效率高、安装维修方便等特点，在造纸工业主要用于纸机抄造过程富裕白水的白水回收和化机浆、废纸浆等制浆生产线中的浆料浓缩。

1. 多圆盘真空过滤机过滤白水的流程

多圆盘真空过滤机过滤白水的流程如图3-30所示。

由纸机水封池送来的白水（浓度0.1％左右）与多圆盘真空过滤机过滤后的过滤液及预挂浆混合并调节到一定的浓度（0.3％～0.5％）后进入多圆盘真空过滤机。浊滤液和清滤液流过水腿后产生真空。在真空作用下，纤维和填料在扇片上形成滤饼（浓度一般为10％～15％，最高可达到20％）而得到回收，浊滤液（浓度一般为0.01％～0.04％）返回流程重新过滤，清滤液（浓度一般为0.0021％～0.009％）一部分用于制浆和洗

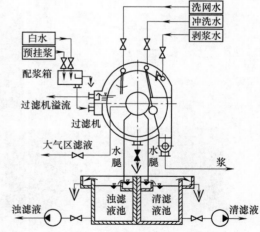

图 3-30　多圆盘真空过滤机过滤白水流程图

网，多余部分可返回造纸系统使用或排放（真空排放或送废水处理系统处理）。有的多圆盘真空过滤机还可将清滤液分为清滤液和超清滤液（20～50mg/kg），超清滤液可用于纸机网部喷水等用途。

多盘白水过滤机工作示意图如图3-31所示。

2. 设备结构

多圆盘过滤机结构如图3-32所示。多圆盘过滤机主要由槽体、机罩、圆盘轴、分配阀、

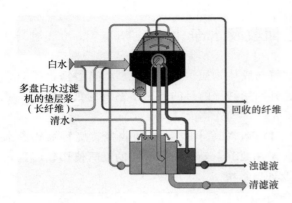

白水

多盘白水过滤机的垫层浆（长纤维）

清水

回收的纤维

浊滤液

清滤液

图 3-31 多盘白水过滤机工作示意图

即可观察滤盘上浆及运行情况以及调节球阀。

剥浆喷水装置、洗网喷水装置、传动装置、出浆装置（螺旋输送机）等部分构成。

多圆盘过滤机各部件如图 3-33 所示。

① 槽体。如图（a）所示，槽体由左右侧板、槽体弧板、接料斗组成，槽体上设有进浆箱、接料箱、液位控制器接口等。

② 机罩。如图（b）所示，机罩由左右侧钢板、中间支撑骨架或玻璃钢弧板组成，其中剥浆装置、冲浆装置及洗网喷水装置支撑在机罩的左右侧板上。机罩上设有观察窗口，调节球阀窗口，拿下上面的活动盖板，

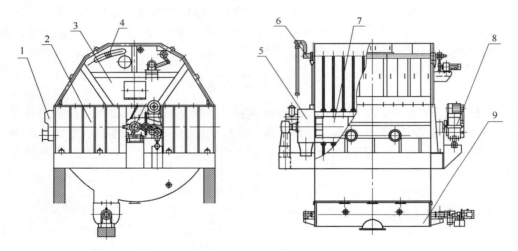

图 3-32 设备结构图

1—进浆箱 2—槽体 3—机罩 4—剥浆装置 5—分配阀 6—洗网装置 7—空心轴 8—传动装置 9—螺旋输送机

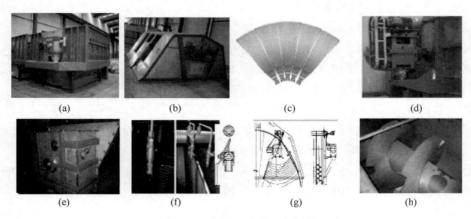

(a)　(b)　(c)　(d)

(e)　(f)　(g)　(h)

图 3-33 多圆盘过滤机各部件

③ 滤盘。如图（c）所示，多盘由多排滤盘组成，每排滤盘有 16～20 个相同不锈钢扇形片组成，扇形片外覆有滤网（针对格栅与插入式，新型无网袋式扇形片不覆滤网，图示为

新型无网袋盘片），滤网为聚酯材料，它具有热缩性好，寿命长等优点。滤盘由螺栓固定在空心轴上，空心的主轴内分为若干个腔道，分别与每盘上的一个扇形板相连通，在主轴与扇形板根部设有密封装置，过滤后的滤液沿着扇形板与滤网所形成的腔道汇入集液漏斗后进入空心主轴，经分配阀的滤液出口流向滤液池。

④ 主传动装置。如图（d）所示，主传动装置采用直联悬挂式减速机，变频调速。

⑤ 分配阀。如图（e）所示，分配阀是特有的可调节结构，对于不同的浆种，在保证滤液澄清度的同时，各种滤液的流量在一定范围内可以调节；分配阀一般设有清滤液和浊滤液两个出口（根据用户实际要求，可加设超清滤液出口）；分配盘与空心轴之间通过螺栓来调节，保证密封性能。

⑥ 剥浆喷水装置。如图（f）所示，剥浆装置由水管和特制的喷嘴组成，0.7～0.9MPa的压力水由喷嘴喷射出扇形水流来剥落滤盘上的浆层落入浆槽。剥浆喷水角度可任意调节，其喷水压力及流量可通过阀门来调节。

⑦ 洗网喷水装置。如图（g）所示，由装在可摆动的喷水管上的喷嘴喷出0.7～0.9MPa的高压水对滤网进行冲洗，将滤网面上黏附的浆料冲洗掉，使滤网获得再生能力。喷水支管的摆动由摆线针轮减速机通过连杆机构实现。

⑧ 出浆装置。出料方式可根据工艺特点选择漏斗下料或螺旋出料。如图（h）所示的螺旋出料是螺旋输送机在其传动电机的驱动下，将从盘片上剥离的浆料输送至浆池，螺旋叶片开有破碎齿，破碎高干度的浆料以便均匀稀释。如不需螺旋出料，可由钢板焊接成斗状，设一个出料口接至浆料槽。

3. 工作原理

多圆盘过滤机是利用滤液水腿管在盘内面产生的真空与盘外面的大气压形成的压力作为过滤推动力，水腿净高度应根据通过分配阀的滤液量、滤液温度和水腿水平走向的距离进行设计，在合适的水腿管径的情况下有效水腿高度达到 7m 即可达到适宜的脱水真空度。

设备运转时，槽体内的各扇形片在转动过程中通过分配阀上的分区使滤盘各部分处于不同的工作状态。主轴带动过滤盘转动，当扇形片浸入液面下时，通过滤网过滤作用，白水或浆液中的纤维吸附在滤网上形成纤维垫层，此区域叫自然过滤区，在这一区域，少部分纤维与滤液一起穿过滤网，形成浊滤液；主轴继续转动，在扇形片转出液面前后，真空作用并未消失，此时扇形片上的纤维垫层已达到一定的厚度，过滤介质不仅仅是滤网还包括已形成的纤维垫层，过滤能力降低，滤网内部形成真空，此区域在扇形片转出液面前为真空过滤区，在扇形片转出液面后为真空吸干区，在真空抽吸作用下，穿过扇形片的固形物大大降低，形成清滤液，在真空吸干区，滤网上的浆层继续脱水，滤层干度增高，滤液澄清度进一步提高，可获得超清滤液；主轴带动扇形片继续转动，扇形片通过主轴的连接进入分配阀与大气的连通区，真空作用消失，此区域叫作大气区，在此区域完成剥浆和冲洗网面的任务，使滤网面恢复过滤能力，进入下一各周期的工作并循环。生产过程可根据清、浊、（超清）滤液的需要量或清（超清）滤液的澄清度要求通过可调阀芯来调节各滤液的分配比例。

4. 设备特点

① 用于浆料浓缩纤维流失率低，并可实现浊清分流，合理的分类循环利用，节约水资源。

② 用于白水回收，纤维回收率高，可对浊滤液循环回收，最终产生清滤液和超清滤液分别用于不同的用水点，可高效地回收纤维和节约水资源。

5. 技术特征

常用的多圆盘真空过滤机过滤面积 85～300m²，处理白水能力为 100～650m³/h。

多圆盘过滤机按滤盘直径的不同分为 MPL 型、XPL 型、ZPL 型、DPL 型 CPL 型五种系列化产品。按应用场合的不同分为用于抄纸过程中的白水回收与用于制浆过程中的浆料浓缩两类。如表 3-5 所示。

表 3-5 系列产品分类表

产品类别	直径/mm	过滤面积/m²	盘片数量排数	单排面积/m²
MPL	2500	40～90	6～14	6.5
XPL	3600	75～255	5～17	15
ZPL	4500	260～416	10～16	26
DPL	5200	280～770	8～22	35
CPL	6200	810～1350	18～30	45

技术参数

进浆浓度： 0.8%～1.2%（浆料浓缩）； 0.4%～0.6%（白水回收）

出浆浓度： 8%～15%（浆料浓缩）； 3%～4%（白水回收）

真空度： 0.02～0.03MPa

剥浆水压： 0.7～0.9MPa

洗网水压： 0.7～0.9MPa

冲浆水压： 0.2～0.3MPa

运行转速： 0.6～1.5r/min（浆料浓缩）； 0.4～1r/min（白水回收）

超清滤液浓度： 20～30mg/kg（白水回收）

清滤液浓度： 60～100mg/kg

浊清滤液浓度： 350～400mg/kg

6. 影响因素

生产过程的工艺操作和设备工况对筛选效果起着重要的作用，综合网前压力筛的技术特征，对白水回收多盘的运行应主要控制好以下几方面。

（1）选择合适的水腿安装方式

根据流体力学原理和借鉴鼓式真空洗浆机水腿管安装经验，比较合理的水腿安装方式是：水腿管垂直安装，走到一定高度后呈水平走向水封槽，在水腿水平拐弯后进行扩径，根据距离水封槽的远近按垂直水腿管径的 1.5～2.0 倍扩径，异径管为偏心式，保证底平上凸变。这种水腿安装方式由于管径的扩大，使流体运动状态缓和，不但可碱少流体冲击的阻力损失，也可减少水平走向的管道阻力损失，还可防止泡沫产生。

（2）合理确定水腿安装高度，保证适宜的滤水真空度。

根据实践经验对不同滤水性能的白水过滤真空度不宜超过 0.04MPa，一般为 0.017～0.033MPa。根据适宜的真空度和水腿自然真空的流体力学理论和结合回收白水的性质，常规一般要求水腿有效高度 7～9m。

（3）确定水腿管内滤液的适宜流速

在保证水腿管有效垂直安装高度和规范安装水腿的前提下，清滤液和超清滤液在水腿管内的流速对真空度的影响也非常重要，因此应选择滤液在水腿管内适宜的流速，流速过低不宜形成高的真空度，流速过高会增加流体阻力损失也不宜形成高的真空度，一般适宜流速为

2～4m/s，一般管径小的水腿取低值，否则取高值。

（4）控制多圆盘适宜的进液浓度

多圆盘过滤机的进液浓度低形成的浆层厚度太小，白水中的细小纤维和其他固形物微粒极易随水流穿网而过，不宜产生垫层浆或浆层很薄，影响过滤性能和效果；进浆浓度高形成的浆层厚，易形成高真空度，不但会影响过滤能力和效果，而且还会增加垫层浆用量而不经济。一般长纤维浆应至少有0.3％的浓度才能满足"积层促成剂"的要求，因此一般进液浓度为0.35％～0.6％范围内。

（5）选用合适的垫层浆和保证适宜的垫层浆厚度

垫层浆的游离度、纤维长度都会影响过滤能力和过滤效果。游离度太低滤水困难、能力低；反之滤水好、能力高，使网槽内液位无法维持在稳定状态。适宜的垫层浆打浆度应为30～35°SR，最好是采用针叶木和阔叶木混合浆作为垫层浆。适宜的垫层浆厚度应结合真空度、转速及白水的固含量等方面综合考虑，一般浆层厚度以3～6mm为宜，滤水性差的宜取小值，反之宜取大值。

（6）其他方面

为保证过滤机的稳定运行，通常要求控制槽体内液位稳定，如液位过低，车速过快，滤板上浆层则时有时无，造成真空度波动，影响回收效果；水位过高又会溢流到回收浆中，影响回收浆的质量，同时影响过滤效果，造成糊滤板。根据运行经验槽体内液位通常控制在过滤机中心以上120mm左右的位置为宜。另外，在使用剥浆喷淋水时，一要注意喷水压力不低于0.5MPa；二要注意喷嘴的位置和角度（一般水流角度与过滤盘呈20°～35°），以保证浆层的顺利剥下，并能顺利的沿着接浆板流入浆料漏斗。

二、气 浮 法

造纸白水所含的固形物，根据其在水中上浮的难易程度，可以分为：a. 不适于上浮分离，相对密度大的固形物；b. 浮力对其难以起作用的微细浮游物质、微细絮聚物；c. 浮力大，相对密度小的物质或易在浮起转台絮聚的浮游固形物。传统的气浮回收装置只适宜于从水中分离回收易气浮的固形物，而开发的Poseidon加压气浮机则将上述三种类型的固形物均可有效地除去。

1. 气浮白水回收装置

传统的气浮白水回收装置的原理是基于将白水先用空气饱和，使白水中的固形物（如纤维、填料）吸附空气后，其表观密度降低从而漂浮聚于液面而分离，典型的气浮白水回收装置的流程如图3-34所示。

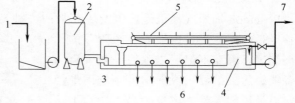

图3-34 气浮白水回收装置的流程图

1—白水 2—溶气罐 3—释放阀 4—气浮坛
5—刮浆板 6—澄清水 7—回收纸料

白水进入溶气罐后把空气加压，并强迫溶解于水中，然后经骤然减压再通过释放阀把溶解于水中的气体释放出来，气体气泡中的微小气泡（$d=50～100nm$）能够充分与白水中的纤维、填料接触，微小气泡附着在纤维和填料表面，改变这些固形物的密度，使固体颗粒在气浮池的运动过程中浮到气浮池的液面，然后使用刮浆板把浮在液面上的纤维和填料刮入浆池泵送到生产系统使用。澄清水通过池下方溢流罐进入清水池。

影响气浮法白水回收效率的主要因素有供气量、白水浓度、凝聚剂的种类和用量、pH
等因素。供气量对气浮效率有较大的影响，需要控制好溶气比（气体和固体的比例），每浮
起 1g 绝干固形物约需 10～15mL 空气。通入的空气量太多，气泡的直径太大，会造成气泡
上升速度快，从而导致流体出现湍流，能够破坏已形成的絮聚团，加之直径大的气泡附着纤
维和填料的能力较差，这些均会降低气浮的效果。反之，如通入的空气量不足，会降低气体
和固体的比例，从而降低设备的效率。凝聚剂可使用矾土、藻朊酸钠、聚电解质等，以矾土
较为常用。pH 一般控制在 6.5～7.2 之间。白水浓度一般控制在 500mg/L 左右。

2. Krofta Sandfloat 溶气浮选装置

传统的溶气浮选设备都是使用矩形的气浮池，当前使用的比较多的是圆形气浮槽的
Krofta Sandfloat 溶气浮选装置，具有较高的回收效率，其设备构造如图 3-35 所示。

这类设备的特点在于其运行原理是建立在零速度原理的基础上，它给予白水以短暂的停留时间和浅层（400mm）的运行条件。白水通过一个转动的多管进料器进入净化池中，这个进料器是围绕中心而旋转的，其旋转方向与进料的方向相反，由于两者运动方向相反使白水运动的速度降到最小，从而在气浮槽中就实际存在一个相对不动的水柱，而气泡就按垂直的方向将固形物（纤维、填料等）

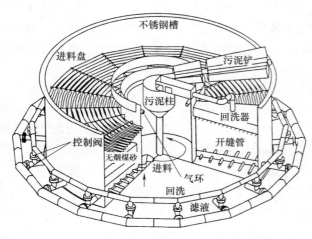

图 3-35 Krofta Sandfloat 溶气浮选装置

上浮升至液体的表面，然后用污泥铲排除。回收的固形物的浓度可达到 12%，液化了的澄
清水在重力的作用下通过气浮槽底部的收集管排出。据报道，净化水的质量可达到喷水管用
水的质量水平。

3. Poseidon 加压气浮机

Poseidon 加压气浮机是近年发展起来的一种新型白水回收设备。Poseidon 加压气浮机
的特点是在同一设备内设有 3 个阶段的
分离装置，因而不但可以除去一般气浮
设备能够除去的浮力大、密度小的固形
物，而且还能够除去密度大、不适宜上
浮分离的固形物，尤其是能够除去一般
气浮设备难以除去的浮力小的微细絮聚
物。这些特点使 Poseidon 加压气浮机可
以除去 95% 以上的固体悬浮物，并具有
占地面积小、回收效率高、运行成本低
等优点。Poseidon 加压气浮机的工作原
理如图 3-36 所示。

Poseidon 加压气浮机装设有三个分

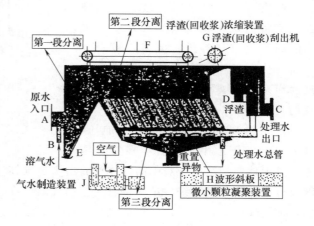

图 3-36 Poseidon 加压气浮机的工作原理图

离段以分离不同密度的固形物。第一段采用沉降分离和上浮分离两种分离方法，沉降分离用于分离密度大的固形物，而上浮分离用于分离浮力大的固形物；第二段采用上浮分离的方法以分离浮力大的固形物；第三段主要采用凝聚上浮分离的方法以分离浮力小的固形物，这一段设有波形斜板微小颗粒凝聚装置，使微小絮聚物成长为较大的絮聚物，促使其上浮并再凝聚，达到固液分离的目的，同时在第三段还采用沉降分离的方法分离残存的细砂等固形物。

三、沉　淀　法

沉淀法的特点是通过沉降的方法将水中的纤维和填料分离出来，达到回收纤维和填料并澄清白水的目的。沉淀法目前使用较多的设备是沉淀塔，一种新型沉淀塔的示意图如图 3-37 所示。

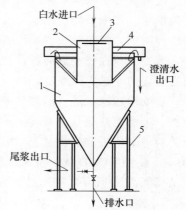

图 3-37　沉淀塔简图
1—塔体　2—内罩体　3—分流管
4—溢流槽　5—塔架

白水由塔顶部进入沉淀塔的内罩体，由于内罩体和分流管的作用使进入沉淀塔的白水在内罩体内部形成一定强度的旋流体，并使白水在罩体内部以稳定的离心沉淀形式向下沉淀运动。当浓度较大的沉淀白水在塔锥体部分继续沉淀时，受连续从塔锥底排出的尾浆所形成向下分流量作用，逐渐加速了进入锥体部分的浓白水的沉淀速度，使塔锥部尾浆浓度按锥体高度形成稳定的浓度梯度，这是沉淀塔稳定运行的关键。而大部分经初步沉淀的沉淀水，绕过内罩体边缘，在塔体环形部分以缓慢地向上运动速度继续进行沉淀，直到溢流环而进入溢流槽。为了使尾浆和澄清水不受外界杂质影响，且不易黏附沉淀物，并减少对做流体运动的白水的壁阻力，沉淀塔的内壁表面采用不锈钢材料。

四、高级废水净化技术

造纸厂使用高级废水（多余白水）净化技术，目的在于减少生产过程中循环累积的溶解胶体物质。当新鲜水消耗量减少到一定的水平时，高级废水净化技术的利用是非常有必要的。净化设备的投资和运行费，是通过降低新鲜水量和水处理流量来节省的。

根据所处理的废水的水质参数，选择不同可行的净化技术。图 3-38 是不同净化方法对应的颗粒尺寸的大小，由此可以选择合适的净化处理的设备和工艺，同时依据设备投资、占地面积和运行成本综合考虑。目前，在造纸行业已经成功应用的净化处理技术主要有三种：a. 膜过滤；b. 蒸发；c. 生物处理。

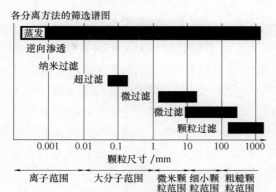

图 3-38　不同颗粒尺寸的分离方法
注：蒸发作用是从粗糙颗粒范围到离子范围中去除杂质的唯一处理方法。

1. 膜过滤

用于造纸工业中的膜过滤技术，是一种用来净化生产用水或回收有用材料的技术，如涂料废水中的颜料或乳胶。过滤膜在过滤时起到分子筛的作用，因此，滤膜性质决定了过滤水质。表 3-6 是根据颗粒尺寸来分离的过滤类型、分离尺寸和作用压力。

表 3-6 膜过滤技术

方法	分离尺寸	作用压力/MPa	膜类型
反渗透	$<1.5nm$	$3\sim6$	非多孔渗透
纳米过滤	$0.5\sim7nm$	$1\sim4$	微孔渗透
超过滤	$3nm\sim0.1\mu m$	$0.2\sim1$	微孔渗透
微过滤	$50nm\sim5\mu m$	$0.1\sim0.4$	多孔渗透

过滤膜可以根据不同的分子类型形成不同的形状，如圆管、盘片、网格、中空纤维或螺旋管形状。造纸厂生产用水一般利用错流技术来避免过多的污染。过滤膜材料可以根据过滤方法而改变，如超滤法或反渗透法。过滤膜污染意味着流量的降低，这主要是由于吸附、堵塞，或是沉积在膜表面的胶体物质和沉积层的形成而导致的，因此定期或持续的滤膜清理是很有必要的。进料需要良好的预处理方法，比如微过滤法。纳米过滤法和反渗透法通常用来进一步处理超滤滤液。尽管过滤膜可以进行预处理和洗涤，但还是需要每隔 $1\sim5$ 年就更换一次。过滤能耗是 $0.5\sim5kW\cdot h/m$。滤液质量跟流量一样，是根据所使用的过滤膜种类以及进料种类所决定的。总化学需氧量的降低取决于大分子和胶体物质的含量。经超滤法处理的纸机滤水的 COD 减少量通常在 $20\%\sim40\%$ 范围内，但通过纳米过滤的纸机滤水 COD 减少量可能高达 90%。纳米过滤或反渗透都可以使离子浓度降低到一定程度。

2. 蒸发

蒸发是通过浓缩法除去生产过程中产生的所有的非挥发性物质，对于造纸厂生产用水，纸厂工业生产上使用的是多效（ME）及机械蒸汽再压缩（MVR）蒸发，包括降膜技术和真空蒸发，通常利用过滤法或溶气浮选法对进料用水进行预处理。在多效串联蒸发工艺中，上一效的二次蒸汽作为下效的加热蒸汽，最后一效的蒸汽采用冷凝水冷却回收热能。废热以二次蒸汽或低压蒸汽形式应用于热源。蒸发作用对 COD 的去除效率约为 95%，电解质去除效率甚至更高。有机物质的去除，通过剥去蒸发器中挥发性有机物，或者处理掉厌氧反应器中的浓缩脏物，来改善有机物的去除效率，增加 pH 会降低挥发性低相对分子质量有机酸的蒸发作用。

3. 生物过程处理

造纸生产用水中含有大量非毒性物质，其中大部分是碳水化合物，因此非常适合进行生物降解。所需要的处理类型，与造纸厂常规的废水处理类型区别不大。生物处理是作为生产过程的一部分，需要进行过程设计，以达到良好的稳定性和响应性。特别是对于封闭式纸厂，厌氧处理非常适合用来降解高浓缩溶解有机物的生产用水。为了避免厌氧条件下产生的废气进入造纸生产过程，厌氧反应器后安装有通风柜。过滤罐处理后的清水经过通气处理后，可以通过沙滤进一步净化，或者直接通过过滤膜净化。生物水处理不适合用来除去水中的有色物质，特别是机械浆滤液。利用过滤膜过滤的综合性后期处理，对有色物质的清除非常有效，如果需要的话，还可以阻止微生物进入造纸过程。

与其他技术相比较，生物处理技术不需要前期的固体清除。厌氧微生物对不适宜的温度和 pH，以及养料供给上的主要变化非常敏感。与耗氧生物处理技术相比较，厌氧微生物处理技术优点在于，如果加入量很高，对有机物的降解效率更高，并且污泥产生量最多减少 1/10，以及可能回收来自生物气体的能量。BOD 的减少量一般是很高的，特别是在耗氧和厌氧相结合的系统中，高达 95%～99%。根据生物降解物质的量，可将 COD 降低 90%。生物处理过程中产生的沉淀作用，在某种程度上会降低可溶性物质，如钙离子和硫酸盐的浓度。

五、节水新技术展望

纸机浆水系统改进所面临的主要挑战在于如何保持良好的湿部化学操控性，以及预测和管理循环的细小纤维和填料。随着纸机车速的提高和纸机宽度的增加，浆水系统的稳定性对纸机的运行效率和产品质量稳定越来越重要。智能化的装备和工艺的联动是未来的重要趋势之一。

随着环境保护的加强，纸机用水系统的用水量特别是新鲜用水量越来越少，同时废水的排放量也越来越受到限制，高效、环保型的化学品技术和应用、优化也是未来的重要方向。

随着白水封闭循环的程度的提高，以及劣质纤维的更多应用，系统的水质参数如 COD、BOD、电导率、ζ 电位的变化越来越影响纸机的高效率运行，如何控制和消除这些影响，也是未来的重要课题。

思 考 题

1. 简述纸料的物理化学特性。
2. 纸料悬浮液流动过程的湍动形式有哪几种类型？简述这些湍动的特点。
3. 纸料的供浆系统主要由哪几部分组成？
4. 什么叫短循环？短循环的主要作用有哪些？
5. 简述供浆系统的作用。
6. 简述纸料调量和稀释的目的。
7. 纸料调量和稀释的方法主要有哪些？
8. 纸料进入流浆箱之前，筛选和净化的目的和作用是什么？
9. 简述纸料净化的常用设备及其工作原理。
10. 压力筛主要有哪几种类型？简述各自的特点。
11. 简述浆料中结合气体和游离气体的危害。
12. 纸料为什么需要除气？除气的方式有哪些？
13. 简述造纸白水的物理化学特性。
14. 常用的造纸白水处理的方式有哪些？白水循环利用的基本原则是什么？
15. 提高造纸白水封闭循环程度的主要途径有哪些？
16. 影响白水封闭循环程度的因素有哪些？

主要参考文献

[1] 陈克复. 中高浓制浆造纸技术的理论与实践 [M]. 北京：中国轻工业出版社，2007.

[2] 花莉，王志杰，陆赵情. 湿部化学品的发展状况 [J]. 造纸化学品，2003 (1)：11-14.

[3] 何北海，卢谦和. 纸浆流送与纸页成形 [M]. 广州：华南理工大学出版社，2002.

[4] 陈克复. 制浆造纸机械与设备（下）[M]. 北京：中国轻工业出版社，2003.

[5] Papermaking Science and Technology 8. Papermaking Part 1，Stock Preparation and Wet End，TAPPI 与芬兰联合出版，2000.

[6] 聂勋载. 造纸工艺学 [M]. 北京：中国轻工业出版社，1999.

[7] Matula J. P.. Deaeration and the Approach System［C］//TAPPI 1996 Stock Preparation Short Course Notes. Atlanta：TAPPI PRESS，1996.

[8] 曹邦威. 纸机抄造工艺［M］. 北京：中国轻工业出版社，1999.

[9] 潘海燕. 抄纸白水的封闭回用及采取的应对办法［J］. 西南造纸，2005（2）：36-38.

[10] 李宗全，詹怀宇，李兵云. 新闻纸厂白水回用系统中溶解物和胶体物去除方法的研究进展［J］. 中国造纸学报，2004（1）：198-201.

[11] Caroline Bourassa. Mill system closure and trash catching porous fillers in papermaking［J］. TAPPI，V2，2003（2）：14-18.

[12] 张瑞霞，陈夫山，胡惠仁，等. 白水封闭水循环及其对造纸过程中的助留助滤的影响及其对策［J］. 上海造纸，2004（4）：55-58.

[13] 刘军钛，张燕，郭碧花. 造纸沉积物及其分析［J］. 中国造纸，2006（8）：40-43.

[14] 郭建欣，王立军，陈夫山. 造纸工业中沉积物的控制［J］. 造纸化学品，2006（3）：59-63.

[15] 黄小茉，麦霭平，李静. 两种非氧化型杀菌剂在造纸白水中的应用效果［J］. 造纸化学品，2007（4）：30-33.

[16] 黄驰，于亚新，乔民. 造纸系统的封闭循环对纸张性能的影响［J］. 造纸化学品，2008（3）：59-61.

[17] Franzen，T.，Heinegard，C.，Martin-Lof，S.，Söremark，C.，Wahren，D.，Establishment of a closed system for the paper making process，EUCEPA 1973 XV conference Proceedings，EUCE. PA，Paris，p. 311.

[18] Komppa，A.，Vecenkäytön optimointi，1995 AEL - INSKO - koulutus P907101/5 IV，AEL，Helsinki.

[19] Sierka，R. A.，Folster，H. G.，Avenell，J. J.，The treatment of whitewaters by adsorption and membrane techniques，TAPPI 1994 International Environmental Conference Proceedings，TAPPIPRESS，Atlanta，p. 249.

[20] Nuortila-Jokinen，J.，The closed paper mill white water system and the internal paper millwhite water treatment，Monograph No. 59，Lappeenranta University of Technology，Lappeenral-ta，1995.

[21] Legnerfalt，B.，Hallgren，O.，Nygren，A.，Evaporation as a CTMP mill kidney，1997 Interna-tional Mechanical Pulping Conference Proceedings，SPCI，Stockholm，p. 73.

[22] Koistinen，P. R.，Treatment of pulp and paper industry effluent using new low cost evaporaton technology with polymeric heat transfer surfaces，TAPPI 1996 Minimum Effluent Mills Symposum Notes，TAPPI PRESS，Atlanta，p. 253.

[23] Pekkanen，M. and Kiiskila，E.，Options to close the water cycle of pulp and paper mills by sing evaporation and condensate reuse，TAPPI 1996 Minimum Effluent Mills Symposium Note TAPPI PRESS，Atlanta，p. 229.

[24] Tardif，O. and Hall，E. R.，Membrane biological reactor treatment of recirculated newsprint whitewater，TAPPI 1996 Minimum Effluent Mills Symposium Notes，TAPPI PRESS，Atlanta，p. 347.

[25] Monnigmann，R. and Schwarz，M.，Das Papier 50（6）：357（1996）.

[26] Gottsching，L. Completely closed water system - a German case study，1997 Johan Gullichsen Colloquium，Pl，Helsinki，p. 101.

[27] Pichon，M.，Nivelon，S.，Charlet，P.，Paper mill whitewater deconcentration to move towards complete closure of circuits，TAPPI 1996 Minimum Effluent Mill Symposium Notes，TAPPIPRESS，Atlanta，p. 206.

[28] Meinander，P. O.，Paper Tech. 36（4）：26（1993）.

[29] Meinander，P. O.，Pulp Paper Eur. 3（1）：13（1998）.

第四章 纸浆流送与纸页成形

第一节 概　　述

纸浆流送是通过流送设备（流浆箱等）将纸料以适当的方式送到成形器（造纸机的网部），而纸页成形则是使纸料在成形网上滤水、留着并形成良好的湿纸幅。纸浆流送与纸页成形奠定了现代纸页抄造技术的基础。

一、纸页成形方法的历史沿革

纸浆流送是机械化和连续化造纸的产物，而纸页成形则有着悠久的历史。中国古代造纸术的伟大发明，其精髓就是发明了纸页成形的方法。

自从中国古代劳动人民发明了造纸术以来，造纸工艺经历了从手工抄造到机械化连续生产。2000多年过去了，纸页抄造的工艺和装备均发生了翻天覆地的变化。但是从纸页成形的本质来看，还是保留了纸料在网上过滤形成湿纸幅这一基本的方式。世界上一些纸史专家高度评价中国手工抄纸的重要意义，认为抄纸竹帘的可弯曲性体现了先进的造纸思维方式，是通向现代造纸机的必要阶梯，并且为机械化连续造纸奠定了基础。正如美国造纸科学史专家亨特（Dard Hunter）所说："今天的大机器造纸工业是根据两千年前最初的东方（中国）竹帘纸模建造的"。因此，我们可以自豪地说，纸页成形方法的

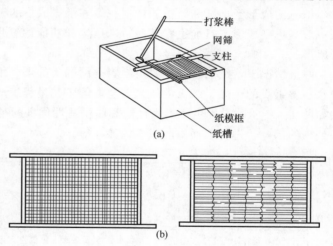

图 4-1　中国古代造纸用的抄纸槽和抄纸帘
（潘吉星《中国古代四大发明》）
（a）抄纸槽　（b）抄纸帘

发明，是中国人民对世界造纸工业的伟大贡献。中国古代造纸用的抄纸槽和抄纸帘见图 4-1。

中国古代造纸的抄纸工艺见图 4-2。

图 4-2　中国古代造纸的抄纸工艺（潘吉星《中国古代四大发明》）

二、纸页的成形方法和过程

（一）纸页成形方法

纸页成形方法主要分为湿法和干法两大类。

传统和主流的纸页成形方法是湿法，其工艺过程是以水为介质。用水作为介质的主要原因有三点：a. 原料输送的需要：造纸用的纸浆纤维只有稀释在水中形成悬浮液，才能易于泵送和贮存；b. 纸页成形的需要：即纸浆必须良好地稀释和分散在水中，才能均匀分布上网通过滤水形成湿纸幅，从而完成纸页成形并得到良好的成形匀度；c. 获得纸页强度的需要：只有用水作为纸浆纤维的稀释介质，植物纤维间才能在成形过程中产生氢键结合，从而使纸页获得必要的物理强度。理论和实践均表明，纸页的强度主要取决于纤维间氢键结合的强度，而纤维间氢键的结合只有用水作为稀释介质时才能实现，而用其他溶剂和空气都是不行的。因此，当新的造纸工艺未能在上述三个方面取得重大突破之前，主流的造纸生产还离不开水。此外，造纸过程还用水清洗纸机和传输能量等。

本书所介绍的纸页成形，均指主流的湿法成形。

（二）纸页的成形过程

纸页的成形泛指纸和纸板的抄造。纸和纸板成形的工艺过程基本相同，其主要差异在于纸一般是单层成形（目前也有某些特殊用途和功能的纸用多层成形抄造），而纸板抄造为多层成形。

一般情况下，纸的抄造主要由纸料上网的前处理、纸浆流送与纸页成形、湿纸页的压榨脱水、湿纸页的干燥、纸页的压光与卷取等工艺过程组成。其主要过程和各个部分的主要作用如图 4-3 所示。对于生产表面性能和印刷适性优良的高档纸，可在抄造过程中增加纸页表面处理的部分，进行表面施胶或机内涂布等。

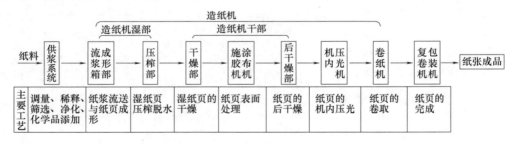

图 4-3　纸页抄造的主要过程

三、造纸机的分类和型式

现代造纸工艺的纸页成形是在造纸机上完成的。造纸机的分类通常是以其成形部的形式来进行的。一般可分为长网造纸机、圆网造纸机、夹网造纸机等。

（一）长网造纸机

长网造纸机的特点是其成形部由长网案组成。纸料从流浆箱堰板的喷浆口以一定的速度和角度喷射到长网案上，由网部脱水元件进行脱水，纸料纤维等经过滤留着在网案上形成湿纸幅。

长网造纸机是一种广泛使用的纸机类型，一般车速在 $600\sim800\text{m/min}$ 范围内，可以抄造绝大多数的纸张品种，曾是造纸机的主流机型。20 世纪 70 年代后，逐步发展成为加装顶

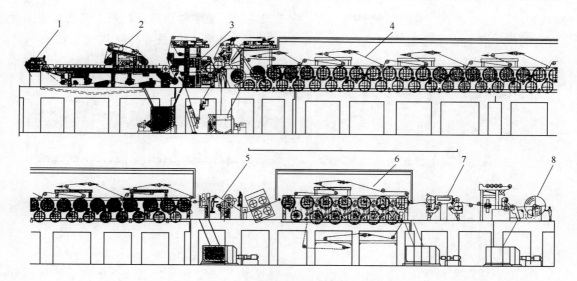

图 4-4　高速长网造纸机加装顶网的示意图

1—满流气垫结合式 SYM-FLO 流浆箱　2—长网带叠网的 SYM 混合成形器　3—复合压榨　4—单排烘缸干燥部

5—Sym 薄膜施胶机　6—双排烘缸干燥部　7—4 辊软压光机　8—卷纸机

网（top wire）的顶网成形器，使其抄造性能大大提升，车速超过 1100m/min。长网造纸机加装顶网的基本结构组成见图 4-4。

（二）圆网造纸机

圆网造纸机的成形部由圆网笼和网槽组成，纸料悬浮液在圆网笼内外水位差的作用下过滤成形为湿纸幅。

圆网造纸机是一种传统机型，适应性广，可以抄造从薄页纸到纸板等多种产品，并具有结构简单、占地面积小、动力消耗低和投资费用省等特点。但是由于其结构原理的限制，存在车速低、生产规模小、产品质量受限等问题，一般仅用于低车速和小批量的生产抄造。图 4-5 为一种双网双缸的圆网造纸机示意图。

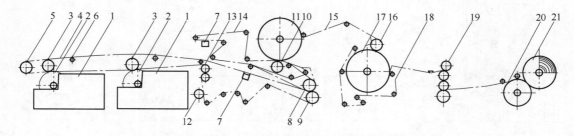

图 4-5　双圆网双缸造纸机示意图（ZV4 型双圆网双缸造纸机）

1—活动弧形板网槽　2—网笼　3—伏辊　4—下毛毯　5—回头辊　6—导辊　7—毛毯真空箱　8—压榨上辊

9—压榨下辊　10—托辊　11—第一烘缸　12—打毯辊　13—毛毯挤水辊　14—上毛毯　15—纸页

16—压光辊　17—第二烘缸　18—干毯　19—三辊压光机　20—圆筒卷纸机　21—纸卷

（三）夹网造纸机

夹网造纸机的成形部由两张成形网夹持而成。纸料悬浮液经流浆箱喷射到两网夹区之间，进行两面强制脱水，并迅速形成湿纸幅。

夹网造纸机是 20 世纪 60 年代末研发的一类新型成形设备。由于其具有运行效率高，成形质量好，结构紧凑和占地面积小等优点，在现代造纸工业中得到广泛应用。目前新型夹网造纸机的工作车速已超过 2000m/min。图 4-6 为生产高级文化用纸的现代化高速夹网造纸机。

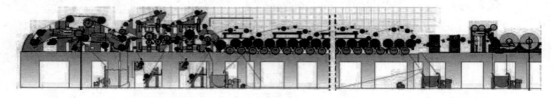

图 4-6   现代化高速夹网造纸机示意图（高级文化用纸造纸机，Metso 资料）

（四）多层造纸机

多层造纸机一般用于抄造高定量纸页（纸板）或多层结构的产品。其结构形式主要有以下两种。

① 多层分离成形技术。造纸机上装备多个流浆箱及成形部，各层纸页独立成形后再复合成多层结构的湿纸页，然后送到压榨部进一步脱水。传统的多层造纸机均采用这种成形方式，一般用于抄造高定量的纸和纸板。

② 多层同步成形（Simultaneous Forming）技术。这是近年来随着多层流浆箱的研发而出现的新技术。其特点是通过多层流浆箱将各层不同的纸料送到成形器同步成形并得到多层结构的纸页。这种技术不仅简化了设备结构，而且使制造多层结构的薄页纸和印刷纸等纸种成为现实。

为兼顾上述两种多层成形方法的优势，近来还出现了两种成形方法相结合的多层造纸机。图 4-7 为两者结合的多层试验造纸机成形部的示意图。

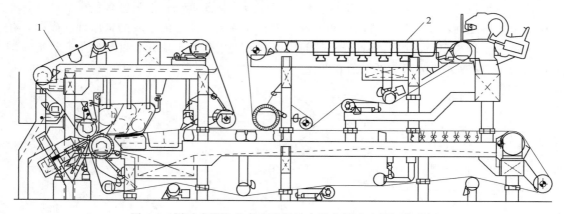

图 4-7   同时成形和分离成形相结合的多层试验纸机成形部
1—同时成形器   2—分离成型器

四、造纸机的基本术语和概念

（一）造纸机的有关速度

1. 车速

造纸机上各部分的实际运行的速度是不同的，因此造纸机的车速是指卷纸机上纸卷的圆周速度，即以卷纸机的速度为准，以 m/min 表示。

2. 工作车速

工作车速是指造纸机在实际生产中比较适合的抄造车速。工作车速一般有一个范围，在实际生产时按照不同的纸种、浆种和其他工艺条件等，在该范围内选定合适的车速。

3. 结构车速

结构车速是指造纸机的极限车速，也即设计强度所允许的车速，一般比最高的工作车速高出 20%～30%。

4. 爬行车速

爬行车速是指为了检查纸机各部分的运转情况以及清洗网毯等部件时所使用的慢车速。一般采用的爬行车速为 10～25m/min。

（二）造纸机的有关宽度

1. 毛纸宽度

毛纸宽度又称为抄宽或纸幅毛宽，指卷纸机上纸幅的宽度。在纸和纸板的抄造过程中，由于纸幅的收缩，其在造纸机上各部分的宽度是不一致的，因此规定以卷纸机上纸幅的宽度为准，以 mm 表示。

2. 公称净纸宽度

公称净纸宽度又称为净纸宽、成品宽和机幅宽等，指卷纸机上的纸幅两边裁去一定宽度的切边后的纸幅宽度，也是生产出来成品纸（纸板）的宽度，以 mm 表示。

$$公称净纸宽度＝毛纸宽度－切边宽 \tag{4-1}$$

公称净纸宽度一般为纸幅规格的倍数。切边宽一般为 40mm，即每边 20mm。

3. 湿纸宽度

湿纸宽度是指成形网上的湿纸页经水针截边后的宽度，以 mm 表示。

4. 定幅宽度

定幅宽度即为流浆箱喷口的宽度，以 mm 表示。

$$定幅宽度＝湿纸宽度＋成形网上湿纸页的截边宽度 \tag{4-2}$$

5. 网宽

网宽是指成形网的宽度，以 mm 表示。

6. 轨距

造纸机的轨距是指造纸机前后两侧基础上底轨中心线的距离，以 mm 表示。

部分国产造纸机的幅宽系列和特征如表 4-1 所示，其中的公称净纸宽的数值常被称为该系列造纸机的代号。为了适应纸张的后续加工和应用，生产不同纸种应选择不同幅宽（公称净纸宽）的造纸机。如新闻纸机约以 787（mm）为幅宽递进，如 1575、2362 和 3150 等系列；文化纸机则以 880（mm）为幅宽递进，常用系列有 1760、2640 和 3520 等。

（三）传动侧和操作侧

1. 传动侧

造纸机传动装置所在的一侧称为传统侧。

2. 操作侧

造纸机操作人员通常进行操作时所在的一侧称为操作侧。

（四）左手机和右手机

1. 左手机

左手机又称为 Z 型机。观测者站在造纸机干燥部的末端，面向湿部，如传动侧在左侧，则该机台称为左手机。

表 4-1　　　　　　　　　　部分国产造纸机的系列和特征*

系列		公称净纸宽度/mm	公称铜网宽度/mm	轨距/mm
I	A	1092	1350	1800
	B	1194	1450	1900
II	A	1575	1900	2400
	B	1760	2150	2600
	C	1880	2300	2700
III		2100		2850
IV		2362	2750	湿部 3300 干部 3400
V	A	3150	3600	4300
	B	3520	4100	4800
VI		3940	4400	5250
VII	A	4725	5200	6100
	B	5280	6000	6900

* 此为原轻工业部的造纸机标准规范，仅供参考。

2. 右手机

右手机又称为 Y 型机。观测者站在造纸机干燥部的末端，面向湿部，如传动侧在右侧，则该机台称为右手机。

规定左、右手机的意义是便于造纸机台的布置。在建设新的造纸车间设备选型时，应特别注意选择左、右手机的问题。根据工厂和车间的总体布置，如选用一台造纸机，一般应将造纸机的操作侧置向南，并依此决定采用左手机或右手机。如果选用两台造纸机，则应选用左、右手机各一台。

必须指出的是，有些国家（如北欧各国）判断左、右手机的与上述相反，在实际工作中应加以注意。

（五）造纸机的"三率"

造纸机的"三率"，是指造纸机生产中的"抄造率""成品率"和"合格率"。

1. 抄造率

抄造率是指从造纸机上得到的实际抄造量与理论抄造量之比的百分数。

实际抄造量以卷纸机生产出来的纸卷总质量计；理论抄造量则包括已经在网上成形的总抄造量，即纸机抄造量加损纸量（包括压榨部和干燥部损纸，但忽略成形网水针切下的湿纸边）。具体表述见式（4-3）

$$抄造率 = \frac{纸机抄造量}{纸机抄造量 + 抄造损纸量} \qquad (4\text{-}3)$$

2. 成品率

成品率是合格品数量与抄造量之比的百分数。即

$$成品率 = \frac{合格产品量}{抄造量} \qquad (4\text{-}4)$$

3. 合格率

合格率是指合格产品量与成品量之比的百分数，即

$$合格率 = \frac{合格产品量}{成品量} \qquad (4\text{-}5)$$

（六）造纸机的生产能力

造纸机的生产能力可以按照式（4-6）计算：

$$G = \frac{1.44 v b_m q K_1 K_2 K_3}{1000} \qquad (4\text{-}6)$$

式中　G——造纸机的生产能力，t/d

　　　v——造纸机的工作车速，m/min

　　　b_m——毛纸宽度，m

　　　q——纸页定量，g/m^2

　　　K_1——设备利用率，$\%$

　　　K_2——抄造率，$\%$

　　　K_3——成品率，$\%$

注：式中的 1.44 是量纲变换系数

设备利用率（K_1）是以造纸机每日平均作业时数为分子，以每日时数（24h）为分母，相除所得到的百分数。一般长网造纸机每日平均作业时数为 22～22.5h，K_1 取 0.937；一般圆网造纸机每日平均作业时数为 22.5～23h，K_1 为 0.937～0.958。

几种主要品种纸和纸板的 K_2 和 K_1 取值如表 4-2 所示。

表 4-2　　　　　　　　　　几种主要纸和纸板的 K_2 和 K_1 值

品　　种	K_2	K_3	品　　种	K_2	K_3
新闻纸	0.96	0.96	打字纸	0.97	0.95
凸版印刷纸	0.95	0.95	卷烟纸	0.98	0.95
胶版印刷纸	0.98	0.90	拷贝纸	0.95	0.946
书写纸	0.95	0.93	描图纸	0.976	0.96
纸袋纸	0.98～0.99	0.97	低压电缆纸	0.95	0.90
防油纸	0.95	0.89	白纸板	0.98	0.95
电容器纸(12μm)	0.97	0.84	草纸板	0.98	0.97

第二节　纸浆流送原理

一、纸料悬浮液流送上网

（一）纸料流送的作用

纸料流送的作用是按照造纸机车速和产品的质量要求，用流送设备将纸料流均匀、稳定地沿着造纸机横幅全宽流送上网，为纸页以良好的质量成形提供必要的前期条件。

（二）纸料流送设备——流浆箱

纸料流送是由造纸机流浆箱来完成。流浆箱是造纸机最重要的部分之一，被称为"造纸机的心脏"。其主要任务是：

① 沿着造纸机的横幅全宽，均匀、稳定地分布纸料，保证压力均布、速度均布、流量均布、浓度均布以及纤维定向的可控性和均匀性。并将上网喷射纸料流以最适当的角度送到成形部最合适的位置；

② 有效地分散纤维，防止絮聚。保障上网纸料流中的纤维、细小纤维和非纤维添加物质的分布均匀；

③ 按照工艺要求，提供和保持稳定的上网纸料流压头和浆网速关系，并且便于控制和调节。

（三）造纸机流浆箱的组成

造纸机流浆箱主要由布浆装置、整流装置和上网装置等三部分组成，各部分的功能分述如下。

1. 布浆装置

布浆装置又称布浆器。传统的布浆装置由布浆总管（一般采用矩形锥管或圆锥管）、布浆元件块等模块组成，而现代造纸机流浆箱的布浆装置则增设了稀释水浓度控制（调节）系统。

布浆装置的作用是沿着造纸机横幅全宽提供压力、速度、流量和上网固体物质量（绝干）均匀一致的上网纸料流。

2. 整流装置

整流装置又称整流部，一般由湍流发生器和整流元件模块组成。早期流浆箱的整流装置采用部分机械式的湍流发生器和整流元件，如匀浆辊等。而现代流浆箱则大多采用水力式湍流发生器和整流元件，典型的有孔板、阶梯扩散器、管束和飘片等模块组合。

整流装置的作用是产生适当规模和强度的湍流，有效地分散纤维，防止絮聚，使上网的纸料均匀分散，并尽可能保持纸料纤维的无定向排列程度。

3. 上网装置

上网装置又称上浆装置，由流浆箱唇口的上下堰板组成。其作用是使纸料流以最适当的角度喷射到成形部最合适的位置，并控制纸料流上网的速度，使之适应造纸机车速的变化和工艺的要求。

传统流浆箱的堰板可以通过调节唇口的全幅开度和局部的微小变形，控制造纸机横向定量和水分的均匀分布，以及上网喷射流的湍流规模和湍流强度，促进纸页的成形质量以至产品的质量。

二、流浆箱发展的主要历程和代表类型

流浆箱是随着造纸机的发明而诞生的。历经200多年的发展，流浆箱技术和形式不断创新和发展，并逐步成熟和完善。其类型以上网纸料流的流送和控制方式，可分为五大类：a. 敞开式流浆箱；b. 封闭式流浆箱；c. 水力式流浆箱；d. 多层成形流浆箱；e. 用于高浓度纸料上网成形的高浓流浆箱。

（一）敞开式流浆箱

敞开式流浆箱是最早出现的流浆箱，其历史可以追溯到200多年前造纸机发明的年代。

敞开式特点是用流浆箱内的浆位来控制上网纸料流的速度，其结构简单，制造方便，同时由于其不断吸收新型流浆箱的优点，并在结构上做了很多的改进，因而新型的敞开式流浆箱仍在低速造纸机上广泛使用。

图4-8所示的是华南理工大学于20世纪80年代末开发的一种低速造纸机敞开式流浆箱。这台流浆箱采用矩锥形布浆总管和用注塑法制造的带锥度的阶梯扩散器作

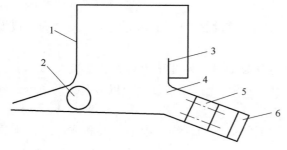

图4-8　新型敞开式流浆箱

1—垂直前墙　2—匀浆辊　3—后墙溢流　4—稳流室
5—阶梯扩散器　6—矩锥形布浆总管

为布浆装置。阶梯扩散器同时还有一定的整流作用，阶梯扩散器第一阶的长度和直径的比值（L_1/d_1）在 7 以上，能够较好的控制和消除阶梯扩散器出口纸料流的偏流现象，提高布浆整流的效果。阶梯扩散器出口有一缓冲区，并与堰池成一定的角度，使用匀浆辊作为整流元件，并设有后墙溢流装置。这种流浆箱用于车速 100～140m/min 的低速文化纸机，取得较好的布浆整流效果，纸幅横向和纵向定量差小，匀度较好。

随着造纸机车速的提高，要求堰池内纸料形成的静压头也必须迅速增加。假设纸机车速与流浆箱喷浆速度相同，并忽略堰板唇口系数的影响，则纸机车速与敞开式流浆箱堰池高度（浆位）的关系为式（4-7）。

$$v_{\mathrm{m}} = 60\sqrt{2gH} \tag{4-7}$$

式中　v_{m}——纸机车速，m/min

H——堰池内纸料的静压头，m

g——重力加速度，m/s^2

由此可见，当车速提高到 500m/min 时，所需静压头已超过 3m。如果需要再进一步提高车速，则敞开式流浆箱不论在体积、高度、结构和质量方面均变得更大和更为复杂，因此限制了敞开式流浆箱对进一步提高车速的适应性。

（二）封闭式流浆箱

为了解决上述问题，在 20 世纪 40 年代后期研究开发了封闭（气垫）式流浆箱，并在 70 年代得到较大的发展和完善。封闭式流浆箱的特点是在密封的堰池内按照造纸机车速的要求，形成一定的气压（气垫），而堰池只保持一定较低的浆位。车速变化时，只需变更气垫压力，以得到所需的上网纸料流速度。纸料流速与气垫压力等参数的关系见式（4-8）。

$$v = \sqrt{2g\left(h + \frac{p}{\rho}\right)} \tag{4-8}$$

式中　v——上网纸料流速度，m/s

g——重力加速度，m/s^2

h——纸料液位高度，m

p——气垫压力，kg/m^2

ρ——流体密度，kg/m^3

当造纸机车速越低时，上网纸料流的速度也越低，从式（4-8）可知，此时气垫压力 p 的波动对上网纸料流速度的影响就越大，这也就是在车速很低（如 200m/min 以下）时，对气垫压力控制的稳定性有更高要求的原因。

早期的气垫式流浆箱由于受到布浆整流装置水平的限制，从而影响到上网喷射纸料流的质量。20 世纪 70 年代，随着流浆箱技术的发展，出现了新一代的气垫式流浆箱。图 4-9 所示的就是其中的一种。这种流浆箱的特点是采用矩锥形布浆总管和高效水力布浆整流元件（管束或阶梯扩散器），平底堰池，堰池浆位较低（250mm 左右），纸料在堰池中的流动速度较快。使用两根匀浆辊作为整流元件，管束出口的匀浆辊主要起到管束喷射纸料流的消能整流作用，而堰板收敛区前的匀浆辊主要起整流作用。使用结合式堰板，并配有溢流装

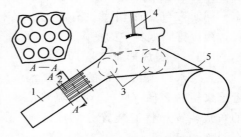

图 4-9　新型封闭（气垫）式流浆箱
1—矩锥形布浆总管　2—管束　3—匀浆辊
4—旋转喷水管　5—结合式堰板

置。这种流浆箱调节方便，使用效果较好。可配用于车速 300～700m/min 的造纸机。

（三）水力式流浆箱

水力式流浆箱最早出现于 20 世纪 50 年代末，到 70 年代以后随着夹网造纸机的发展和造纸机车速的大幅提高而得到快速发展。水力式流浆箱的标志是在流浆箱中设置水力式的布浆整流元件。一般可分为满流式水力流浆箱和满流气垫结合式水力流浆箱。

1. 满流式水力流浆箱

满流式水力流浆箱主要配置了锥形布浆总管以及阶梯扩散器或管束、漂片等高效水力式布浆整流元件，产生具有高湍流强度、有限制的湍流规模以及扰动小和絮聚少的上网纸料流。有的满流式水力流浆箱还配有现代化的稀释水控制（调节）系统，用于控制纤维横幅定向分布的边缘浆流控制系统，提供均匀横向定量分布和良好的纤维定向分布。图 4-10 是 Metso Paper（Valmet）公司研究开发的一种 OptiFlo 系列的满流式水力流浆箱，可用于车速高达 2200m/min 的造纸机。

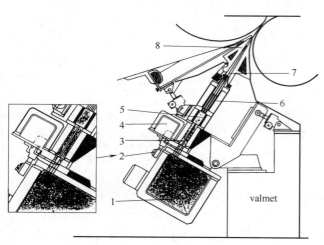

图 4-10　OptiFlo 高速水力式流浆箱

1—矩锥形布浆总管　2—稀释水控制阀　3—管束布浆器　4—矩锥形稀释水总管　5—均衡室　6—湍流发生器　7—叶片　8—堰板

2. 满流气垫结合式水力流浆箱

图 4-11 是一种较为典型的满流气垫结合式水力流浆箱，是 Metso Paper（Valmet）公司开发的一种用于长网造纸机和混合夹网造纸机的 OptiFlo 流浆箱系列产品。

满流气垫结合式水力流浆箱的基本特点是气垫室与堰池通过较小的通道连接，使流浆箱基本处于"满流"状态，用以减少气垫波动对流浆箱液位的影响。图 4-11 中的 OptiFlo 流浆箱在湍流发生器之前增设了作为在线脉动衰减的气垫平衡室。同时在气垫平衡室设有溢流装置，用以排除纸料中的泡沫。

（四）多层成形流浆箱

多层水力式流浆箱的特点是沿着流浆箱的 Z 向（竖向），将流浆箱的布浆装置和整流装置分割成若干个独立单元（一般 2～3 个单位），每个单元都有其各自的进浆系统。各个单元可以通入不同种类的纸料，

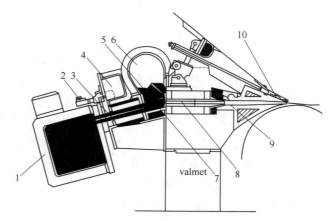

图 4-11　一种满流气垫结合式水力
流浆箱（OptiFlo 系列产品）

1—矩锥形布浆管　2—稀释水控制阀　3—管束布浆器
4—矩锥形稀释水总管　5—溢流槽　6—气垫平衡室
7—均衡室　8—湍流发生器　9—叶片　10—堰板

从而形成几股独立的纸料流层，一直到堰板口附近才汇合成一股上网纸料流。由于这时纸料流动的速度很高，各层纸料互相混合的距离和时间都很短，因而上网纸料流沿着 z 向（竖向）的各层纸料基本上保持原来的组成，喷射上网后可形成沿着 z 向（竖向）的不同纸料层组成湿纸幅。这样由一台多层流浆箱就能够为多层成形提供上网纸料，因此对于改进纸张质量，合理使用纤维原料，特别是简化流送和成形设备有着重要的作用。

图 4-12 是一种 Vioth Sulzer 公司开发的用于夹网造纸机（如 CFD 缝隙夹网成形器）三层成形的多层流浆箱。其在结构上分为顶、中、底三层，各层均有专用的进浆系统，三种不同的纸料通过各自的大直径圆锥形布浆总管供给流浆箱。圆锥形布浆总管通过弹性软管与流浆箱连接，使布浆总管能够与湍流发生器直接连接，在湍流发生器出口设有两片薄片，以便将堰板收敛区分为三个流道，薄片用碳纤维增强塑料制作，其热膨胀系数为 0，以保证在不同纸料温度的情况下薄片的尺寸恒定不变。该流浆箱还配有稀释水浓度控制调节系统，在中间层的成形中使用。

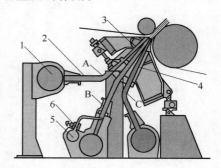

图 4-12　一种用于三层成形的多层流浆箱（Voith Sulzer 公司产品）
A—顶层　B—中间层　C—底层
1—圆锥形布浆总管　2—软管　3—薄片
4—湍流发生器　5—圆锥形稀释水总管　6—稀释水控制阀

此外为了配合高浓成形技术的发展，20 世纪 70 年代以来，国际上还研究和开发了高浓流浆箱。由于高浓成形具有特殊的纸页成形特性，并可以节水、节能和减少环境污染，因而具有很好的发展前景。关于高浓流浆箱及其成形技术，将在本章的第八节进行专题介绍。

三、流浆箱的主要装置和元（部）件

流浆箱的主要装置和元（部）件如下所述。

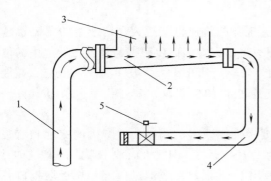

图 4-13　布浆总管示意图
1—纸料进口管　2—锥形布浆总管　3—纸料进布浆元件　4—纸料回流管　5—回流量控制阀

（一）布浆总管

布浆总管的作用在于导入纸料流并使其沿造纸机的横向尽可能的均匀分布。布浆总管通过特殊的变截面设计（见图 4-13），使纸料流保持沿纸机横向的速度、压力的一致性，从而保证纸料流沿纸机横向的均匀分布。

在布浆总管设计中，一般分为矩形锥管（也称方锥形总管）和圆形锥管（也成圆锥形总管）两大类（见图 4-14）。而目前用得较多的是矩形锥管。为了使布浆总管压力恒定，并防止纤维束、尘埃、泡沫、空气等聚集到末端，布浆总管必须有一定的回流量，改变回流量，能够改变总管压力和布浆元件后的速度分布情况，因而要很好地控制。一般回流量为 5%～15%。

（二）布浆整流元（部）件

布浆整流元（部）件是流浆箱的核心组成部分，主要有机械式和水力式两种。

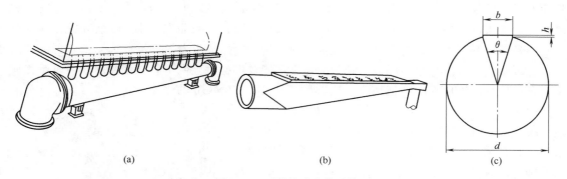

图 4-14 两种锥形布浆总管

(a) 圆形锥管 (b) 矩形锥管 (c) 圆形锥管的截面

1. 匀浆辊

匀浆辊是一种历史较早的布浆整流元件（参见图 4-15），目前还应用于低速造纸机流浆箱。由于其布浆整流效果是由机械力驱动实现的，因此归类为机械式布浆整流元件。匀浆辊由一个薄壁的，壁上钻有大量小孔的中空管辊构成，材料一般为不锈钢，壁厚为 3～5mm。

纸料通过匀浆辊时，首先向辊中心收敛，然后再由中心向半径方向扩散流出。匀浆辊可消除流浆箱内的涡流、偏流和交叉流，对纸料进行匀整，使其沿着纸机横幅方

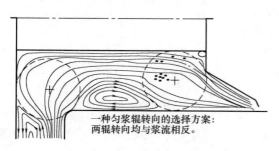

一种匀浆辊转向的选择方案：两辊转向均与浆流相反。

图 4-15 装有匀浆辊的流浆箱

向均匀上网。匀浆辊还可使纸料流产生湍流，如调整得当，可使纸料流达到较佳的分布状态。匀浆辊目前广泛用于敞开式流浆箱和封闭式流浆箱。

影响匀浆辊整流效果的主要因素有：

① 开孔率和孔径。匀浆辊开孔率越小，通过辊孔的流速也就越大，所产生的湍流也越强烈。但同时辊的阻力也就越大，纸料的压头损失也越大，因而要根据匀浆辊在堰池中的位置和作用来合理确定开孔率。一般堰池进料口的匀浆辊，其开孔率一般在 30%～40%；在堰池中部的匀浆辊，其开孔率为 30%～50%；靠近堰板口的匀浆辊，其开孔率多采用 50%～52%。匀浆辊上的孔径一般为 20～25mm。

② 辊径和辊数。在确定匀浆辊的直径时，要考虑匀浆辊的刚度、造纸机的宽度和流浆箱的结构等问题。一般匀浆辊的直径可选网宽的 1/19～1/16。网宽大时取下限，网宽较小时取上限。匀浆辊的辊数与流浆箱结构有关，一般用 1～2 根，在堰池进口处和靠近堰板口各设 1 辊。如果配用高效率的布浆整流元件（如阶梯扩散器），由于布浆整流效果好，堰池进口处的那一根辊可以不用。

2. 孔板

孔板是应用最早的水力式布浆整流元件之一，由开有很多小孔的不锈钢板或高分子材料板构成。其结构如图 4-16 所示。

孔板孔径选择必须适当，孔径太小容易堵塞，而孔径太大会导致孔板后纸料混合不均匀。一般选 14～18mm，用于集流式飘片流浆箱层流区的孔板，孔径一般为 25mm 左右。孔

板的开孔率则应考虑加速比等因素，加速比
以 1.5～2 左右为宜。孔流速太低，容易产生
挂浆和堵塞问题。流速太高，又会造成通过
孔板后纸料流速分布不均匀的问题。

（1）孔板布浆整流原理

设流经孔板的流体由若干条流速不等的
流束组成。由于孔板开孔排列的均布性，速
度不同的流束进入孔板的机会在总体上是均
等的。当这些流束进入孔板时，则被孔板阻
滞而表面涌起。按照伯努利方程式，可做这
样的解释：被阻滞的流束，其速度降低，动
压头转化为静压头，同时出现了横向的压力
坡降。在此压差的作用下，流束开始沿孔板
散流，如图 4-17 所示，速度较低的流束（图
中流束 2）由于加速而相应压缩，速度较高的

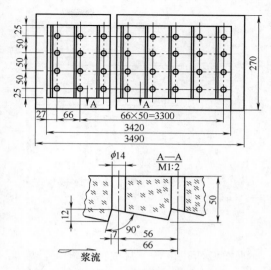

图 4-16　孔板结构示意图

流束（图中流束 1）受到阻滞而相应扩宽。此时，速度较低的流束中压力（静压）减小，而
速度高的流束中压力增高，因而使进入孔板前速度较大的流束经过孔板后速度变小，流束变宽。

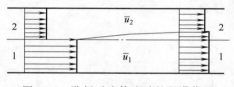

图 4-17　孔板对流体流动的阻滞作用

$\overline{u}_1$、$\overline{u}_2$—不同流道的平均流速

在总体上，孔板前浆流中流速较大的区域经
过孔板后"压入"了流速较小的区域，这样就使
得整个流动截面内的流速分布比较均匀了。由伯
努利方程可知，流过孔板流束的能量损失与流速
的平方成正比，所以加速流束中不可弥补的压力
损失要比阻滞流束大，从而加速流束与阻滞流束的能量差值缩小。另一方面，当湍流发生
时，流体的脉动速度加大，各流束间的动量交换加剧，因此在孔板后的截面中产生了包括湍
动能在内的总能量的匀整效果。这就是孔板对浆流速度、压力等的匀整作用。

（2）孔板的应用

在 20 世纪 60～70 年代，孔板曾作为一种新型布浆整流元件用于敞开式流浆箱和气垫式
流浆箱，也用于集流式漂片流浆箱的收敛区前。但由于从孔板孔出来的纸料流是高速的射
流，因而必须配备消能整流元件（如消能棒、匀浆辊等）进行消能整流，且其整体布浆整流
效果也比阶梯扩散器等布浆整流元件差，因而 20 世纪 80 年代以后，孔板已被阶梯扩散器、
管束等性能更好的布浆整流元件所取代。

3. 阶梯扩散器

阶梯扩散器是一种高效的水力式布浆整流元件，可配合用于各种类型、各种车速范围的
流浆箱，20 世纪 70 年代问世以来得到快速的发展。从结构上看，阶梯扩散器可以看作是多
块不同开孔直径孔板的组合。

（1）工作原理

阶梯扩散器的工作原理如图 4-18 所示。当流体离开第 1 阶进入第 2 阶时，由于横截面
积突然扩大，因而在第 1 阶和第 2 阶的交汇处出现分离点，通过分离点后流体即与管壁分
离，出现强烈的流线曲率，并出现自由混合失速区。

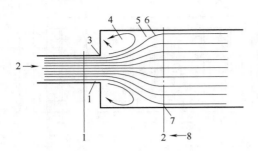

图 4-18　阶梯扩散器的工作原理
1—边界剪切层　2—流动方向　3—分离点　4—自生自由混合失速区　5—自由剪切层　6—自由流线　7—重附着点（静压力最大）　8—位置

这个区域压力很低，甚至出现真空状态，通过这个区域后流体又重新与管壁结合。在这个过程中，纸料在自由混合失速区出现一个封闭的涡流，该涡流与主纸料流间就发生强烈的质量和能量交换，从而产生强烈的湍流，引起纸料产生轴向和径向的混合。

（2）阶梯扩散器的结构

阶梯扩散器的主要结构参数有阶梯扩散器的阶数 N，各阶阶管的长径比 L/d 和相邻两阶管的横截面积比 A_n/A_{n-1} 等。图 4-19 为华南理工大学纸浆流送机理研究组早年研制的一种带锥度 3 阶阶梯扩散器示意图。

当横截面积比是一常数的情况下，增加 N 可以降低压头损失，但加工制造比较复杂。一般采用 2～3 阶。各阶阶管长径比的确定主要考虑管壁流阻、纸料匀整情况和絮聚的分散状况。长径比过大，不但压头损失较大而且还有纸料出现再絮聚的问题。而长径过小，则强烈的湍流得不到完全的扩展就排出管外，从而引起纸料流的波动，这点对于最后一阶尤为重要。由于影响 L/d 的因素较多，应根据实际情况和条件合理确定。

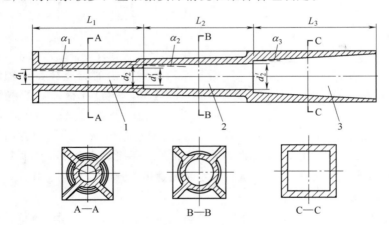

图 4-19　阶梯扩散器结构示意图
1、2、3—第1、第2、第3阶　L_1、L_2、L_3—第1、第2、第3阶长度　d_1、d_2—第1、第2阶进口端直径
d_1'、d_2'—第1、第2阶出口端直径　α_1、α_2、α_3—第1、第2、第3阶锥角

A_n/A_{n-1} 为相邻两阶管截面积之比，又称扩散比，其值反映阶梯扩散器扩散程度。扩散比越大，压头损失也越大。产生的湍流强度和湍流规模也越大。有研究认为扩散比以 2～4 为宜。

4. 管束

与阶梯扩散器一样，管束也是一种高效的水力式布浆整流元件。不过，管束各阶之间没有突变的阶梯，而是采用变径管过渡连接，从这个意义上来说，管束可以看作渐变过渡的阶梯扩散器。

管束的截面初始为圆形，后来随着流浆箱技术的发展，也出现了异形截面的管束组合。管束入口端的管径较小，呈圆形的断面，而纸料出口处的管径较大，可以是圆形断面，也可以呈矩形、六角形和五角形的断面。多排管束常常取交错排列，有如蜂窝排列的情况，从而使纸料能够均匀地扩展到整个流送截面上。

管束一般设置在布浆总管后。纸料流经布浆器转向加速后，容易产生交错流、大涡流和偏流等，在此处设置管束可消除上述不良影响。为达此目的，在布浆总管后一般采用较长的管束组，如 Concept Ⅰ 型和 Ⅱ 型集流式漂片流浆箱，其布浆总管后的管束长度均为 610mm。设置在堰板喷浆口前的管束，可使纸料流在上网前具有较高的湍流状态，如 W 型流浆箱就是采用管束作为湍流发生器。

5. 导流片

（1）导流片的形式和特点

导流片主要有漂片、叶片等形式，其共同特点都是装在堰板收敛区的薄片，将进入堰板收敛区的纸料流分成若干互相平行的全幅收敛流，其宽度与流浆箱喷唇的全宽相等。其区别在于漂片是以铰链的形式装在流浆箱堰板收敛区进口的燕尾槽或镶在分配管束出口的矩形管间，而叶片则是固定地装在堰板收敛区。

（2）漂片（叶片）工作原理

漂片示意图如图 4-20 所示，叶片示意图如图 4-21 所示。

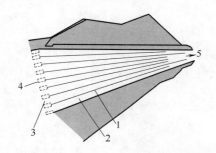 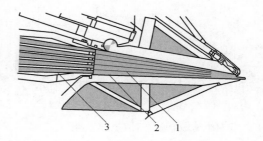

图 4-20　漂片示意图

1—漂片　2—堰板收敛区　3—分配管出口
4—纸料流进口　5—上网喷射纸料流

图 4-21　叶片示意图

1—叶片　2—堰板收敛区　3—湍流发生器

由分配管（或湍流发生器）进入收敛流道的纸料流的湍流强度较高，湍流规模较大。进入由漂片（叶片）分隔的收敛流道后，由于受到漂片（叶片）壁面的夹持作用，限制了横流和偏流。同时由于漂片（叶片）的分隔，流道中多了很多壁面。这些壁面产生的黏滞力也使得流体的湍动能量衰减，湍动规模减小。

（三）堰池

堰池是敞开式流浆箱和封闭式流浆箱的主体部分，堰池的作用是根据造纸机车速的要求，保持堰池内的纸料具有使浆速（上网纸料速度）与网速相适应的静压头，并借助整流元件的作用，产生适当的湍流，以分散纤维的絮聚和稳定纸料的流速，保证上网纸料的均匀分散和速度的均匀分布。

为了更好地稳定流浆箱浆位，排除泡沫，堰池还设有溢流装置，溢流量一般为 5% 左右，溢流高度为 10～15mm。一般流浆箱堰池还设有喷水管，以消除泡沫和清洁流浆箱壁。为了提高喷雾的效果，可以采用水平旋转式或摆动式喷水管。

（四）堰板

1. 堰板的作用和要求

堰板亦即流浆箱的上网装置，其作用是：

① 使纸料流以最适当的角度喷射到成形部最合适的位置，并控制纸料上网的速度，使之适应造纸机车速的变化和工艺的要求；

② 通过对唇口开度的全幅和局部的微小调节，控制上网纸料流全幅和局部的流量，以达到控制造纸机横幅定量和水分分布的目的；

③ 控制上网喷射纸料流的稳定性及其湍流强度和规模，以改进纸页的成形。

根据上述的作用，要求堰板的唇口开度能够做全幅的整体调整和局部的微小调整，能够调节喷射角和着网点，唇板的结构形式应有利于上网喷射纸料流的稳定性和湍流强度和规模的控制，唇板的缘口应光滑平直。

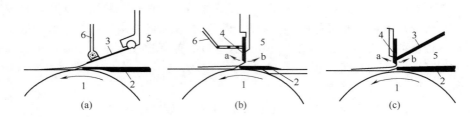

图 4-22　三种常用的喷嘴式堰板

(a) 收敛式堰板　(b) 垂直式堰板　(c) 结合式堰板

1—胸辊　2—下唇板　3—上唇板　4—垂直堰板　5—堰池　6—上唇板调节机构

目前广泛使用的是各种带喷嘴的堰板。这类堰板传统上可以分为收敛式堰板、垂直式堰板和结合式堰板三种（如图 4-22 所示）。

2. 收敛式堰板

收敛式堰板又称敛唇式堰板，如图 4-22（a）所示。其喷浆口由上、下唇板组成，上唇板是倾斜的，具有逐渐收缩的喷浆道，可以通过唇板调节机构调节上下唇板之间的开口高度。根据抄纸过程中纸页横幅定量的情况，进行全幅或局部调节。还可以通过调节上、下唇板的相对位置，以及下唇板与胸辊的距离，控制上网纸料的喷射角和着网点。这种堰板操作较方便，调节较灵活，但在上唇板与前墙的连接处有流道的陡变，造成纸料流的陡折和不连续性，易于形成涡流和絮聚，因而在此处多设有匀浆辊进行匀整。这种堰板多用于车速较低的造纸机。

3. 垂直式堰板

垂直式堰板又称可调垂直式闸板，如图 4-22（b）所示。垂直式堰板与流浆箱堰池的前壁结合成为一体。通过调节机构可以控制堰板向前（图中的 a 方向）、向后（图中的 b 方向）作 15°倾斜，根据需要也可以做全幅和局部调节。这种堰板虽然结构较简单，纸料上网比较均匀，但着网点不易调节，也较易挂浆，纸页的匀度也易受影响。这种堰板曾在早期的气垫流浆箱使用，现已很少使用。

4. 结合式堰板

结合式堰板又称直立唇缘式堰板，如图 4-22（c）所示。结合式堰板是在收敛式堰板的上唇板加设垂直上堰板，垂直上堰板的凸出点为 5～7mm，使纸料在上网前受到一次强烈的收缩，从而使纤维有良好的分散。通过调节机构，垂直上堰板可做全幅上、下调节和局部微调，并可在水平方向作前后倾斜，以调节着网点。垂直上堰板向前倾斜时（图中的 a 方向），着网点靠近胸辊中心线；反之，垂直上堰板向后倾斜时（图中的 b 方向），着网点向前，离胸辊中心线远些。可以根据纸页成形和脱水情况，调节垂直上堰板，以控制纸料上网的着网点。这种堰板兼有收敛式堰板和垂直式堰板的优点，性能较佳，因而比较广泛的用于各种类型的流浆箱。

（五）稀释水浓度调节系统

在流浆箱的发展历程中，最具有突破性进展的成果之一当属稀释水浓度调节系统。该系统的发明，使流浆箱布浆整流的控制成为现实，并已成为现代流浆箱不可或缺的关键装置。图 4-23 为一种 Module Jet SD 流浆箱的稀释水控制系统。

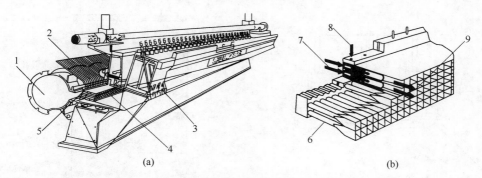

(a)   (b)

图 4-23 　一种稀释水流浆箱示意图（Module Jet 系列产品）

（a）稀释水流浆箱   （b）稀释水注入阶梯扩散器的位置

1—圆锥形布浆总管　2—稀释水管　3—堰板   6—阶梯扩散器管　7—纸料进口

4—阶梯扩散器块　5—稀释水注入口   8—注入的稀释水入口　9—纸料出口

1. 稀释水浓度控制（调节）技术发展概况

20 世纪 90 年代以来，流浆箱浓度控制（调节）技术的研究和开发得到重大的发展和广泛的应用。当前各种新型的流浆箱均采用这项技术，其中较典型的有 MetSO Paper（Valmet）公司的 OptiFlo 系列流浆箱，VolthSulzer 公司的 ModuleJet 系列流浆箱和 Beloit 公司的 Ⅳ-MH 流浆箱等。

上述流浆箱虽然在结构和外观上不尽相同，但其设计原理是一样的，即创造性地提出了浓度控制（调节）的新概念。这是流浆箱发展过程中一次较大的突破，它突破了传统的通过唇口弯曲变形的调节纸机横幅定量偏差的方法，以一种全新的概念达到了良好的纸机横幅定量控制（调节），消除了传统调节方法产生的偏流和横流现象，以及由此带来的对纤维定向的影响。

2. 传统的流浆箱横幅定量调节方法

评价一个新的流浆箱，首先是考虑其流送的主要功能及其对纸页性质的影响。其中两点要求最为重要：一是纸页横幅定量分布应更加均匀一致，横幅定量波动偏差要大幅度降低，这是对纸页性质最重要和最明显的影响；二是纸页全幅的纤维定向分布应更加均匀一致，以满足对纤维定向有要求的纸种（如挂面纸板、复印纸和票据纸等）的性质。对于这些要求，传统流浆箱的调节方法是难以满足的。

传统的流浆箱是以设在上唇板的多组局部开度调节装置来调节纸页横幅定量的。随着调节要求的精确，两组微调器的间距也不断缩小，从最初的 300mm，逐渐减小到 150mm、100mm，直至现在的 75mm。随着微调器间距的减小，使得横幅定量调节变得更为复杂和难以控制，因此也限制了微调器的间距进一步减小，从而也限制了调节量和分辨率的进一步提高。如当微调器的间距为 100mm 时，唇口开度的最大可调量仅为 0.2～0.3mm，可调定量幅度小，一般仅为 $2\%\sim3\%$。由此可见，传统的流浆箱唇板调节方式还存在着调节精度差、灵敏度和分辨率较低的缺点。

此外，当上唇板变形后，由此产生的局部横流和偏流，又会导致纤维定向的不一致（如图 4-24 所示），破坏了纤维结构的均匀性。

3. 稀释水浓度控制（调节）系统工作原理

稀释水浓度控制（调节）系统工作原理如图 4-25 所示。

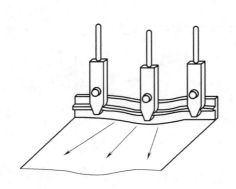
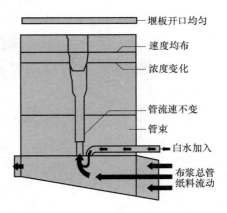

图 4-24　传统流浆箱唇口调节的问题　　　图 4-25　稀释水流浆箱的调节系统

进入布浆总管的纸料浓度和流量是恒定的，即不加稀释水时进入各个阶梯扩散器（或管束）的纸料浓度和流量也是均匀一致的。当纸页横幅上某一处的定量偏离标准定量时，向对应于该处的阶梯扩散器（或管束）的上游增加或减少稀释水的注入，调节该处的纸料量和稀释水（白水）量的比率，即调节该处的白水浓度，从而实现调节控制纸页全幅横向定量的均匀一致。由于稀释水注入口是在作为布浆整流元件的阶梯扩散器（管束）的入口端，稀释水在阶梯扩散器（或管束）中能够很好地混合，各个阶段扩散器（或管束）的流量又没有改变，加之注入口远离唇口，因而对唇口纸料流的喷射速度和稳定性不构成影响。

流浆箱稀释水浓度控制（调节）系统是由沿着造纸机横幅排列的一系列稀释水浓度控制（调节）模件组成，模件间距为 $35\sim150\text{mm}$，一般为 $50\sim100\text{mm}$。用于 ModuleJct 流浆箱的稀释水浓度控制（调节）元件如图 4-26 所示。

稀释水与纸料在混合室混合后通过节流孔进入阶梯扩散器（或管束）。稀释水加入量，是通过稀释水控制阀控制，阀门的开度根据调节点的定量标准偏差来确定，通过自动执行机构调节。目前整个系统的操作运行均已实现计算机在线控制。因此，当流浆箱设定沿横幅一致的唇口开度后，唇口不再需要调节。这就消除了因唇口变形引起的横流和偏流问题，从而也分离了横幅定量波动与纤维定向偏离的连带关系。

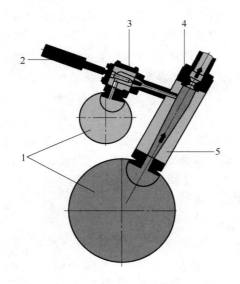

图 4-26　稀释水浓度调节元件

1—抛物线形分布总管　2—电动机　3—稀释水（白水）控制阀　4—节流孔　5—混合室

四、流浆箱的流化作用及其控制

（一）流浆箱的流化作用

流浆箱的流化作用是指纸料在流浆箱流动过程中充分分散纤维的作用。如前所述，纸料悬浮液是一种三相共存的复杂流体，有强烈的网状结构性质。由于造纸机上网浓度（也即纸料在流浆箱流动的浓度）远高于临界浓度，纤维在纸料悬浮液中没有足够的自由运动空间而产生纤维之间的碰撞现象，导致纤维互相交缠而形成絮聚。纤维浓度越大，碰撞的频率就越大，絮聚的可能性就越大。而且已经分散的絮聚也有强烈的再絮聚的趋势。这个分散絮聚和防止再絮聚的过程就是纸料悬浮液流化的过程。

（二）纸料浓度与纤维的再絮聚

纸料悬浮液的絮聚和再絮聚现象，与纸料的浓度、纸浆特性和纸料悬浮液的流动特性有关。其中纸料的浓度对絮聚和再絮聚时间影响很大。Kerekes对纸料浓度与纤维再絮聚时间进行了研究，研究结果如图4-27所示。

研究表明（图4-27），当纸料浓度为 0.3% 时，纤维再絮聚时间需要 0.2s；而当浓度提高到 0.7% 时，再絮聚时间只需要 0.022s，因此纸料浓度对纤维再絮聚时间有非常明显的影响。Kerekes 的研究还表明

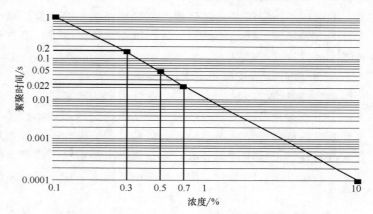

图 4-27　纸料悬浮液浓度与纤维絮聚时间的关系

再絮聚时间是浓度的函数，并提出了集聚因子（N）的概念：

$$N = \frac{5\rho_m L^2}{\omega} \tag{4-9}$$

式中　N——集聚因子，量纲为 1

　　　ρ_m——纸浆的质量浓度，kg/m^3

　　　L——纤维平均长度，m

　　　ω——纤维粗度，kg/m

纤维长度和粗度可采用 Kajaani FS-200 和 FQA 等纤维分析仪器测定。从式（4-9）可知除了纸浆浓度之外，纤维长度对絮聚也有重大的影响。当 N 小于 1 时，不会有絮聚发生；当 N 在 1～60 之间时，纤维有絮聚的趋势；而当 N 大于 60 时，絮聚会加剧。

（三）微细的湍流规模和适当的湍流强度

如上所述，流浆箱的流化作用就是充分分散纸料悬浮液中的纤维，防止纤维絮聚和再絮聚。要做到这一点，优化和控制流浆箱纸料流湍流的特性（湍流强度，湍流规模，湍流消散）是至关重要的。许多研究均表明，在流浆箱操作中，控制微细的湍流规模（有研究者提出为纤维规模）和适当的湍流强度，已达成流浆箱分散纤维絮聚和防止再絮聚的最佳流化作用的目标（图 4-28）。

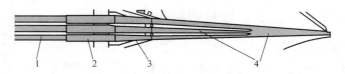

图 4-28　流浆箱的最佳流化作用原理
1—稳定收缩　2—在圆形扩展的流化作用　3—在湍流发生器的加速　4—在堰板收敛区的继续加速

第三节　纸页成形基础
一、纸页成形的基本概念

（一）纸页成形的目的

纸页成形的目的是通过合理控制纸料在网上的留着和滤水工艺，使上网的纸料形成具有优良匀度和物理性能的湿纸幅。从造纸工艺的角度讲，纸页成形过程是一个纸料在网上留着和滤水的过程。

（二）成形部的任务和要求

成形部是指造纸机的网部，是造纸机的重要组成部分，其主要任务是使纸料尽量地保留在网上，较多地脱除水分并形成全幅结构均匀的湿纸幅。

纸料在纸机网部脱水的同时，纸料中的纤维和非纤维添加物质等逐步沉积在网上，因此要求纸料在网上应该均匀分散，使全幅纸页的定量、厚度、匀度等均匀一致，为形成一张质量良好的湿纸幅打下基础。湿纸幅经网部脱水后应具有一定的物理强度，以便将湿纸幅传递到压榨部。

（三）成形部纸料的脱水

在一般成形工艺中，纸料的上网浓度为 0.1%～1.2%，出伏辊时纸页的干度为 15%～25%，而成纸的干度为 92%～95%。按照上述的上网浓度范围推算，每公斤绝干纸料上网时携带水分约为 999kg 至 83kg；而出伏辊时每公斤绝干纸料所携带的水分只剩下 3～6kg，而成纸中只含水分 0.05～0.08kg。因此可以看出，与后续的压榨部和干燥部相比，网部的脱水量很大，约占造纸机总脱水量的 80%～90%，所以网部脱水的特点是脱水量大且集中。

一般来说，纸料中所含的水分以"结合水"和"自由水"两种形式存在。

"结合水"与纤维内外表面的羟基紧密地吸附在一起，这种水分不能传递液压，在重力的作用下也不能流动，因此网部无法将其脱出，只能在干燥部随纸页受热时将其蒸发排出。

"自由水"则充满于纸料纤维或非纤维添加物质的空隙中，可以流动并能传递液压，所以"自由水"能在重力和机械力的作用下脱出。

纸料所含"自由水"和"结合水"的比例，取决于打浆过程中植物纤维的细纤维化程度。细纤维化程度越高，其所含的"结合水"越多。因此黏状浆含"结合水"较多，脱水困难；而游离浆含"自由水"较多，脱水较容易。此外，影响网部脱水的因素还有很多，如纸料的配比、纸机的车速、纸料的 pH 和温度、成形网的结构和网目、助剂的加入、脱水元件的性能以及网部浆流的湍动情况等。

（四）成形过程纸料的留着

1. 纸料留着的定义

纸料的留着通常用纸料的留着率来表示，常用的定义方法有以下两种。

（1）首程留着率

首程留着率（first-pass retention，FPR）有时也称为单程留着率（single-pass retention）。该参数是指在造纸机网部伏辊后还留在纸幅上的物料与离开造纸机流浆箱堰口处的物料之比。首程留着率指标有助于造纸工作者了解纸料（特别是细小组分）的留着情况，是造纸过程控制的主要指标之一。这一比值可在 20%～90% 范围内变化。首程留着率（FPR）的定义如下：

$$FPR = \frac{(w_H - w_T)}{w_H} \times 100\% \tag{4-10}$$

式中　FPR——首程留着率，%

$\quad\quad w_H$——流浆箱内的纸料浓度

$\quad\quad w_T$——白水盘内的白水浓度

式（4-10）是一个定义简化公式，式中用网下白水盘的白水量和白水浓度代替了所有的纸料流失程度，显然是不够精确的，但由于网下白水盘承接的白水量很大，基本代表了流失纸料的主体，因此这样简化有助于理解首程留着率的意义。在实际生产中，纸料在流失网部的干、湿吸水箱处还有一定的流失，因而精确的首程留着率计算公式还应将这部分的流失量考虑进去。

（2）全程留着率

全程留着率（overall retention）有时又称为真实留着率（true retention），是指造纸机干部卷取出来的物料（纸页）与进入造纸机湿部的物料（纸料）之比。这一比值的范围一般在 90%～95%。全程留着率的定义如下：

$$TR = \frac{m_s}{v_Q w_H} \times \frac{b_w}{b_p} \tag{4-11}$$

式中　TR——全程（真实）留着率

$\quad\quad m_S$——单位时间内纸机纸卷上卷取的纸页质量

$\quad\quad b_p$——纸页进入压榨部的宽度

$\quad\quad b_w$——纸页在网上的宽度

$\quad\quad b_w/b_p$——该比值考虑弥补纸页从网部进入压榨部时由于宽度不同而造成的损失

$\quad\quad v_Q$——纸料在流浆箱堰口的流率

$\quad\quad w_H$——流浆箱内纸料的质量分数，%

2. 纸料留着率的影响

一般来说，造纸机操作应追求较高的纸料留着率。如果留着率较低，可能会引起一系列的问题（见表 4-3）。

表 4-3　　　　　　　　　　　　纸料留着率低可能引发的问题

1. 纸机输送浆料负荷增高，运行成本增加，同时也会增加白水系统封闭和循环回用的难度
2. 回用白水中的细小组分含量过高，影响纸浆抄造时的滤水效率
3. 回用白水中细小组分含量过高，而由于细小组分具有较大的比表面积，可优先吸附湿部化学助剂，因此降低纸料纤维组分的吸附量，从而影响湿部化学助剂的效率
4. 细小组分在白水中增多，影响纸机的清洁性，会加速成形网和压榨毛毯的污染
5. 对于长网造纸机的成形，会造成纸页的两面性更加严重，并影响纸页的光学性能和孔隙性能
6. 一些残余化学品在白水中的积累，会生成一些不希望得到的副产品，从而影响纸机湿部化学系统的平衡

（五）纸料脱水与纸页成形

纸料在网部的脱水和纸页成形是一对矛盾的统一体，两者同时存在又不可分割。纸料在脱水过程中形成纸页，纸页在成形过程中也不断地脱水，而脱水与成形又相互制约。

纸页成形既需要脱除大量的水分，但是也不能脱水太快，如果脱水太急或太快，则纸料纤维在网上来不及均匀分布就已经成形，难以形成良好质量的纸页；而另一方面，如果脱水太过缓慢，则会引起已经分散的纤维重新絮聚，影响纸页的质量，另一方面在出伏辊时也达不到纸页所需的干度和湿强度，从而影响造纸生产。因此造纸工作者在把握成形与脱水的关系时，应根据纸浆配料和生产纸种的不同要求和不同的生产条件进行合理的权衡，使脱水和成形做到相互协调和统一，在得到良好纸页成形的前提下，尽量满足脱水的要求。

二、纸页成形器及其发展概况

纸页成形器是造纸机的主体，有时又泛指造纸机。自从 1798 年 Nicholas-Louis Robert 发明世界上第一台造纸机以来，造纸成形装备的发展已走过了 200 多个春秋。

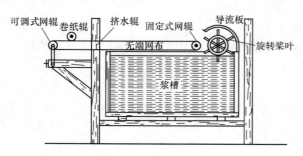

图 4-29　世界上第一台造纸机（曹邦威译《最新纸机抄造工艺》）

在 Nicholas-Louis Robert 发明造纸机之前，纸张全部是用手工抄造的。Robert 的第一台造纸机虽然与现代造纸机相距甚远（图 4-29），但是却开启了机器化和连续化造纸的大门。

1801 年，Leger Didot 购买了 Robert 的专利，并与 John Famble 和 Bryan Donkin 等人对此进行了改进设计（图 4-30）。此时 Fourdrinier 兄弟购买了 1/3 的专利权。1804 年，第一台经过改进的连续造纸机在 Two Waters 造纸厂安装，此时的造纸机已配有上浆系统和一张网。1806 年，Fourdrinier 兄弟获得了该纸机的专利权，专利号为 2951 号，专利内容为"抄造无限长的、具有模压直纹和布纹纸张的机械制造方法"。这台纸机就是后来以 Fourdrinier 兄弟姓氏命名的长网造纸机。1827 年，第一台冠以 Fourdrinier 的长网造纸机在美国纽约的一家纸厂正式使用。

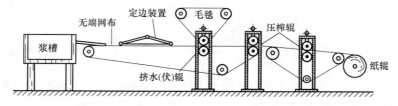

图 4-30　Donkin 改进设计后的造纸机（曹邦威译《最新纸机抄造工艺》）

从 N. L. Robert 发明第一台连续造纸机到 Fourdrinier 长网造纸机的应用，造纸工艺和成形装备都发生了划时代的转变。在连续造纸机发明后的 200 多年中，造纸机在不断持续地发展着（见表 4-4）。

表 4-4　　　　　　造纸机的 200 年发展历程（1798—1998）

发展历程/年份	事　　件
1798	罗伯特（Robert）发明第一台造纸机
1806	傅立叶（Fourdrinier）兄弟获长网造纸机发明专利
1809	约翰获得圆网造纸机发明专利

续表

发展历程/年份	事　件
1820	托马斯获得蒸汽烘缸的专利
1830	约翰发明使用双网复合两层纸页的造纸机
1838	托马斯发明成形板用于纸机网部，并获专利
1846	纸浆浓度调量箱用于纸机上浆系统
1852	涂布机开发工作开始
1862	詹姆斯发明长圆网复合纸机并获专利
1863	琼斯发明第一台多网槽版机
1889	纸机已配有整饰辊、真空箱和烘缸，车速达到 90m/min
1896	长网造纸机车速达到 160m/min
1900	长网造纸机车速大于 175m/min
1908	密斯堡获真空伏辊发明专利，第二年用于生产
1911	密斯堡开发出真空压榨辊，并安装于纸机上；长网机车速大于 235m/min
1919	第一套纸机电子变速系统安装在长网纸机上
1920	长网纸机车速达到 330m/min
1931	长网纸机车速达到 400m/min
1934	第二流浆箱用于多层纸页成形
1940	高速长网纸机开始取代圆网机生产纸版
1945	压力流浆箱出现，为纸机提速奠定了基础
1946	纸机总轴传动实现工业化
1953	纸机除气装置用于上浆系统；长网机引入真空吸移辊，车速大于 660m/min
1955	纸机烘干部使用气罩
1958	可控中高辊用于长网纸机；车速达到 750m/min，幅宽 8.68m
1962	水力式流浆箱成形器用于多层复合纸机
1963	沟纹压榨辊引入造纸机
1965	合成干网首次用于造纸机干燥部
1966	造纸机计算机控制系统首次在英国用于生产
1971	双网成形器被广泛采用
1981	宽压区靴形压榨被引入造纸机
1985	闪急干燥技术开发
1995	闪急干燥技术获得专利；纸机车速大于 1300m/min
进入 21 世纪	纸机车速已经超过 2000m/min

三、成形器及其分类

（一）成形器概述

成形装置是实现纸页成形的物质基础，先进的成形工艺只有依靠先进的成形装置才能实现。K. Moller 在他早期的论文"How to form paper in the future"中曾预言，纸页有可能在 0.1%～100% 的浆浓下进行抄造，即以普通的方法直至空气动力学的方法进行抄造。目前虽然未能完全实现 Moller 在任何浓度成形的预言，但已发展起来的大量的高浓成形和干法造纸装置为此提供了可能。

早在 20 世纪 60 年代初，Peter Wrist 就提出这样的设想：理想的纸页应是层状的结构，即每一层纸页都应有秩序而不紊乱的排列。要解决的技术问题是开发一种工艺以适应它的需要，使其能控制每一层纸页的相对厚度以及各层的排列程度。Peter 的上述设想，直至 20 世纪 70 年代末多层成形器的完善才得以实现。

多层成形器的研究始于 20 世纪 50 年代初，到了 80 年代日臻完善，且被誉为"多层革命时期"。多层成形的基本原则是，能以较快的车速生产高定量的纸页，经济合理地使用原料，正确选择每层纸料的配比，从而改善纸页的特性。

在长网机上加装顶网或叠网，是长网机改造的有效方法之一，此项改造的研究始于20世纪50年代。发展顶网的目的是改善成形，加装顶网后，纸页成形质量和脱水能力都大大提高。实践证明，长网机加顶网是一项经济有效的技术改造方案。长网机加叠网的目的，是在高车速下生产多层纸板。国内外大量的实践经验表明，在现有的长网机上加装叠网已成为潮流的发展趋势。长网加叠网具有特大的脱水能力，并可在许多条件下改善纸页的特殊性能。

回转成形器（圆网型成形器、真空辊型以及回转压力成形器），仍是当前世界上多层纸板成形的方法之一，同时也用作证券纸、薄页纸和特殊用纸的生产。在亚洲，许多纸种也用这种方法生产。在回转成形器上增加了真空辊的使用，改善了普通网笼的真空抽吸方法并改善了成形部的设计。回转式成形器与单网成形器相结合，其作用相当于长网加叠网，可在较高车速下操作，成为发展中国家新一代的实用机型。

夹网成形器以其车速高、脱水快和良好的成形质量而独树一帜。与长网机脱水相比，其脱水效率理论上可高达4倍，同时夹网成形可抄造出结构上更为对称的纸幅，在沿纸幅厚度方向上的细小纤维、填料和灰分的分布也更为对称，因而提高了印刷适性。

（二）成形器分类

对于湿法成形来说，纸页成形器按其结构形式一般可分为三大类：即

① 圆网成形器——包括单圆网和多圆网机、真空和压力成形回转式成形器以及新型超成形圆网成形器；

② 长网成形器——包括各种单长网造纸机；

③ 多网成形器——包括双网成形器（如顶网成形器和夹网成形器）和双网以上的多层成形的叠网成形器。

若按成形方式来分类，也可分为两大类：

① 单层成形器——包括单圆网机、长网机、上网成形器、夹网纸机以及回转网成形器等；

② 多层成形器——包括以下几种形式：a. 长网机配第二流浆箱、多层流浆箱和上网成形器；b. 回转成形器配多层成形器或使用多圆网成形器；c. 叠网成形器、多网成形器和多层成形器等。

若按成形浓度来分类，还可以分为两大类：

① 低浓成形器——纸料上网浓度在1.5％以下的成形器；

② 高浓成形器——纸料上网浓度超过1.5％的成形器。

四、纸页成形过程的流体动力学

我们通常所讲的"成形"有两重含义，其一是指纸页成形的过程（Forming），其二是指纸页成形的质量，即纸页的匀度（Formation）。本章所论述的即是前者，其定义为：纸浆悬浮液在成形网上脱出大部分的水分而形成湿纸幅的过程。

在实际的成形过程中，一般可以借助水线作为成形过程结束的标志。通常在造纸机网部水线处的湿纸幅干度为5％～7％。由于水线后湿纸幅中自由水分的消失，湿纸幅的纤维易动性也就基本消失了。换言之，纸幅中纤维的排列及其他固相物质间的相互位置都基本上不再改变。

　　著名的成形理论专家 J. Parker 指出，纸的成形过程主要是一个流体力学的过程。虽然已经认识到化学和胶体力在某些情况下也可能会对成形过程起显著的作用，而且细微物质特别可能受这些力的影响，但实际上都认为在成形过程中起决定性影响的还是流体动力。

　　纸页成形的基本过程可以看作是三种主要的流体动力过程的综合（图 4-31）。即滤水（drainage），定向剪切（oriented fluid shear）和湍动（turbulence）。

　　滤水是指成形过程中的纤维悬浮液中的水分借重力、离心力和真空吸力等排出的过程。滤水是水通过网或筛的流动，其方向主要是（但不完全是）垂直于网面的，其特征是流速往往会随时间起变化。

滤水　　　　　定向剪切　　　　　湍动

图 4-31　纸页成形中的三种流体动力过程

　　定向剪切是在未滤水的纤维悬浮体中具有可清楚识别形态的剪切流动。它以流动的方向性以及平均速度梯度为特征。最明显的例子就是在纸机纵向上，流浆箱的喷浆速度与网速之差和网案摇振时自由悬浮体中诱导的横向速度"摆动"所产生的流型。

　　湍动从理论意义上来说，就是在未滤水的纤维悬浮液中流速的无定向波动。实际上，在纸页的成形过程中，流动扰动可列为湍动流型者，并非真是无定向的。只不过它不足以产生显著的定向剪切，因而对纸页结构的影响近似真正的湍流。这种拟湍动流型（Pseudoturbulent Pattern）是高度定向性流动在衰减过程中的自然结果。

五、纸料脱水形式与纸页成形结构

（一）过滤与浓缩

　　纸页成形过程主要是一个浆料脱水形成湿纸幅的过程，而脱水形式主要有浓缩和过滤两种。

　　当浆料较高时，纸料的脱水主要以浓缩为主；而当浆料充分稀释时，纸料的脱水则以过滤为主。前者由于纸浆纤维来不及分散舒展就已成形，纸页的结构为交织的三维结构；后者由于纤维得以充分分散，则以逐层沉积的方式成形，从而得到以二维纤维分布为主的层状结构。由此可知，导致纸页产生层状结构的原因之一，是纸料以过滤为主的方式脱水。因此，在实际生产中，应该尽可能地保证纸料纤维的脱水条件有利于过滤而不产生浓缩。

（二）纸页的层状结构

　　纤维在 $x-y$ 平面的定向分布，造成了纸页的层状结构。特别在机制纸中，由于纸机成形网的运动或网案的摇振，造成了纸浆纤维的定向分布，即大多数纤维取向于 $x-y$ 平面分布，而较少在 z 向分布，从而形成了层状结构。

　　影响纸页层状成形的原因有很多，但主要有两类。一类是抄造条件的影响，另一类是浆料特性的影响。

　　1. 浆料抄造浓度

　　在诸多抄造条件中，浆料的抄造浓度对层状结构的影响最大。提高稀释水的用量，降低上网纸料的浓度，可以促进层状结构的形成。

　　2. 纤维长度

　　在浆料特性中，纤维的平均长度及其分布对层状结构的影响较大。这可由简单的纤维几何分布来分析。在纤维充分稀释的前提下，设有两种纤维直径相同的浆料：A浆为短纤维，纤维平均长度为 L；B浆为长纤维，纤维平均长度是 A 浆的 K 倍，即为 KL。由纤维分布的拓扑学可知，在同等纸页定量的情况下，长纤维纸浆（B）抄造纸样的层数是短纤维纸浆（A）的 K 倍。

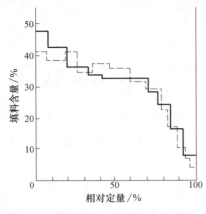

图 4-32　填料在机制纸 z 向的分布

----无整饰辊　——有整饰辊

注：照相铜版纸，纸机车速 130m/min，纸页定量 90g/m²，填料（高岭土）用量 30%。纵坐标 0 处为成形网上端，100% 为成形网下端贴网处。

（三）填料在纸页层间的分布

不同的纸页抄造方式，使得填料在纸页层间分布的情况有所不同。

对于实验室抄造的手抄纸，细小组分和填料多集中于纸页的底部，即靠近成形网的一面。这是由于在无扰动过滤的情况下，填料受纤维网络的机械截留作用和选分作用，自上而下地穿越纤维层到达底部后沉积或穿过滤网，所以在底层沉积量最大而顶部最小。

对于机制纸，由于网上浆流的运动和湍流作用，填料的沉积不能自上而下地进行；且由于网下脱水元件（案辊、成形板、真空吸水箱等）的作用，到达底部（贴网层）的填料极易被冲刷流失，这种冲刷作用按纤维层与网面的距离增大而减弱，从而形成了填料量自上而下依次递减的分布情况。L. J. Croen 通过实验观察证实了这一观点（见图 4-32），Lehtinen 和 Parker 等人也用不同的方法证实了上述结论。

六、纸页成形对纸页结构和性质的影响

（一）纸页成形对纸页孔径分布的影响

纸页的孔径及其分布与纸页的过滤、吸收等物理性能有密切的关系，从而影响到纸页的涂布和印刷等性能。Dodson 等人的研究表明，纸页的孔径分布近似于对平均孔径的对数正态分布。随着纸页成形质量的下降，即絮聚程度的增加，纸页空隙的平均孔径也增大。另一方面，随着纸页定量的增大，纸页空隙的平均孔径减小。

（二）纸页成形对填料分布的影响

有研究者采用盐酸溶解碳酸钙填料的方法，对同一试样脱除碳酸钙前后的成形指数进行对比，并以集聚因子和纸页定量波动比来分析描述填料分布的影响。

研究表明，随着纸页絮聚趋势的增加，纸页定量波动比也增大，即填料分布的不均匀性也增加。该研究中还对针叶木和阔叶木纸浆的加填情况进行了比较，实验结果表明，阔叶木浆的成形匀度较好，因此填料的分布均匀，且填料的留着率较高；而针叶木浆的成形匀度较差，所以填料的留着率也较低。

（三）成形质量对纸页断裂强度的影响

纸页的强度受成形质量的影响，这已是不争的事实。但是在典型的 Page 抗张强度的模型和方程中，却忽略了纸页匀度（局部定量）波动的影响。而在事实上，纸页断裂处多数在局部定量波动较大的地方。

有研究者采用非线性有限单元法，研究纸页局部定量和局部应变的关系。研究表明，纸页中高应变的区域总是对应于低定量的区域（图 4-33）。

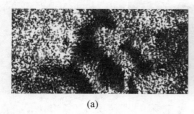 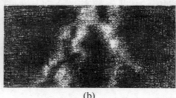 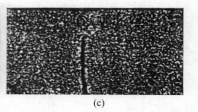

| (a) | (b) | (c) |

图 4-33　纸页成形质量对断裂强度的影响

　　（a）纸页定量分布图　　　　　（b）拉伸应力分布图　　　　　（c）拉伸断裂图

　（深色处为絮聚区域）　　（浅色处为应力集中的区域）　（断裂处恰好对应于纤维絮聚和应力集中处）

　　此外，还有研究者研究了纸页成形与光学性质的关系。研究结果表明，随着纸页的变异系数（一种纸页定量波动的表述参数）增大，纸页的透明度下降，但是当纸页的变异系数很大（超过 30％）时，这种下降趋势则变得较为平缓。

第四节　长网成形器的纸页成形

一、长网成形器的主要部件及其作用组成

　　长网成形器曾经是造纸机的主流机型（图 4-34）。现将长网部的主要部件及其作用简介如下。

（一）胸辊

　　胸辊（Breast Roll）是一个大直径的、硬质橡胶包覆的转动辊。胸辊由成形网驱动，其工作位置在流浆箱堰口处。胸辊是影响纸页成形的关键部件，必须有足够的刚度，并应精确地安装，避免振动。胸辊应有足够的中高，以防止成形网起皱。

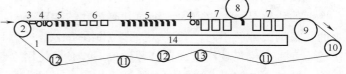

图 4-34　典型的长网造纸机网部

1—成形网　2—胸辊　3—成形板　4—案辊　5—脱水板　6—湿真空箱　7—干真空箱　8—整饰辊　9—伏辊　10—驱网辊
11—导网辊　12—舒展辊　13—紧网辊　14—白水盘

（二）成形板

　　成形板（Forming Board）一般由一组刮水板组成，安装在堰口浆流的着网点上。刮水板通常为 3～20 个，各刮板间有一定的缝隙，以便使上网纸料缓和地脱水。刮水板由耐磨材料制造，一般低速纸机选用高密度聚乙烯材质，而在高速纸机上，则选用特种陶瓷材料。

（三）案辊

　　早期的长网纸机采用案辊（Table Rolls）的目的是支撑成形网。当纸机车速达到 100m/min 时，发现案辊产生的真空脉动可以提高脱水能力，并且这种真空脉动能力随着纸机的车速的增加而大大提高。因此案辊是低速纸机网部脱水的主要元件。当纸机车速达到 300m/min 后，这种真空脉动会干扰已经成形的纤维层，损害纸页成形和增加两面差。因此在超过 600m/min 的纸机上，不再使用案辊，而由其他的脱水元件取代。

（四）刮水板

　　刮水板（又称为案板）（Foil Blades）是一组支撑在成形网下的、具有坚硬表面的刮板。刮板上表面与成形网成一个很小的角度（一般 3°～5°）。由刮水板取代案辊是从 20 世纪 50

年代开始的。这类新型脱水元件所产生的脉冲和真空抽吸力较为平缓，所以对网上成形纸页干扰很少。显然，用刮水板取代案辊，其脱水作用更为温和。

（五）湿真空箱

当纸料经过刮水板后，纸页的水分穿过成形网，湿真空箱（Wet Suction Boxes）就是为了脱除这部分水分而设置的。由于板面是平坦的，因此没有微湍流产生。典型的湿真空箱沿纸机纵向的宽度是 500mm 左右，其开孔率为 $60\%\sim75\%$。真空箱的真空来自多组水腿的抽吸力。湿真空箱脱除了大量的水分，但是对纸页成形质量没有影响。

（六）干真空箱

根据一般的浆料配比和纸机的操作条件，常常发现在网部纸料干度为 $2\%\sim3\%$ 的地方，湿真空箱的真空度有限，因此脱水能力较低。为此必须设置真空范围在 $10\sim33\mathrm{kPa}$ 的干真空吸水箱进行脱水。经过干真空箱（Flat Boxes）的纸页，其干度可达到 10% 左右。

在纸机操作中，干真空箱表面紧紧地吸住成形网，使大约 80% 的成形网驱动能量消耗于此，并且造成成形网的磨损。因此在干真空箱的操作中，适当调整和尽量降低箱内真空度的范围是非常重要的。

（七）伏辊

伏辊（Couch Roll）具有两个功能，其一是作为纸机网部主要的驱动辊，带动成形网运行，在没有驱网辊的纸机中，这是唯一的驱网辊；其二是作为纸机网部的最后一个脱水元件，使纸幅从 $12\%\sim18\%$ 的干度，达到进入压榨部前 20% 左右的干度。

典型的伏辊是一个中空的，辊面开有小孔的铜辊或钢辊。伏辊是通过内部的真空室进行脱水的，根据纸种的不同，其真空操作范围在 $53.2\sim84.5\mathrm{kPa}$。在车速较低时，水和空气进入伏辊，并进入伏辊真空室。在这种情况下，必须使用水气分离器，以防止白水进入真空发生系统。在较高车速时，空气和水被抽入伏辊外壳的孔眼，当孔眼离开真空区后，水就会被离心力甩出。在这种情况下，必须装设伏辊白水盘和挡水板，使甩出的水不会返回到伏辊与成形网啮合区的入口侧或带过白水盘喷溅到驱网辊上。

（八）封闭引纸装置

纸幅从网部有依托地引入到压榨部的操作，被称为纸机的封闭引纸装置（Closed Transfer）。封闭引纸始于 20 世纪 50 年代，并最早在低定量纸种的纸机上实现。在此之前，高速纸机操作的最大问题之一，是较低的湿纸幅强度，致使断纸现象经常发生。当采用封闭引纸后，断纸的问题大大减少了。

（九）成形网

成形网（Forming Fabric）是造纸机网案的主体，承载着对纸料滤水的功能，对纸机的操作和纸页的质量均有重要的影响，因此必须认真地选择。成形网的主要参数有定量、目数、支数、厚度、每层的织法、开孔面积率等。此外，成形网靠近纸页面的每平方厘米的铰接点数、成形网的透气度、纵向和横向的伸缩率等，也是非常重要的。

二、长网成形器的成形和脱水

在长网部纸页成形和脱水过程中，纸料首先从流浆箱堰口流出，以一定的速度和角度喷到长网的网面上。其后，纸料受到长网网下脱水元件（如案辊、案板、真空吸水箱和真空伏辊等）的真空抽吸等产生的过滤作用，脱去大部分水分而使纤维和添加物沉积到网上，形成了湿纸幅。在一般情况下，网部纸料脱水和纸页成形的过程，大体可分为三个阶段（见图

4-35)。

（一）纸料上网段

第一段从流浆箱堰口喷出的纸料与网面的接触点起，至成形板或第一根案辊止。为了保证后续成形纸页的均匀性，该段要求喷射到网面的纸料是均匀分散的，且应最大限度地降低喷射浆流表面的不稳定性。

（二）成形脱水段

第二段从第一段结束点起，至真空箱之前。在这一段，纸料开始大量脱水并形成湿纸页。经过这一段脱水后，湿纸页的干度可以达到 $1.8\%\sim3.0\%$。即在这一段中，脱除纸料带进网部水分的 $65\%\sim85\%$。第二段又可以分为两个区：即成形区（A区）和脱水区（B区），两区的划分没有严格的位置设定，具体视上网纸料和抄造纸种而有所不同。在成形区，为了保证纸页的成形质量，减少纸页的两面差和避免跳浆等问题，应控制合适的脱水率，脱水量应比较均匀，不宜过大。对于高速造纸机，在该区内使用沟纹案辊和小角度案板等脱水元件控制脱水。而在脱水区，纸页的成形已经基本完成，可以大量脱水。

（三）高压脱水段

第三段从真空吸水箱始，直至长网的伏辊后。在这一段，湿纸页已经成形，普通脱水元件难以继续脱除其中的水分，因而要通过较高的压差来进一步脱除水分。该段主要由真空吸水箱和伏辊构成。经过该段的脱水，视不同的纸料，湿纸页干度可以达到 $15\%\sim25\%$，此时湿纸页已经具备了一定的初始湿强度，可以引入到压榨部。

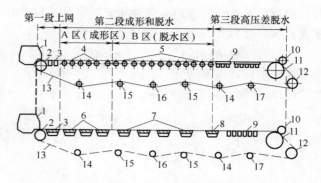

图 4-35　长网部纸页成形和脱水过程示意图
1—流浆箱　2—胸辊　3—成形板　4—沟纹案辊　5—案辊
6—低、中等脱水量的案辊组　7—高脱水量的案板　8—低
真空案板组　9—真空箱　10—上伏辊　11—真空伏辊
12—驱动辊　13—网子　14—校正辊　15—紧网
辊　16—导网辊　17—第一导网辊图

三、纸料喷射上网与纸页脱水成形

（一）流浆箱堰板的喷射角和着网点

流浆箱堰板的主要作用是使浆流产生符合要求的流速，沿纸机幅宽均匀分布，并以一定喷射角到达确定的着网点。

喷射角——纸料自堰板喷浆口喷出之后，其喷射轨迹与堰板下唇之间的夹角（见图 4-36）。

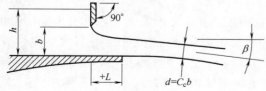

图 4-36　流浆箱垂直堰板的喷射角
β—喷射角　b—唇口开度　h—流浆箱液位高度
$+L$—下唇板的伸出长度（对应于上唇板）
d—浆流厚度　C_c—浆流厚度系数，$C_c=d/b$

着网点——堰板喷射口喷出的纸料与成形网的接触点。

喷射角和着网点对纸页的成形和脱水有显著的影响。一般情况下，喷射角越大，着网点就越靠近堰板喷浆口，纸料上网段的脱水就越强烈；反之，喷射角越小，则浆流喷射距离越远，纸料上网段的脱水就较为缓和。因此在实际生产中通过调节喷射角和着网点，可以控制上网段纸页的脱水程度和成形质量。在一般情况下，纸料的着网点应在成形板的前缘或前缘附近为宜。

堰板的喷射角可根据 TAPPI 标准推荐的方法，通过有关公式计算获得，并可根据计算结果进一步推算出着网点。

（二）浆速和网速的关系

1. 浆网速比

浆速与网速的关系一般用浆网速比表示，该速比是指造纸机流浆箱唇口喷浆速度和造纸机成形网运行速度的比率。即

$$R = v_{j}/v_{w} \tag{4-12}$$

式中　R——浆网速比

　　　v_{j}——唇口喷浆速度，m/min

　　　v_{w}——成形网运行速度，m/min

理论和实践均表明，在纸页成形过程中，浆速和网速的比率直接影响到纸页成形的质量。纸页成形对浆网速比是非常敏感的，一般适宜的浆网速比的范围应在 0.90～1.10，最佳的浆网速比应非常接近 1.0。因此在纸页成形过程中，控制合理的浆网速比是非常重要的。

2. 浆网速比对成形质量的影响

当 $R=1$，即浆速等于网速时，浆速与网速间的相对速度为零，浆流湍动强度小，使得已分散的纤维在网上重新絮聚，造成纸页上容易形成云彩花，成形匀度较差。

当 $R>1$，即浆速大于网速，此时纤维在网上横向排列较多，当上网纸料比较游离，在网上滤水速度较快时，容易造成纤维卷曲或纤维垂直于网面排列的现象，导致纸页出现波纹状。因而只有在使用黏状打浆的纸料抄造某种薄页纸（如卷烟纸）以及要求伸长率较大的纸种（如电缆纸）时，才使用这种浆网速比。

当 $R<1$，即浆速小于网速，此时纸料上网后受到网的加速作用，减少了纤维再絮聚的现象，形成的纸页有较好的匀度。但网速高于浆速的比值也不宜过大，否则纸料的下层被网拖带前进，纤维的纵向排列加强，导致纵横拉力比增大。同时纸张的多孔性和柔软性也变差。

四、成形脱水段的脱水元件和作用机理

（一）案辊的脱水机理

案辊的脱水机理如图 4-37 所示。

当成形网上某一处的纸料进入案辊上游时，附在网下的水（图 4-37 中箭头 1）处于辊网之间，其中部分向上透过成形网进入到湿纸页中（见图中箭头 2），对已经部分成形的湿纸幅产生一定的扰动。这种扰动具有松动纸页结构、带走部分微细组分（细小纤维、填料等）的作用，对纸页的进一步成形和纸页的最后性能，均有一定的影响。但是，由于成形网和湿纸页对水的穿透均有一定的阻力，使一些水分留在网下并被甩进白水盘中（见图中箭头 3）。同时，成形网和案辊表面间的夹角从箭头 4 处开始继续增大。

在案辊的下游区，随着案辊的旋转和网的运行，网面先贴辊面运动，而后受网的张力与辊面分开，并逐步形成增大的下游区间隙，如同气缸内的活塞一样产生一定的抽吸作用，在下游区形成负压。该负压与网上浆层所受的大气压力产生压力差，促使浆料中的水分经网孔

滤出，并充满下游区。由于水的张力是有限的，当成形网与案辊辊面之间的间隙达到一定值时，下游区的液柱破裂，真空随之消失，其水分也分解成 3 部分。其中大部分喷到白水盘中（见箭头 6）；一小部分附在网下，并带到下一个案辊或辊间的挡水板；余下的水分附在辊面上（见箭头 7），并与进入上游区的水分汇合（见箭头 1）。

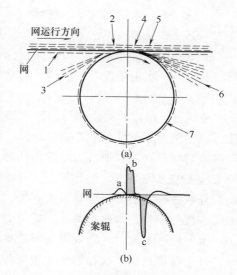

图 4-37　案辊的脱水过程及机理

(a) 脱水的过程　(b) 压力和抽吸力的脉动作用

案辊脱水过程中，案辊与成形网接触点前后所形成的压力与真空抽吸的脉动情况如图 4-37 (b) 所示。图中 a 处案辊向网压入水，b 处为压力高峰，其位置恰好在案辊中心线之后，这是由于案辊对成形网的反作用力造成的。然后压力曲线为负（变为吸力），最大真空度出现在 c 点，此时受真空抽吸力的作用而使纸料脱水。该抽吸力的大小，可由式（4-13）计算：

$$\Delta h = \frac{\Delta p}{\gamma} = \frac{u_c^2}{2g} + \frac{2\gamma_a u_c}{q_V \gamma} + \delta\left(1 - \frac{u_c^2}{Rg}\right) \tag{4-13}$$

式中　Δh——脱水压头差，m

Δp——脱水压差，Pa

u_c——网速，m/s

γ_a——表面张力，N/m

g——重力加速度，m/s^2

q_V——案辊单位长度上每秒钟的脱水量，m^3/（m·s）

γ——水的重度，N/m^3

R——案辊半径，m

δ——通过案辊时浆层的平均厚度，m

在一般情况下，网上浆层厚度很小，则由此引起的静压头［式（4-13）中第三项］也很小。同时，由表面张力所引起的压头［式（4-13）中第二项］也很小。因此在纸机车速较高的情况下，产生抽吸力的压头差主要取决于网速［式（4-13）中第一项］，即抽吸力与网速的平方成正比。因此可忽略式［（4-13）中第二、三项］的影响，将式（4-13）简化成：

$$\Delta h = \frac{u_c^2}{2g} \tag{4-14}$$

抽吸区的扰动会增加案辊所引起的压力差，故上式可写成：

$$\Delta h = \frac{K_1}{2g} u_c^2 \tag{4-15}$$

式中的 K_1 值由实验测定（一般为 1~1.4）。由上式可知，脱水压头差随着车速的增加而急剧上升。

案辊运转产生压头差所获得的脱水量，可由泰勒关系式描述：

$$q_V = \frac{1}{2}(0.59)\left(\frac{K^2}{\eta}\right)R\rho^2 u_c^2 \tag{4-16}$$

式中　q_V——单位时间内单位长度案辊的脱水量

η——白水的黏度

K——系数

R——案辊半径

ρ——水的密度

u_c——网速

从式（4-16）看出，案辊的脱水量随案辊直径的增大而增加，并与白水黏度的二次方成反比，说明白水黏度严重影响脱水量。此外，脱水量随网速的二次方急剧提高。但实际上，当网速增加导致案辊抽吸力增加的同时，成形纸页纤维织层的紧密程度也随之增加，从而增加了纸页的过滤阻力，这样又反过来影响了案辊的脱水能力。纸浆的过滤阻力还与纸浆特性、打浆度和浆层的厚度等因素有关，故难以精确计算，目前还只能通过关系式定性分析案辊脱水量与有关因素间的关系，案辊的实际脱水通常是采用实测的方法来确定。

纸料经过案辊时，已成形的湿纸页经受了两次垂直方向压力脉冲的变化，使纸页产生扰动。对于低速纸机，这种扰动比较缓和，能促进纸料中的纤维分散，减少纤维絮聚，提高纸页的匀度，对纸页的成形有利。尤其是纸浆的打浆度较高或纤维较长和抄造定量较大的纸页时，这种扰动尤为必要。但对于高速纸机来说，这种扰动的不稳定性显著增加，案辊的脉冲作用所产生的扰动过于剧烈，形成强烈的洗出作用，对纸页的脱水和成形不利。尤其当向上的压力太大时，白水猛烈地返回纸页，会产生过大的扰动，甚至会引起跳浆，使纤维分布不均，影响成纸的匀度和质量，严重时会破坏纸页的成形。当向下的抽力过大时，脱水猛烈，细小纤维和填料流失增加，白水浓度增高，会加大纸页的两面性，甚至产生网痕、针眼等纸病。为了克服上述缺陷，常采用沟纹案辊和案板来改善成形质量。

与普通案辊相比，沟纹案辊的辊面上开有沟槽。成形网与辊面沟槽接触时，在沟槽上方没有脉冲作用，网上的浆层也不会经受压力和抽吸力。这样虽然减少了案辊的脱水作用，但也缓和了对纸页成形的不良扰动，改善了纸页成形。沟纹案辊的脱水量一般只有普通案辊的1/10 至 1/2，因此可大大缓和对纸页的扰动。沟纹案辊常常安装在成形板之后，并与案辊和案板配合起来使用，主要用于成形脱水段的成形区，以改善纸料的脱水和纸页的成形。

（二）案板的脱水机理

案板又称脱水板或刮水板。其结构形式很多，尺寸各异。案板的基本结构由 3 部分组成（见图 4-38），其中：a. 前角 β，β 一般为 $40°\sim60°$，其作用是刮去附在网下的白水，并防止前缘卡浆；b. 顶面，顶面的平均长度 l_1 一般为 $10\sim15mm$，其作用是支撑网面，并产生水

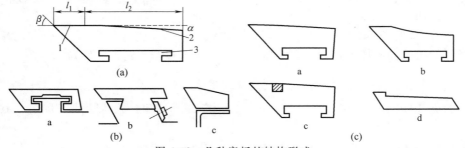

图 4-38 几种案板的结构形式

（a）案板的基本型式 β—前缘角 l_1—前缘平面长度 l_2—斜面长度 1—前缘平面
2—斜面 3—T 形槽 （b）案板安装方法 a—滑动法 b—固定法 c—粘接固定法
（c）案板的形式 a—规则型案板 b—S 形案板 c—镶碳化钨案板 d—非线性案板

膜，为案板脱水提供必要的条件；c. 斜面，斜面长度 l_2 和斜角 α 的大小对案板的脱水量和扰动脉冲强度有直接的关系。斜面长度 l_2 一般为 $30\sim60\text{mm}$，斜角 α 一般为 $3°\sim4°$。

案板的脱水过程入图 4-39 所示。当成形网到达案板的前角时，吸附在网下的白水被案板的前角刮去［图 4-39（a）中 1］，随后网进入顶面。由于案板顶面被水润湿产生吸附力，因而在网与顶面之间形成水膜［图 4-39（a）中 2］，水膜的完整程度对案板的脱水能力有很大的影响。当网进入案板的脱水斜面后［图 4-39（a）中 3］，由于斜角和网的张力使网与斜面逐渐分开，形成一个楔形区，水膜 A ［见图 4-39（c）］沿斜面运动。因水分子的内聚力作用，A 膜从网下吸水，拉下和它相邻的水膜 B，而后 B 膜又拉下水膜 C……，如此依次从网上拉下一系列水膜，使楔形区内充满了水。水膜 A 是沿静止的斜面慢慢运动，B 膜的运动比 A 膜快一些，C 膜的运动又比 B 膜快一些，此后 CDEF……各层水膜的运动依次加速，直至最后与网速相近。由此可知，案板的脱水与案辊不同：案辊的线速与网速接近，因此案辊在楔形区内各层水膜的速度几乎一致，因此案辊和成形网之间的水膜可以很快地脱除；而案板由于各层水膜有较大的速度差，因而脱水速度较慢。当水膜离开案板斜面的边缘时［图 4-39（a）中 4］，水柱破裂，水和斜面的吸附关系被破坏，水由于其分子的内聚力被吸附到网下被网带走［图 4-39（a）中 5］，进入下一个案板的前缘被前角刮去，从而完成了案板的脱水过程。

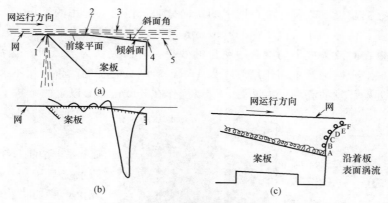

图 4-39　案板脱水过程及机理

（三）案辊与案板脱水与成形性能的分析比较

与案辊相比，案板的压力脉动没有明显的压力最高点（图 4-40）。其原因是当案板的前角与网接触时，已将网下吸附的水分刮去，没有大量的水返回到网和纸页上面，因此不会出现明显向上的脉动压力。另一个特点是，案板的真空抽吸区比较长，真空度也比较低，这是由于案板有固定不变的斜面和较小的斜角造成的。案板的脉动强度与纸机网速的平方及斜角大小成正比关系。因此案板几何尺寸的设计是十分重要的，必须根据纸机的网速、纸种、浆料的脱水性能以及案板的安装位置等因素来确定，为形成匀度好的纸页和良好的脱水提供最佳的生产条件。

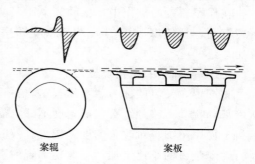

图 4-40　案辊和案板脱水机理比较

由于作用机理不同，案辊脱水时各层水膜的速度差很小并接近于网速，因此抽吸力很强，水分很快脱出；而案板在楔形区中沿斜面的水膜前进的速度较慢，所以案板的抽吸力较弱，脱水缓和，一块案板的脱水量仅为案辊的 $1/10\sim1/2$。但是 4 个案辊的位置可以安装 $3\sim4$ 组案板组，每组为 4 块案板，因此在同样的安装位置上，案板组凭借其块数多，真空区长和脱水频率高，其总体脱水量大于案辊。

与案辊相比，案板能改善纸页的组织结构和成形质量。案板脱水主要靠案板前角刮除网下大量的水分，在前角处向上的水压甚少，在案板后夹区内的抽吸力也较小，因此对细小纤维和填料等的保留率较高，成纸细密网痕轻，纸页两面差小。此外案板后夹区各层水膜存在的速度差，其剪切力产生的扰动有助于纤维的分散和改善成形。

与案辊相比，案板易于调节和精确控制脱水量和脉动强度，有利于提高产品的产量和质量。在实际生产中，可以根据生产纸种、车速和浆种的不同，可以通过改变案板斜面的长度和斜角的大小等几何参数，达到精确控制脱水量和脉动强度的目的。因此在网案上配置不同类型的脱水板组合使用，可以更加体现案板的优点。

此外，案板还能延长成形网的使用寿命，便于聚酯塑料网的推广和使用。

当然，案板一般使用在高速纸机的网案上，对于低速纸机使用案板是否适宜的问题，目前尚未达成共识，因此也不能一概而论，这需要根据具体生产情况才能做出正确的选择。

（四）网案摇振装置

采用网案摇振装置可改善纤维在网上的定向分布，但对其适用的纸机车速范围一直存有争议。过去一度曾认为，在纸机车速 600m/min 以下，特别是低于 300m/min 且生产高定量纸页时，高频摇振对改善成形匀度有很明显的效果。有研究认为当纸机车速高于 600m/min 后，网案的摇振对于网上纤维的作用时间太短了，对纸页匀度的改善作用不大。

而国内外近期开发的高频摇振装置，可以工作在 600m/min 以上的纸机上。从而改变高定量纸页的匀度，并降低纵横抗张强度比率。图 4-41 为一种摇振系统的工作原理示意图。该系统基于一个平衡的振动系统，其剪切力由几对转动的偏心块产生。该系统装置是静止的，装置内部的运动部件在液压油膜上平稳滑动，从而带动胸辊横向摇振，而不会对基础产生任何振动影响。

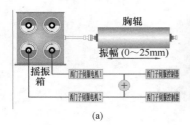
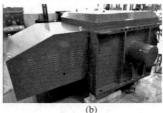

图 4-41　一种网案摇振装置（华南理工大学造纸
与污染控制国家工程研究中心研制）
（a）工作原理示意图　（b）网案摇振装置照片

在摇振装置的操作中，振动频率比振动幅度更为重要。实践表明，频率越高，对匀度改善越有利，且匀度改善的效果与振动频率和振动幅度的乘积的平方成正比，而与车速成反比。

（五）整饰辊的结构及应用

整饰辊，又习惯称为"水印辊"，是一种应用于低速纸机改善匀度的装置。由于低速纸机网部的扰动不够，纸页成形匀度不好，需要采用整饰辊进行"整饰"。实践证明，在低速纸机上使用整饰辊对改善匀度是较为有效的。

随着纸机的车速增加，显然整饰辊的直径也应增大，且辊体的刚度也应加强。一般低速纸机整饰辊的直为 $60\sim70$cm，提高车速后应调整为 $125\sim150$cm。关于纸机车速与整饰辊直径的关系请参考图 4-42，辊径选择的原则是使整饰辊的转速保持在 120～150r/min 之间。

　　整饰辊一般安装在第一吸水箱之后，有时也安装在最后一个真空案板组后面。整饰辊安装位置的选择原则是，其辊下网案纸幅的干度应为 2% 左右。整饰辊除了改善成形的作用外，有的还兼有脱水的功能。

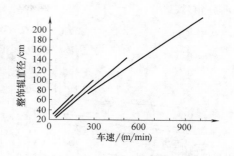

图 4-42　纸机车速与整饰
辊直径的配合关系

五、高压差脱水段的脱水元件和作用机理

　　湿纸页经过第二段成形和脱水后已基本定形，干度约 1.5%～4.0%。随着纸页干度和紧度的提高，脱水阻力增大，脱水量减少。若继续采用成形脱水段的脱水元件，已经难以完成脱水的任务，因此必须采用高压差方法进行强制脱水。高压差脱水段主要由真空箱和伏辊两部分组成。

（一）真空箱的脱水机理

　　真空箱的脱水作用主要靠真空箱的抽吸，在纸页上下产生压力差，压缩纸页而脱水。此外当空气穿过纸页内部空隙时，可将附在纤维上的水分带入真空箱而脱水。一般将纸机网案水线之前的真空箱称为湿真空箱（见图 4-43），在水线以后的称为干真空箱。

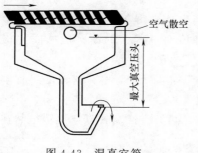

图 4-43　湿真空箱

　　湿真空箱上部的纸页水分较大，纸页脱水主要靠纸页上下的压力差，由空气压缩纸页而脱水。而干真空箱上部纸页的水分含量较小，纸页脱水主要靠空气穿过纸页内部的空隙，将湿纸页中的水分带入真空箱。真空箱的压力差靠真空度来确定。真空箱脱水的难易程度与湿纸页毛细管的直径和长度、水的黏度等因素有关。毛细管直径越小、毛细管越长、纸质越紧密以及水的黏度越大，则脱水就越困难，所需要的真空度也越大。如游离浆的毛细管直径大、纸质结构疏松，容易脱水，所需的压力差较小。反之，黏状浆脱水比较困难，高黏状浆脱水更加困难，往往需要提高纸料的温度以降低水分的黏度，才能提高脱水效率。

　　真空箱的真空度是影响脱水的重要因素。当脱水量一定时，真空度的大小与脱水面积可以用式（4-17）表示：

$$L_1 \sqrt{p_1} = L_2 \sqrt{p_2} \tag{4-17}$$

式中　p_1、p_2——分别为真空箱 1 和真空箱 2 的真空度

　　　　L_1、L_2——分别为真空箱 1 和真空箱 2 的等量长度

$$L = \frac{真空箱的总脱水面积}{有效的吸水网宽} \tag{4-18}$$

　　从式（4-17）可知，为达到同样的脱水能力，若提高 4 倍真空度与增加 2 倍真空箱等量长度的效果相同。或换句话说，增加真空箱的箱数（脱水面积）比增加真空度更为有效。另外提高真空度会显著增加成形网的拖动力，增加网的磨损。因此合理选择和确定真空箱的箱数和真空度，对提高脱水效率和减少网的磨损均有重要的意义。

　　一般中低速纸机采用 5～8 个真空箱。高速纸机 8～10 个。抄高黏状浆时可采用 12 个真空箱。真空箱的数量也不能过多，后期增加的真空箱的脱水能力会越来越少，且会增加对网

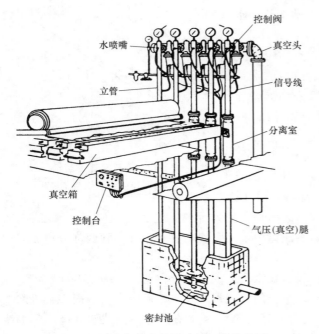

图 4-44 真空箱在长网造纸机中的位置

的磨损。

为提高真空箱的脱水效率，真空箱应采用紧密式排列方式，以利于连续脱水，防止残留在网上的水分返回到湿纸页中。考虑到网案结构和支架等问题，一般真空箱数量较多的造纸机，也有将真空箱分为两组排列的形式。如果网上设有整饰辊，则整饰辊应位于两组真空箱之间。真空箱在纸机上的排列见图 4-44。

（二）真空伏辊脱水

在现代造纸机上，采用的伏辊基本为真空伏辊。真空伏辊主要依靠真空抽吸力进行脱水，其脱水能力较强，因此一方面可以适应含水量较大的湿纸页进入伏辊脱水，另一方面也可以提高出伏辊湿纸页的干度，减少湿纸页在传递过程中的断头，从而为提高造纸机车速和抄宽创造条件。

真空伏辊设有抽真空的下伏辊和轻巧包胶的上伏辊（压辊）。压辊和真空辊之间有偏心距，偏心方向朝向压榨部，使纸页紧贴伏辊，加强脱水效果。

真空伏辊的结构分为蜂窝式（又称为缝隙式）和小室式两类。蜂窝式真空伏辊虽然在结构上较为简单，但精度不高，占地面积大，换网操作不便，动力消耗较大，目前已很少使用。小室式真空伏辊可以分为单室、双室和三室几种，一般造纸机多用单室式，高速造纸机和薄页造纸机（如电容器纸造纸机）多用双室式，三室式多用于高速的薄页纸机。图 4-45 是一种用于开式引纸的单室式真空伏辊。

真空伏辊的真空度与纸机的车速、纸料的性质、纸张的品种和真空室的结构等因素有关。造纸机的车速越高或纸料的滤水性能越差，则所需的真空度越高。对于双室式真空伏辊，一般情况下高压室比低压室的真空度高得多，但对于某些薄页纸纸机，高、低压室的真空度相差不大，这均由纸种、浆种和脱水的需要来选定。

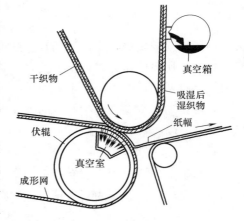

图 4-45 开式引纸系统中的伏辊压榨

六、造纸及网部参数的测量与控制

（一）流浆箱唇口喷浆速度的测量

由于计算公式的经验性以及唇口系数等参数取值的差异，一般较难得出真实的喷浆速度，因此也无法精确地调整浆网速比。目前国际上通常采用现场实测的方法，准确地得出流浆箱唇口的喷浆速度，为进一步精确调整浆网速比打下良好的基础。

目前国际上使用较多的是激光在线测速方法。图 4-46 是一种激光在线测速仪（Sensor-Line 7510 SVS 型激光测速仪）的测量原理图，该仪器采用固态激光源，可进行非接触、非干涉式的速度测量，仪器的测量精度为 0.1%。

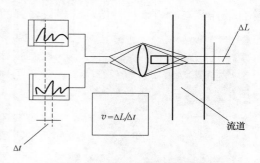

图 4-46　激光在线测速原理

如图所示，由激光器发射出两束平行的激光束，照射在产品流线上。对于流浆箱喷浆速度的测量来说，两束激光一前一后依次照射在唇口喷浆方向浆流的两个点，两点处的反射激光束各自分成两路经光镜汇集，汇集的信号经分析系统分别输出。设两激光束照射在流道上的间距为 ΔL，浆流中的某一运动质点先后到达两束激光的时间差为 Δt，则被测浆流的速度为 v：

$$v = \Delta L / \Delta t \tag{4-19}$$

于是，根据仪器设定的 ΔL 和输出的 Δt，就可得到所测的流速。

采用上述仪器，可进行纸机流浆箱喷浆唇口的点速度测量。如果配合适当的扫描架，则可对纸机横向浆流速度曲线进行测量。作者曾应用这种仪器，对广州造纸有限公司的造纸机流浆箱唇口喷浆速度进行了在线测量，为调整浆网速比提供了准确的依据。

此外，上述仪器不但可以测量流体速度，也可以测量固体的运动速度。在纸机操作中，还可以用该仪器测量网速、毯速等。

（二）网部浓度和脱水曲线控制

1. 网部浓度和脱水曲线的意义

在造纸过程中，网案部的浓度和脱水状况是影响纸页成形质量及决定生产状态的关键因素之一。网部浓度分布和脱水曲线的变化将对纸页匀度、网案脱水效率、填料与细小纤维单程留着率以及上述诸参数沿纸机横幅分布等产生显著的影响。因此，直接从纸机网部获得有关信息（如纸料浓度沿网案的变化、纸机纵向脱水曲线与横向脱水剖面曲线等），结合其他的工艺参数（如纸料的配比、打浆度等）和操作参数（如车速、真空箱真空度等），可用于纸机运行故障的诊断，这对于成形部的控制和优化均有非常重要的意义。

借助现代化的仪器（如 NDC 104P 型脱水曲线测定仪）可以测出纸料沿长网机网案的脱水分布。图 4-47 为一典型的网部纸料浓度测试分析图，这一结果对优化长网纸机网案的配置和操作非常有益。通过对网案脱水分布情况的分析，可以优化纤维留着和纸页成形，同时还可了解动力消耗和成形网的磨损情况，并且了解网部脱水元件组和伏辊的脱水能力等。

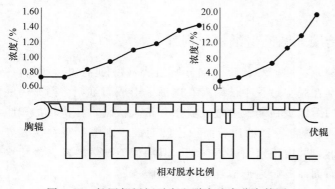

图 4-47　长网部纸幅干度和脱水速率分布简图

网部浓度和脱水曲线不仅是

纸料滤水性能的反映，同时也是纸机网部脱水元件配置水平的表征。对于一台设定的造纸机，生产设定的纸种，其脱水曲线沿纸机纵向和横向应有一个最佳的分布形式。当脱水曲线符合最佳状态时，纸机抄造性能得以最好的发挥，纸页得以最佳的成形。反之，纸机效率较低，成形质量也受到不良的影响。有研究表明，网部浓度直接影响到下列操作：

① 水印辊和顶网的作用；

② 纸页的匀度和强度；

③ 纸板的层间结合强度；

④ 纸机干燥部的烘干能力；

⑤ 纸机运行速度和稳定状态。

2. 网部浓度和脱水曲线的测量

图 4-48　采用 NDC 测试仪对实验纸机网部脱水曲线进行测量

在纸机网部浓度和脱水曲线研究中，可借助优良的实验纸机系统和先进的检测仪器，为造纸机设计和网案脱水元件配置提供科学依据。国内有科研单位使用引进美国 NDC 公司新近研制的网部脱水曲线测试仪，对生产机台进行实测分析，为纸机网部的合理配置提供了有益的数据，并逐步积累经验，在国内纸机网部的配置理论的研究领域迈出了第一步（图 4-48）。

第五节　圆网成形器的纸页成形

一、概　　述

圆网造纸机是世界上三大造纸机类型之一。在我国，圆网造纸机曾是占主导地位的纸机类型。其台数曾一度约占全国纸机总台数的 90％以上，产量约占全国纸和纸板总产量的 75％以上。虽然近年来我国传统圆网造纸机的比例大为减少，但仍然在我国造纸工业的生产中发挥着重要的作用。圆网造纸机可分为传统式圆网机和改进型圆网机两大类，其主要特点在于其网部的区别。

与长网和夹网等类型的造纸机相比，传统圆网造纸机具有结构简单、占地面积小、投资省、制造加工容易和操作维护方便等有点。且对一些纸种（如纸板、薄型纸等）有很好的适应性。因此在我国造纸工业装备的技术改造中，更好地保留和发挥圆网造纸机的优点，仍然是我国造纸工作者的一项重要任务。

二、传统式圆网造纸机的网部

传统式圆网造纸机的圆网部由网笼、网槽和伏辊三部分所组成（见图 4-49）。纸料在圆网内外的水位差作用下过滤，使纤维在脱水过程中被附着在网面上形成湿纸幅。网笼内的白水经网槽的边箱排入白水池。形成的湿纸页在网笼上继续脱水并带入伏辊，经伏辊加压脱水后干度可达到 8％～10％。由于圆网笼顶部毛毯的比表面积比网面大，则湿纸页在伏辊处受压时，从网面上被吸附转移到毛毯上，并由毛毯引入压榨部。其后网笼继续转动，经清水管冲洗网面后，进入下一个循环，从而周而复始地形成连续的湿纸幅。

圆网造纸机网部的组成和结构如下：

① 网笼。网笼的直径在 900～2000mm 之间。一般情况下，网笼的直径越大，越有利于提高抄造速度；网笼的转速越慢，则有利于改善纸页的成形。目前直径 1000mm 以下的小网笼已经逐步被 1250～1500mm 直径的网笼所取代。但网笼过大也会给制造和加工带来困难。

② 网槽。网槽是由流浆箱和圆网槽组成。网笼安装在圆网槽内。流浆箱分成 3～5 格。纸料经过隔板上下流动，使纤维分散均匀，浆流平稳地流入网槽。

网槽一般用塑料板或木板制成。根据网槽内浆流流动方向与圆网笼转动方向的相对关系，可将网槽分为顺流式网槽、逆流式网槽和侧流式网槽等三类。

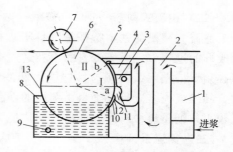

图 4-49 传统式圆网造纸机的网部

1—扩散器 2—流浆器 3—活动弧形板 4—溢流槽 5—毛毯 6—网笼 7—伏辊 8—白水槽 9—白水排出口 10—定向弧形板 11—匀浆沟 12—唇板 13—喷水管 Ⅰ—上浆区 Ⅱ—脱水区

三、传统圆网机网槽的典型结构

几种常见的传统圆网机的网槽结构如图 4-50 所示。现将各自的性能特点分述如下：

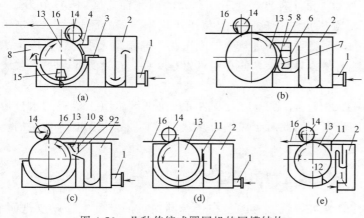

图 4-50 几种传统式圆网机的网槽结构

(a) 顺流溢浆式网槽 (b) 活动弧形板式网槽 (c) 喷浆式网槽 (d) 逆流网槽 (e) 改良逆流式网槽

1—进浆管 2—流浆箱 3—调速平板 4—活动裙布 5—定向弧形板 6—活动弧形板 7—匀浆沟 8—溢流槽 9—唇板 10—堰板 11—调节板 12—密封装置 13—网笼 14—伏辊 15—白水排出口 16—毛毯

（一）顺流式网槽

顺流式网槽的基本特征是纸料流动的方向与圆网笼转动的方向相同 [图 4-50（a）]。在成形过程中，纸料有逐步浓缩的现象，使溢流浆的浓度大于上网纸料的浓度。为了保证纸页的匀度，这类网槽大都设有溢流装置。顺流式网槽有多种结构形式，如活动弧形板网槽、顺流溢浆式网槽、喷浆式网槽等。一般使用较多的有活动弧形板式网槽和顺流溢浆式网槽。

活动弧形板式网槽的特点是由可活动的弧形板组成上浆流道，能调节弧形板与网笼之间的距离，借此改变浆速与网速的关系，以满足不同工艺和多种产品生产的需要 [图 4-50（b）]。

顺流溢浆式网槽的特点是网槽的有效脱水弧长最大（可达总弧长的 75%），脱水能力强，因此可采用较低的上网浓度。另外纸料的流动方向自上而下，有利于纤维的悬浮和改善纸张的匀度。顺流式网槽白水的浓度较低，纤维流失较少，成纸的纵横拉力比大，成纸的紧度大，平滑度较好，适合于抄造薄页纸，也可以抄造定量较大的书写纸和印刷纸等。

（二）逆流式网槽

逆流式网槽的基本特征是纸料流动方向与圆网笼转动的方向相反［图 4-50（d）］。在纸页成形的过程中，由于纸料的不断进入抵销了纸料的浓缩作用，因而不需要设置溢流装置，但必须保持上网纸料量与抄造能力和滤水能力相适应。逆流式网槽上网浓度高，白水浓度大，纤维流失多。另外纸料由圆网的上旋边缘进入，纤维受到搅动，所抄成的纸页纵横拉力比较小，纸质疏松。因此逆流式网槽适合于抄造纸板。

（三）侧流式网槽

侧流式网槽的基本特征是，网槽中纸料的流动方向与网笼回转方向成一定的角度（一般是 90°）。侧流式网槽的特点是，成纸纵横拉力值较为接近，抄速较慢，适合于用长纤维抄造薄纸或是要求纵横向拉力差较小的纸种及某些高级特种用纸。

四、传统圆网机的湿纸页转移

传统圆网机的湿纸页转移是借助套在毛毯上的伏辊来完成的。圆网机中伏辊的主要作用是：a. 将毛毯紧压在网笼上带动网笼转动；b. 对湿纸页加压脱水，增加湿纸页的紧度和湿强度；c. 借助伏辊的弹性把毛毯均匀地压在湿纸幅上，利用毛毯的比表面积大于成形网的原理，将湿纸页从网上揭起黏到毛毯上并转移到压榨部。

伏辊的偏心距一般为 150～200mm（对直径 1～1.25m 的网笼而言）。偏心角为 15°～20°。设置偏心距的目的是为了对湿纸页进行预压，避免压花现象。偏心距过大会影响伏辊对纸页的压力，反之偏心距过小，湿纸页受压过急会造成压花。偏心距大小的选择应考虑纸种和浆料性质等因素。薄纸及游离浆容易脱水，偏心距可以小一些；反之厚纸和黏状浆脱水较慢，偏心距则应大一些。

伏辊的线压力一般为 981～1960N/m。线压过大虽然可以降低湿纸页出伏辊的水分，但容易产生压花和缩短铜网的使用寿命，因此对于厚纸或黏状浆，其脱水较困难，伏辊的线压应低一些。

五、改进型圆网造纸机

改进型圆网造纸机种类很多，发展很快。有的是在传统圆网机的基础上加以改进而成，有的则是完全脱胎换骨，以崭新的形式出现。这里仅对几种典型的改进型圆网机的网部进行简单介绍。

（一）真空圆网

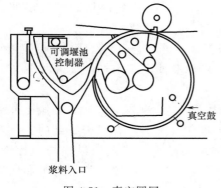

图 4-51　真空圆网

真空圆网是在传统圆网机的基础上改进而成的（图 4-51）。传统圆网机只能适应较低的车速，当提高车速时，会发生甩浆现象，难以保证成纸的质量。真空圆网机的主要特征是在圆网内加设抽真空的功能，以增大脱水压力差和纸浆对网面的附着力，有利于提高圆网机的车速。

国内一些纸厂在圆网机改造中采用简易的真空圆网，将老式网槽两边的耳箱用木板和毛毯条密封起来，用一台抽风机从封闭起来的网槽中抽气，使网笼内形成 8～10Pa 的低真空。实践证明，只要设计、安装和调整得当，也可以取得较为满意的结果，且可改善成纸的匀度和质量。

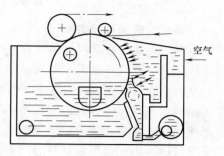

图 4-52　加压圆网

（二）加压式圆网

加压式圆网也是在传统圆网机的基础上加以改造的机型（图 4-52）。与真空圆网相反，压力式圆网是在网笼的外面形成一个密闭的压力室，以增大圆网笼内外的脱水压差及浆料在圆网面的附着力。具体做法是将圆网机成形部加盖密封，用鼓风机向密封的小室内加压，保持室内压力为 405～507Pa，最高可达 1010Pa。

加压式圆网的优点是浆料中的细小组分流失少，白水浓度极低，纸页的两面差很小，成纸紧密，层间结合好，且湿纸页较真空圆网易于从网面剥离。加压式圆网网槽液面比较平稳，从而可以提高成纸的质量，能改进纸页的紧度和平滑度。由于加压圆网脱水好，可以把上网纸料的浓度降低到 0.1%～0.15%，从而有利于提高纸页的匀度和减少纤维絮聚。

六、圆网笼的临界速度和圆网纸机的极限车速

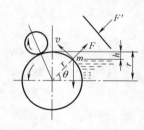

图 4-53　圆网上湿纸页受力关系示意图

当湿纸页随同网笼回转离开网槽液面时，湿纸页将受到重力、网面附着力和由于网笼旋转而形成的惯性离心力等的作用，其受力关系如图 4-53 所示，图中忽略了相对较小的网面附着力。对于圆网网面上离开液面后任何位置的湿纸页，其在该位置所受的重力是一定的，但随着圆网纸机车速的提高，其在该位置所受到的离心力是不断增加的。如果忽略相对较小的网面对湿纸页的黏附力，则当湿纸页受到的离心力和重力相等时，湿纸页处于临界状态，即还可以保持在网面上。我们将湿纸页处于临界状态所对应的圆网圆周速度，称为"圆网纸机的临界速度"，而将对应该圆周速度的纸机车速，称为圆网纸机的极限车速。如果圆网机车速进一步提高，使圆网圆周速度超过了临界速度，则湿纸页所受的离心力大于重力，湿纸页就会被甩出，纸页成形就会被破坏，圆网机将无法继续操作。

在临界状态下，如果忽略圆网对湿纸页的黏附力，则圆网临界速度 v_0 与湿纸页所受重力和离心力的关系（参见图 4-53），可以用式（4-20）表示。

$$mg\sin\theta = m\frac{v_0^2}{r} \tag{4-20}$$

将式（4-20）整理，可得圆网的临界速度，见式（4-21）：

$$v_0 = \sqrt{rg\sin\theta} \tag{4-21}$$

或圆网纸机极限车速：

$$v_L = 60\sqrt{rg\sin\theta} \tag{4-22}$$

$$\sin\theta = \frac{r-h}{r} \tag{4-23}$$

式中　v_0——临界速度，即圆网圆周速度，m/s

$\quad\quad\ v_L$——圆网机极限车速，m/min

$\quad\quad\ r$——圆网笼半径，m

g——重力加速度，m/s^2

m——湿纸页的质量，kg

θ——浆面高度的夹角（见图 4-53）

h——圆网笼露出浆面的高度，m（见图 4-53）

从式（4-21）可知，临界速度与网笼半径成正比，并与网槽中湿纸层出口浆位的高低有关。随着网笼直径的加大，浆位角 θ 的增加，临界速度可以增大，从而增大了圆网纸机的极限车速（见表 4-5）。但是网笼的直径增加是有限的，若只靠增大直径来提高纸机的极限车速是不行的，因此必须依靠外加压力 Δp 来抵御车速增加后离心力对湿纸页的作用。其中包括通过网内减压（如真空圆网或抽气圆网）和网外加压（如压力圆网）来增加 Δp 等方法。

表 4-5　　　　　　　　　　　圆网纸机极限车速与网笼直径的关系

网笼直径/m		0.5	0.8	1.0	1.2	1.4	1.5	1.8	2.0
极限车速	$\theta=60°$	87	111	124	135	146	151	166	175
/(m/min)	$\theta=45°$	79	100	112	122	132	137	150	158

第六节　上网和夹网成形器的纸页成形

一、概　　述

作为纸页成形器家族的主要成员，上网成形器（Top Former）和夹网成形器（Gap Former）同属双网成形器（Twin Wire Former）。双网成形器的主要特征是：湿纸页的成形过程，部分或全部在双网的夹持下完成。因此上网成形器和夹网成形器的主要区别是，前者的纸料上网后先在长网段（预成形区）初步脱水，然后再进入双网区成形；而后者当纸料一上网即夹在双网中脱水成形，整个过程均在双网内完成，而不需要预成形区。双网成形器的出现，是为了解决普通长网造纸机存在的纸页两面差严重、微观匀度较差和纸页 z 向结构分布不均一等问题。同时，双网的夹持成形克服了"自由网面"的不稳定性，使纸机车速有可能进一步提高。

世界上第一个双网造纸机专利于 19 世纪 80 年代发表，但在最初很长一段时期内，这种类型的成形器仅在某些低速纸机上抄造壁纸。从 20 世纪 50 年代起，造纸工作者对夹网成形器的成形原理和新的成形方法进行了系统的研究，导致出现了多种形式的双网成形器。从 20 年代 60 年代起，国外一些研究机构开始对双网成形的脱水原理进行较深入的研究，推动和促进了双网成形器的迅猛发展，研制现代双网成形器的目的是解决工业发展对造纸机车速和纸页成形质量的要求日益提高所带来的问题。目前在世界范围内，双网成形器（特别是夹网成形器），已经成为造纸工业的主流成形装备，并正在造纸生产中发挥着越来越重要的主力军作用。

二、上网成形器

上网成形器也称为顶网成形器（top wire former），有研究者认为其发展的过程主要来自于长网造纸机上的整饰辊（dandy roll，通常称为水印辊）的演变。其特点是在原有长网机的网部加装上网成形器，使长网机有一段双网复合成形区，其主要目标是减少纸页的两面差，抄造出 z 向对称的纸页（图 4-54）。

近四十年来国际上的上网成形器发展很快，我国在 20 世纪 80 年代也分别从 Beloit，

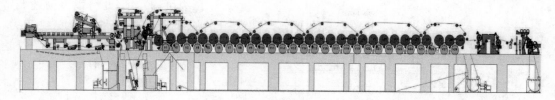

图 4-54　一种典型的上网成形器造纸机（Metso 公司供图）

Voith 等公司引进了 Bel-form，Duoformer H 等上网成形器，现在国内已有近百台上网成形器在运行。此外，我国许多企业还在原有长网机的基础上改造成上网成形器，提升了长网机的技术装备水平，同时也为我们吸收和掌握先进的上网成形技术提供了有利的条件。

（一）上网成形器的形式分类

根据上网和长网在复合区（又称双网区）脱水元件的不同，上网成形器的形式主要可分为四类（见表 4-6）。

表 4-6　　　　　　　　　　　　　上网成形器的形式举例

形式	双网区脱水元件	成形器型式举例	制造商
辊式	成形辊	Duoformer F. H. L Periformer HR Bel-Roll Dynaformer Twinformer	Voith KWM Beloit Dominion Escher Wyss
脱水板式	静止脱水元件 （刮水板等）	Bel-Bond Symformer F. N	Beloit Valmet
复合式	辊子加 静止脱水元件	Top Flyte Former Bel-former Symformer R Alform	Black-Clawson Beloit Valmet Ahlstrom
改良式	Hybrid former（参见图 4-55）	Voith DuoFormer MD	Voith

（二）各种上网成形器的特点

仅由辊子组成脱水元件的上网装置适用于抄造低定量的纸种，其纤维留着率高，成形质量比长网机好。这种成形器根据双网的走向（朝上或朝下），分别适用于高速或低速。如 DuoFormer 适用于高速纸机，而 DuoFormer L 适用于低速纸机，抄造定量较大的纸种。

仅由静止脱水元件组成的上网装置，如 Bel-Bond 等，适用于抄造低定量到高定量的纸种，其纤维留着率较低但成形质量好。这种成形器一般采用真空箱或刮水板脱水，因此可用于二次成形，纸幅朝上脱水，适用于在较低车速下抄造多层纸页。缺点是脱水元件对成形网的磨损较大。

由辊子和静止脱水元件复合组成的上网装置，综合了上述两种上网装置的优点，因而纤维留着率高，成形质量好，适用于抄造低定量到中定量的纸种。但这种上网装置一般都配有弧形脱水板组，因此加工比较困难。20 世纪 80 年代中由 Black-Clawson 公司开发的 Top Flyte Former 采用单片脱水板，因而制造比较容易。

从 20 世纪 80 年代起，上网成形器逐渐发展成为改良式（Hybrid former）的上网成形器，目前绝大多数的上网成形器均采用这种形式（图 4-55）。该成形器的特点是在刮水板式上网成形器的基础上，网上设置真空箱（可调真空度），网下采用压力刮水板（弹性支撑，

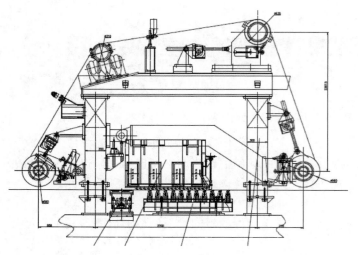

图 4-55　一种改良式的上网成形器（hybrid former）

压力可调），因此可以方便地调节夹网上下的脱水真空度或压力，从而实现可控的脱水成形，以达到最佳的留着率和成形匀度。

三、典型上网成形器的成形特性

这里通过几种典型的上网成形器，分析其脱水和留着等成形特性。

（一）辊式和刮水板式上网成形器

图 4-56 和图 4-57 分别为典型的辊式上网成形器（Sulzer Escher Wyss 公司产品）和刮水板式上网成形器（Beloit 公司产品）。与长网机相比，由于是两面脱水，减少了浆道，减少了两面差，减少了细小纤维的留着率，因而也减少了纸面掉毛，纸页的匀度和灰分分布均有很大的改善。

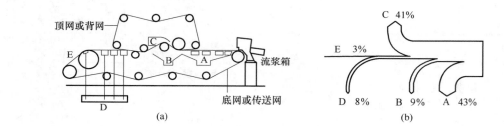

图 4-56　现代辊式成形器（a）及其相应的脱水分配（b）

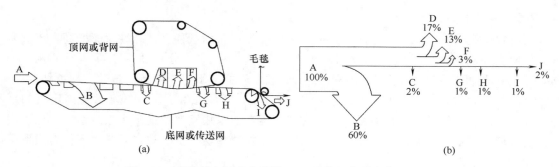

图 4-57　现代刮水板式成形器（a）及其相应脱水分配图（b）

图 4-58（a）为原长网机的灰分分布，图 4-58（b）为加装辊式上网成形器改造后的灰分分布，图 4-58（c）为加装刮水板式上网成形器前后灰分分布的综合情况。从图 4-58 可以看出，辊式上网成形器与刮水板式上网成形器的灰分分布差别很大，该差别体现了两种上网成形器脱水元件的结构差别。

长网机上的成形过程是一个阶梯式的滤水过程。纸幅靠近网面部分的浓度较高，正面则仍接近流浆箱上浆的浓度。在上网成形器的预成形段，也类似于长网机的网部前端。纸料的

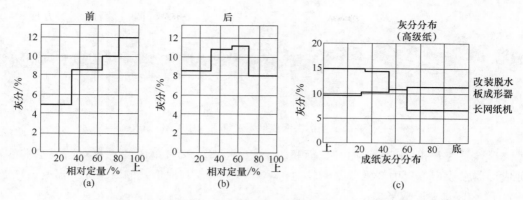

图 4-58　辊式上网成形器和刮板式上网成形器成纸灰分分布比较

（a）原长网纸机　（b）加装辊式上网成形器　（c）加装刮水板式上网成形器

网面受到强烈的脉动压力作用，首先脱水，而正面仍然保持着流浆箱上浆时的浓度。当纸料从预成形区进入双网区后，两面都受到剪切力的作用，但是从双网区脱水的分布来看，正面受到的剪切力更强烈，此时正面的脱水才刚刚开始。这种正面的"后脱水"作用，弥补了两面脱水的差异，这就是上网成形器改善纸页两面性质差异的主要原因之一。

（二）"C"形上网成形器

"C"形上网成形器（图 4-59）是 20 世纪 80 年代开发的一种上网成形器。这种成形器在双网两面都装有刮板成形，并有适度的辊筒成形。经过预成形进入双网区的纸页，经下刮板、空心辊筒脱水后，又进一步经上刮板和下刮板脱水并消除絮聚。上刮板有一个延伸部分沿着空心辊弯曲，允许成形器缓慢地运行，速度可低至 122m/min。在这种低速下，空心辊筒和挡水板的作用很像一个"桨叶轮"，把脱除的水送入白水盘。

"C"形上网成形器需要传动装置，但因其结构紧凑轻巧，稍做结构改变就可装在大多数长网机上面，所以常用于已有的长网机改造。该成形器的脱水分布见图 4-59（b）。

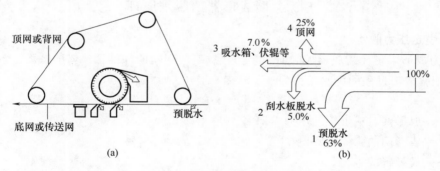

图 4-59　"C"形上网成形器及其相应脱水分配图

（a）Black Clawson 公司改型"C"成形器　（b）脱水分配

四、夹网成形器

夹网成形器是指在两张成形网间完成全部成形过程的成形器（图 4-60）。夹网成形器根据其脱水原理不同又可分为三种形式（图 4-61）。

1. 辊式夹网成形器

在辊式夹网成形器（roll former）[图 4-61（a）]中，纸幅的成形是在成形辊上进行的。

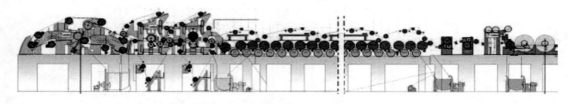

图 4-60　一种典型的夹网成形器造纸机（用 CAD 图改画）

根据成形辊是否开孔（开孔辊的开孔面积为 90％左右），又有单面脱水和双面脱水的区别。这种成形器在成形过程中纤维留着率较高，但成形质量较其他形式的夹网成形器差。

2. 脱水板式夹网成形器

脱水板式夹网成形器（blade former）〔图 4-61（b）〕采用静止脱水元件（主要为脱水板）脱水，可抽真空或不抽真空。其成形过程的纤维留着率较低，但成形质量好。

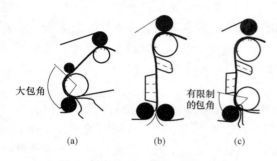

图 4-61　几种夹网成形器的成形区配置
（a）辊式夹网成形器　（b）刮板式夹网成形器　（c）辊/板结合式夹网成形器

3. 辊/脱水板结合式夹网成形器

辊/脱水板结合式夹网成形器（roll-blade former）〔图 4-61（c）〕综合了上述两种成形器的优点，兼顾了纸页成形质量和纸料留着率。

此外，从夹网的设置方向来分，夹网成形器又可以分为水平式夹网和垂直夹网。两种设置各有特点：水平夹网维修方便，易于换网操作，但由于上夹网需要克服重力脱水，使得脱水结构复杂；垂直夹网脱水结构相对简单，但维修操作复杂，换网不便。

五、夹网成形器的脱水原理

（一）恒定压力脱水

设 R 为成形辊半径或成形板的曲率半径，忽略两网间的纤维悬浮体的厚度。γ 为外网的张力，则纸幅成形过程的脱水压力为 p，即有

$$p = \gamma / R \tag{4-24}$$

式中　p——成形网对成形辊的压力，kPa

　　　γ——成形网的张力，kN/m

　　　R——成形辊的半径，m

由式（4-24）可知，当成形器的结构确定后，若 γ 保持不变，则在整个脱水过程中的脱水压力为恒定的。

（二）脉冲压力脱水

夹着纤维悬浮体的两张网挠曲地经过静止的脱水元件（刮水板等，见图 4-62），位于脱水板顶端的悬浮体中将产生一个反作用力，以保持外网在一个适当的位置上，反作用力 F 即为脱水动力，可表示为：

$$F = 2\gamma \sin(\alpha/2) \tag{4-25}$$

式中　F——脱水动力，N/m

γ——成形网张力，N/m

α——成形网弯曲角，(°)

当静止脱水元件由一系列刮水板组成时，由于相邻两块刮水板之间的网是沿直线行进的，脱水过程仅在刮水板处进行，而两块脱水板之间的两张成形网是相互平行的，因此不可能形成并保持脱水压力，这时纸层经过一系列脱水板脱水时产生的压力是脉冲的。

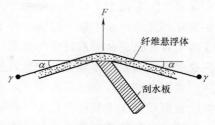

图 4-62　成形板所产生的压力脉冲

（三）真空脱水

如果两网之间的纤维悬浮体仅需要单面脱水，则可采用真空吸水箱脱水。目前已有几种夹网成形器将吸水箱布置在较后的脱水阶段。

有的夹网成形器（如 Bel-Bond 成形器）在多层纸板生产时，对新成形的纸层进行单面朝上的脱水，吸水箱用于整个脱水过程中，称为"倒置吸水箱"。吸水箱面板朝下装在上网的网圈内，其表面为一个大直径圆弧，用以保持网在运行中的稳定。

（四）离心力

当悬浮体夹在两网之间沿着曲面移动时，会产生离心力，其作用的方向是朝外的。设纤维悬浮体的厚度为 δ，纤维悬浮体的密度为 ρ，曲面的曲率半径为 R，悬浮体的运动速度为 v，则离心力 p_c 由式（4-26）给出：

$$p_c = \rho\delta\frac{v^2}{R} \tag{4-26}$$

式中　p_c——离心力，Pa

ρ——网上悬浮纤维密度，kg/m^3

δ——网上悬浮纤维厚度，m

v——成形网速，m/s

R——成形辊半径，m

在夹网成形过程中，离心力对脱水起不了什么作用，起主要作用的是网的张力。在所给定的外压力条件下，离心力的作用是使内网的脱水压力降低，从而降低了脱水能力。因此若要求纸幅能两面对称脱水，就需要通过内网抽真空，使真空值的大小与离心力相等。

设成形网产生的压力 p_w，则其与离心力 p_c 的比值为：

$$\frac{p_c}{p_w} = \frac{\rho\delta v^2}{\gamma} \tag{4-27}$$

有研究资料表明，p_c 与 p_w 应有适当的比例关系。当 p_c 超出 p_w 太多时，会出现操作不稳定的现象。因此，从式（4-24）可知，当成形网的张力 γ 一定时，浆层的厚度和纸机的车速是相互制约的，即随着纸机的车速提高，浆层的厚度也逐渐下降。

六、夹网成形器的脱水和成形特性

夹网成形意味着纸幅在成形过程中可以进行两面脱水，相当于每一张网形成一层纸幅然后再复合在一起。与单网脱水相比，双面脱水可使脱水率增加 4 倍。这是由于每一层纸幅的定量和流体阻力仅仅是单面脱水时纸层的一半。

夹网成形器的另一个优点是封闭成形，悬浮体在成形器内不存在暴露空气的自由表面，而这种自由表面会形成波纹以及其他搅动现象。

在夹网成形器上，从流浆箱喷出的浆流进入面网形成的楔形区，然后进入成形区。在辊式夹网成形器中，由于脉冲的脱水压力，而且纤维悬浮体是快速泄水的，因此要求所配置的流浆箱应具有极好的分散纤维的能力。若成形辊是开孔的，则可在成形辊上进行两面脱水。如果成形辊内抽真空，则能比较容易控制两面脱水。夹网成形器若采用静止脱水元件组成成形区，则当双网一起越过脱水板时，会引起脉冲而在悬浮体中产生剪切和湍动，从而可改善纸幅的成形质量，但其纤维的留着率较低。

夹网成形器抄造出的纸页与长网机相比，具有成形质量好、两面差小、掉毛掉粉少、平滑度好以及纸页的横幅定量和水分分布均匀等优点（表4-7）。

表4-7　　　　　　　　　　　　夹网机相对于长网机的成形质量的分析

质量指标	辊式夹网成形器	脱水板式夹网成形器	质量指标	辊式夹网成形器	脱水板式夹网成形器
成形质量	＋	＋＋	掉毛掉粉	＋/＋＋	＋＋
强度特征	O/＋	O/＋	平滑度	＋	＋
松厚度	O/＋	O/－	透气度		O/－
两面性	＋/＋＋	＋＋	针　眼	O/－	

注：该表用＋＋（很大改善）、＋（少至中等改善）、O（无改善）以及－（少至中等变差）等符号表示夹网纸机张网纸机在成形质量指标上的差异。

现将几种典型的夹网成形器的脱水和成形特性分述如下。

（一）辊式夹网成形器

图4-63（a）为一台辊式夹网成形器。由于网部采用辊筒作为脱水元件，因此成形网所受摩擦较少、寿命较长，在选择成形网的结构时，可有一定的灵活性。这类成形器在20世纪60年代末至70年代初普遍用于新闻纸生产，其对浆料配比变化适应性较强，且易于操作和调节。从图4-63（b）可以看出，这类成形器的两面脱水较为均匀，因此成纸两面差的影响可大大减少。

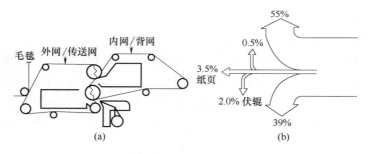

图4-63　辊式夹网成形器（a）及其脱水分配图（b）

图4-64也是一种辊式夹网成形器（新月形成形器），主要用于生活用纸的生产。

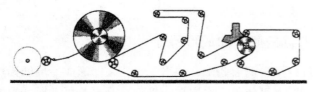

图4-64　一种辊式夹网成形器——新月型薄页纸机

（二）脱水板式夹网成形器

图4-65为典型的刮板式夹网成形器。图4-65（b）为这类成形器的典型脱水分配图。从图中可以看出其脱水分配十分对称，而且可以通过成形器的设计加以控制。

（三）辊/脱水板结合式夹网成形器

图4-66为典型的辊/脱水板结合式夹网成形器（Speedformer HS）设计。纸料在完全进

入双网前先在两辊间进行预成形，以增加脉动剪切。从图中可以看出，此为立式辊/脱水板结合式夹网成形器。成形辊的包角较大（45°），辊式成形占主导地位，即成形辊处脱除的水分远远大于脱水板。从图中的脱水分布还可以看出，结合式夹网成形器的两面脱水量也比较均匀。由于纸料在辊区预成形为滤层，使得纤维流失减少；而在刮板区又获得了良

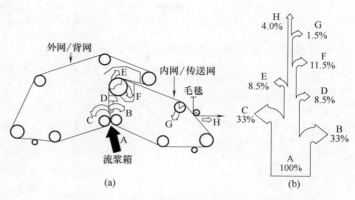

图 4-65　垂直刮板式夹网成形器（a）及其脱水分配（b）

好的成形，兼顾了成纸匀度。对于文化用纸的抄造，辊/板结合式夹网成形器已经成为主流形式。

图 4-67 和图 4-68 还给出了几种典型的夹网成形器产品。

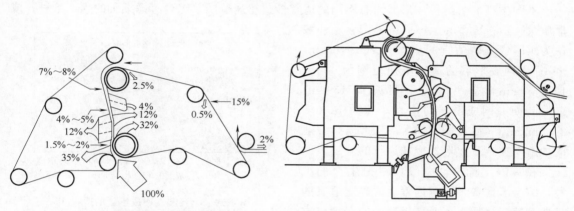

图 4-66　辊/脱水板结合式夹网成形器

图 4-67　Voith Blade-Roll 夹网成形器

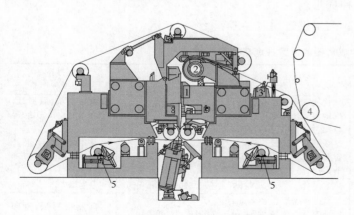

图 4-68　Beloit Bel Baie IV™夹网成形器

在夹网成形器的实际操作中，应注意以下主要工艺环节的控制：

① 夹网张力控制。双网均要设置张力传感器。

② 高速纸机的防雾化。在夹网脱水区要设置抽风机。

③ 脱水元件的形式及影响。脱水流道设计要流线化设计，防止喷溅。

④ 真空系统的调节与稳定。真空箱或真空脱水版要设置真空表。

⑤ 网毯的清洁。要合理配置高压水和低压水，保证网毯的开敞性和透气性。

七、上网和夹网成形器的抄造车速选择

（一）造纸机成形器的抄造车速与技术进展

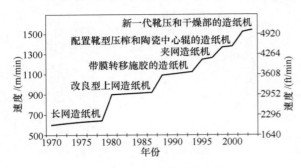

图 4-69　文化纸机的车速提升与技术进展（源自美卓公司资料）

造纸机成形器的最主要的抄造特性之一是车速，随着造纸机车速的不断提升，成形器的结构形式和抄造功能也随之进一步优化。以文化纸机为例，在近半个世纪的发展历程中，车速 500～600m/min 提升到超过 2000m/min；成形器结构也从长网、上网（带膜转移施胶）发展为夹网（配置靴式压榨、陶瓷中心辊以及新一代靴压和干燥部）。图 4-69 为国际上文化纸机的发展历程进行了简明的诠释。

（二）上网和夹网成形器的抄造车速选择

不同类型的造纸机成形器均有不同的适宜抄造车速范围。综合考虑纸页的生产纸种、成形质量、运行成本和生产效率等因素，一般认为长网成形器适宜的车速为 200～600m/min；上网成形器的适宜车速范围为 400～1200m/min（有些情况下可开到 1500m/min）；而夹网成形器的适宜车速为 1200～2000m/min（参见图 4-70）。因此选择合适的抄造车速，是成形器成功运行的关键。

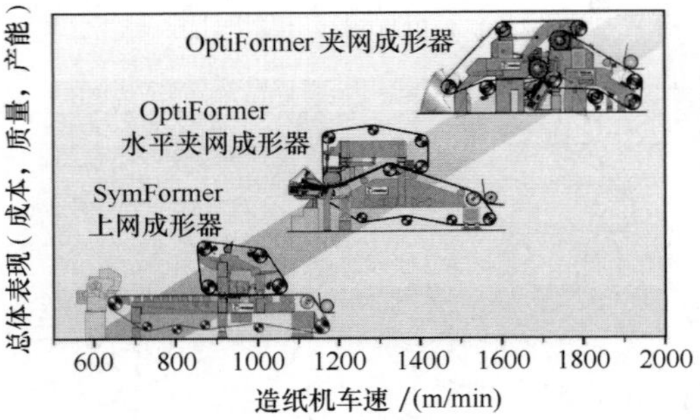

在具体工程中，一般应根据生产的纸种，综合考虑各种影响因素后，确定适宜的抄造车速，然后再据此选用适合的造纸机成形器。表 4-8 为业内专家总结的各种成形器所对应的适宜车速范围和生产纸种，列出供选用时参考。

图 4-70　上网和夹网成形器的适宜车速范围（源自美卓公司资料）

表 4-8　　　　　各种成形器的适宜抄造车速和纸种

成形器	类型	主要代表形式	特点	适应范围	适宜抄造的典型纸种产品
单面脱水成形器	圆网	顺流/逆流式，压力/抽气式，侧流式	优点：结构简单，操作容易，能耗低，多网叠加方便； 缺点：车速低，横幅定量差较大且不易调节，纵横张力差大	比较多适合纸板的生产，尤其是超厚的纸板，也用于小产量的特种纸．一般车速<200m/min	电容器纸，成型纸，茶叶袋纸，口罩纸等薄纸； 多圆网组合生产600g/m² 以上的特种纸板
		真空圆网		车速 500～900m/min	卫生纸
	长网	普通长网，叠网式	优点：成形距离长，车速较高，调节方便，可使用多种辅助成形装置； 缺点：结构较复杂，能耗较高	应用广泛，可适用于许多纸种，多层叠网可用于纸板，一般车速<900m/min	印刷书写纸，复印纸，新闻纸，装饰纸，转移印花纸等；200～500g/m² 的纸板和卡纸等（叠网）

续表

成形器	类型	主要代表形式	特点	适应范围	适宜抄造的典型纸种产品
单面脱水成形器	斜网	敞开式	优点:匀度好,操作容易; 缺点:车速低,浆网速比较难控制	车速最高为 120～150m/min	适用于长纤维特种纸,如过滤纸,隔膜纸,高透成型纸,茶叶袋纸,各种化纤/玻纤纸等
		封闭式	优点:车速高,较易调节纵横向差能耗高浆网速比容易控制; 缺点:结构复杂,清洁较麻烦	车速可达 350m/min	
	侧浪网		优点:纵横向差较小; 缺点:车速很低,操作较难,不易调节	适用于长纤维特种纸,目前应用不广泛	电容器纸,茶叶袋纸等
双面脱水成形器(夹网)	辊式	新月型	优点:结构简单,操作容易; 缺点:匀度较差,单面脱水	车速 900～2000m/min 的高速卫生纸机	卫生纸
	辊/板混合式	垂直夹网,水平夹网	优点:成形匀度好,双面脱水,车速高,调节方便; 缺点:结构复杂,能耗较高,流失较大	1000～1600m/min 的文化纸机	印刷书写纸,复印纸,新闻纸等
辅助成形装置	上成形器	辊式,真空刮刀式,混合式	优点:增加长网脱水量,改善成形匀度; 缺点:结构较复杂,能耗增加	用于车速约＜1200m/min 长网/叠网成形部	印刷书写纸,复印纸,新闻纸,叠网纸板机的面层等
	水印辊		结构简单,改善成型,但车速较低	用于车速约＜500m/min 长网成形部	叠网较少应用
	低速摇振箱		改善成形和纵横向差,结构简单,适应车速较低	用于车速约＜500m/min 长网成形部	叠网较少应用
	新型高速摇振装置		改善成形和纵横向差,用于车速＜1200m/min 的长网成形部	用于车速约 500～1200m/min 长网成形部	叠网较少应用

第七节　高浓成形及其成形器

一、高浓成形的意义

纸页成形过程的纸浆上网浓度一般在 0.1%～1.0% 范围内,当上网浓度大于 1.5% 时,普通的流浆箱则难以正常操作。因此,一般将上网浓度大于 1.5% 的成形操作,称为高浓成形。目前世界上高浓成形的实验浓度为 1.5%～5.0%,在 3.0% 左右可维持稳定的操作。

由于上网浓度的提高,高浓成形可节省大量的造纸用稀释水,并由于纸浆流量减少而节省了大量的输送能量。同时,高浓成形的特殊成形方式,使得纸页中填料和微细组分的留着

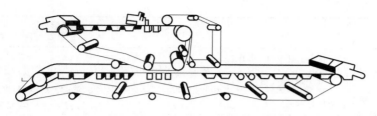

图 4-71　一种用于纸板生产的高浓成形器

率增加，并赋予纸页以特殊的结构和强度特性。图 4-71 为一种用于纸板生产的高浓成形器。

（一）节水

据有关资料统计，对于一个日产 150t 印刷纸或书写纸的抄纸车间，高浓成形将上网浓度提高了 4.6 倍，从而使围绕流浆箱的循环纸浆流量从传统的 22.5m³/min 减少为 1.5m³/min，因而大大节约了造纸用水。

（二）节能

高浓成形的节能途径主要来自两个方面，一是因上网纸浆流量减少而节省的输送、脱水和驱动等能耗；二是由于纸浆上网的"高浓"浓度范围，正处于输送阻力的"减阻现象"发生的区域中，因而输送阻力也大大减少。

有研究者进行了统计，对于一台成纸宽度为 3300mm、车速为 600m/min 的纸机，每天生产 150t 薄页纸，每吨纸可节能约 100（kW·h），详见表 4-9。

表 4-9　　　　　　　　　　　高浓成形的吨纸节能量

节能量	电能/(kW·h)/t	相当于燃油量/(L/t)	节能量	电能/(kW·h)/t	相当于燃油量/(L/t)
输浆动力	70.4	17.60	压榨真空泵	3.6	0.90
节省 0.05t 脱水蒸气	15.0	3.75	节省 500L 新鲜水	0.08	0.02
脱水真空泵	3.2	0.80	总计	101.8	25.45
驱动动力	9.5	2.38			

（三）提高填料和细小纤维的留着率

高浓成形纸页的填料单程留着率随浆浓的增加而增加。这一现象可解释为填料的保留借助于对纤维的依附，而依附的可能性正比于填料与纤维含量。此外，高浓成形减少了水分的去除，而水分通常是冲刷和带走填料的媒介。

（四）赋予纸页特殊的成形结构和物理性能

高浓成形方法则是把不连续的纤维絮聚团变成连续的、均匀的一层纤维网络组织，并以浓缩的方式脱水成形。因此，以这种方法成形的纸页，具有明显的毯式特性，即在竖直方向（z 向）有较多的纤维分布。普通（低浓）成形纸页的纤维分布主要是在 $x—y$ 二维平面内，而高浓成形纸页的纤维分布是三维的，且在 z 向取向较多，这些是造成高浓成形纸页特殊性的原因。

高浓成形纸页虽然在抗张强度、耐破强度等指标略低于普通成形的纸页，但在撕裂强度、z 向结合强度和环压强度（特别是横向环压）等指标上，则有着明显的优势（见表4-10）。这对于抄造某些包装纸和纸板，将会有较大的性能优势。

表 4-10　　　　　高浓成形纸页相对普通成形纸页的主要指标的增长率

	抗张强度		撕裂强度		耐破强度	z 向强度	挺度		透气度	环压强度	
	纵	横	纵	横			纵	横		纵	横
增长率/%	−30～−45	0～−30	+25～+50	+10～+50	−30～−50	0～+300	−15～+30	0～+150	+100～+500	0～+40	+30～+45

二、高浓成形技术的发展概况

高浓成形技术是国际上造纸工业中的一项高新技术，该项技术从实验室研究到工业化应用，前后经历了 20 多年。20 多年来，众多研究者从高浓成形的理论、成形装备以及成形技术诸方面进行了大量的研究与实践。抄造浓度一般为 3% 左右，纸页定量为 $65\sim300\text{g/m}^2$，车速范围 $100\sim800\text{m/min}$。

国内从 20 世纪 80 年代末起，对高浓成形技术进行跟踪研究。20 世纪 90 年代中，华南理工大学制浆造纸过程国家重点实验室与杭州轻工机械研究所等研究机构合作，开展了高浓成形技术的深入研究。1997 年 5 月，在华南理工大学制浆造纸工程国家重点实验室的多功能实验造纸机系统上，采用自行研制的高浓流浆箱，成功地进行了我国首例的高浓成形中试。在车速 $100\sim200\text{m/min}$，上网浓度 $1.5\%\sim2.5\%$ 范围内，抄造了定量 $60\sim185\text{g/m}^2$ 的纸页。该成果已在 1997 年 11 月通过中国轻工总会主持的专家鉴定，这为我国造纸工业应用高浓成形技术，进行了一次有益的尝试和探索。如图 4-72 所示。

图 4-72　我国自行研制的第一台高浓流浆箱

三、高浓成形器

高浓成形按纸页成形方式可分为单层成形和多层成形。单层成形的成形部一般为高浓流浆箱和长网机网部或夹网成形器的组合体（图 4-73、图 4-74）。在多层成形中，高浓流浆箱作为第二流浆箱用以复合高定量（超过 300g/m^2）的纸张和纸板（图 4-71）。如现已成功运行的 Valmet-Ahlstrom Formflow 成形器，即为三层高浓成形器。该成形器由长网机网案和顶网、上短网组成。三层纸板的两个外表层均由水力式流浆箱和匀浆辊式流浆箱在 0.5% 或更低的浓度下成形。高浓流浆箱位于顶网中部靠近双网结合处，用来生产芯层。对于老式单长网纸机改造来说，这是一个实际可行的方案。新的流浆箱和成形器安装在原有网案上方，几乎不改变原有网案就可使用，且结构紧凑。据称对于生产同一产品，可比三长网复合纸机减少纵向占地十多米。

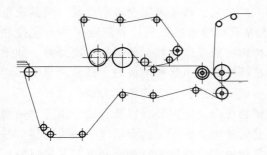

图 4-73　高浓单层成形部（采用长网加辊式上网成形器）

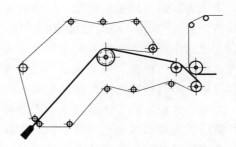

图 4-74　高浓单层成形部（采用倾斜式双网成形器）

四、高浓成形技术的应用

（一）高浓成形技术适用特性

高浓成形技术抄造的单层纸页定量范围约为 $60\sim280\text{g/m}^2$，因此适合于大多数纸种的抄造。20 世纪 90 年代国外中试研究和实际生产试验均表明，高浓成形技术适合于下列纸种的抄造。

① 高级纸。国外研究者在生产机台上，已经成功地在 250m/min 的车速下生产了定量在 $60\sim275\text{g/m}^2$ 的高级纸。高浓纸浆抄造中的首程留着率比传统的低浓成形提高 $10\%\sim15\%$。成纸的松厚度比传统低浓成形纸页高出 20% 左右，从而提高了高级纸的印刷适性。

② 瓦楞纸。瓦楞纸是一种非常适于高浓成形技术抄造的纸种。高浓成形的瓦楞芯纸可使其环压强度等抗压强度指标提高 $20\%\sim45\%$，且大大改善了成纸的层间结合强度（scott bonding strength）。

③ 折叠箱纸板（folding box board）。用高浓成形技术抄造折叠箱纸板的芯层，并以传统的低浓成形生产面层和底层。芯层浆料采用磨石磨木浆，抄造定量为 160g/m^2。生产试验表明，用高浓成形技术与低浓成形技术结合进行抄造，纸页的松厚度稍有增加，而纸板的层间结合强度可提高 $50\%\sim100\%$。

④ 浆板。国外的研究者在 $3\%\sim4\%$ 的浓度范围内，用高浓成形技术抄造浆板。生产实践表明，用高浓成形技术抄造的浆板，其在干燥过程中纤维受损程度较少，可大大保持纤维应有的强度特性。

（二）高浓成形技术应用展望

高浓纸页成形技术从实验室研发到工业化应用，其间经历了非常曲折和充满艰辛的过程。由于高浓成形技术的特点，目前还不能像低浓成形技术那样，适合于所有纸种的抄造，但是其在包装用纸和纸板抄造上所产生的独特的物理特性优势，则在不断地充分地显现出来，并逐步被造纸工作者所接受。且由于高浓成形技术在节水、节能和清洁生产方面显现出的优势，正在吸引造纸工作者的目光，并受到越来越普遍的关注和重视。

第八节　斜网成形器的纸页成形

一、长纤维和特种纤维的湿法成形

（一）概述

大多数造纸用植物纤维，虽然因原料品种、生产工艺、产品种类会有所差异，但其长度一般不超过 3mm。而某些用韧皮纤维、人造纤维等原料抄造的纸品，其纤维平均长度往往会超过这个限值。在此我们将其称之为长纤维。传统的长纤维原料主要为韧皮类纤维，如桑皮、构皮、三桠皮、山棉皮、马尼拉麻等。这些长纤维在水中易缠结成较大的浆团而不易均匀分散，难以抄造形成均匀的纸页，因此必须在传统的成形装备实现新的突破。

另一方面，随着造纸技术的不断进步，利用矿物纤维、金属纤维以及合成纤维等非植物纤维的湿法成形技术也得到了长足的发展。特别是近年来合成纤维的湿法成形势头迅猛，基于合成纤维的优异功能，一些具有声、光、电和电磁波相关性能的特种纸和纸基复合材料正在悄然进入我们新时代的生活。以湿法成形抄造的合成纤维特种纸和纸基复合材料，赋予了纸张这一古老的产品以崭新的性能和丰富的内涵。基于这些特种纤维（主要是合成纤维）的特性，其湿法抄造更需要成形装备的发展和革新。

　　基于上述的市场需求和研发驱动，新一代的成形装备——斜网成形器就应运而生了。采用斜网成形器，不仅可以抄造植物草本和木本的长纤维，还可抄造合成纤维和无机纤维（见表 4-11）。其产品覆盖了特种纸、无纺布和工业无纺布等品种（见表 4-12），大大丰富和拓展了特种纸和纸基复合材料的内涵和外延。

表 4-11　　　　　　　　　　　斜网成形器湿法成形的常用纤维举例

天然纤维类	化学纤维类	无机纤维类
木浆	维纶纤维	玻璃纤维
棉短绒	丙纶纤维	碳素纤维
麻（马尼拉麻、剑麻、黄麻等）	黏胶纤维	金属纤维
韧皮纤维（桑皮、构皮、三桠皮等）	芳纶纤维	无机酸化物纤维
皮革纤维	复合材料纤维	

表 4-12　　　　　　　　　　　斜网成形器抄造的纸种举例

特种纸	工业无纺布	无纺布	特种纸	工业无纺布	无纺布
合成纤维纸	沥青浸渍屋顶防水纸	医疗用品、工业用	茶叶袋纸	涂布基材	洗碗布
防尘滤纸	沥青浸渍屋顶板	外科用、卫生用	空调过滤纸	装饰材料	毛巾
液体滤纸	蓄电池隔板纸	服装内衬	高透成形纸	隔热材料	家庭用品、婴儿纸尿布
垫板纸	各种滤纸	桌布纸、人造皮革			

（二）合成纤维的抄造特性

　　与传统的植物纤维抄造不同，非植物纤维的湿法成形有其固有的特性。对于合成纤维来说，湿法成形所需解决的关键问题是：a. 合成纤维液相良好的分散；b. 纤维之间良好的结合；c. 在造纸机网案上形成易于后加工的湿纸幅。

　　在非植物纤维中，应用较多的为合成纤维。有关研究表明，合成纤维的抄造有如下特性：

　　① 纤维较长。与造纸常用的植物纤维相比，合成纤维长度较长，且长宽比大，抄造时易于絮聚和沉积。

　　② 纤维憎水性强。基于合成纤维的化学特性，大部分合成纤维在水中不易分散。

　　③ 滤水速度快。与植物纤维纸浆相比，合成纤维浆料游离度较高。

　　④ 纤维间无结合力。多数合成纤维在打浆时无法分丝帚化和细纤维化，且合成纤维表面无羟基集团，因此无法产生氢键而形成致密的纸页。

　　⑤ 纤维密度差较大。在抄造时，密度小的合成纤维易漂浮于液面，产生絮聚；而密度大的合成纤维则易于沉积，影响分散。

　　⑥ 合成纤维湿纸页在干燥过程中出现强烈的变形和产生热熔。

（三）合成纤维在水中的分散

　　由于合成纤维长度较长，一般合成纤维又大多具有憎水性，故其在水中极易沉淀、絮聚和结团，会影响成纸的匀度。通常在合成纤维的湿法成形中，往往采用分散助剂以增加浆液的黏度，限制纤维在水中运动的自由度，使合成纤维不易互相接触，防止纤维絮聚，保证合成纤维良好地分散在水中。此外，水溶液的黏度增加，也使得纤维具有良好的悬浮性，不至于过快地沉降，以提高成纸的匀度。

（四）合成纤维湿法成形对网部的要求

　　基于合成纤维的抄造特性，需要对合成纤维浆料进行高度稀释才能获得良好的分散和成形。一般合成纤维的成形浓度约 0.05％，这样就造成了一系列的问题：稀释水增加带来了浆料总量的增加，同时使得输送管径、浆泵功率和浆池容量的大大增加，从而造成了较高的浆料输送系统的投资和输送费用。但目前还没有更好的解决方法。目前采用折中的工艺方法：在供浆系统采用 0.5％～1.0％的高浓度输送，在流浆箱前或流浆箱中加入稀释水达到所需较低的抄造浓度。

超低的成形浓度意味着有大量的浆流从流浆箱唇板流出，因而流浆箱唇板开度将达到 40～150mm，这就使普通长网纸机的网案控制变得非常困难。另一方面，超低浓度的浆料在普通的长网纸机上成形，纸页的匀度也无法控制，也不能调节纤维的取向。有实例表明，假如在 3m 宽的水平长网上抄造 80g/m² 特种纸，纸机速度为 50m/min，上网浓度为 0.05％，设定上网浆速约等于网速，则根据计算有：唇板开度将达到 160mm，而此时与上网浆速对应的上浆压头只需 43mm。这就造成了很大的矛盾。为了兼顾超低浓上浆，则必须提高上浆压头，从而造成上网浆速大大超过网速，浆流产生的湍动破坏了纸页的成形。此外，合成纤维上网成形时，成形区的初始段应缓慢脱水，而不能像传统成形那样迅速成形，成形的滤水阻力应能控制纸页的干度。

基于上述的种种原因，普通的长网纸机的网部结构已经难以适应合成纤维的湿法成形了。为了满足合成纤维的湿法成形要求，人们发展了斜网成形器等新型成形装置。

二、斜网成形器的发展及其纸页成形特点

（一）斜网成形器的发展

据有关资料，早在 1846 年斜网成形方法就已发明，并获英国专利（11.394 号）。第一套斜网成形器开发于 20 世纪 30 年代，用于生产茶叶袋纸。初始的斜网成形器形式与一个轻微倾斜的长网网案相差无几（如图 4-75）。这类斜网纸机车速低，流浆箱采用多堰板控制浆速。

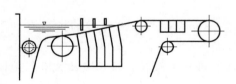

图 4-75　早期的斜网成形器

随着更多的合成纤维可供利用以及无纺布工业的发展，斜网成形器用于低浓湿法抄造也随之增多。20 世纪 60 年代，美国 Sandy Hill 公司制造了多种型号的斜网成形器（图 4-76 至图 4-77）。这些成形器产品的不断改进，促进了斜网成形技术的进一步发展。如图 4-77 所示的斜网成形器，专门用于生产玻璃纤维纸。

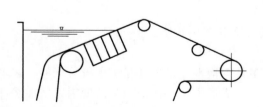

图 4-76　固定角度的斜网成形器
（Sandy Hill 公司产品）

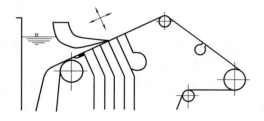

图 4-77　固定角度且配有液流同步装置的斜网成形器（Sandy Hill 公司产品）

最初设计的斜网成形器用于生产单层纸页，后来逐步发展成为可生产双层和三层纸页的斜网成形装置。斜网多层成形的能力促进了过滤用特种纸的发展，同时也促进了湿法无纺布

及纤维复合材料的发展。20 世纪末，我国开始引进斜网成形器，用于生产茶叶袋纸等纸品。近 20 年来，我国的斜网成形技术和装备也得到了长足的发展。随着特种纸和非植物纤维复合材料的进一步发展，基于斜网的湿法成形技术将迎来更加明媚的春天。

（二）斜网成形器的纸页成形特点

① 纸浆上网浓度极低。斜网成形器的上网浓度一般在 0.02%～0.08% 之间（对比长网和圆网成形器的上网浓度一般为 0.1%～1.0% 之间），从而使长纤维在上网时有足够的空间保持悬浮状态以防止絮聚。

② 斜网成形器的水线靠前。由于斜网的特殊结构，其水线在出堰口处就开始形成，而长网机的水线则是在网案中部形成的。

③ 网案相对较短。斜网的脱水能力远大于水平长网。有研究表明，0.6～0.9m 长的斜网相当于 3.5～4.5m 长的水平网的脱水能力，因而允许极低的浆料浓度上网；同时由于斜网脱水能力强，故所需的网案长度大为减小。

④ 成纸的纵横拉力差较小。一般来说，长网和圆网造纸机抄造的纸页纵横拉力差较大，一般在（2.5～5.0）:1 之间。由于斜网成形器在成形时通过真空抽吸作用将纤维沉积在网上的，因而在成形过程中纤维排列无明显的方向性，从而其成纸的纵横拉力差较小，一般在（1.1～2.8）:1 之间。

⑤ 成纸有较好的匀度和透气性。由于斜网成形器的纤维悬浮液上网浓度低，因而纤维是在较长的脱水时间内充分舒展成形，相对于长网、圆网成形器中的纤维悬浮液在短时间内的成形，斜网成形的纸页具有较好的匀度和透气性。

⑥ 适合抄造长纤维的特殊纸种。根据浆料浓度、纤维种类、滤水速度以及纸机车速，斜网能在一定范围内改变倾斜角（从 10°～50°，其中 15°～25° 最为理想），从而适应不同的抄造需求，获得不同的纸张性能，斜网成形器适于长度小于 50mm 的纤维。

（三）斜网的倾斜角度

斜网倾斜角度是斜网成形器的关键参数之一，它直接影响到浆料在网部的脱水和纸页成形的质量。

一般来说，斜网倾斜的角度越小，网案的过滤面积越大，则沿运行方向各部的脱水量差异就较小，浆料纤维易于均匀分布；同时运行时流浆箱的液位相对较低，斜网与流浆箱间的密封比较容易。但同时也会产生浮浆现象，改变流浆箱内浆料的浓度，引起纸页定量和厚度的波动。斜网倾斜的角度越大，网案的相对过滤面积就越小，当总脱水量一定时，单位面积的脱水量增大，沿运行方向各部的脱水量差加大，易出现纤维分布不均、表面状态不佳的现象；同时因流浆箱液位较高，给流浆箱挡板与斜网间的密封带来困难，密封挡板对网的压力加大，从而会加速成形网的磨损。

基于上述情况可知，选择合适的斜网倾角，是斜网操作成功的关键。在实际工程中，大部分斜网成形器采用可调节倾斜角的设计（见图 4-78），从而可适用于不同的浆料抄造和生产不同的纸基纤维制品。

三、斜网成形器的主要形式及其应用

（一）斜网成形器的主要形式

按照流浆箱的结构来分：可分为敞开式斜

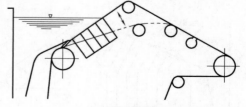

图 4-78 可调节倾斜角度的斜网
成形器（Sandy Hill 公司产品）

网成形器和封闭式斜网成形器。

敞开式斜网成形器（见图 4-75 至 4-78）的流浆箱为敞开式，即浆料顶面与大气流通，存在一个自由界面，一般适用于中低速抄造（车速低于 150m/min）。

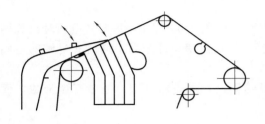

图 4-79　封闭式斜网成形器

封闭式斜网成形器，也称为水力式或满流式斜网成形器（见图 4-79）。其特征为浆料通过流浆箱时，全部在封闭的流道内运行，没有与大气接触的自由界面。这类斜网成形器可适合各种车速，特别适用于相对密度与水差异较大或多种相对密度不一的纤维混合抄造。

按照纸页成形方式来分，还可以分为单层斜网成形器和多层斜网成形器。单层成形为最早期的斜网成形器设计，如图 4-80 所示。一条无端的成形网被展开，分为一段倾斜的工作网面和一段回程网面。倾斜的工作网面主要承担浆料脱水、纸幅成形或层间结合的任务。与长网机流浆箱不同的是，斜网流浆箱与成形器融为一体。此外，斜网成形器的水线较为靠前，一般在堰板出口处。浆料是靠装于网下的真空吸水箱抽吸脱水，纤维逐渐从悬浮液中析出而形成连续的湿纸幅。

（二）多层斜网成形器的主要类型

多层成形的斜网成形器主要分为两类，具体的组合形式见图 4-81：

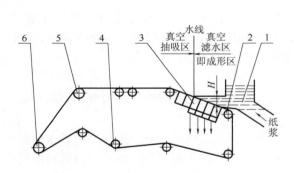

图 4-80　单层斜网成形器的主要结构

1—斜网流浆箱　2—胸辊　3—湿吸箱
4—导网辊　5—伏辊　6—驱网辊

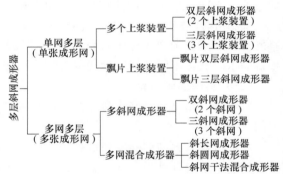

图 4-81　多层斜网成形器的组合形式

① 单网多层。采用多个流浆箱（或多个上浆流道）和一张斜网组合，生产多层纸页（见图 4-82 和图 4-83）；

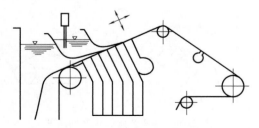

图 4-82　单网多层斜网成形器（二层）

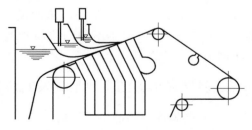

图 4-83　单网多层斜网成形器（三层）

② 多网多层。采用多个流浆箱和多张斜网（或成形网）分别成形，然后复合成多层纸页，其排列形式有同向排列和反向排列两种（见图 4-84）。此外，还有多网混合成形器，即由斜网和长网、圆网等成形器复合生产特种纸品。

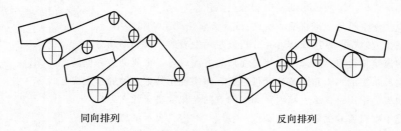

同向排列　　　　　　　　　　　　反向排列

图 4-84　多网多层斜网成形器及其排列形式

（三）多层斜网成形器的功能及应用

（1）提高浆料纤维的滤水性能

对于难滤水的纤维浆料和高定量纸页，如采用单层斜网抄造则会出现脱水不畅的难题。若改用多层斜网抄造，则每层斜网的上浆量和脱水量将大为减少，浆料的滤水性能大为改善，从而保证了产品质量。

（2）提高多层产品的结构功能

对于一些特殊纤维制品，如汽车用三滤纸（空滤、机滤、油滤）等产品，均一质的纤维结构无法兼顾产品的工作寿命和过滤精度等指标。采用多层斜网抄造，可将粗细纤维分层抄造复合，粗纤维疏松层容尘量大、滤阻低，工作寿命大大延长；而细密纤维层提供高效的过滤精度，从而达到了兼顾上述指标的要求。

（3）提高纤维利用的经济性能

采用多层斜网抄造，可在满足产品性能的前提下，调配各层不同的上浆纤维，合理利用不同的纤维资源，从而提高生产的经济性能。一般来说，双斜网和三斜网为经济合理的组合形式。多层斜网成形器的主要应用见表 4-13。

表 4-13　　　　　　　　　　　　　多层斜网成形器的主要应用举例

成形器的类型	成形器的主要特点	适宜的工艺和产品
1. 单网多层斜网成形器	成形器由单张成形网和多个上浆装置组成。浆料由多个上浆装置供浆上网，按照不同浆层依次在单网上脱水成形，各层纤维边缘区交织混合，在网上形成多层纤维湿纸幅，其层间结合强度与单网单层斜网成形一致，因此出网部后的压榨、烘干等工艺与单层斜网一样	单网多层斜网成形器结构简单，造价较低，多为敞开式斜网结构。主要适用于工作车速不高，脱水强度不大的一般多层（多为二层，最多三层）特种纸品的抄造，如茶叶袋纸和耐磨纸等
2. 单网多层飘片斜网成形器	成形器由单张成形网和层流式飘片上浆装置组合而成。其成形特点与单网多层斜网成形器相似，斜网多为二层或三层配置。由于流浆箱采用了飘片元件，具有纤维分散好、布浆均匀和纸页质量好的优点	该斜网流浆箱为封闭式，适用于高车速下抄造较难脱水的高品质特种纸品的生产
3. 多网多层斜网成形器	由多台单斜网成形器组合而成。该斜网成形器的特点是，各层斜网上浆料在各自成形网上脱水成形，然后在依次复合为多层湿纸幅而引出网部。各层间有分层边界面，依靠真空压差或机械压力下增强层间纤维的结合，其层间结合强度逊于单网多层抄造的纸品	多网多层斜网成形器主要适用于高定量难脱水的纤维纸品抄造，如高定量芳纶纸、Al_2O_3 为中间层的地板耐磨纸等，且适合在合理用料、节约纤维资源的生产工艺中推广应用

思 考 题

1. 什么是湿法成形，湿法成形的基础和特点是什么？
2. 为什么说"流浆箱是造纸机的心脏"？试述流浆箱的组成和作用。
3. 试述造纸机流浆箱的发展历程，并分析流浆箱发展的原因和驱动力。
4. 与传统的流浆箱比较，稀释水流浆箱在那些方面取得了重要突破和创新？
5. 试述常用流浆箱的水力布浆整流元件种类，举例说明其中几种的作用机理。
6. 流浆箱堰板的作用是什么？喷射角和着网点的变化取决于什么因素？
7. 成形过程中纸料留着的意义是什么？一般用什么定义表示纸料的留着？
8. 造纸机是怎样发明的？如何评价造纸机发明的意义和影响？
9. 为什么说造纸机的发明是受到了中国古法竹帘抄纸的启发？
10. 造纸机成形器有多少种类型，其分类的依据是什么？
11. 长网造纸机是机器化抄纸的典型机械之一，试述其网部的配置元件及其作用。
12. 造纸机的传动部和操作部是如何划分的，各有什么作用？
13. 造纸机的左手机和右手机是如何区分的，判断的依据是什么？
14. 长网造纸机成形脱水过程的三段区域是如何划分的，各自的作用是什么？
15. 圆网成形器的极限车速受什么因素影响？如何适当提高圆网成形器的车速？
16. 试述夹网成形器与长网成形器的主要差别，并分析两者对纸料脱水和纸页成形质量的影响。
17. 顶网成形器是在什么基础上发展起来的，其与夹网成形器有什么差别？
18. 如何定义高浓成形？纸页高浓成形的技术特点和主要用途是什么？
19. 斜网成形器产生和发展的驱动力是什么？斜网成形器适合抄造那些纸种？
20. 斜网成形器与长网成形器在结构上的主要差异是什么？

主要参考文献

[1] GUNNAR GAVELIN, Paper Machine Design and Operation—Descriptions and Explanatons, Angus Wilde Publication Inc. Vancouver, B. C. CANADA (1998).

[2] JOHN D. PEEL, Paper Science and Paper Manufacture, Angus Wilde Publication Inc. Vancouver, B. C. CANADA (1999).

[3] ［美］B. A. THORP, 编著. 最新纸机抄造工艺［M］. 曹邦威, 译. 北京：中国轻工业出版社, 1999.

[4] 潘吉星. 中国古代四大发明——源流、外传及世界影响［M］. 中国科学技术大学出版社, 2002.

[5] 何北海, 卢谦和. 纸浆流送与纸页成形（华南理工大学科学丛书）［M］. 广州：华南理工大学出版社, 2002.

[6] 何北海, 闫东波, 刘道恒. 造纸机械发展的二百年［J］. 广东造纸, 2000年第1期.

[7] 张承武主编, 制浆造纸手册, 第九分册：纸张抄造［M］. 北京：中国轻工业出版社, 1998.

[8] G. Gavelin, Paper Machine Design and Operation—Description and Explantions-2. Headboxes, Augus Wilds Publication lnc. Vancourver, 1998.

[9] J. Huovila, H. Lepomaki, J Lumiala, J. Kirvesmaki, The Valmet Headbox Family-A New Level Of Customer Orientation, XII Valmet Paper Technology Days, 2000.

[10] J. Huovila, A. Kaunonen, Productivity Through Controllable Uniformity, XI Valmet Paper Technology Days, 1998.

[11] D. W. Manson, The Fundamentals Of Formation, 1999 TAPPI Wet End Operation Short Course：33, TAPPI Press, Atlanta, 1999.

[12] S. B. Pantaleo, Modem Headboxes-Their Role and Capabilities in the Sheet Forming Process, 1999 TAPPI Wet End Operation Short Course：197, TAPPI Press, Atlanta, 1999.

[13] U. Begemann, Paper Machinery Divisions：New Application in Multilayer Technology, 1998 TAPPI Proceedings,

Multi-Ply Forming Forum：151，TAPPI Press，Atlanta，1998.

[14] B. J. Worcester，Stratification Of Tissue Grades，1998 TAPPI Proceedings，Multi-Ply Forming Forum：161，TAP-PI Press，Atlanta，1998.

[15] R. Vyse，M. Heaven，J. Ghofraniha，T. Steele，New Trends in CD Weight Control for Multi-Ply Applications，1998 TAPPI Proceedings，Multi-Ply Forming Forum：193，TAPPI Press，Atlanta，1998.

[16] J. D. Peel，Paper Science and Paper Manufacture Chapter 8：Headbox，Angus wilde Publication lnc.，Vancourver，1998.

[17] R. P. Benedict，Fundamentals of Pipe Flow 7. Flow of Real Liquids in Pipe，John Wiley & Sons 1nc.，New York，1980.

[18] 何北海，卢谦和. 集流式飘片流浆箱运行特性及流送机理研究［J］. 中国造纸，1989（4）.

[19] 卢谦和，苏改铭. 1760/100—140 文化纸机敞开式流浆箱模拟及生产试验研究［J］. 广东造纸，1991（3）：38.

[20] 杨伯钧. 岳纸 12 万 t 低定量涂布纸项目流浆箱和成形器选型探讨［J］. 中华纸业，2000（12）：26.

[21] Kerekes R. J.，Characterizing Fiber Suspensions，1996 Engineering Conference NoteBook 11：12，TAPPI Press，Atalanta，1996.

[22] Kerekes R. J. and Sehell C. J.，Characterization of Fibre Flocculation Regimes by a Crowding Factor，JPPS，Vol. 18（1）：32，1992.

[23] 何北海，龙明辉，卢谦和，等. 高浓成形的中试研究［J］. 中国造纸，1998（3）：3-8.

[24] 杨旭，关富安，何北海，等. 高浓成形的技术特性和开发［J］. 中国造纸，1998（2）：1-4.

[25] 柳波. 改善新闻纸表面强度的工艺研究［D］. 广州：华南理工大学大学，2009.

[26] 王永伟. 成形网的结构与制造对其性能影响的研究［D］. 陕西：陕西科技大学，2003.

[27] 孙鹤章，姚松山. 造纸毛毯和成形网的化学清洗［J］. 四川造纸，1997，3：142-146.

[28] 刘仁庆. 干法造纸纵横谈［J］. 纸和造纸，2005 年第 5 期，89-91.

[29] 刘建安，陈克复，雷以超，等. 合成纤维的湿法成形抄造［J］. 中国造纸，2002 年第 5 期，59-62.

[30] 张美云，宋顺喜，陆赵情. 合成纤维湿法造纸的研发现状及相关技术［J］. 中华纸业，第 31 卷第 23 期（2010 年 12 月）p49-p52.

[31] 方尧乐. 多层斜网成形器的分类与选用［J］. 中华纸业，2012 年第 4 期，63-65.

[32] 于建政，译. 斜网成形器上多层纸页成形［J］. 轻工机械，1996 年第 4 期，16-19.

[33] 姚向荣，王雷，黄立峰. 斜网成形技术在长纤维特种纸中的应用［J］. 华东纸业，2015 年第 5 期，p30-p36.

[34] 张金美. 造纸机斜网成形器的研究和设计［J］. 轻工机械，2007 年第 5 期，12-15.

第五章　纸页的压榨和干燥

压榨是造纸工艺过程中的重要过程，它会对成纸的质量和性能产生重要的影响。从造纸机网部伏辊处引出的湿纸幅通常含有 80％左右的水分，还不宜直接送到造纸机干燥部。在实际工程中，从网部形成的湿纸幅需要经过压榨部的压辊之间压区的机械挤压作用脱去水分，使湿纸幅的含水降低至约 50％，并具备一定的湿强度后再送到干燥部干燥。湿纸幅经过这压榨过程进一步脱除水分，完成纸页的最终成形，同时在上述过程中，纸页开始形成了植物纤维间的氢键结合，实现了自身结构初步的"固化"（英文称为 consolidation），获得了一定的物理强度和结构性能。

压榨脱水后的干度范围在 40％～50％之间，从纸页成形的角度看，尚未完全实现纤维间的氢键结合并获得稳定的结构和预定的强度。要实现这一目标，必须使成品纸达到 92％～95％干度，因此需要借助于后续的干燥工序来完成。在干燥过程中，纸页完成了植物纤维间的氢键结合，实现了自身结构的最终"固化"，并获得了所需的物理强度和结构性能。

对于长网纸机来说，干燥部的质量约为纸机总质量的 60％～70％，设备费用和动力消耗均占整个纸机的一半以上，蒸汽消耗占生产成本的 5％～15％。有研究表明，纸机压榨部每提高 1％干度，可减少干燥部约 5％的蒸汽消耗。因此压榨部和干燥部的合理设计、制造及其操作与节省投资、提高产量和质量以及降低生产成本有极为密切的关系，在造纸工业节能减排中有着非常重要的意义。

第一节　压榨部的作用、历史及发展

一、压榨部的作用

造纸机压榨部的作用主要包括以下几点：

① 在网部脱水的基础上，借助机械压力尽可能多地脱除湿纸幅水分，以便在随后的干燥工段减少蒸汽消耗。

② 增加纸幅中纤维的结合力，提高纸页的紧度和强度。

③ 消除纸幅上的网痕，提高纸面的平滑度并减少纸页的两面性。

④ 将来自网部的湿纸幅，传递到纸机干燥部。

纸机的压榨部一般都兼有上述四种作用，但对一些特殊纸种抄造时也有例外。如生产高吸收性的纸种（如过滤烟嘴纸、滤纸、皱纹纸等）的纸机，其压榨部主要起引纸作用。

（一）压榨脱水过程对纸页的"固化"作用

经典的纸页强度理论认为，纸页的强度来自于植物纤维间的氢键结合，而其结合的前提是纤维素分子之间的距离足够近（0.28nm 以内）。根据 Lyne 和 Gallay 等人的早期研究，在纸页固形物含量为 10％～25％范围时，植物纤维间的氢键开始形成。一些实验研究表明，当纸页的固形物含量（干度）在 25％左右时，湿纸幅强度总可见到一个明显的拐点（见图5-1），研究者认为这是纸页强度由表面张力控制开始向氢键结合形成的转变点。还有学者持不同意见，认为氢键结合在湿纸幅干度为 40％以上时才开始发生（见图 5-2）。尽管对湿纸幅氢键形成的确切时段还需进一步研讨，但是压榨对氢键形成的重要作用是不容置疑的，正是造纸机的压榨操作促进了湿纸幅纤维间向氢键结合的这一转变。经过压榨后，湿纸幅的干度从约 20% 提高到 40% 左右（现代纸机可提高到 50% 以上），湿纸幅的强度也大大增加，有研究者将这一过程称为对纸页的固化作用（consolidation），即通过进一步脱水使湿纸页定形并具有较高的强度。

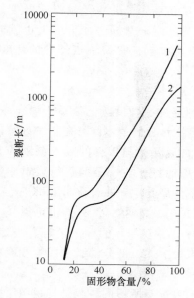

图 5-1　湿纸幅固形物含量（干度）
与湿纸幅抗张强度的关系
1—亚硫酸盐浆　2—磨木浆

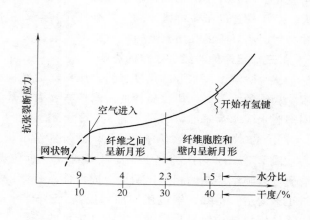

图 5-2　湿纸幅强度从表面张力控制
向氢键结合的过渡和转变

相关的科学研究和生产实践均表明，压榨可以增加纸页纤维间的接触，促进纤维间更多的氢键结合，同时增加纤维间的结合面积，从而提高纸页纤维的结合强度。打浆时纤维的细纤维化为增进纤维间的结合奠定了基础，而压榨时压辊对湿纸幅的压榨作用使纤维间的结合得以实现，从而完成了纸页三维结构的定型，产生了所谓纸页的"固化"（consolidation）现象。图 5-3 给出了造纸过程的几种操作对纸页强度和密实程度的影响趋势。

（二）压榨对纸页的结构和性质的影响

压榨过程对纸页的结构和性质也有明显的影响，主要表现为：

① 对孔隙率的影响。压榨对纸页结构的第一个重要影响是孔隙率。一般说来，无论浆料打浆度高低，纸页的孔隙率都随着压榨线压力的加大而呈直线式下降。

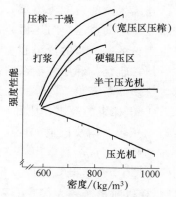

图 5-3　造纸过程的几种操作
对纸页强度和密度的影响趋势

② 对松厚度的影响。压榨将导致纸的松厚度降低。另外提高压榨力可以增加纤维间的结合，有利于增加纸页的紧度。压榨对打浆度低的浆料所抄造的纸页影响更大。

③ 对不透明度的影响。从纸页的光学物理可知，纸页的不透明性源于纸页纤维中未结合面积上光的散射。而压榨操作增加了纸页中的结合面积，从而降低了纸页的不透明度。

④ 对两面性的影响。一般认为纸页的两面性是在纸机网部形成的，进入压榨后纸页会减轻两面性。但是在实际压榨操作中，也会造成一定的纸页两面性。单毯压榨时，由于靠压毯辊一边纸幅的压实程度较大，纸的干度也较大，因此其他条件相同时，湿纸幅靠近压毯辊一面比靠近平压辊一面更加紧密，结果导致纸的毯面对油墨、胶料和涂料的吸收能力下降。而双毯压榨生产出来的纸页的两面差较小，对油墨、胶料和涂料的吸收相差也不大。

⑤ 对纤维角质化的影响。压榨操作还会对纸页产生一些负面影响，主要是引起纤维的角质化。纸浆纤维的初始润胀程度越高，把湿纸压到一定干度时，其润胀能力损失也就越大。经压榨过的纸浆纤维干燥后并会加剧其角质化，从而会影响到压榨湿损纸纤维的强度，并会对回用纤维的品质衰变造成一定的影响。

（三）压榨部对经济效益的影响

从脱除湿纸页水分的角度来讲，压榨部的作用是十分明显的。与后续的纸页干燥比较，脱除相同的水分时，机械压榨的脱水成本要大大低于烘缸蒸发水分的成本。有资料统计，以网部脱水成本为基准，某种纸机网部、压榨部和干燥部各自脱除相同水分的成本分别约为1：70：330。国外有学者分析了某种型号的造纸机抄造1t纸时纸机三部分的运行成本比例为：成形部10%，压榨部12%，干燥部78%。笔者也曾对国内某厂引进的新闻纸机进行了调研，其吨纸能耗的相对比例为：成形部4%，压榨部8%，干燥部88%。另外也可以从造纸工艺的估算得知，纸机压榨部每提高1%干度，可减少干燥部约5%的蒸汽消耗。当然，由于造纸机结构形式、配置以及抄造纸种的差异，不同造纸机上述三部分的脱水成本和能耗比例也是不同的。

综上所述，尽管不同纸机给出的各部分的能耗或成本的数据有所不同，但是却说明了同一个问题：即提高压榨部的脱水效率，降低出压榨部湿纸幅的水分，可大大节约干燥部的能耗和运行成本。

二、压榨部的历史及发展

连续生产的造纸机出现后，压榨部或者压榨的基本形式变化不大，其机械压榨作用主要依赖于压辊间或压辊与压榨装置之间所形成的压区内产生的机械挤压作用。随着对压榨脱水基本理论的进一步的认识和实践，极大地促进了压榨技术和装置的进步。

压榨辊结构和压榨毛毯的进步或革新是新型的压榨部或压榨操作出现的先决条件。压榨部的进步或革新也首先体现在这些方面的变化：

① 压榨辊的改进，比如真空压辊等新型压辊的出现。最早是压榨辊是平压辊，后来出现真空压辊、沟纹压辊、盲孔压辊、可控中高压辊及宽压区压榨装置，压榨形式也从简单的平辊压榨发展成为真空压榨（平辊变为真空辊）、沟纹压榨（压辊为沟纹辊）、宽压区压榨（压辊变为宽压区装置）以及靴形压榨（采用靴压辊等）；

② 以靴形压榨为代表的宽压区压榨（提高压区停留时间）以及更高的压区负荷；

③ 压榨毛毯及使用方式的改进，比如双毛毯压榨的出现（主要用于高定量纸和纸板）；

④ 压榨部结构和配置的不断改进，有效地改善了纸和纸板抄造过程中的脱水效率。

出于对高车速下纸机运行和操作性能的考虑，压榨部的结构形式从多道分离式压榨发展成多种不同形式复合压榨，如高速文化纸机的五辊三压区或者四辊三压区紧凑型的复合压榨构造、无自由牵引力压榨部构造等。此外，湿纸幅吹送、压区横幅水分监控以及断头处理等辅助装置的出现极大地改善了压榨部的操作和运行性能。

对温度等参数对水分脱除影响的研究，导致了提高压区温度为目标的多种不同结构的升温压榨构造和辅助装置出现，比如热缸升温压榨、蒸汽箱升温压榨以及红外辅助升温压榨装置等，这些压榨装置或者辅助设施可有效提高压区温度，降低水分黏度，大大强化了脱水效率，有向"压干一体化"发展和融合的趋势。总之，压榨部的发展变化和技术进步主要来源于对压区和压榨脱水基本理论的进一步的理解和研究成果。

第二节　压榨脱水基本原理

纸页的压榨脱水过程，实际上就是一个湿纸幅物理容积减少的过程。为了方便阐述压榨机理，我们先就几个压榨术语达成共识（参见图 5-4）。

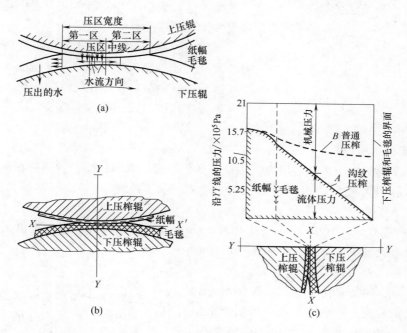

图 5-4　压榨的压区及其命名
（a）压区宽度　（b）压区横断面　（c）压区压力分布图

（1）压区

在压榨操作中，压辊（或压靴）之间接触区域称为压区。压榨部的作用，就是纸页在压区中与一张或两张毛毯接触时发生的。

（2）压区宽度

从湿纸和毛毯进压缝开始接触的地方算起，到出压缝两者分开时为止，两个压辊的水平距离称为压区宽度。

第一区和第二区。以上下压辊中心线为界，将压区分成两个部分：纸页进压缝的一侧称为第一区，出压缝的一侧称为第二区。

（3）压区压力

所涉及的概念包括压区压缩产生的总压力 p_z；它在数值上等于湿纸幅的中纤维等固形物产生的结构压力 p_g 和在压缩过程中因流体被纤维网络阻滞而产生的流体压力 p_1 之和。这也就是所谓的"Terzaghi原理"。

$$p_z = p_g + p_1 \tag{5-1}$$

一、压榨脱水机理

（一）横向脱水机理

如果湿纸幅是通过一对普通的平辊进行压榨，则适用于横向压榨脱水机理。在压榨过程

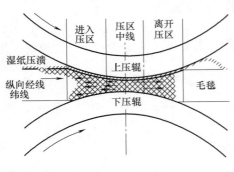

图 5-5　压榨的横向脱水

中，湿纸幅压榨脱出的水逆着毛毯运行的方向穿过毛毯横向流动，如图 5-5 所示。由于水流速度低，流经毛毯的距离长，因此流动阻力较大，流动速度梯度较小。如果此时湿纸幅的强度不足以抵御这种流动压力，则容易出现压花现象，又称作纸页的压溃。

要想湿纸幅脱出的水越多，则所需的压榨压力越大。然而压榨的压力不能超出一个极限，超过后湿纸幅就有被压花的危险。这个极限压力被称为压花压力或压溃压力，因此压榨的脱水极限受到压花压力的限制。

（二）垂直脱水机理

在新型压榨操作中，往往采用沟纹压榨、盲孔压榨、套网压榨、衬网压榨和真空压榨等压榨方式。与前面讲过的普通压榨的横向脱水机理不同，新型压榨所遵循的是垂直脱水机理。

20 世纪 60 年代，P. B. Wahlström、K. O. Larsson 和 P. Nilsson 等人提出了垂直脱水机理，认为在垂直脱水压区中湿纸幅中压力的变化可分为为四个区（见图 5-6）。

① 第一区从湿纸和毛毯进入压区开始，到湿纸水分达到饱和为止。在第一区中虽然湿纸幅的水分含量已经饱和，但毛毯含水量尚未饱和，尚未产生流体压力。由于压缩的总压力逐渐增大、湿纸和毛毯都处于不饱和状态，所以从湿纸和毛毯中压出来的主要是空气。没有流体压力，水仅在毛细管作用下流动。湿纸的干度在第一区变化不大，压榨力仅用于压缩湿纸和毛毯的纤维结构。

② 第二区从湿纸饱和点到压区中线。压区中线处压区总压力达最高值。在第二区，毛毯和湿纸的含水量达到饱和，同时流体压力不断增

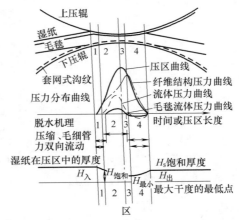

图 5-6　垂直脱水压区的分区

加。从湿纸中压榨出来的水进入毛毯，使毛毯含水量也达到饱和。毛毯中的流体压力，把水压至毛毯下层的空隙。作用于湿纸和毛毯上的压力在第二区中逐步增加，纸和毛毯中的流体压力在压区中线之前达到最高值。在第二区，水受到压榨作用从湿纸和毛毯中脱出。在毛毯含水量尚未饱和以前，湿纸中的水受毛细管作用进入毛毯。

③ 从压力曲线最高点到纸的最高干度点之间为第三区。在第三区，总压力逐渐下降。湿纸结构压力增长到最高点对应于湿纸干度的最高点，相当于湿纸中流体压力为零的一点。这表明在压区中线之后，湿纸和毛毯之间有一个压力梯度。第三区也是压辊缝口扩张的部位。在第三区纸幅仍受到压缩作用，但毛毯得到充分膨胀。由于压区仍然有水在横向流动，毛毯在第三区的一小部分被水饱和，此后变成不饱和状态，因而在毛毯内部会产生真空抽吸作用，使空气和水经过沟纹或网套返回毛毯。

④ 第四区指的是从湿纸开始膨胀，水分不饱和到它离开压区为止的这段区域。压榨毛毯在第四区一直处于不饱和状态，并且在不断地膨胀。在第四区，纸和毛毯均发生膨胀，湿纸水分由饱和变得不饱和，流体压力曲线出现负值，从而导致湿纸和毛毯的组织结构压力高于总压力。由于湿纸膨胀所形成的真空比毛毯大，结果造成空气和水进入毛毯和毛毯中的水进入湿纸的反向流动。另外，毛细管作用还会造成湿纸和毛毯或它们之间产生水分的重新分配。

当湿纸和毛毯在第四区分开时，湿纸和毛毯界面的水分因为水膜的分离而分别返回到原纸和毛毯中。

沟纹压榨时，毛毯通过辊沟与大气相通，使界面上的流体压力降至大气压力。压区辊沟部分的流体压力接近于零。在辊沟部分，毛毯与沟纹辊的界面上的水能够流动，流体压力曲线在整个毛毯厚度上保持一定的斜率，其结果有利于湿纸中的水流经毛毯由辊沟排除。同时，在沟纹压榨时，水在压区垂直方向有一个压力梯度。从湿纸中压榨脱出的水，通过毛毯经辊沟排去的途径比较短，压力梯度也比普通压榨要大得多，因此流体流速大，易于脱水。

真空压榨在眼孔位置的脱水机理近似于沟纹压榨，眼孔之间部分的脱水机理则接近于普通压榨。

（三）压控压榨与流控压榨

Wahlström 等人的研究认为，可将压区脱水分为压控压榨和流控压榨两大类。如压榨脱水过程主要由压榨压力决定的，称为压控压榨；若压榨脱水过程主要取决于流体阻力的，则称为流控压榨。

当纸的定量较低，纸页较薄，纸的孔隙对水的流动影响不大时，湿纸压榨脱水主要由压榨力大小决定。因此用打浆度低的浆料抄造的低定量纸，如薄页纸、面巾纸、大部分印刷纸，包括新闻纸、低量涂布纸和定量低于 $90\sim130g/m^2$ 的其他高级纸，压榨时均属于压控压榨的范畴。影响压控压榨脱水的主要因素是浆料的保水值、打浆度及其可压缩性。

纸的定量越大，压榨时水流的脱水阻力越大，压榨脱水越困难。这时脱水的效率主要由脱水阻力所决定。用打浆度较高的浆料抄造定量较高的产品，如定量大于 $150g/m^2$ 挂面纸板和多层纸板等时，压榨脱水主要由流控压榨决定。对流控压榨，纸的孔隙对压榨脱除水的流动阻碍作用较大。湿纸经过压区的时间也是主要影响因素。在流控压榨中使用双毯压榨有利于纸的两面脱水、减少流控压榨时浆料的流动路径和阻力，使压榨向压控压榨作用方向转移。一般来说，压榨脱水效率要比流控压榨高。

二、压榨过程的水分流动转移

（一）水在毛毯中的流动

研究发现：毛毯的透水性比湿纸约大 100 倍。垂直脱水缩短了水的流动距离，因此水流穿过毛毯的流动阻力要比透过湿纸小得多。

脱水阻力和水流动通过的距离与脱水效果密切相关。对于平辊压榨，毛毯的透水性是影响压榨效果的重要因素。湿压毛毯的水分含量高则流动阻力大，因此毛毯必须保持较低的水分含量。理想情况是毛毯经过压区时不会压出水分。为了减少纸的回湿，维持压力均匀，应使用组织结实、透水性小的毛毯。毛毯尽可能挤干以减少水透过时的流动阻力。选用透水性小的毛毯，有利于提高出压区湿纸的干度。

在垂直脱水压榨的低速纸机中，组织通畅、容易透水的毛毯的水分在 $0.3\% \sim 1.1\%$ 之间。在此范围内，毛毯水分对湿纸的干度没有大的影响。但如果高速纸机使用组织结实、透水性较差的毛毯，同时要求出压区湿纸有较大的干度时，毛毯本身含水量则十分重要。

（二）水在湿纸中的流动

湿纸在最后一压区有回湿现象。如果不考虑回湿现象，湿纸压出的水流平均速度（v_m）和脱水量（Q），按下式计算：

$$v_m = (w_0 - w_1)q \times \frac{v}{b} \tag{5-2}$$

$$Q = v_m \times t = (w_0 - w_1)q \times v \times \frac{t}{b} \tag{5-3}$$

式中　v_m——湿纸幅压出水的水流平均速度，$g_水/(m^2 \cdot min)$

　　　　Q——脱水量，$g_水/m^2$

w_0、w_1——进出压区的湿纸含水率，%

　　　　q——定量，g/m^2

　　　　v——纸机车速，m/min

　　　　b——压区宽度，m

　　　　t——加压时间

按 Darcy 定律，压差与压出水流速度 v 成正比。当进压区湿纸含水率一定，即脱水速率一定时，为了保证将湿纸压至一定的干度，压榨线压与加压时间的乘积应为一常数。

第三节　压榨（辊）的种类与压榨部的配置

压榨因压辊的形式和压榨织物的配置以及湿纸幅进入压榨的功用不同而有多种不同类型称呼。因形成压区的压辊形式不同有平辊压榨、真空压榨、沟纹压榨、靴形压榨、双毯压榨以及衬网压榨等；因功用不同有正压榨、反压榨、挤水压榨和引纸压榨等。造纸机压榨部一般由多种压榨方式和多组压榨辊配置而成。本节主要探讨压榨的种类、压榨辊的构造形式、压榨辊的组合方式以及压榨部的整体配置。

一、取决于压榨辊的形式的压榨种类

（一）平辊压榨

平辊压榨由一对表面平滑的压辊组成，一般上辊为石辊，下辊为胶辊。普通压榨和正压榨均使用平辊压榨。

平辊压榨的上辊为石辊，石辊所用的石材大多数为花岗岩。花岗岩的主要优点是其组织中有许多微小的孔隙，储存着一定量的空气，有利于湿纸剥离。其缺点是成本高，易于脆裂。随着纸机车速的提高，现在大多采用橡胶与石英砂混合制成的人造石代替天然花岗岩制造上压石辊。

平辊压榨的下辊为包胶的铸铁辊。包胶的目的不但是考虑压辊的耐腐蚀性能，而且更重要的是提供良好的弹性，缓和上压辊对湿纸和毛毯的压榨作用，从而延长毛毯使用寿命，同时减少湿纸"压花"。弹性的包胶下辊还能够保证两辊接触良好，脱水均匀的效果，并补偿下压辊中高的误差。

生产一般纸时胶辊的橡胶硬度通常为肖氏硬度 70～90。压榨部各道压榨所用胶辊的硬度，随着各道压榨线压的提高，胶辊的硬度也要相应地加大。表 5-1 为压榨部各种胶辊的肖氏硬度表。

表 5-1　　　　　　　　　　　　　　压榨部各种胶辊的肖氏硬度

胶辊种类	肖氏硬度	胶辊种类	肖氏硬度
第一道压榨的下胶辊	68～70	第四道压榨的下胶辊	78～82
第二道压榨的下胶辊	70～72	真空压榨	84～86
第三道压榨的下胶辊	74～76		

胶辊的缺点是变形大，耐磨性差和抗张强度低，使用胶辊压榨，很难大幅度提高线压力。受压时的"热积累"现象导致胶辊越来越多地被聚酯辊所代替。胶辊的"热积累"指的是当胶辊某一面积微分单元进入压区时，软胶层的厚度将会减少。由于弹性的橡胶基本上是不可压缩的，因此在压力作用下会产生横向位移。转过压区再复原。胶辊每转动一周，就有一次这样的压缩和复原的周期运动。运动频率随胶辊的转速而定。振幅则是压榨线压、胶层动态模数、胶层厚度和胶辊直径的函数。

从应力—应变行为的角度看，橡胶属于弹塑性物体触变形。有能量损失的滞后现象，如图 5-7（A～E）所示。其机械能量损失转变为热能，高速运转导致热积累，使胶辊辊芯温度上升，加速老化，造成胶辊损伤。

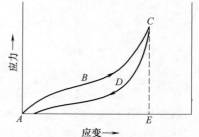

图 5-7　橡胶的应力—应变曲线

20 世纪 60 年代后期，国外开始应用硬质聚氨酯代替橡胶制造压榨胶辊。聚氨酯的学名为聚氨基甲酸酯，是一种新型的高分子材料，与硬度相同的橡胶比较，聚氨酯的变形性小，断裂伸长比橡胶大 5 倍，耐磨性大 6 倍，抗张强度大 3 倍。使用聚氨酯挂面的压辊，可以大幅度地提高压榨线压力，大大强化压榨的脱水能力。由于聚氨酯辊子更加耐磨，也不需要橡胶辊那样要经常磨辊子的中高。

普通压榨的上压辊并非垂直压在下压辊上，而是稍微偏向进纸一边。上下两压辊的中垂线之间有一定的距离，两辊中心线之间的距离称为偏心距。偏心距有两个作用：一是保证湿纸首先接触上压辊，赶走空气。二是保证逐渐增加上压辊对湿纸和毛毯的压力，不致造成大量脱水，引起"压花"断头。偏心距一般为 50～120mm。偏心距的大小，决定于压榨道数、压辊直径和纸机的车速。一压因为湿纸含有较多的水分，需要缓和脱水，所以要求偏心距最大。二压次之，三压的偏心距最小。压辊直径大和车速高的时候，偏心距也应随之加大。

普通压榨的下压辊为主动辊，上压辊为从动辊。

平辊压榨的设备费用低，维护费用少。但由于平压辊辊面没有与外界相通，因此平压辊压榨脱出的水导致压区中流体压力很高，不利于压榨脱水，也容易引起湿纸的压花。为此发展了改进的平辊压榨技术——真空压榨。

（二）真空压榨及真空压辊

真空压榨多用于中、高速纸机。真空压榨的上压辊为表面平滑的石辊，下压辊则为真空压辊。真空压辊面通过均匀分布的小孔与真空系统相连接，可有效降低压区中流体压力，有利于压榨脱水，减少压花现象。真空压榨辊的构造与真空伏辊基本相同，辊壳由青铜或不锈钢铸成，辊壳厚度根据需要的刚度和强度决定。纸机其他工作参数如车速、真空度等不变，辊壳越厚，脱水能力越小。高速抄纸时，毛毯和湿纸的水分被吸出之后经过辊上眼孔，几乎来不及达到真空室中便转过真空吸水区，然后被辊子的离心力抛入白水盘。真空室的作用仅用来抽吸辊壳眼孔中的空气，辊壳越厚，抽吸空气的体积越多。所以，采用高强金属制成辊壳较薄的真空压辊，有利于提高压榨脱水效率。

真空压辊辊壳上包有厚度为 30～40mm 的橡胶。包胶的好处是使压力分布均匀，减少毛毯的磨损，提高压榨线压力。

生产实践表明：真空压辊上眼孔的轴向和周向中心距小些，眼孔数目多些，可以显著提高真空压辊的脱水作用，从而有效地消除压花现象，延长毛毯使用寿命。真空压辊眼孔直径应妥为选择，既保证辊子有足够大的脱水量，又要考虑到开孔会影响辊子强度和在纸上留下"影痕"。真空压辊的眼孔直径一般为 4mm 左右。

由于湿纸在真空压辊眼孔处和非眼孔处水分和压力梯度不同，纸幅的局部脱水和变形也有所不同。因此真空压榨出来的湿纸，常常出现有眼孔排列形状的"影痕"，如图 5-8 所示。选用细而蓬松的毛毯，比较软的胶层和采用较小的眼孔，可以减轻纸痕的影响。

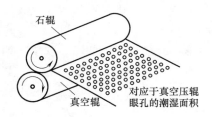

图 5-8　纸幅上的影痕

真空压辊的真空室宽度比真空伏辊要窄一些，一般不超过 110～150mm。通常一压真空压辊采用 100～125mm 宽的真空室，二压和三压的真空室宽度随压辊形式和真空度大小而有所不同。

真空压榨上下辊之间也有偏心距，但安装部位与普通压榨不同，石辊偏向干燥部。因此，湿纸从真空室开始，先依靠真空作用脱水，然后在真空和机械压榨两种作用下脱水。

与普通压榨相比，真空压榨具有许多优点：a. 脱水效率高。比普通压榨纸幅干度可提高 1%～2%；b. 纸页横幅干度较均匀；c. 压榨时断头少；d. 真空压榨对毛毯有清洁作用，可以延长毛毯的使用寿命等。

（三）沟纹压榨及沟纹压辊

沟纹压辊是在 20 世纪 50 年代末开发出来的一种改进型压榨辊。

沟纹压榨也是上辊为石辊，下辊为包胶辊。包胶辊胶层上用合金钢刀切出宽为 0.5～0.6mm、深为 1.0～3.5mn、沟纹距约为 3.2～3.6mm 的螺旋形沟纹，如图 5-9 所示。沟纹的规格尺寸，主要根据湿纸水分、纸机车速、毛毯厚度等情况决定。

压榨时，从湿纸幅中脱除的水可以穿过毛毯垂直进入沟纹，从而缩短了水通过毛毯的距离和水流过毛毯时导致的液压损失，因此可以提高压榨后的湿纸干度，并减少压花断头。如图 5-10 所示。

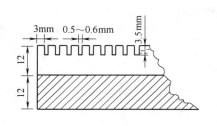

图 5-9　沟纹辊剖面图

沟纹辊的开口率是影响脱水的重要参数。开口率指的是沟纹开口面积的百分率。研究证明：沟纹辊的开口率不应太大，开口率太大，脱水效果反而不好。沟宽而沟数多的沟纹辊，压榨时接触面积太小，很难形成将水从毛毯压入沟纹所必需的压力。而窄沟有利于减少从沟中返回到毛毯中的水量。通常认为开口率以16％较好，沟纹的面积从一压到三压应逐步降低，以适应生产需要。

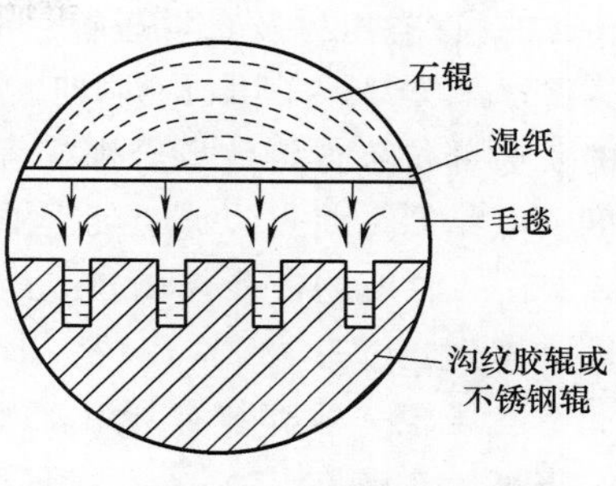

图5-10　沟纹压榨脱水示意图

辊沟中的水既受到表面张力，又受到离心力的作用。纸机车速、压辊直径和沟内充水百分率之间的关系，如图5-11所示。可以根据进出压榨的湿纸干度、沟纹压辊辊径等参数利用该图求出相应甩水出沟的理论车速。

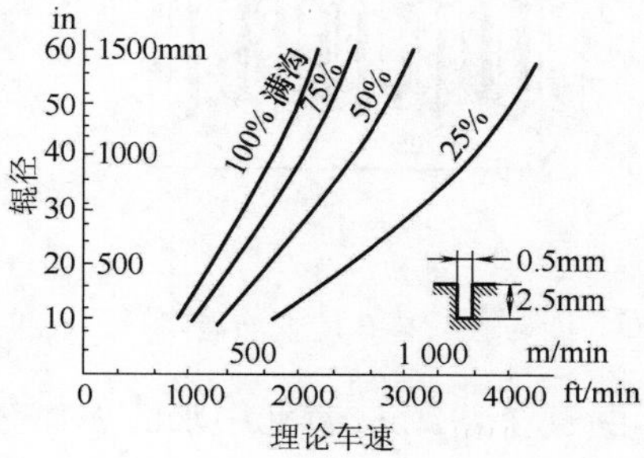

矩形沟纹辊沟内充水率 r 可按式（5-4）计算：

$$r = \frac{q(1-w_{水}) \times (w_2 - w_1)L}{10dbw_1w_2}(\%) \qquad (5\text{-}4)$$

图5-11　车速、辊径和沟纹充水百分率的关系

式中　r——沟内充水率，％

q——产品定量，g/m²

$w_{水}$——成纸水分，％

w_1——进压榨纸的绝对干度，％

w_2——出压榨纸的绝对干度，％

L——沟纹压辊的沟纹间距，cm

d——沟纹深度，cm

b——沟纹宽度，cm

表5-2为新闻纸、板纸和浆板三种产品进出压榨部的干度和沟内充水百分率。

表 5-2　　　　　　　　　在进出压区纸的不同干度下沟内充水百分率　　　　　　　单位：％

压榨部 纸种	进、出一压水分	进、出二压水分	进、出三压水分
新闻纸（52kg/m²）	21.5	6.1	2.4
挂面纸板（204g/m²）	84.3	24.15	9.5
浆板（730g/m²）		86.3	34

注：进三个压区纸的干度分别为20％、30％和35％；出压榨纸的干度分别为30％、35％和40％。

与普通压榨比较，沟纹压榨容易脱水，压榨时线压较低，同时胶层厚度增大。因此可以减少辊子的中高，避免纸的两边水分较高、不均匀而产生筋道。

压榨时，毛毯和湿纸的走向也很重要。在压榨出口，湿纸应尽快与毛毯分开，毛毯也应尽快与沟纹辊分离，以免毛毯回湿。必须经常保持沟纹压榨的辊沟清洁，防止堵塞，注意沟内积水的排除。在纸机车速较高时，沟纹压辊上还需配备软质刮刀，清除从辊沟中冲到辊面的高压水。

（四）盲孔压榨及盲孔压辊

盲孔压榨所采用的盲孔压辊是20世纪70年代在沟纹压辊的基础上开发的另一种改进型压辊。盲孔压辊也是在铁辊芯上挂橡胶或聚氨酯。包胶面上钻有孔径为2mm、深为12～

15mm 的盲孔。也可钻出深浅不同、两排相间的盲孔，如图 5-12 所示。盲孔压辊的开孔率约为 $25\% \sim 30\%$，其眼孔容积比沟纹压辊约大 5 倍，因此可以容纳更多的压榨水。盲孔压辊的实心部位不像沟纹压辊那样容易损坏，因此辊子可包覆较软的胶层，约为 $70 \sim 90$ 肖氏硬度。其结果一是可以减轻毛毯的磨损，二是可以提供较宽的压区，有利于提高压区线压力。15mm 深度的盲孔与 2.5mm 沟深的沟纹压辊相比，在重新挂胶以前，可以比沟纹压辊多磨许多次。

盲孔压辊一般都装有刮刀，离心力把盲孔中的水甩到辊面，由刮刀刮去。如图 5-13 所示。当纸机车速在 250m/min 以下时，可用 10kPa 的压缩空气喷嘴帮助脱水。

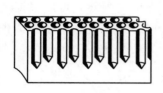

图 5-12　盲孔压辊剖面图

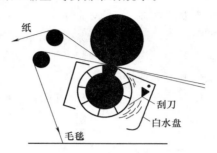

图 5-13　盲孔真空辊压榨示意图

由于直径 2mm 盲孔中水的表面张力远远小于 0.5mm 宽的沟纹，所以盲孔压辊容易脱水。此外，盲孔压辊的孔眼也不像沟纹压辊那样容易因热积累影响导致孔眼封闭。

盲孔压榨随纸种和生产条件不同而采用不同直径、深度和开孔率。表 5-3 比较了两种盲孔压辊的特性。

表 5-3　　　　　　　　　　　　两种盲孔压辊的比较

项　目	Ⅰ 型	Ⅱ 型	项　目	Ⅰ 型	Ⅱ 型
用途	低定量纸	纸板或浆板	开口度/%	～21	～20
孔径/mm	2.7	3.5	挂胶厚度*/mm	18.8	18.8
孔深（二列）/mm	9.5～12.5	9.5～12.5	胶层硬度（肖氏）	90～95	90～95
排列	螺旋形	螺旋形			

注：* 胶层厚度磨到 4.0mm 以下时，需要重新挂胶。

在双毯压榨中，上、下两个压榨辊都可以使用盲孔压榨，以便实现两面对称排水，这是有别于沟纹压榨的独特优势。考虑到高线压压榨的需要，两个盲孔压辊的胶层硬度一般在 90 肖氏硬度左右。

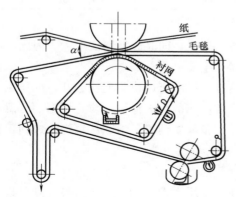

图 5-14　衬网压榨

（五）衬网压榨

衬网压榨包括两种方式：

1. 衬网压榨

如图 5-14 所示。衬网压榨是在压榨毛毯内再衬上一条网眼比较大的塑料网。从湿纸中压榨脱出的水，经过毛毯进入塑料网的眼孔中，从而达到减少压区流体压力和有利于脱水的目的。采用衬网压榨可以提高湿纸幅干度和纸机车速。

但由于衬网压榨的塑料网装在毛毯的里边，装卸比较麻烦，易于破损。同时效果也有限。因此没有被广泛推广使用。

2. 套网压榨

套网压榨是在下面的平压胶辊或真空辊上套上一张网套，如图 5-15 所示，塑料网套的两端用分块压环或整圈压环加以固定。

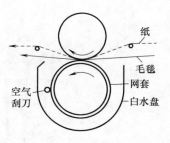

图 5-15　套网压榨

套网辊的胶层硬度应比普通胶辊稍高一些，一般为 95～96 肖氏硬度，硬度最小不低于 88～90。胶层太软，网套容易变形。另外，胶辊两端应加工成半径不小于 12.5mm 的圆弧形，以防网套裂口或擦伤。

套网压辊所用的网套是用厚度为 2.25mm、定量约 900g/m² 、空隙容积约 1500cm³/m² 的双层编织单丝塑料网制成。套网压榨的脱水原理与沟纹压榨基本相同。因为网套是用单丝双层织接，与毛毯接触的一面有足够容纳压出水的网目空隙，而底层又有可供流水的通道，所以压榨时从湿纸中脱出的水是按垂直流动的方式脱水。

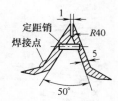

图 5-16　空气刮刀
R40—倒角半径

用软质刮刀或空气刮刀清除套网压辊上附着的水，如图 5-16 所示。纸机车速高于 480m/min 时，网套中的水可被离心力甩掉，车速低于 480mm/min 则须配备缝宽 6～8mm 的窄缝空气刀，以吹走或吸去网眼中的水。

（六）宽压区压榨及靴型压榨

静压下长时间脱水可有效提高脱水效率、减少对纸和纸板松厚度影响，通过改进压辊形式或者革新压榨装置来增加压区宽（长）度，延长脱水时间的宽压区压榨，是目前得到广泛应用的新型压榨技术。

常见的有取消一侧接触辊置换为表面覆盖有胶带的弧形板，弧形板由压脚顶着压辊形成宽（长）压区，见图 5-17。压区宽度可达 250mm，因此可相应延长湿纸在压区内的受压时间，压榨线压可提高到约 1700kN/m。与普通压榨比较，生产挂面纸板时，宽压区压榨可节约干燥纸板的能耗约 25％～30％，纸板的耐破度提高 25％。宽压区压榨生产定量为 340g/m² 的挂面纸板，出压榨干度最高可达 47％，而普通压榨只能达到 40％～42％干度。

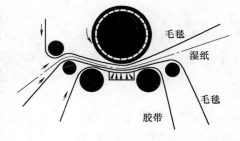

图 5-17　宽压区压榨

芬兰 Tampella 公司推出的一种使用大直径、硬度低的压榨胶辊的压榨也是一种宽压区压榨，用于生产硫酸盐浆牛皮箱纸板、强韧箱纸板。这种压榨由于大直径、低硬度弹性胶辊的压区较大，不需要压脚或胶带等特别的加压系统，可采用普通气动或液动加压，压榨时最大线压可达 350kN/m，由于长压区平均线压在橡胶挂面层的允许范围之内，因此不会压坏胶辊。

由于湿纸在宽压区压榨中受压时间较长，因此可以提高压榨出纸干度。另外，宽压区压榨，还可以提高牛皮箱纸板的耐破强度和松厚度。压榨出纸干度提高，烘缸部干燥纸板的蒸汽消耗量相应降低，可改善压榨部的运行性能，提高纸板机的生产能力和经济性。

宽压区压榨的典型代表是靴型压榨，其在造纸机的实际装置如图 5-18 所示。靴型压榨是 20 世纪 80 年代发展起来的一种最具潜能的压榨形式，目前在现代造纸机上被广泛采用。

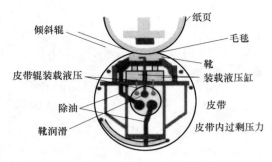

图 5-18　靴型压榨装置示意图

靴型压榨装置以一个靴型支撑体与上压辊配合，巧妙地实现了提高压区宽度的目标，从而获得优良的压榨效果。关于靴型压榨的压榨脱水原理，我们将在本章第四节详细探讨。

（七）其他新型压辊形式

下面介绍几种在以上压辊技术基础上的改进压辊。

1. 盲孔真空压辊

使用真空辊与盲孔辊相结合的盲孔真空辊将深的盲孔钻穿直通真空辊，代替真空辊辊面上的孔眼。如图 5-19 所示。可以通过减小孔眼直径、增加孔眼数目的方法来消除纸上出现的影痕。盲孔真空辊的优点是可以大大改善脱水效率，取得良好的脱水效果，同时生产的纸更加平整和高的松厚度。图 5-20 为盲孔真空压榨系统的工作原理图。

在所有的压辊中，盲孔真空压辊容纳水的能力最大。所以盲孔真空压辊多用作第一压榨。

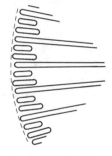

图 5-19　盲孔真空辊的剖面图

真空压辊的脱水能力是开口面积的函数，也就是眼孔大小和眼孔数目的函数。普通真空压辊的开口面积因为受到辊子结构设计上的限制，孔径不可能太大，数目也不可能太多。而盲孔真空辊则不受这种限制，可以大幅度增加开口面积而不影响辊壳的结构设计，同时还有利于提高压榨线压。使用盲孔真空压辊能够减轻纸上的影痕，改善纸页横幅水分分布的均匀性。

2. 沟纹盲孔真空压辊

沟纹盲孔真空压辊是将真空压辊、沟纹压辊和盲孔压辊三者结合开发的一种新型压辊。图 5-21 表示沟纹盲孔真空压辊压辊的脱水过程。沟纹盲孔真空压辊吸取了三者之长，压榨脱水效果和成纸质量更为理想。但它同时也是制造最复杂、成本最高的一种压辊。

二、取决于压榨功用的压榨方式

压榨部的每道压榨一般由一双压辊或压辊与成形靴组成，根据压榨的功用不同，压辊组合可分为：正压榨、反压榨、光泽压榨、挤水压榨和引纸压榨等。

（一）正压榨

湿纸进入各道压榨的方向与纸机运行方向相同的称为正压榨。正压榨是最简单的一种双压辊组合形式。一般正压榨的上辊为石辊，下辊用胶辊，广泛用在各种纸品的生产中。正压榨的下压辊为挂胶的铸铁辊。带弹性的橡胶下辊能够缓和上压辊对湿纸和毛毯的压榨作用，从而延长毛毯的使用寿命，减少湿纸的"压花"，并且使上辊和下辊更好吻合良好，压榨脱水均匀，且在一定程度上补偿下压辊中高的误差。也有在正压榨的下压辊喷镀一层不锈钢的。或者使用真空压辊、沟纹压辊或盲孔压辊。由于进入压区的湿纸与纸机运行方向相同，因此受压时，纸的正面接触石辊，所以正压榨提高纸幅正面的平滑度。

（二）反压榨

低速纸机中常使用反压榨，以提高纸幅反面的平滑度。反压榨时，进入压区的湿纸运行

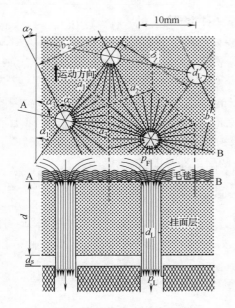

图 5-20　盲孔真空辊脱水水流图

d_L—孔径　b_1、b_2、b_3—孔排间距

a_1、a_2、a_3—孔间距　p_L—孔中真空度

p_F—毛毯中压力　α_1、α_2、α_3、α—孔排倾斜度

d—挂面层厚度　d_s—隔离/结合水层高度

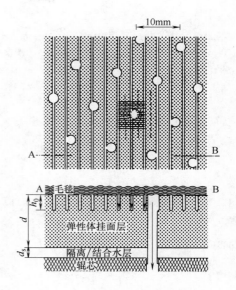

图 5-21　盲孔真空脱水过程图

h_0—毛细孔高度　d、d_s—同图 5-20

方向与纸机运行方向相反。反压榨一般作为纸机的第三道压榨。反压榨中的两个压辊分别是石辊和胶辊。因此反压榨除了能提高纸张平滑度，还有利于减少纸张两面性。但反压榨大多由人工引纸，纸机车速高时，操作困难，因此多用于平滑度要求高和两面差小的纸张和低速高级纸机。

（三）光泽压榨

光泽压榨通常是纸机压榨部的最后一道压榨。光泽压榨的上压辊为硬度为 60～65 肖氏硬度的胶辊。下压辊是一个表面光滑的包铜辊。湿纸不用毛毯传递，直接进入光泽压榨。但由于湿纸从压榨部开放引纸到烘缸部容易引起断头，新式长网纸机多利用干网传递湿纸幅，减少断头。表面上，光泽压榨和普通压榨一样，似乎对湿纸进行压榨脱水，仔细观察，可以看到光泽压榨根本没有脱水，因为进行光泽压榨时，湿纸的干度很大。光泽压榨的作用主要是压光纸面、消除网印和毯印、提高纸的紧度和网面的平滑度。光泽压榨后，湿纸幅的平滑度提高，能够在烘缸部更紧密地贴在烘缸表面，改善传热，提高烘缸干燥效率。因此有利于减少纸机烘缸部的长度，或者节省纸幅干燥的蒸气用量，降低能耗。

（四）挤水压榨

生产过程中引纸毛毯和一压毛毯很容易被细小纤维、填料、胶料等弄脏堵塞。脏毛毯的吸水性和透水性都很差。因此在引纸毛毯和一压毛毯的回程都装高压喷水管或洗毯器以清洗和整理毛毯。结果这些毛毯结合水量很高，必须安装一对压辊将毛毯挤压到一定干度。然后再去引纸或参与压榨脱水。引纸毛毯用的挤水压榨辊多为水平或倾斜排列。压榨毛毯的挤水压榨大多为垂直排列。挤水压榨中一个压辊为胶辊，另一个为包铜辊或石辊。常用的线压为150～250N/cm。另外，挤水压榨辊的直径比普通压榨辊小一些。

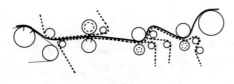

图 5-22　引纸压榨

（五）引纸压榨

引纸压榨用于真空引纸的中、高速纸机。引纸压榨的上辊用平压辊或沟纹压棍，下辊为真空压辊，如图 5-22 所示。压榨时线压力不很高，一般为 146～245N/cm，真空压辊的真空度也不很高，一般为 29.4～39.2kPa。湿纸夹在引纸毛毯和压榨毛毯之间通过压区，所以其脱水作用并不大。它的主要作用是将湿纸从引纸毛毯转移到压榨毛毯，故又称转移压榨。引纸压榨与二、三道压榨之间的引纸距离都比较短。

三、其他压榨方式

其他组合形式的新型双辊压榨：根据压榨辊的安装形式和部位，双辊压榨还包括单一压榨、紧凑压榨、贯穿压榨、三真空压榨、脱架压榨、对位压榨等多种，如图 5-23 至图 5-28 所示。每种压榨各有其特点。

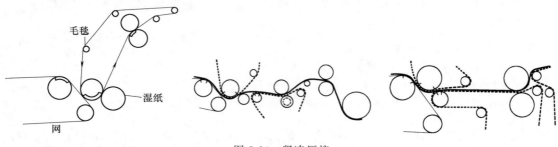

图 5-23　单一压榨　　　　图 5-24　紧凑压榨　　　　图 5-25　贯穿压榨

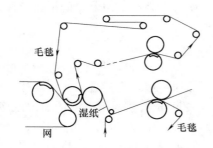

图 5-26　三真空压榨

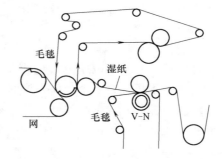

图 5-27　托架压榨

单一压榨包括一个具有引纸和一压双重功用的真空压辊（见图 5-23）。特点是下压辊刮刀刮下来的湿损纸容易处理。

紧凑压榨使用一个真空辊兼作引纸辊和一压的压辊，因此有利于节省压榨部空间（见图 5-24）。紧凑压榨生产纸的反面比较平滑，一压的湿纸断头也便于处理，并且还具有传递高定量纸或纸板的优势。

贯穿压榨设计的指导思想是避免湿纸从网部伏

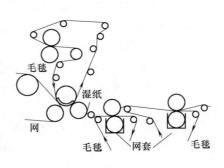

图 5-28　对位压榨

辊开放引纸到一压时断头的危险，适合于各种不同定量纸张的真空引纸（见图 5-25）。

三真空压榨的特点是引纸位置有一个三真空室的真空辊，三个真空室各有不同的真空度（见图 5-26）。第一真空室将网上湿纸揭下来往一压传递，中间一个真空室的真空度要根据纸的定量大小而加以调整，第三真空室维持着普通一压所需要的真空度，所以这种压榨组合形式中的真空压辊身兼三职，即担负着引纸、递纸和一压的三重任务。

托架压榨同样是用一个真空压辊兼任引纸和一压的功能，但其二压的下压辊既可用沟纹压辊（见图 5-27），也可使用衬网压榨。

对位压榨同样用一个真空压辊兼任引纸和一压的双重任务。一压的两个辊子在揭纸处的排列与网平行，该安装方式有助于简化压榨支架，有利于更换毛毯（见图 5-28）。双通道压榨上、中两个辊子均使用沟纹压辊。沟纹压辊将一压与挤水压榨合并在一起，不需要真空辊，可以减少投资费用，又便于处理压榨的湿损纸，还能减小影痕问题。

四、压榨部的配置与组合

根据湿纸幅的脱水要求，造纸机压榨部通常由二至三道压榨构成。

（一）直通式组合的压榨部

传统的压榨部由二至三组压辊组成，湿纸幅直接通过各道压榨，因此也称为直通式压榨。每组压榨的上辊为光辊（不带毛毯），下辊为带有毛毯的压辊。直通式压榨为最古老和最简单的压榨部组合，老式的直通式压榨组合的压榨部目前仍然在一些浆板机和纸板机上服役（见图 5-29）。近年来，宽压区压榨特别是靴型压榨的出现，使得直通式压榨组合的压榨部重新焕发了生机，下文（四）将详细讨论。

（二）反压榨组合的压榨部

由于直通式压榨的三组下压辊均带有毛毯，因此纸页在压榨时一面总是接触光辊，而另一面总是接触毛毯，因此会产生纸页的两面差。为了克服这些缺陷，又发展了带有反压榨的组合形式（见图 5-30）。该组合在第二道压榨时，将下辊设为光辊，因此可减少纸页的两面差现象。但是由于纸页的走向有一段是逆行的，因此不适宜在高速纸机上采用。

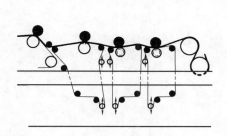

图 5-29　直通式压榨部组合

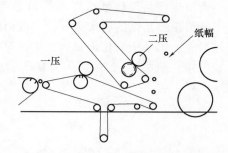

图 5-30　带有反压榨的压榨部组合

（三）复合压榨组合压榨部

为了节省造纸机所占的空间位置，使压榨部更为紧凑，后来又发展了复合压榨的压榨部组合。复合压榨是指由多个压辊构成的多压区压榨，实际上也是一种多辊压榨的组合。

复合压榨有以下几大特点：a. 较高的压榨部脱水效率和进烘缸部纸的干度。b. 压榨部的损纸易于处理。反压引纸无障碍。c. 对称脱水，有利于减小纸幅的两面性。d. 缩短纸机压榨部的长度。节省造纸车间的长度和建筑面积。e. 对纸种的适应性好，适应于高速纸机。

引纸简单。f. 复合压榨能做到全封闭引纸，或在复合压榨之后开放引纸。可以减少纸机湿部断头的次数，提高纸机车速。g. 草浆抄纸采用复合压榨有利于解决草浆抄纸时纤维短、非纤维性细胞多、抄纸时黏辊、断头等问题。与网部和干燥部的改造相配合，还可以进一步提高纸机车速。

1. 三辊两压区复合压榨

三辊两压区复合压榨有三个倾斜安装的压辊，其中下辊是真空辊，中间为石辊，上面为沟纹辊。真空引纸辊将湿纸吸引到引纸毛毯上，然后传送到复合压榨的第一压区，受到真空

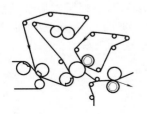

图 5-31　三辊两压区复合压榨

压榨。湿纸随石辊转入第二压区，受到沟纹压榨。湿纸在第二压区受到压榨脱水作用的同时，提高纸反面的平滑度。湿纸经过两个压区的压榨脱水，干度增加、强度提高，然后经开放式引纸进入下一道沟纹辊压榨。湿纸经过两次压榨，大大减轻了网印，经过最后一道沟纹压榨，纸的平滑度也有所提高。这种三辊双压区复合压榨的优点是在开放引纸之前，湿纸先已经过两个压区脱水，纸的干度提高，强度也增加，压榨部湿纸断头的机会大大减少。同时可以减轻纸幅上的网印，提高纸张反面的平滑度。倾斜三辊双压区复合压榨的工作原理如图 5-31 所示。

2. 四辊三压区复合压榨

四辊三压区复合压榨有四个辊三个压区，如图 5-32 所示。湿纸经过三个压区压榨脱水，提高到比三辊双压区复合压榨更高的干度以后，才开放引纸进入光泽压榨，压榨部湿纸断头的机会自然也就更少了。

复合压榨又称为组合压榨、复式压榨或多压区压榨。复合压榨开发于 20 世纪 60 年代中期，适应于各种类型纸机。目前复合压榨的类型有几十种之多。

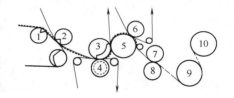

图 5-32　四辊三压区复合压榨
1—真空伏辊　2—真空吸引辊　3—真空压辊　4、6—沟纹辊　5—平压辊　7、8—光泽压辊　9、10—烘缸

（四）带有靴型压榨的压榨组合的压榨部

靴型压榨是现代纸机压榨部最常用的组合形式，由于靴型压榨很高的脱水效率，一般由两道直通式的压榨组成。第一道压榨为普通压榨，第二道压榨采用靴型压榨。图 5-33 和图 5-34 为现代纸机的靴型压榨组合的实际应用范例和典型示意图。

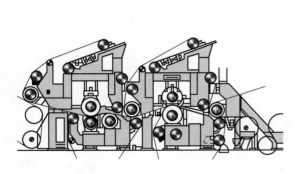

图 5-33　Metso 公司 OptiPress 靴型压榨组合

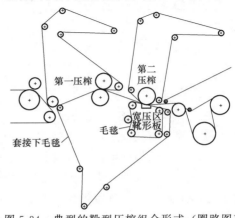

图 5-34　典型的靴型压榨组合形式（圈路图）

进入 21 世纪后，靴型压榨的最新进展是单靴压技术，即压榨部只有一道靴型压榨。这种配置适用于一些不含磨木浆的未涂布纸种抄造，目前主要用于复印纸纸机。如 Voith 公司的 Nipco Flex 压榨以及 Metso 公司的 OptiPress I 都属于这种配置。

这种单靴压压榨部仅仅有一个压区，两面双毛毯。单靴压的主要优势是由于辊子和各种元件的数量很少，因而运行和维护成本低。紧凑的设计有利于节省空间，尤其适用于对已有系统的改造。单靴压后干度可以达到 48%～55%，而常规的三压区辊压只能达到 42%～44% 的干度。单靴压形成的较高的纸页干度以及压榨部与干燥部之间的封闭引纸设计，使得纸机可以有较高的车速和较好的运行性能。

有研究者对比了造纸机压榨部不同组合的成本情况，认为采用单道靴型压榨的压榨部组合较为经济。从表 5-4 可知，除了压榨织物之外，单靴压组合在投资成本等方面具有很大的优势。

表 5-4　几种压榨部组合的成本分析对比

	单靴压	双靴压	三压区压榨
投资成本	100	160	120
真空需要	100	159	126
传动装机容量	100	148	155
停机时间	100	130	115
压榨靴套成本	100	200	100
纸机织物成本	100	114	78

五、压榨辊的中高及可控中高辊

（一）压榨辊中高影响与纸页脱水均匀性

压榨部主要由压榨辊构成，压榨辊在上压辊的自重和附加压力下对湿纸幅施加压力。从力学的角度，压榨辊可以被看作是一对简支梁。作为一个金属部件，上下压榨辊在本身自重和附加压力的作用下必然会发生一定程度的弯曲变形，此变形的大小称为挠度。挠度的大小与辊筒的材料、质量、直径、纸机的轨距及加压状况有关。

由于压榨辊会产生挠度，因此工作时，压榨辊的中间部分会产生间隙，导致上下辊的中间部位不相接触。其结果是湿纸幅在上下压榨辊间承受不同的线压力，纸页的脱水和由于压榨改善的性能均会发生横幅方向不均匀现象。为了弥补这个缺陷，通常将两个压辊或者下压榨辊制造成中间直径大、两边直径小的形式。而所谓压榨辊的中高是指上下压辊的中部直径较大，沿两侧直径逐渐减小的特性。辊子中间的直径 D 和辊子两端的直径 D_0 之差称为中高度：

$$H = D - D_0 \tag{5-5}$$

距离辊子中心 X 处的任何一点的直径为 D_X，则该点处的中高度为：

$$H_X = D - D_X \tag{5-6}$$

由于很难精确测量辊面包胶辊的直径，因此多采用测量压辊圆周长的方法来代替直接测量。包胶辊的中高度常用圆周中高度来表示：

$$H_L = \pi D - \pi D_0 = \pi H \tag{5-7}$$

式（5-5）至式（5-7）中：

式中　H——辊子中高，m

　　　H_X——距辊子中间 X 处任意一点的中高度，m

　　　H_L——辊子圆周中高度，m

  D——辊中中间直径，m

  D_X——距辊子中间 X 处任意一点的直径，m

  D_0——辊子两端直径，m

（二）可控中高辊

  国外 20 世纪 70 年代研制开发了可控中高辊（又称"浮游中高辊"）。辊子的挠度可以根据生产操作的需要，随时加以调整、控制。现在世界上有多种可控中高辊，下面介绍几种国内引进的可控中高辊系统，第一种可控中高辊也称 Kuster 型可控中高辊。

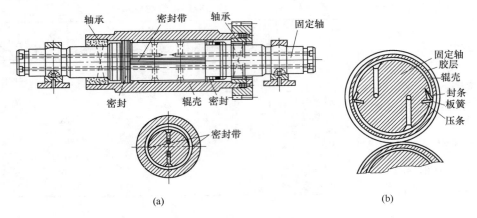

图 5-35 浮游辊的纵向和横向剖面图

（a）纵向剖面 （b）横向剖面

  图 5-35 中（a）、（b）分别表示浮游辊的纵向和横向剖面图。浮游辊有一个由钢材或冷硬铸铁制作、没有中高的圆筒形外壳，能围绕着开有进油和回油接头口的固定轴转动，圆筒辊壳依靠自位轴承随着固定辊轴回转。在辊壳与辊轴之间的环隙空间，将径向和轴向密封，分别分为上下两部分及加压室和回油室。高压油通过进油管进入加压室，与辊子承受的载荷相抗衡。从密封室漏出的油流到下部回油室，通过回油管回到泵油站。图 5-36 为浮游辊内油压与上压辊施加载荷的平衡作用示意图。

  如果在可控中高辊的辊面缠绕异型钢带制成可控中高的沟纹压辊，则可以进一步提高压榨脱水效果。

  上述的可控中高压辊后来又发展成可调浮游辊（Vario R001），即加装一个排油杯。油杯分别与回油管和阀门相连。打开阀门，可以除去油杯上辊壳面的油压。借助这种办法，可以精确控制压区的压力曲线。减压油杯的结构见图 5-37。

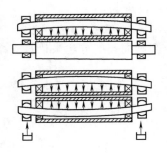

图 5-36 浮游辊作用示意图

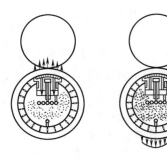

图 5-37 减压油杯设计结构图

六、湿纸幅的传递

将湿纸页从伏辊处造纸网上揭下来并传递到压榨部有两种方式。一种是开式引纸，一种是闭式引纸。其中闭式引纸包括黏舐引纸和真空引纸。

（一）开式引纸

为了克服老式纸机不适应真空伏辊的高速纸机的要求，发展了压缩空气引纸的设备，如图 5-38 所示。

湿纸幅离开伏辊的位置称之为剥离点。湿纸在网上剥离的位置非常重要。如果剥离点位于真空伏辊的真空区，揭纸时可能受到很大的张力，容易引起湿纸的断头。但若湿纸幅经过真空区以后，进入眼孔中的水被离心力甩出的喷水区内，纸的水分增加，湿纸强度降低，也容易引起断头。所以湿纸的剥离点应当在真空区以前和喷水区以前，即图 5-39 的 B、C 之间，A 点最好。通常剥离点应略微超过真空伏辊的真空室后方边缘。这样既不会漏气破坏真空度，也不会因湿纸过度松弛而引起皱褶，如图 5-39 所示。

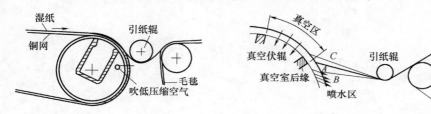

图 5-38　压缩空气引纸　　　　　　　　　　图 5-39　湿纸幅剥离点

为了适应湿纸黏附力、湿强度和伸长性的变化，引纸辊和以一压为首的第一个毛毯辊的位置通常是可调的。此外，湿纸与一压毛毯接触的角度对纸机正常运转也很重要。湿纸略向上爬上一压毛毯，可防止湿纸带进空气所导致的进一压的一侧发生鼓泡现象及防止压榨时发生皱褶。

在开放引纸的长网纸机中，湿纸页在伏辊处剥离和传递，主要是靠伏辊和一压之间的速度差，使湿纸页受到一定的张力，从伏辊处的网上剥离下来。开放引纸依靠湿纸本身的强度，经引纸辊传递到一压毛毯上去。

（二）开放引纸过程的湿纸幅的张力

湿纸页从伏辊处网上剥离下来，引到一压毛毯上时，受力情况十分复杂。其中包括湿纸与造纸网间的黏着力、水的表面张力、离心力、湿纸重力、惯性力和张力等，如图 5-40 所示。

1958 年 Mr. J. Mardon 根据揭纸时所做的功等于克服黏着力、表面张力以及剥离纸时消耗的能量，推导出如下关系式（5-8）和式（5-9）：

$$F_s = \frac{W}{(1-\sin\theta)} + qv^2 \tag{5-8}$$

$$F_s = \frac{W}{(1-\cos\phi)} + qv^2 \tag{5-9}$$

图 5-40　湿纸幅在伏辊上的受力作用图

式中　　F_s——湿纸页的张力，$10^{-5}\,\text{N/cm}$

W——剥离功，$10^{-7}\,\text{J/cm}^2$

ϕ——剥离角，$\theta = \pi/2 - \phi$

q——单位面积纸页质量，g/m^2

v——纸页剥离速度，cm/s

伏辊在剥离点的切线与湿纸页的夹角称为剥离角。将湿纸从网面上剥离下来所需的功，称为剥离功：即克服 1cm^2 面积湿纸与铜网的黏着力和表面张力所需的功。剥离功 W 是剥离角 ϕ 的函数。式（5-8）右边的第一项 $W/(1-\cos\phi)$ 代表从伏辊剥离湿纸页需要的张力，它与剥离角有密切关系。式（5-8）右边第二项：qv^2 代表由于惯性产生的张力，它与纸页运行方向无关，但与速度密切相关。

一般长网造纸机中，剥离角都比较小，通常约为 30°左右。$\phi=30°$ 时，总张力 F_s 很大，而且总张力对剥离角的影响极为敏感。此时，剥离角略有减小，总张力增长却很大。增加剥离角，$W/(1-\cos\phi)$ 相应逐渐减小。由此可见增加剥离角，可以降低剥纸时的张力，从而能够减少湿纸的断头；或者说，增加剥离角时，即使提高车速，也可以减少引纸断头。

L. Ostevberg 考虑了揭纸时湿纸页的应变，将 Mardon 公式修正为式（5-10）和式（5-11）：

$$F_s=\frac{W_{(\phi)}-F_s\varepsilon}{1-\cos\phi}+qv^2=\frac{W_{(\phi)}}{1-\cos\phi}-\frac{F_s\varepsilon}{1-\cos\phi}+qv^2 \tag{5-10}$$

$$W_{(\phi)}=\frac{F_s-qv^2}{1-\cos\phi}+F_s\varepsilon \tag{5-11}$$

式中　ε——湿纸幅的伸长率，%

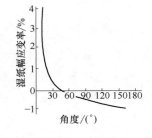

图 5-41　湿纸页应变与剥离角的关系

其余符号与式（5-8）相同。

将式（5-8）与式（5-9）两式加以比较可见，Ostevberg 公式中右边增加了 $-F_s\varepsilon/(1-\cos\phi)$ 部分，即湿纸伸长时做功所削弱的张力部分。湿纸幅的应变，也与剥离角的大小有关，如图 5-41 所示。

综上所述，在开放引纸情况下，为防止引纸断头，可以通过以下途径提高车速：a. 增加剥离角。b. 提高剥离湿纸的干度。c. 减少湿纸对网子或辊子的黏着力和调整网部的一压之间的速比。

调整剥离角受到一压毛毯的限制。有时需要调整毛毯的行程，使毛毯递纸处有较大的倾斜，以便平稳引纸。同时还可能需要将真空伏辊真窄室的位置下移，以保证有较大的剥离角。

值得注意的是剥离角与湿纸撕裂的关系。如图 5-42 所示。当 $\phi<90°$ 时，一旦湿纸在揭纸时出现撕裂，裂口将逐渐扩大。但当 $\phi>90°$ 时即使出现裂口，裂口也会逐渐自行封闭，因而可以减少伏辊引纸的断头。

伏辊和一压之间的引纸辊有以下几个作用：一是保证湿纸页按照最优曲线运行减少张力。二是控制湿纸幅，使其不在伏辊与一压之间产生大的抖动。三是引导湿纸页取得大的剥离角，同时，使得自平衡机构更加起到有效的作用。自平衡机构指的是当湿纸在网上黏着力增加时，剥离功随着增加，因此湿纸页剥离需要增大张力，而纸页剥离点则移向伏辊下部，从而使剥离角增加，$W/(1-\cos\phi)$ 减小，因此自动减小张力而取得平衡。黏着力减少时情况则相反。

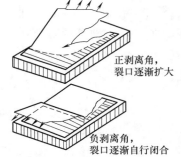

正剥离角，
裂口逐渐扩大

负剥离角，
裂口逐渐自行闭合

图 5-42　剥离角与撕裂裂口的发展

（三）闭式引纸

闭式引纸包括黏舐引纸和真空引纸。黏舐引纸是通过引纸毛毯将伏辊上的湿纸转移至下一道工序的引纸方式。这种引纸方法主要用于中速和生产低定量纸的纸机。例如自动引纸机。图5-43是大直径单缸纸机中的黏舐引纸方式。

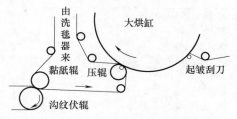

图 5-43　黏舐引纸

1. 黏舐引纸

黏舐引纸的优点是结构简单，纸幅网痕较轻。但黏舐引纸对操作运行要求条件很严格。黏舐引纸时，纸和毛毯的含水量很重要。黏舐引纸依靠毛毯面的水膜黏附力和毛毯转过揭纸辊产生的微弱抽吸作用来传递湿纸。因此对黏舐引纸毛毯的要求是组织结实、编织细密、毯面平整，同时要求毛毯清洁，特别是在两边要干净。

有些黏舐引纸纸机，采用沟纹宽深各为 2.5mm 的沟纹伏辊，依靠铜网下伏辊沟纹中的气垫作用，将湿纸转移到毛毯上。沟纹伏辊也有利于脱除纸幅的水分。

黏舐引纸要求引纸毛毯表面有一层水膜。这容易给一压带来问题。所以这种引纸方式主要适用于抄造薄纸的纸机。另外由于引纸毛毯毯面比较细密，后面将湿纸从引纸毛毯再向中压毛毯转移会相对较难。所以黏舐引纸多用在生产薄纸的圆网纸机或长网单缸纸机。针对上述诸问题，发展了真空引纸。

2. 真空引纸

真空引纸适用于高速纸机和生产薄型纸的超高速纸机。真空引纸方法依靠真空作用，从伏辊处转移纸幅。真空引纸可用于伏辊到一压间的引纸，同样适用于各道压榨间的湿纸传递。图 5-44 是一种真空引纸工作原理图。

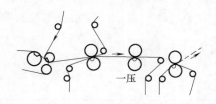

图 5-44　真空引纸

真空吸引辊装在伏辊上方或真空伏辊两个真空室之间。如果纸机网部有主传动辊，则多装在传动辊之前，位于真空伏辊与传动辊之间。理论上讲，真空引纸的引纸毛毯速度应与网速一致。毯速如低于网速，湿纸幅有可能产生皱褶。反之若毯速太高，则会引起湿纸伸长，影响纸页的强度。

第四节　影响压榨脱水的主要因素及强化途径

压榨部的脱水效率与压榨部的结构形式、压榨辊的组合、压榨辊的材质、压榨毛毯质量以及造纸工艺等均有直接的关系。现代纸机采用新式复合压榨、靴式压榨、宽压区压榨等新技术，湿纸页出压榨部的干度可提高至 $48\%\sim50\%$。表 5-5 为某纸机改进后压榨脱水取得的效果。

从物理常识可知，压榨脱水主要脱除的是游离水，其他形式的水（如结合水等）则很难通过压榨的方式除去。从表 5-5 可知，提高压榨部脱水效率也有一定的限度。这主要来自两方面的原因：其一是即使提高脱除游离水的效率也会受到压榨部设备的限制；其二是提高压榨的脱水极限还受到湿纸幅性质（压花压力）的限制。当然压榨部的脱水极限也不是固定不变的，随着造纸机装备技术的不断进步，压榨部的脱水效率极限也会有所突破和提高。具体工艺参数有压区压力、压区宽度、水的黏度等，同时受到设备类型和工艺的影响。

表 5-5 　　　　　　　　　　　　　　　新式压榨部纸页干度的变化

项　　目	压榨线压 /(N/cm)	压榨后纸的干度 /%	项　　目	压榨线压 /(N/cm)	压榨后纸的干度 /%
新闻纸（包括复合压榨）			瓦楞原纸		
第一道压榨	650	38	第一道压榨	714	37
第二道压榨	845	44	第二道压榨	1070	41
第三道压榨	≥1000	50	挂面纸板——单毯压榨		
证券纸			第一道压榨	714	35
第一道压榨	625	37	第二道压榨	1070	37
第二道压榨	803	41	第三道压榨	1790	39
第三道压榨	982	43			

一、压榨工艺参数及设备类型对压榨脱水的影响

（一）压榨压力对脱水的影响

纸和毛毯上的压力是影响压榨脱水的主要因素。增大压榨负荷或保持同样负荷的同时减少有效压区宽度均可增加压榨压力、提高脱水效率。现代毛毯和辊子覆面能够承受较高的线压力，大直径压榨辊线压力可达 350kN/m，靴式压榨线压可达 1000kN/m，两种压榨装置可获得 46%～50% 的压榨干度。

压榨脱水效率与压榨比压成正比，随线压呈指数增加。提高线压，增加胶层硬度有利于脱水。加大压辊直径，则会降低比压，不利于脱水。在纸机动态压榨情况下，由于压力分布不均匀、水的流动阻力和纸的回湿等原因，一般很难达到静态压榨的纸幅干度。

湿纸接触植绒纤维的部位所受到的压力最大。而在毛毯的空隙部分，湿纸仅受到较小的压力。加压的不均匀性会大大降低压榨的脱水效率。另外，毛毯结构对压榨脱水效率的影响也很大。

压榨压力与纸页含水量的关系如表 5-6 所示。

表 5-6 　　　　　　　　　　　　　　　压榨压力与纸页含水量的关系

纸种	一压		二压		三压	
	线压力/(kN/m)	出压榨干度/%	线压力/(kN/m)	出压榨干度/%	线压力/(kN/m)	出压榨干度/%
新闻纸	60	33	80	38	95	43
高级书写纸	60	37	80	41	95	43
瓦楞纸	70	37	105	41	315	46
挂面纸板（单毛毯）	70	35	105	39	175	42
挂面纸板（双毛毯）	105	38	210	43	350	46

（二）压区宽度对脱水的影响

压区宽度是影响压榨的重要因素。压力一定时，压区宽度决定了压榨的平均比压，因此压区宽度是影响压区推动力的重要因素之一。再者，压区宽度还与压榨时间有关。压区宽度由毛毯、湿纸和压辊胶层的总压缩尺寸以及压辊直径大小所决定。研究人员对压区宽度作了详细的研究，认为压区宽度可以根据压辊大小和压缩尺寸计算如下：

$$b = 2b' = 2(\Delta h \times 2R_e)^{1/2} \tag{5-12}$$

式中　b——压区宽度，cm

　　　b'——1/2 压区宽度，cm

　　　Δh——可压缩性。即受压前后的厚度变化，cm

$$R_e = \frac{R_1 - R_2}{R_1 + R_2} \tag{5-13}$$

式中　R_1、R_2——分别为上、下压辊的半径，cm

图 5-45 说明了压区宽度和压辊半径及可压缩性之间的关系。由 b 值确定压区宽度，并决定压榨时间。通常压辊半径小于 50cm 时，一般来说可压缩性小于 0.3cm。因此压区宽度通常在 $2.5 \sim 6.3$cm 范围之内。图 5-45 表明大幅度加大辊式压榨压区宽度十分困难。即使大幅度增加压辊半径，也不能有效地增加压区宽度。弹性较好的压榨毛毯和压辊胶层可以提供较大的压缩性。这比单纯增加压辊半径更为有效。例如使用双毯压榨可以把压缩尺寸从 0.3cm 增加到 0.6cm、压区宽度加大 40%。前面介绍的靴式压榨是一种提高压区宽度的有效方法。

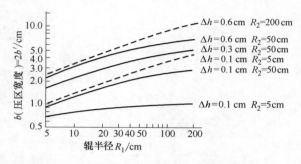

图 5-45　压区宽度、压辊半径与可压缩性的关系

高强压榨使用直径很小的压辊以产生宽度不大但压力非常高的压区，这种压榨脱水方式仅在压区流动阻力较小和回湿作用较大时才更加有利。研究发现，压区宽度与线压力的平方根成正比。这也意味着压区平均比压和压区压力峰值随线压力平方根的增加而增长。

值得注意的是不同硬度的压辊，其压区的压力及其分布对湿纸页的脱水也有着重要的影响，同时对脱水效率和纸页性质也有不容忽视的影响。

（三）加压时间和车速对压榨脱水的影响

加压时间指的是湿纸在压区中受压的时间。纸机压榨脱水时间很短，多数高速纸机小于 3ms。车速为 600m/min 的纸机，普通压榨的脱水时间仅为 1/500s，而真空压榨为 1/80s。压榨时间 t_d 与压辊变形宽度 b 成正比，而与车速 v_m 成反比，见式（5-14）：

$$t_d = \frac{b}{2v_m} \tag{5-14}$$

普通压榨，仅前一半的压区宽度能起到脱水作用，故讨论压榨脱水时间时，通常仅考虑 $b/2$ 的宽度。对真空压榨，上压辊位于真空辊的真空区终点上计算真空压榨的脱水为：

$$t_d = \frac{b}{v_m} \tag{5-15}$$

包胶下压辊可形成比较宽的接触面、增加压榨脱水时间，有利于脱水。降低纸机车速，虽可增加压榨时间、提高脱水效果，但影响纸机生产量。提高压榨线压力，可以增加压区宽度 b 及压榨时间。有些新式纸机的压榨线压可以提高到 880N/cm 以上。

提高压区宽度可以使纸页在压榨区的停留时间增加 $5 \sim 10$ 倍。大直径压榨辊的压区宽度为 $75 \sim 100$mm，靴式压榨的压区宽度为 $230 \sim 250$mm。图 5-46 表示线压力为 120kN/m 时，辊子覆面硬度对压区压强和压区宽度的影响。由图可见，覆面硬度由 6P&J 变为 20P&J 对，压区宽度由 19mm 增加至 44mm，而压强则由 8MPa 降至

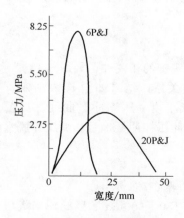

图 5-46　辊面硬度对压区压力及宽度的影响

3.5MPa。因此适当增加压榨负荷可补偿由于压区宽度增加而造成的比压减小，即使提高线压力也不会压溃纸页，不会影响湿毯的透气性。相反在明显提高纸页干度的同时可使干燥能量减少 20%～25%。

提高车速对纸页在压区的停留时间有明显的影响。车速每提高 100m/min，压榨干度通常会降低 1.5%，高定量纸一般比低定量纸干度下降的更多。

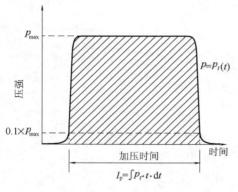

图 5-47　压榨冲量示意图

（四）压榨冲量对压榨脱水的影响

加压时间和压榨负荷对压榨脱水对纸页脱水起到至关重要的作用，但就其中单独一个参数而言，很难解释压榨部的变化，特别是宽压区压榨出现对湿纸幅脱水效率的影响。近年来，压榨冲量 I_p 被认为是研究压榨部脱水效率的一个非常有用的概念。它被定义为是压区内压力随时间变化的面积积分，见式（5-16），如图 5-47 所示：

$$I_p = \int p_t \cdot t \cdot \mathrm{d}t \tag{5-16}$$

当压区各点压力均一的情况下，式（5-16）可作如下转换：

$$I_p = \int p_t \cdot t \cdot \mathrm{d}t = p_t \cdot t_d$$

$$p_t = \frac{F_p}{b}, t_d = \frac{b}{v_m}$$

$$I_p = \frac{F_p}{b} \cdot \frac{b}{v_m} = \frac{F_p}{v_m} \tag{5-17}$$

式中　I_p——压榨冲量

t_d——压区停留时间

p_t——t_d 时湿纸幅受到的压力

v_m——纸机车速

b——压区宽度

F_p——压榨负荷

由式（5-17）可知，当车速和压区内各点压力一定的情况下，湿纸幅压榨冲量等于压辊负荷与车速的比值，单位为 kPa·s。

$$压榨冲量(I_p) = \frac{压榨负荷(F_p)}{纸机车速(v_m)} \tag{5-18}$$

在典型流控压榨压区，纸幅脱水效率与压榨冲量有非常明确的相关性，如图 5-48 所示。

D. A. Beck 在实验室研究了压榨冲量与出纸干度之间的关系，结果如图 5-49 所示。实验纸样的为定量 60g/m²。Mr. Beck 建立了一个简单的出纸干度—压榨冲量曲线。如图可见，压榨冲量增加 10%，出压区纸的干度可提高约 3%。因此压榨冲量也是影响压榨脱水的一项重要因素。

典型四压区的文化纸机的压榨部，如图 5-50 所示。

当纸机车速为 1100m/min 时，其不同压区的压榨冲量如表 5-7 所示：

对于宽压区压榨来说，比如靴型压榨，典型压区宽度为 150～300mm。因此，当宽压区压榨压区宽度为 250mm，车速同样为 1100m/min 时，其压榨冲量一般为 32kPa·s，如表 5-7 所示大约是上述四压区压榨部冲量总和的两倍。

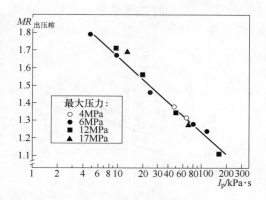

图 5-48　压榨冲量对硫酸盐
箱板纸浆脱水的影响

注：MR（g水分/g固形物）进压榨为 1.9。

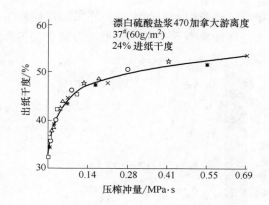

图 5-49　出纸干度与压力脉冲曲线
＊—1.4MPa　□—2.1MPa　△—3.4MPa　○—5.5MPa
☆—8.3MPa　※—11.1MPa　×—13.8MPa

表 5-7　典型四压区文化纸
机压榨各压榨负荷及压榨冲量

压区	加压负荷/(kN/m)	压榨冲量/kPa·s
1	70	2.8
2	90	3.6
3	120	4.8
4	140	5.6
总和		16.8

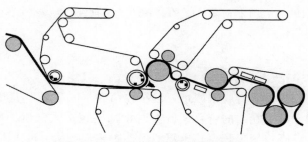

图 5-50　典型四压区文化纸机压榨

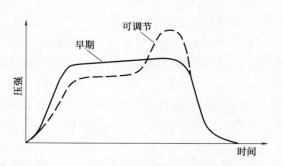

图 5-51　形状不同压榨冲量相等靴型压榨压力脉冲

早期的宽压区压榨或靴型压榨，其结构设置固定，压力脉冲的形状也是不变的。随着靴型压榨技术的不断进步，近年来新装备的靴型压榨已经可以做到压力脉冲形状可调，压榨后期（压区的后半部分）提高压榨强度有助于提高脱水效率和防止回湿，如图5-51 所示。近年来，随着纸机车速的进一步提高，靴型压榨也被广泛地用于新闻纸等较低定量的纸机的生产，并大大提高了脱水的效率，如图 5-52 所示。

（五）进压区的毛毯含水量及湿纸干度对压榨脱水影响

1. 进压区的毛毯含水量

研究证明，出压区的湿纸干度与进压区的毛毯含水量有密切的相关性。进压区的毛毯含水量越小，出压区的湿纸干度越大。

2. 进压区的湿纸干度

研究人员研究了进压区纸幅干度对于干度的影响，如图 5-53 所示。结果表明，湿纸进压区与出压区干度变化的比值，约为 3：1～2：1。由此可见进压区的湿纸干度大小也是决定出压区纸的干度的一个重要影响因素。

提高压区压力和增加湿纸在压区的时间，都可以提高压榨脱水量。增加纸机车速时，为了保持湿纸脱出相同的水量，必须增加压榨压力，进入压区的毛毯含水量较高时，压区流体压力的增加使毛毯从压区吸水能力减少，还会增加湿纸压花的趋势。

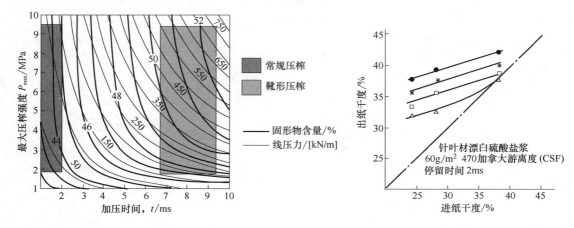

图 5-52　压榨时间和最大压榨强度对新闻纸脱水效率的影响

图 5-53　进压区湿纸幅干度的影响
　—●—8.3MPa　—＊—5.5MPa
　—□—3.4MPa　—△—1.4MPa

（六）纸的回湿

根据垂直脱水原理，湿纸在第四个区域解除压力，产生回湿。湿纸在第四区域产生回湿源于毛细管水的转移。回湿时水从毛毯进入湿纸。即通过压辊的通道，例如沟纹压辊的沟缝、真空压辊和盲孔压辊的眼孔中转入毛毯，再进入湿纸。粗硬毛毯和全塑毛毯可以适当减弱回湿。

1. 压区中的回湿

压区中压力下降时纸幅开始出现回湿。纸幅的回湿基本上与纸的定量和纸机车速无关。其大小主要与毛毯和湿纸界面的毛细管粗细、湿纸和毛毯的膨胀复原速度以及毛毯含水量有关。

纸的回湿还部分地受到毛毯毯面细小绒毛的影响，为此纸机毛毯的毛细管直径应接近湿纸中纤维的毛细管大小。可以使用扁平细毛织出一层匀整的毯面。

2. 压区后的回湿

纸幅的回湿随压区的停留时间、湿纸干度和毛毯毯面粗糙程度的增加而加大。压区后纸的回湿，回湿水量极其可观。一台新闻纸机压区后湿纸与毛毯接触长度多达 1m，因为回湿，压区出纸干度可降低达 5%。

纸机实验表明：缩短压区后纸毯的接触时间可提高 2%～9% 的出纸干度。改变出压区毛毯的引出角度可以缩短纸毯的接触时间。毛毯的引出角度大，可保证纸毯尽快分开，提高出纸的干度。纸幅的回湿与毛毯结构有密切的关系，使用表面匀整的毛毯也有助于减轻纸的回湿。

（七）湿纸幅温度

提高纸机压榨部湿纸幅的温度，水的黏度和表面张力也成比例地降低。温度高的湿纸幅能够更快地脱水。蒸汽箱或热压辊可将纸幅的压榨温度提高至 70℃，增加脱水。不同的纸料经热压可获得的 45%～50% 的干度。从图 5-54 可见，定量 125g/m²、车速 610m/min 的瓦楞芯纸进入热压的温度由 40℃ 提高至 70℃ 时，干度由 45% 提高至 49%。

但温度升高到 80℃ 以上，水的黏度降幅极小，因此超过这一温度，压榨脱水收效不大。

L. Anderson 等的研究表明，进入压区的湿纸幅温度从 5℃ 升高到 90℃ 时，出纸干度非线性地提高了 10%，即由 38% 提高到 48% 的干度。M. Royo 等研究发现压榨温度升高约 39℃，出压区的湿纸线性地提高 4% 的干度。纸页干度从 45% 提高到 49%。认为湿纸幅温度每升高 11℃，出纸干度提高约 1%。L. H. Becker 等在实验室中研究温度的影响

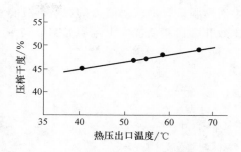

图 5-54　温度变化对压榨干度的影响

也发现，湿纸幅温度每升高 11℃，出纸干度可提高 0.6%～1.4%。温度对湿纸幅干度的影响受其他许多因素的制约，其中尤以浆料配比的影响最大。

二、抄造工艺对压榨脱水的影响因素

（一）浆料性质

改变浆料的组成或纤维特性能改变纤维结构的可压缩性，达到增加脱水量的目的。浆料的游离度对压榨性也有重要影响，游离度每提高 40mL，纸幅干度约增加 1%。图 5-55 为高、中、低三种不同游离度的浆料的纸页干度与压榨负荷的关系曲线。

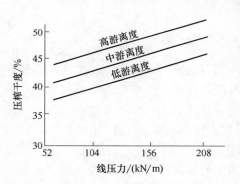

图 5-55　不同游离度浆料
对压榨干度的影响

（二）纸的定量

L. Anderson 等应用压榨模拟装置研究进压区纸的定量对出纸干度的影响。试验条件为：硫酸盐包装纸，压榨温度为 75℃，当纸的定量由 60g/m² 增加至 240g/m² 时，纸的出压区纸的干度从 45% 下降到 41%。由此可见，纸的定量越大，湿纸出压区的干度也越小。

打浆度低的浆料抄造定量小的湿纸的压榨为压控压榨。定量低、厚度薄的纸中的孔隙对水的流动不会产生太大的阻力。这时湿纸压榨脱水主要由压力控制，水从毛毯中返回湿纸回湿作用在压区中线之后产生。

浆料打浆度较高而湿纸的定量又较大时为流控压榨。这时，湿纸中的孔隙对压区脱水的自动阻力比较大。流控压榨中，压区中央湿纸干度取决于水的流动阻力和压力的持续时间。对于流控压榨，加压时间也同时成为影响流控压榨脱水的重要因素。湿纸出压区的干度取决于纸的定量、纸机车速、压区宽度和压区脱水的流动阻力。对于流控压榨，双毯压榨最为有利，在纸板生产过程中采用双毯压榨，可大大减少毛毯纤维组织的流动阻力。

此外根据纸页定量选择压榨毛毯也是非常重要的。试验结果证明，生产定量 50g/m² 纸即使用细毛毯的压榨出水干度比粗毛毯高约 7%。其次，毛毯的针刺植绒纤维细度对加压均匀性和流动阻力也非常重要。植绒纤维直径不仅影响加压的均匀性，而且在很大的程度上影响毛毯的透水性，其关系见图 5-56。纤维直径从 17μm 增加到 70μm，毛毯的透水性大约增加了 3 倍。这一点对薄纸生产应特别注意。随着植绒纤维直径的增大，压榨脱水量减少。就薄纸来说，压力的均匀性是影响脱水的决定性因素。当纸的定量很大时，压力均匀性的重要

性有所下降，而流动阻力的影响却变得更加重要。这点被 Huyck 公司的实验纸机的第二道沟纹压榨试验所证实。结果如图 5-57 所示。

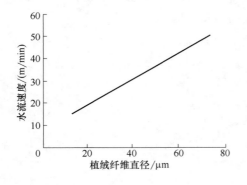

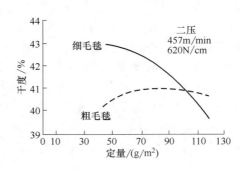

图 5-56　毛毯植绒纤维直径与毛毯透水性的关系　　　　图 5-57　流动阻力对脱水的影响

　　纸的定量小时，细毛毯脱水效果好。随着纸的定量增加，粗、细毛毯的脱水曲线产生一个交叉点。对定量为 $100\,g/m^2$ 的纸来说，因为粗毛毯有较大的透水性，所以具有较高的脱水能力。

三、压榨过程中湿纸页的"压花"

　　压榨时压力过大，纸会被压溃，产生所谓的"压花"现象。湿纸受压时水会产生横向流动，其结果是产生流体剪切力。压花是流体剪切力对湿纸纤维结构产生破坏作用所造成的直接后果。为了避免湿纸页被压花，压榨时应缓慢增加压榨压力。加压不可过大过快，以防止脱水太快，流体剪切力把湿纸纤维组织破坏。压辊和毛毯结构的改进，有利于提高脱水效率、有效地防止产生过大的流体压力而导致湿纸压花。

　　纸的厚度越大，纸页中越容易产生较大的流体剪切力，因此压花的危险性越大。多圆网纸板机生产中，压榨部的湿纸板含水量很高时压力过大，轻则引起纸板脱层，重则造成湿纸板压花。因此，生产纸板时应逐步提高压榨的压力。

　　根据压区中水流状态分析可知，在压区中线之前，纸中的流体压力有一个峰值，同时纸的不同厚度部位存在着压力梯度。纸和毛毯中的综合流体压力所形成的压力梯度是造成湿纸压花的真正原因。

四、几种强化压榨的途径和新技术

（一）提高纸页温度——升温压榨

　　提高湿纸页的压榨温度，是强化压榨脱水的一项重要措施，有利于提高压榨脱水的效率。

　　提高湿纸温度可以从三个方面提高脱水效率：a. 减小流体流动阻力；b. 减小纤维压缩阻力；c. 减少回湿作用。流动阻力随着水的黏度下降而降低，因此升温有利于促进脱水效率。湿纸温度升高到 $60\sim65\,℃$，半纤维素和木素开始软化，湿纸纤维层的压缩阻力也随之减小。有利于更多的水从压区中压榨脱除；另外，温度上升，水表面张力减小，出压区后纸的回湿也会减小。

　　生产上提高湿纸页温度的实用技术被称为升温压榨技术，具体包括红外线升温、喷汽箱升温和热缸升温三种方法：

1. 红外线升温压榨

常用的红外线装置有气体如煤气或天然气燃烧发生器或电红外发生器两种，以天然气燃烧红外线发生器使用的较为普遍。

图 5-58 为加拿大制浆造纸研究所实验纸机使用的天然气燃烧产生红外线和用喷汽箱进行升温压榨的工作示意图。红外线发生器和喷汽箱安装在实验纸机的三辊双压区复合压榨中，真空引纸辊真空室的外缘位置，加热升温后的湿纸进入第一压区进行升温压榨。

如图 5-59 所示，对比试验证明红外线升温压榨的效果不如喷汽箱升温压榨。原因是红外线发生器所提供的热量不如喷汽箱多，而且红外辐射时从纸面蒸发出来的水蒸气可能重新在湿纸上凝结，所以红外线发生器的升温脱水效果不及喷汽箱。普通长网纸机的红外线加热器多装在第三道反压的部位。

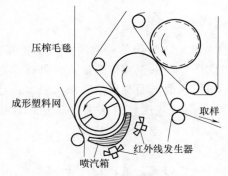

图 5-58　红外线或喷汽加热升温压榨

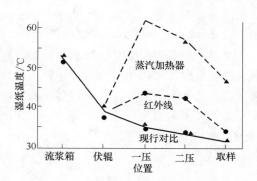

图 5-59　干燥方式和湿纸温度关系

2. 喷汽箱升温压榨

喷汽箱升温压榨的工作原理是用喷汽箱直接喷射高压蒸汽以提高压榨时的湿纸幅温度，以提高压榨脱水效率。喷汽箱的蒸汽不应直接冲击湿纸幅，以免破坏纸页结构。喷汽箱一般安装在真空引纸辊真空室的外缘，也可安装在网部后面的几个真空箱的上面和其他相关部位。

实践表明利用喷汽箱对湿纸进行加热升温压榨是降低干燥成本和提高纸机车速的行之有效办法。借助于控制喷向湿纸幅的蒸汽量，还可以改善纸的横幅水分均匀性。如一台大烘缸薄页纸机车速为 1250m/min，生产定量为 $18 \sim 22g/m^2$ 的薄纸，采用喷汽箱升温压榨后，车速提高了 15％，干纸蒸汽用量为 0.17t 蒸汽/t 纸，节约蒸汽 14.5％。喷汽箱横向共分 12 室，用电子计算机控制蒸汽流量，纸的横幅水分偏差从 4.5％～10.9％减小到 6.2％～7.9％，而平均水分从 5.0％改善为 7.0％。

3. 热缸升温压榨

瑞典某公司根据三辊双压区复合压榨的原理研究开发出一种热缸升温压榨装置，如图 5-60 所示。这套装置是将三辊双压区复合压榨的中央石辊换成一个蒸汽加热的大烘缸，缸内通入高达 0.3MPa 的蒸汽。升温压榨时，热缸的操作温度

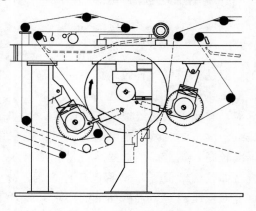

图 5-60　热缸升温压榨

保持在 80～100℃ 之间。

热缸是一个直径为 1.5～3.0m 的铸铁扬克大烘缸，为了避免湿纸幅中的纤维黏缸，铸铁缸喷镀一层抗腐蚀、耐磨、导热性能良好的特种合金。同时缸上装有两个摆动刮刀以保持缸面清洁。加热缸的直径大小，取决于纸和纸板的类别、定量以及纸或纸板机的车速。

在热缸升温压榨中，左、右两压区压辊的挂面胶层为 10～15 勃氏硬度，压辊可用沟纹或盲孔压辊。湿纸在热缸的两个压辊之间，包覆 180°～250°。压区的操作线压为 800～2800N/cm。第一压区的线压大约为 800～1400N/cm。第二压区的线压力为 1100～1800N/cm。为了防止压榨胶辊的热积累影响胶层硬度，压辊内部可以通水冷却。

热缸升温压榨，可以大大节省烘缸部的蒸汽用量，正常情况下可节约蒸汽消耗量达 0.1～0.25t/t纸，如图 5-61 所示。热缸升温压榨有如下优点：a. 压榨出纸干度可提高至 50％或更多。b. 进烘缸部的湿纸干度大、温度高，可节省干燥纸的蒸汽消耗，降低成本。c. 改善成纸的质量。

（二）减少排水阻力——双毯压榨

对于一些高定量纸页（如纸板）的压榨，由于其脱水量大，水分的排除有一定的困难。为减少纸页的排水阻力，有许多途径。前面提到的变横向压榨为垂直压榨就是一种可行的方法。除了这种方法外，还有一种强化减阻的思路，就是将传统的单面脱水变为双面脱水，这样可以大大提高纸页脱水的效率。在工程实践中，常常采用双毯压榨脱水来实现这一目标（见图 5-62）。

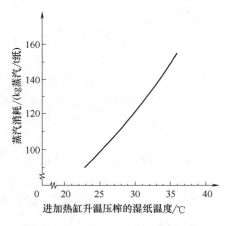

图 5-61 升温压榨的蒸汽消耗

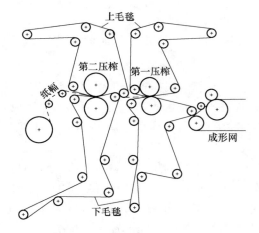

图 5-62 双毯压榨的实例——挂面纸板机的压榨组合

双毯压榨可以有效地提高脱水速率，并具有以下优点：

a. 有较宽的压区，增加脱水效率；b. 由于压区较宽，压力较小，可减少湿纸被压溃的危险，并改善纸和纸板的松厚度；c. 减小成纸的两面性；d. 增加压榨脱水能力，提高压榨出纸干度。同时减少湿纸断头，改善纸机的运行性能，提高纸机的生产能力；e. 压榨出纸干度较高，烘缸部消耗的蒸汽量相应减少；f. 特别适应于高打浆度浆料抄成的高定量的纸板，如挂面纸板等；g. 提高压榨线压，减少湿纸压溃的危险。

双毯压榨对压辊有如下的要求：a. 上、下两个压辊的硬度不能相同，其中一个要比另一个硬，最好相差 18～20 勃氏硬度；b. 上、下两个压辊的传动功率比，应当尽可能接近 1；

c. 如果一个压辊的直径大于另一个压辊，则大直径辊子的挂胶硬度应稍低一些；d. 用沟纹辊或盲辊压辊。另外为了避免高线压压实毛毯并吸收压出的大量水分，上、下毛毯最好使用定量为 $1300\sim1500\mathrm{g/m^2}$ 的底网植绒毛毯并具有相似的结构。

（三）增加停留时间——宽压区压榨

从前面的分析可知，在给定或优化后的车速情况下，提高压榨的压区宽度，相当于提高压榨停留时间，会大大提高压榨效率，因此也是强化压榨的重要措施之一。工程上的实施方法是采用宽压区压榨，目前工程上多采用靴式压榨。本节将就靴式压榨进行重点分析。

1. 靴式压榨理论

对造纸机压榨部的理论研究和应用导致了以加压靴为基础的靴式压榨应运而生。靴式压榨将辊式压榨的瞬时动态线性脱水，改为静压下的长时间宽压区脱水，故也是一种宽压区压榨。靴式压榨使纸页出压榨干度提高，烘干部蒸汽消耗降低，纸页出压榨部湿强度增加，造纸机抄速、产量提高，成本降低，成效显著。

理想的压区压力分布曲线，要求纸页通过压区时平稳地增加压力，而在压区末端则要迅速降低压力。该理论以两压辊间压榨为依据，其特性曲线如图 5-63 所示。

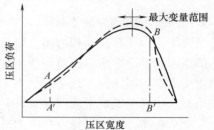

图 5-63　压区压力分配曲线
—新毛毯　--旧毛毯

辊式压榨与靴式压榨的几何特性分别如图 5-64 所示。当可压缩毛毯在两硬压辊间压缩时，其厚度由 δ 压缩为 δ_0，压区宽度为 b。如果将这样的辊间曲面简化为一半径为 r_e。的另一压辊图 5-64（b），在 b 范围内，压向一平板时，也能获得同样的几何构形。压区宽度随辊径的平方根增加，因此，若要将压区宽度加倍时，则需要 4 倍的辊径。可见，通过加大辊径来增加压区宽度并不是好办法。压区范围内，如果利用压辊的负曲面形成压榨压力则不受上述限制，如图 5-64（c）所示。采用这种办法，此压区宽度的效果与增加该辊直径的 1/3 左右的压辊效果相同。这种压榨的几何构形，可利用加压靴偏心支承来形成，如图 5-64（d）所示。压区进口压力缓慢增加，压区出口压力则瞬时降低。

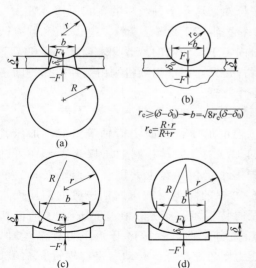

$$r_e \geqslant (\delta-\delta_0) \rightarrow b = \sqrt{8r_e(\delta-\delta_0)}$$
$$r_e = \frac{R \cdot r}{R+r}$$

图 5-64　辊式压榨与靴式
压榨的几何特性比较

（a）辊式压榨　（b）压辊压平面
（c）靴辊同轴　（d）靴辊偏心（不同轴）

靴式压榨压区压力分配曲线变化如图 5-65 所示。图中点画线为实际曲线，将其理想化时，如图中实线所示。从图 5-65（a）可以看出，用辊式压榨或用同一中心对称支承加压靴，加宽压区宽度时，将导致压区出口出现压力缓慢降低趋势。只有使用如图 5-65（b）以后的加压靴支承，才能获得合理的压力分配曲线。偏心支承加压靴时，F 力的作用线必须通过压力分配曲线的重心 S，如图 5-65（c）所示。

从压区开始起，当支承力的作用线为 $(2/3)\times b$ 时，即可获得支承点的偏心极限。就加压靴面而言，进一步加大作用线的偏心，会使有效压区变小，如图 5-65（d）所示，从而导致最大压力升得过高。

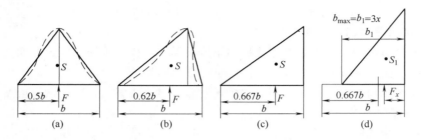

图 5-65　靴式压榨压区压力分配曲线变化情况

（a）靴辊对称支承　（b）靴辊偏心支承　（c）靴辊最大偏心　（d）靴辊偏心过度

b—压区宽度　b_1—有效压区　S_1—有效重心　S—重心　F—作用力　F_x—作用力 F 的坐标值

图中压力曲线为最佳曲线，指的是毛毯强度允许条件下，在技术上所能得到的最佳压力分配曲线。由于靴式压榨的压力增加的缓慢而均衡，因此，即使用在第一道压榨，甚至用于厚纸压榨，都不会出现压溃现象。同时生产厚纸时，还可能消除脱层现象。由于在纸页的全幅均衡压缩，因而脱水速率变化不大。这样，纸芯也不会出现松散层。与辊式压榨相比，靴式压榨出压榨的纸面干度明显提高，而且松厚度较高，毛毯纹较浅。

纸页并非一进压区进口就开始脱水，而是先被预压至一定程度、纤维间游离空气被逐出后，才开始脱水。同样，纸幅也不是在压区末端才停止脱水，而是在实际压力不再压缩浆层时即停止脱水。急剧的压力变化，对毛毯寿命、辊壳强度及纸页质量都有不利的影响。因此，进一步改善压力分配曲线并不可行。

2. 靴式压榨的结构与特性

根据靴式压榨理论，世界知名的造纸机械厂家，如 Voith 公司和 Velmat 公司等推出了以加压靴及侧向密闭式转动压榨套组成的凹面压区压榨，这是一种新型的靴式压榨装置。

凹面压区靴式压榨由多个部件组成。包括驱动特型辊装于机架上部，为上压辊和装有凹面压区加压靴的下压辊。换毛毯时，机架上部由一固定于传动侧的悬臂杆来提升。而机架下部的提升有两种情况，对宽幅纸机由传动侧的悬臂杆提升，而窄幅纸机则由装在操作侧的一个较短的悬臂杆来提升。下面介绍诸辊的结构与工作原理。

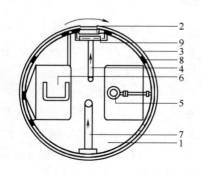

图 5-66　凹面压区压榨

1—横轴　2—加压靴　3—压榨套　4—加压油　5—冷却油　6—回收油　7—虹吸管　8—导杆　9—隔离层

（1）凹面压区压辊

凹面压区压辊由加压靴及固定横轴等组成。加压靴对特型辊作径向加压。合成材料制的压榨套紧套在可轴向移动和转动的多个定位圆盘上并围绕着横轴转动。油压缓冲垫即图 5-66 中的隔离层被压向加压靴的凹压面末端，将加压靴压向特型辊。于是，在压区形成了前面所描述的不对称压力分配曲线：压区开始压力逐渐增加，而压区末端的压力则急速降低。转动时仅有辊重 5% 的部分正常转动。

冷却油经总管喷入压榨套内表面，沿轴向分布在加压靴正面，再挤入加压靴进口处的回流管。另外，压辊内的润滑油膜使压榨套与加压靴隔开，并随着压榨套的转动而连续循环。当加压靴压区宽度为 250mm 时，润滑油的压力能够保证 60μm 厚的足够润滑油膜厚度。

在加压范围内，由于加压靴很薄，而且具有很高的挠曲性能，因此，遇到纸幅上的浆团，加压靴能产生局部挠曲能够变形而让其顺利通过。而在辊式压榨或类似的其他压榨中，由于其加压区内的垂直硬度比加压靴高出 10 倍以上，如浆团过大，常会压坏毛毯。

凹面压区压辊内最低处有多根虹吸管，导杆沿圆周分布，不与压榨套接触。停车换压榨套时，导杆起支承压榨套的作用，同时保证在新压榨套进行轴间套装时能适当滑动。

采用胶面盲孔特型辊为上辊时，可装配双毛毯。若上辊为普通胶辊，则可不装上毛毯。特型辊是个依靠液压保持辊壳转动的逆曲面压辊，特性辊依靠稳定而曲度可控的横轴产生压榨负荷。

通过横轴上的多个钻孔，液压油进入加压室，液压油在横轴和辊壳间延展，对压区全长进行加压，辊壳被支承并旋转于自动定位的滚珠轴承内，滚珠轴承则固定于两端轴承座内。

同心地装于辊壳滚珠轴承内的横轴，也支承于该轴承座的球面轴瓦内，横轴和辊壳轴承中心距相同，这与其他形式逆曲面压辊不同。传动边辊壳的空轴颈内有一齿圈由齿杆传动。

（2）凹面压区压榨的应用

辊式压榨与凹面压区靴式压榨的典型压力分布曲线比较如图 5-67 所示，忽略压力最高段的低压部分，由于靴式压榨压力的增加速度缓慢，因此压榨时间延长至辊式压榨的 7 倍，而压区线压亦增至前者的 4 倍。

实验得知：出压榨纸页干度随压榨部压榨冲量的增加而增加，如图 5-68 所示。为了保持相同的纸页干度，车速越高，压榨时所需要的压区负荷越大。

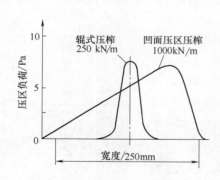

图 5-67　凹面压区压榨与辊式压榨压力

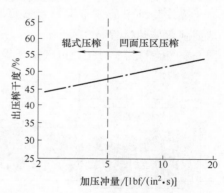

图 5-68　压榨冲量与干度的关系

注：1lbf/in² = 6.89kPa。

抄造过程中的断纸频率主要取决于牵引时纸页初始湿强度，纸页的初始湿强度随其干度增加而增加。由于凹面压区压榨的加压冲量值较高，因此出一压纸页的干度非常高。与沟纹压榨相比，出一压纸页的干度由 38% 增至 46%，纸页初始湿强度则从 160N/m 增至 330N/m，增加了 100%。

我们前面分析过，压榨脱水除了与辊子的形式、毛毯性能等有关外，主要还与压榨线压和压区停留时间两大因素有关。就提高纸页干度来说，延长纸页在压区的停留时间比提高峰值压力更重要，即压榨的脱水效率主要靠加宽压区宽度和停留时间，也就是提高压榨冲量来获得，而靴型压榨的发展正是适应了这一需求。有分析表明，纸机车速每提高 30m/min，出压榨纸页干度就会下降 0.5％。因此随着纸机车速的进一步提高，保持和提高与之适应的纸页干度将是纸机运行的关键，这些也将成为靴式压榨技术不断发展的强大驱动力。

第五节　干燥部的作用和组成

一、干燥部的作用

造纸机干燥部的主要作用是：

① 蒸发脱除湿纸幅中残留的水分；

② 进一步完成纸页的纤维结合并提高其强度；

③ 增加纸页的平滑度。

此外，对某些纸种还可以进行表面施胶。

二、干燥部的组成

干燥部的组成因生产的纸种而有所不同，主要由担负干燥任务的干燥元件（如烘缸、红外干燥器等）组成，同时还包括蒸汽系统、冷凝水的排除和处理系统。对于需要表面施胶的纸机，在干燥部的中间部位还配置有表面施胶系统。

（一）烘缸干燥系统

在造纸生产中，最常见的干燥方法是采用烘缸组进行干燥。来自压榨部的湿纸页，通过由一系列的烘缸组成的干燥部。烘缸的直径一般为 1.2m、1.5m 和 1.8m 等三种规格，现代纸机的烘缸直径多为 1.8m。烘缸中的蒸汽热量通过铸铁外壳传递给纸幅，从而使纸幅加热干燥。干燥织物（干毯或干网）将纸页紧紧地包覆在烘缸上，使纸幅更好地与烘缸表面接触，从而强化传热过程。

图 5-69 和图 5-70 为几种造纸机干燥部的组成示意图。

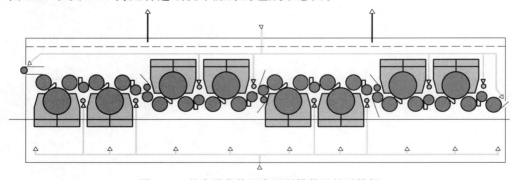

图 5-69　具有强化热风穿透干燥装置的干燥部

图 5-70　OptiDry 型造纸机干燥部

在烘缸系统中，有传统的双排布置，也有新式的单排布置。

1. 双排多缸布置

双排多烘缸布置是最常见的传统干燥部形式。纸机的主要要求是提高纸机的速度、蒸发效率、降低能耗。双排烘缸的排放可以有效地减少干燥部的长度，降低生产成本。双排烘缸系统中的烘缸一般交错上下排放，上下排烘缸分别使用不同的干毯。近年来也有开始使用单网作为干毯以提高干燥效率的。

双排烘缸系统的优点是操作方便、引纸简单、干燥效率较高。

2. 单排多烘缸布置

在新式的现代高速纸机上，干燥部由单排布置的烘缸组成（如图 5-71 所示）。

单排烘缸延伸到整个干燥部的上排，下排布置的小辊为真空辊。这些真空辊通过负压效应使纸幅贴紧辊面，以稳定纸页来改善高速时的抄造性能。单排烘缸既可做成单独使用，也可与双排烘缸组合使用。对文化用纸的生产，单排烘缸纸机的车速可达 2000/min。

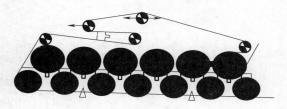

图 5-71　单毯单缸排列的 SymRun
造纸机干燥部（一组示意图）

单排烘缸布置的主要优点有：

① 运行稳定。离开最后一道压区之后，纸幅被转移到第一组烘缸的干毯上，并被干毯支持通过整个烘干区。这保证纸机的稳定运转，将断头减少至最少。稳定器（或真空辊）技术保证纸幅稳定地在干燥部传递。

② 单层布置使纸页在烘缸上的包角更大，从而传热面积增加及传热效率更高。同时由于下辊是真空辊，纸幅下行时蒸发距离更长，有利于提高蒸发脱水效率。

③ 由于是单排布置，可减少纸页断头的处理时间，损纸直接落到下面的传送带上并自动送达水力碎浆机。

④ 纸幅稳定技术可通过真空将离开烘缸的纸幅固定在干毯上，因此纸页的纵向伸长和横向皱褶都很低。单排烘缸干燥时，湿纸幅的伸长能够由速度调节所补偿，从而防止皱褶现象。

当然，由于烘缸是单排布置，在同样烘缸数量的情况下，无疑会增加干燥部的占地和投资。同时真空辊需要动力，也增加了一些运行费用。但是单排烘缸在高速抄造时的卓越表现，抵消了其成本的提高。

为了解决单排布置的占地问题，新近发展了 V 形排列的单排烘缸组，与普通的单排布置相比，V 形安装可以减少 25％的干燥部长度（见图 5-72）。

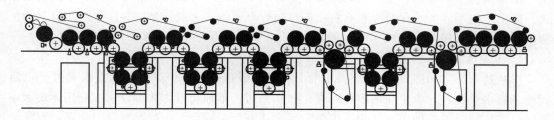

图 5-72　V 形单排多烘缸纸机干燥部

（二）气垫干燥系统

除了烘缸干燥部之外，还有使用其他干燥元件的干燥系统。气垫式干燥也是一种广泛使用的干燥系统。图 5-73 为一种气垫干燥器的示意图，该系统主要用在涂布加工纸、浆板和纸板的生产上。

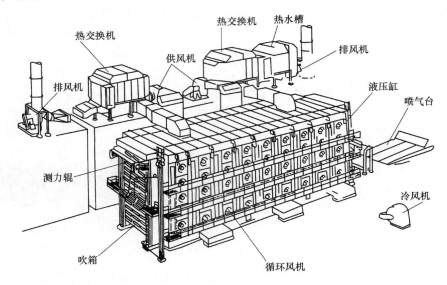

图 5-73　一种气垫式干燥器

图 5-73 所示的气垫干燥器生产能力为 540t/d，进干燥部的纸页干度为 44%，出干燥部纸页干度为 90%，蒸发水量约为 24kg/h，生产车速为 50~150m/min。

气垫干燥器的工作原理是：热交换机将预热的空气送入干燥器底层，经蛇管换热器加热后由循环风机送入各吹箱，并经吹箱的面孔吹向纸幅，然后再进入上层循环风机的各压力室，依次循环逐级向上通过干燥层。完成干燥的湿热空气由顶棚开孔抽出，进入热回收系统。下吹箱的气流将纸幅悬浮起来，水分蒸发靠热空气通过吹箱面上孔吹向纸幅的底部来完成。

（三）其他干燥系统

此外，还有用于薄页纸的热风穿透干燥系统、热风冲击干燥系统等。

三、干燥部的供热形式

（一）蒸汽供热

烘缸干燥部是通过蒸汽供热干燥纸页脱除水分的，因此通汽是烘缸干燥部的重要工艺。

根据纸机生产能力、生产纸的种类和烘缸的干燥曲线，纸机干燥部有两种不同的通汽方式，即无蒸汽循环的单独通汽和有蒸汽循环的分段通汽。一般产量在 30~40t/d 以下的低速窄幅纸机大多采用单独通汽（或两段通汽），而生产能力大的纸机多采用多段通汽。

1. 单独通汽

单独通汽方式如图 5-74 所示。蒸汽由总汽管分别引进各个烘缸，冷凝水通过排水阻汽阀沿总排水管排出，收集在槽内再泵送回锅炉房。单独通汽方式可以回收利用冷凝水中大量的热能，同时不需做净水处理。但单独通汽法有很多缺点，一是没有蒸汽循环，空气会逐渐在烘缸内积蓄，必须定期打开烘缸的排气阀排放空气。二是需要很多排水阻汽阀，管理和维修的工作量很大。三是排水阻汽阀发生故障会引起蒸汽的损失，或使冷凝水充满整个烘缸，大大降低烘缸的蒸发能力。

2. 三段通汽

为了解决单独通汽所造成的问题，目前造纸厂一般都采用分段通汽的干燥方式。分段通汽依靠各段烘缸之间的压力差，或者借助于最后一段烘缸连接的真空泵产生的负压通蒸汽。常用的分段方案为三段通汽。

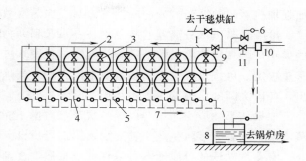

图 5-74　单独通汽

1—总汽管　2—进汽管　3—调节阀　4—排水管　5—排水阻汽阀　6—安全阀　7—总排水管　8—收集槽　9—总汽管调节阀　10—汽水分离器　11—调节阀

在蒸汽循环的通汽方式中，干燥部按通汽顺序可分为三段，各段蒸汽压力由 0.3～0.79MPa 递减到 0.02～0.079MPa。烘缸数目为 46 个的纸机的多段通气如图 5-75 所示。

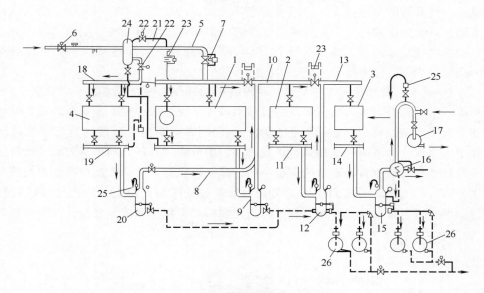

图 5-75　分段通汽示意图

1—第一段烘缸　2—第二段烘缸　3—第三段烘缸　4—干毯烘缸　5—蒸汽主管　6—主阀　7—第一段蒸汽总管
8—第一段冷凝水总管　9—第一段汽水分离器　10—第二段蒸汽总管　11—第二段冷凝水总管　12—第二段汽水分离器
13—第三段蒸汽总管　14—第三段冷凝水总管　15—第三段汽水分离器　16—冷凝水冷却器　17—排除空气和不凝气体
的真空泵　18—干毯烘缸蒸汽总管　19—干毯烘缸冷凝水总管　20—干毯烘缸汽水分离器　21—指示烘缸的进汽管
22—压力调节器　23—压差测量器　24—蒸汽主管上的汽水分离器　25—恒温汽水分离器　26—冷凝水泵

各段烘缸数目分配为：从接近压光机一端（即造纸机末端）算起，第一段烘缸占总缸数的 60%～75%，第二段为 20%～35%，第三段（即接近压榨部的一段）只有 2～4 个烘缸。

通汽方法：首先将生蒸汽通入第一段烘缸，没有冷凝的蒸汽连同冷凝水一同进入本段专用的汽水分离器。分离出来的冷凝水用泵送至第二段汽水分离器，未冷凝的蒸汽和汽水分离器中热凝水产生的二次蒸汽则引入第二段烘缸。第二段烘缸未用完的蒸汽和冷凝水，同样经过专用的汽水分离器引入第三段。最后一段出来的蒸汽和冷凝水同样经过汽水分离器。为了加强加热蒸汽的循环，未冷凝的气体与二次蒸汽被引入与真空泵相连的冷凝器中加以冷却。

冷凝水与汽水分离器的冷凝水一齐泵送到动力车间。不凝气体则用真空泵抽走。真空度的大小，由真空泵吸气管上的阀门控制。各段烘缸之间的压力差，由烘缸冷凝水排出方式和车速决定。可按烘缸干燥曲线的要求用气动式或隔膜式阀门自动调节。为了保证冷凝水的排出，各段之间的压力差一般不小于 29.5kPa。

如果从第一段引入第二段的二次蒸汽数量不能满足需要，可以加大通入第一段烘缸的生蒸汽量，或者直接将生蒸汽补充加入第二段烘缸。

有蒸汽循环的分段通汽可以保证烘缸温度逐渐上升，使干燥曲线稳定。同时加强蒸汽循环和排除烘缸内的冷凝水和空气又可以保证整个烘缸温度均匀、大大增加总传热系数、提高烘缸的干燥效率。另一方面，分段通汽时，由于各段烘缸的蒸汽压力逐渐降低，蒸汽热焓减小，因而可以节约干燥时的蒸汽消耗量。所以，蒸汽循环分段通汽方式，对于保证产品质量和节约蒸汽消耗具有良好的作用。

（二）热泵蒸汽供热

1. 热泵技术

热泵是一种高效的节能设备，早已引起广泛关注并已在实际工程中应用。根据使用工作介质的不同，热泵的形式可分为蒸汽喷射、水流喷射和空气喷射三种。使用蒸汽作为工作介质的蒸汽喷射式热泵是法国人雷布朗斯于 1940 年开发成功，目前热泵技术已在真空发生装置、热力压缩过程等方面大量应用。

如图 5-76 所示，蒸汽喷射式热泵是一种没有运动部件的热力压缩器，由喷嘴、接受室、混合室和扩压室等元件构成。高压蒸汽通过喷嘴减压增速形成一股高速低压气流，带动低压蒸汽运动进入接受室。两股共轴蒸汽的速度得到均衡，同时混合蒸汽的速度降低，压力提高，得到中压蒸汽。蒸汽喷射式热泵可以代替阀门的节流式减压，利用蒸汽减压前后能量差使工作蒸汽在减压过程中将冷凝水闪蒸罐中的闪蒸汽的压力提高，形成中间压力的蒸汽供给纸机使用。同时，闪蒸罐的压力也因为蒸汽引射器的抽吸得到降低。增大了纸机的排水压差。利用能量守恒定律和动量守恒原理，可通过实验和模拟计算确定热泵的几何特性和工作特性参数。

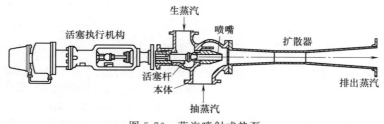

图 5-76　蒸汽喷射式热泵

2. 干燥部的热泵供汽系统

采用蒸汽喷射式热泵代替蒸汽节流式减压向干燥部各段烘缸供汽，同时以蒸汽通过热泵前后的能量差为动力，将蒸汽冷凝水系统产生的二次蒸汽增压后同新鲜蒸汽混合作为烘缸用汽，既可提高此蒸汽的品位，又可降低各段烘缸汽水分离罐的压力，使烘缸具有可靠的排水压差。

采用热泵可以使闪蒸罐内形成较低的闪蒸汽化压力，从而使冷凝水可以进行有效的闪蒸、汽化、分离。闪蒸罐内布有多层钻孔的跌落式塔板，塔板有盘状和环状两种，交错排列，如图 5-77 所示。蒸汽冷凝水在塔板上跌落时形成细小的液滴，因此具有较大的传热传质面积并可形成较长的流动路线和汽化时间。

图 5-77　干燥部
供热系统的闪蒸罐

　　热泵配套由专门研制的排水器用于烘缸疏水阻汽。这种排水器采用同等压力下，二次蒸汽的比容与蒸汽冷凝水比容相差较大的原理加以设计，因此具有压差损失小、冷凝水流量大、可连续疏水等优点。热泵系统还设置了不凝性气体排出系统用于排出不凝气体，以提高烘缸中蒸汽冷凝速度和提高烘缸传热及纸幅干燥速率。

　　纸机干燥部的热泵系统通常由热泵、汽水分离罐、冷凝水贮罐、冷凝水泵、空气加热器和排水器等组成。图 5-78 为一种长网多缸造纸机干燥部的热泵供热系统示意图。

　　热泵系统还采用了并联的蒸汽供热工艺，利用相对独立的控制环路，采用热泵对各段烘缸进汽进行质和量的调节。利用热泵将干燥段烘缸出来的二次蒸汽增压后再供给本段和下一用汽压力较低的干燥段烘缸用汽。系统主要利用压力调节和压差控制进行热力系统的控制和调节。利用热泵出口的压力控制本段热泵新蒸汽调节阀的开度以调节蒸汽压和供汽量。当工厂供汽压力较低、产品定量较大、烘缸用汽压力较高时，采用压差控制。当纸机运行中本段烘缸排水压差低于给定值时，可将其少量二次蒸汽送至用蒸汽压力较低的烘缸段。

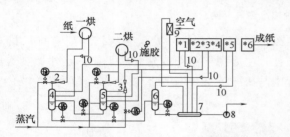

图 5-78　一种长网多缸造纸机干燥部热泵供热系统流程
1~3—热泵　4~6—一、二、三级汽水分离罐　7—冷凝
水储罐　8—冷凝水泵　9—空气加热器　10—排水管

　　纸幅断纸或负荷发生变化时热泵系统有利于防止低温段烘缸积水和高温段烘缸过热的问题。热泵供热为并联供热系统，各段烘缸用汽压力、用汽量可采用直接控制入口的蒸汽压力及流量的方法加以控制，使热泵消耗较少的新蒸汽、较小的二次蒸汽压缩比。

　　20 世纪 80 年代中期，国外新型造纸机的干燥部供热已普遍采用热泵技术，从而大大改善了造纸机运行状况并节约吨纸汽耗。热泵有利于解决因纸机烘缸不合理的供汽方式而造成的汽耗大、烘缸积水以及烘缸升温曲线难以调整等矛盾。

　　针对纸机干燥部常用的三段通汽被动式蒸汽串联供热的开式热力系统，使用热泵技术有以下优点：

　　① 有利于单独调节造纸机干燥部各段烘缸的供汽压力和用汽量，克服过去调整某段烘缸的供汽压力和供汽量时对相邻段烘缸的热力参数产生干扰，实现建立稳定的纸机烘缸升温和脱水曲线。

　　② 有利于高效利用二次蒸汽，提高低压蒸汽的使用效率，达到减少干燥部蒸汽消耗的目的。

　　③ 有利于建立良好的烘缸排水压差，有效解决多段烘缸组的积水问题，从而减少烘缸传热的热阻，提高烘缸传热强度，减少纸幅干燥过程中断纸的次数，提高纸机的运行效率。

　　（三）其他供热

　　除去蒸汽供热外，干燥部的热源还包括用于穿透干燥和高效热风箱的高温燃气热风热源以及用于红外干燥的红外辐射热源。高效热风箱干燥系统和红外干燥系统，主要用于带有涂布的纸种生产，热风干燥系统一般由单面或双面干燥箱、热风循环风机、排湿风机、换热器、循环送风管道及控制系统组成，如图 5-79 所示。其能量来源为天然气燃烧产生的高温燃气，有 GNG、LNG 等稳定燃气来源的公司配置。

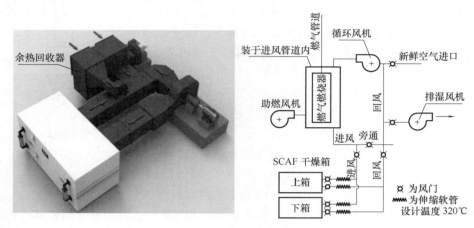

图 5-79　一种国产热风干燥系统

红外干燥器主要部件为运行温度高达 2200℃ 的石英管红外发生装置，并配有排风机和换热器对排出的湿热空气进行回收以降低能耗，主要用于涂布或施胶后干燥。红外加热器与涂布纸的涂料不接触，有效杜绝了干燥过程中与未干涂布纸接触造成涂布表面刮痕的发生。如图 5-80 所示为一种红外干燥系统。

图 5-80　一种红外干燥系统

第六节　干燥过程原理

一、干燥过程的传热原理

（一）烘缸的干燥过程

纸页的干燥是通过纸机烘缸进行的。为便于分析，这里将每一个烘缸分为四个不同的干燥区，如图 5-81 所示。在 a—b 贴缸干燥区，湿纸从烘缸表面吸取热量来提高湿纸的温度和蒸发水分。在 b—c 压纸干燥区，湿纸被干毯或干网压在烘缸表面上。在这个干燥区中传热量最多。在 c—d 贴缸干燥区，湿纸在恒温下进行单面自由蒸发。d—e 为双面自由蒸发干燥区。在这个区域，纸已离开烘缸，仅依靠本身的热量蒸发水分。同时纸的本身温度下降，需要在下一个烘缸重新升高温度。在高速纸机中，双面自由蒸发干燥区纸的温度大约下降 4～5℃，普通低速纸机下降约 12～15℃。由此可见，每个烘缸在各个干燥区的传热效率是不相同的。

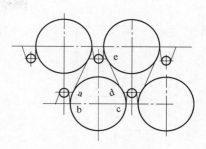

图 5-81 烘缸干燥区

由于 a—b 和 c—d 两个干燥区不仅很短，而且和烘缸表面贴合不太紧密，故蒸发水量较少，只占干燥部脱水量的 5%～10%。b—c 区蒸发水量最多，低速纸机达到 80%～85%，高速纸机也有 60%～65%。d—e 区的蒸发量随车速而增加，可达总蒸发量的 20%～30% 或者更多。双面自由蒸发干燥区的干燥能力随着干燥过程的进行，纸的含水量逐渐减少，湿度也逐步降低。所以，越在干燥部末端，蒸发水的能力越小。

蒸汽分压的下降远远大于温度的降低，因此在干燥部的各个烘缸上，纸页都经历升温、降温和再升温的循环过程。也正是由于蒸汽分压的下降远远大于温度的降低，而纸中水分的蒸发速度又与湿纸和外界的蒸汽分压差成正比，所以双面自由蒸发干燥区的温度下降将会降低纸机的生产能力。

双面自由蒸发干燥区中纸的温度下降，在干燥部前端最大，后端较小。另外，纸的温度下降还与纸机车速有关。单烘缸干燥，或只用一个大直径烘缸干燥时，湿纸没有降温过程，所以其干燥效率一般大于多烘缸干燥。

（二）干燥方式和干燥过程的阶段性

在干燥部纸幅受到两种干燥方式，即对流干燥与接触干燥。在烘缸间的双面自由蒸发干燥区和低温烘缸上，纸幅受到对流干燥作用。其干燥过程分为恒速和降速两个阶段。湿纸经烘缸加热到外界空气的湿球温度以后，开始恒速干燥阶段。在恒速干燥阶段，水从纸的内部扩散到纸面的速度，大于纸面蒸发水分的速度，湿纸的温度接近于空气的湿球温度。

当湿纸水分降低到一定数值，水从内部扩散到纸面的速度小于纸面水分蒸发的速度时，降速阶段开始，这时干燥速率下降而纸的温度上升。

1. 对流干燥

对流干燥的干燥速率服从于道尔顿方程式：

$$\frac{dm_w}{Adt}=\frac{k_n(p_s-p_D)760}{p_H} \quad [kg/(m^2 \cdot h)] \tag{5-19}$$

式中 dm_w——蒸发水量，kg

       dt——蒸发时间，h

       A——蒸发面积，m^2

       p_s——相当于水蒸发温度的饱和蒸汽压，Pa

       p_D——外界空气的水蒸气分压，Pa

       p_H——外界大气压，Pa

       k_n——自由表面蒸发系数，系数大小决定于空气速度，可用下列经验公式计算：

$$k_n = 0.0229 + 0.0174v \tag{5-20}$$

式中 v——蒸发表面上的空气速度，m/s

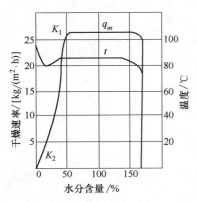

图 5-82 接触干燥过程曲线

q_m—干燥速率 t—纸的温度

K_1、K_2—第一、第二临界点

（烘缸表面温度为 100℃）

干燥时纸不断与烘缸接触、分离，所以道尔顿方程只能定性说明对流干燥作用，并不能准确地定量表征纸的干燥速率。纸机干燥部的主要干燥方式还是接触干燥。纸的接触干燥过程可以分为升温、恒速和降速三个阶段。升温阶段时间很短，纸的水分变化不大，但湿纸的温度和干燥速率增长很快，如图 5-82 所示。恒速阶段通常占纸的全部干燥时间的 50%～65%。在这一阶段，纸的温度和干燥速率基本不变。在第一临界点 K_1 转入降速阶段。降速阶段又分两个分段，第一分段即 K_2 以前的干燥速率几乎呈直线下降，纸的温度降低。到了降速阶段的第二分段 K_2 以后，干燥速率锐减，纸的温度又再回升，纸的内外温差接近零。

一般认为在恒速阶段，干燥去掉的是游离水，降速阶段第一分段除去的是毛细管水和结合水，而在第二分段中则除去的全部为结合水。

接触干燥各阶段的机理，一般还是以对流干燥的原理加以解释，即恒速阶段的干燥速率决定于外部扩散，降速阶段的干燥速率取决于内部扩散。有人用染料研究接触干燥的机理发现，在干燥过程，水分和染料在纸中的分布梯度如图 5-83 所示。因此认为在恒速阶段，湿纸接触烘缸一面首先吸热产生水的蒸发。其蒸汽压力大于纸中其他部位的平衡蒸汽压力。由于存在蒸汽压力差，因而蒸汽向湿纸的表面转移。蒸汽在转移过程中又在纸中发生冷凝。蒸汽冷凝释放出来的热量传给纸，然后通过传导作用向低温方面流动。在纸的表面，一部分热量由对流作用传入空气，其余的则用于蒸发纸面水分。

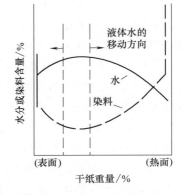

图 5-83 接触干燥机理

纸页两面同时蒸发，因此两面的水分随之减少，纸中出现水分梯度，导致水分别向纸的两面转移。干燥速率决定于传质和传热的复杂平衡。纸的干燥继续进行，当湿纸接触烘缸的一面变得太干，不能保证稳定的蒸发状态时，该区域内的温度降加大，传热速率降低。纸中其他部分的温度也随之下降。湿纸表面的蒸汽压力因而减小，结果造成干燥速率下降，使干燥进入降速阶段。

当湿纸接触烘缸一面的水分降到临界水分含量以下时，蒸发面开始内移，于是纸页内部的温度又重新调整。在降速阶段，水分蒸发面内移到最大含水区域为止。这时纸的含水量已经很低，不可能再有液体水的网络。剩下的水不可能依靠蒸发除掉，而需要借助蒸汽从纸内向外部扩散除去。

2. 接触干燥

接触干燥的干燥速率如式（5-21）所示：

$$\frac{dm_w}{Adt} = \frac{K_总(t_\pi - t_b)}{h_w} = \frac{K_总(t_\pi - t_b)}{(h_\pi - h_c)} \quad [\text{kg 水}/(\text{m}^2 \cdot \text{h})] \tag{5-21}$$

式中 A——干燥面积，即湿纸与烘缸表面接触的面积，m^2

$K_{总}$——总传热系数，$kJ/(m^2 \cdot h \cdot ℃)$

t_{π}——缸内加热蒸汽温度，℃

t_b——缸面纸的温度，℃

h_w——蒸发水汽的热焓，kJ/kg

h_{π}——蒸汽的热焓，kJ/kg 蒸汽

h_c——缸内排出的冷凝水热焓，kJ/kg 水

dm_w，dt——同式（5-19）

纸幅干燥时，既有接触干燥，又有对流干燥。每个烘缸不仅有四个不同特性的干燥区，而且整个干燥部各个烘缸的温度也不相同。另外，干燥时纸幅的两面分别与烘缸接触。这些因素使纸的干燥过程复杂化。因此要从理论上分别计算单个烘缸的脱水量和干燥速率比较困难，所以一般以纸机干燥部整体来加以计算。

二、干燥过程的传质原理

纸机干燥部的传质以分子扩散、对流或湍流扩散和通风三种不同形式进行。分子扩散是分子级的混合作用。它产生于层流状态。在纸机干毯包着烘缸的部分即图 5-81 中的 b—c 干燥区，水蒸气穿过干毯并透过湍流界面的薄层，以分子扩散形式进行传质。对流或湍流扩散是一种大规模的湍流混合。它产生于传质时存在湍流的情况，例如界面层的湍流部分或空气主体运动有湍流的时候。通风指的是空气流置换水蒸气。分子扩散和对流扩散，分别类似于传热中的传导和对流，而通风只是流体流动带动水蒸气脱除的问题。

在多烘缸纸机中，通入烘缸的蒸汽冷凝放热，传给湿纸升高温度，提高湿纸中的蒸汽压力。采用干燥的空气通风，湿纸附近的空气蒸汽分压较低。由于水的蒸发和扩散之间存在压力差，湿纸中的水汽便转入空气内。如图 5-84 所示。蒸发发生在水—空气界面，其速度为 v_0。由于分子扩散作用，水蒸气流经层流薄层，其压力从界面的 p_0 降到层流薄层外边的 p_1。进一步由分子扩散和对流扩散流过缓冲层，其压力再从 p_1 降到 p_2。最后通过对流扩散作用流过湍流界层，蒸汽压力从 p_2 降到空气中水蒸气分压 p_3。与传导不同的是，缓冲层是一个从层流转变为湍流的过渡层，层间界面无法确切定义。缓冲层可能完全是层流或湍流，也可能兼而有之，但就整体而论，可以认为是由完全层流逐渐转变到完全湍流。

湿纸被干毯压在烘缸上的 b—c 干燥区时传质受到阻碍。但在此区域，虽然蒸发受到阻碍，热量却从烘缸高速地大量供给湿纸，纸的温度和与之相应的蒸汽压力将会大大提高。一旦湿纸转到不被干毯压住的部位即 c—d 干燥区，扩散的主要阻力解除了，不贴烘缸一面的蒸发大大增强。湿纸转到烘缸之间即 d—e 干燥区，纸的两面都暴露在空气中，于是产生双面自由蒸发。在双面自由蒸发区没有热量提供给纸幅，在大量蒸发水的同时，纸幅本身温度下降，对应的蒸汽压力也减小。

影响传质速率的因素很多，首先是纸的温度。通常湿纸温度的小幅变化能导致蒸汽压力发生较大的变化。提高通入烘缸的蒸汽压力，增加传给纸幅的热量，使湿

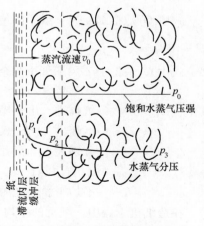

图 5-84 传质—水蒸气转入空气中

纸温度上升、传质速率增加、提高了干燥能力。另一个影响干燥速率的重要因素是湿纸周围空气的水蒸气分压。为了便于蒸发湿纸的水分，空气中的水蒸气分压必须低于湿纸的蒸汽压力。空气中的水蒸气分压越低，烘缸干燥纸的速率越高。生产实践中，空气的水蒸气分压由通风决定。干毯是影响传质的又一重要因素。当干毯将湿纸压到烘缸上时，干毯的温度不高，含水量不大，透气性很好，这些对传质都很有利。干毯的气泵作用，对烘缸气袋通风有一定好处，这也是使用开敞编织干毯或改用透气度高的塑料网代替普通干毯以提高传质速率的原因。

三、干燥部传热传质的基本计算

（一）烘缸的传热

按照传热理论，单位时间烘缸中蒸汽传给湿纸的总热量 Q 为：

$$Q = K_{总}(t_\pi - t_b)A \quad (kJ/h) \tag{5-22}$$

式中　$K_{总}$——总传热系数，$kJ/(m^2 \cdot h \cdot ℃)$

　　　t_π——缸内饱和蒸汽的温度，℃

　　　t_b——纸的平均温度，℃

　　　A——烘缸有效干燥面积，m^2

其中总传热系数以下式计算：

$$K_{总} = \cfrac{1}{\cfrac{1}{K_1} + \cfrac{\delta}{\lambda} + \cfrac{1}{K_2}} \quad [kJ/(m^2 \cdot h \cdot ℃)] \tag{5-23}$$

式中　K_1——冷凝蒸汽对烘缸壁的传热系数，$K_1 = 41860 kJ/(m^2 \cdot h \cdot ℃)$

　　　δ——烘缸壁厚度，m

　　　λ——烘缸壁的导热系数，$\lambda_{铸铁} = 226 kJ/(m \cdot h \cdot ℃)$

　　　K_2——烘缸外壁对纸的传热系数，$K_2 = 377 \sim 2093 kJ/(m^2 \cdot h \cdot ℃)$

（二）纸张干燥时的热量和蒸汽消耗

现对纸幅干燥时的热量和蒸汽消耗计算，设干燥 1kg 纸的理论耗热量为 Q_T，则有

$$Q_T = Q_1 + Q_2 + Q_3 \quad (kJ/kg 纸) \tag{5-24}$$

式中 Q_1 为从 1kg 风干纸中蒸发出水分所需的热量。

$$Q_1 = \frac{w_2 - w_1}{w_1}(h - c_w t_1) \quad (kJ/kg 纸) \tag{5-25}$$

式中 Q_2 是将 1kg 风干纸中的绝干纤维提高到蒸发温度需要的热量。

$$Q_2 = \frac{w_2}{100}c_f(t_2 - t_1) \quad (kJ/kg 纸) \tag{5-26}$$

式中 Q_3 是将 1kg 风干纸中剩余水分提高到蒸发温度需要的热量。

$$Q_3 = (1 - w_2)c_w(t_2 - t_1) \quad (kJ/kg 纸) \tag{5-27}$$

其中　w_1、w_2——纸幅进、出干燥部的干度，%

　　　t_1、t_2——纸幅进、出干燥部的温度，℃

　　　c_w、c_f——分别为水和纤维的比热容，$kJ/(kg \cdot ℃)$。其中 $c_w = 4.18 kJ/(kg \cdot ℃)$，$c_f = 1.42 kJ/(kg \cdot ℃)$

　　　h——平均干燥温度的饱和蒸汽热焓，kJ/kg

在造纸机干燥中，纸页的平均干燥温度一般为 $70 \sim 80℃$。如果烘缸蒸汽压力为 $0.79 \sim 0.98MPa$，包装纸的平均干燥温度可达 $95℃$ 左右。

纸幅干燥过程中的实际耗热量（Q_P）等于理论耗热量（Q_T）与热损失（Q_L）之和。

$$Q_P = Q_T + Q_L \tag{5-28}$$

其中热损失主要为纸缸和毯缸两端缸盖、未被纸页或织物覆盖的缸面以及纸页和织物在两缸之间损失的热量等。上述热损失中一部分散失于纸机的上部空间，采用热风罩可以回收这部分热量。

干燥部的干燥热效率为理论耗热量与实际耗热量之比：

$$\eta = \frac{Q_T}{Q_P} \tag{5-29}$$

干燥部的热效率取决于造纸机烘缸的排列和构造、干燥部的通风和进出干燥部的纸页干度等因素，一般为 $0.65 \sim 0.75$。对于有些抄造设备（如抄浆机、纸板机和单烘缸纸机）的干燥热效率可达 $0.8\% \sim 0.9\%$。

由实际耗热量可计算干燥 1kg 风干纸所需的蒸汽量 m_D：

$$m_D = \frac{Q_P}{h_\pi - h_c} \quad (\text{kg 蒸汽/kg 纸}) \tag{5-30}$$

式中　h_π——进入烘缸蒸汽的热焓，kJ/kg 蒸汽

　　　h_c——烘缸排出冷凝水的热焓，kJ/kg 蒸汽

纸幅干燥时的蒸汽消耗量决定于加热蒸汽参数、干燥前后纸的干度和干燥热效率。一般纸种的单位汽耗为 $2.5 \sim 4.0$ kg 蒸汽/kg 纸，对于生产薄型纸（如电容器纸、卷烟纸等）等，由于干燥热效率较低，故蒸汽消耗量会高达 $5 \sim 6$ kg 蒸汽/kg 纸。

在传统干燥过程中，一些干燥织物（如毛毯和干毯等）的干燥也消耗了一定的蒸汽量，其中毯缸和干毯缸的蒸汽消耗量分别占干燥部总蒸汽消耗量的 $15\% \sim 20\%$ 和 $7\% \sim 10\%$。

（三）干燥部烘缸单位出力和有效干燥面积

干燥部烘缸的单位出力是指每平方米有效烘缸面积每小时能够蒸发水分的公斤数，干燥部烘缸的干燥面积一般根据大烘缸（纸缸）的单位出力计算。干燥部所需烘缸的有效干燥面积 A 为：

$$A = \frac{Gm_w}{q_m} = \frac{\frac{G}{q_m} \times (w_2 - w_1)}{w_1} \quad (\text{m}^2) \tag{5-31}$$

式中　G——纸机每小时生产能力，kg 纸/h

　　　m_w——每生产 1kg 纸所蒸发的水量，kg 水/kg 纸

　　　q_m——烘缸单位出力，kg 水/(h·m² 有效面积)

　w_1，w_2——同式（5-25）

如每个烘缸的有效面积为 A_π（m²），则干燥需要的烘缸数目应为：

$$n = \frac{A}{A_\pi} = \frac{Gm_w}{q_m A_\pi} \quad (\text{个}) \tag{5-32}$$

而纸机每小时理论产量为：

$$G = 0.06bvq \quad (\text{kg 纸/h}) \tag{5-33}$$

式中　v——纸机车速，m/min

　　　b——卷纸机上未切边的纸宽，m

　　　q——纸的定量，g/m²

每个烘缸的有效干燥面积为：

$$A_\pi = \frac{\pi Db\alpha}{360} \quad (\text{m}^2) \tag{5-34}$$

式中　　D——烘缸直径，m

$\quad\quad\quad\alpha$——烘缸被纸页包覆的角度（通常 $\alpha=225°\sim235°$）

$\quad\quad\quad b$——含义同式（5-33）

故干燥部应有的烘缸数目为：

$$n=\frac{Gm_{\mathrm{W}}}{q_{\mathrm{m}}A_{\pi}}=\frac{21.6qvm_{\mathrm{W}}}{\pi aq_{\mathrm{m}}D}\quad（个）\tag{5-35}$$

烘缸的单位出力受许多因素的影响，其中重要的有纸机类型、生产纸种、蒸汽压力、干燥温度、干燥织物材料和张力、干燥织物烘缸数目、排列以及干燥部通风状况等。

一般多烘缸纸机烘缸的单位干燥出力为 $11\sim20\mathrm{kg}$ 水$/(\mathrm{m}^2\cdot\mathrm{h})$，大直径单烘缸纸机（俗称扬克纸机）的干燥出力可达 $50\sim60\mathrm{kg}$ 水$/(\mathrm{m}^2\cdot\mathrm{h})$，采用热风罩的单网单缸纸机的烘缸出力甚至高达 $113\mathrm{kg}$ 水$/(\mathrm{m}^2\cdot\mathrm{h})$。不同纸种干燥时烘缸出力的差别如表 5-8 所示。

表 5-8　　　　　　　　　不同纸种的烘缸单位出力　　　　　　单位：kg 水$/(\mathrm{m}^2\cdot\mathrm{h})$

纸种	电容器纸	卷烟纸	透明纸	新闻纸	水泥袋纸	单面光纸
单位出力	$3\sim7$	$10\sim12$	$8\sim10$	$20\sim22$	$22\sim32$	$20\sim40$

有些干燥织物需要烘干，织物烘缸需要的干燥面积通常为纸页烘缸总面积的 $30\%\sim35\%$。

（四）分段通汽时纸张干燥的热量消耗

分段通汽时纸张干燥的热量消耗可按下述热衡算原理加以计算。现以 1kg 风干纸为基准，以三段通汽为例进行阐述。需要说明的是，本例中三段通汽是以干燥部末端（靠近纸机卷取处）的烘缸组为第一段依次向前进行的，靠近压榨部的烘缸组为第三段。这里为了方便阐述，按照工艺流线的先后顺序，将离开压榨部而进入干燥部的第三段烘缸作为第一组烘缸进行分析。

进入第一组烘缸（即第三段烘缸）的绝干纤维含量为 w_2（kg），含水量为 $w_2(1-w_1)/w_1$（kg），故纸幅进入干燥部时带入的热量 Q'_1 为

$$Q'_1=w_2c_{\mathrm{p}}t_1+\frac{w_2(1-w_1)}{w_1}c_{\mathrm{w}}t_1\quad（\mathrm{kJ/kg}）\tag{5-36}$$

经过第一组烘缸干燥后，纸页蒸发去掉水分所需的热量和留在纸页中绝干纤维和水分的热量总共为：

$$Q''_1=\frac{(w'-w_1)w_2}{w'w_1}h'_1+w_2c_{\mathrm{p}}t'+\frac{w_2(1-w')}{w'}c_{\mathrm{w}}t'\quad（\mathrm{kJ/kg}）\tag{5-37}$$

因此，第一组（第三段）烘缸的理论耗热量为：

$$\begin{aligned}Q_1&=Q''_1-Q'_1\\&=\frac{(w'-w_1)w_2}{w'w_1}h'_1+w_2c_{\mathrm{p}}t'+\frac{w_2(1-w')}{w'}c_{\mathrm{w}}t'-w_2c_{\mathrm{p}}t_1-\frac{w_2(1-w_1)}{w_1}c_{\mathrm{w}}t_1\quad（\mathrm{kJ/kg}）\end{aligned}\tag{5-38}$$

同理，第二组（第二段）烘缸的理论耗热量为：

$$\begin{aligned}Q_2&=Q''_2-Q'_2\\&=\frac{(w''-w')w_2}{w'w''}h'_2+w_2c_{\mathrm{p}}(t''-t')+\frac{w_2(1-w'')}{w''}c_{\mathrm{w}}t''-\frac{w_2(1-w')}{w'}c_{\mathrm{w}}t'\quad（\mathrm{kJ/kg}）\end{aligned}\tag{5-39}$$

以此推得，第三组（第一段）烘缸的理论耗热量：

$$\begin{aligned}Q_3&=Q''_3-Q'_3\\&=\frac{(w_2-w'')}{w''}h'_3+w_2c_{\mathrm{p}}(t_2-t'')+(1-w_2)c_{\mathrm{w}}t_2-\frac{w_2(1-w'')}{w''}c_{\mathrm{w}}t''\quad（\mathrm{kJ/kg}）\end{aligned}\tag{5-40}$$

上面各式中　w_1、w_2——进、出干燥部纸的干度,%

w'、w''——出干燥部第一、二组烘缸纸的干度,%

c_w——水的比热容,kJ/(kg·℃)

c_p——绝干纸的比热容,kJ/(kg·℃)

t_1、t_2——进、出干燥部纸的温度,℃

t'、t''——出第一、二组烘缸纸的温度,℃

h_1',h_2',h_3'——第一、二、三组烘缸平均干燥温度的饱和蒸汽热焓,kJ/kg

第七节　干燥过程对纸页性能的影响

一、概　述

进入干燥部的湿纸中含有三种不同形式的水分,即游离水、毛细管水和结合水。干燥时,首先去掉的是纤维间的游离水,其次是纤维微孔中的毛细管水,最后才是纤维细胞壁中部分结合水。

干燥初期主要脱除游离水分。干燥初期纤维彼此间可以自由滑动,脱水时由于水的表面张力作用使纤维拉拢接近。纸的干度小于40%时,纤维结合不明显。干度达到某一临界数值,纸中纤维开始产生氢键结合。当纸的干度达到了55%,时,氢键数量迅速增加,纸的强度迅速增长,如图5-85所示。

干燥时纸的弹性、塑性和机械强度均发生变化,并且产生变形,如收缩、伸长等。湿纸页在烘缸上干燥时,纸被干毯或干网压在烘缸表面上,横向收缩受到阻碍,但纵向受着牵引力的作用,不仅无法自由收缩,相反受到拉伸。这种纵向牵引力使纸的内部产生应力,增加了纸的刚性和作用力方向的抗张强度,这对于书写纸等纸种是有利的,但却不利于纸袋纸和新闻纸,因为后两种纸要求有韧性。

干燥时纸页的纵向伸长和可伸长率减小,耐破度下降,如图5-86所示。研究发现,纸页耐折度随着纵向伸长先是增加,升到最高点后,又随着纸页水分减小和纤维塑性的降低而转为下降。

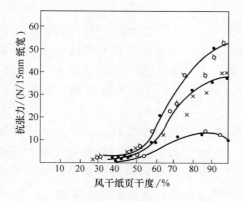

图 5-85　纸页干度与抗张强度的关系

×—游离度 670mL, 5min 0.7MPa

○—游离度 670mL, 5min 0.07MPa

●—游离度 670mL, 5min 0.7MPa

◊—游离度 670mL, 5min 0.7MPa

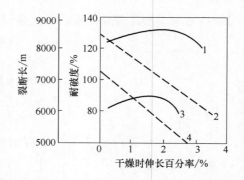

图 5-86　干燥时纸页牵引伸长对纸页强度的影响

1—裂断长（游离度 225mL）

2—耐破度（游离度 225mL）

3—裂断长（游离度 670mL）

4—耐破度（游离度 670mL）

研究还发现当纸页干度提高到 75％ 左右时，撕裂度随伸长率的增加而大大降低。干燥时纸幅上的牵引力还会改变纸的尺寸稳定性。纸机抄造的纸页，其纵向伸长率不大，湿变形性也小于手抄片。

干燥不仅影响纸页的机械强度，还影响纸页紧度、吸收性、透气度、平滑度和施胶度等指标。快速升温的高温强化干燥，能够增加纸页的松软性、气孔率、吸收性和透气度，但同时减少纸的紧度和机械强度。而缓慢升温的低温干燥，结果恰恰相反。真空干燥的纸，比较疏松，紧度小，施胶度和机械强度都比较低。

纸页的过度干燥，会使纤维塑性减小，同时导致纤维素产生氧化降解，从而使纸的强度降低。此外，纸页在干燥过程中还会导致植物纤维表面的角质化（hornification）现象，从而在废纸回用时出现纤维间的结合力下降等后果。因此在实际抄造中要尽量避免过度干燥。

二、干燥过程的纸页收缩及其影响

干燥过程是纸页收缩变化最大的一段。有分析表明，在纸机各部中，纸页的横向收缩以干燥部最大，占纸页总收缩量的 80％ 左右。由于受到压光机和卷纸机的牵引力作用，纸页在干燥过程也会产生纵向伸长，伸长率一般为 0.5％～1.0％。

纸页干燥时的收缩状况取决于纤维种类、化学组成、半纤维素和木素含量、浆料打浆度以及纸机抄造情况等因素。其中纸机的抄造因素的影响最为重要，尤其是纸机压榨部和干燥部的牵引力大小以及干毯的松紧状况。纸机抄纸干燥时在厚度方向的收缩可达 50％ 以上；而横向和纵向的收缩则因纸机牵引力和干毯压纸的关系，远不如厚度的变化大，同时纸的纵向收缩又不如横向收缩大。

纸页在干燥时收缩越大，则成纸的伸长率越高，吸湿变形性也越大。纸页的收缩与浆种有密切关系。如机械木浆含量高的纸，收缩性最小，化学浆次之，高黏状打浆的硫酸盐浆收缩最大。纸机的幅宽对纸页的收缩也有影响。当其他条件相同时，宽幅纸机干燥的纸，横向收缩大于窄幅纸机生产的纸。纸的横向收缩在整个纸机宽度上也不一致，一般是两边收缩大，中间部分收缩较小。原因是润胀和细纤维化的纸浆抄成的纸，具有典型的凝胶性质，干燥时外部收缩大而中央收缩小。生产上可以在第一组烘缸上使用展纸辊，减少湿纸的横向收缩。

对亚硫酸浆手抄片研究发现，干度达到 55％ 左右时，纸的收缩迅速产生。干度为 80％ 时，收缩大体完成。纸页强度的发展和纸的收缩过程基本吻合，即从干度 55％ 左右开始，强度迅速上升，纸的干度达到 80％～90％，强度几乎不再增加，如图 5-87 所示。

在牵引力作用下，抗张强度提高的原因在于干燥提高了纤维的应力分布均匀性。换言之，自由收缩的纸幅中，结合部位呈片状断裂，有牵引力干燥的纸中，外力同时分配在更多的结合点上，使抗张强度增加。

干燥时随着伸长率的增大，纸的纵向裂断长受到纤维的定向作用，先是增加而后再下降，而横向裂断长则始终随着纸页伸长而下降。干燥时由于纵向牵引力而引起的纤维定向，加大了成纸纵横向裂断长的差值。

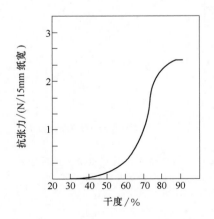

图 5-87　纸的干度与抗张力的关系

干燥时，纸页纵向牵引力越大，成纸的纵向伸长率就越小，但纸页的横向伸长率却有所提高。

干燥时纸页收缩的控制主要依靠改变牵引力大小和干毯或干网的松紧程度来实现。纸页的收缩主要发生在干燥后期，所以生产中应特别注意调整各组烘缸之间的速度差和干毯或干网的松紧程度。纸机干燥部的牵引力、干毯或干网的松紧以及整个干燥部的干燥曲线，均可能影响成纸的强度指标和物理性能。

三、干燥过程纸页的应力/应变行为

纸是一种黏弹性材料。当纸幅受到力的作用后，既会产生弹性变形，也会产生永久的塑性变形。纸页的这种弹塑性行为，不仅与所加力的大小有关，并且还和力作用的时间长短有密切关系。

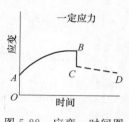

图 5-88　应变—时间图

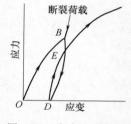

图 5-89　应力—应变图

由于纸是一种弹塑性体，加载荷时不仅产生瞬时变形（见图 5-88 中 OA 部分），而且继续产生延迟变形或初期蠕变。卸去荷载，纸的长度无法完全恢复，甚至经过一段较长的时间，也不能恢复到原来的长度。纸的这种永久变形称为永久应变（见图 5-89 中的 OD 部分）。应变时间曲线显示两种变形的恢复特性，即瞬时恢复与蠕变恢复特性（见图 5-88 中的 BC 和 CD 部分）。

如前所述，湿纸干燥时，纵向牵引力可以提高纸的抗张强度，但会降低纸的伸长率。纸页受到超过塑变点即弹性阶段与塑性阶段切线的交点的牵引力时，荷载—卸载—荷载过程将使应力—应变曲线沿着图 5-89 中的 DE 线上升。这表明纸的弹性增加，塑性减小。这个过程称为拉硬作用或机械调理。

干燥时加大牵引力，塑变点升高，故拉伸时需要更大的张力，如图 5-90 所示。干燥时加大牵引力也使纸的裂断长和塑变力增加，伸长率和破裂功减小。

四、干燥过程与纸页的增韧

干燥过程不仅仅是为了烘干纸页，有时也可以在其中完成一些工序以实现对纸页某种性能的改善，纸页的增韧工序就是其中的一种设计。

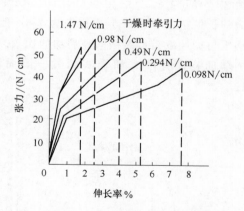

图 5-90　干燥时牵引力与塑变点和张力

对卷筒新闻纸来说，纸页的韧性十分重要。韧性大的新闻纸在高速印刷时可减少断头次数，提高印刷效率。对包装用纸、特别是纸袋纸等纸种，增韧工序可大大提高纸袋纸的累积破裂功和耐破强度指标，减少包装运输过程中的破损率。图 5-91 为一种生产定量为 $100 \sim 150 \mathrm{g/m^2}$ 韧性水泥袋纸的增韧装置，纸机的抄宽为 6m，车速 700m/min。增韧装置中有一直径为 1250mm 的镀铬烘缸，缸内通压力为 $0.7 \sim 0.9 \mathrm{MPa}$ 的蒸汽。烘缸外边包有一条厚约

25mm、长 7～8m 的耐热橡胶带，胶带对烘缸的包角为 90°左右。胶带系统配置有紧带辊、胶带辊和压带辊。紧带辊使胶带保持 49～59N/cm 的张力。压带辊则借气动缸或隔膜将胶带压在烘缸表面。胶带外有一调带辊。为了调节纸幅进入镀铬烘缸的干度，冷却和润滑胶带，胶带辊前安装一个喷水管。

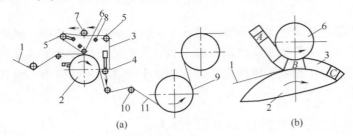

图 5-91　增韧装置

1—处理前纸幅　2—全镀铬烘缸　3—胶带　4—紧带辊　5—胶带辊　6—压带辊　7—调带辊　8—喷水管　9—烘缸　10—引纸辊　11—处理后的纸幅

如图所示，图 5-91（b）中 A 段胶带不受力。当纸页进入压榨辊与烘缸之间 B 点时，受到挤压作用，胶带外边产生伸长。通过 B 点以后，在 C 段胶带又恢复到原来形状，甚至因为包在烘缸表面上而略有缩短。

在生产过程中，当半干湿纸页进到增韧装置的压缝时，纸幅随着胶带而伸长。由于镀铬烘缸表面极为光滑，不易黏缸，纸幅又跟着胶带一起缩短，于是纸幅产生起皱现象。由于起皱存在，纸幅的纵向伸长率大大增加，从而可以减少和抵御外力的破坏。

生产韧性纸时，进入增韧装置的湿纸含水量非常重要，一般要求是在 65％～70％干度范围。故当纸机烘缸分为三组时，增韧装置通常安装在干燥部第二、三组烘缸之间。韧性纸的纵向伸长可达 10％～20％，横向为 1％～2％。图 5-92 和图 5-93 分别为定量 81g/m² 的普通纸袋纸与韧性纸袋纸纵横向破裂功的比较。

增韧装置有带式和辊式两种。前面讲的是带式，图 5-94 为一种辊式增韧装置示意图。

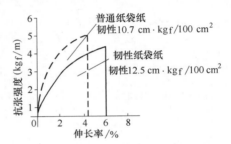

图 5-92　纸袋纸横向破裂功比较

注：1kgf＝9.8N。

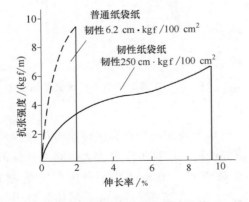

图 5-93　纸袋纸纵向破裂功比较

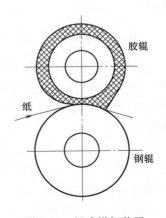

图 5-94　辊式增韧装置

第八节 干燥部的运行控制

一、烘缸干燥曲线

烘缸干燥曲线是指纸机干燥部各个烘缸操作温度值的变化曲线，是干燥部运行控制的重要参数。一般干燥温度曲线的形状如图 5-95 所示，开始逐渐上升，然后平直，最后稍有下降。根据抄造的纸种不同，开始温度从 40～60℃ 逐渐升高到 80～110℃。对于大多数纸种，烘缸最高表面温度为 110～115℃。高级纸和技术用纸，最高干燥温度应稍低一些，为 80～110℃。达到最高温度后将一直保持，直至干燥部末端的两三个烘缸，温度下降 10～20℃ 左右。因为此时纸页的水分已经很低，如烘缸温度过高，将有损纸页的质量。但对于有些纸种（如 100％硫酸盐浆生产纸袋纸等），干燥部末端的烘缸温度也可以不下降。

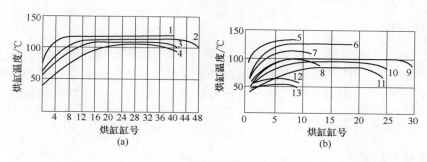

图 5-95 各种纸种的干燥曲线

（a）大型纸机 （b）中、小型纸机

1—瓦楞纸板 2—新闻纸 3—1#书写纸 4—2#印刷纸 5—纸袋纸 6—烟嘴纸 7—铜版原纸 8—仿羊皮纸
9—胶版印刷纸 10—电缆纸 11—电话线纸 12—12g/m² 电容器纸 13—10g/m²电容器纸

干燥初期如升温过高过快，纸页中会产生大量蒸汽，导致使纸质疏松，气孔率高，皱缩加大，并且会降低纸页的强度和施胶度。

对于游离浆料生产不施胶或轻微施胶的纸种，烘缸可较快地升温。反之，如生产施胶、紧度大的纸，则宜缓慢升高温度。当施胶纸的干度未达到 50％ 以前，烘缸温度不宜超过 85～95℃，以免影响施胶效果。前几个烘缸升温太快，会导致施胶效果降低，而且还会产生黏缸的毛病。原因是纸页中水分很多时，熔融的松香胶料粒子容易凝聚，可能造成纸页憎水性下降和导致黏缸。

图 5-95 给出了 13 个主要纸种的干燥曲线。从图中可知，对于游离状未漂硫酸盐浆生产的纸（如纸袋纸），其烘缸温度最高（达到 120～130℃），升温曲线也最陡。含大量机木浆的纸（如新闻纸、2#印刷纸、烟嘴纸等）和游离状化学浆生产的轻施胶纸，烘缸温度次之。烘缸温度最低的是高级书写纸、透明纸，特别是薄型电容器纸等。这类纸不但干燥温度低，而且升温曲线也比较平缓。

二、冷凝水的排除

（一）纸页烘缸与织物烘缸

烘缸是用铸铁浇铸成的两端有盖的圆筒体。当蒸汽压力超过 0.49MPa 时，纸页烘缸多采用钢质烘缸。普通烘缸的缸壁，如图 5-96 所示，均为单层。有一种钢质的烘缸为夹层烘

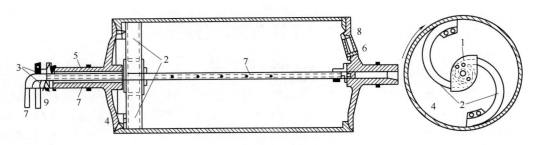

图 5-96　普通烘缸

1—集水室　2—汲管　3—接头　4—烘缸头　5—轴颈　6—人孔　7—进蒸汽管及口　8—排气口　9—冷凝水排出管

图 5-97　夹层烘缸

缸，如图 5-97 所示。在夹层烘缸中，蒸汽只通入夹层的环形壁中，而不是在整个烘缸中充满蒸汽。这种设计传热性能好，主要用于扬克烘缸等大型烘缸中，用以减少烘缸质量和克服蒸汽引进和冷凝水排除难等问题。

在干燥过程中，使用干网作为干燥织物，不需要进行干燥；如使用干毯作为干燥织物，则需要相应的烘缸组来进行干燥。干毯烘缸由干毯带动，干毯包角达 300°～320°，干毯经过烘缸加热后，温度提高 12～18℃，达到 75～90℃温度。干毯多用 90～100℃热空气干燥。干毯烘缸的结构与纸幅干燥烘缸相似。

（二）冷凝水的排除

1. 水环的形成

烘缸里的冷凝水是热传递的主要障碍。随着纸机车速的提高，有效地排除冷凝水变得尤为重要。因此，连续、均匀地排出烘缸内的冷凝水是纸机干燥部正常运行的重要保证。研究证明，随着纸机车速的增加，冷凝水向烘缸转动的方向上移。当车速超过某一临界速度时，冷凝水在缸内形成水环并随着烘缸回转。随着烘缸内冷凝水的增多，水环越积越厚。到了临界厚度时，水环破裂。烘缸内部水环的形成和破裂，引起烘缸传动电动机负荷的变化（参见图 5-98）。烘缸内形成水环的临界速度为：

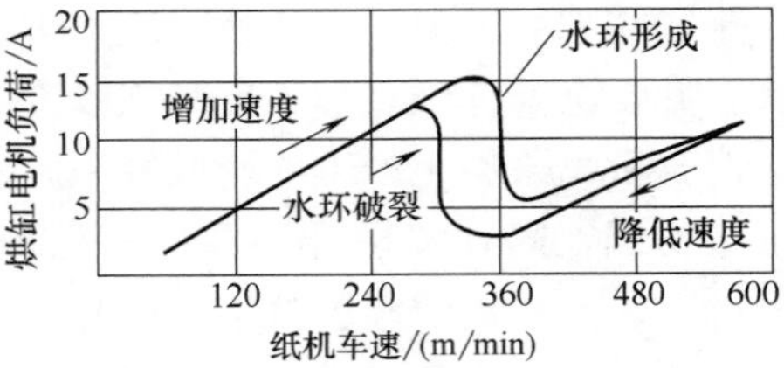

$$v_c = \pi D_i n_c (\text{m/min}) \qquad (5-41)$$

式中　v_c——烘缸水环的临界速度，m/min

　　　D_i——烘缸内径，m

　　　n_c——烘缸形成水环的临界转速，r/min，（$n_c = 30/R_i^{1/2}$）

　　　R_i——烘缸半径（严格地讲，应当是形成水环时的环内层半径），m

图 5-98　水环形成和破裂对烘缸传动电机负荷的影响

车速低时，水环的临界厚度较小，水环容易破裂。车速越高，水环越厚，越不容易破裂。不能及时排出冷凝水将会大大影响蒸汽对烘缸内壁的传热。水环破裂，又会装满烘缸下部，占据大部分有效干燥面积，同样也会使下层烘缸传热恶化。

2. 冷凝水的排除

排除烘缸冷凝水主要有汲管和虹吸管两种方法。

排水汲管装在烘缸内部（见图 5-96），随着烘缸转动将缸内水舀出并经过轴头和进汽管之间的环隙排出缸外。烘缸通常采用双汲管，每转一周排水两次。

固定虹吸管排水装置如图 5-99 所示。虹吸管一端固定在壳体上，另一端伸入烘缸内。虹吸管的弯下部分与传动缸盖距离为 300mm，管口装有平头管帽，管帽与缸壁距离为 2～3mm。虹吸管位置偏向烘缸转动方向一侧约 15°～20°，偏角大小决定于缸内冷凝水数量。虹吸管利用缸内蒸汽压力将冷凝水压入管内排出，因此缸内和冷凝水管的压力差不得小于 19.6～29.4kPa。压差太小则须借助真空泵排水。

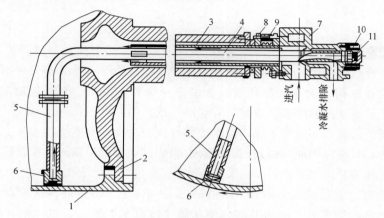

图 5-99　固定虹吸管排水装置

1—烘缸　2—传动边烘缸盖　3—进汽管　4—虹吸管弯曲部　5—虹吸管垂直部　6—管帽
7—填料函　8—石墨圈　9—弹簧　10—固定虹吸管的螺帽　11—调节虹吸管位置的方头

上述两种排水装置仅适用低速纸机，缸内冷凝水尚未形成水环时的情况。

纸机车速超过 300～400m/min 时，缸内冷凝水形成水环，则需使用活动虹吸管排水，如图 5-100 所示。这种排水装置基本与固定式结构相同，不同的是虹吸管固定在烘缸内部随着烘缸一起旋转。

烘缸内冷凝水无论呈水环状或聚集在下部，活动虹吸管都可以排出。前一种情况，利用

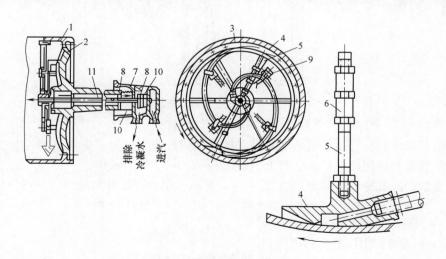

图 5-100　活动虹吸管排水装置

1—烘缸　2—传动边烘缸盖　3—旋转虹吸管　4—虹吸管头　5—调节管头与缸壁间隙的支杆
6—调节螺母　7—进汽头壳　8—石墨环　9—虹吸管固管架　10—波纹管　11—进汽管

虹吸和喷射原理排水。后一种情况的排水与汲管相同。采用活动虹吸管，缸内冷凝水层厚度不超过 0.8mm。

为了排除缸内冷凝水，烘缸和冷凝水管内必须保持一定压差，压差大小决定于排水装置形式、纸机车速和缸内冷凝水状态（即冷凝水是水环状态还是集中在烘缸下部）。与固定虹吸管相比，活动虹吸管必须克服冷凝水的重力和离心力，因此排除冷凝水需要的压差要高于固走虹吸管。

三、冷　　缸

干燥后的纸幅含水量为 4%～6%，温度为 70～90℃，需要经过冷缸降温，然后才能进入压光机压光。冷缸的作用一方面是降低纸页温度（如从 70～90℃ 降到 50～55℃），同时依靠外界空气冷凝在缸面上的水，提高纸的含水量（约 1.5%～2.5%）以增加纸页的塑性，然后通过压光机提高纸的紧度和平滑度，并且减少纸页的静电。

为了冷却纸的两面，一般在干燥部的末端装有两个冷缸，上下层各一个。但也有只在上层装一个冷缸的，只冷却网面和提高网面的含水量，另一面则用通水的弹簧辊冷却。为了增湿，有时冷缸上还装有增湿毛毯。

低速纸机的冷缸直径通常为 600～1000mm。图 5-101 为冷缸的构造示意图。一根直径为 35～40mm 的水管将水引入缸内并均匀喷在整个冷缸的宽度上。排水同样使用汲管。汲管与烘缸壁的距离通常为 80～90mm。

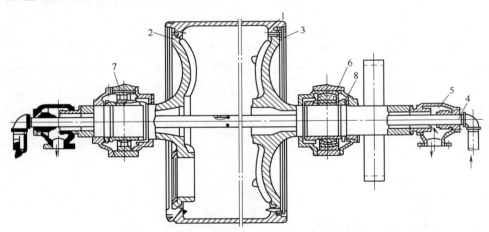

图 5-101　冷缸构造示意图

1—缸体　2、3—缸盖　4—冷却水进水管　5—进水头　6—双列球面滚珠轴承　7—轴承　8—固定轴承螺母

高速纸机的冷缸直径与干纸烘缸相同，排水则用虹吸管。为了避免铁质冷缸缸面生锈，缸面可加一层铜套或用喷镀的办法镀上一层 2.0～2.5mm 的不锈钢。

每千克纸因冷缸冷却所减少的热量为 Q_C，其值分别为纤维和水分所减少热量的总和：

$$Q_C = w_2 c_f (t_2 - t_3) + (1 - w_2) c_w (t_2 - t_3) \quad (\text{kJ/kg 纸}) \tag{5-42}$$

式中　w_2——烘干后纸的干度，%

　　t_2、t_3——纸进、出冷缸时的温度，℃

　　c_f、c_w——纤维和水的平均比热容，kJ/(kg·℃)，$c_f = 1.42$ kJ/(kg·℃)

冷缸能增加纸页 1.5%～2.5% 的含水量，因此冷凝在缸面的水分，按每千克纸计，为 $x_0 = 0.015 \sim 0.025$ kg。

当空气的湿含量由 x_1 减少到 x_2，温度由 t'_1 成降到 t'_2 时，按每千克纸计，可放出热量 Q_R：

$$Q_R = \frac{(h_1 - h_2)}{x_1 - x_2} x_0 = \frac{x_0}{x_1 - x_2} [0.24(t'_1 - t'_2) + 0.47(x_1 t'_1 - x_2 t'_2) + 595(x_1 - x_2)] \quad (\text{kJ/kg 纸}) \quad (5\text{-}43)$$

式中　h_1——1kg 干空气和 $x_1$kg 水蒸气在 t_1 温度时的热熔，kJ/kg

　　　h_2——1kg 干空气和 $x_2$kg 水蒸气在 t_2 温度时的热熔，kJ/kg

冷缸冷却应当带走的热量（Q_T）为：

$$Q_T = Q_C + Q_R \quad (\text{kJ/kg 纸}) \quad (5\text{-}44)$$

故冷却 1kg 纸所耗的水量为：

$$G = \frac{Q_T}{\Delta t c_W} = \frac{Q_T}{(t'_4 - t'_3) c_W} \quad (\text{kJ 水/kg 纸}) \quad (5\text{-}45)$$

式中　t'_3、t'_4——进、出冷缸的水温，℃

　　　Δt——进出冷缸水的温度差（通常 $\Delta t = 5 \sim 10$℃），℃

一般冷缸消耗的冷却用水量为 $3 \sim 5$kg 水/kg 纸。

四、湿纸幅向干燥部的传递

（一）引纸开放区

湿纸幅是从最后一道压榨引进干燥部的，在这个引纸过程中有一段较长开放地带，即湿纸幅在这一段完全是无支撑的开放运行。在实际生产中，湿纸幅的定量和横幅水分稍有变化，都会带来压榨辊上揭纸的不稳定，这种不稳定的揭纸方式，会使湿纸页受到过大的应力，并在这一开放地段产生很大的颤动，从而引起湿纸幅的断头。

（二）湿纸幅牵引力

在压榨部和第一个烘缸间增加湿纸幅的牵引力，有利于从压辊上揭下湿纸幅，并可稳定湿纸幅的运行，减少颤动和断头。但是增大湿纸幅的牵引力，又可能增大湿纸幅的应力，从而使湿纸幅边缘产生损伤而造成断头。因此在实际操作中要调整好引纸张力，并把握好最后一个压榨辊与第一个烘缸的速差。

（三）湿纸幅的承托

如果能减少开放引纸区域，并提供对湿纸幅的承托，就可以大大降低湿纸幅的应力，从而减少断头。一种方案是将干燥织物（干网）延伸到引纸辊（真空辊），这样湿纸幅经过极短的开放区域后即被干网承托，如图 5-102 所示。在这种传递方式中，干网保护湿纸使之不受外界空气扰动的影响，特制的转移箱形成负压区，将湿纸幅紧紧地平贴在干网上，消除了长距离开放区域湿纸的颤动，减少纸幅断头，大大改善了压榨部的引纸效率。

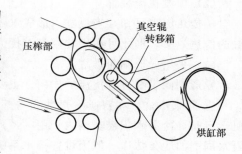

图 5-102　干网承托的引纸方式

第九节　干燥过程的主要影响因素和强化措施

一、从传热原理分析

从传热方程［本章第七节式（5-22）和式（5-23）］可分析造纸机干燥部传热过程的主

要影响因素。

（一）提高传热推动力

前面讲过［见式（5-22）］，烘缸中蒸汽传给湿纸的总热量为：

$$Q = K_{总}(t_π - t_b)A \quad (kJ/h)$$

式中符号见式（5-22）。

从式（5-22）可知，要提高烘缸的总传热量，首先应提高传热推动力（$t_π - t_b$）。

具体强化措施：提高饱和蒸汽的温度 $t_π$。

一般造纸机烘缸的蒸汽压力为 196～204kPa，其对应的饱和蒸汽温度为 132.9～139.2℃。有计算表明，如将烘缸供汽的饱和蒸汽压力从 196kPa 提高到 784kPa，其对应的饱和蒸汽温度则从 132.9℃提高到 174.53℃，设干燥部纸页的平均温度为 80℃，则传热量可增加 80%左右。

（二）提高烘缸部的总传热系数

烘缸部总传热系数 $K_{总}$ 如前所述，见式（5-23）。

$$K_{总} = \cfrac{1}{\cfrac{1}{K_1} + \cfrac{\delta}{\lambda} + \cfrac{1}{K_2}} \quad [kJ/(m^2 \cdot h \cdot ℃)]$$

从上式可知，要提高烘缸部的总传热系数 $K_{总}$，应分别提高各部分的传热或导热系数。

1. 提高传热系数 K_1

K_1 是冷凝蒸汽对烘缸壁的传热系数，其参考值为 41860kJ/(m²·h·℃)。该段传热的关键是冷凝水能否与烘缸壁面良好的接触，因此及时排除冷凝水和防止烘缸内壁形成水膜是提高传热系数 K_1 的关键。

除了及时排除冷凝水外，还可采取的措施有：

（1）烘缸树脂挂里

滴状冷凝的传热系数大于膜状冷凝。蒸汽在烘缸内壁通常呈膜状冷凝。让蒸汽变成滴状冷凝，办法之一是对烘缸内壁进行树脂挂里，即涂上一层辛癸胺树脂膜，既防止烘缸内壁 CO_2 和 O_2 的腐蚀，又能使蒸汽由膜状变成滴状冷凝，因而提高传热能力，强化干燥。

（2）加设扰流装置

从传热原理可知，当烘缸内形成水环时，设置扰动以破坏水环的稳定性，有助于提高烘缸的传热效率，据此可在烘缸内安设扰流杆以改善传热。

（3）采用异形剖面烘缸

异形剖面烘缸也有扰流的作用。主要形式有：

① 肋条烘缸。在普通平壳烘缸内壁上加工出若干肋条产生沟槽，如图 5-103 所示。纸机运行时，冷凝水积聚在沟内，用一系列小虹吸管将之排出缸外，热量则沿着停滞不动的冷凝水周围的肋条传递。但因烘缸排水系统的复杂性，该装置仅用在单烘缸纸机的大烘缸上。

② 带沟烘缸。为了减少烘缸内冷凝水的厚度，可以在烘缸内壁圆周上加工出一条或一条以上的沟槽，如图 5-104 所示。沟槽的设计必须保证沟槽内冷凝水高度低于缸内冷凝水的水平，以便增强整个烘缸的传热效率。

2. 提高导热系数 λ

λ 是烘缸材料的导热系数，一般铸铁烘缸的导热系数为 226kJ/(m·h·℃)。如果采用大大高于

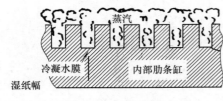

图 5-103　肋条烘缸

该数值的其他材料制造烘缸，则可提升导热速率。

　　具体强化措施可选择导热系数更大的合金材料制造烘缸。

　　3. 提高传热系数 K_2

　　传热系数 K_2 是烘缸外壁对纸页的传热系数，由于该传热的情况复杂，传热系数值 K_2 不易确定，其参考值在 $377 \sim 2093 \mathrm{kJ/(m^2 \cdot h \cdot \text{℃})}$ 之间。这一过程的传热主要受纸页与烘缸外壁接触情况的影响。

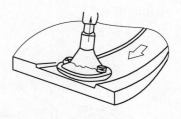

图 5-104　带沟烘缸

　　具体强化措施：可考虑增加干网或干毯张力，降低湿纸幅和烘缸表面间空气膜的厚度，使纸幅贴紧烘缸壁面。

　　适当加大干燥织物干网的张力，可以强化烘缸表面对湿纸的传热过程。考虑干网张力时必须同时考虑纸机车速、湿纸水分、干网挺度、纸面特性等因素。干网张力的主要作用是降低湿纸和烘缸表面间的空气膜厚度，提高热传导效率。值得注意的是，过分增加干网张力会缩短干网的使用寿命，同时会增加网子的湿热降解作用，加快经线的损坏速度，因此在实际操作中应总体考虑。

二、从传质原理分析

　　传质方程［本章第七节式（5-19）］如下，从中可分析造纸机干燥部传质过程的主要影响因素。

$$\frac{\mathrm{d}m_w}{A\mathrm{d}t} = \frac{k_n(p_s - p_D)760}{p_H} \quad [\mathrm{kg/(m^2 \cdot h)}]$$

　　式中符号见式（5-19）。

　　从式（5-19）可知，要提高干燥部的蒸发水量，其传质推动力 $(p_s - p_D)$ 是非常重要的。当烘缸供热的饱和蒸汽压确定后，水蒸发温度的饱和蒸汽压 p_s 也是确定的。此时要进一步提高传质推动力，则应降低外界空气的水蒸气分压 p_D。

　　具体强化措施：

　　1. 通风罩和高效通风箱

　　纸页在干燥部的含水量从 $60\% \sim 70\%$ 降低到 $5\% \sim 8\%$。蒸发出大量的水分，形成了一定的水汽分压 p_D。为降低这一水汽分压，则要将大量的湿热空气排走。在纸机干燥部加设通风罩和高效通风箱是一种有效的措施。

　　2. 气袋通风

　　未装通汽装置的烘缸气袋如图 5-105 所示。当纸幅和干毯离开前一个烘缸分别进到后一个烘缸和转到干毯辊的时候，湿纸烘缸和干毯之间出现一个负压气袋，如图 5-106 所示。反之，在湿纸离开前一个烘缸与干毯辊传来的干毯汇合到下一个烘缸时，则出现一个正压气袋。普通帆布的透气性很差，气袋中滞着湿热的空气。气袋中的空气湿度既大，又不流通，会大大降低双面自由蒸发区中湿纸的对流干燥效率。使用气袋通风的方法可以解决这个问题。具体做法有：a. 低速纸机使用热空气对着气袋进行横吹风。b. 横跨气袋安装热风管，管上定距离地开有眼孔和缝口，在 $20 \sim 25 \mathrm{m/s}$ 范围内控制风速吹送热风。

　　20 世纪 70 年代开发了许多机械通风装置，基本上有下列几种：a. 通风箱缝口高速吹风，如图 5-107 所示。b. 用热风辊代替干毯辊高速吹风。c. 通风管缝口低压吹风，如图 5-108 所示。

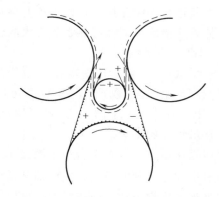

图 5-105　未装通汽装置的烘缸气袋 　　　　　图 5-106　烘缸气袋中生成的正负压

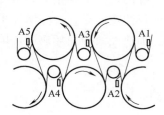

图 5-107　通风箱

$A_1 \sim A_5$—5 个通风道

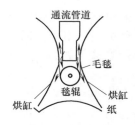

图 5-108　通风管

应用气袋通风可以提高烘缸的干燥效率，并且使成纸横幅水分均匀一致。气袋通风必须与透气性大的干毯相配合。使用透气性较高的干网代替干毯布，可大大改善气袋通风的效率。

三、几种强化干燥工艺

在造纸机干燥部的发展中，也出现了一些高效的强化干燥的技术和装置。现简要介绍如下：

（一）高速热风干燥

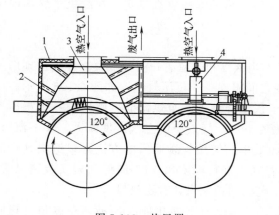

图 5-109　热风罩

1—骨架　2—壁板　3—压力室

4—供断头和引纸时用的升降热风罩气动机构

高温高速热风干燥综合运用了接触干燥和对流干燥的原理来强化干燥。高温高速热风干燥的烘缸罩包住了 100°～120° 的烘缸，如图 5-109 所示。利用高压鼓风机将 150～400℃ 高温热风通过嘴宽 0.4～0.6mm、嘴距 18～25mm 的喷嘴以高速垂直吹到烘缸表面的湿纸上。喷嘴与纸之间的距离，根据需要可在 3～13mm 范围内调节。空气温度在 180℃ 以下时，可用高压蒸汽在加热器中加热空气。超过 180℃，则多用石油气或煤气燃烧炉产生热空气过滤后使用。从烘缸罩喷嘴间抽回的废气，可加 10% 新鲜空气循环应用，如图 5-110 所示。

高温高速热风干燥时，高速高温空气垂直吹向纸面，界面上的空气膜受到破坏或减低厚度，因而传热和传质系数均可大幅度增加，干燥速率比普通烘缸提高 4～6 倍。

（二）穿透干燥

穿透干燥指在正压或负压下，热风穿透整个湿纸层进行干燥，它是 20 世纪 80 年代以来在纸的干燥上的一项重大的变革。穿透干燥本质上是一个绝热过程，热空气透过湿纸时，纸中的水分被热空气带走，而热空气同时损失其显热。穿透干燥最重要的设备是一个穿透缸。穿透干燥分两类，一类是热空气在压力作用下穿透湿纸进行干燥，如图 5-111 所示，称外向穿透干燥。外向穿透干燥使用高透气性的干网包在穿透缸外围，包角高达穿透缸圆周的 2/3 左右以避免纸被热风吹走。干燥使用热风最高为 250℃，风压可达 8.5kPa。一般外向穿透干燥和干燥效率为 80～100kg 水/(h·m²)。另一类称内向穿透干燥，即热空气在真空作用下，透过湿纸幅进到穿透烘缸内，如图 5-106 所示。由于热空气是由外向内将湿纸幅压在穿透缸缸面上，因此不需要透气干网包住穿透缸。图 5-112 所示的是一种与高速热风干燥相结合和内向穿透干燥，高温热空气通过烘缸罩喷嘴，以极高的速度垂直吹到湿纸面上，再在穿透缸 20.0～26.7kPa 的真空作用下穿过湿纸层。所以干燥效率特别高，可以达到 145～170kg 水/(h·m²)。干燥效率的大小决定于高温高速热风干燥的喷嘴风速、热空气温度和穿透风量。

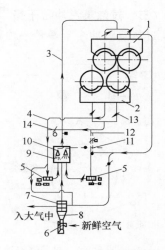

图 5-110 高温高速热
风干燥的空气循环

1—上热风罩 2—下热风罩 3—进气管
4—抽气管 5—鼓风机 6—新鲜空气
鼓风机 7—热交换器 8—加热器
9—混合室 10—燃烧嘴 11—燃
烧管 12—支管 13—节流阀
14—带伺服电机的节流阀

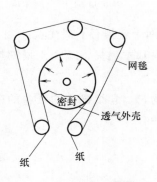

图 5-111 外向穿透干燥

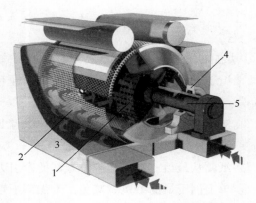

图 5-112 内向穿透干燥（Metso 穿透烘缸）
1—分配管 2—钻孔板 3—低压热
风气罩 4—辊子主轴承 5—固定管

普通多烘缸的干燥效率只有 10～30kg 水/(h·m²)。大直径单缸纸机的干燥效率约 100kg 水/(h·m²)。从经济效益看，穿透干燥的设备和生产成本比普通烘缸节省 27% 左右。

一般来说，穿透干燥只适用透气度大的薄纸，例如卫生纸、餐巾纸、过滤烟嘴纸、滤纸、薄纸、薄新闻纸等和无纺布等产品。

（三）过热蒸汽冲击干燥

过热蒸汽冲击干燥是一种新型干燥方法，它采用过热蒸汽对纸页进行冲击干燥。传统的多缸纸机干燥部，纸机中能耗最大的部位，采用传统的蒸汽供热，在热交换后的废气品质低，回收困难大，导致大量热能损失。图5-113是一种过热蒸汽冲击干燥系统，在大烘缸上增加类似热风冲击干燥气罩的蒸汽穿透汽罩，首先，将饱和蒸汽利用过热器加热为过热蒸汽，过热蒸汽进入穿透汽罩并以高速吹向纸表面进行冲击干燥，尾气收集后经鼓风机加压再送至过热器加热，这样就构成一个品质高、效率高的热量循环。与热风冲击干燥相比，过热蒸汽冲击干燥，更便于在

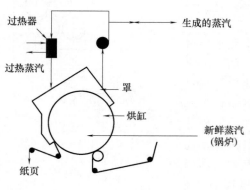

图 5-113 过热蒸汽冲击干燥

原有蒸汽系统上进行设备改造，且具有更好的节能效果。

（四）单网干燥

单网干燥又称无张力干燥或过渡干燥。现在造纸机干燥部已较少选用干毯或帆布，而选用合成树脂干网。单网干燥是在造纸机的第一组烘缸，只用一床上网或一床下网，如图5-114 和图 5-115 所示。

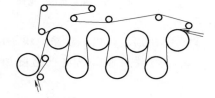

图 5-114 单上网干燥

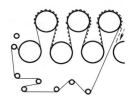

图 5-115 单下网干燥

从烘缸断头损纸的处理难易来看，上网式优于下网式。单网干燥具有下列优点：

① 上、下烘缸之间的一段湿纸幅贴着干网，因此抖动现象基本消失，减少干燥部纸幅的断头。

② 湿纸幅随同干网通过烘缸气袋，气流比双网干燥更为均匀，卷纸机上的纸卷的横向水分更加均匀。

③ 纸幅从最后一道压榨到干燥部的牵引力减小一半。

④ 单上网干燥的纸机，减免了干燥部下辊和导毯装置。

⑤ 由于干燥部所需的辊子数大为减少，干网运行时，接头比较正。

⑥ 单网干燥不需要干网烘缸，减少了网辊数目，干网面积只有干毯或帆布的70%左右，因此生产成本相应较低。

⑦ 烘缸气袋处没有毯辊，干网对烘缸的包角同时增大约37%，因此增加了湿纸幅在烘缸上的干燥时间，改善了烘缸的传热效率。

⑧ 单网干燥生产纸板，可以改善纸板表面的平整度。

⑨ 单上网干燥产生湿纸断头时，损纸可直接落到纸机的底层，处理起来比较简便。

第十节　干燥部节能与能源管理

干燥部消耗了纸机大约 70％的能耗，包括约 10％的电能和 70％～90％的热能（取决于所生产的纸种不同）。因此在造纸工业的节能降耗中，造纸机干燥部的节能降耗与能源优化管理显得十分重要。

一、能源利用效率和单位产品能耗

要实现产业或企业的节能降耗和能源优化管理，首先要依据一定的指标体系来分析和评估其现行的节能降耗水平。其中能源利用效率和单位产品综合能耗是最基本的指标。

能源的来源可分为一次能源和二次能源。干燥部的电能、蒸汽以及天然气等属于一次能源；二次能源是指工作过程中产生的含能副产品能源，比如干燥部产生的废蒸汽、高温废气等。通常采用单位产品的能耗来表示能源效率：

$$EE = \frac{E_t}{P_t} \tag{5-46}$$

式中　EE——单位产品能耗，$kW \cdot h/t$

　　　E_t——工作时间 t 内所消耗能量

　　　P_t——工作时间 t 内所生产产品量

由式（5-46）可知，提高能源利用率或者降低单位产品能耗，可以通过降低能量的总能耗或者提高单位时间的产量的方法实现，一般来说提高产量就意味着纸机能耗的增加，但提高纸机的运行性能可有效降低产品能耗。降低产品总能耗可以通过降低一次能源用量，比如采用新型电机、采用不锈钢烘缸等，可以起到降低一次能源用量，提高能源利用率的目的。此外，干燥部的烘缸蒸汽系统、气罩和通风等设施或系统都采用了热回收或二次利用的系统，其水平的高低对能源率起到决定性的作用。因此，在考虑到利用生产过程中回收的二次能源的情况下，式（5-46）可变为式（5-47）：

$$EE_p = \frac{E_t - ES_t}{P_t} \tag{5-47}$$

式中　EE_p——单位产品一次能源的消耗量

　　　ES_t——二次能源使用量

由式（5-46）可知，加大二次能源的使用量可以有效地降低单位产品一次能源的消耗，式（5-47）可演变为式（5-48）：

$$
\begin{aligned}
EE_p &= \frac{EP_t}{P_t} \\
&= \frac{EP_s + EP_g + EP_e}{P_t} \\
&= \frac{EP_s}{P_t} + \frac{EP_g}{P_t} + \frac{EP_e}{P_t}
\end{aligned}
\tag{5-48}
$$

其中，EP_t 为生产过程中一次能源净消耗量。EP_s、EP_g、EP_e 分别指一次能源中的蒸汽、电以及天然气的消耗。蒸汽在干燥部能源消耗中占绝大多数，因此，EP_s/P_t（单位产品蒸汽消耗量），在实际生产中应用广泛。在生产过程中往往出于市场价格或产品附加值的对能源的消耗或技术革新进行考虑，因此式（5-48）可变为（5-49）：

$$EE_v = \frac{EP_t}{VA_t} \tag{5-49}$$

271

EE_v指单位产值一次能源的消耗量，VA_t单位产品的市场价值。

能源利用效率和单位产品综合能耗的评估，是产业节能降耗的依据和基础。世界上造纸发达国家均对造纸过程的能源消耗做了规范和要求。如欧盟委员会（EUROPEAN COMMISSION）早在 20 世纪末就制定了制浆造纸过程最佳可行技术体系（Best Available Techniques，BAT），对造纸过程热能消耗（主要用于干燥）和电能分别给出了最佳可行技术的指标（见表 5-9）。我国在 2015 年发布的国家标准《GB 31825—2015 制浆造纸单位产品能源消耗限额》中对主要纸种造纸过程单位产品的综合能耗（包括热能和电能）指标也做了严格的限定。其中对新建和改扩建纸厂规范了单位产品能耗的准入值（见表 5-10），并鼓励造纸企业达到或超过单位产品能耗的先进值（表 5-11）。

表 5-9　　　　　欧盟制浆造纸工业最佳可行技术体系的吨纸产品能耗指标

纸种类型	吨纸产品热能消耗/(GJ/t)	吨纸产品电能消耗/(MW·h/t)
未涂布文化纸	7.0～7.5	0.6～0.7
涂布文化纸	7.0～8.0	0.7～0.9
生活用纸	5.5～7.5*	0.6～1.1

注：* 生活用纸厂的热能消耗取决于其采用的干燥系统，如采用空气干燥和起皱工艺，其能耗要超出该范围。

表 5-10　主要纸种造纸过程单位产品能耗的限定值指标（GB 31825—2015）

产品分类		主要生产系统单位产品能耗准入值
机制纸和纸板	新闻纸	≤260kgce/t
	非涂布印刷书写纸	≤375kgce/t
	涂布印刷纸	≤375kgce/t
	生活用纸　木浆	≤490kgce/t
	生活用纸　非木浆	≤550kgce/t
	包装用纸	≤400kgce/t
	白纸板	≤275kgce/t
	箱纸板	≤275kgce/t
	瓦楞原纸	≤260kgce/t
	涂布纸板	≤290kgce/t

表 5-11　主要纸种造纸过程单位产品能耗的先进值指标（GB 31825—2015）

产品分类		主要生产系统单位产品能耗先进值
机制纸和纸板	新闻纸	≤210kgce/t
	非涂布印刷书写纸	≤300kgce/t
	涂布印刷纸	≤300kgce/t
	生活用纸　木浆	≤420kgce/t
	生活用纸　非木浆	≤460kgce/t
	包装用纸	≤320kgce/t
	白纸板	≤220kgce/t
	箱纸板	≤220kgce/t
	瓦楞原纸	≤210kgce/t
	涂布纸板	≤230kgce/t

注：表 5-10 和表 5-11 中的单位产品能耗量纲为 kg 标准煤/t 纸产品（kgce/t）。

二、干燥部自动控制及能源管理系统

（一）基于自动控制的干燥部节能技术

大多数纸机的干燥部各段压差并不是系统自动调节的，而是根据操作经验调节的。为了保证烘缸内冷凝水的顺畅排出，压差往往设置的偏大，这就造成了蒸汽的浪费。通过完善蒸汽冷凝水的控制系统，合理调节各段压差和二次蒸汽用量，不仅可以节约蒸汽用量，还能提高纸机的生产效率。美国约翰逊公司开发的烘缸管理系统控制软件（DMSTM）可用来实时优化蒸汽冷凝水系统，在国外工厂的应用情况表明具有良好的节能效果，7 个月即可收回投资。

目前国内多数纸机的气罩通风系统设置有 DCS 控制的自动调节控制系统，对干燥部的运行和调控起到一定作用。但大多数系统只是将进风和排风进行单回路控制，并未将整个气罩作为整体进行整合控制。一些重要的影响参数如排气湿度、进出干燥部纸幅水分等被忽视。德国福伊特公司最新的露点控制系统通过气罩排气湿度的传感器和通过风机上的速度控制器跟踪供气量和排气量的控制算法构成，能有效地对气罩和通风系统进行调控，节能效果明显，但由于增加多个传感器，造价相对较高。

西门子公司推出的一种带有干燥部策略控制的软件（Sipaper APC DrySec），综合考虑了与干燥部相关的所有参数，如蒸汽、热风、热回收和冷凝系统等，以及它们之间的相互作用和相互依赖关系。该软件可有效对干燥部的运行参数（如通风量等）进行优化，并可对单个烘缸入口和出口的温度、热交换器效率等进行针对和软测量。

（二）能源管理体系及平台

能源管理体系（EMS）通过计算机辅助系统，用来监视、控制以及优化能源的转换、使用与回收。最早在钢铁、石油化工以及电力行业中得到应用。造纸企业是高耗能行业之一，随着造纸企业信息化方面的进展和对节能减排的需求，在已有的 ERP 和 MES 系统的基础上，对全厂的能源规划、能源调度以及能源消耗的协调统一提出了更高的要求。一方面，企业希望采用信息化手段有效地监测、分析造纸过程用能状况。另一方面，企业在获取信息通过并优化生产工序或工艺改进，合理调配用电和用汽达到节能的目的。纸业能源监控与管理系统的设计可以在有效利用现有资源基础上，充分发挥能源系统的总体优势和综合调度功能，全面掌握能源生产、能源消耗和能源设备的运行状况，实现管控一体化，建立一个既能有效反映现场能源设备的运行状况，又能提供企业综合能源信息的系统平台，提高总体能源监控的能力，提供辅助决策手段，为企业信息化管理提供能源信息数据支持。

能源管理系统的核心是通过数据化、网络化和智能化所需的新一代信息、云计算、大数据和人工智能技术对造纸企业能量转换、能量利用和能量回收的能效进行监测、分析和优化提升。通过该系统提高能源精细化管理水平，减少能源浪费；根据产品和工况不同，优化重点耗能工序的工艺设定值；动态优化调度能量系统"三环节"的资源配置。

目前专门用于造纸企业生产能源管理平台和研究应用较少。华南理工大学制浆造纸工程国家重点实验室开发的能量系统优化平台（MEOP，Mill Energy Optimization Platform）已成功应用在多家大型造纸企业，并取得了良好的节能效果。该平台的主要功能见表 5-12，其系统构架参见图 5-116。

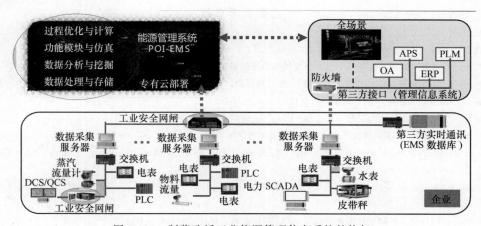

图 5-116　制浆造纸工业能源管理信息系统的构架

随着工业 4.0 时代的到来，基于大数据、智能化能源信息管理平台的出现，为纸机及干燥系统提供了系统优化、问题诊断、早期预测及智能干预一系列服务，为进一步提升制浆造纸企业节能降耗水平奠定了更为坚实的技术基础。

表 5-12   能源优化管理平台的功能

价 值	方 法	工 具
精细化管理	日常管理	综合看板、生产画像、计量抄表、对标分析、生产报表
	异常管理	运行监测、告警追溯
资源优化配置	挖潜提升	能源流向、能源质量、能源平衡、能效分析、峰谷分析、设备效率分析、关联分析
	预测与辅助决策	最佳实践、能耗预测、调度优化

思 考 题

1. 压榨工艺对纸页结构和强度分别产生了哪些影响？其影响的趋势如何？

2. 如何理解压榨工艺对纸页的所谓"固化"作用？

3. 压榨辊的主要类型有哪几种？试述其结构特点和主要功能。

4. 试述真空压榨和沟纹压榨的异同，两者依据的压榨脱水原理是什么？

5. 什么是宽压区压榨？宽压区压榨的典型工艺是什么？

6. 试述压榨部的主要组合形式，并分析三辊两压区复合压榨的主要特点。

7. 试述横向脱水机理和垂直脱水机理的差别，如何根据上述机理强化压榨过程效率？

8. 试述靴式压榨的结构特点和工艺特色，并与普通的辊式压榨进行对比。

9. 干燥部的烘缸排列形式主要有哪几种？各自的结构和特点是什么？

10. 干燥部的通汽方式有哪几种？试述各自的特点和作用。

11. 通过查阅有关热泵的资料，试述在造纸机烘缸部使用热泵的作用和意义。

12. 试述常用的烘缸冷凝水的排除方法及其对干燥工艺效率的影响。

13. 如何理解干燥过程的传热原理？在实际干燥过程中如何强化传热？

14. 试分析干燥过程的传质原理，并指出实际操作过程中有哪些方法可以强化过程传质。

15. 根据干燥部的传热工艺估算，干燥 1kg 纸大致需要多少 kg 蒸汽？

16. 试述造纸机压榨部操作对节能降耗的意义。

17. 试述造纸机干燥部节能降耗的工艺和方法。

18. 造纸工业的单位产品能耗如何统计？标准煤的定义是什么？如何折算？

主要参考文献

[1] 隆言泉，主编. 造纸原理与工程（第一版）[M]. 北京：中国轻工业出版社，1994.

[2] 阎尔平，张晓苏. 长网八缸纸机干燥部热泵供热系统的研究和运行 [J]. 中国造纸，2000（3）：40-43.

[3] [美] B. A. 绍帕. 最新纸机抄造工艺 [M]. 曹邦威，译. 北京：中国轻工业出版社，1999.

[4] Lyne, L. M. and Gallay, W., Tappi 37 (12)；581 (1954).

[5] 卢谦和，主编. 造纸原理与工程（第二版）[M]. 北京：中国轻工业出版社，2004.

[6] 杨伯均. 新纸机压榨部采用靴型压榨——LWC 改造项目国际新技术消化吸收 [J]. 中华纸业，2002，23（2）：32-35.

[7] Hannu Paulapuro, Papermaking Part1, Stock Preparation and Wet End（Second Edition），Finnish Paper Engineers' Association/Paperi ja Puu Oy.

[8] Markku Karlsson, Papermaking Part 2, Drying（Second Edition），Finnish Paper Engineers' Association/Paperi ja Puu Oy.

[9] 陈军伟. 优化传统多烘缸干燥的能源效率 [J]. 国际造纸，2014，33（1）：4-14.

[10] 陈宏平. 红外干燥器在造纸干燥部的应用 [J]. 纸和造纸，2013，32（8）：11-12.

[11] 孔令波，刘焕彬，李继庚，等. 造纸过程节能潜力分析与节能技术应用 [J]. 中国造纸，2011，30（8）：55-62.

[12] 刘靖伟，编译. 纸机干燥部能源效率的提高 [J]. 国际造纸，2012，31（2）：55-59.

[13] 王春华. 造纸厂主要节能措施分析 [J]. 天津造纸，2014，(4)：28-30.

第六章 纸页的表面处理与卷取及完成

纸页在干燥后，一般要经过压光（有些纸种不需要）、卷取和复卷，才能成为纸产品，这些工序过程在广义上统称为纸页的完成（sheet finish）。

对于一些印刷纸种，为了获得更好的印刷适性，在完成工段之前，还需经过表面施胶和涂布。这些工序称为纸页的表面处理（surface treatment）。表面施胶和涂布赋予纸张更好的抗水性、更高的强度和优异的表面性能，以满足纸张在包装、印刷等后续加工及不同用途的需要。

第一节 纸页的表面施胶

一、概　　述

纸页表面施胶是指湿纸幅经干燥部脱除水分至定值后，在纸页表面均匀地涂覆施胶剂的工艺过程。一般是利用表面施胶剂如淀粉粒子充填纸页表面的空隙，减少孔隙半径从而减少液体的渗透速率。一般施胶量在 $0.3 \sim 4.0 g/m^2$ 之间。其目的和主要作用：

① 提高纸页的憎液性能使纸张能抵抗溶液的渗透，表面施涂胶料可封闭纸面的空隙，同时通过选用适当的胶料提高纸页表面的憎水性、憎油性等憎液性能。

② 为纸页提供更好的表面性能，通过表面施涂胶料，可填平纸页表面的空隙，改善纸页的平滑度和印刷适性，提高纸页的表面强度，减少纸页印刷时的掉粉掉毛现象。

③ 提高纸页的某些物理性能，如表面强度与内结合力，纸页的耐折度、耐破度和抗张强度、环压强度等。

与浆内施胶相比，优缺点见表 6-1。

表 6-1　　　　　　　　　　表面施胶与内部施胶相比较的优缺点

优点	缺点
——有更特殊的作用；最优化控制	——需要另外增加施胶和干燥的设备投资
——对湿部操作的改变不敏感	——需要另外增加干燥的能量
——100％的助剂留着率	——施胶压榨的故障可引起纸机停机
——湿部结垢减少	
——由于结垢减少，延长了压榨毛毯的寿命	
——提高纸张的质量	

通常纸页的表面施胶处理多用于质量要求较高或用途特殊的纸种，如加工原纸、钞票纸、海图纸、证券纸、胶版印刷纸、白纸板、条纹牛皮纸等。然而随着人们对纸页质量要求的提高以及膜转移施胶机技术的发展和应用，采用表面施胶的纸种越来越多。

二、常用表面施胶剂

纸页表面施胶的施胶剂主要有淀粉及其改性产品、纤维素衍生物、聚乙烯醇、动物胶、聚合物类乳液等。现在生产用的胶料多为两种或以上的表面施胶剂复配而成，选择何种表面施胶，除性能以外，成本是重要因素。

1. 淀粉类的表面施胶剂

淀粉是一种天然的高分子碳水化合物，来源丰富，价格低廉，种类很多，是最常用的表面施胶剂原料。目前大规模使用的淀粉主要有玉米淀粉和木薯淀粉等。由于原淀粉黏度高，流动性差，易产生凝沉现象，因此需要对淀粉进行改性，使其在较高浓度时仍具有较低的黏度，并保持良好的黏合力、满足施胶工艺的要求。淀粉改性的方法很多，主要包括热化学转化改性、氧化改性、酶改性、乙酰化改性、羟烷基（乙基或丙基）改性、羧甲基化改性、阴离子化改性、阳离子化改性、接枝共聚型改性、两性改性等。改性后可制成氧化淀粉、醚化淀粉、酶转化淀粉、非离子型羟烷基淀粉、阳离子淀粉、阴离子型磷酸酯淀粉和醋酸酯淀粉等。

（1）几种常用的改性淀粉

① 氧化淀粉。淀粉可以用多种氧化剂（如次氯酸盐、过氧化物、过碘酸、重铬酸盐等）氧化成不同的产品。造纸工业中常采用次氯酸盐生产氧化淀粉。氧化淀粉与普通淀粉相比有以下优点：熬制时间短，糊液透明度好，黏合力强，黏度小等，是一种良好的表面施胶剂。氧化淀粉可以单独使用，也可以与聚乙烯醇或胶乳等复配使用，可以显著提高纸张的表面强度，减少纸页掉粉掉毛，提高纸页印刷适性。

② 阳离子淀粉。阳离子淀粉较多地用于湿部的助留助滤和增强，也可用于表面施胶。阳离子淀粉的制备是在碱性催化条件下，用带有叔胺或季铵盐基团的醚化剂对原淀粉进行醚化处理。在葡萄糖结构单元的第五碳上引进叔胺或季铵盐基团，从而制成阳离子淀粉。由于引进了胺基基团，带有正电荷，故能与带负电荷的纤维紧密结合。用阳离子淀粉进行纸页表面施胶可以改进印刷性能，减少掉粉掉毛。

③ 酶转化淀粉。酶转化淀粉的生产是在适宜的条件下酶作用于淀粉大分子使之发生断链、聚合度降低等作用而得。酶转化淀粉制造工艺简单，价格低廉，黏度容易控制，生产过程无污染。生物酶是活性蛋白质，种类很多。能使淀粉转化的酶称之为淀粉酶，造纸工业通常使用 α-淀粉酶。转化淀粉时淀粉酶的用量仅需千分之几，成本较低。酶转化淀粉黏度较低，流动性好，透明度较高，用于纸页表面施胶不仅容易吸附于纸页表面，而且易于向纸内渗透，提高纤维之间的结合力，改善纸页表面强度。目前包装纸的生产通常将酶转化淀粉和合成的表面施胶剂一起使用，既达到纸页增强特别是环压强度的提高，也改善纸页抗水性，已经成为主流。

④ 阴离子淀粉。造纸工业使用的阴离子淀粉主要为磷酸酯淀粉。磷酸酯淀粉主要用于增强和作为涂料胶黏剂，也可作为表面施胶剂。制备磷酸酯淀粉是先将原淀粉用高浓的碱金属磷酸盐溶液吸附，然后在减压真空条件下脱水干燥或在惰性气流保护下高温反应。制备胶液时不需熬制，只需在搅拌下缓缓加入温水，即可调成黏稠状、流动性良好的透明淀粉液。产品在高浓时不凝结，用水稀释不产生沉淀，稳定性良好。可与羧基丁苯胶乳、丙烯酸酯胶乳等配合使用作为复合施胶剂，效果很好。

⑤ 羟烷基淀粉。羟烷基淀粉是在碱性催化条件下与将淀粉环氧化合物加温醚化反应制得。使用的醚化剂如用环氧乙烷，可制得羟乙基淀粉；如用环氧丙烷，则制成羟丙基淀粉。羟丙基淀粉的流动性、稳定性和透明性均优于天然淀粉，具有很好的成膜性和适印性能，干燥后能形成透明、柔韧、亲水的膜。用于印刷纸的表面施胶，可防止油墨渗入纸页内部，提高印刷光泽度，并具有较好的抗掉粉掉毛能力。如与水溶性树脂或合成胶乳混合复配，更可充分发挥两者的作用。

（2）淀粉胶的制备

在表面施胶中，淀粉胶的制备也是一道重要的工序。淀粉胶制备是对淀粉悬浮液进行蒸煮，也称糊化。常用的方法有间歇法和连续法。

图 6-1 为淀粉胶的间歇蒸煮系统示意图。该系统通过直接或间接通汽，在均匀搅拌下，将淀粉液温度升至 88～93℃，然后保温 20～30min。该系统由于蒸煮温度受常压的局限，一般适用于预先改性的淀粉制备。

图 6-2 为喷射连续蒸煮法的工艺示意图。该方法可连续制备淀粉胶，并可在 104～160℃ 的高温下操作。其主要部件喷射蒸煮器是一个文丘里管式的喷射装置，一股高温蒸汽流与淀粉悬浮液流在喷射器中迅速混合，并均匀地喷射出来，瞬间完成淀粉液的升温、混合和糊化等制备过程。由于喷射蒸煮器可以在高温下工作，该方法可用于未改性的淀粉。

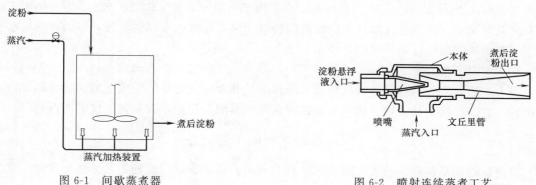

图 6-1　间歇蒸煮器　　　　　　　　图 6-2　喷射连续蒸煮工艺

在实际操作中，有些喷射蒸煮系统可以在加热时使用过量的蒸汽，以形成较为强烈的机械剪切力，以达到更好地实现淀粉均匀糊化。

2. 羧甲基纤维素

羧甲基纤维素简称 CMC，是用漂白木浆加烧碱和氯乙酸经醚化制成。CMC 是一种白色的粉末状、粒状或纤维状物质，无臭、无味和无毒，常用的是羧甲基纤维素的钠盐。CMC 的基本性质决定于其取代度，取代度不同 CMC 的溶解性能也不同。聚合度是 CMC 的另一个重要指标，常用黏度来间接表示。CMC 作为表面施胶剂时，质量分数为 0.25％，pH 为 7～8，此外能与聚乙烯醇、聚丙烯酰胺和聚醋酸乙烯等混合使用，进一步改善施胶效果。

3. 聚乙烯醇

聚乙烯醇（PVA）是用乙炔或石油为原料聚合制成聚醋酸乙烯酯再经碱或酸水解而制得的高分子聚合物。PVA 为白色粉末，无毒、无臭味、易溶于水，也溶于含有羟基的有机溶剂。按水解度大小和黏度高低的不同，PVA 可分为多种类型性质差别很大的产品。PVA 价格较高。

PVA 具有良好的胶黏强度和成膜性，造纸工业通常选用低黏度的品种。水解度 99％ 以上的 PVA 具有良好的抗水和抗溶剂性能，所形成的膜抗张强度和挺度最好。部分水解的 PVA（水解度 86％～89％）表面性能好，能获得较低的透气度、均匀的吸墨性和良好的平滑度。

作为表面施胶剂，PVA 可以单独使用，也可与其他施胶剂配合使用以降低成本，并进一步改进胶料的施胶性能。如 PVA 与氧化淀粉混合制成的表面施胶剂，能改善成膜性能并降低 PVA 向纸页内部的渗透性。PVA 也可与硼砂配用制备复合施胶剂，其生成络合物也能有效地防止 PVA 在纸页表面施胶时过分地向纸页内部渗透。在各种表面施胶剂中，PVA 的胶黏强度最高。

4. 聚合物乳液类表面施胶剂

考虑到性能和成本，以及纸机速度的提高，聚合物胶乳越来越多被用作胶料的一种组分。

目前使用的聚合物表面施胶剂产品主要有 4 类：a. 苯乙烯-马来酸酐聚合物，简称 SMA（styrene malefic anhydride）；b. 苯乙烯-丙烯酸酯聚合物胶乳，简称 SAE（styrene acrylic emulsions）；c. 苯乙烯-丙烯酸聚合物，简称 SAA（styrene acrylic acids）；d. 水溶性聚氨酯，简称 WPU（waterborne polyurethane）。现在中高档纸生产中使用相对较多的表面施胶剂主要有 SAE 类、SAA 类、SMA 类。SMA 类聚合物是国外最早开发且目前仍占较大市场份额的产品。SAE 类使用方便，印刷性能好，主要用于喷墨印刷及复印纸。WPU 类主要用于涂布和胶版印刷纸。这些合成胶乳类的表面施胶剂均为水分散的水包油乳液，可以直接加水稀释或与其他施胶剂以任何比例混合使用。

5. 其他表面施胶剂

除上述表面施胶剂外，还有动物胶、海藻酸盐和硬脂氯化铬络盐等类型的施胶剂进行表面施胶。它们可以单独使用，也可与淀粉或其他胶料配合使用。因不常用这里不再介绍。

三、表面施胶的工艺方法

表面施胶即是将选定的胶料施涂在纸页的表面。纸页表面施胶的工艺方法有多种，常用的有以下几种。

1. 辊式表面施胶

辊式表面施胶是目前使用较多的一种施胶方式。胶液通常施加在两辊的压区内，所以也称施胶压榨。根据结构形式可分成立式、水平式或倾斜式，如图 6-3 所示。

辊式表面施胶都是将胶液灌满压区的进口侧，在压区内纸张吸收若干胶液并除去剩余胶液。溢流胶液收集在位于辊子下部的料盘中，并又循环返回到压区。立式结构的走纸最容易，但每个压区内纸页两侧的胶料池深度不等。水平式布置的施胶压榨由于在纸页两侧的胶料池深度一样，解决了不等量吸附的问题。倾斜式结构是两者的折中，综合了水平施胶和垂立式施胶装置的优点，操作方便，适用于操作车速较高的纸机，产品多为各类原纸、文化用纸等。

2. 门辊式表面施胶

门辊式施胶是一种改进型的表面施胶方式。鉴于辊式施胶装置均需借助两辊之间形成的胶料池对纸页进行施胶，容易引起胶料池扰动的问题，料池扰动的后果是纸机横向的固形物吸移量很不均匀。在较高车速时，更多的胶液量留在施胶压区出口纸张与各辊之间的表面上，随着纸页离开压区，各胶液膜不均匀地开裂成两层，一部分留在纸上，一部分留在辊上，导致固形物的吸移量不均。此外还有一个问题是两个辊的速度配合在高车速时变得更为严重，很小的速差就可使纸张表面有印痕并增加断纸。为了克服上述问题，有许多纸机使用若干门辊式的施胶机。门辊施胶机的结构示于图 6-4，它在两侧都有一个不跟纸页接触的转移料池（offset pond）。转移料池通过计量压区控制进入第二压区的胶液量。第二压区均一性地并最终将薄膜转移给施胶压榨辊。门辊系列中的所有辊子都在不同转速下所以尽量减少胶薄的开裂。使用门辊结构有可能增加胶液的浓度，从而减少"后干燥段"的蒸发负荷。尽

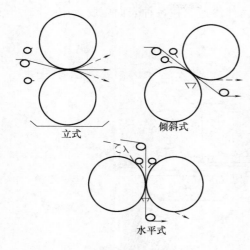

图 6-3 辊式表面施胶的形式

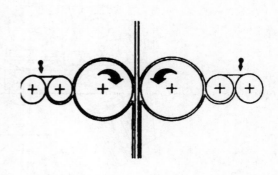

图 6-4 门辊式施胶压榨

管如此,与裂膜有关的问题仍然存在,并可能因为胶液浓度的提高而严重化,而且用门辊装置替代传统的辊式施胶,硬件的投资和维护费用也有增加,因此目前实际应用的并不多。

3. 膜转移表面施胶

传统的辊式表面施胶多采用两辊施胶压榨,即通常两个斜列布置的辊子压在一起,胶液在压区上方形成一个胶池,纸页通过压区,吸附一定的胶料,完成施胶过程。但随着纸机车速的提高,两辊施胶压榨的使用暴露出越来越多的弊端:

① 车速越高,施胶辊的辊径越加大,以减少辊子高速运转而形成的胶液抛溅,但由于辊子高速运转对胶液的扰动过大,使施胶量在横向上分布不均匀,同时辊径的加大,传动消耗也相应地增加;

② 为增加胶液的流动性,保证施胶量的均匀,随着车速的提高,胶液的浓度降低,进而增加了后烘干部的蒸汽成本。

为了克服以上问题,保证纸机的生产效率和降低成本,越来越多的纸机采用了膜转移施胶机。膜转移施胶机的主要结构如图 6-5 所示。主要由机架、计量辊、转移辊、上胶及接胶装置、加压及限位装置、边缘刮刀、喷淋清洗装置等组成。

首先通过计量辊的计量,在转移辊的表面涂上一层均匀的胶料薄膜,随后再在转移压区中移到纸幅上。该方法可保证良好的运行性能,良好的施涂精度和操作安全性。具有独特的沟槽计量方式,其施胶量的调节可通过更换缠绕不同直径钢丝的钢丝辊、调节涂料的固含量、辊间压力和速比调节等方法实现。高质量的辊筒制造精度保证了纸张施胶的质量;采用独有的挠度补偿机构来弥补计量辊和转移辊之间压力调节的变化,即使涂布量很低时,也可保证良好的遮盖性和匀度。可实现高固含量施胶,胶液浓度可达 $16\% \sim 20\%$,比普通的辊式施胶高一倍,同样的施胶量使后烘干部的蒸汽消耗降低一半,并可实现较高车速下稳定运行且保证施胶量的横幅一致。由此,目前越来越多的纸机采用膜转移的施胶机。

4. 其他表面施胶方式

随着纸张用途的增加,对纸张的抗水性和表面性能也提出了新的要求,除了采用上述表面施胶方式外,根据成纸的性能要求也可以采用其他方式的表面施胶,如可充分浸润纸页以改进诸如层间结合强度、耐破度、挺度和抗张强度等的槽式表面施胶;有效提高纸页光泽度

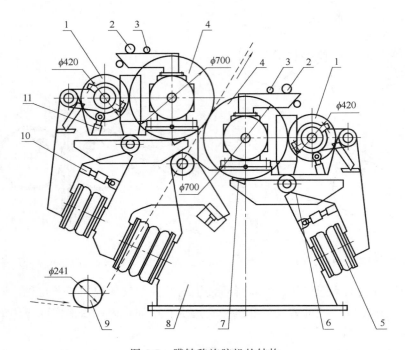

图 6-5　膜转移施胶机的结构

1—计量辊　2—上胶管　3—喷水管　4—转移辊　5—加压气胎　6—接胶盘　7—边缘刮刀
8—机架　9—弧形辊　10—机械限位装置　11—调整装置

的烘缸表面施胶；用于厚纸和纸板的压光机表面施胶等。

四、影响表面施胶的主要因素

影响表面施胶的主要因素有纸页特性及其水分、胶液性能（胶液组分、浓度、温度）、施胶方式、施胶压力等，简述如下。

1. 纸页特性及其水分

纸页特性包括原纸的定量、纤维种类及配比、紧度、孔隙大小、毛细管结构、平滑度、内施胶的程度、水分含量等。定量大容易吸收胶液，紧度高则不易吸收胶液。吸收胶液是表面施胶的重要步骤。进入施胶部的纸页水分对表面施胶效果和施胶工艺的正常进行具有重要的意义。原纸水分高，易于吸收胶液。原纸水分太高，不但不利于吸收胶液，反而因纸页强度不足，易于断头。

2. 胶液性能

胶液的成分不同决定了表面施胶的主要目的和施胶的效果。以提高表面强度为目的，则应选用如聚乙烯醇、淀粉、合成胶乳类的表面施胶剂；以改变纸页抗拒性能为目的，则应选用比表面能较高或较低的胶料。对于需要多重目的，则应选用多种胶料复配的表面施胶剂。为了维护纸机效率，在满足施胶工艺的同时，尽可能提高胶液的固含量，减少后续干燥的能耗。另外，从环保角度考虑，尽可能多采用生物基的材料。

施胶温度也十分重要，胶液的温度高则流动性好，温度太低胶液易于凝结产生流送障碍。胶液温度高也有利于胶液向纸页内部的渗透转移。

根据不同纸张品种的要求、纸机的结构类型、运行性能来确定进施机前纸页的水分、施胶液的浓度和温度、施胶液的组分、施胶量（g/m²）。

3. 施胶操作

在具体操作过程，根据纸机的车速和施胶量，选择和优化压区的压力、胶料池的深度、压区的宽度（辊的硬度和直径）等参数，以获得好的表面施胶效果的同时保证纸机的运行效率。

第二节　纸页的颜料涂布

一、概　　述

纸张是由纤维及其他非纤维物质组成的网状构造体，具有多孔性结构特性。纸张抄造过程虽然经过压榨或者压光过程，表面仍然凹凸不平。如果不经过颜料涂布，印刷效果往往达不到高的印刷质量。

颜料涂布，是指在纸张或纸板上施加涂层的工艺，涂层主要包括均匀分布的颜料、让颜料颗粒彼此粘接并固定于纸页表面胶黏剂等。涂层材料主要包括颜料、胶黏剂、水及少量的化学添加剂。颜料涂布通常是在原纸上形成孔隙结构更细密的颜料涂布层，以及通过增加纸页表面的平滑度来改善纸页的印刷性能。通过涂布，纸页获得更好的外观性能如白度和不透明度，也可以增加或降低纸面的光泽度。涂布是改善纸页表面性能、提高印刷质量最经济的方法。

纸页涂布通常包括涂料制备、涂布及纸页干燥三个过程。涂布有机内涂布和机外涂布两种形式。涂布的方式根据涂料特性和成纸的性能可采用膜转移涂布、气刀、刮刀、刮棒、帘式、逗号刮刀涂布等方式。

二、涂料主要组成及作用

涂料是由颜料、胶粘剂、增稠剂、辅助添加剂和水所组成的。颜料是主体，在涂布中扮演的功能是提供填充遮盖力，并左右着涂布纸的光泽、白度及油墨吸收性；胶黏剂将颜料粒子相互黏结并将其牢固于纸面，形成平滑的涂布层；增稠剂是为涂料提供所需要的黏度和保水能力；辅助胶黏剂、添加剂则促使涂料配制与涂布操作顺利，并改善涂料性能，使其具有良好的流动性、渗透性，协助涂料均匀地分布于纸面。

1. 颜料

颜料是纸张涂料的主要成分，它的主要作用是构成细小的多孔结构提供光散射表面，涂布纸的很多特征取决于颜料的选择，颜料的特性决定了孔隙特征，涂布纸的印刷适应性、亮度和光泽度等。一个完美的涂布颜料应该具有以下特质：

- 在水中是惰性的，不溶的，化学稳定
- 低硬度
- 所有的波长的光都能 100% 反射
- 具有高折射率，提升不透明度
- 能在高固含量下分散
- 具有良好的流变性
- 有分别适合高光/亚光的外观
- 具有低胶黏剂需求
- 低黏度
- 低价格

高岭土与碳酸钙是使用最为普遍的涂布颜料。涂布纸所使用的高岭土必须是很精细的产品，高岭土粒子的大小、形状、粒径分布、表面性能影响着涂料的流动性、保水性、分散性以及涂层的平滑度、光泽度、油墨受理性、遮盖能力等，是一种酸性颜料。高岭土主要成分

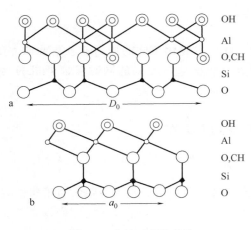

图 6-6　高岭石晶体结构
a、b—晶层沿 a、b 轴上的投影

为高岭石，高岭石晶体结构见图 6-6。

碳酸钙是一种来源广泛，价格低廉的原料，由于其白度高，流动性好，适宜配制高固含量的涂料，胶黏剂的需求量低，能改善涂层的油墨吸收性而广泛应用于造纸涂布上。研磨碳酸钙（GCC）能提供良好的白度和色调，不透明度比高岭土低。可提高透气度，在高固含量涂料中表现出良好的流变性，是一种碱性颜料。沉淀碳酸钙（PCC）能提供良好的白度和色调，及较高的不透明度。流变性很接近高岭土，能根据需要改变颗粒大小和形状，是一种碱性颜料。

有些纸张的涂料配方中已 100％ 使用碳酸钙；为提高涂布纸的光泽度与平滑度，才配加一定比例的高岭土。

目前使用的特殊颜料有煅烧高岭土、塑性颜料等。由于特殊颜料能够有良好的遮盖性、可塑性、油墨受理性、高光泽与平整性，弥补了高岭土、碳酸钙的许多不足之处，因而越来越受青睐。但是其价格昂贵，来源有限，一般只是配合高岭土、碳酸钙使用，添加范围在 5％～25％ 以内。塑性颜料完全是一种有机聚合物，主要成分聚苯乙烯，由于其相对密度小，具有热可塑性，涂层内部填充有机塑性颜料时，粒子间会产生均一空隙，因而获得蓬松的涂层与良好的压光效果，主要用于提高纸面光泽度。中空球状结构有例于提高不透明度和印刷光泽度，同时能改善油墨受理性和平整性等性能，缺点是成本较高，固含量较低。

2. 胶黏剂及辅助胶黏剂

将颜料粒子黏结在一起，填满颜料结构的微孔，并将涂料黏结到纸上。常用的胶黏剂主要有羧基丁苯胶乳、聚醋酸乙烯、丙烯酸酯等合成胶乳。根据纸张性质及用途的不同而不同，包装及印刷用的涂布纸或纸板一般均使用羧基丁苯胶乳（即 SBR）作为涂布用胶黏剂。由于合成胶乳不能提供良好的保水性，所以在涂料配方中除以合成胶乳作为黏结剂的主体之外，还必须添加其他的辅助胶黏剂，如 CMC、淀粉酪素与大豆蛋白、PVA 等。

CMC 是目前最适宜的保水剂，其操作简单，性能稳定，较好地满足了涂布要求。淀粉价格低廉，改性后的淀粉可部分替代胶乳作为涂层胶黏剂。至于 PVA、酪素丙烯酸共聚物、大豆蛋白等辅助胶黏剂由于成本、来源等方面的问题，在此不一一赘述。

3. 辅助添加剂

在涂料制备和涂布操作过程中，还需要使用分散剂、防腐剂、消泡剂、黏度调控剂等辅助助剂，各种辅助助剂的作用见表 6-2。

表 6-2　　　　　　　　　　　　各种辅助助剂的作用

辅助助剂名称	作用	辅助助剂名称	作用
耐水剂	改善涂料的耐水能力	防腐剂	防止生产中涂料的腐败
消泡剂	控制泡沫问题和消除泡沫	增塑剂	改进涂料薄膜的柔韧性
流变控制剂或黏度调节剂	控制涂料黏度和保水性能	染料	调节涂料的色泽
分散剂	优化颜料的分散性能	增白剂	提高纸面的亮度或视觉白度

三、涂料制备

因涂料各种组分在物理和化学特性上有很大不同，一般做法是将每个组分单独地分散与贮存，然后按所需比例混合在一起。主要包括颜料分散及过滤、组分预溶解或调节浓度或黏度，按相应的顺序添加混合，过程注意避免气泡带入和注意 pH 的控制及调整等。

颜料分散过程及添加次序依次为：水→分散剂→NaOH→启动分散机→添加颜料（高岭土或碳酸钙）。

涂料的制备具体可按如下步骤进行：

① 加入分散好的颜料，将分散机调速至搅拌状态；

② 将 CMC 或淀粉溶解配制成 5%～10% 浓度后按计量添加在分散好的颜料内；

③ 添加计量好的胶乳；

④ 依此按配比添加增白剂、抗水剂、润滑剂、染色剂、消泡剂，添加时间间隔为 3～5min。

⑤ 加水调节固含量；

⑥ 使用 NaOH 或氨水调节 pH 为 8.5。

四、涂布系统与涂布方式

纸张涂布系统一般包括施涂（上料）和计量两部分。涂布方式可分为接触式和非接触式，这主要取决涂料是否与原纸直接接触。不同的涂布方式可以根据需要进行组合应用。目前接触式的涂布方式主要有前面所述的表面施胶（辊式表面施胶、门辊式的表面施胶、膜转移表面施胶）、刮刀涂布、刮棒涂布和气刀涂布等；近十年来人们开始发展非接触式的涂布方式，如目前已经开始应用的帘式涂布和喷雾涂布。除了膜转移涂布外，所有用于颜料涂布的接触式方式都是先在原纸表面施涂过量的涂料，然后再去掉多余的涂料达到目标涂布量。

1. 施涂系统（上料系统）

常用的施涂方式有三种，包括浸压式（辊式带料）、短驻留（short dwell time）和喷射施涂，涂布方式的比较如图 6-7 所示。

（1）浸压式施涂系统

图 6-8（a）涂布机的上料辊和背辊一样包裹着橡胶，通常直径是背辊的 25%。它随着机器的运转方向而运动，速度大约是车速的 10%～20%。当涂料进入上料辊和背

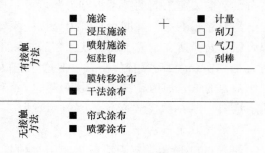

图 6-7　涂布方式的比较

胶辊之间的楔形区域时，流体动力增大。达到最大压力时，压力会减小直到膜分离出现。辊式带料的涂布机的涂布量取决于计量刮刀和背辊之间的角度和压力。

（2）短驻留施涂系统

短驻留施涂系统中，涂料被施涂到纸上后，马上就会被刮刀刮掉如图 6-8（c），涂料和纸张的相互作用时间很短，这就降低了液体进入原纸的可能性。

（3）喷射施涂系统

喷射涂布已经成为现代最受欢迎的涂布方法，它能避免浸压式涂布系统带来的高压力。和短驻留涂布相比，喷射涂布也更易于操作，如图 6-8（b）所示。

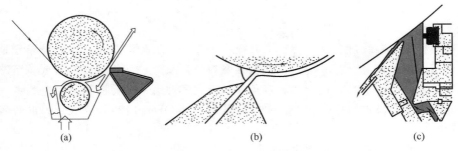

图 6-8　不同的施涂系统

(a) 浸压施涂刮刀计量　(b) 喷射施涂刮刀计量　(c) 短驻留施涂刮刀计量

2. 涂布计量系统

浸压式施涂以及喷射施涂系统可在纸面上留下涂料比理想的涂布量多数十倍。为了控制涂布量和去掉多余的涂料，不同种类计量系统被开发出来。刮刀、刮棒或者气刀都是属于计量系统，其中刮刀系统使用最为广泛。

涂料计量系统不仅影响涂布机的运行，还影响涂料层的遮盖。在气刀计量系统中，涂层的表面随着原纸的表面等高线波动，而且涂层的厚度一样，也就是说覆盖率较好。在刮刀涂布系统中，涂料会填补原纸表面粗糙的缝隙，使表面变得均匀平整，但是涂层的厚度是随着原纸表面而变化。

(1) 刮刀/刮棒计量系统

刮刀计量系统因其可获得高的涂布速度和高的涂料固含量而被广泛应用，目前应用于 LWC 的刮刀涂布机速度已经接近 2000m/min。刮刀可分为硬、软两种刮刀。硬刮刀（stiff blade，rigid blade，beveled blade），它在较高刮刀角度工作，通常在 30°～50°，该情况下需要的压力比较小。软刮刀，又称低角度刮刀，大约在 5°～15°，该情况下需要的压力比较大。涂布量和刮刀压力间的关系视刮刀角度的不同而变化。

刮刀涂布的一个共同点是刮刀是固定不动的。这样出现的问题是，无法通过刮刀的纤维和大颗粒会滞留在刮刀下面，使涂层表面留下划痕。为了避免这种情况，人们会用一个直径约为 5～15mm 的刮棒替代刮刀，但这样会很难获得稳定的涂布量。刮棒涂布机对原纸的要求比刮刀的低，原因是涂料运动区域没有锋利的边缘，不容易断纸。图 6-9 为刮刀涂布系统的示意图，图 6-10 为刮棒涂布系统示意图。

(2) 气刀涂布系统

如图 6-11 所示，气刀涂料近似于一种等高涂料方法，涂层的厚度较为一致，涂料覆盖性较好。气刀涂料的缺点是低的涂料固含量，通常在 40%～50%，涂布速度也较低，一般低于 400m/min，能耗也较高。常用于计量系统不能接触涂料的纸张生产，如无碳复写纸，目前应用越来越少。

(3) 帘式涂布系统

帘式涂布（图 6-12）使用一层自由下落的涂料帘来完成涂布过程。在造纸工业中最早使用帘式涂布生产相纸，这种含有感光的化学物质的涂料层表面必须均匀而且需要形成多层结构。因帘式涂布具有优良的遮盖和运行效率，高的涂布速度，更均匀的涂层，停机恢复时间短以及可适应不同涂布量、一次可以获得多层涂层结构等优点，已经在无碳复写纸、热敏纸、涂布牛卡纸、喷墨打印和阻隔包装等品种的生产上。帘式涂布机可以根据帘的制作方法

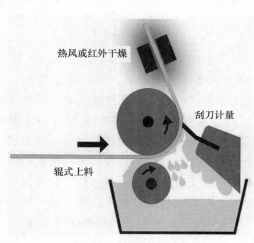

图 6-9　刮刀涂布系统

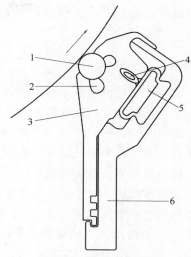

图 6-10　刮棒涂布系统

1—刮棒　2—水槽　3—支撑　4—额外
负载软管　5—负载管　6—支架

（slot die 和 slide die）和涂层的数量（只和
多层涂料相比）来分类。涂布量通过改变涂
层的泵送速度来控制。单层涂料的涂层厚度
可以从几微米到 $20\mu m$ 左右。

（4）喷雾涂布

喷雾涂布采用喷雾装置将涂料同时喷在
纸张的两面。喷嘴用高压（约 10.0MPa）
生成涂料微滴，然后喷在纸张表面。喷雾涂
布的挑战性在于涂料颗粒在纸张表面要有合
适的扩散，获得好的覆盖率。这种涂布方式

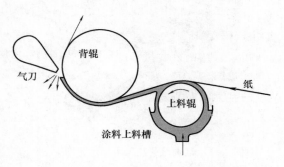

图 6-11　气刀涂布系统

适合宽泛的涂布量要求（2~30g/m²）、高速纸机（达 2500m/min），幅宽可超 10m。但喷雾
涂布装置在商业领域的应用还很少。

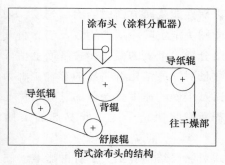

图 6-12　帘式涂布系统示意图

（5）双面涂布系统

刮刀涂布机一次只能涂布纸样的一面。如果人们想涂布双面，必须装两个涂布装置和干
燥装置。纸张两面同时涂布的好处在于减少了对涂料设备和干燥设备的投资，因为缩短了涂

布机器而且避免了安装多个干燥程序。最常见的双面涂布方法是膜转移涂布，前面已经有所介绍。

五、涂料的干燥

根据上述涂料的主要组成以及涂布机运行效率，涂料的干燥除了达到固化涂层的目的外，节省干燥能源也是重要方面。无论是机外涂布还是机内涂布，提高干燥效率、保障涂层的性能的同时快速固化涂层，从而减少胶黏剂的迁移是涂料干燥系统选择和设计的主要原则。目前主要采用热风冲击、红外干燥或两者相结合再辅以传统的蒸汽烘缸方法干燥涂料。

红外发射器（通常为燃气红外或者电红外）提供一个紧凑的、高强度热源，传递能量不需任何物理接触，对干燥涂料是很理想的，但由于红外射线装置只是一个热源，尚需提供空气带走涂料所蒸发出来的水汽，因此有些干燥装置为了更有效地运行，将红外与热风冲击相结合。图 6-13 为纸页涂层热风干燥示意图。图 6-14 为热风及红外结合的涂料干燥系统。

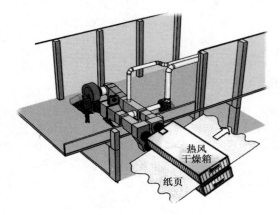

图 6-13　纸页涂层热风干燥示意图

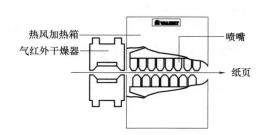

图 6-14　热风及红外结合干燥系统

六、影响涂布纸性能的因素

一般而言，如下五个方面是影响涂布纸性能的重要因素，包括：a. 原纸表面性能；b. 涂料成分；c. 涂布方式；d. 干燥方法；e. 压光的程度。

原纸的表面性能从两方面影响涂层匀度。表面粗糙度对涂布厚度均一性有重要影响，而表面吸收性能则决定实际涂层的组成。当涂料开始接触纸面时，纸页结构内部的毛细管作用力使水溶性组分渗入纸页的微孔，在纸面上留下浓集的颜料粒子部分。在涂料配方中，胶黏剂的类型和数量对涂层结构有明显的影响，因为它影响流体渗入原纸的速率、颜料粒子之间的充填程度以及干燥的速度。涂层的基本结构与颜料粒子的规格和形状以及填密程度有关。涂料中的助剂通常将决定干燥后胶黏剂的柔韧度和随后压光或超级压光时颜料粒子的再排列。

涂布方式对涂层结构有至关重要的影响。图 6-15 是三种常见涂布方式形成的涂层形貌。

气刀涂布机倾向于沿原纸的外轮廓黏附上一层均匀的涂膜（即有良好的覆盖）。辊式涂布机提供良好的覆盖，但裂膜作用带来条纹状纸病。刮刀涂布机能把表面浅凹处很好填平，但以牺牲涂层厚度的均一性以换取平滑度。每种涂布方式都有其不同涂层结构；因此，有些涂布作业进行多次涂布步骤，以便融合两个或更多个方法的优点。

干燥条件对涂料结构的影响可能很重要。如果涂料干燥得太快，那些涂层较厚或吸收速率较慢的区域将保持较高比例的黏胶剂，从而得到不同的涂料结构。随着涂布速度的增加，在上涂料与干燥之间的时段变得更短，这个问题可能更为严重。在干燥期间，涂层厚度有某种程度的缩减。缩减的程度主要与最初涂料分散体中的固形物含量有关，但也受颜料形状、分散程度和胶黏剂物理特性的影响。如图 6-16 所示，由于原来纸页粗糙部分的复原，缩减作用是不希望发生的；这个问题在低涂布量时更为严重。

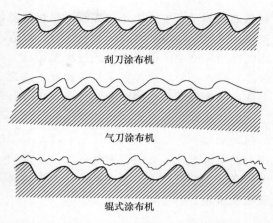

图 6-15 用三种不同方法涂布后纸张的剖面图

涂布纸常进行压光或者超级压光以压紧涂料结构，并获得更高的平滑度。如果涂料结构不均一，压光或者超级压光很可能将进一步增加其不均性。涂层结构中，胶黏剂相对较多的区域，其光泽度不如邻近区域，纸页就显现出细小的花斑（图 6-17）。

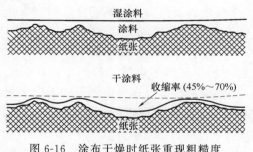

图 6-16 涂布干燥时纸张重现粗糙度

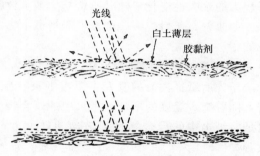

图 6-17 超压前后白土涂布纸的剖面示意图

第三节 纸页的压光

作为纸页表面处理的一种方式，纸页经压光工序以满足涂布、印刷等后续加工的要求。压光过程就是通过机械压力作用于纸或纸板，通过热量、湿度等变化来改变其塑性，达到改善纸或纸板的表面性能。主要体现在：a. 改善纸页成形的不均一性。b. 提高纸页的平滑度和光泽度。c. 提高纸页厚度的均一性。

压光过程主要体现于纸幅在压区受到机械压力作用，一般用压区压力（nip pressure）、压区长度（nip length）或压力持续时间（duration of compression）来描述。压光过程的总体原则是希望改善纸页的表面性能同时，避免在纸页厚度减少时发生一些不良变化，如透明度降低、白度降低以及纸面变黑。

纸机中的压光机一般设置在干燥部后和卷纸之前，是纸页在纸机整个抄造过程中受到最大压力的区域，这种方式也称为机内压光。如需要进一步提高纸页的平滑度和光泽度，常用的是机外超级压光。现代纸机一般配有压光装置，是否使用压光操作视所抄造的纸种而定。有些薄页纸种（如电容器纸、卷烟纸）和吸收性纸种（如滤纸、吸墨纸、钢纸原纸等）大多不用压光机。

在过去的二三十年中，硬辊压区机械压光和充填软辊超级压光占据了纸和纸板压光操作的主流。挠度补偿辊的出现，避免了对压辊表面的损害，使采用更宽的负荷区域成为可能；加热硬辊的发明也使得增加压光过程温度成为可能；便于换辊的方法以及纸幅断头时压辊迅速分离的技术等的出现改善了机外超级压光过程的效率。然而超级压光的充填辊仍受到提升压力负荷和速度等因素的限制。近年来，聚合物复合辊的诞生使压光过程获得较高的温度和线压，以其弹性软压光区的特征将高效的在线压光过程和均匀的整饰结果完美结合。

同时复合压区压光、靴形压光、完全新型的延伸宽压区压光（extended calendering）等出现，使得纸页在压区停留时间延长，获得的压光的压力分布更为均匀，并有效减少纸幅松厚度的降低。纸机和压光技术的进步，使得高效率的压光在大多数的纸种甚至在高速纸机中实现在线压光。

一、压光工艺及基本原理

1. 压光工艺

纸页压光的主要目的是通过两辊之间的压区以获得预期的纸页性能。压力在压区施加，并伴有热能的作用，纸幅在此过程中被压缩其表面结构并得以平整。在此过程中，纸页发生了较大的永久性变化。随着所希望的纸页致密化性质（如粗糙度、孔隙率、吸收性和光泽度等）的改善，所对应一些纸页性能指标下降，如弯曲挺度以及白度、不透明度和黑变等光学性能。

2. 压光的基本原理及影响因素

压光后纸页性能的改变主要由纸页在压光过程的塑形变形带来的，特别是在软压光过程，随着纸页温度的增加，纸页中的聚合物软化，弹性模量降低，在一定的压力下塑性变形增加，纸页中的聚合物呈现玻璃化转变并使纸页有更好的可塑性，纸页的性能有更好的改善。

由于无机填料和颜料有较大的弹性模量，因而压光中纸页在压区的变形主要取决于纸页高分子聚合物的性质。纸页高聚物比例的差异取决于纸张品种和浆料配比的不同。木材纤维包括三种无定形的聚合物：木素、半纤维素和纤维素。在涂布纸中，涂层含有胶黏剂，既有合成的无定形聚合物，如丁苯胶乳，又有天然高分子聚合物，如淀粉等。

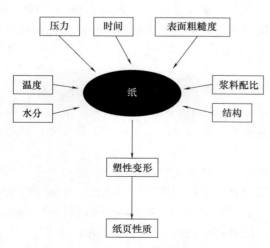

图 6-18　压光工艺基本参数方框图

水是一种很有效的聚合物的软化剂，增加纸页中的水分含量可大大降低其玻璃化转变温度。纸机的配置影响到进入压光区纸页的温度，该温度可以从室温（如典型的机外压光）到 100℃（如在线的压光机）之间变化。采用提升压光机热辊的表面温度和进区前汽蒸可有效地增加压光区纸页的温度，有利于软化纸页中聚合物，即可在较低的机械压力（线压）下可以获得相同的压光效果。因此，进入压区纸页的温度和水分含量是影响压光效果的关键参数。

如图 6-18 所示，压光的基本工艺参数和纸页性能共同决定了纸页的压缩程度和最终性能。影响纸页最终性能的压光工艺参数主要有压区压力、停留时间以及压光表面的粗糙程度，具体体现在压区的类型（如辊压区、靴压区或带压区）、压辊材料和密度、压区数量、车速和线压力负荷等。纸页的性能参数主要有纸页在压区的温度、水分大小、浆料配比以及纸页结构（如匀度、填料分布以及涂布层等）。

二、压光对纸页性能的影响

纸页在压光机的作用下，其强度和物理性能发生一定的改变。纸页性质的变化及其幅度，与其通过压区的次数有关。一般来说，随着通过压区数的增加，纸页纵向和横向的裂断长、撕裂度都有所下降（如图 6-19 所示）。与此同时，纸页的吸收性下降，而平滑度上升（如图 6-20 所示），由此可知，随着纸页通过压光辊次数的增加，纸页的平滑度提高，油墨吸收性下降。

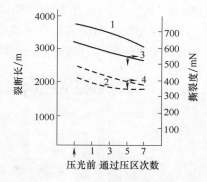

图 6-19　压区数与纸页强度关系
1—纵向裂断长　2—横向裂断长
3—横向撕裂度　4—纵向撕裂度

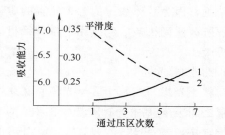

图 6-20　通过压区数对纸页特性的影响
1—平滑度　2—吸收能力

三、压光机的类型

1. 硬压区压光机

硬压区压光机用于各种纸张和纸板的压光。在这类压光过程中，纸幅经过两个或多个硬辊之间施以压力使纸幅质密，使纸幅的表面与压辊表面一样平滑。常用的硬压区压光机主要有两种：两辊硬压区压光机、复合多辊硬压区压光机。两辊压光机最初用来对不需要重压光的纸幅进行压光，如涂布前的纸幅和完成后的未涂布的不含机械浆的纸种。复合多辊压光机最普遍的形式是配有 4～6 个压辊，用于新闻纸、光滑的不含机械浆纸以及特种纸（见图 6-21）。

在硬压区压光工艺中，工艺控制参数为辊间的线压和压辊表面温度。此外，压区的数量也常作为控制参数。当今的带有加热辊的两压区硬压光辊能够在平稳的温度下操作，使温度成为有效的控制参数。

硬压区压光机的优点有：a. 低成本的操作；b. 对改变纸幅厚度效果显著；而缺

图 6-21　造纸机中的压光辊组

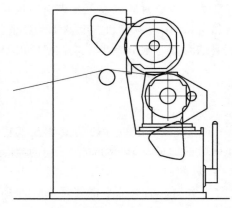

图 6-22　两辊硬压区压光机

点有：a. 有使纸幅压黑的危险；b. 纸幅表面产生斑点（光泽斑点和油墨吸收差异等）；c. 纸幅强度受损；d. 纸幅厚度降低；e. 印刷效果受限；最普通的两辊硬压区压光机配置一个钢的加热辊和一个偏差补偿辊（见图 6-22）。

研究表明，纸幅只采用一个压区的压光有一些缺陷，如要求压光机本身必须非常精确，且压辊的辊面无压痕和瑕疵，压辊直径必须足够大以至于能够在较高线压下不变形，基上述，多辊压光机组过去、现在和将来都会得到应用（图 6-23）。多辊压光机一般超过 3 个辊，最常用的形式是 4～6 辊。这些辊的直径一股较小，所施加的线压主要靠辊壳的质量。具有多个压辊组的压光机增加了底辊的线压负荷，用这种方法增加线压相对简单且较为精确，因为总体线压为各个压辊的质量叠加，而且线压沿整个辊面幅宽自然分布。因此多辊硬压区压光机被广泛应用于各种纸机和纸板机中。

2. 软压光机

软压光机（或软压区压光机）在压区的两辊之间至少具有一个软辊。最常见的是一对压辊中一个是软辊，另一个是加热的硬辊，有点像硬压区压光机中的加热辊。个别无光泽的纸种压光，也有采用两辊均为软辊的情况。

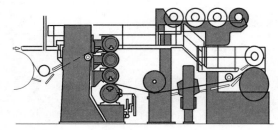

图 6-23　多辊压光机

软压光与硬压区压光最大的差别在于：压区的背辊有一个较软的表面。就是这一差别改变了整个压光工艺的本质。软压光工艺中，有以下工艺参数变量：a. 压光线压；b. 运行车速；c. 热辊表而温度；d. 软辊表面包覆材料；e. 软辊的位置（置于纸幅的顶面或底面）；f. 蒸汽量（如可采用时）。

软压光在压区最主要的行为差异是：不论纸幅还是辊面包覆层都受到了压缩。与硬压区压光相比，这一结果导致软压光压区中的实际压力大大降低。压区越长，则允许的热量传逆越多，且压光后纸幅的变形也大；另一个较大的差异，是对纸幅上高低不同点的压力分布是非常均匀的。软辊包覆层的变形降低了压区的最大局部压力，导致对纸幅的压光更加均匀。

一般来说，硬压光趋向于使纸幅的厚度均匀一致，导致纸幅小规模的密度波动；而软压光则趋向于使纸幅的密度均匀一致，从而会导致纸幅在厚度上的差异（如图 6-24）。

通常软压光要比硬压光有更多的优势。由于纸幅获得更均匀的密度，从而吸收性能和印刷效果更加均一。由于对局部高出的延点没有压缩得太过分，因而较少产生对印刷图像的光泽色斑。较低的最大线压使得纸幅

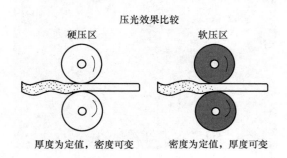

图 6-24　硬压光和软压光对比

压光后更加平滑而没有变黑的风险。同时与硬压区压光相比，纸幅的强度性能保持得较好。

不同的软压光的形式如下：

（1）光泽压光

软压光的前身就是光泽压光，主要应用于高定量的纸板，特别是涂布纸板。温度是该工艺的关键参数，因此压光工艺一般使用较高的温度（120～150℃）和较低的线压。这种压光称为光泽压光。高温度和低线的结合产生了一个很好的纸板结构。纸板表面被塑化得到很好的印刷效果，同时纸板的其他部分保持较少的压缩和较大的松厚度。

光泽压光（图 6-25）有一个用蒸汽、热油或电力加热到高表面温度的抛光缸，通常表面是镀铬的，压区在抛光缸和软压辊之间形成。传统上软压辊的材料为橡胶，但是今天已普遍使用氨类材料。为了提升压光效果，也会采用两个软压辊和一个加热缸组成的两压区光泽压光。

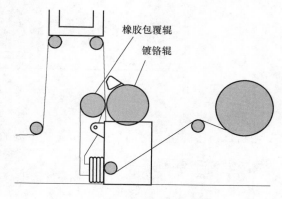

图 6-25　光泽压光机

（2）两辊软压光

光泽压光中较大的线压可超过压辊包覆材料的承受能力，因此推动了能承受较高线压和在高比压压辊的包覆层的研发。软压光工艺被首次用于各种化学浆的特种纸和无光泽纸，因此被这种软压光机产品的第一个主要供应商 KUsters 公司称为无光泽压光机或无光泽在线压光机（见图 6-26）。

通过将热油压辊与新型软包覆辊技术相结合是软压光技术的进步。两辊软压光机的主要部件是带有偏移补偿的软包覆材料压光辊和具有平滑抛光表面的加热辊。软压光机的线压范围必须高于两辊硬压区压光机，且软压辊的辊径也很大。软压光的设计线压范围在 150～450kN/m，热辊的表面温度可高于 200℃。

对于双面压光，由两个压区和一个反向辊总共四个压辊组成压光机。压光辊的排序考虑到纸幅的两面性、涂布顺序及其在压光机上的运行性能（见图 6-27）。

图 6-26　软压光机

两辊软压光机可以组合获得更高的表面整饰效果。通常采用带有一个反向的两压区组合，但也有带有两个压区整饰同一表面的组合。

软压光的其他主要部件有压区前的舒展辊、引纸辊、蒸汽喷淋器、刮刀、压辊边缘冷却装置以及厚度调节器。由于软包覆层可受到进入压区皱褶纸幅的负面影响，因此舒展辊的作用是非常重要的。对于软压光的操作来说，当进入压光机纸张的浆料中含有胶黏物或杂质时，压区辊间刮刀是非常关键的因素。当细小纤维、填料和其他杂质在辊面黏附前，必须将胶黏物从压辊表面除去。

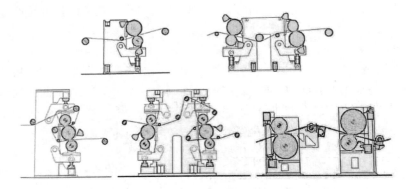

图 6-27　软压光机概念

3. 超级压光机

在高聚物压辊引入之前，超级压光是主流的多压区压光的方法。

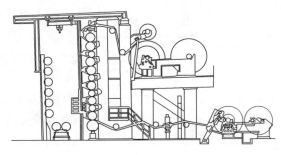

图 6-28　超级压光机

超级压光机是一种由软辊和硬辊交替组成的多辊压光机。软辊可以承受较重的线压以获取良好的平滑度，而不会产生纸页变黑和产生斑点。超级压光机的主要控制参数如下：a. 底辊的线压；b. 热辊的表面温度；c. 填充辊的材料和硬度；d. 压光机车速；e. 蒸汽；f. 双面压区的位置。超级压光机的软辊过去曾使用填充辊（filled roll）。这种软填充压辊（充填羊毛和棉花或者单独棉花）的制造技术一直延续了 150 多年。

超级压光机总是用于机外压光（见图 6-28、图 6-29）。压辊组最常见的数量是 9～12 个。但也有例外，如制造防油防黏纸时，压光辊可多达 16 个。如果超级压光机的辊数为偶数，则在压辊组的中间将有一个由两个填充软辊的双面压区，最常见偶数辊组的辊数为 10～12 个。

超级压光机的非偶数辊组导致纸幅有一面比另一面受到多次压光，这在制造单面性能产品或光泽纸时是希望的。在这种情况下，最通用的奇数组的辊数为 9～11 个。

超级压光属于机外操作，当每次更换纸卷时，压光机就要停机，造成产量损失。这也是超级压光机生产能力较低的主要原因。另一个造成较低生产能力的原因是其较低的运行车速。为了满足质量的要求，在一些情况下超级压光机的车速不能超过 500m/

图 6-29　封闭式面板的超级压光机

min，通常最大的 850m/min。制约车速的最主要因素是填充辊。软填充辊的表面易于被纸幅的瑕疵、断头或表面缺陷擦伤而形成刮痕，因此填充要经常更换，填充辊的更换是影响压光机生产能力的另一个因素。

目前，软聚合物包覆辊的发展已经取得了长足的进步，聚合物包覆辊几乎可以使用在任何超级压光机的任何位置上，而不管其机械载荷。传统的填充辊仍然在应用的唯一原因是纸张质量的需求。聚合物包覆辊的换辊周期为 3～4 个月，这种较长替换周期增加了超级压光机的生产能力。另一个优点是改善了纸页的厚度形貌曲线。当使用填充辊时，不可能实现主动的厚度形貌控制。因此传统的超级压光机不能以线压压型曲线来影响纸页的厚度轮廓曲线。然而，带有区间控制的蒸汽喷射可以影响纸的光泽和厚度。

蒸汽喷射也是压光工艺重要的工序，特别是对于未涂布的超级压光纸种。蒸汽喷射的功效基于两个作用：即加热纸幅和润湿纸幅表面。压光机顶部的喷头是最有效的，可用于控制两面差和横向光泽分布。

4. 新型压光机——多压区压光机

多压区压光机的术语最早产生于 20 世纪 90 年代中期，被用来区分超级压光机以及早年间发展的软压光机与新研发的压光机技术。多压区压光机潜在的应用数量惊人，比超级压光机要多得多。多压区压光机有如下关键持性：

① 多压区压光机适合在线和离线两种应用；

② 压光机辊组的辊数可以在 3～13 个范围内变化；

③ 与单列辊组一样，分开的或两列辊组的布置也是可行的；

④ 压光机的结构车速可达 2200m/min；

⑤ 加载和卸载操作快速而精确；

⑥ 辊组上所有的塑性辊均为聚合物包覆材料；

⑦ 当采用热油作为加热介质时，温度可达 280℃（运行时表面温度为 150～170℃）；

⑧ 辊组中反向辊的次序是使第一个压区加热。

与超级压光机相比，多压区压光机通常配置一个反向辊，这意味着顶部和底部的偏移补偿辊具有软包覆层。在第一个压区比超级压光机更为高效。

多压区压光机研发的驱动力来自两方面：

① 由于受到压光机能力的限制，特别是对于特殊要求的纸种或高速操作，软压光机不能够包括所有压光应用的范围；

② 与超级压光机相比，多压区压光机的单台价格增加不少，但一台在线的或两台离线的多压区压光机相当四台超级压光，故投资和操作的总费用却明显降低。多压区压光机一般用于最后压光的位置。

目前市场上的代表性的三种压光机的设计使用了多压区压光技术：Voith 的 Janus 压光机（见图 6-30，图 6-31），Andritzjf 的 ProSoft 压光机（见图 6-32），以及 Metso 的 Opti-Load 压光机（见图 6-33，图 6-34，图 6-35）。因篇幅有限，不一一详述。

5. 靴型压区压光机

靴型压区（shoe—nip）压光机是一种长压区压光机，其纸幅的停留时间是硬压区或软压区压光机的数倍。

靴型压区在热辊和由靴型支撑的聚合物带间形成，靴的纵向（MD）长度变化范围为 30～300mm。靴型压光机压区的机械设计是基于靴型压榨压区的形式。由于靴型压区的厚度曲

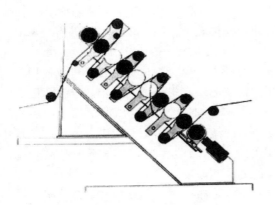

图 6-30　Janus 压光机（单辊组配置 1×10）

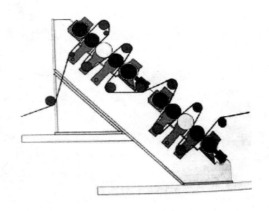

图 6-31　Janus 压光机（分离辊组配置 2×5）

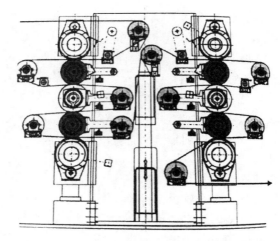

图 6-32　ProSoft 型 5＋5 压光机（来源：AEL2006 压光机方法研讨会出版物）

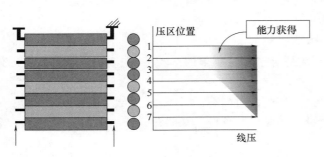

图 6-33　OptiLoad 压光机的载荷原理
和液压装置（来源：Metso 2008）

线无法调整，因此厚度的控制要在纸或纸板生产线的其他部位进行。这种靴型压光机的设计形式参见图 6-36。

靴型压区压光机的优势体现在压光后纸页松厚度的保留，较低的微观粗糙度值（PPS—s10）以及没有色斑的高光泽。松厚度的保留是源于缓和的靴型压区的压力，而较低的微观粗糙度和均匀的光泽度的获得，则得益于柔软的聚合物带赋予了压区更均匀的压力分布。

尽管靴型压区压光的许多优点超过硬压区和软压区压光，但是其应用并不普遍。

6. 金属带压光机

在金属带压光机中，由加热的金属带和加热辊组成了一个 1m 长的压光区。图 6-37 给出了金属带压光机的示意图。这种压光区延长了停留时间，并施以较高的热能，有效地塑化

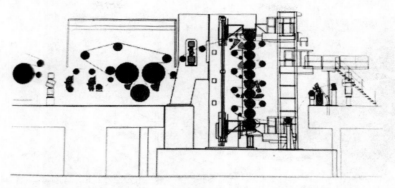

图 6-34　OptiLoad 型 1×10 在线压光机（来源：Metso 2008）

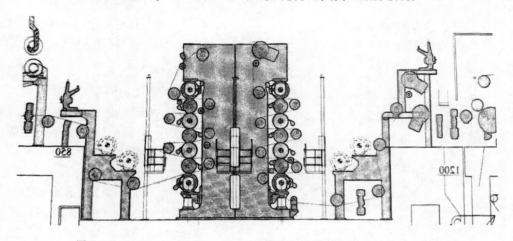

图 6-35　OptiLoad Twinline 型 7＋7 在线压光机（来源：Metso 2008）

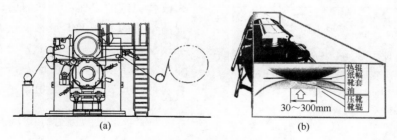

(a)　　　　　　　　　　　(b)

图 6-36　靴型压区压光机及其结构（资料来源：Metso）

(a) 靴型压区压光机　　(b) 靴型压区结构

了纸幅的表面。由于纸幅被塑化，压光时仅需较低的压力。因此与传统的压光方式相比，金属带压光可以最大限度地保留纸幅的松厚度。

金属带压光工艺是基于采用加热和长压光停留时间，其带压区的长度约为软压光区的 100 倍。靴型压光也有较长的压光区（30～300m），但是金属带压光区仍比最长的靴型压光区长 3 倍多。图 6-38 比较了不同的压光工艺。

金属带压光可以说是目前唯一的对称压光工艺，它可以将热同时施加于纸幅的两面这是可以做到的，因为压光过程中钢带和热辊均被加热。

与传统压光机相比，金属带压光后纸幅的回弹行为大为减少（图 6-39），由于纸幅的热

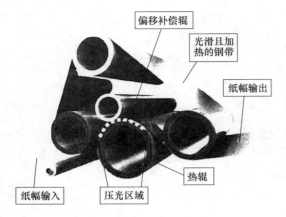

图 6-37　金属带压光机示意图
（资料来源：Metso）

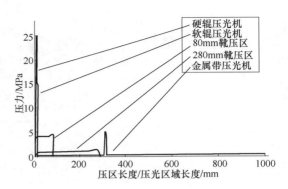

图 6-38　不同压光机的压力和压光区域
比较（资料来源：Metso）

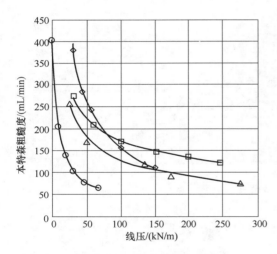

图 6-39　硬压光、软压光和金属带压光机
的线压载荷（资料来源：Metso）

△2 个软压区，150℃　□1 个软压区，150℃　◇1 个
软压区，100℃　○金属带压光机，120/120℃

塑化和较低的压光压力，金属带压光机可以极大地保留纸和纸板的松厚度和挺度。与传统的压光工艺相比，金属带压光机获得的纸幅松厚度提升可高达 10%。由于设备价格高，目前使用不多。

7. 特种压光机

对纸页的压光，除上述各种类型外，还可以采取各种特种压光机，如平滑度要求高可在干燥部的中间设置的湿式压光机或半干压光机，通过纸幅在压光辊表面的滑动研磨来改善原纸的表面质量的研磨压光机，为了提高纸页的光泽度但不影响松厚度而使用的毛刷整饰（Brush Finish），为在纸幅表面创建所需的图纹而使用的印花压光机，因他们各自的缺点，在现代纸机系统中不常使用。

四、压光机的应用

综上所述，造纸压光设备主要有硬压光机、软压光机、超级压光机、多压区压光机及特种压光机。

硬压光机主要用于调整纸张的厚度、紧度，降低表面粗糙度，同时也可在一定程度上提高纸张的平滑度和光泽度。超级压光机主要用以提高纸张的紧度、透明度、表面平滑度和光泽度以及减少掉粉、掉毛等。目前主要作为高档铜版纸、美术纸、半透明纸等纸种的重要整饰设备。

与硬压光机相比，软压光能大大改善纸张表面的整饰效果，降低两面差。随着纸机速度的提高和幅宽的增加，新型多压区的压光机的应用越来越多。压光机的选用主要根据生产纸张的品种和表面性能的要求，特别是平滑度、粗糙度、紧度、松厚度、光泽度、透气度等的要求。不同压光设备的适用范围见表 6-3。

表 6-3 不同压光机的应用

纸钟	纸机硬压光机	纸机软压光机	超级压光机	新型超级热压光机
新闻纸		✓		
高级新闻纸	✓	✓		
超级压光处理纸	✓		✓	
轮转印刷用纸		✓	✓	✓
低定量涂布纸			✓	✓
凸版印刷用纸		✓		
纸机压光	✓	✓		✓
未涂布不含磨木浆纸				✓

第四节 卷取、复卷和完成

一、卷取和复卷

1. 概述

纸幅通常以纸卷的形式储存与输运，这就需要成纸的卷取，卷取的质量直接影响产品质量。卷纸生产时要求卷筒松紧均匀，避免两端松紧不一和卷芯起皱。

在造纸工业中有两个基本的卷纸流程。一种是卷取，其获得大直径的纸卷，被称为母卷。母卷被卷到卷取轴架上，例如在纸机、涂布机与机外压光上，然后为下一道工序做准备。用于这种工艺的设备被称为卷纸机。另外一种是造纸车间的最后一道卷纸，被称为复卷，复卷的主要功能是从母卷上卷取成品纸卷（cust-omer roll）用于复卷的设备被称为复卷机，成品纸卷则被卷到纸芯上（参见图 6-40）。

图 6-40 造纸厂卷取纸的基本流程

注：卷纸机（左）为后续加工生产母卷，复卷机（右）从母卷上分切和卷出商品纸卷。美卓版权。

卷纸机是纸机系统的最后一个设备。常用的卷纸机有轴式和辊式两种。轴式卷纸机是老式的卷纸设备，仅限用于低速纸机，目前已经不常用。辊式卷纸机又称表面卷纸机，是目前广泛使用的一种卷纸设备。这种卷纸机适合各种速度的纸机。辊式卷纸机卷成的纸卷比较紧实，纸幅受到的张力也较小，在生产中不容易产生断头。辊式卷纸机有单辊式和双辊式两种，如图 6-41 所示两种辊式卷纸机，多适用于低速纸机。对于高速纸机，多用气动加压辊式卷纸机如图 6-42 所示。

如图 6-43 所示，有三种基本的复卷机类型。最简单的是中心复卷，纸卷完全由其纸芯支撑与驱动。驱动力由复卷辊中心产生，故因此而得名。另一种常见的形式是表面复卷，复卷纸卷被一个驱动辊压住，从而依靠表面摩擦驱动复卷纸卷。第三种形式是复卷机的驱动同时贴近复卷纸卷和压辊，这种形式称为中心—表面复卷机。

由于造纸厂生产效率的提升，要求复卷的质量也越来越高，因此复卷出优质纸卷非常重要。所有纸卷的总体要求定义如下：

① 正确的纸卷尺寸，即纸卷宽度，纸卷直径，纸卷重量或纸幅长度。纸卷直径必须横

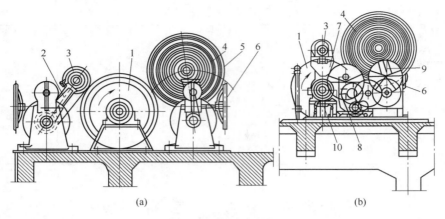

图 6-41　辊式卷纸机

（a）双辊式　（b）单辊式

1—冷缸　2、5、9—支杆　3—卷纸轴　4—纸卷　6、8—手轮　7—领纸支杆　10—冷水管

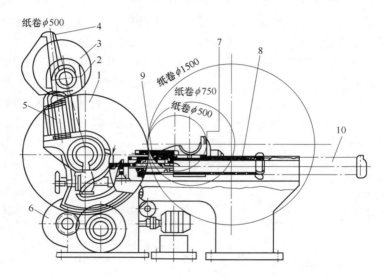

图 6-42　气动加压式辊式卷纸机

1—卷纸缸　2—卷纸辊　3—纸卷　4—引纸摇臂　5—引纸栓臂气压缸　6—引纸摇臂回转机构
7—卷纸辊卷纸轴架　8—加压气压缸　9—气压缸杆　10—在最大纸卷直径时气压缸的位置

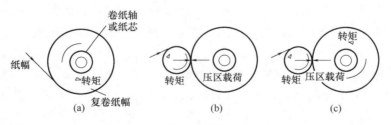

图 6-43　复卷工艺的三种基本类型

（a）中心复卷　（b）表面复卷　（c）中心—表面复卷

向一致，避免隆起、起鼓、爆裂。

　　② 纸芯要在纸卷的中心。

③ 纸卷边缘要齐整，没有端面不齐或纸芯凸出的现象。

④ 良好的纸卷结构，即最优的纸卷硬度或纸卷张力。

⑤ 纸幅表面与边缘无尘，特别对于静电复印纸而言。

⑥ 纸卷没有任何其他缺陷。

纸卷必须有足够的硬度才能承受运输时叉车的多次夹握。相比之下，母卷是通过吊车吊出卷取架的，因此母卷可以比成品纸卷要松一些。当然，如果在纸厂内进行后续的加工，则送到切纸机的纸卷可以更松一些，因为此时的储存时间短。

卷取与复卷时必须控制好厂房内空气温度和湿度。大气状态。纸卷湿度会在加工和储存时变化。湿度的变化会导致纸幅尺寸变化，对纸卷应力有影响。这些影响在纸卷轴向上的变化比径向上的快。

随着纸机车速的提高，对卷取与复卷的要求也越来越高。体现在母卷与商品卷直径也在增加，运行方式要求更加自动化，需要更高的生产效率。如为了减少或保持纸机下纸的次数，卷取母卷的直径就要增加；保持较高生产效率的同时尽量降低断纸、破损与非计划停机时间；降低人为之干扰。

2. 纸页性质对复卷的影响

复卷时要求纸幅要平整。纸幅横幅的变化越大，则复卷时所需的张力也越大。为了得到平整的纸幅，纸卷的直径越大时需要的纸幅张力越大，生产中定量越大需要的纸幅张力越大。

纸页的可塑性取决于纤维的水分、温度以及其应变的历程。纸页湿度或温度越高，可塑性就越强。纸页密度是影响复卷过程的基本变量。高密度纸卷会产生大的压区压力，使低克重纸无法复卷出大直径纸。在多站式复卷机或卷纸机中，问题多出在纸芯与辊底，即支撑纸卷的位置。

摩擦因数（coefficient of friction，COF）对纸卷张力的形成有影响，对复卷期间或复卷后的纸卷变形有影响。平滑度高的纸页每卷一圈时会损失一些张力，当在复卷时可在纸卷边缘看到直线的"I"形逐渐变成了"J"形。另一方面，摩擦因数太高会阻止纸页与纸页的层间移动，而造成纸卷的跳动与振动。因此复卷时纸卷有一个合适的摩擦因数范围。只要少许憎水性物质就能有效降低摩擦因数，如 AKD、油基消泡剂、润滑剂，滑石粉等。许多特殊的颜料，如硅酸盐、煅烧高岭土、二氧化钛、PCC 以及松香胶、一些合成树脂能增加摩擦因数。

纸页性质的变化对复卷过程有影响。如定量的波动以目前的抄造技术，影响不大。必须消除原纸厚度的横向波动才能复卷出完美无缺的纸卷。对于重压光的纸幅，消除其厚度波动比松厚度高的纸困难得多。

3. 复卷对纸页性质的影响

纸幅性质影响到复卷过程，而复卷过程反过来对复卷后的纸幅性质产生影响。在造纸过程中，同一纸幅一般有几个连续的卷曲与展开的过程，每个过程都会在纸幅上留下痕迹。这些痕迹是不同的，取决于纸卷的位置底部、中部或表面。

在每次舒展与复卷的过程中，纸幅从大纸卷表面改变位置，转移到纸卷底部，然后又从纸卷底部转成纸卷表面。如此轮换使成品纸卷因原纸位置不同而产生了性质差别，如由大纸卷表面纸幅与底部纸幅复卷的成品纸的性质是不同的。

纸幅在复卷与储存期间，因张力引起的纵向塑性伸长会增加纸页长度，导致纤维间的连接键断裂。通常在纸幅的横向上会有塑性应变，导致诸如起鼓、起皱、纸卷硬度变化等问题。

二、纸页的完成

广义的纸页完成工序包括压光、卷取、复卷和产品分选包装等操作，而狭义的完成操作则包括卷筒纸的包装和封头、平板纸的切纸、选纸、数纸、打包和贮存等过程。纸产品有平板和卷筒之分，因而完成整理的具体内容也有所不同。

1. 卷筒纸的包装和封头

卷筒纸可由人工包装，也可使用机械包装。图 6-44 为一套现代造纸厂的自动化纸卷打

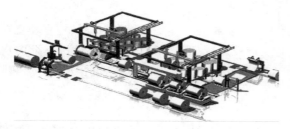

图 6-44 卷筒纸自动封包作业线

包封头生产线。在自动包装线上，机械手将卷筒纸用包装纸（定量不小于 $120g/m^2$）包覆，并通过可移动涂胶辊自动粘贴包装纸。

当卷筒纸包装完毕，机械手将其自动从包装机卸下，折好两头，贴上印有企业名称、产品名称、牌号、定量、等级、宽度、净重、毛重和接头个数等信息的标签纸，送封头机上封头。封头机的圆盘装配有电热或

蒸汽加热装置，保持 $70\sim80℃$ 温度，以干燥胶液。完成封头的纸卷，由包装线的轨道自动输送到成品仓库。

2. 平板纸的切纸、选纸、数纸和包装

书写纸、印刷纸和纸板等有时要求切成平板纸。普通生产卷筒纸的工厂，将部分等外的卷筒纸改切成平板纸。因此在卷筒纸纸厂设计时，应考虑一定数量平板纸的生产能力。

图 6-45 为纸厂广泛使用的轮转式切纸机，这种切纸机可同时裁切 6～10 个卷筒。纸幅通过导纸辊进入纵切位置，由圆刀沿着纵向切成规定的宽度后，进入牵引压辊，再利用横切刀沿横向切成规定的长度，最后用运输带送往板纸堆。图 6-45 也是一种复刀式切纸机，利用上下牵引压辊和两把横切刀切成两种不同长度的纸。平板切纸机也有单刀的，只能将纸切成一种规格。切纸机中的纵切装置与复卷机中的相同，横切刀则是由回转长刀和固定底刀组成。

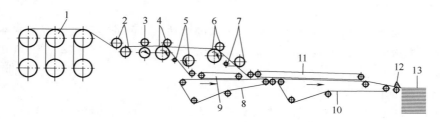

图 6-45 复刀轮转平板切纸机

1—纸卷 2—导纸辊 3—纵切装置 4—第一牵引压辊 5—第一横切机构 6—第二牵引压辊 7—第二横切机构
8—第一运输带 9—第一运输带的压紧带 10—第二运输带 11—第二运输带的压紧带 12—纸张堆放台 13—纸堆

平板切纸机的宽度，应与纸机宽度相等，车速一般可达 $120\sim180m/min$，所需的功率随切纸机宽度而定。切纸机一般都装有自动记录器，并与电铃相连，当所切纸的数目达到一令时，电铃自动发出信号，这时在纸上放一标签，以便和下一令纸分开。平板纸在机械化、

自动化程度不高的纸厂，需要经过人工检查，挑选去掉有纸病和不合规格的纸。

选纸是将成品纸分成一、二等及副产品。检查的精细程度随纸的等级高低决定。一般是选掉有大量尘埃、污点、破损、皱褶、眼孔、油迹、切口、歪斜、厚薄不匀的纸张。选纸完毕，就按 500 张为 1 令进行数纸。

随着自动化程度的提高，现代造纸厂均实现选纸、切纸、数纸和堆码等工序的全部机械化和自动化。图 6-46 所示为一种自动选纸和切纸装置，与自动计数和自动码纸结合。

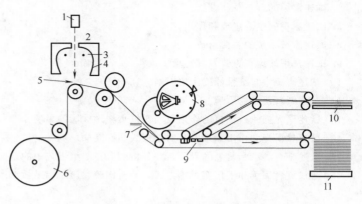

图 6-46　自动选纸设备
1—检查头和旋转镜　2—纸与光电管之间的光柱　3—光源
4—反射器　5—检查纸处　6—纸卷　7—切纸刀
8—记数　9—选纸处　10—不合格纸　11—合格纸

一种激光扫描选纸器如图 6-47 所示。这种激光选纸器特别适用于照相纸和纸板。

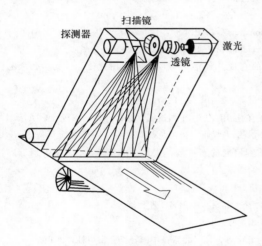

图 6-47　激光扫描选纸器原理图

经选纸和数纸后的平板纸，可用定量不小于 $40g/m^2$ 的包装纸包成小包，每包张数为 500、250 或 125 张，但每小包质量不得超过 25kg。

为了避免运输途中损坏，需将若干小包重叠在一起成为一件，附上产品合格证，用木夹板和铁皮条在油压或水压打包机上打件。每件质量根据纸的定量决定，定量在 $50g/m^2$ 以下的纸，每件质量不超过 125kg；定量在 $50g/m^2$ 以上的纸，每件不超过 175kg。包装木板上，用胶皮印上或用漏字板刷上企业名称、产品名称、号码或牌号、质量和等级、纸张尺寸、纸件编号、净质量、毛质量和标准号码等信息。最后送成品纸库贮存或运送出厂。

至此，从纸机上的纸页抄造到机外的成品生产已全部完成。对于大多数纸种，此时的产品即为最终产品，可以直接提供给用户使用。但是对于一些特殊要求的纸种，这时的产品还属于原纸，即还需要进行后续的加工和整饰，本书不再进一步阐述。

思　考　题

1. 试述纸页表面施胶的目的和作用。
2. 试述表面施胶剂的种类和特点。
3. 试述表面施胶的常用的工艺方法。
4. 试述表面施胶的影响因素。

5. 试述纸张涂布的主要作用。

6. 试述常用的颜料及特性。

7. 试述涂料的主要组成和作用。

8. 试述涂布系统的主要组成。

9. 试述常用的涂布方式及其特点。

10. 试述影响涂布纸性能的主要因素。

11. 试述纸页压光的原理。

12. 试述压光操作对纸页的作用及其对纸页物理性能的影响。

13. 试述软压光的作用原理及其对纸页表面性能的影响。

14. 试述纸页卷取和复卷的异同，并分析两者在造纸工艺中的意义和作用。

15. 通过资料阅读和下厂实习等方式，分析比较卷筒纸和平板纸产品完成工段的差别和特色。

主要参考文献

[1] ［加拿大］G. A. 斯穆克，著. 制浆造纸工程大全（第二版）［M］. 曹邦威，译，北京：中国轻工业出版社，2001.

[2] KLASS, C. P. Trends and Developments in Size Press Technology, Tappi Journal (December1990).

[3] KLEM, R. E···. Selecting the Optimum Starch Binder Preparation System, Pulp & Paper (May 1981).

[4] KLIEE, J. E. Rhreology of High-Solids Dispersions, Tappi Journal (February 1984).

[5] GRANT, R. L. Drying Pigment Coated Papers and Boards-A Review, Paper Tech (March 1991).

[6] LEPOUTRE, P. Paper Coatings：Structure-Property Relationships, TAPPI 59：12：70-75 (December 1976).

[7] SCHMIDT, S, and KIRBIE, R, Recent Supercalender Developments···Pulp & Paper (April 1981).

[8] 孟方友，蔡海堤，王敏，等. 新型有机硅表面施胶剂的合成及性能研究 ［J］. 应用化工，2016，45（8）：1532-1534.

[9] 张子华，杜灿奎，蒋保平. 膜转移施胶机的结构 ［J］. 中华纸业，2010，31（10）：81-82.

[10] 孙浩，吕晓峰，徐清凉. 膜转移施胶系统在高速箱纸板机上的应用 ［J］. 中国造纸，2017，36（12）：79-81.

[11] 邢仁卫，彭翠翠. 新型 AKD 表面施胶剂的制备及应用 ［J］. 中华纸业，2010，31（20）：69-71.

[12] 张俊苗，付永山，邱春丽，等. 造纸用聚合物表面施胶剂研究的新进展 ［J］. 造纸化学品，2015，34（8）：71-74.

[13] 卢谦和，主编. 造纸原理与工程 ［M］. 2 版. 北京：中国轻工业出版社，2004.

[14] ［美］B. A. 绍帕，编. 最新纸机抄造工艺 ［M］. 曹邦威，译. 北京：中国轻工业出版社，1999.

[15] 隆言泉，主编. 造纸原理与工程 ［M］. 北京：中国轻工业出版社，1994.

[16] ［芬兰］Pentti Rautiainen，著. 造纸Ⅲ纸页完成 ［M］. 何北海等，译. 北京：中国轻工业出版社，2017.

[17] Holik, H. (Ed) 2006 Handbook of Paper and Board . Weinheim . WILEY-VCH Verlag GMBH & Co. KgaA. 505. ISBN：3-527-30997-7.

[18] Herring, R, Paper & Paper making, Green, Longman, Ancient and Modern. London. Longman, Green, Longman, Roberts and Green.

[19] R. W. Sindall, F. C S. 1906. Paper technology, an elementary manual on the manufacture, physical qualities and chemical constituents of paper andpaper making fibers, London. Charle Griffin and Company Linited.

[20] Rodal, J. J. A., Tappi J. 72 (5)：177 (1989).

[21] Jackson, M. and Ekstrom, L., Studies concerning the compressibility of paper, Svensk Paprer-stiding, ＃20, 1964, pp. 807-821.

[22] Popil, R. The Calendering Creep Equation-a Physical Model, In Fundamentals of Papermaking, Vol. 2 (C. F. Baker and V. W. Punton, Eds) Mechanical Engineering Publications Ltd., London, 1989, pp. 1077-1101.

[23] Sperling, L. H., Introduction to Physical Polymer Science, Wiley-interscience, New York, 1985.

[24] Back, E. L., and Salmen, N. L. Tappi 65 (7)：107 (1982).

[25] Salmen, N. Land. Back, E. L. Tappi 60 (12)：137 (1977).

［26］ Back，E. L. ，Das Papier 43 （4）：144 （1989）.

［27］ Crotogino，R. H. ，Tappi65 （10）：251 （1982）.

［28］ Deshpande，N. V. ，Tappi J. 61 （10）：115 （1978）.

［29］ Johnson，K. L. ，Contact Mechanics，Cambridge University Press，Cambridge，UK，1985.

［30］ Tervonen，M. ，Numerical Models for Plane Viscoelastic Rolling Contact of Covered Cylinders and Deforming Sheet，Ph. D. thesis，University of Oulu，Department of Mechanical Engineering，Oulu，Finland. 1997.

［31］ Duckett，K. E. and Cain，J. ，Finite-element Methods Applied to Thermal Calendering，TAPPI 1991 Nonwovens Conference Proceedings，TAPPI PRESS，Atlanta，p. 383.

［32］ Rodal，J. J. A. ，Modelling the State of Stress and Strain in Soft Nip Calendering，In Fundamentals of Papermaking，vol. 2 （C. F. Baker and V. W. Punton，Eds）.

［33］ Van Haag，R. ，Uber die Druckspannungvertailung und die Papiercompression in walzenspalteines Calenders. Ph. D. Thesis. Techische Hochschule Darmstadt，Darmstadt，1993.

［34］ Peel，D. ，Recent Developments in the Technology and Understanding of the Calendering Process，In Fundamentals of Papermaking：Trans. Ninth Fundamental Res. Symp. ，vol. 2 （C. F. Baker，Ed. ）Mech. Eng's Pub' s. London，1989，pp. 979-1025.

［35］ Osaki，S，Fujii，Y. and Kiichi，T. ，Z-direction Compressive properties of Paper，In，Reports on Progress in Polymer Physics in Japan，vol. 12，1982，pp. 413-416.

［36］ Transfennica，Transport and handling of Paper，Sanomaprint，Finland，1980.

［37］ Paukkunen，P. ，A new approach to roll finishing，Paper Technology，2004，Vol. 45，no 5，p. 23，ISSN 0958-6024.

［38］ Mäkinen，J. Valmet Paper News，11 （3）：28 （1995）.

［39］ Ojala，P. and Mäkinen，J. ，Das Papier，50 （10）：102 （1996）.

［40］ Hämäläinen，T. ，SECU korvaa kontit，Transpress，1，2001，s . 20，ISSN 0783-6953.

［41］ Fahllund，K. and Mäkinen，J. ，Asia Pacific Papermaker，6 （4）：65 （1996）.

［42］ Wrapping Recommendation for Paper and Board Reels，Transport Damage Prevention Council for Finnish Forest Industries （4/1992，4/1998）.

［43］ Kolgran，M. ，Wrapping of Paper Reels，Nordisk Paper Group or Distribution Quality，NPG，No-vember 1995.

［44］ Makinen，J. ，Pulp Paper Europe，1 （7）：16 （1996）.

第七章 纸板的制造

第一节 概 述

　　纸板种类很多，大量用于商品包装，也用于工业上各个领域的特殊需要。所以，纸板的生产不但关系到商品包装和运输，也影响电器工业、建筑工业、汽车制造业等行业的发展。2016 年全球纸和纸板总产量为 40873.7 万 t，其中包装纸和纸板产量最大，达到 23438.9 万 t。据《中国造纸年鉴》2018 数据，2008—2017 年间，我国的纸板生产呈现出持续的增长。其中，我国箱纸板产量年均增长率 5.06%，2017 年达到 2385 万 t，占全年纸和纸板总产量的 21.42%；瓦楞原纸产量年均增长率 4.89%，2017 年达 2335 万 t，占总产量的 20.97%；白纸板年均增长率为 2.78%，2017 年达 1430 万 t，占总产量的 12.85%。随着我国国民经济的发展，纸板需求量和生产量将会进一步地增长。

一、纸板的种类和定义

（一）纸板的种类

　　纸板按其用途大致可分为下列几类：

1. 包装纸板

① 包装纸板（packing board）：包括箱纸板（case board or liner board）、牛皮箱纸板（kraft test liner）、瓦楞芯纸（corrugating medium）和白纸板（white board）等，主要用于制造纸盒、纸箱等。此类纸板用量最大，约占纸板总量的 85%～90%。

② 液体包装纸板（liquid packaging board）：主要用于牛乳等各种饮料的专用包装盒（桶）的制作。

2. 工业技术用纸板

① 过滤纸板（filtration board）：如防毒面具用的过滤纸板，汽车和拖拉机等滤清器用的滤芯纸板等，主要用于过滤气体和液体。

② 电绝缘纸板（insulating pressboard）：作为空气介质或油介质中的绝缘材料，用于电机、电气开关、变压器等电气设备的制造。也用于电气仪表和通讯等弱电装置。

③ 冲压纸板（die board）：如供制压模制品用的标准纸板，供制造扬声器用的扩音喇叭纸板，供纺织工业提花处理用提花纸板等。

④ 衬垫纸板（pad board）：供制造各种形状的衬垫用的纸板。

⑤ 其他工业用纸板：如用于汽车制造业的防水纸板，制鞋用纸板，手风琴风箱用纸板，纸制器皿（纸杯、纸盘）用纸板等。

3. 建筑用纸板

建筑用纸板（architects board）：如屋顶防水用的油毡纸（roofing felt board），作为隔墙使用的隔热、隔音纸板，供制作天花板或隔墙用的石膏护面纸板（gypsum liner board），土木工程用杂材纸板等。

4. 印刷与装饰纸板

印刷与装饰纸板（decorated board）：如供相册、精装书籍封面用的封面纸板（cover

board），供画册、相册等衬套用封套纸板，供冲压制版用的字型纸板（matrix board）等。

（二）常用纸板的定义

1. 本体或基底纸板（body or base board）

指最终要进行再加工（如涂布或表面处理等）的纸板。

2. 白纸板（white board）

两层或多层的白色挂面纸板，表层为漂白化学浆抄造（多数经表面涂布），纸板其他层用磨木浆或废纸浆等制成。常用于制作小型包装纸盒。

3. 牛皮挂面粗纸板（kraft lined chip board）

在废纸制成的纸板上挂一层未漂硫酸盐浆，用于包装机电产品等。

4. 箱纸板（case board or linerboard）

指用未漂硫酸盐浆挂面的纸板。有时面层用强力硫酸盐浆废纸制成。它跟瓦楞芯纸组合，可制造瓦楞箱纸板。

5. 双层挂面纸板（double-liner board）

两边挂面的纸板。如外表面（面层）可用漂白化学木浆，中间层用机械木浆。它用于高质量的食品和化妆品包装。

6. 盒用卡纸板（carton board or folding boxboard）

用于制造折叠纸盒和纸箱的纸板。

7. 食品纸板（food board）

用于食品包装的多层纸板。为了防水，它的施胶量很大。

8. 液体包装纸板（liquid packaging board）

也称作特种食品纸板或牛奶盒用纸板，这种强韧纸板一般是用100％化学木浆制成，常用塑料涂布。它制成盛装各种液体（诸如牛奶或其他饮料）的容器。

9. 冷冻食品纸板（frozen food board）

可防高水分和高水汽的多层纸板。常常是单层的，全部用漂白木浆制成，表面涂布以便进行高质量印刷。

10. 挂面纸板（liner board）

指双层结构的强力包装纸板，基本是用硫酸盐浆在长网纸机上制成。通过第二个流浆箱将面层加上去。它与瓦楞芯原纸组合，可制造瓦楞箱纸板，并用以制造大型包装箱。

11. 粗纸板（chip board or coarse board）

废纸制成的纸板，用作低档货品包装和书皮纸板等。

12. 单面光纸板（machine glazed board）

这种纸板在制造过程中通过大型抛光蒸汽加热烘缸（扬克烘缸）进行干燥，使其一面光滑而带有光泽。

13. 纸管纸板（tube board）

一般为不施胶的光滑纸板。切成狭条以便卷绕和缠成螺旋形的纸管、纸芯等。

14. 制罐用纸板（can board）

这种纸板用以制造复合罐头和纤维圆筒。罐头可盛装各种物料，包括粉状的和液体的。

15. 涂布纸板（coated board）

表面涂一或两层涂料，以使表面适于进行高质量印刷。

二、纸板包装材料的特点

与塑料、木材、金属、玻璃等包装材料相比，纸板包装材料具有以下优点：

① 成本低，容易回收，可循环利用，可生物降解，便于连续化生产。

② 质量轻，便于装运，减轻运输负荷，运费低。

③ 便于印刷，装潢美观，便于宣传商品，促进销售。

④ 具有良好的机械强度，又有较好的缓冲性能，还具有隔热、遮光、防潮、防尘等优良的保护性能，能很好地保护内装商品。

⑤ 纸板包装材料无毒、无味、无污染，安全卫生；经过严格工艺技术条件控制生产的各种不同品种纸板包装材料，能够满足不同商品的包装要求，还不会污染包装内容物。

⑥ 纸板能进行特殊加工（如复合），使制成的纸箱具有种种特殊性能，以满足多种包装的需要。

由于纸板生产技术的不断改进，重型、大型的机械也可以用纸箱包装，甚至活海鲜用经过特殊处理的纸箱包装可以长途运输，还可以制作防潮、防菌、防紫外线和红外线等的特殊纸箱。所以世界各地都非常重视纸板的生产。

三、纸板材料的发展趋势

纸板材料的发展趋势具有以下几个方面：

① 纸板的轻型化。向低定量、高强度、薄型纸板的方向发展。在保证甚至提高强度的前提下，包装纸板的定量逐步下降，箱纸板的定量由 $360\sim530\,\mathrm{g/m^2}$，下降到 $250\,\mathrm{g/m^2}$；瓦楞原纸由 $180\sim200\,\mathrm{g/m^2}$ 下降到 $100\sim130\,\mathrm{g/m^2}$，甚至更低。由于新型和重型包装箱的发展，要求纸板必须有更好的强度和结构。具有高强度和良好印刷性能的微小波纹瓦楞纸板以及质轻、强度大、刚度高、缓冲、保温和隔热性能好的蜂窝纸板将得到较大的发展，因此需要用高强度的新浆料。

② 用再生纸浆生产纸板。由于环保意识的提高和全球资源的短缺，再生纸浆在生产中的应用（尤其是生产中、高档纸板）将得到很大的发展。

③ 改善纸板外观质量、表面性能和印刷性能，使中、高档纸板能够适应多种印刷方法（包括软版印刷、胶版印刷、凹版印刷）和多种油墨（包括水溶性油墨）印刷精美色彩的要求，并使产品品种多样化，以满足不同用户的要求。

④ 采用化学助剂以及用复合技术来生产包装纸板，以满足特殊用途的需要。

⑤ 采用可生物降解涂层制造的纸板改进材料的阻隔性，能够有效阻止氧气、湿气、异味和光线的渗透，

⑥ 安全，无毒，清洁，耐温，可用来包装各种食品，也可用于冷冻、微波加热或双重烘焙等使用。

⑦ 智能性和功能性开发，包括防伪功能、提示性，可追踪性，印刷电子产品，抗菌等性能。

总之，纸板材料的发展趋势是低定量、高强度、高表面质量、绿色环保、智能化和功能化。

第二节　纸板结构特点及其质量控制

纸板根据用途需要必须具有较好的物理性能，主要是紧度、挺度、抗张强度、耐破度、耐折度、撕裂度、抗压强度、耐磨强度等。某些纸板又必须具有吸收性、可压缩性、绝缘性能、尺寸稳定性、适印性能等。对于作为包装材料使用的纸板来说，由于包装的主要目的是将产品安全地、完好地、及时地从生产者运到消费者手中，这就要求包装容器在贮存和运输过程中不变形、不破裂。所以对商品包装纸板来说，不仅要求外观平整、色泽一致、印刷适应性强，对内在质量也要严格要求。往往要求其具有较好的弯曲性能，形成瓦楞的性能以及良好的平压强度（指纸板起瓦楞后的抗压性能）。对供制作包装纸箱用的纸板，还进行环压强度（又称边缘抗压强度）的测定，借以衡量抗压的性能。上述这些性能的取得，既与纤维原料的选用有关，又取决于由于采用制造方法不同而形成不同结构的特点。

一、纸板的结构特点

现代纸板具有多层结构，一般是由三种以上不同浆层经湿压合成的多层纸板，其剖面结构见图7-1。也有一小部分纸板是用纸张层压制成的。

多层抄造的纸板具有下列优点：

（1）提高纤维的经济价值

根据不同用途要求，各层可使用不同的浆料。纸板的中间层可以使用低价值的纤维原料，对纸页的

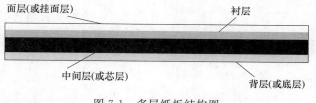

图 7-1　多层纸板结构图

外观和物理性能影响不大，如中间层可以使用回收的二次纤维原料或分级压力筛筛选出的短纤维原料等。用优质的浆料抄造多层纸板的面层或背挂面层。

（2）各层使用不同的浆料

使不同浆料的优点得到充分利用和发挥。纸板的有些性能主要取决于表面层，如平滑而细腻的表面可赋予纸板相应的外观、印刷性能以及耐磨性能。纸板背层具有对包装物品的阻抗和保持作用，如抗冲击、防水、防油、热稳定性和密封性等。但中间层对纸板的总体质量还是有影响的，因此也应给予必要的关注。

如用强度高的优质浆料和细填料做面层，可得到高强、细腻和光学性能好的表面，使优质浆料和填料发挥最高的效用；而用低质浆料和粗糙的填料抄造内层（中间层和底层），可增加纸板的松厚度和挺度。

挺度（抗弯曲力）对大多数纸板品种而言都是重要的。纸板结构内的每一层对纸板挺度的贡献是不同的，其贡献大小与该层的抗张强度和该层距离纸页中心的平方成正比。这意味着纸板的总体挺度基本上只是外层挺度值的函数。纸板的中心部分则给予松厚度，并起到垫层的作用，从而增加面层和底层的贡献。表7-1示出一张7层纸板的各层对纸板总体挺度的相对贡献的典型分配情况。

（3）采用单层抄造高定量纸板

所需成形和脱水时间均随定量增加而迅速增大。若采用多层抄造，可提高湿纸页在网部的脱水能力，可以提高车速和降低蒸汽的消耗，提高纸机的运行效率，而且可采用低浓上网，

表 7-1　　　　　　　　　　　　　七层纸板各层对挺度的相对贡献

层	贡献率/%	层	贡献率/%	层	贡献率/%
面层	38.5	中间层	0.5	中间层	8.3
中间层	4.3	中间层	3.1	背层	45.0
中间层	0.3				

提高整个纸板的匀度。

（4）多层抄造纸板可提高纸板的品质和机械强度

多层成形可以把各层的定量降低，能够明显地改善成品纸的匀度、耐破度、耐折度、挺

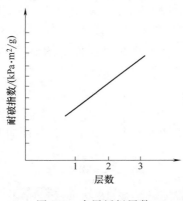

图 7-2　多层纸板层数与耐破度的关系

度。一般来说，多层抄造的纸板强度要比单层抄造的高，如图 7-2 所示。故采用低定量，多层抄造是纸板成形的发展方向。

二、纸板的质量控制

纸板的质量受多种因素影响，因此必须合理选择原料及生产工艺，才能制得符合一定要求的纸板。

（一）浆料选择和配比

合理选择纸板各层的浆料及配比是控制纸板质量的首要任务。长纤维浆（如化学木浆）可以制得物理强度较高的纸板，但成本高，多限于抄制特殊品种纸板。低质浆料（如各种机械浆、半化学浆、化学浆渣、废纸浆等），多用来生产中、低档纸板。

对于多数纸板，都是采用多层抄造的方式生产，选用质量较好的纸浆抄制面层和背层，选用低质纸浆抄制中间层。因为纸板的许多性能在很大程度上取决于面层和背层，而中间层主要起填充、缓冲作用。例如，纸板的挺度和强度主要是依靠面层和背层来取得，耐磨强度、平滑度、白度、适印性等更是取决于面层。因此，一般的浆料选择原则为：

纸板的面层：选用洁净、细致、色泽浅、打浆度稍高、严格除渣和筛选过的优质浆料。多数选用化学木浆、麻浆、优质废纸浆等长纤维浆种。

纸板的背层：为了提高抗弯曲强度和挺度，纤维打浆可打得粗、长些，选用资源较丰富的纤维原料，如阔叶木化学浆、半化学浆、废纸浆等。

纸板的中间层：纸板的松厚度和弹性主要由中间层决定。选用价格比较低廉的废纸浆、半化学草浆、机械浆等均可。

如瓦楞原纸的原料选择，作为包装纸箱的主要原料，瓦楞原纸主要用于在高温下经机械加工成瓦楞纸芯，与箱纸板黏合成瓦楞纸板，使包装具有较好的弹性、减振和耐冲击性能，故要求有一定挺度，抗张、环压、平压强度和耐破度。所用于生产瓦楞原纸的纸浆纤维形状以管状纤维为好，多采用半化学浆，也可以用高得率草浆和废纸浆。

生产纸板用的浆料主要有以下几种：

1. 化学浆

化学浆基本上保留了其原始纤维的长度。由于只含少量木素，纤维有很高的弹塑性和强度。用亚硫酸盐法生产的化学浆，较同种原料硫酸盐法生产的纸浆强度低，但白度高，可用于制造各种需要良好印刷性能的包装纸板的面层浆料。硫酸盐法化学浆由于强度高，用来生

产高强度的纸和纸板。

2. 半化学浆

半化学浆是用化学和机械相结合的方法处理木材或其他纤维原料所得到的浆料。这种浆料木素含量比化学浆高，比机械浆低，得率比化学浆高，比机械浆低。因此纤维也有一定弹性，用其做生产纸板浆料，可比化学浆节约原料，降低成本，是生产瓦楞原纸及其他纸板的主要浆料。

3. 化学机械浆

将预先经热化学处理的木片或其他纤维原料用盘磨机磨解而得的浆料。由于磨浆前经过轻微的热化学处理，纤维间联结减弱，木素变软，故在磨浆时，容易分离成长而薄（细）的纤维，其性能在普通白色磨木浆和半化学浆之间。多数化学机械浆用阔叶木生产，用于制造包装纸和各种纸板。用杨木、松木等材种为原料的化学磨木浆（CMP）、漂白化学热磨机械浆（BCTMP）、碱性过氧化氢磨木浆（APMP）、预处理-碱性过氧化氢磨木浆（PRC-APMP）等具有挺度高，印刷性能好，松厚度好的特点，可用来生产相应的纸板及纸板的芯、底层。芦苇、红麻及其他草类原料用化学机械法处理，可得到挺度较高的浆，可用于生产瓦楞原纸、箱纸板和其他包装纸板等产品，但由于其纤维较短，故一般与长纤维浆料配用。

4. 磨木浆

将原木或木片用磨木机或盘磨机磨解而得的浆料，其保留了植物纤维原料的所有化学成分，只是除去了水溶性物质，得率高。磨木浆纤维由于含有大量木素，故纤维挺硬。含磨木浆的纸和纸板挺度大、耐折度低，故在制造包装纸板时一般都做芯层或与一定量的其他浆种配用。褐色磨木浆是原木经过预汽蒸后磨解而得的纸浆，所得到的纸浆比未蒸解的木材磨解的纸浆纤维长，有较好塑性，故可制造弹性和塑性较好的纸板，如工业纸板。

5. 褐色草浆

稻麦草在弱碱性条件下蒸煮所得的半料浆，经疏解打浆后，多用于生产黄纸板或普通（低）级瓦楞原纸。这种浆料挺硬度好、弹塑性小，生产瓦楞纸板抗压缩性能较好。

6. 废纸浆

可用于生产纸板的底层和芯层，也可生产瓦楞原纸，优质废纸多用于生产纸板面层。废纸原料在现代纸板生产中占有极其重要的地位，我国生产纸板的主要省份废纸浆占纸板浆料的80%以上。由于废纸的品种和组成不同，废纸疏解成纤维后的纸浆性质也不同。因此应加强废纸的分选、分散、脱墨、洗涤等操作工序，使不同等级的废纸原料都得到充分利用。使用废纸，不但可以节省原料，降低成本，而且有助于改进纸板的柔软性和弹性。利用废纸作为生产纸板的重要原料，从各个方面都具有重要的意义，应给予高度的重视。

（二）**浆料的洗涤、净化、筛选和除气**

加强对纸板浆料的洗涤、净化、筛选和除气，是提高纸板质量很重要的因素。洗涤不净会产生泡沫，给抄造和纸板质量造成不利影响。不经过筛选、净化的纸板浆，会使纸板的表面有粗大纤维，影响纸板外观，而且降低了纤维之间的结合强度，使定量不稳，纸料中含有空气，尤其是以游离态存在的空气，对纸料的性质、抄造过程和纸板的质量造成不良影响。因此，纸板生产必须配备必要的洗涤、净化、筛选和除气设备，使浆料得到充分的净化，减少杂质，提高质量，为生产高质量纸板创造条件。

根据纸板质量要求，纸板浆料的净化设备通常选用不同型号的锥形除渣器，高浓除渣器等已成为现代纸板生产中必不可少的重要净化设备。

筛选设备通常也是旋翼筛，现代纸板机常采用双鼓旋翼筛。为了得到较好的净化和筛选效果，净化和筛选设备要配合使用。

纸料中含有空气，尤其是以游离态存在的空气，对纸料的性质、抄造过程和纸板的质量造成不良影响。空气能影响纸料的流动状态，对纸页的成形、脱水和抄造性能都有影响。据报道，经过很好除气的纸料比未除气纸料能够提高脱水效率 $10\% \sim 30\%$，原因是空气泡能够堵塞湿纸页中的孔隙，阻碍脱水，而且还能够降低真空箱、真空伏辊等真空脱水元件的真空度。有的试验指出，纸料中含有 25% 的空气，能够降低浆泵容量的 16%。进入冲浆泵的白水中含有过量空气，会使泵的速度发生变化，从而引起网槽中或流浆箱液位波动，影响定量的稳定。空气又是形成泡沫的主要原因，在纸上造成斑点，妨碍纤维之间结合，影响成纸紧度。抄多层纸板时，纸料中空气也是引起脱层的原因之一，应结合净化采用除气器、消泡剂等手段。纸料中空气一小部分是在搅拌与浆流跌落时混入浆中的，主要还是来自回用白水，白水在落入白水盘和白水池时不可避免地吸取大量游离空气，如果较多的气泡混入纸浆悬浮液中，势必会在流浆箱处产生大量泡沫，这些气泡可造成纸病（孔洞、小斑点）、使纸板分层，严重时无法控制流浆箱的浆位，直接影响到纸板机的正常生产。所以高速纸板机应采用机外白水池，防止由于白水落差将空气混入白水中。

（三）合理打浆

半化学浆和磨木浆显然在物理强度上不如化学木浆，但成本低，多数不用打浆，在纸板抄制中大量应用。若对化学纸浆或半化学纸浆进行黏状打浆，固然有利于增加纤维的比表面面积，促进纤维间的良好结合，从而取得改进成形匀度和提高物理强度的效果。但是，黏状浆滤水慢，不利于纸板机车速的提高，而且制得的纸板尺寸稳定性差，易于卷曲。为此，只有少数质量上有特殊要求的品种（如字型纸板、提花纸板等）采用半黏状打浆，打浆度达到 $40 \sim 60°SR$。大多数纸板则倾向采用游离状打浆，打浆度只有 $28 \sim 35°SR$。

竹材纤维比针叶木纤维短，打浆应尽量防止切断。因此以采用高浓打浆为宜，目的是少切断而且有一定程度的外部细纤维化，以增加纸板纤维间的结合力。在不影响脱水、干燥的情况下，纸浆打浆度宜适当提高，以防纸板产生分层现象。

麦草浆打浆在轻刀疏解的基础上，以重刀快打为主，避免过长时间的打浆，在成浆中最好保留一些细长的纤维。

多层纸板的各层不同的打浆度应适当配合，差别不宜过大，以 $3 \sim 5°SR$ 为宜，以防止起泡、脱层等问题发生。面层浆料的纤维在分丝帚化的过程中应适当控制纤维的长度，在盘磨磨片的选择时应能满足部分切断的功能，适度的纤维长度可提供印刷所需的平滑度要求和保证适当的吸墨性能。衬层和底层的浆料也应适度打浆，在不影响成形的情况下，尽可能地保证纤维的长度。

（四）抄造条件

确切掌握纸浆流送系统的浆速及浆浓，是抄造质量优良的纸板的又一个重要方面。

1. 流送系统

多层成形纸板机的湿部流送系统比较复杂，各层浆料从成浆池到上网成形都应有独立的上浆系统和白水回用系统。独立的流送系统的优点：

① 多层抄造高定量产品时，各层的浆料性质是有区别的，特别是面层和底层浆料都有别于中间层的浆料，在纸板中的作用也有很大的区别；独立的流送系统可以确保不同浆料的

特有作用。

② 各自相应独立的白水回用系统，可以减少白水对其他层浆料的相互影响，白水的影响因素有色度、亮度、白水中的细小纤维原料、各种化学填料等。

③ 独立的上浆系统可以优化化工原料的使用，有的化工原料可以根据其作用有区别地添加于各层浆料中，使化工原料发挥最大的效果，提高保留率，降低消耗量。

④ 独立的上浆系统可以灵活地调整各层浆的上网浓度，使纸页获得最佳的成形效果，提高各层纸页的物理性能。各层浆的白水回用后的剩余白水和吸水箱的白水进入混合白水总池，再回用于制浆系统。

一般来说，长网纸机的上网浆浓可以稍高些，根据纸板类型不同，一般在 0.3％～1.6％之间。圆网纸机则应稍低一些，不同形式的圆网槽，上网浆浓不同，如逆流式网槽多采用 0.2％～0.35％浆浓；顺流式网槽的浆浓则为 0.1％～0.25％。抄制多层纸板时，往往又着重于控制挂面层和背层用浆浓度稍微低些；中间层用浆浓度则可以适当高些。

2. 真空脱水

多层叠合的纸机，随着层数的增加，其真空系统越显得庞大，是湿部能耗最大的系统。网部的脱水分为重力脱水和真空脱水，真空脱水又分为低真空和高真空脱水；湿部真空系统的控制要点：

① 面层、衬层和中间层的高真空脱水应保持适宜的真空度，太高的真空度会造成湿纸页水分较低，会降低层间结合力；太低时湿纸页水分大，在叠合时易出现压溃的现象。

② 网部高真空吸水箱的真空度给定要呈微递增的状态，各层的纸页成形后要转移到底网上，转移真空箱的真空度应高于转移前的高真空箱的真空度，因为在叠合区域纸页受到一定的叠合压力，水分重新分布，较高的真空度有利于脱除水分和提高层间结合。

③ 底网真空伏辊前的高真空吸水箱的真空度，应高于之前的所有高真空吸水箱的真空度，才能脱除水分，否则其作用甚微。

④ 伏辊的真空度是湿部最高的，有的高定量产品的伏辊真空度都控制在 600～700kPa 间，如果配合使用上伏辊，可以提高脱水的效果并能改进纸页的平整性和湿结合程度。

⑤ 湿纸页在真空预压榨的脱水量很大，但如果没有控制好预压榨辊的线压力，就会造成湿纸页出现压溃、压花和层间气泡；湿纸页在压榨部所受到的压力是逐步增强缓和脱水的。

3. 干燥系统

纸板厚度较大，干燥过程应特别注意控制干燥温度曲线。干燥温度曲线的设置应遵循低温段→中温段→高温段→中温段的原则。如果湿纸板受到骤然加热，则往往由于内部水分很快转化为水蒸气，又来不及从纸板表面逸出，可能造成"脱层"。另外，当纸板的水分降低至 20％以下时，必须注意控制干燥的速度，如果纸页表面蒸发速度大于水分由中心向表面扩散的速度时，纸板的外层就会出现硬化，结果导致纸板变形并降低干燥速率。

4. 表面施胶

表面施胶所加入的化学品的留着率几乎 100％，有效地利用原材料和降低成本，和湿部加入助剂相比较，表面施胶可以减少和消除白水中的化学品，有助于降低水处理污水污染物的负荷，还会减少湿部的结垢现象，延长网部成形网、毛毯等贵重工艺耗用品的使用寿命；根据经验数据可以确定，施用表面施胶剂后能够提高 15％至 25％的耐破指数，作用是很明显的。表面施胶的控制要点：

① 胶料的制备要满足几个条件：较高的固含量、较低的黏度。

② 在使用的全过程要保证胶液稳定在一定的温度范围，以获得较好的抗回凝性能。

③ 在表面施胶液内加入抗水性胶料，比浆内施加抗水胶料效果更明显，用量更少，但是要控制用量和抗水胶料的种类，以免影响到印刷油墨的吸收性。

④ 浸泡式施胶机溢流的胶液，在回用的时候要过筛去除胶液内的纤维等杂质。

⑤ 纸页吸收胶液后会润胀，易引起打褶、起皱、黏纸毛等纸病，应精确控制表胶与后烘缸部间的牵引力，以及控制好后烘缸部的烘缸表面温度。

5. 选择合适的成形器

长圆网结合的纸板机使整个纸机结构复杂，一般不宜采用。当前最广泛采用的是串联超成形器和长网叠网成形器等较现代的成形方式。草浆等脱水比较困难的浆料在网部脱水比较慢，上浆量将受到限制。所以对同样产量来讲，长网部需要的过滤面积相对大，而成形器需要更多的个数。

多长网叠合纸机的形式有多种多样，从两叠网纸机到五叠网纸机的各种形式，还有增加上成形器来辅助脱水等。生产高定量的纸板产品，纸机网部的配置最好采用四叠网带上成形器或者五叠网带上成形器的结构，这种结构的网部有几方面的优点：

① 可以抄造较高的定量，定量可以做到 $500g/m^2$ 以上；中间层带上成形器的单长网，单层定量可以做到 $200g/m^2$ 以上。

② 可以获得较好的成形质量，提高成品纸的机械强度。

③ 可以提高出真空伏辊湿纸页的干度，降低蒸汽的消耗量。

④ 中间层可以使用或添加低品质的纤维原料，可以降低部分化工原料的使用。

⑤ 纸机运用灵活，可以抄造双面箱纸板或双面不同原料或色相的箱纸板，可以改变内层的纤维状态，抄造特种纸，实现一机多用，丰富纸机可生产的品种。

⑥ 提高纸机的效率，较圆网纸机相比能耗更低。

（五）纸层的层合

衡量层合的主要指标是层合强度：当垂直于平面方向的抗张强度作用于多层之间的张力强度，即纸板对分层和裂开的抵抗力，是纸板内部结合强度的量度。许多纸板在被加工和使用的操作中，层合强度成了很重要的指标。如纸板在被印刷过程中，所受的力就是垂直于纸板表面的，纸板必须克服这个剪切力。

如果纸板在成形时层合强度不足，在压榨或干燥时就有可能产生"脱层"现象，严重影响纸板质量和使用，高定量纸板层合强度显得更为突出。因此在研究成形方法时，人们都投入了相当的注意力来保持和提高层间结合强度。

层间结合力的取得主要依靠接触界面小纤维和纤维的机械交织和紧密连接的纤维间的氢键结合。它的主要影响因素有：

① 层间结合强度与纸板内部结合状态有关。结合状态又主要取决于总的结合面积。因此纤维分布和接触点分布要均匀，纤维分布的均匀程度也影响着细小纤维和细微组分的分布均匀性。小纤维和细微组分能填充纤维间空隙，促进层间有更多的紧密接触的表面，细微物质均匀而且含量越多，结合面积越大，越致密，层间结合强度越大。当把层间小纤维和细微组分从接触表面除去，层间结合强度值减少一半。如果不注意单层小纤维和细微组分分布所造成的两面差，将影响纸板层间结合，这要靠纸料流送均匀和网上良好留着操作来实现。

② 不同浆层浆料的打浆度应当配合恰当。通过打浆处理，纸层间纤维接触比表面积有

所增加，相邻纸层用浆的打浆度应比较接近，以不超过 3～5°SR 为宜。必要时可考虑添加淀粉或合成树脂等添加剂，以增进层间结合。

③ 纸层结合时应有游离水存在，以给小纤维和细微组分所能够迁移的流动性。比较理想的状态是两层在层合时，浓度都比较低。如果一层浓度在 9% 以下，另一层浓度在 18%～20% 之间，对层间结合不会有不良的影响。

④ 逐步增加伏辊和压榨部压区强度，可进一步增进层间结合。应用在伏辊和压榨部压区的压力在可达到的范围内越高，层间结合强度就越高。而在伏辊的压区纸层含水量大，限制了压力的提高，只有在最后 2～3 个成形器上，才能够施加较大的压区压力。在压榨部也必须采取逐步增加压榨强度的操作，使湿纸板取得缓和脱水促进纸层之间的进一步结合。否则，若压榨脱水过快，水会从结合较差的层间流出，影响层间结合，甚至造成脱层。

⑤ 防止干燥水分急剧蒸发。纸板厚度大，水分蒸发慢，且各层对水分蒸发阻力不同，若升温过快，水分急剧蒸发会冲散结合不牢固的层间结合，严重时会产生"脱层"。因此开始温度要低于 90～95℃，然后逐步升温。

⑥ 施加层间喷淋淀粉，提高纤维的结合力。

（六）胶黏物控制

胶黏物是回收利用的废纸中所固有的物质，胶黏物是原生纤维原料中存在于木质纤维中的天然树脂和其他氧化化合物，以及纸张在制造过程中添加的化学助剂、人工合成聚合物等；胶黏物的化学形态比较复杂，比较难处理，胶黏物在生产过程中易黏结于成形网、毛毯、干网和烘缸表面上，生产中因胶黏物而造成的断纸是经常的事，颗粒大的胶黏物在干燥的过程中会融化渗透出面层浆，在成品纸表面形成不规则的脏点，严重影响产品的品质。

胶黏物的处理比较困难，要系统地进行而不是某段工序的处理。

① 机械分离的方法：利用重质除渣器、轻质除渣器、压力精筛等设备，去除颗粒较大的胶黏物。

② 热熔的方法：将浆料经过挤浆机处理后，浓度达到 30% 左右，再进入热分散机高温（95℃以上）搓揉，能够将胶黏物细化和软化。

③ 酶助剂处理：酶助剂处理是近几年的研究成果，能够降解和细化胶黏物，使胶黏物呈水化状态。

④ 分散剂处理：分散剂处理的目的是控制水化状态的胶黏物再聚合。

⑤ 造纸机成形网使用隔离剂：在成形网的回程进入胸辊前，连续性地在网面喷淋有机物隔离剂，能够有效地降低胶黏物沾黏在成形网的空隙内。

⑥ 压榨毛毯使用保洁剂。

⑦ 烘缸面使用剥离剂，能够降低烘缸表面由于胶黏物融化而产生的黏性，避免前烘缸部湿纸页被沾黏而产生断纸。

胶黏物是无法消除的，控制的方法是将其细化、水化后，一部分随白水进入水处理系统处理，另一部分被纸页带走；只要不残留在纸机设备上，并且不显现在纸面上，就达到处理的目的。

第三节　纸板生产的工艺过程

纸板的生产工艺过程跟一般纸张的生产过程基本相同，也是有制浆、打浆、抄造、压光、卷取、裁切或复卷等步骤。为了取得某些特定性质，有些纸板需要添加填料（如滑石粉、高岭土等）、施胶处理、有机染料染色、添加化学助剂（如沥青、树脂、淀粉等）等工艺过程。另外，还有一些纸板要求采取表面施胶（如高级箱纸板）、涂布加工（如扑克牌用纸板、器皿纸板等）或压印花纹（如供制作家具用的装饰纸板）等二次加工过程。

纸板的抄制，可以运用间歇式、半连续式和连续式生产方式。

一、间歇式和半连续式的纸板生产工艺

间歇式或半连续式纸板机多数用于特殊纸板和特厚纸板的生产，已不多见。纸板的间歇生产也是由成形、压榨、干燥、压光和整理等单元操作构成。

成形是采用圆网成形器。图 7-3 为双圆网成形器，也有采用单圆网成形器或长网成形器（图 7-4）。如图 7-3 所示，在网笼上构成的湿纸幅黏合在一起，再在成形辊上缠绕。借助于外加压力，成形辊和支撑辊（包胶）之间，维持 7.36～9.81kN/m 线压，促进湿纸幅黏合。当湿纸板缠绕到要求厚度，再将其割下。由此可见，成形机实际上是湿抄机的一种。

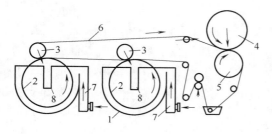

图 7-3　双圆网成形器
1—网槽　2—网笼　3—伏辊　4—成形辊
5—支撑辊（主动辊）　6—毛毯　7—流
浆箱　8—网槽耳箱（白水出口）

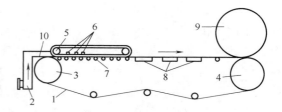

图 7-4　长网成形器
1—长网　2—流浆箱　3—胸辊　4—下伏辊（支
撑辊）　5—定边带轮　6—堰板　7—案
辊　8—吸水箱　9—成形辊　10—唇布

将割下的平板湿纸板重叠在一起，各层之间用毛毯、厚白布或塑料网隔开，每隔 20cm 厚左右加垫一块薄镀锌板。湿纸板重叠到一定高度（1000～1500mm），即可送至 4～10MN 液压机进行机械挤压，使纸板干度达到 50％～55％。液压机有向上加压和向下加压两种形式，在结构上近似于平板液压打包机。为缩短压榨时间，也可用热压机取代液压机。热压机在结构上跟液压机近似，但其压板依靠外来热源（蒸汽加热或电热）取得 140～200℃ 的温度，从而加速湿纸板的脱水作用。

经压榨后的湿纸板，可置于运输带上，送入运输式干燥室，受热风干燥。热风干燥的主要参数为热风温度和相对湿度，以及纸板在干燥室内的停留时间。热风的温度应为 100～150℃，取决于所处理的纸板性质，一般不超过 120℃，但个别品种（如字型纸板）则要求较低的热风温度（50～70℃），以确保质量。

经干燥后纸板可在恒温恒湿的状态下静止 72h 以上，待水分含量达到 10％～14％ 且较均匀时，方可进行压光，借以提高纸板平滑度和紧度。必要时，可对纸板进行润湿处理。润湿介质可以是清水或肥皂水。肥皂水由 0.5kg 上等肥皂和 100L 清水，另加少量甘油配置而成。

经调节后的纸板，可通过双辊压光机进行反复压光处理。一般双辊压光机可分为施光、

摩擦和万能 3 种类型，可根据实际需要选用。

压光后的纸板可做进一步裁切、分选，然后打包入库。

将上述成形、压榨和干燥等单元操作，通过链条或胶带输送，组成生产流水线，变为半连续式生产方式。压光操作则仍然沿用间歇式生产方式。

二、连续式的纸板生产工艺

（一）概述

现在世界上绝大多数纸板都是用连续式生产方法生产的。连续式纸板机主要有：a. 多圆网纸板机；b. 单长网纸板机；c. 多长网纸板机；d. 长圆网混合纸板机；e. 串联成形器；f. 长网叠网成形器。我国过去以多圆网纸板机应用最多。但近些年新上大型纸板机都是采用串联超成形器和长网叠网成形器，而多长网纸板机和长圆网混合纸板机目前已很少使用。当前国际上使用最广泛的纸板机就是长网叠网成形器。我国多家工厂已有世界上最先进的纸板机，如车速在 1300m/min，年产量可达 90 万 t。

（二）多层纸板成形技术及设备

纸板的生产普遍采用多层抄造的方法。直到 20 世纪末，大多数多层成形方法都是使用圆网纸机，而后不断地出现了许多使纸幅尚在湿态时即层合起来的多层纸幅成形方法。

1. 圆网成形器和多圆网纸板机

生产纸板的圆网成形器与生产普通纸的圆网成形器结构和成形原理一样，只不过是将多个圆网成形器装置串联在一起，以形成多层纸板，如图 7-5 所示。一般抄纸毛毯横穿整个成形部，个别纸板机各个网笼都配有独立的驱动装置。

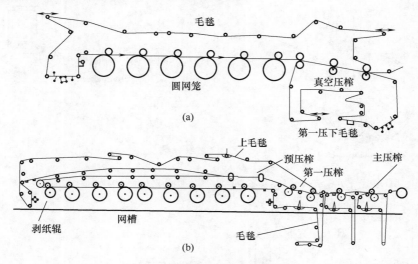

图 7-5　典型的多圆网纸板机成形部 （a）（b）

顺流式网槽比逆流式网槽所形成的纸幅有更好的匀度，而逆流式网槽则能抄取更高定量的纸幅，因此圆网纸板机往往采用顺流式网槽生产外层纸幅，而用逆流式网槽生产中间层纸幅。

为了减少圆网成形器成形长度，先后出现了干式网槽、半干式网槽（限制性网槽）、可调节的干式网槽等。20 世纪 60 年代 Sandy Hill 公司推出了旋转成形器，Tamlpella 公司推出了 Tamlpella 真空成形器。

2. 超级成形器

超级成形器是 20 世纪 60 年代的新装置。图 7-6 是 Kobayashi 公司超级成形器基本简图，它实际上就是一个带附属流浆箱的圆网机。超级成形器的纤维悬浮液是在毛毯与成形网之间的压力楔形区中脱水的。浓度为 0.3%～1.6% 的纸料由流浆箱喷到一个直径约为 1.5～1.8m 的圆网笼上。圆网网笼一般有一层 8～14 目的底网，底网外边再装一层 40～60 目的面网。

利用流浆箱将纤维悬浮液送上圆网顶部的成形网，纸料上网速度必须与圆网网速相适应。成形器借助于重力和圆网网笼在一短距离内产生的微小真空作用下脱水成形，接着湿纸随网笼进到网笼与一包住圆网的毛毯（包角约为 270°）之间的压区，由毛毯张力和网内抽吸作用逐渐增加压力，产生脱水作用。然后毛毯带着该成形器抄出的这一层湿纸经过伏辊后，与圆网分开，前进到下一台成形器并与其抄出的湿纸层结合在一起。以此类推，有多少台成形器串联在一起，就可以抄出多少层的纸板。图 7-6 中有 6 个成形器串联在一起。

超级成形器抄出纸页匀度和质量都很好，但由于离心力和甩水效应，使速度受到限制。Kobayashi 公司对超级成形器相继进行了不同的改进，但是都保留了圆网成形器外形。特超级成形器是以一张小网代替了旋转的成形区，看起来像一台微型长网机，如图 7-7 所示。图 7-8 是超级 C 形成形器，图 7-9 是超级双网成形器。

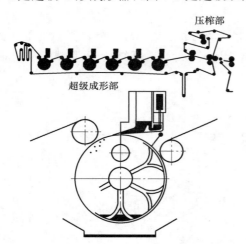

图 7-6　Kobayashi 公司超级成形器

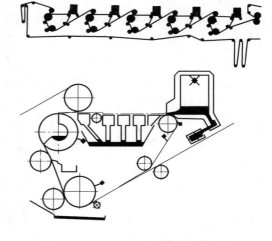

图 7-7　Kobayashi 公司特超级成形器

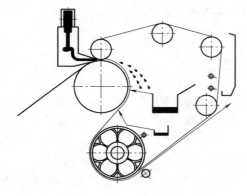

图 7-8　超级 C 形成形器

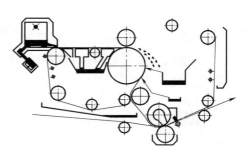

图 7-9　超级双网成形器

3. 压力成形器

压力成形装置的出现是传统圆网纸机的一项重要发展。典型的是 Newport/Attwood 系统的成形器和流浆箱。最重要的组件就是锥形进浆管、扩散室、唇板和弧形成形脱水箱，见图 7-10。根据要求可以在不同的部位，把真空箱分成区，并使用不同的真空度。在成形以及高效脱水区可以形成封闭系统。

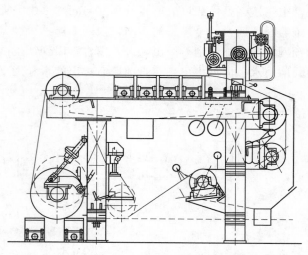

图 7-10　Newport/Attwood 系统的成形器和流浆箱

该装置适合废纸浆、原生木浆、棉短绒、合成纤维、玻璃纤维等多种浆料。使用浆料的加拿大游离度范围可以在 80～600mL 之间，浆料浓度范围在 0.2%～2.5% 之间，生产的单层纸板定量范围可以在 20～200g/m² 之间，车速可以在 80～500m/min 之间甚至更高。

该成形装置，构造简单，操作和控制容易。启动与制动时间短。操作过程中，操作者可以控制纸幅性质，比如纵横抗张强度比等，特别是可以调节浆料悬浮液从扩散室到成形网之间喉管开度。

另外，该装置尺寸小，使用范围广，脱水成形易于控制，比其他成形器成本低。因此，可以有多种应用，可做毯下成形器、顶网成形器，可用在双网成形系统，也可作为传统的长网纸机的流浆箱。另外，在生产多层纸板时，可以单层成形，再层合，也可以多层同步成形。

图 7-11 是 Newport/Attwood 成形器在 White Pigeon 超成形器上的应用。White Pigeon 超成形器，幅宽 3.05m，运行速度为 75～150m/min，生产的纸板定量在 340～680g/m²。这种成形器可以用来生产纸板底层，而且适应于多种类型的浆料。

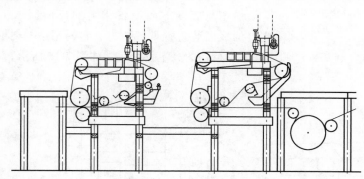

图 7-11　Newport/Attwood 成形器在超成形器上的应用

4. 长网叠网成形器

20 世纪 50 年代，英国 St. Annes 纸板制造有限公司开发了叠网成形器，克服了圆网成形器在生产多层纸板时的质量和速度的限制。另外，圆网成形器以及超成形器等的一个共同特点是纸页层被引纸后同时放在毛毯的下面然后再被弄直，这种移动方法限制了操作速度和纸页干燥程度。

这个系统基本上包括一个长网，在长网上又安装了许多带上网成形器的二级流浆箱。按通常方式外层挂面主要在长网上形成，接下来的纸页在主网和上网成形器之间形成。脱水主要发生在上部，这样可以避免通过一个正在形成的薄的基准纸页的脱水问题。

图 7-12 所示为叠网成形器的基本结构。其操作如下，纤维悬浮液在压区前面直接流到底网上，压区是由绕过成形辊的顶网与底网（由案辊或案板支撑）所组成。然后两张网夹着纤维悬浮液通过一个轻压的顶网，顶网上有一个硬刮刀（自动堰）。白水从纤维悬浮液中通过顶网挤出，被斜刮刀脱出，进入白水盘回到纸机白水坑。该单层纸幅（或多层纸幅的第一层）的白水也向下排出。在自动堰后排出的水利用反向真空箱和传统真空吸水箱脱水。

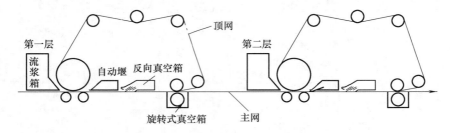

图 7-12　Beloit-Walmsely 公司叠网成形器的基本结构

最后的脱水和纸幅固化往往利用所谓旋转式真空箱，这是一个基底辊封装于真空箱中的小压榨装置，它还有个作用，就是可使纸幅贴着底网走，防止其向上跟着顶网走。

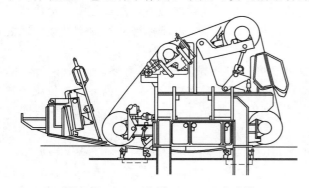

图 7-13　Beloit 公司 Bel-Bond 成形器

第一层纸幅就在底网上向前到达下一个流浆箱，该流浆箱将另一层纸浆沉积在其上面。然后又在另一个叠网成形器上成形。由于先已有了第一层，向下脱水就少了，就这样还可继续以同样方法"加层"。叠网成形器的发展促进了上方喷浆成形器的增加，如图 7-13 所示的 Bel-Bond 成形器。

自 Bel-Bond 成形器后又发展了包含一个与底网下面设备相关的反向脱水区的成形装置，见图 7-14。它的用途与 Bel-Bond 装置类似，还有与多长网联合起来生产四层和五层结构的高定量纸板，如图 7-15 所示。

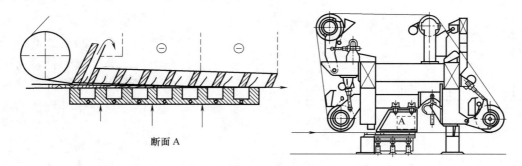

图 7-14　Voith 公司 Voith DuoformerD 成形器

5. 其他成形器

① P 型高速成形器。P 型高速成形器是 Valmet 公司开发的，适合制造盒用纸板、瓦楞

芯纸板及挂面纸板的一种新型夹网成形器。特别适合使用低质回收纤维原料。其特点是留着率高，成形的纸页匀度好，同时辊子间隙可调，便于操作。其结构如图 7-16 所示。

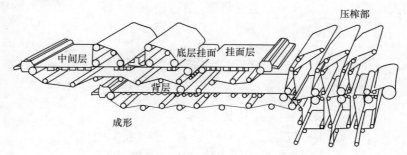

图 7-15　Valmet/Ahlstrom 公司现代多层成形部

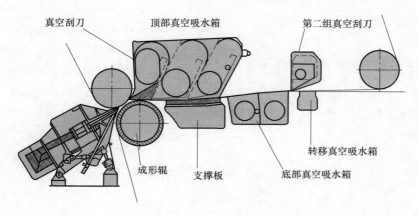

图 7-16　P 型高速成形器

② DuoFormer Top 成形器。DuoFormer Top 成形器是 Voith Sulzer 公司开发的面层夹网成形器，如图 7-17 所示，其满足了纸板面层适印性、覆盖性、白度等各种质量要求比较高的特点。DuoFormer Top 成形器继承了包装纸夹网成形技术的优点，并使之适用于单独生产纸板的面层。它的优点是所生产的纸板匀度好、强度高，而且结构紧凑，高车速下运转性能好，消除了车速的限制。

③ MH-B 成形器。该成形器系统结构见图 7-18，是由在无缝毛毯下面的一个个结构单元构成。成形湿纸页在此区与前面已成形纸页复合，并转移到下一个成形系统。该成形器具有操作简单、成形能力强的特点。能生产出各项性能指标（如强度、匀度、平滑度、纤维取向、纸板定量等）都优秀的多种纸板。而且此成形器具有制造和操作成本低等优点。

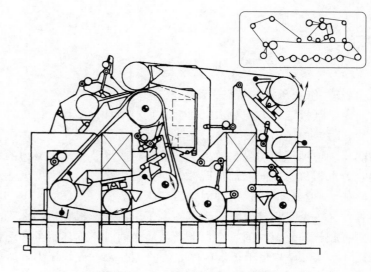

图 7-17　DuoFormer Top 成形器

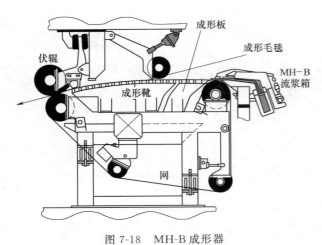

图 7-18 MH-B 成形器

④ 多层（多流道）流浆箱。多层（多流道）流浆箱是在满流式水力流浆箱的基础上发展起来的。其特点是沿着流浆箱的 Z 向将流浆箱的布浆装置和整流装置分割成若干个独立单元，每个单元都有其各自的进浆系统。多流道流浆箱在喷射浆流内部产生出多层结构。这种方法原则上可只用一个或两个成形装置就可以生产出多层纸板，具有以更为紧凑的湿部生产出中低定量多层纸板的可能性。图7-19 是 Beloit 公司生产的用于生产三层纸板的 Converflow Strata-flow 多流道流浆箱。图 7-20 是 Tampella 公司生产的多流道流浆箱的 Contro-flow 型成形器。图 7-21 是 Voith Sulzer 开发的，配备有 Module Jet 稀释水浓度控制调节系统的、用于夹网造纸机三层水力流浆箱。

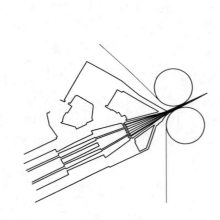

图 7-19 Converflow Strata-flow 多流道流浆箱

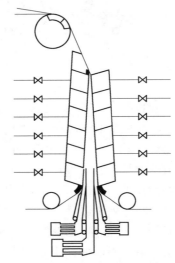

图 7-20 多流道流浆箱 Contro-flow 成形器

（三）纸板压榨的特点

由于纸板定量大，脱水阻力大，脱水困难，多数纸板机（尤其旧式纸板机）都是采用预压榨，缓慢地压出纸板中水，使压力逐渐增加，以充分发挥主压榨的作用。有的纸板机还采用热压以增加压榨的脱水效果。随着各种成形装置脱水能力的增加以及各种新式压榨结构的出现，纸板机又倾向取消预压榨，而是采用高效、高强度、热压榨等新技术。

如 20 世纪 80 年代出现的宽压区压榨装置（如图 7-22），用于多层纸板的生产，是纸板压榨的又一个里程碑。宽压区压榨由于压区靴形板宽达到 254mm（相当 7～8 个压辊压榨），纸页有较长的停留时间，在保证产品质量而且不损坏辊子和毛毯的情况下，在靴形板上平均加压 4130kPa，相当于正常压榨方法的 1050kN/m 线压力，所以可获得很高的压榨冲量，既提高了湿纸板的干度和纤维间结合力，又不压溃纤维层和不太多地降低纸板的松厚度。

图 7-23 是靴式压榨靴形辊结构图。图 7-24 是 valmet 公司设计的 Symbelt 辊式靴形压榨原理图，靴形区的加压是通过加压缸来实现的，靴形区域润滑油使压辊胶套与加压靴隔开，形成的油膜随压榨脚套转动，润滑油的压力能保证 $60\mu m$ 左右的润滑油膜，胶套与静止件之间实现了无直接接触。该装置结构简单，运行可靠，胶套使用寿命长且更换方便。

宽压区压榨可以串联用于纸板机，可大大地增加压榨干度。

（四）纸板的干燥

纸板的干燥和其他纸一样，主要还是以烘缸干燥为主。但由于纸板定量高，干燥部需蒸发水量多而蒸发阻力大，使烘缸

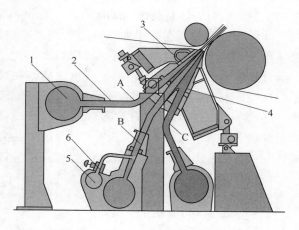

图 7-21　Voith Sulzer 三层水力流浆箱
A—顶层　B—中间层　C—底层
1—圆锥形布浆总管　2—软管　3—薄片　4—湍流发生室　5—圆锥形稀释水总管　6—稀释水控制阀

数量过多，因此许多纸板机采用热风干燥（如桥式干燥器）、红外线干燥、冷凝带干燥等技术。有的纸板机为了增加纸板面层的光泽度，而在纸板水分达到 $61\%\sim63\%$ 之间时，采用大烘缸干燥，出大烘缸干度要控制在 75% 左右。另外，过热蒸汽冲击干燥、微波加热干燥、脉冲干燥等干燥技术也有许多在纸板干燥方面应用的研究，但大规模生产应用还很少。

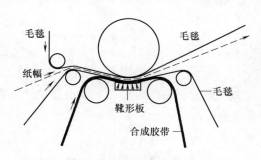

图 7-22　宽压区压榨装置

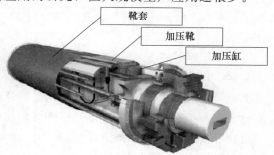

图 7-23　靴形压辊结构示意图

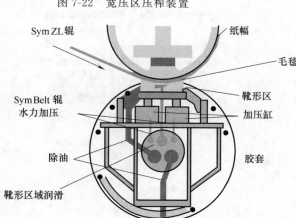

图 7-24　SymBelt 辊式靴形压榨原理图

热风干燥和大烘缸干燥已是非常成熟的技术，在普通纸生产中常常用到。下面简单介绍一下红外线干燥和冷凝带干燥技术。

1. 红外线干燥技术

当纸页干度达到 85% 以后，烘缸向纸页传热效率就降低了，纸页中水分子就较难获得热量而被释放。红外线干燥是一种可以替代烘缸的热传递方式。红外线能够穿透纸页内部，电磁辐射不需要介质，事实上真空效果最好。电磁辐射是由粒子组成的，

当电磁波辐射时，能量被传递、反射或被吸收。当它被吸收时，将增加吸收体本身总能量，吸收体本身被加热，红外线的这种吸收作用被应用在纸页干燥中。红外线有三种波段：长波、中波和短波，抄纸中常用中波和短波。

红外线中波占有波段在 $1.5\sim6\mu m$ 之间，在这个区域电磁波谱的红外线容易被水和纤维素纤维快速吸收，适用于低定量纸页干燥。短波红外线波段在 $0.76\sim1.5\mu m$ 之间，波长低于 $1.3\mu m$ 的红外线所发出的能量不会被纤维或水分子吸收。$1.3\sim1.5\mu m$ 短波红外线能够将高能量快速输入纸页并被纤维吸收，而且穿透力强，适合于在纸板干燥中应用。

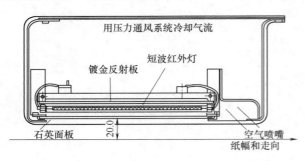

图 7-25　Apollo 短波红外线发射板和干燥架剖面图

图 7-25 是 Compact Engineering 公司在 20 世纪 90 年代开发的 Apollo 短波红外线发射板和干燥架剖面图。它能发射 $1.35\mu m$ 波长的短波红外线，快速输入纸页并被纤维吸收，使纸页温度快速升高，以释放结合的水分，这个过程只需 25ms。

该短波红外线水分控制干燥器，通常安装在造纸机烘缸处，距离纸面一般为 20mm，停机时退回到 250mm 处。可选择使用宽度为 75mm 或 150mm 的发射器。能量输入可根据水分情况精确控制。一般生产 $200g/m^2$ 以上纸板时，纸板的每一面都需要安装两台干燥器。如在 $180g/m^2$ 时的纸板生产中，利用短波红外线干燥器，可提高车速 10%～18%。

2. 冷凝带干燥技术

冷凝带干燥技术是 Valmet 公司的 Jukka Lehtinen 博士研究出的压榨干燥工艺，1975 年申请专利，1990 年中试后进入市场。

冷凝带干燥与传统的烘缸干燥相比干燥速率较快，热能回收潜力更大，最主要的优点在于能显著改善纸板性能，还可使纸板纤维配比中使用更多的草类原料。

（1）冷凝带干燥过程及原理

冷凝带干燥过程如图 7-26 所示。在一个密封的单元内安装有蒸发元件和冷凝元件，蒸发元件使纸幅中的水分变成蒸汽，而冷凝元件使该蒸汽重新冷凝。具体地说，纸幅与同步运动的加热钢带相接触，钢带中的热量传递给纸幅从而使纸幅中的水分蒸发，纸幅的另一面与粗网接触，在粗网的下面是同步运行的冷却钢带。蒸汽在冷却钢带表面冷凝，粗网起贮水的作用，在粗网的上面通常还有一张细网以减轻纸幅的网痕。钢带的厚度约为 1mm。加热室与加热

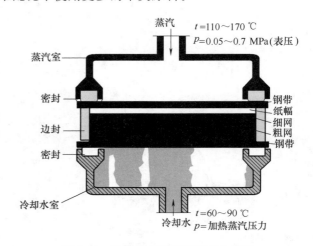

图 7-26　冷凝带干燥过程基本原理图

带之间的两边、冷却室与冷却带之间的两边、纸幅及网子的两侧都设有密封装置。纸幅直接通过干燥箱，无开式引纸，容易操作。

加热蒸汽的温度为 110～170℃，压力为 0.05～0.7MPa（表压），冷却水的温度为 60～90℃，通常是 80℃，冷却水的压力正好等于加热蒸汽的压力。几乎所有蒸发水及其潜热都可以在高温（大约 80℃）下通过热泵回收。

冷凝带干燥箱有两种类型，即高 Z 压型和低 Z 压型。一种高 Z 压型 CondeBelt 干燥箱（图 7-27），CondeBelt 干燥区长 22m，钢带宽 2.8m（纸幅宽 2.4m）。纸幅受到 z 向机械压力在 200～1000kPa 之间，通常在 200～500kPa。低 Z 压型（图 7-28）是继高 Z 压型之后的又一代产品，具有预热和增热装置，更适合松厚度要求高的纸种，纸幅受到 z 向机械压力低于 100kPa。

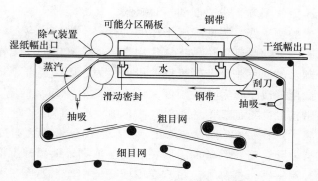

图 7-27 高 Z 压型 CondeBelt 干燥箱

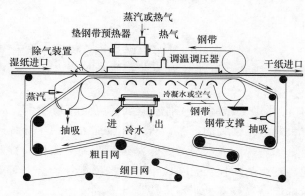

图 7-28 低 Z 压型 CondeBelt 干燥箱

（2）冷凝带干燥过程的干燥速率

在相同蒸汽压力情况下，与传统烘缸干燥相比，冷凝带干燥的干燥速率要快很多。其干燥速率取决于纸幅的定量、水分以及冷凝带干燥装置本身。冷凝带干燥的速率之所以快，主要是由于以下 4 个方面的原因：

① 加热钢带的厚度比烘缸的壁厚小，传热快；

② 纸幅与热钢带表面的接触要比与烘缸表面的接触更加紧密；

③ 冷热钢带之间的巨大温差产生的热管作用，使纸幅内空气非常稀薄，导致纸幅内的 z 向传热速度快（真空状态时的热阻会减小 1/3～1/2）；

④ 网子内的空气也非常稀薄，水蒸气在向冷却钢带表面移动的过程中不会受到空气分子的扩散阻力。

热管作用可以解释冷凝带干燥时纸幅内传热和传质速率快的原因。热管的特征在于它的长距离输送，非常小的温差就可以远距离传递大量的热，其传热速率可以是热传导的 10 倍，该过程在 z 向上往往不是直线形的。发生热管作用的必要条件是纸幅温度必须超过水的沸点，这样才可从纸幅中除去空气。纸幅内的热管过程是一个连续蒸发和冷凝的过程，从热端通往冷端的导管在干燥过程一开始就开通了，允许蒸汽流向冷端。导管壁很快（0.1～0.2s）变热后，热管就稳定了。由于热端大量的水分会限制钢带上的热量向纸幅内部传递，同时水分向蒸发区的扩散也受到限制，最终在纸幅的加热面附近首先形成干燥层。该干燥层将降低干燥速率，但该干燥速率仍然比烘缸干燥的快。在没有水汽被运输时热管会休眠，一旦蒸发重新开始热管又恢复活力，这说明管壁没有变冷，并存有蒸汽。

（3）影响冷凝带干燥过程的因素

影响冷凝带干燥过程的因素主要为进入干燥部纸幅的水分、纸幅在干燥过程中所受的 z

向压力、平均干燥温度和干燥时间。在冷凝带干燥过程中，水分大的纸幅比水分较小的纸幅的干燥速率快，因此随着干燥的进行，干燥速率会下降，但这有助于减小成纸水分的不均匀分布。纸幅受到的机械挤压作用等于加热蒸汽的压力，这就允许通过改变加热蒸汽的压力或冷却水的温度来调节对纸幅的机械压力。因为离开纸幅进入细网的蒸汽为饱和蒸汽，冷却水的温度能改变该蒸汽的温度和压力。如果冷却水的温度为80℃或更高，一般干燥中与冷却钢带接触的纸面温度约120℃或更高，而纸幅其余部分的温度要更高一些。研究表明，湿润木素大约在120℃以上会软化，如果大部分纸幅的温度都在120℃以上，含有大量木素的纤维会软化，变得易弯曲、服帖、相互依顺，纸幅密度增加，同样其他与结合强度有关的性能也会高一些。提高加热蒸汽温度或降低冷却水温度，可以改变纸幅两面的温度，同时也改变纸幅内部的温度和干燥速率。通常提高纸料的打浆度，可以改善干燥速率，这是由于热管作用的原因。水向热表面的扩散是一个制约性因素，在高打浆度的纸浆内，水分的扩散通道连续而且较长，这就保持了热管有较好的活力和长度。另一方面，高打浆度会使纸幅更紧密，从而提高了纸幅的传热性能。

（4）冷凝带干燥的纸板质量与性能

① 冷凝带干燥是使纸幅在高温、高压下长时间停留，使纸幅中半纤维素和木素软化和流动，柔软可塑，纤维牢牢地"焊接"在一起，纸幅密度增加，表面非常平滑，适印性更好。通常可减少增强剂和施胶剂用量。

② 冷凝带干燥尽管增强纤维的结合有可能增大纸幅的收缩，但纸幅完全没有收缩。这是由于高压和高温减小了纸页结构内的应力峰值。强大的纤维结合力和收缩力激活了纤维碎片和细小纤维承载负荷的能力，从而产生更加均匀的应力分布。限制纸幅收缩对其横向性能的影响是显著的，传统烘缸干燥时，特别是纸幅的两边会自由收缩，横向强度性能会显著变差。冷凝带干燥可完全防止收缩，对横向挺度要求较高的纸板来说尤为有利。

③ 由于木素改变了纤维的表面及内部性质，而木素受回湿影响小和弹性高，因此冷凝带干燥的纸板具有更好的耐湿性，还可以使用草浆、废纸浆或高得率浆。实践证明，用冷凝带干燥的纸板可生产高质量的纸箱。相同的纸板定量下，纸箱的边压强度和纸箱抗压强度可以得到改善。图7-29是冷凝带干燥和烘缸干燥条件下纸板横向环压强度的比较。图7-30是在相同负荷和可变湿度情况下，传统干燥与冷凝带干燥挂面纸板箱破裂时间比较，从中可知，用冷凝带干燥能更有效地保持力度并不易变形。图7-31是烘缸干燥和冷凝带干燥的湿

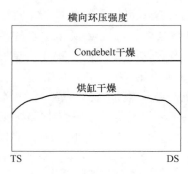

图7-29　烘缸干燥和CondeBelt
条件下纸幅横向环压强度比较

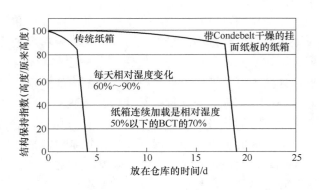

图7-30　在相同负荷和可变相对湿度情况下，传统
干燥与CondeBelt干燥挂面纸板箱破裂时间比较

膨胀性比较，可知无论是纵向还是横向冷凝带干燥的湿膨胀性都小。

④ 用冷凝带干燥工艺，二次纤维原料可得到传统干燥法中新鲜纤维一样的强度，如图 7-32 所示，因此冷凝带干燥特别适应于像挂面纸板、瓦楞芯等使用二次纤维的纸种。换言之，如果在保持原来烘缸纸幅强度不变的情况下，可以降低定量，每吨挂面纸板可节省木材 10%～20%。

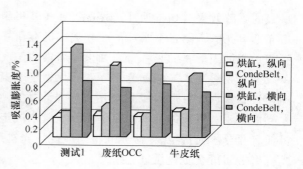

图 7-31　湿膨胀性测试

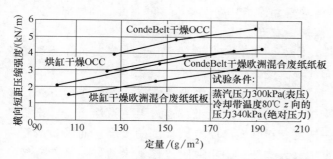

图 7-32　CondeBelt 和烘缸干燥纸幅横向压缩强度比较

干燥效率和 CondeBelt 后控制纸幅卷曲。

⑤ 冷凝带干燥避免纸幅收缩，纸机横向更均匀，纸板尺寸稳定性加强。

另外，需要说明的一点是，为了得到最佳的纸幅强度和挺度，冷凝带干燥应在纸幅固含量 50% 时开始，一直到纸幅固含量 95% 时结束。但最好在 CondeBelt 干燥前后都有烘缸，以取得 CondeBelt 前的最佳

（五）纸板的表面施胶和涂布

纸板施胶和涂布的主要目的是为了提高纸板的表面印刷性能、改变纸板的颜色或白度、改善纸板的吸收性。

纸板表面施胶一般采用两种方法，如果只是作为表面施胶来改善纸板的吸收性或抗渗透性，一般采用压光机施胶；如果既可以作为表面施胶，又可作为纸板涂布的预涂设备，可选用薄膜压榨设备。

压光施胶是高定量纸和纸板进行表面施胶的重要方法。施胶后可不用干燥部，因为在到达压光机时，纸板内还有不少潜热，可在压光机和卷纸机之间起到若干蒸发作用。所余下的附加水，通常可以全部被纸板所吸收。

压光机施胶一般采用水箱给胶料或水，图 7-33 一个典型的压光机水箱，它贯穿整个压光机长度。施胶物料或水施加到辊子上，再转送到纸页表面。

有的纸板机只利用压光机水箱给水，目的是软化纸页以改进压光的平滑效应。这实际上不是表面施胶，一般称为"润湿整饰"。

当压光机水箱使用化学药品时，是对纸板进行表面施胶，一般使用一个以上的水箱。

对纸板进行表面施胶时，纸页上的胶料液吸

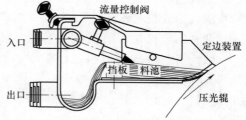

图 7-33　压光机水箱

移量和分布情况，取决于纸页的表面粗糙度和水分、胶料液的温度和浓度、水箱在压光机组中的位置以及所用的水箱数量。如果水箱置于压光机的高处，有利于胶料液渗入纸页，吸移量增加。如果水箱置于压光机的低处，则吸移量减少，有利于胶料留存在纸页表面。当需要

最大的施胶效果（如抗油性）时，可在压光机组的同一侧使用两个水箱。第一个水箱的胶料填充纸页孔隙，第二个水箱的胶料更多的存留在纸板表面以增加纸板的抗油性。高温胶料液有利于增加固形物的吸移量，如果胶料液的温度接近于纸页的温度，则吸纳胶料液将更为均一。整个胶料液水箱的温度均一，对保持辊子温度均匀是很重要的。如果胶料液温度低于周围大气的露点，可形成冷凝水并滴落到纸页上。

根据要对纸板进行一面还是两面施胶来决定水箱放置在压光机一侧还是两侧。好的纸板机拥有两台压光机组，"湿压光机组"配压光机水箱，"干压光机组"进行最终的压光。在压光机组之间可有少量烘缸。

压光机施胶使用的施胶剂种类决定对纸板所处理的目的。压光机施胶施胶剂对压光辊腐蚀是压光机施胶的一个问题。经常研磨压光辊并保持其高光泽度，可大大减轻局部腐蚀。使用硅酸钠或硝酸钠等具有缓冲作用的胶料液，有助于减轻局部腐蚀。

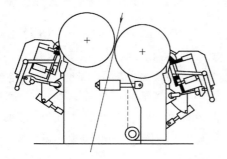

图 7-34　Filmpress 薄膜压榨设备

图 7-34 是既可以作为表面施胶，又可作为纸板涂布的预涂设备的纸板机薄膜压榨设备。

目前，涂布纸板的正面进行三次涂布的方式已越来越普遍了。特别是纸板通过第三道涂布后，纸板的平滑度、印刷光泽度有大幅度的提高，而纸板的粗糙度则大大降低。使用薄膜压榨预涂的好处是能有效地防止刮刀刮起纸毛所引起的麻烦。

薄膜压榨用于纸板两面的表面施胶或用于正面的预涂时，通常使用浓度为 15% 的淀粉溶液，涂布量为 $2g/m^2$。为了提高纸板的光学性质，也可以添加一些颜料于胶料中。选择不同薄膜压榨的刮棒，使用有颜料的胶料，涂布量可达 $12g/m^2$。采用薄膜压榨进行预涂不会产生涂布条痕，纸板纵、横向的涂布量均匀一致。由于薄膜压榨的辊压比常规的施胶压榨低，因而可保持纸板有较高的松厚度。

为了满足纸箱行业对瓦楞纸更高环压强度和更好的抗水防潮性能的高要求，对瓦楞纸进行表面施胶，表面施胶后的环压强度值一般可提高 30%～50%，如果所用的废纸原料很差，经表面施胶后环压强度甚至可提高 100%，这种效果是以前在浆内添加任何助剂都难以达到的。在胶液中加入抗水防潮性的施胶剂后，瓦楞纸的抗水防潮性也会大大提高，而要达到同样的效果，使用浆内施胶剂的成本往往会高 1 倍甚至几倍。

用于瓦楞原纸生产的表面施胶机按上胶方式的不同可分为料池式施胶机（见图 7-35）和转移膜式施胶机（图 7-36）。

这两种施胶机是目前瓦楞纸生产厂家中运用最广泛的。一般而言料池式施胶机适用于 800m/min 车速以下的纸机，而 800m/min 车速以上的纸机则多是采用转移膜式施胶机。它们采用的结构大多都是斜列式结构。而以前曾经也有广泛使用的水平式和垂直式结构，水平式结构具有料池容积大的优点，而垂直式结构具有操作方便流畅的优点，斜列式结构集两者优点，得到最广泛运用。斜列式结构的斜列角度一般在 15°～45°，小角度因为料池容积较大同时也有利于接胶斗的设计安装，多用

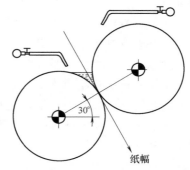

图 7-35　料池式表面施胶机

于料池式施胶机；大角度则多用于转移膜式施胶机，因为角度大时有利于后序设备如弧形辊、转向器的布置，操作维修更方便。

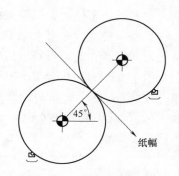

图 7-36　转移膜式施胶机

胶液本身对设备有一定腐蚀作用，所以施胶机的辊体、机架、走台等一般采用不锈钢材料或进行包不锈钢处理。施胶上、下辊为一条硬辊、一条软辊，两条辊都是包胶辊，硬辊的包胶硬度一般为 P&J（邵氏硬度）0，软辊的包胶硬度一般为 P&J15 左右，辊面的中高则根据实际需要进行研磨。

施胶机的加压方式多采用气胎加压，料池式施胶机线压力 30～50kN/m，转移膜式施胶机线压力 50～100kN/m。

可用于表面施胶的成膜剂品种有淀粉、CMC、聚乙烯醇等，淀粉是瓦楞纸生产中使用最广泛的表面施胶剂，双面挂胶量一般在 4～5g/m²，挂胶量控制在 6g/m² 以上，可获得更高的环压强度。

纸板的涂布虽然可以在机内也可以在机外，但纸板的涂布几乎全是在机内。其原因：a. 纸板在机内涂布可以节约投资和节省厂房空间；b. 纸板原纸纸卷经过仓储后经常会发生翘曲，会给后道涂布加工带来麻烦；c. 纸板因定量较高，断纸较少，所以纸板机内涂布比机外涂布问题要少得多。纸板的机内涂布一般都要进行二道涂布。现代化的纸板机为了提高涂布质量，有的已增加到三道涂布。目前常用的涂布方式大致有气刀涂布、可调刮棒涂布、组合刮刀涂布、帘式涂布等。而预涂和表面施胶一般都是采用前面提到的薄膜压榨。这些涂布设备常常根据需要选择地组合在一起来使用。

帘式涂布是一种新型的非接触型的涂布技术，现代帘式涂布技术是 20 世纪 90 年代发展起来的新型涂布技术，在造纸行业广泛用于照相纸、热敏记录纸、无碳复写纸、压敏不干胶带等。近年来，帘式涂布在印刷纸和纸板生产上的应用，获得到了比其他涂布更好的覆盖能力。帘式涂布的涂料从涂料分配器喷嘴中流出连续性的薄膜，以幕帘状坠下 51～457mm 沉积在喷嘴下面的纸幅上。帘式涂布过程可以分 3 个区域：幕帘形成区、幕帘流动区和幕帘冲击区，如图 7-37 所示。

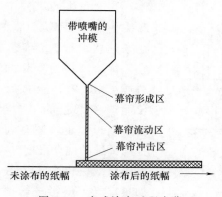

图 7-37　帘式涂布过程中幕帘形成区、流动区和冲击区

帘式涂布的特点是液体涂层在接触到移动的预涂纸页之前呈自由下落运动。高的涂料冲击速度允许在相当高的速度下进行涂布。这种非接触式涂布法对原纸没有施加任何机械应力，因此减少了纸幅的断裂并提供好的涂料覆盖性，为提高生产效率和减少涂布量提供了机会。帘式涂布实际上是一个仿形式涂布过程，在接触纸幅前，涂料本身就已经成膜状了，只不过这个膜是一个液体的膜。因此，帘式涂布在纵向、横向涂层厚度都非常均匀；涂层没有刮痕、条痕、橘皮纹等缺陷；涂层具有良好的不透明度。

涂布量的调节取决于涂料输送泵转速，容易调节。与其他涂布方式比较，帘式涂布具有操作成本低、生产效率高、涂料不飞溅、不会烟雾化等优点。

帘式涂布关键的设备是缝隙供料冲模，要求涂布头狭缝喷嘴的唇板要有优化的几何形状、精密的加工精度，以形成稳定、可靠的供料系统。

另外，帘式涂布要求涂料具有充分的延展性，没有气泡，有适宜的黏度范围。因此，为保证帘式涂布在高速下稳定运行，要仔细选择和优化涂料配方，并且使用脱气泡装置。

图 7-38 是 J AGENBERG 公司设计的折叠纸箱纸板机组合涂布机。这台组合涂布机采用 3 次涂布。3 个涂布头的布置：a. 预涂使用可调刮棒，以改善纸板表面的平滑度和吸水性；b. 第一道面涂为气刀涂布，通过气刀涂布来提高涂布量和纸板的白度；c. 第二道面涂为软刮刀涂布，使折叠箱纸板获得最理想的光泽度、平滑度和印刷适性。

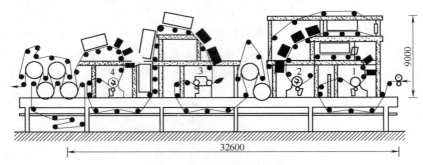

图 7-38　折叠箱纸板涂布机

1—预涂　2—反面处理　3—第一道面涂（气刀涂布）　4—第二道面涂（软刮刀）

图 7-39 是未漂牛皮浆纸板涂布机。该涂布机的预涂有两个组合刮刀涂布头。二道预涂均用于纸板的正面，也就是印刷面。组合刮刀涂布头的刮刀根据需要可以是硬刮刀，也可以是软刮刀，还可以是可调刮棒。涂布量控制在 $8\sim15g/m^2$ 范围内。面涂则采用了气刀涂布头。气刀涂布对高定量涂布有帮助，经压光处理后能获得一个良好的匀称的表面。气刀投资较少，气刀涂布操作相对于刮刀涂布要简单一些，同时也不会产生刮刀条痕这类纸病，这些都是气刀涂布的优点，但气刀涂布的涂布质量还是逊色于刮刀涂布。因而，气刀涂布一般用于印刷要求并不十分高的产品上。气刀涂布量在 $10\sim20g/m^2$ 之间。

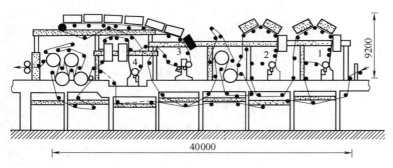

图 7-39　未漂牛皮浆纸板涂布机

1—第一道预涂　2—第二道预涂　3—面涂　4—反面处理

该涂布机的第四个涂布头使用了可调刮棒，专用来处理纸板的背面。通常，背涂涂料为稀释的淀粉或 CMC 液，涂布后不仅能改善纸板的平整度，防止纸板掉毛，还有利于提高纤维的结合强度。

该纸板机采用了蒸汽加热空气干燥箱进行预涂干燥，用两个包覆毛毯的烘缸来进一步干燥第二道涂布。对于低固含量、高涂布量的气刀涂布，则先使用固定的电热远红外干燥器进行干燥，接着再用 6 只蒸汽加热空气干燥箱干燥正面，用两只蒸汽加热干燥箱干燥背面。

（六）纸板的整饰完成

纸板的表面性能是纸板的重要指标。过去依靠大烘缸来实现光泽度，其条件是进大烘缸前的纸页干度要控制在 61%～63% 之间，而出大烘缸纸页干度要控制在 75% 左右。两头都控制好，才能获得好的光泽度。国内有的厂采取进大烘缸前纸页的干度控制得高一些，而在纸面上喷水来控制，这也是很有效的方法。现在纸页含水量可用在线仪表显示，控制并不困难。大烘缸的主要缺点是过于笨重，一个直径 4m 的大烘缸，其质量达数十吨。更换和搬迁都不方便。在 20 世纪 90 年代以前，许多纸板厂采用硬热压辊来代替大烘缸产生光泽度。20 世纪 90 年代开发的软压光机用于纸板压光效果优异。软压光与硬热压光相比，其主要优点在于能够压光而不影响纸板的松厚度和挺度，对纸板的强度无影响，并能改进纸板的印刷性能。然而，软压区压光温和的、不损失松厚度的压光作用已经发挥到了极限。20 世纪 90 年代 Voith 纸业开始将靴式压榨技术引入到压光技术中，但直到 2001 年靴式压光才开始在纸板压光上得到了应用，又进一步的改进了纸板的松厚度、挺度、表面性能和印刷性能。

图 7-40 是软压光机的一种类型——光泽压光机。光泽压光机应用高度抛光的热金属辊，对着纸幅另一面的是具有弹性的橡胶或合成材料背托辊。纸板被橡胶或合成材料复合辊压向加热的中心铸铁辊或钢辊上。如果纸板两面都需要压光时，就要用两台压光机，每面用一台。

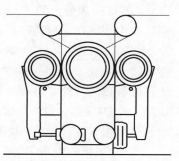

图 7-40 是软压光机的一种类型——光泽压光机。光泽压光机应用高度抛光的热金属辊，对着纸幅另一面的是具有弹性的橡胶或合成材料背托辊。纸板被橡胶或合成材料复合辊压向加热的中心铸铁辊或钢辊上。如果纸板两面都需要压光时，就要用两台压光机，每面用一台。

图 7-40 中的中间辊是加热的钢或冷淬铸铁辊，用其对纸板进行整饰实际上也是温差压光工艺。如果纸幅移动通过压区的速度足够快，其中心与被压光表面之间的温差可超过 100℃。

图 7-40 整饰纸板的光泽压光机

从辊子传出的热量，使被压光表面纤维变得更柔韧，在纸幅内部松厚度还没有急剧减少前（松厚度的减少将降低强度和挺度）就获得了必要的平滑度。与传统的纸机压光机相比，温差压光机可使食品纸板在获得相同光泽度的情况下，MD 和 CD 的抗张强度提高 3%，抗张模量提高 10%，挺度约提高 20%。

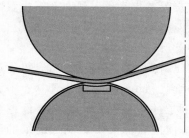

图 7-41 NipcoFlex 靴式压光原理

NipcoFlex 压光机是 Voith 纸业开发的靴式压光机。NipcoFlex 压光机包括一根 Flexitherm 加热辊，它压在一根具有软包胶层和刚性凹面压力靴的 NipcoFlex 靴式压光辊上（见图 7-41），可形成一个宽的压区，宽度可达 50～270mm。Flexitherm 加热辊一方面从内部加热，另一方面通过外部的电感加热元件加热。与常规的辊式压光相比，这种加热方式使加热辊的温度较高（可达 250℃）。在 NipcoFlex 靴套和 Flexitherm 辊之间，纸张与后者接触的一面被压光。对宽压区压光而言，最重要的是 QualiFlex 压光靴套所具有的特性（表面粗糙度、硬度、热容量和机械强度等），还有压力靴本身的特性（压区长度、纵向线压分布、靴套与压力靴之间的润滑系统）。

靴式压光原理是基于水分梯度效应和温度梯度效应。压区越长，对压光的影响越大，高温还会使这种影响进一步增强。这样就可以大大降低线压，因而可以大大降低所需压力并能获得所希望的松厚度。用 NipcoFlex 压光机进行轮廓压光，软靴套适应表面宏观结构，主要是微观粗糙度（PPS）得到改善，宏观粗糙度的改善不太显著（见图 7-42）。与硬光和软压光相比，在同样较好的表面匀度下，会使产品

图 7-42 NipcoFlex 靴式压光对纸板表面质量的改善

获得较高的松厚度，而较高的松厚度意味着挺度较高，可降低定量，从而节约纤维，降低成本。

三、纸板生产的废纸处理工艺

（一）对废纸原料的基本认识

由于废纸来源比较复杂，对废纸的特性进行深入的研究和认识是非常必要的。

研究表明，由 75% 的旧新闻纸和 25% 的旧杂志组成的 #6 美国废纸（ONP/OMG）浆料主要是由针叶木磨木浆、化学机械浆和漂白化学浆组成；由 100% 的废旧新闻纸组成的 #8 美国废纸（ONP）浆料主要由针叶木磨木浆和化学机械浆组成；由精选办公废纸组成的 #37 美国废纸（MOW）由漂白阔叶木化学浆所组成。ONP/OMG 和 MOW 主要含有 $CaCO_3$，其次是高岭土和 TiO_2，ONP 主要含有滑石粉和少量的 $CaCO_3$ 及 TiO_2。3 种废纸原纸均是在中性条件下抄造的。3 种浆料的筛分组分质量比都遵循 R28>R48>R100，且相同级分 MOW>ONP/OMG>ONP。ONP 的 P200 组分含量远远高于 ONP/OMG 和 MOW 浆料，而 R28 和 R48+R100 的长纤维和中长纤维组分较低。纸浆白度 MOW>ONP/OMG>ONP，随筛分目数的增加，各种浆料的光吸收系数逐渐增加，打浆度也增加。3 种原浆综纤维素含量是 ONP/OMG>ONP>MOW，木素含量是 ONP>ONP/OMG，而各筛分组分的综纤维素和戊聚糖含量都呈现 MOW>ONP/OMG>ONP。

（二）废纸的处理工艺

根据现代废纸品质的特点，废纸处理工艺流程及设备应尽量满足以下要求：

① 保持废纸中原有纤维的长度和打浆性能，除去废纸中的各类轻重杂质，保证成纸的外观质量和纸机的抄造性能；

② 简化制浆流程，提高成浆得率，降低水、电、汽、药品消耗，杂质、废水易于处理。当废纸为纸板主要原料时，用于面层和背层的浆料，为了防止胶黏物障碍以及引起纸板表面出现油斑性污点，更要注意废纸的净化、浮选、洗涤以及相应（酸、碱、热）流程的组合，其他中间层只要做冷法处理即可。优质的废纸可用于面层和背层，低质的用于中间层。

废纸处理工艺流程中增加两级纤维分级筛，是近几年在压力精筛的基础上设备升级的新成果，通过两级纤维分级筛后，将纤维分为短纤维浆、中纤维浆和长纤维浆三级原料；一级分级筛分离出的 40% 短纤维浆料经浓缩后可以直接作为中间层的浆料使用，不必要经过热分散机和盘磨机再处理，可以节约蒸汽消耗和电耗，达到节能的目的又不影响成品纸的质量。二级分级筛分离出的中纤维浆料，经过系统地处理后可以作为衬层的浆料使用。二级分级筛分离出的长纤维浆料，经过系统地处理后可以作为底层的浆料使用。

目前许多以废纸浆造纸的企业采用了高浓碎浆、高浓除砂、纤维分离、除渣与压力筛等设备，甚至采用纤维分级筛与热分散设备，广泛使用脱墨、漂白、助留、助滤、增强作用的化学品，来提高成浆的质量。

碎浆一般由水力碎浆机进行，废纸或纸板在转子叶片的机械作用和水力剪切作用下被解离，质量、体积大的杂质与纤维有效分离，杂质由出渣口排出，粗浆通过筛板由浆泵抽出送入高浓除渣器除渣。为不过多损伤纤维，有时浆料需要经过纤维分离机进一步的疏解来完成纤维后续碎解。由粗筛选和精筛选系统筛出残余的黏胶物及细小而较重的杂质。之后浆料进入浮选或洗涤设备，使油墨与纤维分离。废纸制浆系统一般考虑安排分散系统，包括冷分散和热分散系统，可以进一步促进纤维与油墨分离和油墨的碎解。大多数废纸脱墨浆较原纸白度降低，还需要进行废纸浆的漂白。

1. 碎浆/除渣

卧式水力碎浆机是国内主要的碎解废纸设备，可除去大的非纤维杂质，如铁钉，绳索等，但相对破坏了纤维，特别是部分轻杂质也被打碎流入系统中。继而出现了相对保护纤维的高浓碎浆机及转鼓式碎浆机。

最常见的设计是使用带有附加除渣装置的低浓连续碎浆机，以处理轻杂质。除渣装置通常间歇操作，清除碎浆机里的非纤维碎片，运转时间取决于杂质的含量。底部安装转子的碎浆机非常普遍，但也有许多是侧面安装转子的碎浆机。低浓碎浆机的关键是去除大量的污染物（塑料、金属等），需要一个沉渣池或废物槽。应在污染物较大时除去，污染物越小越难去除。混合废纸的含量越高，使用鼓式碎浆机越有利。使用鼓式碎浆机的另一个优势是不使杂质破碎，而是整个去除。转鼓式碎浆机要求不含打包金属丝的稳定原料流，从而增加了传送装置和除金属设备的成本。带有浓度控制的大渣槽（40～60min 的停留时间）可使系统有较好的稳定性。

2. 筛选

粗筛选（孔径 2.0～2.4mm）和细筛选（缝隙 0.18～2.0mm）的单元操作对所有回收系统都非常重要。安装发现，在粗筛选阶段，缝筛比孔筛好用。考虑缝筛的成本，正向除渣器通常安装在细筛前面，以去除细沙和粗砂。小直径的正向除渣器还可以去除油墨。

实际操作过程中可选择旋风分离器或三级压力筛选系统进行处理，也可以选择涡轮增压机与粗砂除渣器结合使用，或在筛选前安装高浓除渣器进行杂质的去除。

最近，许多应用 100％回收纤维的设置安装了筛分设备，与纸机结合以生产所需产品，即：

① 长纤维在上层和下层；

② 长纤维在中间层。

对回收的 3 层和 4 层箱纸板的长纤维和短纤维进行筛分是很普遍的。在多纸机造纸厂的另一种选择是直接把细小纤维组分放在瓦楞原纸纸机上。

目前，三段细筛选已设计为重点去除胶黏物。实际上，所有浆料都包含黏胶剂、黏合剂、染色颗粒、涂料等在碎浆过程中成为胶黏物的物质。安装 0.15～0.2mm 狭缝的细筛可以很好地除去以上杂质，且降低纤维的流失。为达到最大除渣效率，设备制造商在对筛板的设计（楔入金属丝、C 棒等）和穿过速率（低于 1m/s）上做了大量工作。但确保成功的最好方法是在造纸厂现有条件下用常规配料对槽/筛板进行实验。

研究发现利用旋风分离器或类似的装置来处理轻杂质比用辊筒型设备好。合理控制压力、浓度和废渣率等操作参数至关紧要。所有筛选过程的尾筛都很重要。细筛选之前控制胶黏物并进行筛分对强度有利。

3. 净化

大直径 MD 除渣器操作浓度约为 1.4％，一般安装在细筛选前面，主要为了保护筛板和去除大量的粗砂。但小直径正向除渣器在第三或第四段的操作浓度为 0.8％～0.9％，在第一段通常要求去除细的重杂质。许多生产瓦楞原纸的操作中不需要该过程。如果浆料中含有一部分混合废纸，正向除渣器还可以去除油墨。

去除轻杂质的主要设备是通流式或逆流式除渣器。这些除渣器的操作浓度为 0.7％，且具有非常低的筛渣率。由浆料来决定结构，最常见的是 P1＋P2＋P3 配置。在这个程序中，初级除渣器良浆进入第二段除渣器系统（P2）进行再处理，一段的筛渣在第二段中净化。第二段的良浆进入 P1 段的进料口，S1 段的废渣则进入 DAF 澄清器。

许多 100％回收纤维的造纸厂，结合纸机使用通流式除渣器，去除胶黏物。

研究发现，用 DAF 澄清器处理轻杂质比将其排入下水道好，对提高得率至关重要。通过小直径正向除渣器（去除油墨和粗砂）和通流式除渣器优化质量。

4. 澄清

用 DAF 澄清器处理来自通流式/逆流式除渣器的胶黏物、细小纤维、油墨、涂料和其他非纤维污染物筛渣。调节设计配置可以得到不同的设计方案。

实践表明，用带式压滤机浓缩从澄清器里排除的污泥以及细小纤维和粗筛筛渣。必须排放浓缩后的污泥以降低胶黏物的积累。有些造纸厂的做法是把浓缩的污泥和煤、树皮或类似的燃料一起在流化床锅炉里焚烧。

5. 浓缩

老造纸厂仍然使用转鼓式浓缩机，但设备效率清楚地表明了圆盘过滤机浓缩轻杂质除渣器浆料的作用。由于轻杂质除渣器良浆压力较低，应仔细考虑平面布置情况。

6. 分散

早期的机械分散系统重点是分散沥青，由蒸汽槽和后面的高浓盘磨机组成。该系统已由复杂的双螺旋分散机和改良的 HC 磨浆机所代替。目的是加热原料，降低胶黏物，使其在成纸上看不到。这需要消耗 60kW·h/t 能量。提高某些浆料的强度。在筛分系统中分散系统往往用于长纤维的分级。有效地净化轻杂质以去除胶黏物。

（三）废渣处理及其处理工艺

废纸处理过程产生的废渣主要有 4 种类型：

① 来自碎浆机和废渣去除设备的重杂质；

② 来自 HD 和 MD 除渣器的重杂质；

③ 来自筛选和除渣器的轻杂质；

④ 来自污泥脱水过程中的轻杂质。

通常将第 3 种和第 4 种杂质混合后，用压力挤压机脱水。第 4 种杂质一般进入螺旋分离器，脱水后排入贮槽。除渣器必须进行设置以使液体流动最小。第 1 种杂质最复杂最麻烦，必须传送到贮槽和垃圾压缩机。

废纸制浆流程随着原料、杂质、产品及产量的不同而有很大的差别。具体流程设计过程中需要注意以下问题：

① 用水力碎浆机离解废纸时，应尽量避免粉碎杂质，所以应定期排放碎浆机内的杂质。

② 经水力碎浆机离解之后的废纸浆尽量避免再使用离解设备，因此废纸在水力碎浆机之内应充分地进行离解。

③ 分散机等设备很难使废纸中的黏合胶、沥青、聚乙烯薄膜、塑料完全分散，所以要在流程之前使用 0.25mm 细缝筛将这些杂质排掉。

④ 废纸中的蜡质与热熔胶必须在高浓水力碎浆机加温或用分散机分散，但使用分散机时应在纸浆精选之后，否则仍有未完全分散的小碎块残留在纸浆中。为了避免所分散的蜡质在纸浆洗涤浓缩时被冲洗到白水中而加剧白水的污染，也应该将上述杂质在分散之前排到流程之外。

⑤ 为了除去废瓦楞纸板芯层中的浆块，用分散机均匀地分散之后最好再用低浓除渣器

进一步净化，尤其使用低浓度、高压差、直径小、长度大的锥形除渣器净化效果更佳。

⑥ 处理流程终端浆渣所回收的纸浆，应配用到另一系统如芯层纸浆系统，以彻底防止杂质在面层纸浆系统内发生循环。

⑦ 含有蜡质、热熔胶、粉状物等杂质的白水需用浮选机等设备将其净化之后方可使用。

⑧ 当使用美国进口的废瓦楞纸板（AOCC）时，因其中含蜡质较多，虽经分散处理也很难将它完全除去，常会引起纸面发生掉料现象。为此，在制浆流程终端还应设置洗涤装置，以便对成浆再进行一次洗涤与净化。

（四）废纸处理生产线举例

下面是国内某纸业公司 45 万 t 包装纸生产线配套废纸制浆处理线，采用纤维二次分级、初选、精选、热处理等先进的工艺技术和设备，极大地提高了废纸纤维利用率。

1. OCC 制浆线

OCC 浆线流程见图 7-43。采用二次分级，先用一次分级分出一部分短纤维，再经二次分级，分出长纤和另一部分短纤维；一次分级短纤流量 $300 \sim 500 \mathrm{m}^3/\mathrm{h}$，长纤流量 $250 \sim 450 \mathrm{m}^3/\mathrm{h}$。一次分级筛的进浆浓度 1.0%，一次分级筛进浆压力 180kPa，用 0.15mm 筛缝。短纤维轻质除渣器的进浆压力 300kPa，进出口压差 200kPa。

2. AOCC 制浆线

AOCC 线生产的浆料用作面浆，对浆料的质量要求较高。配置了 0.15mm 筛缝的精筛，轻质除渣器和热分散等重要工序。AOCC 浆线流程见图 7-44。

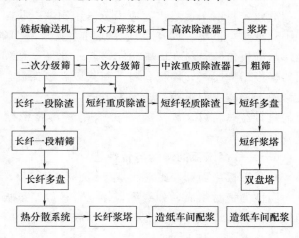

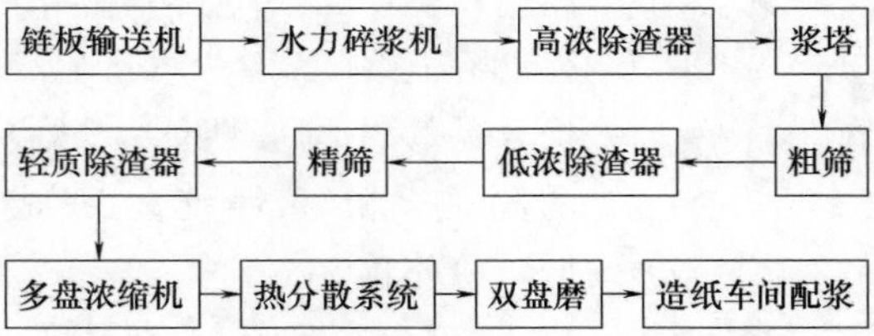

图 7-43　OCC 制浆线流程

造纸工业是典型的资源加工型产业，利用废纸资源造纸在国内外造纸工业中占有越来越重要的地位，对我国这样缺少造纸原料的造纸工业来说更具有深远的重要意义。近年来，我国造纸工业虽然在废纸回收利用方面取得了很大发展，但与国外先进造纸工业相比，还存在很大差距。我国造纸工业应进一步加强废纸回收体系的建设，提高废纸回收利用率；进一步优化废纸制浆造纸的工艺技术和装备；进一步加强节能、降耗、减排工作，降低资源和能源的消耗、保护环境，促进我国造纸工业可持续发展。

图 7-44　AOCC 制浆线流程

第四节　复合纸板的生产

前面几节介绍的纸板生产均为在造纸机上直接生产出成品的纸板。在实际生产和工程应用中，还有另一大类纸板是先生产出原纸，然后再将多层原纸复合或将纸板与其他薄形材料（如铝箔、塑料膜等）复合加工成纸板的。这类复合纸板在纸板产品中占有相当大的比重，如我们熟悉的瓦楞纸板约占我国纸和纸板总产量（2017）的 43.31％。再如液体软包装复合纸板和蜂窝纸板等，已经在饮料包装、高层建筑等领域发挥着重要的作用，因此复合纸板已成为纸板大家族的重要一员。限于篇幅，本节仅就几种典型的复合纸板的生产进行简介。

一、蜂窝纸板的生产

蜂窝材料是人类仿照蜂窝建筑的蜂巢结构机理，创造性地研究出来的一种轻质高强度复合材料，是仿生学研究与应用领域中较好的成果。蜂窝结构在用料上最省，而容积却最大，结构稳定，抗压强度极高。蜂窝结构纸板具有突出的抗压与抗弯能力，其显著特点是强度/质量比最大，因而得到广泛的应用。

蜂窝纸芯夹层板（简称蜂窝纸板）作为一种轻质、高强的新型绿色材料，首先应用于航空制造业，目前正逐步扩大应用于民用领域。我国对蜂窝纸芯及其夹层板的研制和开发，晚于国外近半个世纪。1998 年美国、加拿大及欧盟等国家限制中国木质托盘包装箱出口，致使蜂窝纸板包装材料在国内异军突起。此外，在建筑应用领域，由于高层建筑的迅速发展，框架轻板结构时兴，墙板材料革新将以高效保温，隔音的芯层复合板（面层用彩色金属板，石膏板，加压水泥板等）为发展方向，蜂窝纸芯夹层板日渐成为主要建筑墙体材料。值得一提的是，经过特殊材料和工艺复合的特种蜂窝纸板，已经应用于铁路动车和航空器件等领域。

（一）蜂窝纸板的结构与特性

蜂窝纸板由面纸和纸芯组成，纸芯呈蜂窝状，由数层纸按规律粘贴而成。面纸由材质为各向同性的板材组成，如纤维板、三合板或箱纸板，形成蜂窝夹层板，主要承载压力、弯矩和扭矩，纸芯形成蜂窝夹芯，主要承载剪应力。蜂窝纸板的制造采用蜂窝复合技术、具有层板结构，如图 7-45 所示。

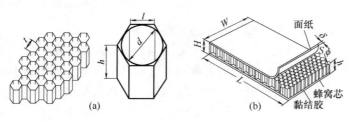

图 7-45　蜂窝纸板的基本结构

（a）t—蜂窝孔间距　l—蜂窝边长　d—蜂窝直径　h—蜂窝高度

（b）W—蜂窝纸板宽　H—蜂窝纸板高　L—蜂窝纸板长　δ—面纸厚

蜂窝纸板是一种性能优异、具有诸多优异性能和优点的纸质新材料：a. 材质消耗少，比强度和比刚度高，质量轻；b. 优异的缓冲隔振性能；c. 良好的隔热、隔音性能；d. 成本低，价格廉。

蜂窝纸板消耗的材质少，纸芯还可以采用再生纸，因此成本低，价格廉，而且是环保型产品，不污染环境。

蜂窝纸板的加工工艺与生产设备性能的优劣直接影响产品的性能，所以要通过研究不同蜂窝纸的成型工艺、生产设备，来指导蜂窝纸板的生产，改进生产设备来提高生产效率和成品质量，对蜂窝纸板成型过程的研究具有重要意义。

（二）蜂窝纸板的成型机理与生产工艺

制造蜂窝纸板一般分为两段，第一段先制造出蜂窝芯，第二段将蜂窝芯拉伸定型后，通过涂胶、贴压干燥、分切，最后才能获得蜂窝纸板。

1. 蜂窝芯的制造

目前制造蜂窝芯有两种工艺：卷绕式成型工艺和平粘式成型工艺。

（1）卷绕式成型工艺

卷绕式成型工艺由放卷、涂胶、卷绕、切断、蜂窝芯分切和黏结等工序组成。首先将多个卷筒纸安装在原纸架上，以恒定的张力和速度释放，达到涂胶装置后，由表面沿周长开有凹槽和凸平齿的涂胶辊向纸面涂胶，涂了胶的纸幅逐层卷绕起来，达到一定厚度以后，横向切断卷绕粘贴成的蜂窝芯纸坯，按产品的需要，再分切为一定宽度的蜂窝芯条，然后逐条黏结形成连续的蜂窝芯坯料，利于后续加工生产。

蜂窝芯卷绕式生产工艺效率高、速度快，生产速度可达 300～400m/min，一条生产线可供应多条蜂窝纸板制板生产线使用。

（2）平粘式成型工艺 蜂窝纸芯平粘式生产工艺如图 7-46 所示，它由供纸、涂胶、分切、黏合等工序完成。

① 供纸退纸架将卷筒纸按一定速度和张力释放，为了加快生产速度，一般同时使用六个或以上的卷筒纸。

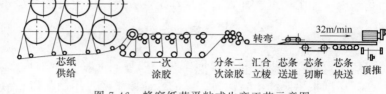

图 7-46 蜂窝纸芯平粘式生产工艺示意图

② 涂（印）胶与卷绕式生产蜂窝纸芯所用的涂胶辊不同，平粘式生产线用的涂胶辊类似于瓦楞辊，沿纸幅横向涂布胶线。

③ 分切涂胶后的纸板黏结后分切成一定的长度，然后层叠至一定厚度，再分切成蜂窝纸板所需要的蜂窝芯高度。将切成的单垛蜂窝芯边涂胶，黏结成连续的蜂窝芯坯料。

蜂窝纸芯平粘式生产线速度较低，但原纸利用率高。

2. 蜂窝纸板成型工艺

蜂窝纸板成型生产线如图 7-47 所示，由原纸架、涂胶机、复合机、裁切机等机构组成。

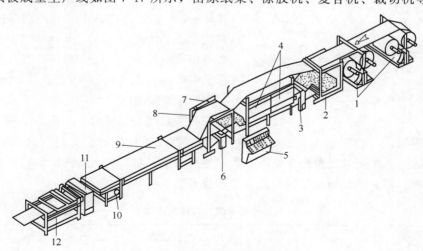

图 7-47 蜂窝纸板成型生产线

1—原纸架　2—蜂窝芯拉伸装置　3—蜂窝芯定型装置　4—干燥部　5—主电控柜　6—涂胶机
7—纠偏装置　8—控制装置　9—复合装置　10—主动力装置　11—纵切机　12—横切机

① 原纸架主要用来支承释放面纸和里纸。

② 蜂窝芯拉伸干燥机的作用是将从蜂窝芯成型生产线送来的蜂窝芯坯拉伸开，尽量使

蜂窝芯孔径比为 1。为了使拉伸后的蜂窝芯纸在生产过程中不再回缩变形，拉伸的同时还向芯纸适量喷水，然后在恒定张力作用下干燥，使拉伸后的蜂窝定型固定。

③ 涂胶机在拉伸定型后的蜂窝芯两面同时上胶，以便与面、里纸粘贴形成蜂窝纸板。为了提高纸板黏结强度，有的蜂窝纸板生产线上安装有打毛装置，在涂胶前将蜂窝芯两面打磨起毛，增加其与面、里纸的黏结面积。

④ 复合机将里纸、面纸和涂胶后的蜂窝芯贴压黏结在一起形成蜂窝纸板，有的生产线还带有干燥系统，用以提高生产速度和产品质量。

⑤ 裁切机，黏结成型后的蜂窝纸板最后被裁切成一定规格的平板，由于蜂窝纸板厚度较大，故一般采用圆锯裁切的方法，避免切口撕连或压扁。

虽然国内外的蜂窝制芯和蜂窝纸复合板生产设备的主要技术参数都比较接近，但在设备自动化程度、加工精度、外观和技术稳定性方面，国内设备与国外设备还存在一定差距。

二、瓦楞纸板的生产

包装纸板是以箱纸板和瓦楞原纸为主要原料，经瓦楞纸板生产线复合加工成为瓦楞纸板。在瓦楞纸板生产线上，瓦楞芯纸的卷筒原纸经过压制瓦楞，与箱纸板等原纸进行上胶黏合成形，制成规格的多层瓦楞纸板。

（一）瓦楞纸板的结构种类

1. 瓦楞形状

瓦楞纸板的结构首先与瓦楞形状有关，这一参数对瓦楞纸板的抗压强度起关键作用。瓦楞的形状根据其圆弧的大小可分为 V 形、U 形和 UV 结合形。上述的楞形是瓦楞原纸通过对应齿形的瓦楞辊压制后获得的。U 形瓦楞富有弹性，在弹性范围内，外力撤出后可迅速恢复原有的形状，制成的纸板缓冲性好。V 形瓦楞楞峰接近三角形，其抗压强度较高，但缓冲能力弱，当外力超出弹性范围时，瓦楞易于破坏。UV 形瓦楞兼具上述两种楞形的优点，其弹性和加工性优于 V 形，平压强度又优于 U 形，因而在实际生产中广泛采用。目前我国生产的瓦楞纸板基本上采用 UV 结合形瓦楞，参见图 7-48。

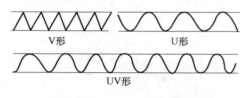

图 7-48　瓦楞纸板的楞形

2. 瓦楞高度

瓦楞高度是瓦楞纸板的重要参数之一。根据瓦楞的高度不同，一般分为 A 型、B 型、C 型和 E 型。另外还有超大瓦楞 K 型，实际使用较少。在实际生产中，可根据瓦楞纸板的不同使用要求，将不同瓦楞高度的瓦楞纸组合成所需的瓦楞纸板。常见的瓦楞纸板楞型的主要参数见表 7-2。

表 7-2　　　　　　　　　　常用瓦楞纸板楞型高度的参考值

楞型	名称	楞高/mm	楞数/(个/30cm)
A	大瓦楞	4.5～5	34±2
B	小瓦楞	2.5～3	50±2
C	中瓦楞	3.5～4	38±2
E	微型瓦楞	1.1～2	96±2

3. 瓦楞纸板的层数

按照复合材料层数的不同，瓦楞纸板可分为双层瓦楞纸板（单面单瓦楞纸板）、三层瓦楞纸板（双面单瓦楞纸板）、五层瓦楞纸板（双面双瓦楞）和七层瓦楞纸板（双面三瓦楞纸板）等，参见图7-49。

双层瓦楞纸板由一层箱纸板和一层瓦楞形芯纸胶黏在一起组成，通常不用作制造瓦楞纸箱，而是作为缓冲衬垫材料；三层瓦楞纸板是由两层箱纸板夹着一层瓦楞纸芯组成的，是制作瓦楞纸箱的主流材料；五层瓦楞纸板是由两层瓦楞纸芯和三层箱纸板组成，通常用于强度要求较高的包装上，如彩电冰箱等大型物件的包装；七层瓦楞纸板是由四层箱纸板和三层瓦楞纸芯组成，用于强度要求非常高的包装，如大型电器和小型机床等。

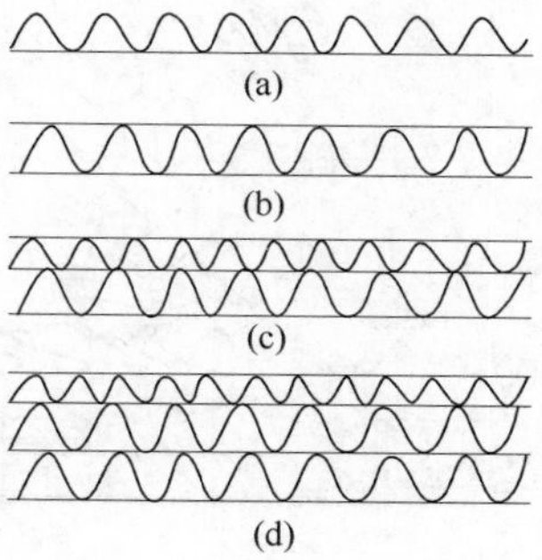

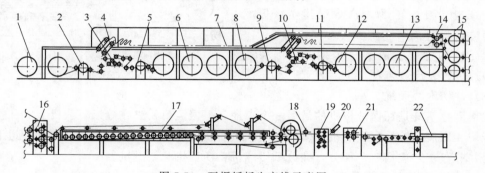

图 7-49　瓦楞纸板层数举例
（a）双层瓦楞纸板　（b）三层瓦楞纸板　（c）五层瓦楞纸板　（d）七层瓦楞纸板

（二）瓦楞纸板的生产

生产瓦楞纸板的流程有多种，按使用设备主要分为三种方式：间歇式、连续式和半连续式生产。

间歇式和半连续式生产设备因生产效率低，产品质量差，现已基本淘汰。

连续式生产使用瓦楞纸板生产线，它将瓦楞压制、涂胶、层合、干燥定型在同一台机器上连续完成，生产速度快，同时又能保证瓦楞纸板质量，降低了产品成本。

图7-50是瓦楞纸板生产线示意图，它由单面机系统（包括原纸支架、预热器、单面机、预调器、桥架等）、双面机系统（包括多重预热器、涂胶机、运送机、堆码机等）以及辅助系统（包括传动、制胶、蒸汽、压缩空气等系统）组成。

图 7-50　瓦楞纸板生产线示意图
1、6、8、12、13—退纸架　2、9—预热器　3、10—单面机　4—提升机　5、11—预调器　7—天桥输送装置　14—制动器　15—三联预热器　16—上胶机　17—双面机　18—闸刀
19—分纸压线机　20—纸边吸管　21—切断机（双辊刀）　22—堆叠机

（1）单面机

单面机是将瓦楞芯纸压成瓦楞形并将其黏合到箱板纸上而形成单面纸幅的一种机器（图7-51）。这种单面纸幅实际是一种半成品，尚需在双面机上进一步加工成瓦楞纸板。加工单壁瓦楞纸板（即三层瓦楞纸板）只需一组单面机即可，加工双壁瓦楞纸板（即五层瓦楞纸板）需用两组单面机。

单面机是制造高质量瓦楞纸板的重要组成部分。如果交付到其他工序的单面纸幅有质量问题，那么其他工序就根本无法加以修复或弥补。

如图7-51所示，单面机是一种联动机器，由瓦楞辊、托附芯纸装置、上胶装置、压力

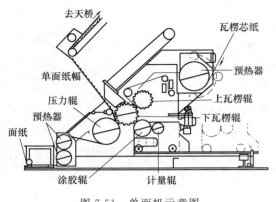

图 7-51　单面机示意图

辊、预热器等部件所组成。单面机的操作过程基本包括下列数项内容：

① 为退卷和操控面纸（箱纸板）、芯纸（瓦楞芯纸）纸卷创造条件；

② 预处理和预热芯纸与面纸，以准备进行瓦楞成型和粘接工艺；

③ 使平直的芯纸形成特定的瓦楞形；

④ 施加胶黏剂到新形成的瓦楞尖部；

⑤ 将芯纸与面纸粘接在一起；

⑥ 将单面纸幅运送到"天桥"上。

具体所包含的工艺装置可为 6 大部分：退卷和张力控制装置；预热和预处理装置；瓦楞成型装置；涂胶装置；涂胶瓦楞尖与面纸粘接装置；单面纸幅天桥输送装置。

（2）双面机系统

单面纸幅经过天桥后，即被输送到双面机，双面机也是新型瓦楞纸板生产线的一个组成部分。它是指在单面机之后，再将 1～3 个单面纸幅与另一个面层箱纸板（二道面纸）粘接在一起并干燥固化而形成瓦楞纸板的一套设备。通常将一个单面纸幅与二道面纸相粘接的瓦楞纸板，称为单壁瓦楞纸板；两个单面纸幅与二道面纸相粘接的，称为双壁瓦楞纸板；三个单面瓦楞纸幅与二道面纸相粘接的，称为三壁纸板。图 7-52 为生产单壁瓦楞纸板的双面机示意图。

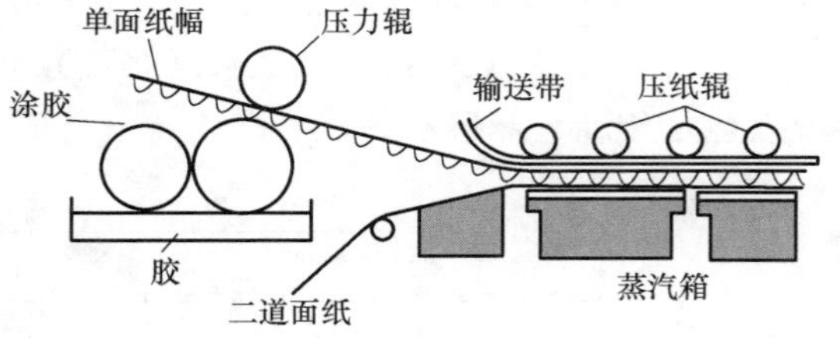

双面机的主要组成部分包括：导纸装置、预热装置、涂胶装置、干燥装置。

图 7-52　双面机示意图

（3）裁切堆叠系统

裁切堆叠系统是瓦楞纸板机的最后一个工序。根据需要，先在分纸压线机上对瓦楞纸板进行分切和压痕，然后在横切机上横向切断。最后将已加工成所需形状的瓦楞纸板送去堆叠机堆码并贮存。它包括三个部分，即分纸压线机、横切机和堆叠机。

（三）瓦楞纸板的质量检测

评价瓦楞纸板的质量，主要根据国家有关标准来进行。与纸和纸板测试一样，除水分、外观质量外，主要测试的强度指标为边压强度（ECT）、平压强度（FCT）、耐破强度和黏结强度（PAT）。

三、液体包装纸板的复合加工

区别于前两种复合纸板为同一材料多层复合的情形，液体包装纸板则是由多种材料（如铝箔、塑料等）复合加工而成的。

（一）概述

液体包装纸板主要用于饮料、牛奶、酸奶以及其他奶制品等的包装盒制造。液体复合包装纸板的开发始于 20 世纪 50 年代，20 世纪 60 年代用于商业化生产和供应，其需求量在国内外包装市场中快速增长。采用无菌纸盒包装的液体饮料可在常温下保鲜 6 个月以上，因此近年来液体复合包装材料已成为牛奶、果汁、饮料、药剂等包装的主流形式。近年来，欧洲、美国等发达国家的液体复合包装材料的需求量在同类包装中占 65％以上，并且平均每年以 5％的速度增长。2013 年世界液体复合包装纸的总消费量为 300 万 t，市场规模达到 11.4 亿美元，预计至 2020 年，将以每年 3.5％的速度增长。我国液体复合包装材料用量仅占国内同类包装的 5％，与世界水平仍有很大差距。

目前国际市场生产液体复合包装材料的公司主要有欧洲的利乐包装公司 Tetra pak、美国的 Purpak 和德国的 SIG 康美包，三者分别约占全球市场总消费量的 75％、8％、15％，亚洲仅有日本、印尼等几个国家少量生产。我国液体复合包装材料仍主要依赖于进口，但随着需求量的增加，国内企业逐步引进液体复合包装原纸的生产线，万国太阳纸业、红塔仁恒纸业、利乐华新（佛山）、晨鸣、亚太森博（山东）等企业均先后投产液体包装材料，从而推动液体包装材料在国内液体食品包装领域的发展。

（二）液体复合包装纸板的结构

液体复合包装纸板的结构如图 7-53 所示，分六层：第一层为低密度聚乙烯层（外 PE 层），第二层为原纸板，是液体复合包装纸板的主要支撑部分，第三层为层间 PE 层，作为纸板和铝箔之间的黏合层，第四层为铝箔，是保护食品的功能层，第五层为黏合剂，第六层为内 PE 层，直接与液体接触。纸板在液体复合包装纸板中所占比例最高，如"砖型"利乐包中纸板占比 73％，聚乙烯塑料和铝箔的占比分别为 20％和 5％。因此纸板的强度、施胶等性能对液体复合包装纸板有重要影响。

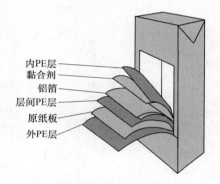

图 7-53　液体包装复合纸板的结构

（三）各基材在软包装复合材料中的作用

1. 原纸板在复合材料中的作用

原纸板为复合材料的主体，其作用是提高纸盒的强度和挺度，并具有一定的避光作用。液体复合包装原纸板通常为三层，定量 180～300g/m²，要求具有较高的物理强度和表面性能，以满足后续加工过程及食物贮存、运输等需要。具体要求有较高的机械强度和较低的纵横比；较高的挺度和耐压强度；较高的平整度和抗水性能。从食品包装安全角度考虑，原纸板生产原料均采用原生纤维原料，根据质量要求进行各层的合理配比；施胶剂的选择对液体复合包装纸板的质量和性能影响较大，根据产品对包装材料的需求不同，采用合理的施胶工艺，同时要考虑无菌包装的要求。层间结合强度是原纸板的一项重要质量指标，可以采取打浆度控制、抄纸工艺控制及层间喷淋助剂等方式改善和提高。

2. 聚乙烯在复合材料中的作用

纸、铝、塑复合材料共有三层聚乙烯层，各层的作用不尽相同。最外一层为 PE 油墨保护层，保护印刷图案且具有良好的热封性；中间层为挤出流延复合 PE，其作用是将原纸板与铝箔进行压贴复合；最内层为挤出黏结用 PE 和阻隔层 PE，其既能与铝箔良好复合，又直接接触和保护饮品。

3. 铝箔在复合材料中的作用

铝箔质地紧密，具有很好的防湿性和防渗性。铝箔表面自然形成氧化膜，可以防止饮品的挥发。且铝箔可以反射光线，遮挡紫外线以延长饮品的保质期。

（四）液体软包装纸板的复合工艺

液体软包装材料的关键在于复合，在于多层基材性能的叠加，是液体软包装复合纸板的核心所在。复合的方式有很多种，常见的复合工艺主要有：

① 干式复合。将黏合剂涂布到一种薄膜上，经烘箱蒸发掉溶剂与另一层薄膜压紧贴合成复合膜的方式（图 7-54 左）。

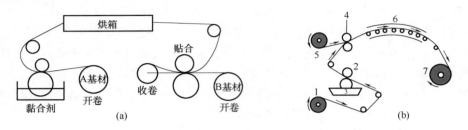

图 7-54　软包装材料干式和湿式复合工艺示意图

（a）干式复合　（b）湿式复合

1—放卷部分　2—黏合剂涂布辊　3—黏合剂储槽　4—复合辊　5—放卷部分　6—烘箱　7—收卷部分

② 挤出复合。通过挤出机将热熔性树脂从 T 模均匀挤出到基材上，同时与另一基材加压冷却贴合的方式（图 7-55）。

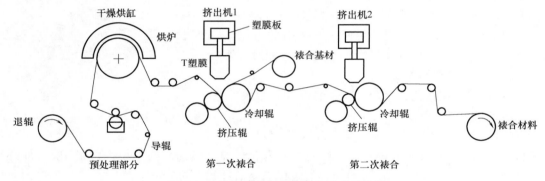

图 7-55　软包装材料挤出复合工艺示意图

③ 热熔胶复合。对固体热熔胶加热到液态施加到基材上，通过压力使两种基材贴合在一起的方式。

④ 湿式复合。将黏合剂涂布到一种基材上，在湿润状态下另一种基材压合在一起，再放进入烘箱中蒸发掉溶剂或水分的方式。湿式复合是一种具有较长历史的复合工艺（图 7-54 右）。

思　考　题

1. 纸板制造工业和相关加工工业有哪些常用的术语？其含义如何？

2. 常用的纸板有哪些？主要原料和用途是什么？

3. 纸板包装材料与其他包装材料相比有哪些优点？

4. 纸板材料的发展趋势有哪些？

5. 多层抄造的纸板具有哪些优点？

6. 生产纸板的浆料一般如何选择和配比？

7. 生产纸板时，有哪些因素影响纸板质量？

8. 哪些因素影响纸板层间结合强度？

9. 叠网带上成形器结构的网部有哪些优点？

10. 连续式纸板机成形器有哪些？

11. 说明并比较超级成形器和特超级成形器生产多层纸板的成形过程。

12. 纸板压榨有哪些特点？采用哪些压榨比较高效？

13. 纸板的干燥常用哪些方法？

14. 简述红外线技术在纸板干燥中的应用。

15. 冷凝带（CondeBelt）干燥技术过程原理如何？

16. 影响冷凝带干燥过程的因素有哪些？

17. 冷凝带（CondeBelt）干燥纸板的质量有什么特点？

18. 纸板的表面施胶和涂布一般采用什么方法？

19. 靴式压光的原理及对纸板的质量影响如何？

20. 纸板生产的废纸处理工艺流程及设备应满足哪些要求？

21. 蜂窝纸板的结构如何？特点有哪些？

22. 简述蜂窝纸板的成型工艺。

23. 瓦楞纸板如何分类？其生产流程包括哪些？

24. 液体包装纸板的结构和组成是什么？

主要参考文献

［1］ Dale R. Dill. 涂布挂面纸板/箱纸板的生产技术［J］. 国外造纸，2002，21（2）：1-5.

［2］ Dr G K Moore. Multiply web structure and performance, TAPPI, Proceeding Multiply Forming Forum, 1998, Atlanta, Georgia, 13-21.

［3］ Eric Chao Xu. Comparison of Chemical and Chemical Mechanical Pulps From Hardwoods, Proceeding of 2nd ISETPP, October 9~11, 2002, Guangzhou, P. R. China.

［4］ 曹邦威，译. 最新纸机抄造工艺［M］. 北京：中国轻工业出版社，1999. 252-255，262-267，311-312，434-436.

［5］ 王旭，詹怀宇，陈港. 废纸回收中胶黏物的工艺控制技术［J］. 中国造纸学报，2002，17（1）：113-118.

［6］ Gary A. Smook. HANDBOOK FOR PULP AND PAPER TECHNOLOGISTS, Vancouver Bellingham：ANGUS WILD PUBLICATIONS, 1992. 300-303，306-307.

［7］ William Martin（Black Clawson）. Pressure Forming Developments. 1998 TAPPI, Proceedings Multi-ply Forming Forum, 23-31.

［8］ Valmet. Valmet Paper Technology. October 1997, China.

［9］ G. Halmschlager. DuoFormer Top-a new Former for the Production of Top Plies of Packaging Papers. 1998 TAPPI, Proceedings Multi-ply Forming Forum, 61-66.

［10］ K. Fujiki L. E. Merlet. New Multi-ply Board Former［MH-Former］. 1998 TAPPI, Proceedings Multi-ply Forming Forum, 33-60.

［11］ David Klemz. 运用短波红外线干燥器提高质量和产量［J］. 世界浆与纸，1996，91-93.

［12］ 汤伟，刘翊翊，译. CONDEBELT 干燥工艺造福纸和纸板制造业及纸的后加工业［J］. 国际造纸，2000，19（4）：29-32.

［13］ 杨造豪. 纸板涂布机的发展现状［J］. 国际造纸，2001，20（2）：5-8.

［14］ 李敬机，李建国. 我国引进纸板机新技术评述［J］. 中国造纸，1998，17（4）：49-54.

［15］ 隆言泉，主编. 造纸原理与工程［M］. 北京：中国轻工业出版社，1994. 352-368.

［16］ 孙来鸿. 21世纪的纸板机［J］. 国际造纸，1999，18（2）：4-6.

［17］ 王金林. 箱纸板的质量趋势及采用的新技术［J］. 国际造纸，2001，20（5）：17-18.

［18］ 曹邦威，译. 制浆造纸工程大全（第二版）［M］. 北京：中国轻工业出版社，2001.302-313.

［19］ 姜世芳. 最新 4500mm 涂布白纸板机［J］. 轻工机械，2007，25（1）：104-107.

［20］ Hans-peter schopping. 高档涂布纸和纸板的红外线干燥［J］. 中华纸业，2005，26（6）：28-30.

［21］ Jan Eberhard. 纸幅非接触干燥系统的发展趋势［J］. 中华纸业，2005，26（7）：28-29.

［22］ 张立宏，赵红，张宏波，编译. 使用传统红外线干燥可提高纸板干燥率［J］. 黑龙江造纸，2002（2）：47-48.

［23］ 候顺利，邓知新. 冷凝带干燥［J］. 中国造纸，2007，26（10）：46-48.

［24］ 陈波. 高强瓦楞纸表面施胶技术的应用［J］. 造纸科学与技术，2007，26（4）：68-70.

［25］ 宋微，董荣业，刘洪斌. 帘式涂布技术的研发进展［J］. 中华纸业，2008，29（3）：62-65.

［26］ 晨曦，编译. 帘式涂布的原理［J］. 国际造纸，2005，24（3）：21-24.

［27］ Jorg Rheims，Rudiger Kurtz，Nipcoflex. 靴式压光机的开发［J］. 中华纸业，2006，27（3）：33-35.

［28］ 张灿彬，编译. 靴形压光机在纸板生产中的应用［J］. 国际造纸，2005，24（1）：12-13.

［29］ 马忻，编译. 造纸工业最新技术［J］. 国际造纸，2005，24（2）：27-29.

［30］ Hannu Paulapuro. Paper Science and Technology（a series of 19 books）Book18：Paper and Board Grades. FINLAND：Fapet Oy，2000.54-71.

［31］ 黄书勇. 高定量箱纸板生产技术［J］. 中华纸业，2016，37（2）：53-59.

［32］ 陈嘉翔. OCC 纸板厂胶黏物的沉积现象及解决办法［J］. 中国造纸，2008，（8）：64-66.

［33］ 张清文，陈曦. 100％OCC 生产的箱纸板碳足迹评价［J］. 中国造纸，2015，（3）：20-24.

［34］ 徐红霞. 废纸生产箱纸板的干网清洗装置［J］. 中华纸业，2013，34（20）：88.

［35］ 杨良娟，王宏伟，薛国新. 废纸生产箱纸板网部高压水系统节水节能优化［J］. 纸和造纸，2015，34（11）：25-27.

［36］ 陈华，等. 碎浆对 OCC 纤维形态及纸张性能的影响［J］. 纸和造纸，2015，34（12）：37-40.

［37］ 徐明. 国内外废纸制浆造纸的发展现状［J］. 江苏造纸，2007，（3）：17-21.

［38］ 孙达，薛国新，占正奉，等. 年产 45 万 t 箱纸板生产线的配置方案［J］. 纸和造纸，2016，35（2）：1-3.

［39］ 程正柏，孙浩，吕晓峰. 高速箱纸板机节能降耗的途径［J］. 中华纸业 2017，38（2）：52-54.

［40］ 曹振雷. 中国文化用纸、纸板、生活用纸的需求与发展趋势［J］. 造纸信息，2016，（5）：13-15.

［41］ 樊燕. 浅析我国包装纸板市场与发展态势. 造纸信息［J］，2015，（3）：28-37.

［42］ 李修安. 我国包装纸和纸板及其现状与展望［J］. 湖南造纸，2013，（3）：40-42.

［43］ 叶婷，王莉. 蜂窝纸板生产设备与加工工艺［J］. 轻工机械，2008，26（5）：78-81.

［44］ 王丽娟，刘洪斌. 液体复合包装原纸板生产工艺的研究进展［J］. 中国造纸，2016，35（2）：52-55.

［45］ 中国造纸学会. 中国造纸年鉴（2018）［M］. 北京：中国轻工业出版社，2018.19-21.

［46］ 刘俊杰. 用于生产箱纸板和瓦楞原纸的废纸浆得率和质量的优化［J］. 国际造纸，2005，（5）：4-7.

［47］ 曹邦威，编著. 纸和纸板的后加工，［M］. 北京：中国轻工业出版社，2009.199-213.

［48］ 王建清，主编. 包装材料学，北京：中国轻工业出版社，2017.36-49，77-80.

［49］ Jurkka Kuusipalo，张美云，著. 纸和纸板加工［M］. 北京：中国轻工业出版社，2017.178-182.

［50］ 江古，编著. 复合软包装材料与工艺［M］. 南京：江苏科学技术出版社，2003.633-762.

［51］ 苏庆年，石美亮. 复合软包装材料制造及发展（下）［J］. 上海造纸，1987（1）：14-19.

［52］ 刘全校，编著. 包装材料成型加工技术［M］. 北京：文化发展出版社，2017.116-140.

第八章　纸页的结构与性能

第一节　纸页的结构

纸张是一种多相复杂且非均质的高分子材料，其性能与结构密切相关。纸张通常作为印刷、书写、信息传递等的载体，或者用作包装和容器材料，其性能、用途不同，要求纸张具有不同的结构。作为本教材的一个重要组成部分，本章概括地介绍纸页结构与性质的相关知识。主要内容包括纸页结构的形成及特点、纸页结构的表征参数等。同时，也简单介绍了纸页的基本性质，包括纸页的结构性质、机械性质、光学性质和化学性质等。最后，对纸页的强度理论与纸页结构表征方法的研究进展进行了介绍。由于纸和纸板的结构与性质取决于原材料、制浆造纸生产工艺和设备，因此，本章也将适当结合纸和纸板的生产工艺与原理介绍其对纸页结构与性能的影响。

一、纸页结构的概念

按结构学的观点，制浆就是根据人们的要求，"破坏"和"改造"原料的自然结构形态，而造纸则是把已经被"破坏"了的物质结构和为了各种目的而加入其他纤维和非纤维添加物重新组合成另一种人们所期望的物质结构，即纸或纸板，使其在性能上满足使用要求。

从纸页表面的扫描电子显微图像（图 8-1）可以看出，纸页是由大小长短不同的纤维交织结合而形成的随机网状结构材料。在纸页中，纤维长度比纸页的厚度大得多，所以纸页网状结构可以粗略地视为二维结构材料。实际上，纸页是具有三维空间结构的材料。二维结构决定了纸页在平面方向的结构均匀性及性质，三维结构还包括纸页在厚度方向（z 向）的结构及其性质。二维结构决定纸和纸板的机械性能，但纸页的很多其他性

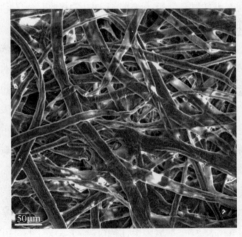

图 8-1　纸页表面的扫描电子显微镜图

能，如纸页的不透明度、透气性和吸收性等更多地与三维结构有关。

二、纸页结构的形成及特征

（一）纸页结构的形成

1. 纸料上网成形脱水

纸页结构的形成是从浆料在成形网上脱水开始的。随着浆料在成形网上脱水增浓过程的进行，水的表面张力开始将纤维拉拢在一起，纤维之间形成水膜并逐渐建立了絮凝的接触，并形成了湿纸幅的空间结构。此时，湿纸幅的空间结构强度（一般称为湿强度）由水膜的表

面张力和纤维之间的机械交织力决定，而与纤维本身强度无关。水膜厚度较大时，由于水的润滑作用，纤维之间很难产生较强的机械交织力，因此含水量很高的纸页不具有湿强度。

随着脱水过程的进行，湿纸幅毛细管半径减小到一定程度，纸页的内外压差增大了纤维间的摩擦力，从而体现出机械交织力。因此，水的表面张力是纤维之间产生机械交织力的保证。根据 Lyne 和 Gallay 的研究，表面张力在固形物含量大于 7% 时开始起作用，在固形物含量大于 10% 时可开始形成氢键，即水桥结构，使纤维之间通过水分子形成"纤维-水-水-纤维"的松散结合，此部分水可通过过滤等方法去除。

2. 湿纸幅的压榨和干燥

纸张在压榨部水分进一步脱除，纤维之间的距离逐渐缩小，水膜的表面张力和纤维之间的机械交织力得到加强，使得网状空间结构更加牢固，纸页紧度和湿纸幅强度增加。此时，纤维之间形成比较有规则的单层水分子的氢键结合。这种水桥连接的是结合水，与纤维结合较为牢固，只能通过加热的方法去除。

纸页进入干燥部进一步脱除水分，其结构从凝结结构过渡为交织结构。随着干燥过程的进行，这种结构将逐渐过渡到强度更大的共生黏附结构。纤维在交织结构中，范德华力和相接触的纤维表面间的摩擦力已经能够起到作用。随着结合水的大量蒸发去除，水的表面张力作用使得纤维距离进一步靠近，当纤维距离小于 0.28nm 时，纤维表面羟基形成氢键，使纸页具有了干强度，成为纸张强度的主要来源。

干燥的纸页已经具有非触变结构，即在机械力的作用下不可逆破坏的结构。该结构的强度不仅取决于纤维之间的结合强度，还决定于纤维本身的强度。因此，当负荷均匀分布在纸页结构的各个部分时，结构中的纤维必须长而柔韧，才能保证纸页中应力再分配，赋予干纸页较高的强度。

通常情况下，采用现有成形器在低浓抄造时所形成的纸幅具有层状结构，纤维分布主要与纸面平行，而不和分布在另一平面上的纤维交织。然而，在采用高浓成形或者其他成形方法（如泡沫成形）时，纤维会与另一平面上的纤维交织。

纸机的类型对纸页结构影响很大。采用长网纸机抄造时，纸页网面纤维定向排列更加明显，且细小纤维含量较少，越接近纸页正面，定向排列越不明显，且细小纤维含量逐渐提高。采用圆网纸机时，浆料的运动方向与网笼运动的方向相同（顺流式）或相反（逆流式）。采用顺流式网槽，纸页正面纤维定向排列明显，而纸页反面纤维定向排列较差，且细小纤维含量在纸页两面均较低，而在纸页内部某一厚度上纤维排列具有明显的定向排列，且细小纤维含量较高；在逆流式网槽中，在纸页厚度方向都可观察到纤维的定向排列，且从正面到网面细小纤维含量逐渐降低。对于夹网纸机抄造的纸页，其纸页两面结构相近，细小组分主要分布在纸张表面，而长纤维主要分布在纸页中间，纸页两面差较小。采用抄片器抄造出的纸页，其纤维在厚度断面上没有定向排列，因此该纸页没有横向和纵向，纸页的机械强度指标在纸页各方向是一样的。在手抄片中，细小纤维多集中在纸层厚度中间靠下的部位。

（二）纸页结构的特征

制造纸张所使用的纤维原料种类及辅料、生产工艺、设备及加工方法可造成纸张结构的不同，进而导致其用途和功能的差异。纸张的结构主要有以下特点。

1. 多相成分的非均态结构

纸页的主要成分有纤维、填料、胶料、水和空气等，各成分性质和量的差异，导致各成分在纸张各方向上的非均态分布和排列，造成所形成的纸页结构是非均态的。纸页结构的非均态，决定了纸张表面具有凹凸性，该特性在造纸行业和印刷行业中往往采用表面平滑度表示。

2. 纤维定向排列的纸张结构

纤维的定向排列指纸张结构的各向异性，体现在由于纸张各成分在各个方向上的非均态分布和排列。纤维定向排列是机制纸的结构特点。对于机制纸，沿纸机方向排列的纤维（纵向，MD）多于垂直纸机方向（横向，CD）排列的纤维。纤维排列方向的不同导致纸张在纵向（MD）、横向（CD）和 z 向上各性能的差异。这种结构的各向异性，主要取决于抄造方法和设备，对纸幅各方向的主要性质也有不同的影响。

3. 纤维层叠和交织的多孔网状结构

纤维的长度比纸页的厚度通常要大 $1\sim2$ 个数量级。一般情况下，大多数纤维在纸页的 $X—Y$ 平面排列。纤维在 z 向的分布成层叠或者交织状，如图 8-2 所示。纸张纤维之间相互交织所组成的网状结构，形成了纸页表面到内部的复杂多孔性构造。该特点决定了纸或纸板的吸收性能、光学性能、透气性、平滑性、吸湿性、水分变化时的形稳性，并由于干燥而在性质上产生的不可逆变化等。

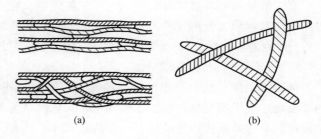

(a)　　　　　　　　　(b)

图 8-2　纸页横截面纤维结合简图

(a) 层状结合（上）与交织状结合（下）　(b) 交织状

4. 两面差的表面结构

纸页的两面差是由于成形过程中成形网对细小纤维和细小物质截留程度的不同而引起，靠近网面的纸页长纤维含量较多，而细小纤维和细小物质含量较少，导致表面结合强度、表面平滑度、施胶和着色等方面的两面差。此外，纸页的两面差也可由于两面整饰程度的不同，引起对光反射率的差异，造成光学上的两面差。

三、纸页结构的特征参数

由于大多数纸张主要由木材纤维、非木材纤维等天然纤维原料和填料、胶料等非纤维物质组成，所以传统纸张是一种多相的、非均质的高分子材料。组成纸页的成分在物理形态、化学特性及分布的不均一性使得纸页结构特征很难表述。相关文献资料主要从纸页网状结构参数或宏观物理性能加以表述。

1. 纸页的覆盖层

覆盖层是描述无规则二维纤维网络结构的参数之一，指的是平面纸页的 z 向共覆盖了多少层纤维。假设纸页中一定面积 A 上的纤维根数为 N，则纸页中纤维的平均覆盖层 c 也可以被假设为纸平面上任意一点的平均纤维数：

$$c=NL_f b_f/A=q/q_f \tag{8-1}$$

式中　L_f、b_f——分别为单根纤维的长度和宽度

　　　　q——纸的定量

　　　　q_f——单层纤维的定量（可理解为由一层纤维形成的纸的定量）

当纤维性质一定时，覆盖层表现了纸页的二维无规则网状结构。对于造纸纤维，$q_f=5\sim10g/m^2$，普通印刷或书写纸 $c=5\sim20$ 层纤维。

实际上纸页中并不存在明显的纤维层，纸的厚度和平均纤维厚度之比也无法准确地确定

纤维层数。例如，纸的厚度在压榨和压光时会减小，但是这并不会改变纤维层数。

2. 纤维网状结构渗流点

纤维网状结构的结合程度决定着纸张的机械性质。如果纤维间缺乏结合，则纤维网络将没有内聚强度。纤维的结合程度遵循渗流理论。在覆盖层极低时，只有每根纤维存在着足够数量的键合时才会形成相互连结的纤维网状结构。这个最低结合数量称之为渗流点。低于渗流点，纤维网状结构就会形成数个分离的部分而无法形成完整的纸页。

在"较弱"的纸料中加入强化纤维，纸页的机械性质只有在强化纤维达到渗流点后才开始提高，再与其他纸料组分间形成一个连接的子网状模型。对于只有单根纤维的二维无规则网状结构，通过计算机模拟系统可确定渗流点：$c_{crit} = 5.7 b_f / L_f$。

真正的纸页的覆盖层数必须远远高于渗流点。在 $c = c_{crit}$ 点上存在一根关键的纤维，它的去除将使网状结构分离成两部分。对于大部分造纸纤维来说 $c_{crit} < 0.1$。但是，制备出定量为 $2.5 g/m^2$ 的纸，相当于 $c \approx 0.5$ 的纸页也是可能的。这时，覆盖层必须远远高于渗流点。

3. 纸页的孔隙尺寸及其分布

纸页中三维孔隙的尺寸很难准确测定。因为这些相互连接的孔洞极不规则，且是三维的，远比二维平面复杂。在二维结构中，孔隙被认为是纤维段连接而成的多边形。三维孔隙结构可以看作是狭道相连的椭圆孔隙的集合体。

汞渗透法常用于测量纸页的孔隙率。测试时，渗透入纸页的汞的量与空隙的大小和汞压有关。有学者研究了几种不同打浆度的未漂硫酸盐浆的孔径及其分布的情况，图 8-3 是一个典型的孔径及其分布随纤维的柔软性的增加而减少的变化曲线。

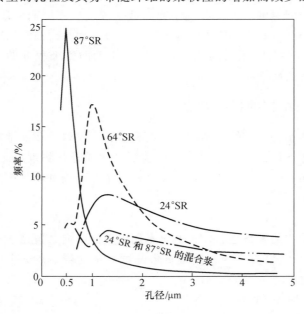

图 8-3　3 种不同打浆度的未漂硫酸盐浆的孔径及其分布

4. 相对键合面积

相对键合面积（Relative Bonding Area，RBA）定义为总键合面积与可用于键合的总（表面）面积之比。二维网状结构中的相对键合面积 RBA 随着定量的增加而增加。通过打浆、湿压榨和干燥有利于 RBA 的提高，但 RBA 不会达到 100%，因为纸页最外层的纤维是无法键合完全的。在实际生产中，控制 RBA 的参数有浆的种类，打浆度和湿压榨条件等。孔隙高则意味着 RBA 低。

测定 RBA 的常用方法是测量纸的 Kubelka-Munk 光散射系数：S（m^2/kg）。其原理是：若在小于光的波长的一半的距离内存在另一纤维表面，则可以认为这两根纤维表面是结合的，尽管这并不能保证两根纤维能机械的结合，因为结合距离可能更小。计算 RBA 前的主要困难是确定纤维完全未结合时的光散射值 S_0。然后即可用公式（8-2）加以计算。

$$\text{RBA} = (S_0 - S)/S_0 = 1 - S/S_0 \tag{8-2}$$

计算时一般以线性外推抗张强度为零时的 S 代表 S_0。这种估计值可能会出现误差。

RBA 的另外一个间接和定性的表示方法是纸的紧度。实际上 RBA 和紧度 ρ 是线性相关的，用式（8-3）表示：

$$RBA=(\rho-\rho_0)/\rho_\infty \tag{8-3}$$

这里 ρ_0 和 ρ_∞ 是正的常数。不同纸料生产的纸的机械性能对紧度作图时，二者具有良好的相关性，并且，紧度随浆种不同的变化远远小于光散射系数随浆种的变化。

5. 纸页匀度

纸页匀度的定义是纸页在平面内的小尺寸定量波动，反映出纸页结构的均一性。纸页成形过程中，由于纤维、细小纤维及填料等组分都是随机沉积分布的，因此，用裸眼可以非常容易地分辨纸页从小于一毫米到几厘米的不均匀结构。絮聚将导致定量波动的增加，湍流通过破坏絮聚可减小定量波动。

纸页的许多物理性质都与纤维或填料等组分在纸页中分布的均匀程度有关。纸页性能测试波动大是匀度差的一个影响方面。带有云彩花的纸，即纸页中发亮或发暗的地方，纤维分布不均匀。薄的地方不仅强度小，而且这些地方对水、油墨的通过阻力小，因此，在带有云彩花的纸上印刷，尤其是印刷插图，会造成油墨吸收性不均匀，印刷质量较差。此外，纸页结构的不均匀，还会导致纸页容易卷曲、表面染色不均匀等问题。

传统判断纸页匀度的方法是在均匀光线的照射下，利用眼睛观察纸页。这个匀度称之为可见匀度或印象匀度。尽管眼睛观察是一种较好的手段，但无法进行定量表征。许多光学匀度测试仪可以定量地检测匀度。需要注意的是，这类测试仪有时会给出错误的结果，因为视觉的外观不均匀并不等同结构不均匀。纸页的功能特性取决于后者而不是前者。例如，压光可局部减少孔隙率，因此改变纸的不透明度和光透射率。重压光使得纸页外观上看上去比未压光的纸更均匀，但不可能改变纸页的定量的不均匀性。

描述匀度的最简单参数是定量的标准偏差 σ_q 和比匀度 f_N。两者之间的关系为：

$$f_N=\frac{\sigma_q}{\sqrt{q}} \tag{8-4}$$

式中　q——平均定量，g/m^2

由式（8-4）可知，在随机纤维网状中，定量的波动与平均值成正比。这是泊松分布的一般特性。另一个有用的参数是定量的均方差：

$$COV(q)=\sigma_q/q \tag{8-5}$$

纸张匀度的测量主要是基于 K—M 的纸页光学原理，即在一定假设成立的前提下，可将纸页的光学定量作为实际定量来进行测量。一般可通过测量电磁波辐射值或可见光的透射值来测定纸页的匀度。

纸页匀度测量时，最基本的要求是测量值与纸页的定量具有良好的相关性。常用的方法有光透射法，目前国际上多采用普通光源或激光源作为透射光源的匀度测量仪。对于一些较厚的纸张或纸板，可采用射线源进行测量，如 β-射线匀度测定仪（β-formation tester）等产品。实验室有时也采用 ^{14}C、^{147}Pr 或 ^{85}Kr 等作为射线源进行纸页匀度的研究，因为其发射强度随纸页定量增加成指数衰减，吸收系数几乎与纸料成分无关。X 射线也是很理想的射线源，但其测定结果受填料和涂布颜料含量的影响较大。

第二节　纸页的性能

由纤维集合体交织而成的纸页，除具有纤维素纤维自身性能之外，还由于制浆造纸或加工过程的工艺变化，或加入某些功能性物质使其获得某些新的性质。

一、纸页的结构性能

纸页的结构性能指的是与纸页的物理结构相关的性质，对纸的质量、功能、加工性能和使用性能有很大的影响，是评价纸页质量的最基本指标。

（一）纸页的定量

1. 定量的概念

纸页的定量（Grammage）是指单位面积的纸或纸板的质量，以 g/m^2 表示，其测定方法可参考国家标准《GB/T 451.2—2002　纸和纸板定量的测定》。定量是纸或纸板最基本的特性参数之一。由于大多数纸或纸板是按照面积使用而按照质量销售，定量的增加将意味着使用面积的减少，因此为了保证一定质量的纸或纸板的使用面积，应尽可能地将定量稳定在规定的范围内。

2. 纸页定量的不均匀性

定量的不均匀性是指纸或纸板在抄造过程中由于局部物料量的差异而引起的不均匀性。常用的表征定量不均匀性的指标为纸页的横幅定量标准偏差。

3. 纸页的横幅定量标准偏差

$$R = \frac{\sigma}{\overline{q}} \times 100\% \tag{8-6}$$

$$\sigma = \left[\frac{\sum_{i=1}^{n}(q_i - \overline{q})^2}{n-1} \right]^{0.5} \tag{8-7}$$

式中　　R——定量相对标准偏差，%

　　　　σ——定量标准偏差，g/m^2

　　　　$\overline{q}$——纸页的平均定量，g/m^2

　　　　q——纸页定量，g/m^2

　　　　q_i——各试样的定量，g/m^2

　　　　n——试样的个数，个

相对标准偏差能较为科学地反映纸或纸板横幅或纵向的定量波动状况。国外多采用该方法来表征纸页定量的不均匀性，我国国家标准也规定了定量最大偏差表示法和定量变异系数（《GB/T 1910—2015　新闻纸》）。

（二）厚度、紧度和松厚度

厚度、紧度和松厚度是纸页 z 向尺度表征常用的三个相关参数。

1. 厚度

厚度是指在一定的单位面积压力作用下，纸或纸板两个表面间的垂直距离，用 mm 或 m 表示，用以表征纸或纸板的厚薄程度，其测定方法可参考国家标准《GB/T 451.3—2002　纸和纸板厚度的测定》。

2. 紧度

紧度是指单位体积的纸或纸板的质量，以 g/cm^3 或 kg/m^3 表示，用以表征纸或纸板松紧程度。

3. 松厚度

松厚度是指单位质量的纸或纸板的体积，用 cm^3/g 或 m^3/kg 表示，是紧度的倒数。

厚度、紧度和松厚度均为纸页结构、特别是 z 向结构的表征参数，其相互关系见下列表达式。

$$\rho = \frac{q}{\delta_a \times 1000} \tag{8-8}$$

$$B_u = \frac{1}{\rho} = \frac{\delta_a \times 1000}{q} \tag{8-9}$$

式中　ρ——紧度，g/m^3

q——定量，g/m^2

δ_a——厚度，mm

B_u——松厚度，cm^3/g

（三）纸页的平滑度和两面性

1. 纸页的平滑度

平滑度是衡量纸页表面凹凸和平整程度的结构参数，其定义是在一定的真空度下，一定体积的空气通过一定压力、一定面积的试样与标准玻璃座之间的间隙所需的时间，以 t_s 来表示，其测定方法可参考《GB/T 456—2002　纸和纸板平滑度的测定（别克法）》。试样表面越光滑，与玻璃座间的接触也越紧密，空气泄漏所需的时间也越长。

2. 纸页的两面性

纸页的两面性是指纸或纸板两面的结构和性质存在的差异性。在现有的纸页抄造工艺中，多数纸页是单面接触成形网。通常，将接触成形网的一面称为网面或反面，另一面称为正面。一般来说，反面总是比较粗糙，粗长纤维含量较多，结构比较疏松；而正面细小物质含量较高，结构细致紧密，且比较平滑。

3. 平滑度和两面性的影响

平滑度对印刷纸和纸板的影响较大。纸品的平滑度决定了印品表面与印版接触的紧密程度，从而影响印品的印刷清晰度和印刷密度。对于涂布原纸或纸板，平滑度决定了涂层的均匀性和涂布效果。对于书写纸和打印纸，高平滑度可保证书写流利，打印清楚。

一般来说，两面性会影响纸页的用途，由于纸页两面的结构差异，会造成纸页的卷曲，影响纸页的正常使用。但是两面性有时也有一定的好处，如在多层纸板的抄造中，两面性可增加纸板的层间结合强度，改善平整度等。

（四）纸页的多孔性

1. 纸页的孔隙率

纸或纸板是一种非均质的纤维网络状多孔薄型材料。纤维素的相对密度为 1.5，而一般纸和纸板的相对密度只有 0.5～0.8，据此可估算出纸和纸板的孔隙率为 50%～70%。

纸和纸板的多孔性可以用孔隙率来衡量，即以孔隙体积占纸或纸板体积的比率来表示，可用式（8-10）近似计算：

$$H_R = \left(1 - \frac{\rho_p}{\rho_f}\right) \times 100\% \tag{8-10}$$

式中　H_R——孔隙率，%

ρ_p——纸或纸板相对密度，g/m^3

ρ_f——纤维素相对密度，g/m^3

在实际计算中，ρ_p 一般可用纸或纸板的紧度来代替。

2. 纸页的多孔性与透气性

纸页的多孔性决定了其透气性，即在压力的作用下，气体会从纸页的一面透过到另一面。纸页的透气性常常用透气度来表示，即在一定的压差下，单位时间透过一定面积纸或纸板的空气量。

纸页的多孔性和透气性对其使用性能有很大的影响。有时纸和纸板要求具有较高的多孔性和透气度，如包装纸袋纸就要求有较高的透气度，以减少装袋和运输时的破包；又如印刷纸也要求一定的多孔性，以保证印刷过程中对油墨的吸收。反之，也有一些纸和纸板要求较低的多孔性和透气性，如防锈包装纸要求较低的透气度，以减少腐蚀性气体对包装品的渗透和锈蚀。

（五）纸页的形稳性

1. 形状稳定性

纸和纸板的形状稳定性（简称形稳性）是指其环境湿度变化中形状和尺寸的变化率，一般用尺寸伸缩变化的百分比表示，又称为伸缩率。

一般来说，所有的纸和纸板几乎都具有增湿时伸长和减湿时收缩的现象。其伸缩变化的速率和程度随纸页抄造的原料和工艺的不同而各异。变化速率和程度越大则形稳性越差，反之则形稳性越好。

2. 纸页形稳性的影响

纸页的形稳性对其使用性能有较大的影响。一般胶版印刷和某些特殊用途的纸要求较高的形稳性。例如用于胶版印刷的画报纸，在彩色印刷时如果纸页的形稳性差，则会造成套色走样的现象，从而严重影响印刷品的质量。又如海图纸要求极高的形稳性，一方面为适应胶版套色印刷的条件，更重要的是印刷后的海图要避免在不同地方温湿度下产生变形误差。该误差有时会直接影响海图的测距和测向，甚至影响航行的安全。因此，对某些特殊用途的纸，形稳性是一项重要的纸页结构指标。

二、纸页的机械性质

机械强度是大多数纸种基本的和重要的性质之一。具有一定强度的纤维，借助纤维间的氢键结合力及机械交织力，使纸页具有强度。在实际使用过程中，纸张是否发生破坏并不仅仅由某一项或几项强度指标决定，还与纸张的流变特性等密切相关，同时与纤维种类、纤维本身强度、纤维长度和宽度、纤维交织形式、结合强度、纸的定量、紧度、水分含量等很多因素有关。

纸的机械强度通常以纸的整体性遭到破坏和结构发生不可逆改变的极限应力数值来表示。根据作用于纸页上力的性质不同，通常用静态强度和动态强度来表示。

（一）纸页的静态力学性能

纸的静态强度是指在缓慢地加载条件下，直至试样破坏时所需要的最大强度。由于这种强度只与破坏时的终态有关，而这种终态取决于所测纸样本身的性质，因此被称为静态强度。

1. 抗张强度

（1）抗张强度、裂断长和抗张指数

纸页抗张强度指的是试样断裂时每单位长度纸页承受的最大张力，一般以抗张试验仪上所测出的抗张力值除以样品宽度来表示，单位为 kN/m。

抗张强度忽略厚纸与薄纸的差别，仅反映单位宽度纸页所能承受的最大拉力。比较定量不一致的纸必须消除定量的影响。这时，纸张的抗张强度可以用裂断长和抗张指数表示。

裂断长是一个强度概念。它表示纸条长度达到不能承受本身质量时自行裂断时的最大长度，即重力与抗张力相等时的纸条长度，或者形象地说是将纸条的一端提起时，借纸条自身重力而拉断时的纸条长度。它与厚度无关，适用于比较不同定量的纸或纸板的抗张强度：

$$L = \frac{1}{9.81} \times \frac{\overline{F}}{bq} \times 10^3 \tag{8-11}$$

式中　L——裂断长，m

$\quad\quad b$——纸样宽度，mm

$\quad\quad \overline{F}$——纸样的平均抗张力，N

$\quad\quad q$——纸样定量，g/m²

抗张指数是纸页抗张强度（kN/m）与定量（g/m²）的比，单位为 N·m/g。

$$X_t = \frac{\gamma_s}{q} \tag{8-12}$$

式中　X_t——抗张指数，N·m/g

$\quad\quad \gamma_s$——绝对抗张强度，kN/m

$\quad\quad q$——纸样定量，g/m²。

测定抗张强度时，施加负荷的速率、纸样长度和宽度、操作方法等将影响测试结果。此外，纸条的长度与宽度也影响抗张强度。国家标准和 ISO 标准一般采用 15mm 宽的纸条。测定仪器两夹具间的距离，机制纸一般为 180mm，但是也可以根据样品的尺寸而采用不同的长度。在检验手抄纸时，习惯于采用 100mm 或 50mm 长的纸条。短纸条含有弱点的可能性会小些，所以，纸条越短，平均数就应当越高。另外，短纸条受夹纸不正的影响更大。

纤维之间的结合力、纤维平均长度及纤维长度分布、纤维在纸中的排列方向、纤维本身的强度、造纸助剂及纸页水分含量等均会影响纸页的抗张强度。其中，纤维结合力和纤维本身强度是最重要的影响因素。此外，匀度不好的纸页可能会因为局部应力的变化而提前破坏。

（2）零距抗张强度

零距抗张强度是指在标准试验方法规定的条件下，一定宽度的纸或纸板在两夹具间距为零时，试样所承受的最大抗张力。与测定抗张强度不同，测定零距裂断长时，两夹头的间距为零。这相当于两个夹头固定在一个断面的两侧，所以更能代表跨越该断面的各单根纤维的抗张强度。因而，该强度受纤维结合力及交织力的影响很小，可间接反映纤维本身的强度特性。

零距抗张强度测试时，规定的试样宽度为 15mm。测量时，夹具必须加工精密而且洁净无锈，保持紧密接触，中间没有间距。理论上两个夹具间的距离是零，但实际操作不可能做到。两个夹具间经常是有很小的距离，而这个距离的大小对试验结果的影响很大。

由于纤维间的结合强度与纤维本身所具有的强度相比要小得多，因而在纸和纸板受力断裂时，多为纤维之间的结合被拉脱而纤维本身拉断少。因此，零距抗张强度比常规抗张强度可以认为是在理想打浆条件下所可能产生的极限常规抗张强度。常规抗张强度与零距抗张强度的比值有助于说明纤维间结合的程度，即打浆的合理程度，比值越大，打浆条件越合理。

（3）z 向抗张强度

通常，纤维在纸页厚度方向上的排列呈层状结构。z 向抗张强度即为纸页厚度方向（垂直于纸面方向）的层间结合强度。因此可反映纤维间结合力的大小。测定时，可采用层间结合强度测定仪。影响纤维间结合力的因素，也是影响 z 向强度的因素。适当提高打浆度、提高压榨压力、控制填料的用量和 z 向分布、合理控制干燥的温度曲线、采用增干强剂等，均有利于 z 向强度的提高。

2. 耐破强度

耐破强度指一定面积的纸和纸板承受垂直于纸面的均匀顶压直至破裂时的最大压力，反映纸张的总强度与均匀性，单位为 kPa。

耐破强度与纸页其他的机械性质间有一定的函数关系，如耐破强度受到纸张伸长率的影响，同时也反映纸张的强韧性。对包装纸和纸板来说，该项质量指标尤为重要，因为作为包装材料，不易破损和安全运输是基本要求。

为了便于比较不同定量的纸张，将测得的耐破度除以纸页定量，所得结果称为耐破指数：

$$X_b = \frac{p}{q} \tag{8-13}$$

式中　X_b——耐破指数，kPa·m^2/g

　　　p——耐破度，kPa

　　　q——试样的定量，g/m^2

纸和纸板耐破强度受纤维之间的结合力影响最大，其次还受到纤维平均长度和纤维本身的强度、纸页匀度与纤维的交织、排列情况的影响。此外，耐破强度还受到抄造层数的影响。多层抄造纸板，有利于提高耐破强度。耐破强度受水分含量的影响亦较大。

3. 撕裂强度

纸张的撕裂度是指撕裂一定长度的纸页所需的力。撕裂强度是指将纸样撕到一定距离时所需的功，因为距离一定，故可用力来表示撕裂度。

纸张的撕裂度有两种表示形式：一种为内撕裂度，另一种为边撕裂度。内撕裂度是指先将纸张切出一定长度的裂口，然后测量从裂口开始，撕裂一定距离时所需的力，单位是mN；内撕裂度除以定量就是撕裂指数，单位为 mN·m^2/g。边撕裂度是指沿纸的一边，被在同一平面内的力撕开时所需施加的力，单位是 N，边撕裂度高的纸内撕裂度不一定高。内撕裂度对多数纸或纸板的使用性能有重要的意义，因此一般测试的撕裂强度如不特别指出时，均为内撕裂度。

由于纸或纸板被撕裂时，或者要把纤维从样品中拉出，或者要把纤维撕断，所以撕裂度的大小主要取决于纤维的平均长度，其次是纤维间结合力、纤维排列方向、纤维本身强度及纤维交织情况等。撕裂度随纤维长度的增加而增加，因为增加纤维长度，意味着增加了拉开每一根纤维时克服摩擦力所需要做的功。

未经伸长变形的纸张，撕裂度要高些。皱纹纸比无皱纹纸的撕裂度要大，因为所撕裂的纸长度较大，需要做更多的功。此外，纸页撕裂度随着松厚度的提高而增加。

4. 耐折度

耐折度表示纸张抵抗往复折叠的能力。纸张的耐折度是测量纸张受一定力的拉伸后，再经来回折叠而使其断裂所需的折叠次数，以双折次数表示。纵向裁样测试的为纵向耐折度，按横向裁样测试的为横向耐折度。纵向耐折度一般比横向耐折度高。

耐折度主要受纤维的平均长度影响很大，其次是纤维结合力，同时，纤维间的结合强度、交织情况和弹性等均对耐折度产生影响。

本身强度较大，而平均长度较长的纤维，在交织紧密、结合力强的情况下，成纸的伸长率一定大，伸长率越大，耐折度也必然越大。棉麻纤维较长，耐折度高；在针叶木化学浆中配加阔叶木浆或草类浆，耐折度都将明显下降。

较高的相对空气湿度除能增加纤维的柔韧性，还能保持相当高的纤维间的结合力，其综合影响的结果，使纸的耐折度增加。纸张的定量、厚度、紧度等对耐折度的影响也很大。同种浆抄制的同种纸，在一定范围内，当厚度和定量增加时，耐折度上升到某一最高值，以后再增加定量，耐折性就会降低。纸页定量超过 $80g/m^2$ 时，对耐折度不利。因为折叠时，纸页厚度方向的中心面外侧受拉，内侧受压，往复折叠则反复交替，导致疲劳破坏，纸的厚度越大，这种现象越严重，对耐折度越不利。

常采用 MIT 耐折度仪测定纸和纸板往复135°的双次数，摆头以每分钟 175 双折次的折合速度左右折合纸条，其总角度为 270°。此外，还可选用不同的纸夹头，用于更大范围内的厚度。

使用时需要折叠的纸，如对钞票纸、箱纸板等，对耐折度有较严格的要求。描图纸、账簿纸、地图纸、书写纸、凸版印刷纸、书皮纸、白纸板、纸袋纸和纸盒衬里纸等包装纸对耐折度也有一定的要求。

5. 边压强度、环压强度和平压强度

边压强度、环压强度和平压强度是三个综合反映制作纸箱（盒）的纸和纸板强度特性的指标。

纸板的边缘压缩强度，简称为边压强度（ECT），指在一定试验条件下，主要是测定瓦楞纸板的。将试样的瓦楞方向垂直于耐压强度测定器的两板对其加压，至试样压溃时所需的压力，单位为 N/m。该强度代表了制成纸箱后纸箱堆垛时的承压能力，是箱纸板和瓦楞原纸的重要强度指标。纸板的含水量对边压强度有极大的影响。纸板在高温度时将出现蠕变，从而降低瓦楞纸箱的堆叠寿命。在高与低的相对湿度中循环比暴露于稳定的高相对湿度中对纸板边压强度的影响要大得多。

环压强度（RCT）主要是测试瓦楞原纸的抗压性能，该指标与瓦楞纸组成瓦楞纸板以及制成瓦楞纸箱后的抗压性能有密切的关系。在纤维间结合力较低时，提高纤维结合力，可以提高边缘压缩强度，但当纤维结合力增加到一定程度时，压缩力已不易使纤维彼此发生滑动，这时纤维自身的压缩强度，将决定边缘压缩强度。纸板经受边缘压缩而被压溃时，往往是纸页组织中的某个薄弱处，在上、下压力的挤压下，突然变形而使此处上下的纤维顶在一起，然后分别向两侧错动，从而形成方向相反的剪切力。纤维的抗剪切能力是较弱的，因此边压强度要比抗张强度低得多。

平压强度（FCT）是反映垂直于瓦楞纸板平面负荷抵抗能力的一项指标，是在一定限度内瓦楞纸板受到平压载荷而不发生压溃的能力。平压强度是瓦楞纸板的一个重要强度指标，对于瓦楞纸板在使用时的软垫性和制作纸箱的各个加工过程中能保持纸板的原有厚度特别重要。对于瓦楞纸来说，平压强度也是一种压缩强度，平压强度越高，瓦楞纸板箱的缓冲性能和保护性能越好。

6. 挺度

纸和纸板的挺度，实际上是度量纸和纸板的刚性，用纸和纸板的抗弯曲能力来表示。挺度的测定方法有多种。大多以将规定宽度和长度的纸样弯曲至一定角度所需的力来表示，单位为 mN。挺度的测试方法很多，如美国 Taber 磨损法、Gurley 摆锤法、Clark 平板刚度法等。

挺度与纸张的流变性质有关，取决于纸张受弯曲时，其外层的伸长能力和里层的受压能力。挺度表示纸张柔软或挺硬的性质，与刚度及表观硬度有联系但并非相同的概念。刚度和表观硬度是以翻动纸页时的声响、触觉硬度及可压缩性的大小为依据的，而挺度仅以抗弯曲能力为标准。硬度大的纸张挺度不一定大。柔软性的纸必须有尽量低的挺度。如家庭用的薄页纸，其柔软性很重要。

从材料力学的角度，材料的抗弯曲能力主要取决于抗弯刚度，即弹性模量与惯性矩的乘积。弹性模量取决于材料的性质，对于纸张，则取决于纤维自身的刚度、成纸纤维之间的结合力及纤维的排列方向等。纤维自身的刚性好则有利于成纸的刚性。纤维结合力高时，成纸的紧度也高。

打浆度高的浆抄成的纸挺度也高，浆中半纤维素含量越高，纸的挺度越高。纸的定量不变时，在不降低纤维间结合力的同时，可以通过提高纸的松厚度来获得纸页的挺度。

（二）纸的动态力学性能

纸的动态强度反映纸或纸板受力后瞬时扩散而破裂的动态状况。由于动态强度考虑了纸张受力作用的过程，所以对研究和了解纸张的应用特性，更具实际意义。

1. 抗张能量吸收

抗张能量吸收（TEA）是衡量纸张强韧性的一个指标，是指纸张被拉断时外力所做的功。它的几何意义就是应力应变曲线所包围的面积，表示纸的动态强度，国内亦称之为破裂功。从使用的角度来看，掌握纸张破坏以前的性能比掌握破坏时的静态强度更为重要。纸袋要有高的动态强度，以保证纸袋在运输过程中不破损。高韧性的纸，其纵横方向的拉力与伸长率的乘积应该接近或相等。这个乘积叫作纸页的拉伸积。拉伸积越高，纸的破损率就越低。

（1）抗张能量吸收的表示方法

抗张能量吸收是以抗张强度的测试中负载伸长曲线的积分表示：

$$\text{TEA} = \int_0^{\varepsilon_b} \sigma d\varepsilon \tag{8-14}$$

其中，ε_b 为纸页的断裂应变。如果应力的单位用 MPa 表示，上式表示单位体积的能量，用其除以紧度即得相对应的抗张能量吸收指数，即单位质量的能量，该指数的单位为 J/g。抗张能量吸收也可用下式计算，国际标准单位是 J/m^2：

$$\text{TEA} = \frac{E}{Lb} \approx \frac{KFL_1}{Lb} \tag{8-15}$$

式中　E——破裂功，抗张力—伸长曲线下所包围面积的等效功，J

　　　K——换算系数，纵向为 0.62，横向为 0.72

　　　F——绝对抗张力，N

　　L_1——绝对伸长，m

　　　L——纸条的有效长度，m

　　　b——纸条宽度，m

（2）影响抗张能量吸收的因素

作为一种动态强度，抗张能量吸收或破裂功不仅取决于纸的抗张强度，也取决于伸长率，还取决于拉伸变形的过程。破裂功越大，受外力作用时吸收外力做功的能力越强，耐冲击载荷的能力越大，表现为纸的韧性强。影响纸页黏弹性及应力—应变特性的因素均会影响抗张能量吸收。

纸袋纸和包装纸，需要较高的破裂功，以承受运输、装卸过程中的冲击载荷。为了增大破裂功，可以用微起皱的办法，使纸张产生微观的皱褶，从而大大提高拉伸时的伸长率。相对湿度条件对纸张的应力—应变性质有较大的影响。湿度低时，纸质硬脆；湿度高，则纸的韧性大。

2. 伸长率

纸张在张力作用下将沿着力的方向伸长，并随着张力逐渐增大而不断伸长，直至断裂。纸样断裂时伸长的长度与试样原长度之比的百分数，称为伸长率。伸长率是衡量纸张强韧性的一项重要指标。伸长率的提高，则能促进和改善纸张的内应力分配，减少应力集中，缓冲脉动张力对纸带的拉断作用，防止和减少纸面的断裂。

伸长对于纸绳纸、毛巾纸、薄纸、电缆包裹纸、瓦楞纸和其他需要折叠或在使用中受到应力的纸具有很重要的意义。纸在横向上的伸长一般是比在纵向上大。打浆可以增加纸页的伸长率，纸页的起皱可以增加伸长率。采用短的、游离状浆料，纸中加填，强力压榨和保持在纸机上的拉力达到最紧的程度等，都会降低纸的伸长率。老化可导致纸张的伸长率降低。

（三）纸页的湿强度

有关纸页的湿强度的指标一般可分为两个，其定义大不相同，注意不能混淆。一是初始湿纸幅强度，另一是纸页润湿后湿强度。

1. 初始湿纸幅强度

初始湿纸幅强度是指干燥前的湿纸页所具有的抗张强度，又称初始湿纸幅抗张强度。湿纸幅在干燥前，其纤维间尚未完成氢键结合，此时湿纸页的强度较低。形成湿纸页的强度因素有两个：

① 纤维间的机械交织力，它主要取决于纤维的平均长度；

② 水的表面张力，湿纸页干度越高，纤维间水膜越薄，表面张力越大。

一般干度提高，湿纸强度也提高，除与表面张力有关外，还由于纤维间水膜的润滑作用降低而使机械交织力增强的缘故。

初始湿纸幅强度对纸机高速运行下的作业性能至关重要。车速越高，纸页运行时的牵引力越大，要防止断头，必须有较高的湿抗张强度。适当配加长纤维浆料、提高开放引纸前的纸页干度或调整剥离角可以有效地防止纸页断头。

2. 纸页再润湿湿强度

纸页再润湿后的湿强度有时也简称纸页的湿强度，即指干燥后的纸页再润湿后所表现出来的强度。纸页的湿强度比其干强度低得多，一般只有干强度的 $4\% \sim 10\%$。纸页的湿强度一般以其润湿后的试样强度或以湿强度对润湿前试样强度的百分率表示。提高纸页的湿强度对包装纸和纸板具有特别重要的意义。

一般来说，随着纸页水分含量的增加，抗张强度随之下降。施胶可以减慢水的渗透速率，提供短时间内的湿强度。湿抗张强度检测与干抗张强度检测一样，只是需要检验前用水把纸饱和浸渍，然后取出，用吸水纸将多余的水分吸掉，即可测定其抗张强度。湿润后的纸抗张强度的损失是由于结合力的损失，而不是由于纤维的强度下降，纤维素纤维在湿的时候的强度比干时为大。为了改善纸页的湿强度，可向纸浆中添加湿强剂。

如前所述，初始湿强度为抄纸时的湿纸页强度，直接影响抄纸时的断头次数和纸机车速的提高；再湿湿强度为成品纸润湿后所保留的强度，影响纸张润湿状态或润湿后的使用性能。

三、纸页的光学性能

纸页由纤维、填料、胶料及其间隙中的空气所组成。这些成分对光线的反射、折射、散射、吸收等性能不同，形成了纸页的光学非均一性。纸页最重要的光学性质是白度（亮度）、不透明度、光泽度等。

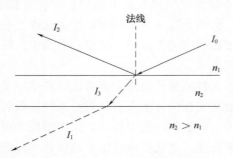

图 8-4　透射于物体入射面上的光能的分配

I_0—投射于纸面上的光能　I_1—透过出射面的光能

I_2—由入射面反射的光能　I_3—被纸吸收的光能

1. 纸页的基本特性

如图 8-4 所示，当一束光线由折射率为 n_1 的介质，通过折射率为 n_2 的光密介质（$n_2 > n_1$）时，会在传播方向发生偏折；这时，投射到物体（纸）入射面上的光能，一部分反射，一部分被物体吸收，一部分透过物体经出射面射出。

则：$I_1 + I_2 + I_3 = I_0$。

即：
$$\frac{I_1}{I_0} + \frac{I_2}{I_0} + \frac{I_3}{I_0} = 1 \tag{8-16}$$

式中　$\dfrac{I_1}{I_0} = T$——纸的透光度

$\dfrac{I_2}{I_0} = H$——纸的光散射

$\dfrac{I_3}{I_0} = A$——纸的光吸收

T、H、A 的数值，通常以百分数表示，即：$T + H + A = 100\%$。要使其中某一项得到最大，必须保证其他两项最小。因此，如果光线透过纸没有被吸收和散射，则是理想的透光和无色的纸；当光被纸完全吸收时，纸就不是透光的，而看起来是黑色的。当光全部散射时，纸也将不会透光，而看起来是白色的。

入射光有可能被转化成如下几种方式：

① 一部分光从纸面上呈镜面反射出去，这个反射量的大小用光泽度来评价。

② 一部分光进入纸层，形成散射光，这一性质可通过散射系数加以评价。

③ 一部分光透过纸层，形成折射光，这可以用不透明度来评价。

④ 一部分光被纸层吸收变成热能，这可用吸收系数来评价。

纸页定量一定时，光的反射量和透射量的比例随纸浆的种类及光色的种类不同而异。浆料的打浆度，填料、胶料及染料的添加量，也对其有很大的影响。纸页的定量与光的对数透射率的关系并非是直线关系，其原因是纸在光学上为高散射性物质。

2. 库贝尔卡—门柯（Kubelka—Munk）光学理论

库贝尔卡—门柯（Kubelka—Munk）光学理论（以下简称 K—M 理论）是实践中经常用于纸的光散射性或反射、吸收及透射特性研究的理论。K—M 理论是以光学上等方向散射性的物质为对象的，即在简单假定的基础上，利用光学理论来解释"均质模型"中的光散射吸收现象。该理论适用于包括颜料、涂料及涂层等不同种类的纸页和相应的纤维构成物，满足 K—M 基本公式：

$$T = \frac{(1 - R_\infty{}^2) \mathrm{e}^{-bSq}}{(1 - R_g R_\infty) - R_\infty (R_\infty - R_g) \mathrm{e}^{-2bSq}} \tag{8-17}$$

$$R=\frac{R_\infty\,(1-R_g R_\infty)-(R_\infty-R_g)\,\mathrm{e}^{-2bSq}}{(1-R_g R_\infty)-R_\infty\,(R_\infty-R_g)\,\mathrm{e}^{-2bSq}}\tag{8-18}$$

其中：

$$b=\frac{1}{2}\left(\frac{1}{R_\infty}-R_\infty\right)=\sqrt{a^2-1}\tag{8-19}$$

$$a=\frac{1}{2}\left(\frac{1}{R_\infty}+R_\infty\right)=1+\frac{K}{S}\tag{8-20}$$

$$R_\infty=a-b=a-\sqrt{a^2-1}\tag{8-21}$$

式中　T——单张纸的透射比

R——在反射因数 R_g 的背衬上的反射因数

R_g——反射因数

q——纸的定量，g/m^2

R_∞——纸页的固有反射率

K——纸页的光吸收系数，cm^2/g

S——纸页的光散射系数，cm^2/g

对于纸张这种光散射率较大的材料，式（8-17）可简化为：

$$T_0\approx\mathrm{e}^{-Kq}\tag{8-22}$$

式中，K 和 q 含义同上。

造纸常用原料的 K/S 值如下：

未漂化学浆　　0.15～0.7　　　　漂白浆、填料　0.05 以下

磨木浆　　　　0.05～0.15　　　　涂布用颜料　　0.05 以下

K—M 基本公式中所采用的 R_∞ 是纸页多层叠合起来直到光不透到背面时所具有的反射率，也称为固有反射率。据此，该式还可以写成下式：

$$\frac{K}{S}=\frac{(1-R_\infty)^2}{2R_\infty}\tag{8-23}$$

这个方程是描述浆料光学特性（漂白、打浆、配浆、调色）常用的重要公式。图 8-5 为几种常见的浆料在 50g/m² 定量时的光散射系数和光吸收系数的关系。

许多纸层中的纤维是被压溃成扁带状的，其代表性的厚度为 $5\sim8\mu m$，宽约 $25\sim30\mu m$。打过浆的纤维分丝形成许多小纤维，加填的纸页中还存在许多填料粒子。光线通过了纤维、无机填料颗粒和空隙，如果不发生吸收，而是经过多次反复的反射和折射，产生近乎完全的光散射，则呈现出高白度和不透明性。

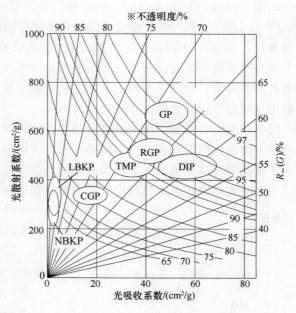

图 8-5　各种纸浆的光学特性（不透明度为定量 50g/m² 时的值）

GP—磨石磨木浆　RGP—木片磨木浆　TMP—热磨机械浆
CGP—化学机械浆　DIP—脱墨浆　LBKP—阔叶木漂白硫酸盐浆　NBKP—针叶木漂白硫酸盐浆

357

3. 纸页的光学性质

（1）光泽度

光泽度描述纸页表面在特定的反射角下所发射的光线数量。形象地说，光泽度是表达纸张表面反射入射光能力与理想镜子相比的程度。理想的镜子，几乎能使照射到该表面的所有光线都以镜面反射方向进行反射。与此相反的情况就是完全散射或"无光泽"的表面。大多数纸张的表面既不完全光泽，也不完全反射，而介乎其中。

1）镜面光泽度

光线照射到物体表面时，其中一部分以与入射角相同的反射角进行镜面反射，因此也将此光泽度称为镜面光泽度。根据国家标准《GB/T 8941—2013 纸和纸板 镜面光泽度的测定》的定义，纸页的镜面光泽度表示试样表面在镜面反射的方向反射到规定孔径内的光通量与相同条件下标准镜面的反射光通量之比，以百分数表示。

纸页表面比较粗糙时，将会有较多的反射光以其他方向反射，形成漫反射。若纸页被压光时，平坦面积增加，光泽度会提高。将颜料涂布纸贴在磨光的表面上进行干燥或将纸压光，可以获得良好的光学平坦表面，达到高光泽的效果。

光泽度的测定可以以不同入射角进行，国内光泽度的测定多采用入射角为 75°（与纸页平面成 15°），也有一些使用 45°和 20°的情况。表面的镜面反射光线的数量随入射角的加大而增加。若入射角太小，镜面反射会很小，很难测定光泽度的差别；若角度太大，镜面反射量也很大，测定光泽度的差别也很困难。对大多数纸，75°是比较好的角度。当然也有例外，施蜡纸要在 20°下测定。对高光泽、颜料涂布纸 75°也不很合适的。

2）印刷光泽度

印刷光泽度（printing gloss）是检验纸品印刷质量的重要指标之一。根据国家标准《GB/T 12032—2005 纸和纸板 印刷光泽度印刷样的制备》的定义，印刷光泽度是以一定印刷条件，用 IGT 印刷适性仪印在试样上的墨层的镜面光泽度。

印刷常常需要高光泽的纸。光泽度与光学平滑度有联系，但并非完全一致。因为有些纸具有高的光泽度，但其表面却十分粗糙。例如，往光泽的油漆中加沙子时，沙子会使油漆膜变得十分粗糙，但其光泽度却不会降低。

纸张印刷时，油墨会填充纸面上某些低凹的点而成为光学平坦的表面。这种表面能使投射在它上面的光线的一部分产生镜面反射。该镜面反射的光线数量决定印刷光泽度。镜面反射光不受反射物体颜色的影响，因而若用白色光作入射光时，反射的光线也将是白色的。然而，一部分光线将透入油墨膜中并产生散射和透射，而以油墨颜色的散射反射光表现出来。

印刷光泽对纸张十分重要。光泽的均匀性比平均水平的光泽度更重要。印刷光泽的不均匀性称作斑点。影响印刷品光泽度的主要因素是纸张的表面平滑度、吸墨性、光泽性。

（2）光散射系数

当一平行光线照射在纸张表面时，首先一部分光发生反射，另外一部分光通过纸张与空气间的界面进入纸张内部，并在其界面上发生折射。进入纸张内部的光线一部分被吸收，另一部分进入纸张内部的光线在纤维、填料、空气形成的若干界面上由

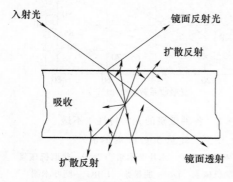

图 8-6 纸张光学散射示意图

于界面间物质折射率的差异而不断地发生反射和折射，光线经过几次反射和折射后将射向各方，称之为光的散射，如图 8-6 所示。

光在纸页中散射的量取决于该纸页组分的折射系数以及由一种折射率材料到另外一种折射率材料改变方向的次数。对一定厚度或定量材料散射的数量称作散射系数。光散射系数 S 的大小和散射面积 A 及反射率 R 成正比。而反射率与两相邻介质的折射率 n_1 及 n_2 有关。

（3）不透明度

1）纸页不透明度的形成

纸页的不透明度是其光学性质之一，也是印刷纸、书写纸、证券纸及一些工业用纸的一项重要质量指标。印刷纸需要不透印，即一面的油墨不渗透到另一面，以保证印刷的质量，否则影响到另一面字迹或画报的清晰。对于书写纸来说，要求有一定的不透明度，以利于纸张的两面书写。

增加光散射系数 S 即能显著地提高纸的不透明度，同时，若光散射系数增加不多，增加光吸收系数 K，则可一定程度提高不透明度，但会降低白度。因此，导致光散射的纸中光学非结合面积的大小、纤维和填料粒子散射光的能力是形成不透明度的主要因素。

不透明度 O_p 是以单张试样衬在"全吸收"的黑色衬垫上对绿光（550nm）反射能力（R_0）与完全不透明的若干张试样衬垫相应的反射能力（R_∞）之比：

$$O_p = \frac{R_0}{R_\infty} \times 100\%$$

(8-24)

式中　O_p——试样纸不透明度

　　　R_0——单张试样置于黑色天鹅绒上的反射率

　　　R_∞——若干张重叠试样的反射率

采用绿光（550nm）来测不透明度是因为纸张的不透明度随所用光波长的增加而降低。不透明测试仪采用理想的 100% 反射率的白底衬板以及反射率为零的黑体吸收底板。我国按国标《GB/T 1543—2005　纸和纸板　不透明度（纸背衬）的测定（漫反射法）》规定的不透明度测定方法（纸背衬）适用于近白色的含荧光增白剂或不含荧光增白剂的纸张试样，测试的有效波长为 550nm（绿光）。

印刷后纸张不透明度的测定方法是在纸页的一面刷满黑色油墨的方法进行的。该不透明度是以印刷油墨后的纸页无油墨的一面的漫反射率与未印油墨纸张垫以不透明纸垫层的漫反射率之比。不透明度 O_p 为 "0" 表示理想的完全透明的纸；O_p 为 "100" 表示完全不透明的纸。

2）影响纸张不透明度的因素

根据 Kubelka-Munk 理论，增加散射能力或是吸收能力都将增加不透明度。定量，表观密度，纤维结合，纸页成形，打浆，湿压榨，压光，填料量，填料种类，填料折射率，填料粒子的大小，填料的分散情况，填料在纸中分布，填料与纤维的光学接触，填料的颜色，是否涂布，纤维的种类，纤维直径，纤维胞腔尺寸，纤维碎屑的数量，在纤维中木素和其他杂质量，是否有染料、有色颜料、淀粉、石蜡和胶黏剂等添加物的存在，纸页反射率，测量不透明度时所用光线波长以及测定仪器的几何状态等均可能对散射能力或吸收能力产生影响，因而影响到不透明度。

染料对不透明度有显著的影响。纸张的定量大，纸就比较厚，其非光学接触面积就大，不透明度就高。纸张的不透明度与纤维比表面积也是正向的线性关系。填料比纤维的散射系数大、亮度高，所以加填会提高纸的不透明度和白度。从而填加不同种类的填料，尽管用量相同，但对提高不透明度的效果不同。二氧化钛的散射系数远高于其他填料，所以对提高成纸的不透明度效果显著，是高效填料。

（4）透明度

透明度与不透明度都是反映纸张透光程度的指标。纸页的透明度是指单层试样反映被覆盖物影响的显明程度，是描图纸、半透明纸之类纸的主要指标。虽然，透明度与不透明度都是反映纸的透光程度，但二者的测试方法有所不同。透明度 T 按照下式计算：

$$T = \frac{R_w - R_0}{R_w} \times 100\%$$

(8-25)

式中　　R_w——单层试样背衬白色标准板时的绿光反射因数平均值，%

　　　　R_0——单层试样背衬黑色标准板时的绿光反射因数平均值，%

纸页透明度与不透明度是相关的，其区别是透明度取决于透过而没有被分散的光线。完全透明的材料，对于透射来的光线没有反射、散射和吸收，而且没有被分散地透过全部光线。透明度对于玻璃纸、半透明纸和描图纸等纸张来说是一个重要的指标，这些纸都要求有比较高的透明度。

（5）白度和亮度

在衡量纸浆、纸及纸板的白色程度时，往往用到白度和亮度这两个术语。但是，白度（whiteness）和亮度（brightness）是两个不同的概念。

白度是指以白色光（380～780nm）作为光源，照射到纸样后，检测纸样吸光后漫反射出来的光量。如果纸样对各色光都没有吸收，即全部漫反射出来，白度即为 100%，但由于浆中有色物质吸收部分光，一般白纸测得的白度为 50%～90%。白度通常是采取目测对比来测定。在我国造纸工业中，白度和亮度两个术语长期混用，而且往往是用白度这个词代替了亮度，但英文还是用 brightness 而不用 whiteness。

纸页亮度的测定是以波长为 457nm 的蓝光为光源，照射到纸样后，检测纸样吸光后漫反射出来的光量。所以，亮度是在单一波长（457nm）下纸浆、纸及纸板等产品的白度值。纸对光的反射特性的差异体现在短波长区域（400～500nm）内分光的反射率不同。因此把主波长为 457nm 的蓝光反射率作为白度测量仪器的光源。符合 ISO 标准规定的纸浆、纸及纸板的亮度，都可以称"ISO 白度（ISO brightness）"。

在浆料中添加荧光增白剂可以提高纸张的白度。原因是荧光增白剂具有能吸收和反射光线能力的共轭双键，增白剂中的芳香胺吸收白光中的紫外线，激发出可见的蓝光，从而增加纸张表面对蓝光的反射；同时反射出来的可见蓝光能抵消纸浆中的黄光，提高纸张的白度。

纸浆中的木素能吸收波长 400～500nm 紫外光，而降低纸浆对光线的反射率，故纸浆中木素含量越高，荧光增白剂的增白效果越差。一般认为对于磨木浆和白度低于 65% 的浆料，起不到增白效果。

四、纸页的吸收和憎液性能

根据纸张加工和最终用途的不同，要求纸页有一定的憎液性或亲液性。例如包装用纸要求有一定的憎液性，以保证被包装物不致受到水或潮气的侵蚀；而吸墨纸则要求有一定的亲液性，以吸收更多的水或其他液体；浸渍加工纸要求原纸具有良好的吸水性等。

（一）纸页的吸收性能分析

纸页的吸收性是指纸或纸板对水或其他液体的吸收能力。纸页对液体的吸收由两个因素引起：

① 极性吸附，纸页组分含有游离羟基，因而能对水等极性液体产生极性吸附作用；

② 毛细吸附，纸张是天然纤维和填料在造纸机上抄造所形成的网状物，纤维之间、纤维与填料之间有许多间隙，相当于许许多多毛细孔，这些毛细孔对液体形成了毛细吸附作用。

极性吸附是由于纸张中纤维的游离羟基与液体形成氢键产生的，而毛细吸收则与毛细管本身的流体力学特性有关。

植物纤维的化学成分决定了纸张对液体具有一定的吸水性。植物纤维是由纤维素、木素和半纤维素等主要组分组成。纤维素是由 D-葡萄糖基构成的链状高分子化合物，每个葡萄糖基环上均有 3 个游离羟基。这些游离羟基对能够可及的极性溶剂和溶液有强的吸引力，因此纤维素具有亲液性。半纤维素分子结构上有许多游离的羟基，其首位羟基和次位羟基具有强亲水性，加上半纤维素分子间结合力小，容易游离出羟基，因此半纤维素比纤维素更亲水。木素结构中含有少量游离的酚羟基和脂肪族羟基，因而具有一定的吸湿性。由于组成植物纤维的主体组分都具有吸水性，因此抄造后的纸页也具有很强的亲水（液）性。

纤维的物理形态与化学成分可影响纸页的吸收性。木浆纤维长，在抄片时，易相互搭桥，纤维间空隙大，吸水基团暴露得多，有利于液体的吸收；而草浆短小，纤维间结合紧密，成纸紧度大，吸收性小。浆料中 α-纤维素含量高，吸收性能大；反之半纤维素含量高的浆料，由于在打浆过程中容易分丝和细纤维化，所以抄出的纸吸收性能低。浆料中抽取物（如树脂）含量太高，会显著降低纸张的吸液速率和吸收性能。

造纸过程打浆、浆料配比等工艺也会影响吸收性。在相同条件下，纸张的吸收性随着打浆度的增长而降低，这是由于高打浆度浆料的成纸一般结合较为紧密，纤维的比表面积较大，致使气孔大为减小，吸收性降低。游离打浆方式以横向切断纤维为主，成纸疏松多孔，吸收能力强。有研究表明，在同一环境湿度下，纸页的平衡水分随纸料配比中磨木浆含量的增加而增加，随着矿物填料含量的增加而减少。木素是导致未漂纤维吸水性高的原因。当用漂白方法脱除木质素时，云杉和冷杉亚硫酸盐浆的吸湿性有明显的减小。填料是不吸湿的，因此在任何给定湿度下填料能降低平衡水分含量。

此外，加填的纸张，由于填料分散于纤维之间，会减少纤维的氢键结合，使纸的结构疏松多孔，从而提高了纸张的吸收性能；施胶的纸张，由于施胶剂的影响会降低纸张的吸收性能。

（二）纸和纸板憎液性能的主要指标

① 施胶度。施胶度是描述纸和纸板施胶程度的指标。测量时使用标准墨水和标准画线器，依次调整画线器鸭嘴笔的宽度在纸面上画线，以墨水既不扩散也不渗透时的线条宽度（mm）来表示试样的抗水性能。该线条越宽，表示施胶度越高，则抗水性越好。该方法适于大多数文化用纸施胶度的测量。

② 表面吸水量。表面吸水量又称 Cobb 吸收值，指单位面积的纸和纸板在一定压力和温度下，在规定时间内单面所吸收的水量，以 g/m^2。该方法也是检测纸和纸板施胶度的一种方法，适于防潮防渗透型纸袋纸、包装纸和纸板的测量。

③ 液体渗透时间。液体渗透时间也是测量纸张施胶度的一种方法，以液体从纸页的一面渗透到另一面所需的时间（t_s）表示。主要适合于白纸施胶度的测量。

④ 透油速度。对于用于供油脂类食品包装用的防油纸或纸板，可采用透油速度来衡量

其渗透性。透油速度指在一定温度和压力下，标准变压器油在一定时间内从 $1m^2$ 面积的纸或纸板中渗透过来的质量，以 g/m^2 表示。

（三）纸和纸板吸液性能的主要指标

① 毛细管吸液高度。纸或纸板的吸液高度是指水或其他液体在一定时间内沿与水平面垂直方向的毛细管吸收上升的高度。因其吸液过程主要是通过毛细管，又称为毛细管吸收速度。该方法主要用于未施胶的纸或纸板，特别是浸渍原纸或纸板的测量。

② 表面吸收速度。表面吸收速度是指一定量的水或其他液体（如二甲苯沥青溶液）滴到纸面后被吸收所需的时间，用以评价印刷纸或纸板的吸油性能。

③ 吸收质量。将纸或纸板浸入水或其他溶液中一定时间后，单位面积所吸收的液体质量，以 g/m^2 表示，或以吸收率％表示。

④ 油吸收质量。单位面积的纸或纸板在一定压力和温度下，在规定时间内单面所吸收蓖麻油的质量，以 g/m^2 表示，以衡量印刷纸或纸板的吸油性能。要使纸张具有防油性能，一种方法是在纸页的表面覆上一层聚乙烯塑料薄膜、金属薄膜或者涂布高分子材料，通称淋膜或覆塑，主要是凭借物理障碍防止油类液体的渗透。另一种方法是在纸上涂上一层防油防水化学品，其特点是处理后的纸既具有防油防水功能，又较易于生物降解和废纸再生，同时也解决了纸浆模塑成型的纸盒、纸杯、纸碗的防油防水问题。采用含氟化合物一般能使纸的界面张力降至 $18\sim22mN/m$，而一般的油类物质，如食油等的表面张力为 $30mN/cm$ 左右。因此，在纸张纤维表面附上一层氟化物能使纸不被油和水浸润，达到同时排斥油和水的作用。

⑤ 水蒸气渗透性。水蒸气渗透性是包装纸的一种重要的性质。用于干的吸湿性物质如薄脆饼干和早餐用的麦片等食品包装必须防止水蒸气的渗透，否则食品将发潮或引起变质。对水蒸气的抵抗性和对水的抵抗性是两种不同的性质。防水性是通过加进施胶物质而产生的，但施胶对水蒸气渗透没有多大作用。水蒸气是一种气体，良好的防水蒸气性能是通过加进诸如石蜡等材料而获得的。石蜡等材料把纸页的所有孔隙填满，气相的水蒸气就再没有通路，在一定程度上达到了防止水蒸气渗透的作用。

五、纸页的印刷适性

纸页的印刷适性是指纸页能适应油墨、印版和印刷条件的要求，保证印刷作业能够顺利进行，并获得优质印刷品所必备的适应性能。与印刷适性有关的纸页性能前面已经在本章其他部分介绍，这里仅介绍几个与印刷密切相关的纸页性能参数。

（一）表面结合强度

纸张的表面结合强度是指纸张表面和内部纤维、胶料、填料之间的结合强度以及涂布纸表面涂料粒子之间及涂层与基纸之间的结合强度，是纸和纸板印刷表面的抗拉毛阻力的表征，通常简称为表面强度。在纸品印刷过程中，如果纸张表面强度差，印品图文边缘会看到白边或者印不实、发虚等现象，而且纸张易掉毛掉粉，这些细小物质不仅容易黏在印版和橡皮布上，使印版和橡皮布产生堆墨故障，而且还会增加胶印中橡皮布和堆墨的清洗次数。因此印刷纸页的表面必须具有一定的抵御拉毛的能力。

纸页表面强度的测试主要有两种方法：一是蜡棒法，即用蜡棒的黏着试验测定纸页的黏着阻力和表面结合。该方法使用一套（1~21级）与纸页表面黏着力不同的蜡棒进行测试，主要用于涂布纸表面强度的测定。

还有一种是常用的 IGT 印刷适性仪测试法。即在 IGT 印刷适性仪上，以一定的压力用不同黏度的拉毛油和不同的印刷速度对纸页试样进行表面强度的测定。其黏着性随着油墨和纸页分离的速度增加而增加，测量纸面连续出现斑点、起毛、起泡或破损的距离，换算出印刷拉毛速度，单位为 cm/s 或 m/s，用以表示纸或纸板的印刷表面强度。印刷拉毛速度的意义是纸页试样表面起毛前所能承受的最大印刷速度，一般来说该值越高，则纸页的表面强度越大。

（二）印刷密度

印刷的基本操作就是完成油墨从印版的图像部分向承印物（纸品等）的转移，而转移的质量好坏是印刷质量评价的基本要素之一，因此印刷纸必须具备良好的接受油墨转移的性能，该性能的客观表征就是纸页的印刷密度。印刷密度反映了以一定墨膜厚度印刷后纸页墨色的深浅程度，印刷密度越高则纸页的着墨性越好。

纸页印刷密度的定义如下：

$$D_P = \log \frac{R_\infty}{R_P} \tag{8-26}$$

式中　D_P——纸页的印刷密度

　　　R_∞——未印纸足够厚纸层的反射率

　　　R_P——印区（即印品）的反射率

印刷密度反映了纸或纸板对油墨的接受性和油墨的转移性。对于印品来说，它反映了纸页着墨区与空白区的对比度与整饰度，实地区和网点区的匀整性以及印刷清晰度和透显性等。

影响纸页印刷密度的因素很多。一方面取决于印刷操作中油墨的性质、供给量及印刷压力；另一方面纸页表面的平滑度、对油墨的吸收性等也有很大的影响。

（三）印刷不透明度

在实际印刷作业中，重要的是纸品印刷后是否有透印现象。表征这种性能的参数称为印刷不透明度。印刷不透明度不仅取决于印刷纸的不透明度，还取决于油墨向纸页内部渗透的程度。

纸页的印刷不透明度反映其透印的性能，即印后透印的程度，一般用透印值来表示，即

$$P_T = \log \frac{R_{P\infty}}{R_\infty} \tag{8-27}$$

式中　P_T——纸页的透印值

　　　$R_{P\infty}$——未印区域反面背衬足够厚同种纸层的反射率

　　　R_∞——印区反面的反射率

（四）K&N 油墨吸收性

K&N 油墨吸收性是检验印刷纸或纸板吸墨性能的重要指标。试样的制备是将待测的纸和纸板对标准的 K&N 油墨在无压力及速度的情况下吸收一段时间，然后将油墨擦去，测量试样吸墨前后的反射率的变化比率，即为纸页的 K&N 值。

六、纸页的化学性能

纸张的化学性能包括纸页的化学组成（如纤维素、半纤维素、木素、树脂等）、水分含量、灰分含量、金属和非金属物的含量以及纸页的表面和界面性能等，对纸和纸板的物理、电气和光学性能都有一定的影响。

在一般情况下，大多数纸和纸板并不要求对其化学性质进行检测。但是对于一些特殊要

求的纸和纸板，需要对一些相关的化学性质和相关组分进行必要的检测。以下略举几例。

（一）金属离子

金属离子如铁、铜、镁、钙、钾、钠、锰等的存在对纸和纸板的性能有很大的影响，特别是绝缘纸和纸板、照相原纸、感光原纸、晒图纸、食品包装纸和溶解浆等对此均有要求，如食品包装用纸，要求进行铁和铜的含量测定，大于 3mg/kg 的铜或 6mg/kg 的铁会影响食品如牛油的风味。金属离子的定量分析可以采用化学分析法、原子吸收光谱法和分光光度法，每种方法各有特点，在分析时可根据需要和实验条件来选用。

（二）水溶性阴离子

纸和纸板中的水溶性氯化物和硫酸盐的含量对中性包装纸、电气用纸等的性能有重要的影响，可以利用硝酸银电位滴定法进行水溶性氯化物的测定（《GB/T 2678.2—2008 纸、纸板和纸浆　水溶性氯化物的测定》），利用电导滴定法测定水溶性硫酸盐含量（《GB/T 2678.6—1996 纸、纸板和纸浆　水溶性硫酸盐的测定（电导滴定法）》）。

（三）纸页的酸碱性与 pH

纸页的酸碱性可用 pH 来表示。不同生产工艺制造的纸张其 pH 不同。

纸页的酸性可引起印刷过程中印版的腐蚀和黏版，还会影响印迹的氧化膜干燥。若纸页的碱性太强，在胶印过程中，碱性物质可直接影响水斗溶液 pH，还会减小印版水墨界面上的界面张力，促使油墨过度乳化，导致非图文部分变脏。

纸页酸碱性值对纸页耐久性也有影响，纸页 pH 越低，耐久性越差。

纸页的酸碱度的测定是把磨碎了的纸样在温度 98～100℃ 的蒸馏水内煮 1h，用布氏漏斗把煮过的纤维过滤，所得的抽提液根据具体情况用 0.01mol/L NaOH 或 0.005mol/L　H_2SO_4 滴定到中性，分析结果为以不含水的纸页为基准的 H_2SO_4 或 NaOH 的百分数。

纸页表面的 pH 和水抽提液的 pH 不同，尤其是涂料印刷纸，影响纸页印刷效果的是表面 pH。纸页表面 pH 的测定常用两种方法，一是指示剂法，用酸碱指示剂，如溴甲酚绿或溴甲酚紫，将指示剂滴在潮湿的纸面上可以得到纸页表面 pH 的指示；另一种方法是利用平头 pH 电极直接测定润湿纸页表面的 pH。

七、纸页的电气性能

由纤维素纤维抄造的纸作为电气绝缘材料，价格便宜、机械强度高、柔韧、体积小、质量轻，是无线电、电话、电池以及电容器、变压器、电机、电气仪表和多股电信电缆等方面非常重要的绝缘材料，广泛应用于电气和电子工业。这种纸和纸板一般是用硫酸盐法绝缘木浆制造，也有采用棉浆和麻浆。

电气用纸或纸板，除了具有一定的物理性能和化学性质外，还必须具有符合使用要求的电气性能，这些性能包括：a. 介电常数；b. 击穿电压；c. 介电损失；d. 导电质点等。而电气性能在很大程度上又决定于纸页的物理和化学性质。

对电气用纸或纸板的评价，很重要的一条是电气用纸或纸板在特定条件下的使用寿命，这是由于电气设备的使用寿命很大程度决定于作为绝缘用的纸或纸板的使用寿命，由于绝缘纸一般多在温度比较高（例如 100℃ 左右）的情况下使用，因而就必须具备在较高温度下使用的化学稳定性。

由植物纤维抄造的电气绝缘纸也存在一些不足：由于植物纤维表面有极性羟基，且纸页结构又具有毛细特性，导致纸页具有吸湿性；植物纤维纸页的导热性和耐热性较低，限制了电气设备提高工作温度的可能性；此外，纸页结构的不均一，造成其性质各向异性。为了减少植物纤维吸湿对绝缘介电性能的有害影响，大多情况下采用树脂或油等对纸进行浸渍处理；为了提高纸页的介电性能，可对纸进行化学处理（乙酰化、腈乙基化等）以及在浆料配比中加入合成纤维，如聚丙烯纤维、聚乙烯纤维、聚苯乙烯纤维等。

八、环境对纸页性能的影响

在纸和纸板贮存、运输和使用过程中，周围环境状况（主要是温度、湿度、微生物、大气中的二氧化硫和二氧化氮的含量、光照等）随着时间变化，可使纸页性能发生退化和衰变。在造纸行业中，通常称之为纸页的老化现象。

纸张的老化现象是纸在长期保存过程中由于收藏环境以及纸张的化学组成及其结构等因素的长期作用的结果，使纸张部分或全部丧失其原有的强度和结构性能。老化是一个不可逆过程，主要表现是：a. 纸张变色发黄；b. 强度下降；c. 化学性质的变化，如铜价增加、α纤维素下降，或铜氨黏度减小。具有较高耐久性的纸张品种是由具有高铜氨黏度，高α纤维素含量，低铜价，低木素含量，低戊糖和γ纤维素含量的纸浆所制成。有研究表明，影响耐久性的最重要因素是纤维素的平均聚合度，平均聚合度应该是 $1000 \sim 1200$。

环境是纸张老化的外因。环境状况能导致纸和纸板的老化和返黄，从而影响到纸和纸板的耐久性。研究表明，在相同的老化试验条件下，湿度越高、pH 越低、纤维强度的损失也越大，即在酸性施胶的情况下，环境的湿度越大，纸的强度的降低也越快。在一般情况下，纸页中的木素含量对纸页的老化和返黄有较大的影响。木素含量越高的纸浆越易于老化和返黄。光的照射也能够导致纸张的老化和返黄。周围环境相对湿度的变化必然要引起纸页水分含量的变化，而纸页水分含量的变化也必然引起纤维的润胀和纤维间结合的变化，从而造成纸页某些性质也发生变化。

纸在贮存过程中不可避免地要受环境条件诸如：光、热、水分、大气中氧等作用，从而使纸页在结构和成分上发生变化而老化。为了实现减缓老化，延长档案史料图书的寿命，人们一直进行着不懈的努力。抄造条件由酸性转向中性或碱性，并使用碱性填料如碳酸钙，从根本上消除了纸张中酸性的来源，是解决纸张老化问题的最有力的措施。

考虑到影响贮藏的环境因素，应建立专门的保护设施，如门窗玻璃的选择，室内光线的亮度控制，室内温湿度，化学气体气氛的调整等，以便创立良好的储藏环境。在对已遭受一定损失的书籍资料，可以采取合适的措施进行补救，常用的方法有脱酸法和强化加固法。

第三节　纸页强度理论和纸页结构的研究方法

一、纸页强度理论

纸页的强度主要与纤维间结合力、纤维自身的强度及纤维在纸页中的分布和排列等因素有关。抗张强度作为表征纸页强度性能的重要性能，一直是大量理论研究和实验研究的主题。其中，使用最为广泛的抗张强度理论模型由加拿大造纸研究所的 Page 博士提出，并于1969 年发表在 Tappi Journal 上。

Page 理论的核心在于提出的两个前提条件：

（1）纸页的抗张强度与裂纹处纤维断裂的数量成比例关系

在观察测试抗张强度断裂后的纸样时，沿着裂纹可以发现部分纤维发生断裂，部分纤维从纤维网络结构中被拉出。当纸页接近断裂时，越来越多的结合的纤维在裂缝区域发生破坏，而其余纤维将承载更多的载荷，直至达到它们的断裂极限。

因此，该假设可写为：

$$T = n_f T_e / (n_f + n_p) \tag{8-28}$$

式中　T——纸样的抗张强度

　　　n_f——裂纹处纤维在载荷作用下而发生断裂的数量

　　　n_p——由于键合破坏导致裂纹处纤维（未承载载荷）被拉出的数量

　　　T_e——键合未破坏时的纸样短距抗张强度，该物理量是一个导出量，而非测定量

T_e与零距抗张强度 T_0 存在如下的关系：

$$T_e = T_0 (1 - \mu^2) \tag{8-29}$$

式中，μ 是泊松系数。对于纤维随机分布的纸页，理论上 μ 为 1/3，因此，

$$T = 8 n_f T_0 / 9 (n_f + n_p) \tag{8-30}$$

式中　T——纸样的抗张强度

　　　T_0——纸样零距抗张强度

T 与 $n_f / (n_f + n_p)$ 存在线性关系。$T = 0$，则 $n_f / (n_f + n_p) = 0$；$T = 8/9 T_0$，则 $n_f / (n_f + n_p) = 1$。Page 通过验证文献相关数据，证明了该假设的有效性。

（2）纸页断裂时情况

纸页断裂时，裂缝截面纤维断裂的数量和被完整拉出数量的比值等于纤维被完整拉出强度与纤维自身强度的比值。

虽然难证明该条件的正确性，但至少该前提满足了两个极端，即如果该比值无限大，说明纤维的强度足够大，则纤维会全部被拉出而不会发生断裂。相反，如果该比值为 0，说明纤维被完整拉出需要的强度足够大，则所有纤维都会断裂。

Page 认为，当纸页发生断裂时，裂缝区域纤维断裂的数量和被拉出的数量取决于纤维自身的强度和纤维键合强度，因此，

$$n_p / n_f = f(p_\varphi / F_\beta) \tag{8-31}$$

式中　p_φ——干态下纤维的平均强度

　　　F_β——裂缝区域将纤维拉出所需要的力

因此，F_β 取决于纸页相对键合面积，单位面积下的键合强度以及纤维强度。

因此，式（8-30）可写为：

$$\frac{1}{T} = \frac{9}{8} \left[\frac{1}{T_0} + \frac{1}{T_0} f \left(\frac{p_\varphi}{F_\beta} \right) \right] \tag{8-32}$$

式中　T——纸样的抗张强度

　　　T_0——纸样零距抗张强度

纸页断裂时，如果纤维自身强度远远大于纤维键合强度，所有纤维将会被拉出，$f \left(\dfrac{p_\varphi}{F_\beta} \right)$ 趋于无穷；如果纤维键合强度远远大于纤维自身强度，则所有纤维将会断裂，$f \left(\dfrac{p_\varphi}{F_\beta} \right)$ 趋于 0；当纤维键合强度远远等于纤维自身强度，$f \left(\dfrac{p_\varphi}{F_\beta} \right) = 1$。当然，有很多函数可以满足上述条件，但最简单的函数是 $f \left(\dfrac{p_\varphi}{F_\beta} \right) = \dfrac{p_\varphi}{F_\beta}$。因此，式（8-30）可写为：

$$\frac{1}{T} = \frac{9}{8}\left[\frac{1}{T_0} + \frac{1}{T_0}\cdot\frac{p_\varphi}{F_\beta}\right] \tag{8-33}$$

根据 Van den Akker 等人的研究，对于随机纤维网络，纤维强度 p_φ 为：

$$p_\varphi = \frac{8}{3}A\rho g T_0 \tag{8-34}$$

式中　A——平均纤维横截面面积

　　　ρ——纤维材料的密度

　　　g——重力加速度

　　　T_0——纸样零距抗张强度

若假设纤维键合是沿着纤维长度方向，则键合强度 F_β 为：

$$F_\beta = p_b L_P \frac{L_f}{4}(\text{RBA}) \tag{8-35}$$

式中　p_b——单位面积的剪切强度

　　　L_P——纤维横截面周长

　　　L_f——纤维长度

　　RBA——相对结合面积

因此 $L_f/4$ 为平均拉出的长度。

因此，式（8-33）可写为式（8-36），为 Page 所推导出的抗张强度数学模型：

$$\frac{1}{T} = \frac{9}{8T_0} + \frac{12A\rho g}{p_b L_P L_f(\text{RBA})} \tag{8-36}$$

式中　T——纸页的抗张强度（N·m/kg）

　　　T_0——纸的零距抗张强度（N·m/kg）

　　　A——纤维截面平均面积，m^2

　　　ρ——纤维的密度，kg/m^3

　　　p_b——单位面积下接触面的抗剪切强度，N/m^2

　　　L_P——纤维截面平均周长，m

　　　L_f——纤维长度，m

　　RBA——同式（8-35）

该数学模型为半经验模型，模型的第一部分表示纤维自身强度对抗张强度的影响，第二部分表示的是纤维结合强度。该公式解释了很多实验所观察到的现象，如纤维长度、纤维键合面积及键合强度对纸页抗张强度的影响。该模型不仅在工业实践中具有较强的可操作性，而且为研发人员为纤维改性和增强剂的开发提供了理论依据，因此受到了广泛认可。

需要说明的是，Page 理论从纤维特性等微观角度研究了纸页抗张强度，然而，由于纸张的真实结构更加复杂，该公式所包含的很多假设并非与实际相符，例如：纤维特性与键合特性具有统计分布规律，采用平均值无法代表实际；真实的纤维具有柔软、扭曲的特性，而非完全是直的；相关研究也表明，在实际的纸张中，纸页所受到的载荷并非由纤维均匀分担，而是少量纤维承载着外部载荷。

Page 理论较为简洁直观，但方程中的很多参数并不容易测量，因此国内外很多学者提出了基于 Page 模型的改良模型，例如，Anson 等人采用比接触面积 α 代替了 ρ、A、L_P 三个参数，简化了 Page 模型。有学者采用神经网络预测纸张抗张强度，能够解决非线性复杂动态过程变量间关系，其效果比传统改良抗张强度模型更优，但该方法仅适用于生产情况相似，数据波动不大的情况。虽然通过模型改进、计算机拟合等方法得到的预测模型目前仍存在应用范围窄或参数获得难度大等的问题，但是抗张强度预测模型的基础研究至今仍然在进行。

二、纸页结构的研究方法

纸页中纤维和非纤维添加物在形态、尺寸和分布上的不均一性，使纸页具有三维空间上的非均一性和各向异性，主要体现在纤维排列方向、各组分的分布情况等方面。因此，纸页的性能很大程度上受其结构的影响。随着材料表征技术的发展，通过各种检测手段使人们更加直观地认识了纸页结构，进而有助于认识工艺参数变化对纸页结构和性质的影响。

从纸页的宏观结构到微观结构，从二维的微观平面到三维结构的研究将传统造纸行业的发展推到了一个新的高度。近年来，计算机图像分析技术已应用于纸页结构的研究，并推动了这一领域的发展。图像分析技术可用于分析纸页的表面特征，如获取纸页匀度、涂布纸涂层结构等信息；还可分析纸页 z 向截面组分、孔隙的分布情况；此外，运用计算机断层扫描技术还可对纸页三维结构进行重建，分析纸页组分的三维形貌、尺寸分布以及孔隙分布信息。根据是否对纸页造成损坏，表征方法可分为有损检测和无损检测。表 8-1 列出了几种常见的纸页结构的表征方法及其特点。

表 8-1   **不同表征方法对比**

表 征 方 法	简称	分辨率/μm	特 点
光学显微镜	LM	0.2	可观察纸页表面和 z 向结构；可分析印刷油墨的分布；分析相对耗时；制样时可能需要切片
（场发射）扫描电子显微镜	（FE-）SEM	0.001～0.02	分辨率高，可观察纸张 z 向结构；纸张各组分间的对比度较好
共聚焦激光扫描显微镜	CLSM	0.2～0.7	不损害样品，可获取系列图像用于 3D 重构；可观察湿态样品；纸页各组分之间的对比度较低，但扫描深度有限
透射电子显微镜	TEM	0.0002	分辨率高，3D-TEM 可获取纳米结构的 3D 图像；图像分析较为耗时；制样时可能需要切片
原子力显微镜	AFM	0.001	主要用于样品表面纳米尺度的表征；成像范围太小；分辨率受探针结构影响较大
X 射线断层扫描	X-μCT	0.7～1.0	不损伤样品，真实重现纸张三维结构，但扫描时间较长

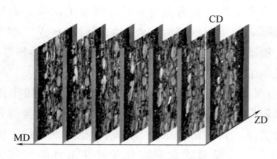

图 8-7   涂布纸截面光学切片图

有研究采用超薄切片机对纸页 z 向进行连续切片后，采用光学显微镜拍摄纸样，获得一系列纸张截面光学切片图（如图 8-7），通过计算机图像重构获得涂布纸三维结构。通过数字化分析可得到纤维横截面及涂层厚度等重要信息。

扫描电子显微镜（SEM）在造纸领域应用广泛，多用于表征纸页表面形貌和 z 向组分分布（图 8-8），已成为表征纸页结构的重要手段之一。它克服了光学显微镜分辨率不高及各组分之间对比度不足的缺点。在背散射模式下，纸页纤维与填料之间对比度较高，可用于提取纤维、填料和纸页孔隙在纸页厚度方向（z 向）的分布信息，可定量表征纸页 z 向不同深度纤维及细小纤维的长度、宽度，各层的孔隙尺寸、孔隙数量和所占面积比率，以及填料在纸张 z 向上的分布特性等。此外，通过对纸页 z 向连续切片，采集 SEM 图像后进行三维重构，可分析纸页或涂层的三维结构。该技术为研究纸页结构及组分分布特征对纸页性能的影响机理提供了有效手段。

　　以上方法虽然可获取丰富的结构信息，但制样过程复杂、工作量较大，而且会损坏纸页样品。随着检测技术和方法的进步，无损检测技术的出现为实现深入研究纸页真实结构提供了可能。

　　共聚焦激光扫描显微镜（CLSM）基于共聚焦技术和数字图像处理技术，其优势在于可以产生无损伤的"光学切片"，在自然环境下对物体表面进行无损伤探测。利用虚

图 8-8　轻质碳酸钙在纸页表面（左）和 z 向（右）分布情况

拟的光学切片对纸样进行断层扫描并得到系列平面图像，通过计算机软件对图像叠加处理，实现纸样的三维重构。激光共聚焦显微镜具有不损害样品，制样简单的优点。通过该技术可直观检测纤维细胞壁厚度和横截面积，分析纤维表面木素含量和分布，研究纤维的柔韧性和压溃性能，观察纸页涂层、油墨及胶黏剂的分布及迁移情况，如图 8-9 所示。然而，由于激光共聚焦显微镜的扫描深度范围在 $50 \sim 80 \mu m$，且纤维和孔隙间的对比度会随着扫描深度的增加而降低，因此在表征纸页三维结构方面仍具有一定的局限性。

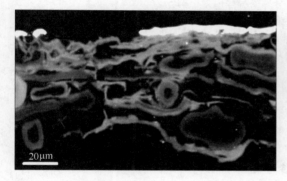

图 8-9　新闻纸截面 CLSM 图（白色部分为油墨）

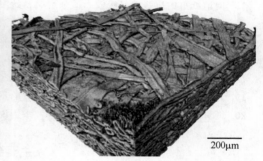

图 8-10　手抄片 X-μCT 图像

图 8-11　图像重建后不同纤维的分布情况

　　X 射线微米 CT 技术（X-μCT）也称为 X 射线断层扫描技术，属于无损检测技术。该技术通过以等角度对样品 360°旋转，自动采集二维图像，并重构纸页的三维结构。旋转间隔角度越小，图像重构后得到的三维图像质量越高。测试纸样时，需要将样品放在测试样品室中数小时平衡水分和温度，以提高样品测试的稳定性。利用高分辨率 X-μCT（分辨率＜$1\mu m$）对纸页进行扫描，得到纸页的三维图像，如图 8-10 所示。通过图像分割技术还可进一步提取到单根纤维的形态及空间分布等信息（图 8-11）。此外，该技术还可分析纸页的孔隙尺寸和空间分布，为开发高效空气过滤纸等产品提供依据。因此，X 射线微米 CT 技术可用于研究材料微结构与性能的影响。

思 考 题

1. 纸页的结构是如何形成的？

2. 纸页结构具有什么特征？表征纸页结构的参数有哪些？

3. 何谓纸页的相对结合面积（RBA）？如何表征、如何测量？为什么可以用相对结合面积来描述纸页的中纤维的结合程度？

4. 与纸页结构相关的性能都有哪些？请举例说明。

5. 何谓纸页的匀度？如何判断？如何检测？如何表征？影响纸页的哪些性能指标，如何影响？

6. 何谓纤维的定向排列？何谓纸页的异向性？二者之间有什么关系？如何表征？

7. 什么是纸页的机械性能？

8. 纸页的强度通常包括哪些性能？请举例说明。

9. 什么是纸张的静态强度？通常包括那些强度性质？

10. 何谓纸页的抗张强度？如何测试和表征？

11. 何谓纸页的零距抗张强度？通常表示什么特性？

12. 何谓纸页的 z 向强度？如何测定？受哪些因素影响？

13. 何谓耐破强度、耐折强度、撕裂强度？它们与各自的因子是什么关系？

14. 何谓内撕裂强度？何谓边缘撕裂强度？各自分别受哪些因素影响？

15. 何谓纸页的抗张能量吸收、湿强度、初始湿强度和再湿强度？如何测试与表达？

16. 何谓光泽度？何谓光散射系数和光吸收系数？

17. 何谓纸张的吸收性能和憎液性能？它们分别受哪些因素的影响？纸页中的水分含量对纸页的各种性质有哪些影响？

18. 如何提高纸页的不透明度？

19. 光散射系数和光吸收系数如何影响纸页的不透明度与白度？

20. 纸页结构的无损检测技术都有哪些？举例说明。

主要参考文献

[1] 胡开堂，主编. 纸页的结构与性能 [M]. 北京：中国轻工业出版社，2006.

[2] 周景辉，主编. 纸张结构与印刷适性 [M]. 北京：中国轻工业出版社，2013.

[3] [苏] 弗里雅捷，著. 纸的性能 [M]. 陈有庆，石淑兰，陈佩蓉，等译. 北京：轻工业出版社，1985.

[4] Kaarlo Niskanen, Papermaking science and technology 16：Paper physics. 2000.

[5] Corte, H. Handbook of paper science. H. F. Rance, Ed. , Elsevier, Amsterdam, 1982，2：34.

[6] Alava M. , Niskanen K. The fundamentals of papermaking materials, C. E Baker, Ed. , Pira International, Leatherhead, 1997，2：16.

[7] 刘仁庆. 造纸与纸张 [M]. 北京：科学出版社，1977.

[8] 隆言泉. 造纸原理与工程 [M]. 北京：中国轻工业出版社，1999.

[9] 卢谦和，主编. 造纸原理与工程（第二版）[M]. 北京：中国轻工业出版社，2004.

[10] 何北海，主编. 造纸原理与工程（第三版）[M]. 北京：中国轻工业出版社，2014.

[11] 石淑兰，何福旺，编. 制浆造纸分析与检测 [M]. 北京：中国轻工业出版社，2003.

[12] J. P. 凯西. 制浆造纸化学工艺学 [M]. 北京：轻工业出版社，1988.

[13] Lyne L. M. , Gallay W. Fiber properties and fiber-water relationship in relation to the strength and rheology of wet webs [J]. Tappi J. , 1954，37 (12)：581-596.

[14] Page D. H. A theory for the tensile strength of paper [J]. Tappi Journal, 1969，52 (4)：674-681.

[15] Uesaka, T. Page's theory of tensile strength and the stress-strain properties of paper [J]. Journal of Science &

Technology for Forest Products and Processes，2018：6（6）：13-17.

[16]　Hossain，S.，Bergstrom P.，Sarangi S.，Uesaka T. Computational design of fibre network by discrete element method. 16th fundamental research symposium. Oxiford，UK：The pulp and paper fundamental research society，2017.

[17]　I'Anson S J，Karademir A，Sampson W W. Specific Contact Area and the Tensile Strength of Paper [J]. Appita Journal，2006，59（4）：297-301.

[18]　Navita，Kumar Ra. Articficial neural network modeling tensile strength paper manufacturing process International [J]. Information Technology Knowledge Management，2011，4（2）：409.

[19]　Chinga-Carrasco G. Exploring the multi-scale structure of printing paper-a review of modern technology [J]. Journal of Microscopy，2009，234（3）：211-242.

[20]　李建国，张红杰，李海龙，等. CLSM 技术在纤维表面形态和纸张结构研究中的应用 [J]. 中国造纸，2014，33（8）：66-70.

附 录

纸和纸板物理性能测试方法相关标准

性 能	国家标准	ISO 标准	TAPPI 标准
水分含量	GB/T 462—2008	287	T412
灰分	GB/T 742—2008	2144	T211,T413
水提取物的 pH	GB/T 1545.2—2003	6588	T435,T509
水抽取物的电导率	GB/T 7977—2007	6587	T252
定量	BG/T 451.2—2002	536	T410
厚度及紧度	BG/T 451.3—2002	534	T411,T551
水的接触角			T458,T558
吸收性能			
Cobb 方法,吸水性	BG/T 1540—2002	535	T441
Klemm 方法,吸水性	BG/T 461.1—2002	8787	
Cobb-Unger 方法,油吸收性			
K&N,油墨吸收性			
水蒸气透过率	BG/T 22921—2008	2528	T464,T448
湿膨胀度		8226	
耐油脂性能		5634	T454,T559
透气度,常用方法	BG/T 458—2008	5636-1	
Schoppe 方法		5636-2	
Bendtsen 方法		5636-3	
Sheffield 方法		5636-4	T547
Gurley 方法	BG/T 5402—2003	5636-5	T460,T536
表面粗糙度/平滑度		8791-1	
Bendtsen 方法	BG/T 22363—2008	8791-2	
Sheffield 方法		8791-3	T538
Print-Surf(PPS)方法	BG/T 22363—2008	8791-4	T555
Bekk 方法	BG/T 456—2002	5627	T479
镜面光泽度	BG/T 8941—2007		
75°			T480
20°			T653
光学性能		2469	
亮度	BG/T 24999—2010	2470	T452,T525
不透明度	BG/T 1543—2005	2471	T425,T519
光散射和吸收系数	BG/T 10339—2007	9416	T425
白度	BG/T 24999—2010		T560,T562
色度			T527
抗张性能	BG/T 12914—2008	1924-1 1924-2	T404,T494

续表

性　能	国家标准	ISO 标准	TAPPI 标准
裂断韧性			
湿抗张强度	BG/T 465.2—2008	3781	T456
耐破强度	BG/T 454—2002		
纸张		2758	T403
纸板		2759	T804
瓦楞纸板和硬质纤维板			T810
湿耐破强度	BG/T 465.1—2008	3689	
撕裂强度,Elmendorf 方法	BG/T 455—2002	1974	T414
耐折度	BG/T 457—2008		
Schopper/lhomargy/Kohler		5636	
Kohler-Molin			
Schopper	BG/T 457—2008		T423
MIT	BG/T 457—2008		T511
内结合强度			
Scott 类型	BG/T 26203—2010		T833
z-向抗张(ZOT)	BG/T 31110—2014		T541
表面强度			
Dennison	BG/T 22837—2008		T459
IGT	BG/T 22365—2008	3783	UM591,T514
抗弯强度			
一般原理	BG/T 23144—2008	5628	
共振法	BG/T 22364—2008	5629	T535
支梁法			T556
四点法			T836
美国 Taber 磨损法			T489
Gurley 摆锤法			T543
Clark 平板刚度法			T451
压缩强度			
CCT(瓦楞原纸平压强度)	BG/T 2679.6—1996		T824
CMT(瓦楞芯纸平压强度)		7263	T809
ECT(瓦楞纸板边压强度)	BG/T 6546—1998	3037	T811
FCT(单面单层瓦楞纸板抗平压强度)		3035	T808
RCT(环压强度)	BG/T 2679.8—2016		T818,T822